51单片机典型模块开发查询手册

程国钢　陈跃琴　崔荔蒙　编著

電子工業出版社
Publishing House of Electronics Industry
北京 • BEIJING

内容简介

本书介绍了51单片机的内部资源及常用扩展器件的使用方法，并且提供了相应的应用电路、操作步骤、库函数和应用实例代码，这些资源和器件包括内部定时器、内部串行通信模块、内部中断系统、电源模块、看门狗、I/O引脚、存储器、智能卡、用户输入通道、显示模块、A/D芯片、D/A芯片、时钟日历芯片、温度/湿度芯片、定位模块、语音和打印模块、有线通信模块、无线通信模块、电机和继电器。

本书各个章节基于相同和类似的应用实例，介绍了如何使用同属于该分类的器件来实现实例功能的方法，对于这些资源和器件提供了详尽的应用电路、操作步骤和应用代码，有一些还提供了对应的51单片机库函数。

书中实例涉及的应用电路都有详细的说明及相应的典型器件列表，应用代码也有相应的流程说明及注释，从而使代码有较高的可读性，便于读者理解。

本书包含丰富的单片机内部资源和外围模块的应用实例，可作为单片机应用的速查手册，供单片机开发者参考使用。

图书在版编目（CIP）数据

51单片机典型模块开发查询手册 / 程国钢，陈跃琴，崔荔蒙编著. —北京：电子工业出版社，2012.5
ISBN 978-7-121-16829-1

Ⅰ. ①5… Ⅱ. ①程… ②陈… ③崔…Ⅲ. ①单片微型计算机－技术手册 Ⅳ. ①TP368.1-62

中国版本图书馆CIP数据核字（2012）第074451号

策划编辑：陈韦凯
责任编辑：陈韦凯　　　　特约编辑：吕晓林　刘海霞
印　　刷：
装　　订：三河市鑫金马印装有限公司
出版发行：电子工业出版社
　　　　　北京市海淀区万寿路173信箱　邮编　100036
开　　本：787×1 092　1/16　印张：41.25　字数：1056千字
印　　次：2012年5月第1次印刷
印　　数：3500册　　定价：85.00元

凡所购买电子工业出版社图书有缺损问题，请向购买书店调换。若书店售缺，请与本社发行部联系，联系及邮购电话：（010）88254888。

质量投诉请发邮件至zlts@phei.com.cn，盗版侵权举报请发邮件至dbqq@phei.com.cn。

服务热线：（010）88258888。

前　言

行业背景

51单片机具有体积小、功能强、价格低的特点，在工业控制、数据采集、智能仪表、机电一体化、家用电器等领域有着广泛的应用，可以大大提高生产、生活的自动化水平。近年来，随着嵌入式的应用越来越广泛，51单片机的开发也变得更加灵活和高效，51单片机的开发和应用已经成为嵌入式应用领域的一个重大课题。

关于本书

本书介绍了51单片机的内部资源及常用扩展器件的使用方法，并且提供了相应的应用电路、操作步骤、库函数和应用实例代码，这些资源和器件包括内部定时器、内部串行通信模块、内部中断系统、电源模块、看门狗、I/O引脚、存储器、智能卡、用户输入通道、显示模块、A/D芯片、D/A芯片、时钟日历芯片、温度/湿度芯片、定位模块、语音和打印模块、有线通信模块、无线通信模块、电机和继电器。

本书对于每个资源/器件的组织结构如下：基础介绍、应用电路、操作步骤、应用实例（库函数），读者可以从基础知识入手，循序渐进地了解对应的资源/器件的使用方法，然后根据自己的实际需求参考编写或者直接移植书中的代码到自己的应用中。

本书的各个章节说明如下：

- 第1章主要介绍51单片机应用系统的设计基础，包括系统结构、设计流程等，并且给出了一个“最小”的51单片机应用系统和一个MON51仿真器的设计实例。
- 第2章主要介绍51单片机的内部资源的应用，包括定时/计数器、外部中断和串行通信模块。
- 第3章主要介绍51单片机的电源模块设计和应用，包括电源系统设计和应用基础，电压调理芯片和电路监控芯片等。
- 第4章主要介绍51单片机的看门狗电路设计和应用，包括软件模拟看门狗和硬件看门狗芯片的使用。
- 第5章主要介绍51单片机的I/O引脚扩展应用方法，包括使用74系列芯片、串/并转换芯片和专用编程芯片。
- 第6章主要介绍51单片机的存储器扩展应用方法，包括RAM、ROM、FIFO、U盘扩展等。
- 第7章主要介绍51单片机的智能卡扩展应用方法，包括接触式存储卡、接触式加密卡和非接触卡。
- 第8章主要介绍51单片机用户输入通道扩展应用方法，包括按键、拨码开关、行列扫描键盘和PS/2键盘。
- 第9章主要介绍51单片机显示模块扩展的应用方法，包括LED、单位和多位数码管、LCD液晶显示模块等。

- 第10章主要介绍51单片机的A/D转换芯片的扩展应用方法，包括ADC0809、TLC2543、ADS1100等并行或者串行接口的单通道/多通道A/D转换芯片的使用方法。
- 第11章主要介绍51单片机的D/A转换芯片的扩展应用方法，包括DAC0832、MAX517、TLC5615等并行或者串行接口的单通道/多通道A/D转换芯片的使用方法。
- 第12章主要介绍 51 单片机的时钟日历芯片的扩展应用方法，包括并行接口的DS12C887，串行接口的PCF8563和DS1302。
- 第13章主要介绍51单片机的温度/湿度芯片扩展应用方法，包括温度芯片DS18B20、DS1621和温湿度一体芯片SHT75。
- 第 14 章主要介绍 51 单片机应用系统的定位模块扩展应用方法，包括数字罗盘HMR3000和GPS模块GARMIN 25LP。
- 第15章主要介绍51单片机的语音和打印模块扩展应用方法，包括蜂鸣器、语音芯片ISD2560、TTS语音芯片OSY6618和GP16微型打印机模块。
- 第16章主要介绍51单片机的有线通信扩展应用方法，包括RS-232总线、RS-485总线、CAN总线和USB桥等。
- 第17章主要介绍51单片机的无线通信扩展应用方法，包括红外收发芯片和PTR8000无线通信模块。
- 第18章主要介绍51单片机应用系统的执行机构扩展应用方法，包括直流电机、步进电机和继电器。

本书特色

- 涵盖了 51 单片机从内部资源到用户输入通道、A/D 信号采集、温度/湿度传感芯片、有线/无线通信模块、数字罗盘和GPS模块等大量外围器件。
- 对相应资源或器件，从原理讲解、应用电路、操作步骤分析到应用实例，循序渐进地进行介绍。
- 提供大量的实际应用电路和代码，并且给出大量资源/器件的 51 单片机驱动库函数，读者可以修改这些电路和代码或直接应用于自己的实际工程项目中。可登录华信教育资源网（www.hxedu.com.cn）下载本书源代码。

本书包含丰富的单片机内部资源和外围模块的应用实例，作为一本单片机应用的速查手册，适合具有初步单片机基础的单片机工程师，以及高等院校电子类专业的学社和单片机爱好者阅读，也可以作为工程设计的参考手册。

本书由程国钢、陈跃琴、崔荔蒙编写。同时，参与编写工作的还有张玉兰、高克臻、李龙、魏勇、王华、李辉、刘峰、徐浩、李建国、马建军、唐爱华、苏小平。在此，对以上人员致以诚挚的谢意。由于时间仓促，程序和图表较多，受学识水平所限，错误之处在所难免，请广大读者给予批评指正。

编著者

目　录

第 1 章　51 单片机应用系统设计基础

51 单片机应用系统是一个用于实现某种目的的以 51 单片机为核心的软件和硬件的综合体，常应用于各种工业控制或者普通民用系统，例如，矿山气体浓度采集、宾馆门禁系统、汽车总线等。本章将详细介绍 51 单片机应用系统的设计流程和要点，展示一个“最小”的 51 单片机应用系统的组成，并且介绍 MON51 单片机仿真系统的设计和使用方法。

1.1　51 单片机应用系统设计基础

51 单片机应用系统的设计是一个包括需求分析、硬件设计、软件设计的综合过程。

1.1.1　51 单片机应用系统的结构

一个完整的 51 单片机应用系统的结构如图 1.1 所示，由 51 单片机内核、51 单片机的内部资源、51 单片机扩展的外部资源及 51 单片机上运行的用户软件组成。

图 1.1　51 单片机应用系统组成结构

- 51 单片机内核：这是 51 单片机的核心部分，包括时钟产生模块、ALU 运算模块、通用寄存器等。
- 51 单片机的内部资源：51 单片机内部自带了一些诸如定时/计数器、外部中断、串行通信模块的资源，可以完成部分核心功能。
- 51 单片机扩展的外部资源：由于 51 单片机的通用性较强，所以其集成的内部资源有限，当应用系统需要完成一些特殊功能的时候，如测量温度、湿度等，则需要外扩一些外部资源（器件），这些外部资源（器件）和 51 单片机内核、51 单片机的内部资源一起构成了 51 单片机应用系统的硬件资源，是 51 单片机应用系统的基础。

- 51 单片机上运行的用户软件：设计者根据应用系统的具体功能所编写的应用代码，是 51 单片机应用系统的“大脑”，这些应用代码可以用 C 语言编写，也可以用汇编语言编写，在最终执行的时候都要被编译器转换为机器语言。

1.1.2 51 单片机应用系统设计流程

51 单片机应用系统的开发流程如图 1.2 所示，主要分为 7 个步骤。

（1）需求分析：这是 51 单片机应用系统开发流程中最重要的一个环节，是 51 单片机应用系统的设计基础，设计者需要和用户仔细交流，完整地记录下该应用系统需要完成的所有工作，从中抽象出系统的需求并且和用户反复沟通后确认。这一步的难度在于如何规范用户的需求，因为用户的需求有可能是随时变更的，设计者既要尽量满足用户的所有需求，又要学会对用户的“非合理需求”做到断然拒绝。

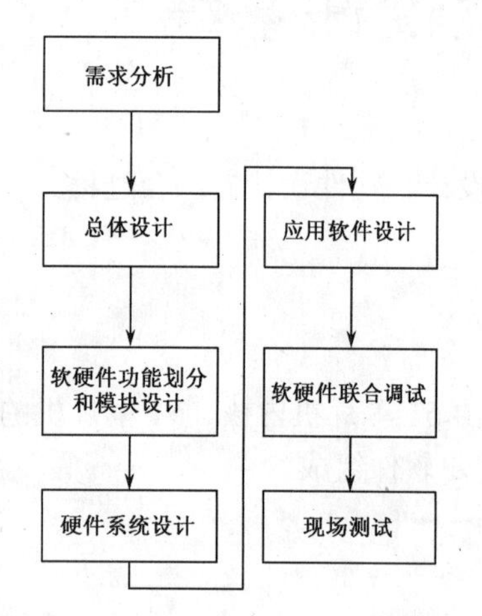

图 1.2　51 单片机应用系统开发流程

（2）总体设计：在这个步骤中设计者要从需求出发对系统进行总体性的规划，并且选择好应用系统需要使用的具体 51 单片机型号，因为随着单片机技术的发展，市面上出现相当多内核相同而内部集成资源和运行频率不同的 51 单片机，可以根据需求的不同来选择合适的型号以减少应用系统设计的复杂度、体积和成本。

（3）软硬件功能划分和模块设计：51 单片机系统的一些功能既可以由软件实现，也可以由硬件实现。前者的优点是降低硬件成本，增加系统运行可靠性，缺点是可能导致软件设计复杂度增加，系统反应时间延长；后者的优点是系统反应速度快，软件设计简单，缺点是硬件成本上升，系统运行可靠性下降。模块设计是在划分完软硬件功能之后按照需求和选择好的处理器对系统进行模块化的工作。

（4）硬件设计：这是 51 单片机应用系统设计的基础，包括具体硬件芯片选择、地址和接口规划、电路图设计和制作、元器件焊接等，硬件设计决定了单片机系统设计的成败，如果硬件设计出了问题，基本上就需要重新设计，浪费漫长的时间和大量的资金。

（5）软件设计：这是单片机系统设计的灵魂，单片机系统是在软件控制下工作的，一个良好的软件可以达到很好的效率，规避系统运行中的风险。单片机的软件设计和普通的 PC 软件设计有很多共同点，但是也有区别，具体点是指时效性和可靠性要求要高于 PC 软件。

（6）软硬件联合调试：这是单片机设计的整合过程，在这个过程中要让软件在单片机系统上运行起来，控制硬件进行相应的工作，用于测试硬件设计和软件设计是否达到了预先的设计目标。

（7）现场测试：51 单片机系统有其具体的使用场合，这些实际使用场合和开发环境往往有所差异，例如，供电电压、空气湿度、温度、静电干扰等。所以，当单片机系统完成了软硬件联合调试之后，需要将单片机系统放置于其具体使用环境中进行进一步测试，以消除可能由于环境差异带来的不稳定乃至完全不能正常工作的错误。

1.1.3　51 单片机应用系统的硬件设计

硬件设计是 51 单片机应用系统的设计基础，这个过程直接决定了设计的成败，硬件设计的流程如图 1.3 所示。

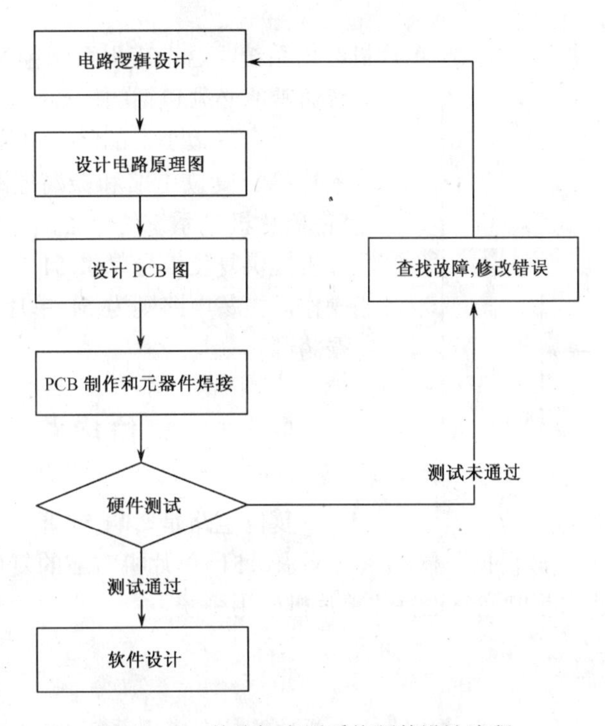

图 1.3　51 单片机应用系统硬件设计流程

（1）电路逻辑设计：根据选择的具体的 51 单片机型号和需要扩展的外部器件进行硬件逻辑上的设计，包括电气连接、地址分配等。

（2）设计电路原理图：利用电路图相关设计软件设计 51 单片机应用系统的电路原理图，为下一步 PCB 图设计做准备。

（3）设计 PCB 图：在电路原理图设计的基础上进行 51 单片机应用系统的 PCB 图设计，这是 51 单片机系统硬件设计的最关键步骤，不仅要求电气物理逻辑连接正确，在期间还需要遵循一些设计技巧和规则。

（4）PCB 制作和元器件焊接：PCB 制作是指将 PCB 图制作成电路板实体的过程，一般在电路板厂中完成，元器件焊接是指在电路板制作完成之后将对应的元器件用焊锡固定到电路板上，并且使得其电气物理连接到一起的过程。

（5）硬件测试：在电路板制作并且焊接完成之后对硬件部分进行测试，确定其有没有逻辑或者电气上的错误，如果有，则需要返回第一个步骤进行修改。

（6）软件设计：在硬件测试通过之后即可以开始进行 51 单片机系统上的软件开发，让软件和硬件配合实现系统的设计目标。

1.2 应用实例——一个“最小”的 51 单片机应用系统

本小节介绍一个“最小”的 51 单片机应用系统，这个应用系统包含了 51 单片机应用系统通常所必须包括的核心模块，如图 1.4 所示。

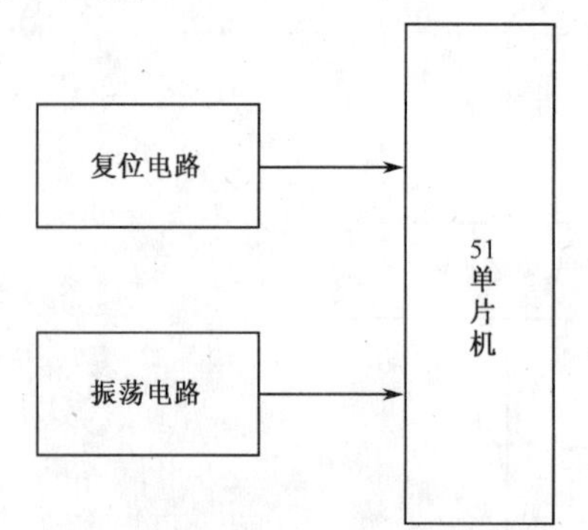

图 1.4 “最小”的 51 单片机应用系统构成

一个“最小”的 51 单片机应用系统包括 51 单片机、复位电路和振荡电路三个部分，其中，51 单片机是系统的核心部件，复位电路给 51 单片机提供复位信号以供 51 单片机进行完整的复位操作，振荡电路则为 51 单片机提供工作所必须的振荡源。

1.2.1 复位电路

复位电路是影响 51 单片机应用系统运行稳定性的最主要内部因素之一，根据不同的系统要求，51 单片机对应的复位电路有不同的设计要求，但是其最基本要求是能完整地复位单片机应用系统。

1. 基本 RC 复位电路

51 单片机应用系统的基本复位电路的主要功能是在应用系统上电时给 51 单片机提供一个复位信号，让 51 单片机进入复位状态；当应用系统的电源稳定后，撤销该复位信号。需要注意的是，在应用系统上电完成后，这个复位信号还需要维持一定时间才能够撤销，这是为了防止在上电过程中电源上的电压抖动影响应用系统的复位过程。

图 1.5 所示是用最简单的电阻和电容搭建的 RC 高电平和低电平复位电路，其具体的复位时间长度可以根据电阻和电容的大小计算。

基本 RC 复位电路能够满足 51 单片机应用系统的最基础的复位需求，其中，按键允许应用系统进行手动复位，右边的无极性电容则可以避免高频谐波对系统的干扰。

2. 添加二极管的 RC 复位电路

在上一小节介绍的 RC 复位电路中，如果对电阻和电容的选择不当，则可能会造成复位电路驱动能力下降，同时该电路还不能解决电源毛刺及电源电压缓慢下降的问题，所以，在基本 RC 复位电路基础上可以增加一个由二极管构成的放电回路，如图 1.6 所示。该二极管可以在电源电压瞬间下降的时候使电容快速放电，从而使得系统复位；同样，一定宽度的电源毛刺也可以让 51 单片机应用系统可靠地复位。

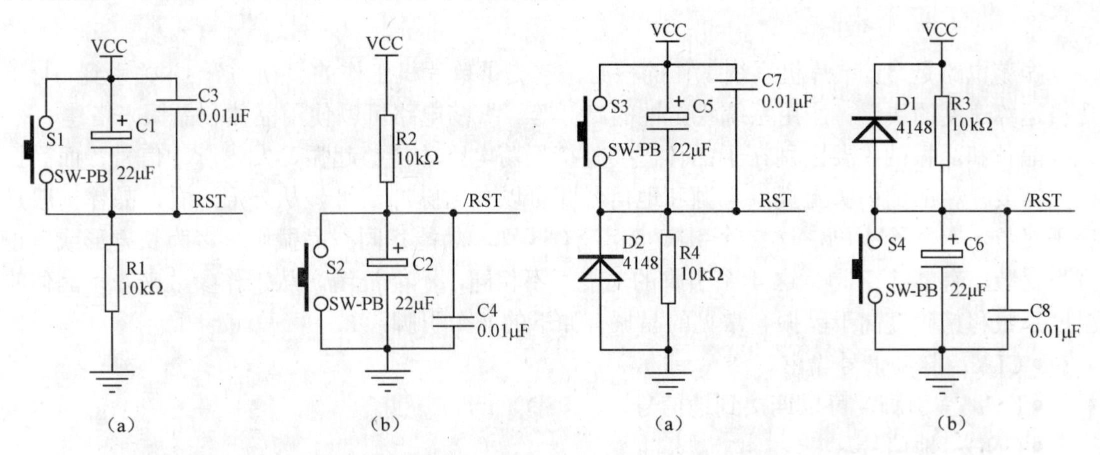

图 1.5　RC 高电平和低电平复位电路　　　　图 1.6　添加二极管的 RC 复位电路

3. 添加三极管和二极管的 RC 复位电路

如果在图 1.6 所示的添加二极管的 RC 复位电路的基础上添加一个三极管，构成比较器，这样就可以避免电源毛刺造成的不稳定，而且如果电源电压缓慢下降达到一个门阀电压的时候也可以稳定地复位。在这个基础上使用一个稳压二极管避免这个门阀电压不受电源电压的影响，同时增加一个延时电容和一个放电二极管，从而构成一个完整的复位电路，如图 1.7 所示。

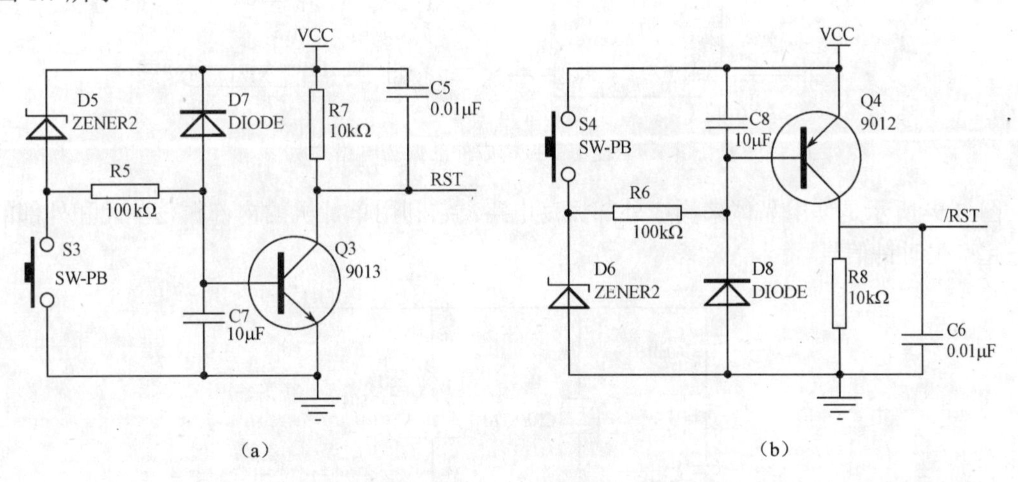

图 1.7　添加三极管和二极管的 RC 复位电路

在如图 1.7 所示的电路中，复位的门阀电压为稳压二极管的稳压电压 V_Z+0.7V，调节基础 RC 电路中的电容可以调整延时时间，调整电阻则可以改变驱动能力，在图 1.7 所示的电路中，电阻值选择为 100kΩ，电容为 10μF。

注：在实际的 51 单片机应用系统中，常使用专用的复位芯片来对系统进行复位，这些芯片的使用方法将在第 4 章中详细介绍。

1.2.2 振荡电路

振荡电路是 51 单片机系统工作的核心，它提供单片机工作的“动力”，并关系到 51 单片机运算速度的快慢、应用系统稳定性的高低等。振荡电路可以使用晶体和晶振来搭建。

晶体和晶振的主要区别在于晶体需要外接振荡电路才能够起振，发出脉冲信号，而晶振则只需要在相应的引脚上提供电源和地信号即可以发出脉冲信号。从外形来看，晶体一般是扁平封装，有 2 个引脚，这 2 个引脚互相没有区别，功能相同；晶振则大多为长方形或者正方形封装，有 4 个引脚，这 4 个引脚的功能互不相同，不能混淆。从工作参数来看，晶体的温度系数和精确度高于晶振。常见的晶振有如下的 4 个引脚：

- CLK：脉冲信号输出。
- NC：空引脚，可以连接到地信号。
- GND：地信号。
- VCC：电源输入，连接到+5V。

图 1.8 所示是外部时钟形式的振荡电路，其使用晶振来作为振荡器，外部晶振有长方形和正方形两种，从性能上来看，这两种类型的晶振并没有区别，唯一需要考虑的仅仅是体积大小。

在使用外部晶振时，为了增加晶振输出的驱动能力，一般使用一个反相器（74ALS04）将晶振的脉冲输出进行整形驱动，如图 1.8 所示，经过 74ALS04 的整形驱动输出的脉冲信号输入单片机的 XTAL2 引脚上，单片机的 XTAL1 引脚连接到地。

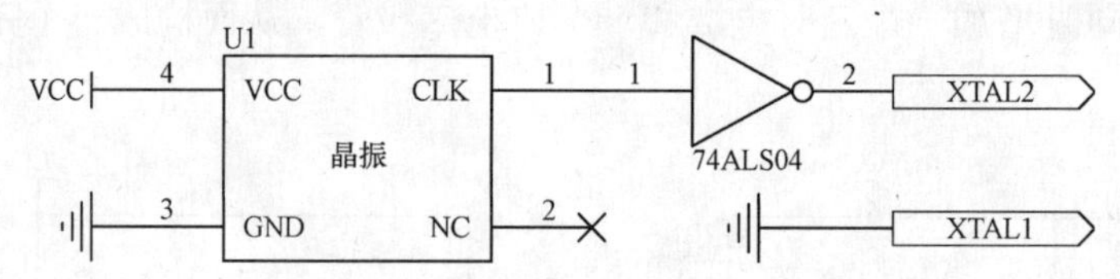

图 1.8　使用晶振构成外部振荡电路

图 1.9 所示是使用晶体来构成外部振荡电路，它利用单片机的内部振荡单元和外部的晶体一起产生时钟信号。

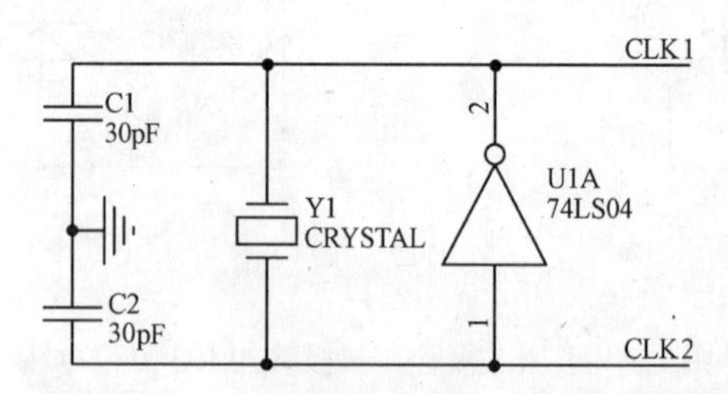

图 1.9　使用晶体构成外部振荡电路

1.2.3 “最小”51 单片机应用系统的电路

图 1.10 所示是“最小”51 单片机应用系统的电路，其使用了一个如 1.2.1 节中所描述的最基本 RC 复位电路来对 51 单片机进行上电复位和手动复位；使用晶体 Y1 和电容 C1、C2

构成了振荡电路。

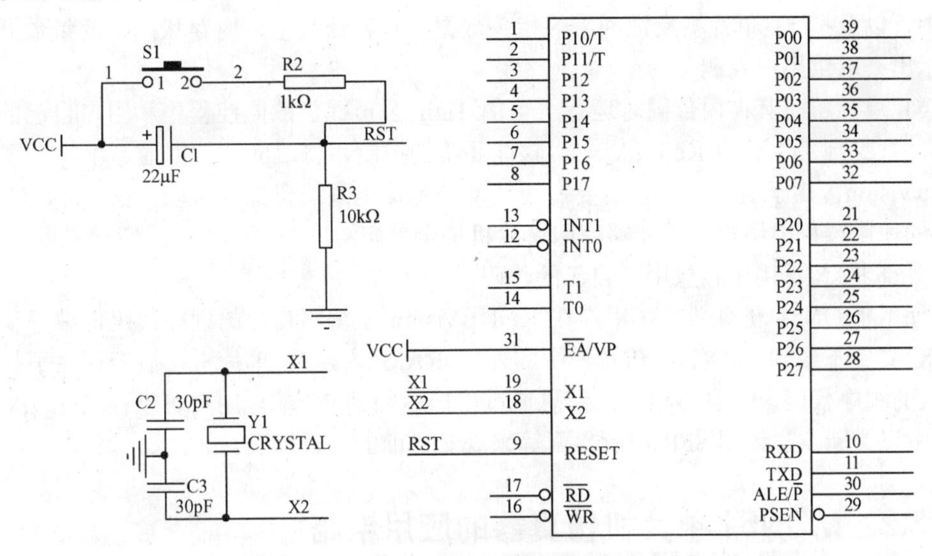

图 1.10　“最小”51 单片机应用系统电路

注：由于现在的 51 单片机应用系统代码一般都是存放在单片机内部，所以，其 31 引脚 $\overline{\text{EA}}$/VP 需要外接到 VCC 以选中程序从片内开始执行。

1.3　应用实例——MON51 单片机仿真应用系统

在 51 单片机的应用系统的设计过程中，常使用仿真器/系统来辅助开发人员进行设计，仿真器/系统是一个能模拟 51 单片机运行并且将其相关状态返回以供开发人员观察和调试的应用工具，能够提高硬件的设计和调试效率。

MON51 仿真器是德国 Keil 公司提供的，可以和 Keil μVision 开发环境配合使用的一种硬件仿真器，本小节将详细介绍这种仿真器的设计过程。

1.3.1　MON51 单片机仿真器基础

MON51 仿真器结构如图 1.11 所示，其由 Keil μVision 软件、51 单片机及外部 RAM 三个模块构成。

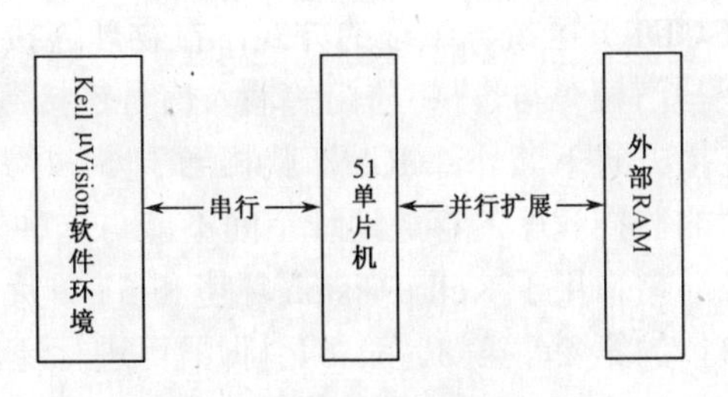

图 1.11　MON51 仿真器结构

- Keil μVision 软件环境：其运行在 PC 上，给用户提供一个编辑和编译用户代码项目的环境，并且通过 PC 串口和内部运行监控程序的单片机相连接，进行数据信息交流，包括把用户程序下载到外部 RAM 中，以及把 51 单片机反馈回来的相关数据（寄存器状态、内存状态、变量数据等）显示出来以供用户观测。

- 51 单片机：其在内部同时运行一个由 Keil 公司提供的监控程序和用户自己的代码，并且受到 PC 上的 Keil μVision 软件环境的控制，将对应的数据通过串口反馈给 Keil μVision。由于监控程序也需要占用一部分单片机系统资源，所以，在 MON51 仿真器的使用过程中用户并不能够使用单片机的全部资源。
- 外部 RAM：用于存放用户自己的代码。

在使用 MON51 仿真器时，用户在 Keil μVision 中编写自己的程序代码，编译通过之后将 HEX 文件下载到 MON51 仿真器中的外部 RAM 内，51 单片机在监控程序下执行外部 RAM 内的程序代码，并且将相关的信息通过串口返回到 PC 端，用户可以在 Keil μVision 开发环境中设置断点，使用 SFR 观测界面等来观看当前的运行情况。

1.3.2 MON51 单片机仿真器的应用电路

1. MON51 仿真器需要占用的基础资源

MON-51 仿真器需要的硬件资源如下：

- 8051 及其兼容的 MCS-51 系列单片机。
- 5KB 的程序存储空间，用于存放监控程序。
- 256B 的外部数据存储单元（系统需要）和可选的 5KB 的跟踪缓冲区。
- 足够大的外部数据存储空间用于装载完整的用户应用程序。
- 串行口及一个用做波特率发生器的内部定时器。
- 6B 的堆栈空间，用于用户程序的测试。
- 如果用户程序大于 64KB，P1 口的部分引脚要用于程序存储空间扩展。

注：除了以上所必需的资源，51 单片机的其他资源均可为用户程序所使用。

2. MON51 仿真器中的串口和外部 RAM

从图 1.11 中可以看到，MON51 仿真器除了需要一块 51 单片机之外，还需要一块外部 RAM 及一个 PC 的串口。

在 MON51 仿真器中，用户自己的程序代码是存放到外部的 RAM 空间中而不是 51 单片机 ROM 空间中的，所以，该外部 RAM 必须使用 Von-Neumann（冯·诺依曼）连接方式。Von-Neumann 连接方式是指将 51 单片机的外部数据存储器（XDATA）区和程序代码空间（CODE）区统一编址的方式，在物理连接上其将 51 单片机的 PSEN 引脚和 RD 引脚通过一个与门相“与”，将与门的输入信号连接到外部 RAM 的输出允许端（OE）；在 Von-Neumann 连接方式下该外部 RAM 就相当于 51 单片机的外部程序存储器，需要注意的是，51 单片机内的监控程序的存放地址空间不能与这种接法的外部数据存储空间相重复。

串口用于 Keil μVision 环境和 51 单片机的通信，使用方式和普通串口相同，也仅仅需要串口的第 2、第 3、第 5 引脚即可进行通信，其中，第 2、第 3、第 5 引脚分别对应“收”、

“发”、“地”信号。但是出于综合考虑，在 Keil 公司推荐的连接方式中将串口的第 7、第 8 引脚相连，第 1、第 4、第 6 引脚相连，这样可以保证串口在大多数情况下使用。

3. MON51 仿真器的应用电路

图 1.12 所示是 MON51 仿真器的应用电路图，其中，外部 RAM 使用 HM62256 的 64KB 并行接口 RAM 芯片，其有足够的存储空间可以用于存放用户程序；使用 74HC08 把 51 单片机的 PSEN 和 RD 信号相“与”，然后连接到 HM62256 的 OE 端口，实现 Von-Neumann；使用一个 MAX232 作为串口电平转化芯片来将 51 单片机的串行接口和 PC 连接起来。

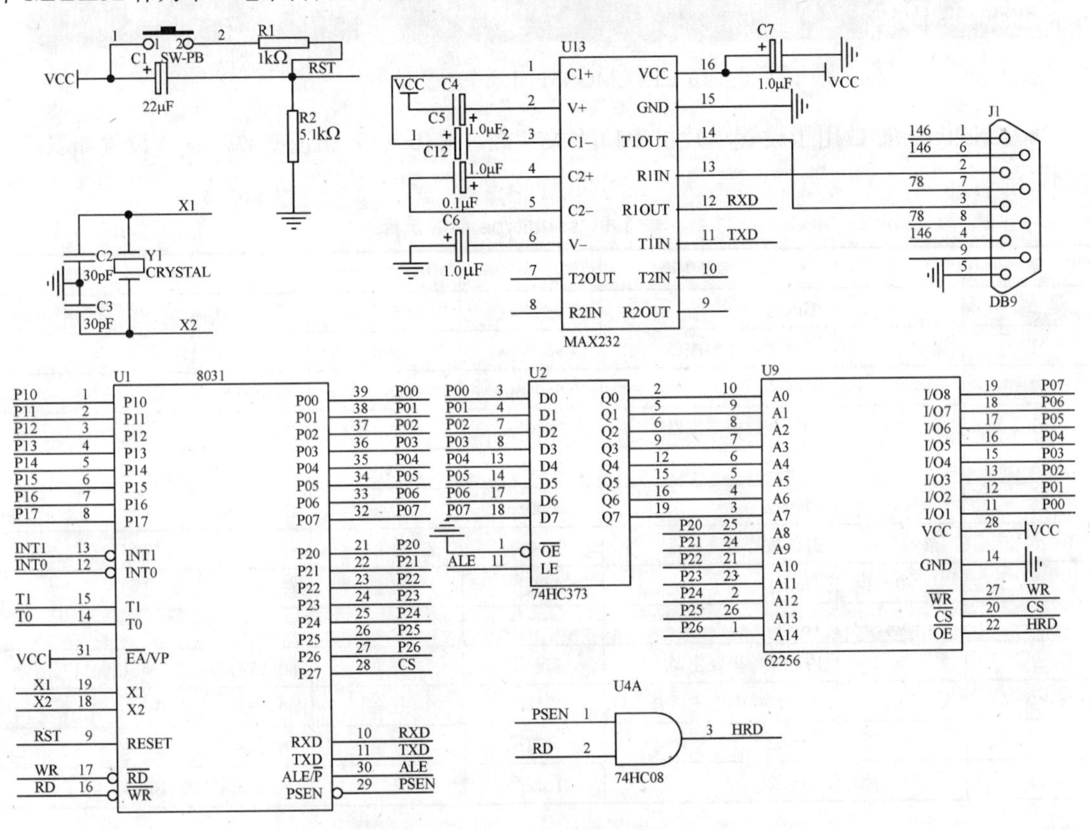

图 1.12　MON51 仿真器的应用电路

1.3.3　MON51 单片机仿真器的软件环境配置

在 Keil μVision 开发环境的安装目录“\Keil\C51\MON51”中有 MON51 仿真器的配置软件 INSTALL.BAT，用户可以使用该文件来生成自己需要的配置文件。在相同文件夹下还有文件 INSTALL.A51 和 MON_BANK.A51，这两个文件是 MON51 仿真器的资源配置文件，用户需要修改相关参数才能使得仿真器正常运行，如图 1.13 所示。

1. 配置 INSTALL.BAT

INSTALL.BAT 文件用于配置 MON51 仿真器的具体硬件资源，是必须在 DOS 或者

CMD 环境下运行的批处理文件，其命令行参数格式如下：

```
INSTALL serialtype [xdatastart  [codestart   [BANK]    [PROMCHECK]]]
//后面两参数为可选项
```

注：直接在 DOS 或者 CMD 环境下输入上述命令行（serialtype、xdatastart 等参数要更换为具体的实际使用值）即可。

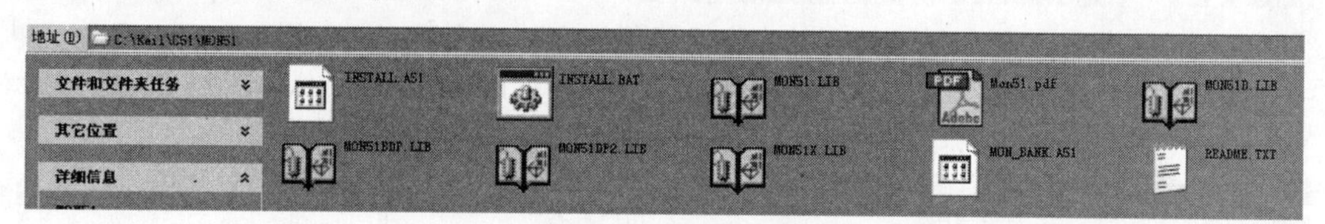

图 1.13　MON51 目录中的文件

- serialtype 参数用于设置单片机串口相关参数，是 0～12 的正整数，具体设置如表 1.1 所示。

表 1.1　serialtype 参数选择

参 数 值	串 口 号	波特率发生器	波 特 率	单片机时钟	单片机类型
0	0	Timer1	9600bps	11.0592MHz	任意 8051 系列
1	0	内部波特率发生器	9600bps	12MHz	80515、80517
2	0	Timer2	9600bps	12MHz	8052 系列
3	1	内部波特率发生器	9600bps	12MHz	80517
4	0	Timer2	9600bps	12MHz	Dallas 80C320/520/530
5	1	Timer2	9600bps	12MHz	Dallas 80C320/520/530
6	外部串口	外部波特率发生器	9600bps	12MHz	任意类型
7	0	Timer1	自校准	任意	任意类型
8	0	Timer2	自校准	任意	8051 系列
9	0	内部波特率发生器	自校准	任意	80515A,C505C C515C,80517
10	1	内部波特率发生器	自校准	任意	80517
11	0	Timer2	自校准	任意	Dallas 80C320/520/530
12	1	Timer2	自校准	任意	Dallas 80C320/520/530

- xdatastart 参数用于指定 MON51 仿真器上运行的监控程序所使用的外部存储单元的页号（一页为 256B），其取值为 0x00～0xFF。如果 xdatastart 为 0xFF，则外部数据存储单元 0xFFFF 被 MON51 仿真器的监控程序用于存放内部变量，用户自己的程序代码不能使用这个地址空间。
- codestart 参数用于指定监控程序在程序存储器的起始位置，其取值为 0x00～0xF0 之间的十六进制数，默认值为 0x00。
- BANK 参数是可选项，为代码区分组的应用程序安排，应用程序不超过 64KB，一般不选此项，可以通过修改 INSTALL.A51 来修改相关的设置。
- PROMCHECK 参数也是可选项，如果选择了该参数则 MON51 的监控程序会在 51 单片机复位时检查在程序存储区 0x0000 地址处的存储器是 EPROM 还是 RAM。

例 1.1 是使用 INSTALL.BAT 来生成 MON51 仿真器配置文件的实例，图 1.14 和图 1.15

所示是在 WindowsXP 的 CMD 命令行格式下对应的操作界面。

【例1.1】使用“0　7F　0”作为参数，该参数指明当前 MON51 仿真器使用的是 8051 系列的单片机，单片机的时钟为 11.0592MHz，串口的波特率为 9600bps，使用单片机内部定时器 1 作为波特率发生器；MON51 仿真器所使用的内部变量空间是外部 RAM 位于 0x7F00～0x7FFF 的部分，MON51 监控程序代码存放的起始地址是程序存储器的 0x0000 地址单元。

```
INSTALL   0  7F  0
```

使用以上配置命令行的过程如图 1.14 和图 1.15 所示，在批处理文件运行完成后可以在 INSTALL.BAT 的相同目录下看到生成一个名称为 MON51.HEX 的文件，将该十六进制文件烧写进 MON51 仿真器中的 51 单片机中即可。

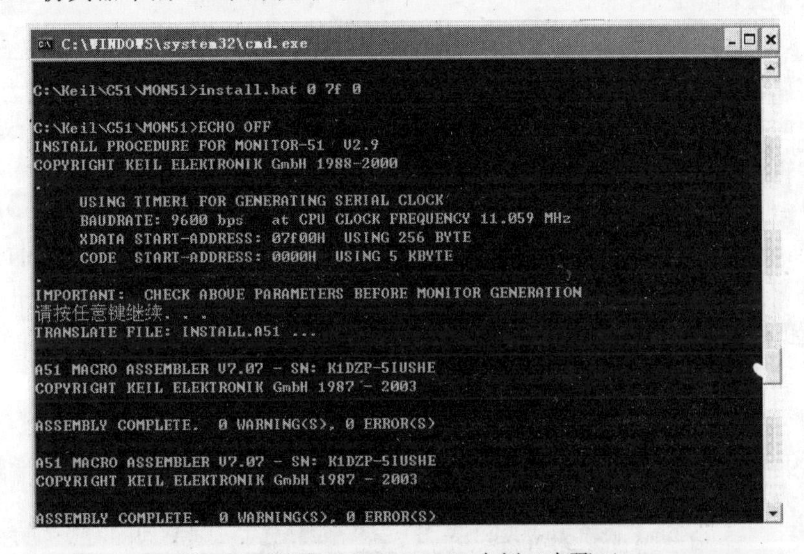

图 1.14　配置 INSTALL.BAT 实例（步骤 1）

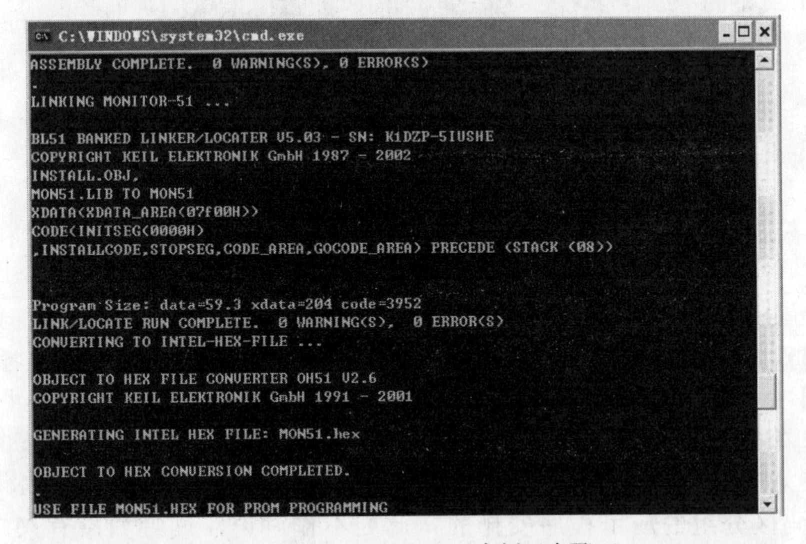

图 1.15　配置 INSTALL.BAT 实例（步骤 2）

2. 配置".A51"文件

"\Keil\C51\MON51"目录下的 INSTALL.A51 和 MON_BANK.A51 文件用于配置不同 MON51 仿真器硬件环境下的内存空间。

INSTALL.A51 文件主要用于设置 MON51 仿真器的中断偏移量和波特率。当 MON51 仿真器的监控程序在 ROM 中起始地址为 0x0000 时，用户程序将无法使用 51 单片机的的中断功能，此时必须将 MON51 仿真器中的 51 单片机的所有的中断入口地址转移至高地址中的 RAM 区，这样用户程序就可以使用中断功能了。如果 MON51 仿真器的监控程序代码的起始地址不为 0x0000 时，则不需要设置中断偏移量。需要注意的是，在修改 RAM 中断入口地址时一定要将该地址设置到监控程序未使用的地址空间，例 1.2 是配置".A51"文件来修改中断偏移量的实例。

【例 1.2】MON51 仿真器的监控程序代码的起始地址为 0，采用 Von-Neumann 连接方式的外部数据存储器起始地址为 0x8000H，则中断偏移量的起始地址也必须修改为 0x8000H，而用户应该将应用程序存放在地址 0x8000H 之后。INSTALL.A51 中的 INT_ADR_OFF 应该被修改，用编辑器打开".A51"文件，找到对应的行，进行如下修改。

```
INT_ADR_OFF  EQU  8000H
```

INSTALL.A51 还可以用于修改 MON51 仿真器和 PC 通信的波特率，MON51 仿真器的波特率一般设置为 9600bps 或自适应，若要改成其他波特率，则修改"InitSerial："节中的定时器初始化值即可，如例 1.3 所示。

【例 1.3】通过修改 InitSerial 相关参数来修改通信波特率。

```
;*****************************************************************
;*  Using TIMER 1 to Generate Baud Rates                        *
;*  Oscillator frequency = 11.059 MHz                          *
;*  Set Baudrate to 9600 Baud                                 *
;*****************************************************************
InitSerial: PROMCHECK                ; Check if PROM in System
            MOV     TMOD,#00100000B ;C/T = 0, Mode = 2
            MOV     TH1,#0FDH
            SETB    TR1
            MOV     SCON,#01011010B ; Init Serial Interface
            JMP     Mon51


$ENDIF
```

注：通过设置 TMOD 等相关参数值即可以修改 MON51 仿真器的通信波特率，不过这个值一般使用 INSTALL.BAT 批处理参数来设置，除非这个波特率不是表 1.1 中列出的非标准波特率并且在自适应中出现困难。

INSTALL.A51 文件中还有许多其他设置，一般不需要进行修改，而 MON_BANK.A51 文件是为代码区分组的应用程序安排的，此处不作讨论，读者如果有兴趣可以参看"\Keil\C51\MON51"下的 PDF 文件。

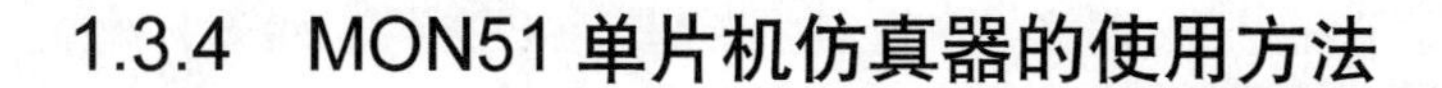

1.3.4　MON51 单片机仿真器的使用方法

在配置好 INSTALL.BAT 文件后生成的 MON51.HEX 文件烧入 51 单片机之后，MON51 仿真器就可以使用了，本小节介绍该仿真器的使用方法，主要讲解如何设置 PC 端的 Keil μVision 软件环境和修改工程项目的相关运行文件。

1．配置 Keil μVision 工程项目环境

在 Keil μVision 环境中建立一个项目文件并且编译通过，确定 MON51 仿真器硬件系统已经连接，则可以进入软件环境设置步骤。

- 修改 MON51 仿真器波特率：在“Project/Options for Target 'Target1'/Options for Target 'Target1'”对话框中的 Target 标签下，修改 Xtal(MHz)为 MON51 仿真器所使用的波特率，如 11.0592，如图 1.16 和图 1.17 所示。
- 修改中断向量偏移地址：将上述对话框中的 C51 标签下的 Interrupt vectors at address 修改为实际使用的地址，如 0x8000，如图 1.17 所示。

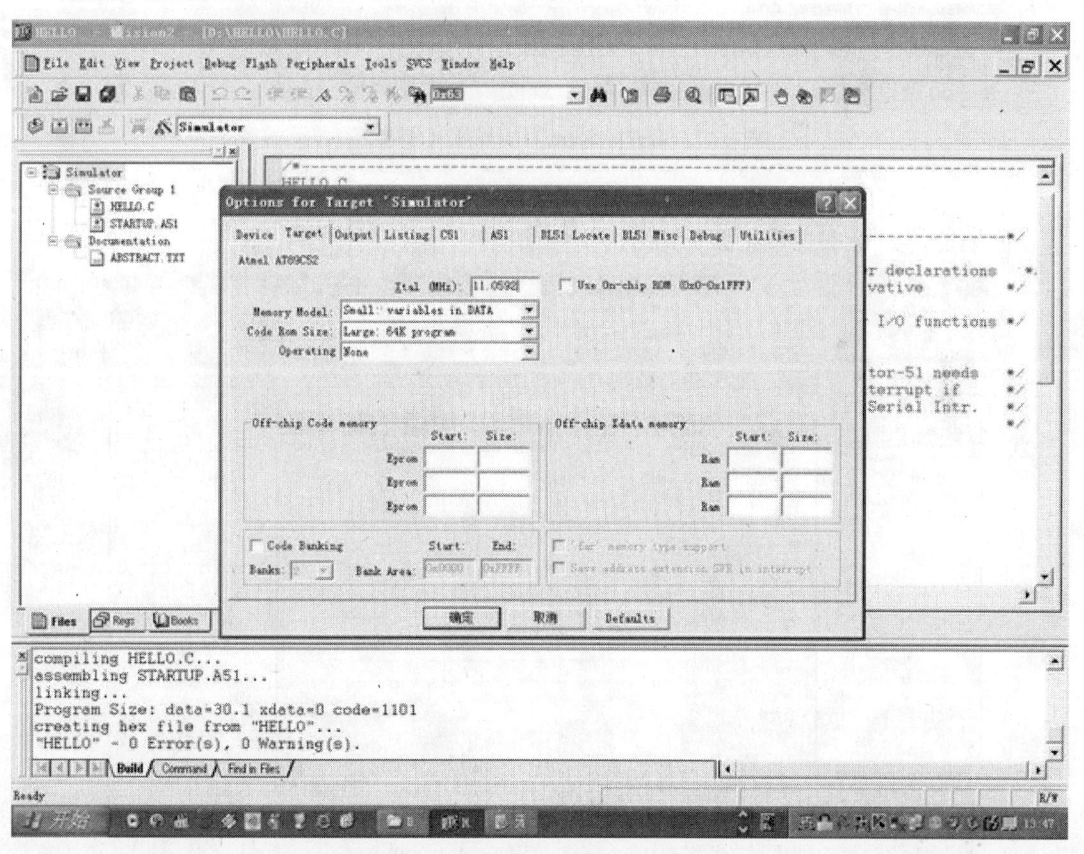

图 1.16　Keil μVision 环境设置（步骤 1）

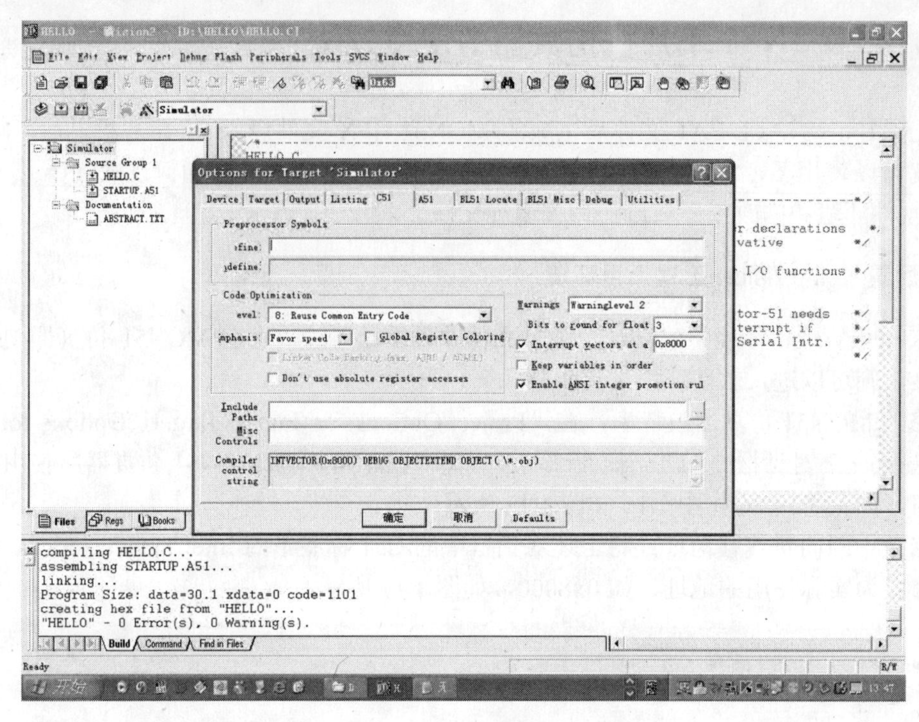

图 1.17　Keil μVision 环境设置（步骤 2）

- 修改代码空间地址：在如上对话框中的 BL51 Locate 标签 Code 中填入对应的代码空间地址，如 0x8000，如图 1.18 所示。

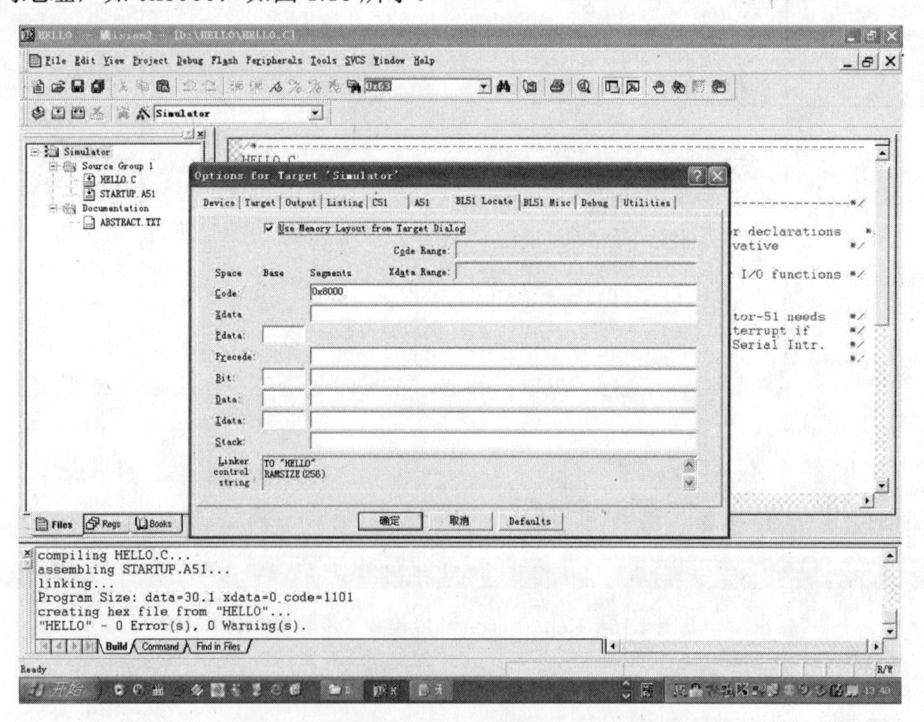

图 1.18　Keil μVision 环境设置（步骤 3）

- 选择仿真器：在如上对话框的 Debug 标签选中 Use：keil Monitor-51 Driver，如图 1.19 所示。

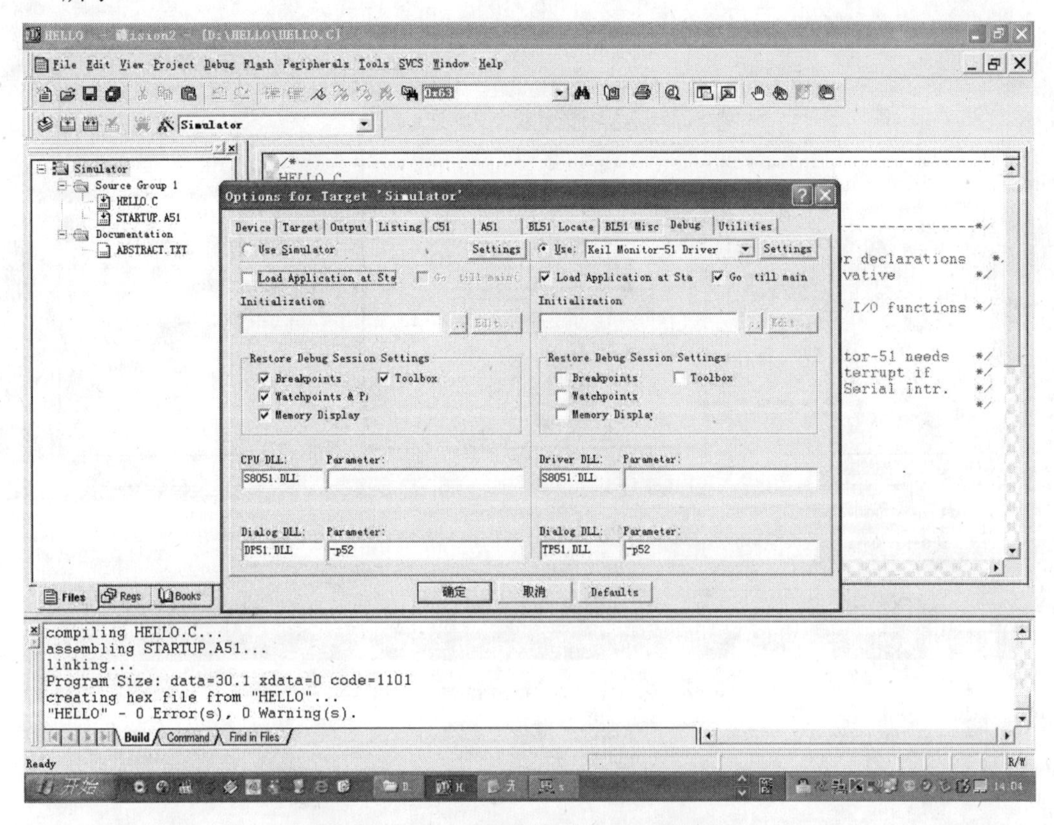

图 1.19　Keil μVision 环境设置（步骤 4）

- 设置 MON51 仿真器使用的串口号：单击 Debug 标签中的 Settings 按键，根据现实中使用的 PC 串口来选择 Port 编号，如图 1.20 所示。
- 设置用户代码运行方式：选中 Debug 标签下的 Load Application at Start，然后选中 Go till main()，如图 1.21 所示。

通过以上的设置，MON51 仿真器的 Keil μVision 工程项目环境已经设置完成，下一步只需要修改工程项目的相关配置文件“.A51”即可使用。

2. 配置工程项目的“.A51”文件

在 Keil μVision 的每一个项目文件里面都有一个 Startup.A51 文件，包含了 51 单片机初始化的一些相关参数，包括中断向量地址、内存初始化值等，在使用 MON51 仿真器的时候需要将该文件中的 CSEG AT 0 替换为 CSEG AT xxxx，以保证外部地址的不冲突，其中，xxxx 为相应的地址单元，通常为 0x8000H 等。

注：在图 1.12 给出的应用电路图中，外部 RAM 地址是从 0x0000 开始的，所以不需要修改。

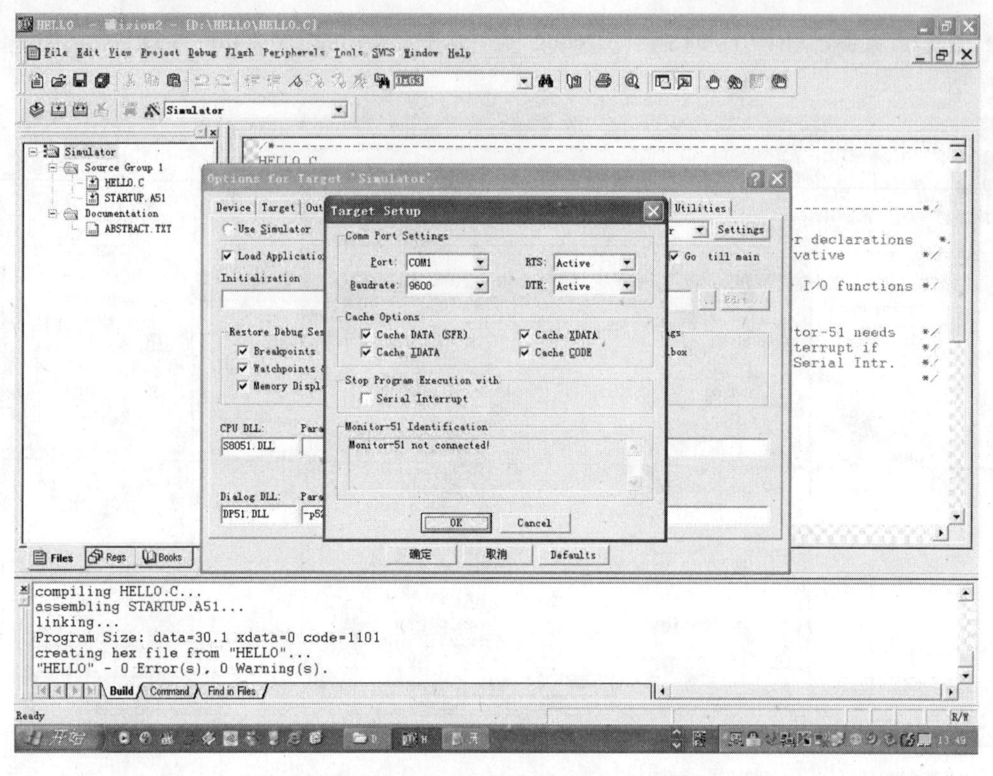

图 1.20　Keil μVision 环境设置（步骤 5）

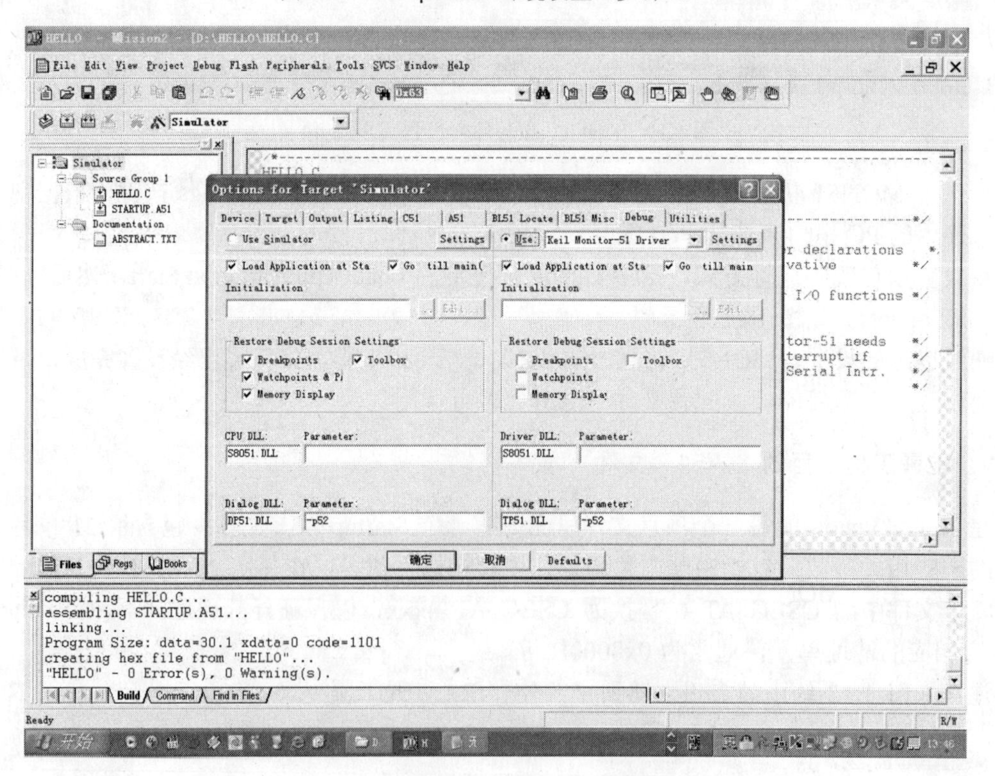

图 1.21　Keil μVision 环境设置（步骤 6）

3．运行 MON51 仿真器

当完成前两步配置之后即可运行 MON51 仿真器。

- 单击 Debug/Start Stop Debug Session，MON51 仿真器则进入 Debug 模式，在进入 Debug 的过程中可以看到左下角有一个程序下装的进度条，如图 1.22 所示。

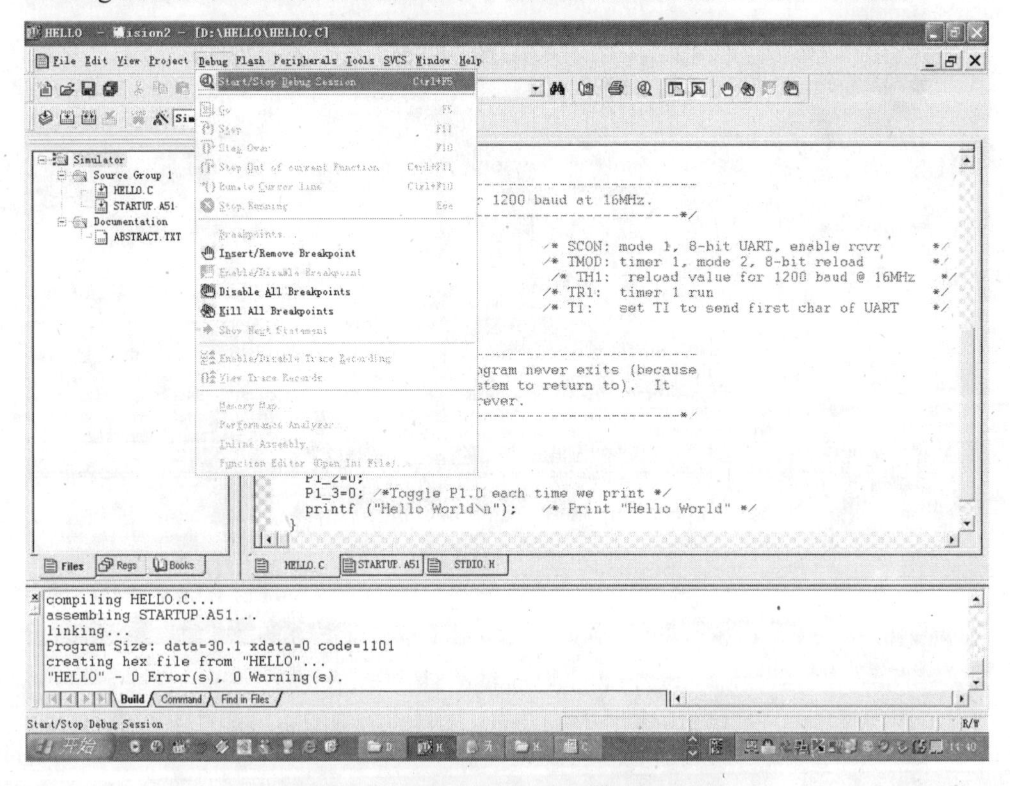

图 1.22　进入 Debug 模式

- 进入 Debug 模式之后出现多个 Debug 对话框，例如，Disassembly（编译）、Serial#1（串口 1）对话框等，可以看到相关的代码执行情况，在左边的 Regs（寄存器）对话框则可以看到相应的特殊寄存器情况，可以通过单击 Debug 菜单来完成相应的设置或者退出 Debug 环境，如图 1.23 所示。

图 1.24 所示的是一个使用中的 MON51 仿真器实物图。

1.3.5　MON51 仿真器注意事项

前面介绍了 MON51 仿真器的硬件设计和软件配置方法，本小节介绍其在实际使用中的一些使用技巧。

1．常见的错误

- ERROR 22，NO CODE MEMORY AT 0x80xx：这是因为 MON51 仿真器用于存放用户程序代码的外部数据存储 RAM 的地址空间与用户程序代码所使用的目标系统地址存在冲突，应检查硬件电路和软件设置，看看地址的分配是不是有冲突，如有则可以通过更改相应的“.A51”文件解决。

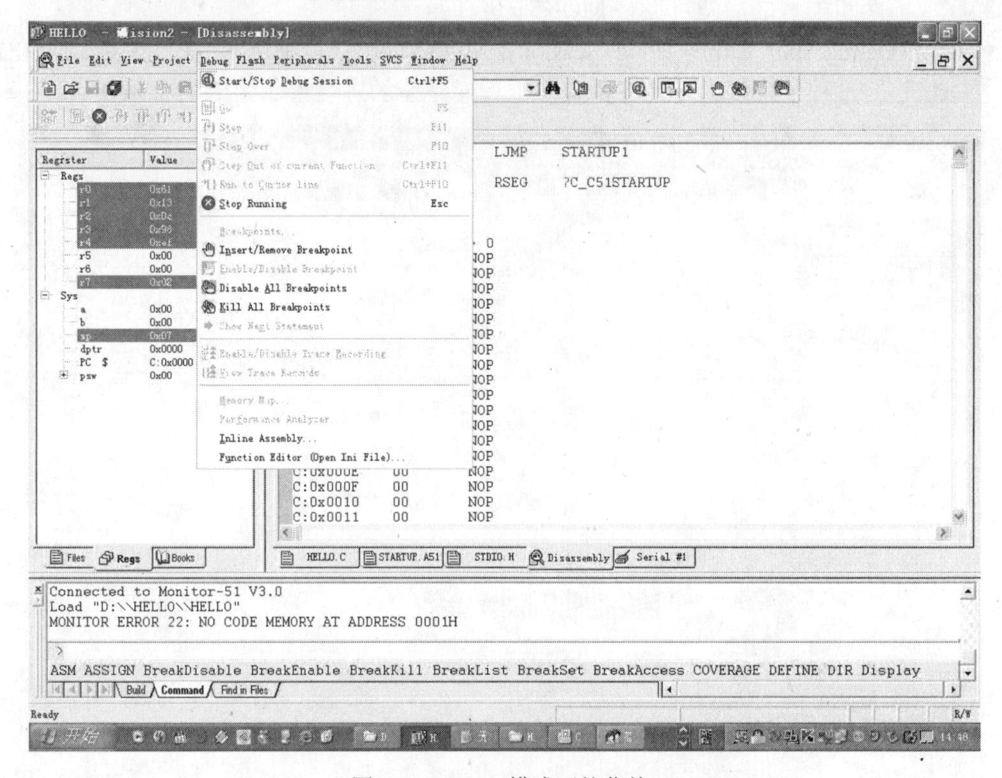

图 1.23　debug 模式下的菜单

图 1.24　MON51 仿真器实物图

- ERROR L107，ADDRESS SPACE OVERFLOW：这是因为用户程序代码的总长度超过了 Keil μVision 中设定的允许长度。可将用户程序允许长度设到仿真器所允许的最大值之内；若还不能解决，可将程序分段进行调试。
- WARNING L1，UNRESOLVED EXTERNAL SYMBOL：这是由于在生成 MON51 仿真器的监控程序时，即执行 INSTALL 批处理命令时没有使用[BANK]选项。解决方法是将 Startup.A51 文件中第 140、141 行最前面加“；”号注释掉。

注：使用 MON51 仿真器的时候项目工程必须加入 Startup.A51 文件并且做相应的设置。

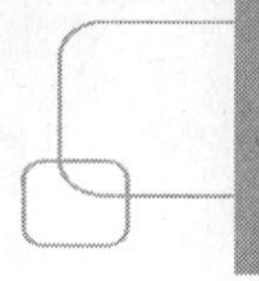

2. 关于 MON51 仿真器的资源使用技巧

由于 MON51 仿真器需要占用 51 单片机的一些系统资源，给用户在编写自己的用户代码时带来了不便，尤其需要注意以下两个问题。

- 串口的使用归属：串口是 51 单片机经常需要使用的功能模块，而大多数 51 单片机只有一个串口，在 MON51 仿真器与 PC 相连的仿真状态时，该串口用于 MON51 仿真器与 PC 通信。若用户的应用程序中也用到串口，就会发生冲突，解决方法是在用户程序装载完毕后，运行用户程序，再断开仿真器与 PC 的串行通信线，此时串口就可归用户程序使用了，当然这时 PC 就不能在线调试了。
- 外部存储空间的大小：当用户的应用程序越长，则其所占用的外部数据存储将越大，当超过了外部存储空间的大小的时候，就会出现错误，其解决的方法是对较长的程序进行分段调试。所有的程序完成后在软件仿真状态（不用 MON51 仿真器）生成一个完整的 HEX 文件。另外，如果应用系统中还有其他接口器件占用外部数据存储空间，要合理安排。例如，如果有一块 E^2PROM 用于存放历史数据，可以在调试过程中用#define 预处理命令将存放历史数据的存储空间定义在较小的范围内。

第 2 章　51 单片机内部资源应用

51 单片机的内部资源包括 2～3 个定时计数器、1 个全双工的串行通信模块、2 个外部中断引脚和带多优先级的中断系统。本章主要介绍 51 单片机的内部资源的基础和常见应用实例，首先介绍内部资源的控制寄存器的使用方法和工作方式，然后介绍如何对它们进行操作，给出相应的控制代码或者库函数，最后是常见的应用实例代码。

2.1　51 单片机内部定时/计数器应用

51 单片机内部集成了两个 16 位定时/计数器 T0 和 T1，可以用于定时或者计数操作，某些型号的 51 单片机还有第三个和这两个定时/计数器略有区别的定时/计数器 T2。

2.1.1　内部定时/计数器 T0/T1 基础

1．相关寄存器

51 单片机通过对相关寄存器的操作来实现对定时/计数器 T0 和 T1 的控制，这些寄存器包括工作方式寄存器 TMOD、控制寄存器 TCON，T0 数据寄存器 TH0 和 TL0，T1 数据寄存器 TH1 和 TL1。

TMOD 是定时/计数器的工作方式寄存器，其地址为 0x89，TMOD 的内部结构如表 2.1 所示，不支持位寻址，在 51 单片机复位后初始化值为所有位都被清零。

表 2.1　定时/计数器的工作方式寄存器 TMOD

<table>
<tr><th>位 编 号</th><th>位 名 称</th><th>描 述</th></tr>
<tr><td>7</td><td>GATE1</td><td>定时/计数器 1 门控位，当 GATE1=0 时，T1 的运行只受到控制寄存器 TCON 中运行控制位 TR1 控制；当 GATE1=1 时，T1 的运行受到 TR1 和外部中断输入引脚上电平的双重控制</td></tr>
<tr><td>6</td><td>C/T1#</td><td>定时/计数器 1 定时/计数方式选择位，当 C/T1# ＝ 0 时，T1 工作在计数状态下，此时计数脉冲来自 T1 引脚（P3.5），当引脚上检测到一次负脉冲时，计数器加 1；当 C/T1# ＝ 1 时，T1 工作在定时状态下，此时每过一个机器周期，定时器加 1</td></tr>
<tr><td>5</td><td>M10</td><td rowspan="2">T1 工作方式选择位
M10M01　　工作方式
00　　0
01　　1
10　　2
10　　3</td></tr>
<tr><td>4</td><td>M01</td></tr>
<tr><td>3</td><td>GATE0</td><td>定时/计数器 0 门控位，其功能和 GATE1 相同</td></tr>
<tr><td>2</td><td>C/T0#</td><td>定时/计数器 0 定时/计数选择位，其功能和 C/T1#相同</td></tr>
<tr><td>1</td><td>M10</td><td rowspan="2">T0 工作方式选择位，其功能和 M10M01 相同</td></tr>
<tr><td>0</td><td>M00</td></tr>
</table>

TCON 是定时/计数器的控制寄存器，其地址为 0x88，TCON 的内部结构如表 2.2 所示，在单片机复位后初始化值为所有位都被清零。

表 2.2　定时/计数器的运行控制寄存器 TCON

位 序 号	位 名 称	说　明
7	TF1	定时/计数器 1 溢出标志位，其功能和 TF0 相同
6	TR1	定时/计数器 1 启动控制位，其功能和 TR0 相同
5	TF0	定时/计数器 0 溢出标志位，该位被置位则说明单片机检测到了定时/计数器 0 的溢出，并且 PC 自动跳转到该中断向量入口，当单片机响应中断后该位被硬件自动清除
4	TR0	定时/计数器 0 启动控制位，当该位被置位时启动定时/计数器 0
3	IE1	外部中断 1 触发标志位，其功能和 IE0 相同
2	IT1	外部中断 1 触发方式控制位，其功能和 IT0 相同
1	IE0	外部中断 0 触发标志位，该位被置位则说明单片机检测到了外部中断 0，并且 PC 自动跳转到外部中断 0 中断向量入口，当单片机响应中断后该位被硬件自动清除
0	IT0	外部中断 0 触发方式控制位，置位时为下降沿触发方式，清除时为低电平触发方式

数据寄存器 TH0、TL0、TH1、TL1 用于存放相关的计数值，当定时/计数器收到一个驱动事件（定时、计数）后，数据寄存器的内容加 1，当数据寄存器的值到达最大的时候，将产生一个溢出中断，在 51 单片机复位后所有寄存器的值都被初始化为 0x00，这些寄存器都不能位寻址。

2. 工作方式

51 单片机的定时/计数器 T0 和 T1 有四种工作方式，由 TMOD 寄存器中间的 M1、M0 这两位来决定。

工作方式 0 和工作方式 1：当“M1M0=00”时，T0/T1 工作于工作方式 0，其内部计数器由 TH0/TH1 的 8 位和 TL0/TL1 的低 5 位组成的 13 位计数器，当 TL0/TL1 溢出时将向 TH0/TH1 进位，当 TH0/TH1 溢出后则产生相应的溢出中断，由 GATE 位、C/T#位来决定定时器的驱动事件来源。当“M1M0=01”时，T0/T1 工作于工作方式 1，其内部计数器为 TH0/TH1 和 TL0/TL1 组成的 16 位计数器，其溢出方式和驱动事件的来源和工作方式 0 相同。51 单片机在接收到一个驱动事件之后计数器加 1，当计数器溢出时则产生相应的中断请求。在定时的模式下，定时/计数器的驱动事件为单片机的机器周期，也就是外部时钟频率的 1/12，可以根据定时器的工作原理计算出工作方式 0 和工作方式 1 下的最长定时长度 T 为

$$T = \frac{2^{13/16} \times 12}{F_{osc}}$$

通过对定时/计数器的数据寄存器赋一个初始化值的方法可以让定时/计数器得到 0 到最大定时长度中任意选择的定时长度，初始化值 N 的计算公式如下：

$$N = \frac{T \times F_{osc}}{2^{13/16} \times 12}$$

注：定时/计数器的工作方式 0 和工作方式 1，不具备自动重新装入初始化值的功能，所以如果要想循环得到确定的定时长度就必须在每次启动定时器之前重新初始化数据寄存器，通常是在中断服务程序里完成这样的工作。

工作方式 2：当“M1M0=10”时，T0/T1 工作于工作方式 2。定时/计数器的工作方式 2 和前两种工作方式有很大的不同，工作方式 2 下的 8 位计数器的初始化数值可以被自动重新装入。在工作方式 2 下 TL0/TL1 为一个独立的 8 位计数器，而 TH0/TH1 用于存放时间常数，当 T0/T1 产生溢出中断时，TH0/TH1 中的初始化数值被自动地装入 TL0/TL1 中。这种方式可以大大地减少程序的工作量，但是其定时长度也大大地减少，应用较多的场合是较短的重复定时或用做串行口的波特率发生器。

工作方式 3：当“M1M0=11”时，T0 工作于工作方式 3。在这种工作方式下 T0 被拆分成了两个独立的 8 位计数器 TH0 和 TL0，TL0 使用 T0 本身的控制和中断资源，而 TH0 则占用了 T1 的 TR1 和 TF1 作为启动控制位和溢出标志。在这种情况下，T1 将停止运行并且其数据寄存器将保持其当前数值，所以，设置 T0 为工作方式 3 也可以代替复位 TR1 来关闭 T1 定时/计数器。

3．中断处理

当 51 单片机的中断控制寄存器 IE 中的 EA 位和 ET0/ET1 都被置“1”的时候，定时/计数器 T0/T1 的中断被使能，在这种状态下，如果定时/计数器 T0/T1 出现一个计数溢出事件，则会触发定时/计数器中断事件。由第 2 章可知，可以通过修改中断优先级寄存器 IP 中的 PT0/PT1 位来提高定时/计数器的中断优先级。定时/计数器 T0/T1 的中断处理函数的结构如下：

```
void 函数名(void) interrupt 1 using 寄存器编号
//这是定时/计数器 0 的;如果是定时/计数器则把中断标号修改为 3 即可
{
    中断函数代码;
}
```

2.1.2 使用 T0 精确定时

1．功能描述

T0 的精确定时常应用于 51 单片机的应用系统对“片时间”比较敏感的场合，需要在一段时间之后进行一项操作或者在某个时间间隔之内反复进行一项操作。

2．设计思路和操作步骤

使用 T0 精确定时，可以让 T0 在需要定时的时间长度到来的时候触发一个中断事件，在这个中断事件中进行相应的操作，该思路的具体操作步骤如下：

（1）根据 51 单片机的工作频率和需要定时的长度选择 T0 的工作方式。

（2）设置 T0 的 TH 和 TL 数据寄存器的初始化值。

（3）启动 T0 并且开启 T0 中断。

（4）在 T0 的中断服务子程序中进行需要的操作，并且根据 T0 的工作方式来决定是否需要重新装入 TH 和 TL 数据寄存器的初始化值。

3．应用实例——T0 控制 I/O 引脚输出方波信号

【例 2.1】initT0 是 T0 的初始化函数，使用 T0 进行 100μs 的定时，在 main 函数中调用该函数，然后进入主循环等待中断事件，在中断服务子函数 Timer0Interrupt 中将 P1.0 引脚翻转。

```
#include  <AT89X52.h>
 //初始化 T0 的函数,51 单片机工作频率为 11.0592MHz
void initT0(void)
{
    TMOD = 0x01;                          //工作方式 1
    TH0 = 0xFF;
    TL0 = 0xA4;                           //装入初始化值,100μs
    EA = 1;
    ET0 = 1;                              //开中断
    TR0 = 1;                              //启动 T0
}
//T0 中断服务子函数
void Timer0Interrupt(void) interrupt 1
{
    TH0 = 0xFF;                           //再次装入初始化值
    TL0 = 0xA4;
    P1_0 = ~P1_0;                         //P1.0 电平翻转
}

main()
{
   initT0();                              //初始化 T0
   while(1)                               //主循环,等待中断
   {
   }
}
```

如例 2.1 所示，51 单片机会在 P1.0 引脚上输出一个方波信号，参考图 2.1，可以看到该方波的宽度为 100μs。

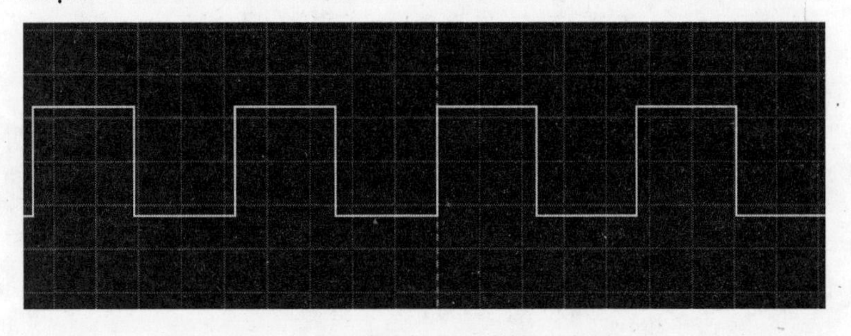

图 2.1　51 单片机的引脚输出波形

2.1.3 T1 精确定时

使用 T1 进行精确定时的方法和 T0 完全相同，设计思路和操作步骤也完全相同，例 2.2 是使用 T1 在工作方式 2 下进行 100μs 定时的应用代码。

【例 2.2】和例 2.1 类似，本应用也是使用 T1 精确定时驱动 P1.0 输出方波信号，所不同的是 T1 使用工作方式 2，其不需要手动重新装入定时器初始化值。另外，使用了一个位变量 flg 来作为中断事件的标志位，在中断服务子程序中仅仅修改这个标志位，然后在主程序中去判断这个标志位，最后做相应的操作，这样的好处是能大大减少中断服务子程序的执行时间，从而减少由于中断子程序执行带来的定时误差。

```
#include <AT89X52.h>
//初始化 T1 的函数,51 单片机工作频率为 11.0592MHz
bit flg = 0;                    //定义标志位
void InitT1(void)
{
    TMOD = 0x20;                //T1,工作方式 2
    TH1 = 0xA4;                 //装入初始化值,100ms
    TL1 = 0xA4;
    EA = 1;
    ET1 = 1;                    //开启中断
    TR1 = 1;                    //启动 T1
}
//T1 的中断服务子函数
void Timer1Interrupt(void) interrupt 3
{
    flg = 1;                    //将标志位置位
}
void main(void)
{
    InitT1();                   //初始化 T1
    while(1)
    {
      while(flg==0);            //等待标志位置位
      flg = 0;                  //清除标志位
      P1_0 = ~P1_0;             //将 P1.0 翻转
    }
}
```

程序的波形输出可以参考图 2.1。

2.1.4 使用 T0/T1 计数

1. 功能描述

T0/T1 的作用除了作为定时器，还可以作为计数器使用，对外加在对应引脚（T0/T1）上的外部脉冲信号进行计数。

2. 设计思路和操作步骤

使用 T0/T1 进行计数时，当外部引脚上检查到一个脉冲信号之后让计数器加 1，可以使 T0/T1 在计数溢出之后产生一个中断事件，然后在中断事件中进行检查在此次溢出之前进行了多少次计数，则可以得到对应的计数值，其具体操作步骤如下：

（1）设置 T0/T1 工作方式为计数。

（2）设置 T0/T1 对应的数据寄存器初始化值。

（3）启动 T0/T1 并且开启对应的中断。

（4）在中断服务子程序中根据初始化值来计算此次中断过程中 T0/T1 完成了多少次计数，重装 T0/T1 的数据寄存器初始化值。

3. 应用实例——使用 T0 外部脉冲计数

【例 2.3】T0 工作于计数方式，外部脉冲加在 51 单片机的 T0（P3.5）引脚上，当检查到一个脉冲之后 T0 加 1，由于 T0 的数据寄存器 TH0 和 TL0 的初始化值为 0xFFF1，所以，当检测到 0xFFFF～0xFFF1 个计数脉冲之后溢出，触发 T0 计数器中断，在中断服务子程序中对标志位 flg 进行置位，然后在主循环中检查该标志位并且计算计数值。

```
#include <AT89X52.h>
bit flg = 0;                                //标志位
unsigned int counter = 0;                   //计数值
//T0 初始化函数
void InitT0(void)
{
    TMOD = 0x05;                            //T0 计数工作方式,工作方式 1
    TH0 = 0xFF;
    TL0 = 0xF1;                             //T0 数据寄存器的初始化值
    EA = 1;
    ET0 = 1;                                //开启中断
    TR0 = 1;                                //启动 T0
}
//T0 中断服务子函数
void Timer0Interrupt(void) interrupt 1
{
    TH0 = 0xFF;                             //重装初始化值
    TL0 = 0xF1;
```

```
        flg = 1;                                        //标志位置位
    }
    void main(void)
    {
        InitT0();
        while(1)
        {
          while(flg == 0);                              //等待标志位被置位
          flg = 0;                                      //清除标志位
          counter = 65536 -  ((0xFF * TH0) + TL0);  //计算计数值
        }
    }
```

注：如果将 T0/T1 的数据寄存器的初始值设置为 0xFFFF，则可以在每次脉冲信号到来的时候都触发定时器中断，也可以用于计数。

2.1.5 使用 T0 和 T1 产生 PWM 波形

1．功能描述

PWM 波形输入常用于驱动电机、蜂鸣器等器件，其输出波形由两个参数决定，一个是频率，也就是多长时间产生一个高脉冲电平；另外一个是高脉冲电平的宽度，也就是每次高脉冲电平的持续时间。

2．设计思路和操作步骤

为了产生一个 PWM 波形，需要控制 51 单片机的对应引脚输出高低电平，通常使用 T0 和 T1 其中一个来控制该引脚输出电平的频率，而另一个来控制该引脚输出的电平宽度，其具体操作步骤如下（假设 T1 控制频率 T0 控制宽度）：

（1）将对应引脚输出电平置低。

（2）设置 T0 和 T1 的工作方式。

（3）根据 PWM 波形的需求计算出 T0 和 T1 的预置值。

（4）启动 T0 和 T1，开启中断，同时将该引脚输出电平置高。

（5）当 T0 中断到来的时候将该引脚输出电平置低。

（6）当 T1 中断到来的时候再次将该引脚的输出电平拉高，同时开启 T0，跳转到步骤（5），循环执行。

3．应用实例——T0 和 T1 控制 I/O 引脚输出 PWM 波形

【例 2.4】使用 T1 来进行 10ms 的定时控制 PWM 的频率（100Hz），在 T1 的定时器中断中启动 T0 控制 PWM 输出 2ms 的高电平，51 单片机对应的 PWM 波形输出引脚为 P1.0。

```
    #include <AT89X52.h>
    //T0 和 T1 的初始化函数
```

```
void initTimer(void)
{
  TMOD = 0x11;                              //设置工作方式
  EA = 1;
  ET0 = 1;                                  //开启 T0 和 T1 的中断
  ET1 = 1;
  TH1 = 0xDC;                               //10μs
  TL1 = 0x00;                               //T1 的预置值
  TH0 = 0xF8;                               //2μs
  TL0 = 0xCD;                               //T0 的预置值
  TR0 = 1;
  TR1 = 1;                                  //启动两个定时器
}
//TL0 中断服务子函数,使用通用工作寄存器组 1
void Timer0(void) interrupt 1 using 1
{
P1_0 = 0;                                   //P1_0 引脚为低电平
TR0 = 0;                                    //停止定时器 TL0
  TH0 = 0xF8;                               //2μs
  TL0 = 0xCD;                               //T0 的预置值
}
//TH0 中断服务子函数,占用定时计数器 1 的中断向量,使用通用工作寄存器组 2
void Timer1(void) interrupt 3 using 2
{
P1_0 = 1;                                   //P1_0 引脚为高电平
TR0 = 1;                                    //启动定时器 TL0
  TH1 = 0xDC;                               //10μs
  TL1 = 0x00;                               //T0 的预置值
}
main()
{
  P1_0 = 0;                                 //初始化为低电平
  initTimer();                              //初始化 T0 和 T1
  while(1)
  {
  }
}
```

例 2.4 输出的 PWM 波形如图 2.2 所示。

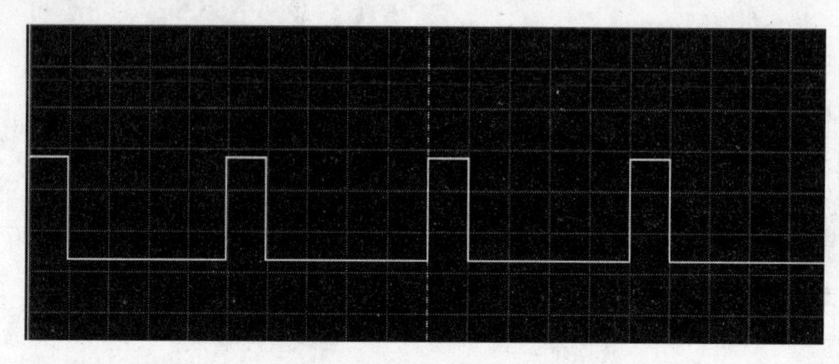

图 2.2 PWM 波形输出

2.1.6 使用 T0/T1 来测量脉冲宽度

1．功能描述

由于 T0/T1 的控制寄存器中有一个门控信号位，当该位被置“1”的时候，只有当 51 单片机的外部中断引脚上为高电平时 T0/T1 计数，所以，可以利用这个特点来测量一个外加到单片机外部中断引脚上的外部电平的宽度。

2．设计思路和操作步骤

由于定时器此时受到外部中断引脚和 TR0/TR1 位的双重控制，所以，可以在外部电平为低电平的时候启动定时器，然后当引脚上电平变为高电平之后定时器开始计数，同时监视引脚电平变化，当电平再次变为低电平的时候停止计数，此时的数据寄存器内容则为电平宽度对应的计数值，具体的操作步骤如下：

（1）设置 GATE 位和定时器的工作方式。

（2）启动定时器。

（3）监视外部中断引脚上的电平变化，当电平变为低的时候停止定时器。

（4）读取定时器对应的数据寄存器的内容。

（5）根据对应的工作频率计算出脉冲宽度。

3．应用实例——使用 T0 测量外部脉冲宽度

【例 2.5】在 initT0 的 T0 初始化函数中，设置了 GATE 位，然后在外部中断 0 引脚（P3.2）变低的时候将 T0 关闭，读取 TH0 和 TL0 的值，再计算获得脉冲的宽度。

```
#include <AT89X52.h>
long time=0;                //计数器宽度
//T0 初始化函数
void initT0(void)
{
  TMOD = 0x09;            //GATE 位设置
  TH0 = 0x00;
  TL0 = 0x00;
}
```

```
main()
{
  initT0();                                              //初始化 T0
  while(1)
  {
    while(P3_2 == 0);                                    //等待电平变高
    TR0 = 1;                                             //启动 T0
    while(P3_2== 1);                                     //等待电平变高
    TR0 = 0;                                             //停止定时器
    time = (256 * TH0 + TL0)* 11.0592;
    //计算脉冲宽度时间,单位为 ms,51 单片机工作频率 11.0592MHz
  }
}
```

2.1.7　使用 T0/T1 来扩展外部中断

1．功能描述

当 51 单片机的外部中断 0 和外部中断 1 都被占用的时候，可以使用 T0/T1 的外部引脚来模拟一个“外部中断”。

2．设计思路和操作步骤

和使用 T0/T1 来计数的方法类似，如果把 T0/T1 设置为计数模式下的自动重装工作方式（工作方式 2），同时把自动装入的预置值设置为 0xFF，将需要检测的信号接到定时器的外部引脚（P3.4 和 P3.5）上，当该信号输入给出一个负脉冲的时候，计数器加 1，触发 51 单片机的计数器溢出中断。

用定时计数器来扩展外部中断的应用有一定使用限制，首先这个信号必须是边沿触发的；其次，在单片机检测到负脉冲信号和中断响应之间有一个指令周期的延时，因为只有当定时计数器加 1 之后才会产生一个溢出中断；第三，当这个定时计数器用做外部中断的时候，就不能用于定时/计数功能，其具体的操作步骤如下：

（1）将对应的电平信号连接到 51 单片机的 T0/T1 引脚上。

（2）设置 T0/T1 为计数器工作方式，工作方式 2。

（3）设置 T0/T1 的 TH0/TH1 数据寄存器预置值为 0xFF。

（4）启动 T0/T1 并且开启中断。

3．应用实例——使用 T0 和 T1 扩展外部中断

【例 2.6】51 单片机使用 T0 和 T1 扩展了两个外部中断，此时 Timer0 和 Timer1 定时器中断服务子函数被当做外部中断服务子函数来使用。

```
#include <AT89X52.h>
void initTimer(void)
```

```
{
  TMOD = 0x66;                                   //定时计数器工作方式 2
  TH0 = 0xFF;
  TL0 = 0xFF;
  TH1 = 0xFF;
  TL1 = 0xFF;                                    //都设置初始化值为 0xFF
  EA = 1;
  ET0 = 1;
  ET1 = 1;                                       //打开相应中断
  TR0 = 1;
  TR1 = 1;                                       //启动定时计数器 0 和 1
}
void Timer0(void) interrupt 1  using 1           //定时计数器 0 中断处理函数
{
  //外部中断事件处理
}
void Timer1(void) interrupt 3  using 2           //定时计数器 1 中断处理函数
{
  //外部中断事件处理
}
main()
{
  initTimer();                                   //初始化 T0 和 T1
  while(1)
  {
  }
}
```

2.1.8 内部定时/计数器 T2 基础

在某些 51 单片机中还有一个 16 位的定时/计数器 T2，其有捕获、重装和波特率发生器三种工作方式。

1. 相关寄存器

51 单片机同样通过对相关寄存器的操作来实现对定时/计数器 T2 的控制，T2 相关的寄存器用于控制寄存器 T2CON，状态寄存器 T2MOD，两个 8 位的数据寄存器 TH2、TL2 及重装/捕获高/低位寄存器 RCAP2H/ RCAP2L。

T2CON 是 T2 的控制寄存器，其寄存器地址为 0xC8，内部功能如表 2.3 所示，51 单片机复位后该寄存器被清零，该寄存器支持位寻址。

表 2.3　T2CON 寄存器

位编号	位名称	描述
7	TF2	T2 溢出标志，当 RCLK 和 TCLK 均被置位时该位被忽略，否则当 T2 溢出时该位被置位，该位可以在硬件响应中断后被自动清除
6	EXF2	T2 外部标志，当 EXEN2 被置位后，如果在 T2EX 外部引脚（P1.1）上检测到一个负跳变，该位被置位，并且引发一个 T2 中断，该标志位必须由软件清除
5	RCLK	接收时钟位，置位则使用 T2 作为串行口工作方式 1、3 的接收时钟发生器
4	TCLK	发送时钟位，置位则使用 T2 作为串行口工作方式 1、3 的发送时钟发生器
3	EXEN2	T2 外部使能位，置位后使得 T2 能够响应 T2EX 外部引脚上的捕获或者进行重装操作
2	TR2	T2 启动位，置位则启动 T2
1	C/T2#	T2 工作方式选择位，置位为计数操作，复位为定时操作
0	CP/R2#	T2 捕获/重装位，当 TCLK 或 RCLK 被置位后，此位被忽略，当 T2 溢出后被自动重装；否则置位后捕捉 T2EX 外部引脚上的负跳变，复位后则当 T2 溢出或者是捕捉到 T2EX 外部引脚上的负跳变化后自动重装

T2MOD 是 T2 的工作状态寄存器，其寄存器地址为 0xC9，内部功能如表 2.4 所示，在 51 单片机复位后该寄存器被清零，该寄存器不支持位寻址。

表 2.4　T2MOD 寄存器

位编号	位名称	描述
7～2	—	—
1	T2OE	T2 输出控制位，置位则使能 T2 外部引脚（P1.0）为时钟输出引脚
0	DCEN	计数方向控制位，置位后使得 T2 的计数方向可控

T2 的数据寄存器 TH2（寄存器地址 0xCD）、TL2（寄存器地址 0xCC）分别是 T2 的数据高位/低位寄存器，每当接收到一个驱动事件后，对应的数据寄存器加 1，该寄存器不能够位寻址，在 51 单片机复位后被清零。

RCAP2H（寄存器地址 0xCB）和 RCAP2L（0xCA）是 T2 的重装/捕获高/低位寄存器，该寄存器不能够位寻址，在 51 单片机复位后被清零。

2．工作方式

T2 有自动重装、捕获、波特率发生器三种工作方式，可以通过对 RCLK、TLCK、CP/R2#和 TR2 位的设置来控制 T2 工作于不同的工作方式下，如表 2.5 所示。

表 2.5　T2 的工作方式设置

RCLK＋TCLK	CP/R2#	TR2	工作方式
0	0	1	自动重装工作方式
0	1	1	捕获工作方式
1	—	1	波特率发生器
—	—	—	停止

在 T2 的捕获工作方式下可以通过设置 EXEN2 位来获得两种不同的工作方式，如果 EXEN2=0，T2 是一个 16 位的定时器/计数器，当 T2 溢出后将置位 TF2 并且请求 T2 中断。如果 EXEN2=1，T2 在定时/计数过程中，在 T2EX 引脚上检测到一个负跳变，则将 TH2 和 TL2 的当前值保存到 RCAP2H 和 RCAP2L 中，同时置位 EXF2 位并且请求 T2 中断，利用 T2 的这种工作方式可以方便地测量一个信号的脉冲宽度。

在 T2 的自动重装工作方式下也可以通过设置 EXEN2 位来获得两种不同的工作方式，如果 EXEN2=0，T2 是一个 16 位的定时/计数器，当其溢出时，不仅置位 TF2，产生 T2 中断，还将把 RCAP2H 和 RCAP2L 中的值装入到 TH2 和 TL2 中，这个数值可以事先通过程序设定；当 EXEN2=1 时，在 T2 定时/计数过程中，如果在 T2 外部引脚（P1.0）上检测到一个负跳变，则置位 EXF2 标志位，同时也把 RCAP2H 和 RCAP2L 中的数据装入 TH2 和 TL2 中。

在自动重装工作方式下的定时/计数器 T2 可以配置为加 1 或者减 1 方式，当 T2MOD 寄存器中的 DCEN 位被置位之后，T2 的增长方式受到 T2EX 外部引脚上电平的控制。当 T2EX 引脚上加上高电平时，T2 为加 1 计数器；反之则为减 1 计数器。当 T2 为加 1 计数器的时候，T2 在计数到 FFFF 时候溢出，置位 TF2 位，产生 T2 中断并且把 RCAP2H 和 RCAP2L 中的值装入 TH2 和 TL2。当 T2 为减 1 计数器时，T2 在 TH2 和 TL2 中的数值和 RCAP2H 和 RCAP2L 中的数值相等的时候溢出，同样进行相应的操作，唯一不同的是在 TH2 和 TL2 中装入 FFFF，而不是 RCAP2H 和 RCAP2L 中的值。不管是在什么计数方式下，在溢出后，T2 会置位 EXF2 标志位，但是不会引起 EXF2 中断。

注：在自动重装模式下，T2 的溢出会置位 EXF2，但是不会引发中断，所以，可以把 EXF2 当成计数器的第 17 位来使用。

T2 也可以工作于方波产生器模式，在该模式下可以控制 T2 外部引脚输出一定频率的方波。方波的频率由单片机的工作频率和预先装入的 RCAP2H 和 RCAP2L 的数值决定，其计算公式如下：

$$\text{Clock–OutFrequency}=\frac{F_{\text{osc}}\times 2^{x^2}}{4\times(65536-\text{RCAP2H/RCAP2L})}$$

3．中断处理

定时/计数器 T2 拥有独立的中断系统，中断向量的入口地址为 0x2BH，在 Cx51 的中断号为 5，其优先级别低于串行口。拥有 T2 的单片机 IE 寄存器中第 6 位 ET2 为 T2 的中断使能位，在 EA 被置位的前提下置位该位打开 T2 中断，复位该位关闭 T2 中断。T2 工作在捕获方式时且 EXEN2 被置位时，定时器/计数器的溢出和外部引脚 T2EX 上的一个负跳变都可以引起 T2 中断，51 单片机可以响应 T2 的中断，但是 51 单片机自身并不能够判断这个中断是由哪一个事件引起的，这需要用户在中断服务程序中通过对 TF2 位和 EXF2 位的检测予以判断。定时/计数器 T2 的中断处理函数的结构如下：

```
void 函数名(void) interrupt 5 using 寄存器编号
{
中断函数代码;
}
```

2.1.9 使用 T2 输出方波

1．功能描述

T2 作为一个独立的 16 位定时计数器，可以在独立的其对应的 51 单片机引脚 T2 上输出

一个频率可控的方波信号。

2．设计思路和操作步骤

使用 T2 输出方波和使用 T0/T1 的进行定时的方法类似，只是需要将 T2（P1.0）引脚设置为信号输出引脚，其操作步骤如下：

（1）置位 T2MOD 控制寄存器中的 T2OE 位以打开对应的输出引脚。

（2）清除 T2CON 中的 C/T2#位选择 T2 工作于定时状态。

（3）置位 TCLK 和 RCLK 位以自动重装 T2 的初始化值。

（4）根据 51 单片机的工作频率和需要定时的时间长度计算出 RCAP2H 和 RCAP2L 的初始化值。

（5）根据需求设置 TH2、TL2 的初始化值，这个值可以和 RCAP2H、RCAP2L 相同，也可以不同，其只影响 T2 的第一次定时。

（6）置位 TR2 启动 T2。

3．应用实例——T2 控制 I/O 引脚输出方波

【例 2.7】由于 T2 有自动重装功能，支持把 RCAP2H 和 RCAP2L 的数据自动装入 TH2 和 TL2 中，所以不需要手动装入初始化值。

```
#include <AT89X52.h>
//T2 的初始化函数
void initT2(void)
{
  T2MOD = 0x02;                                    //设置 T2OE,该寄存器不能够位寻址
  C_T2 = 0;                                        //清除 C/T2#位
  TCLK = 1;
  RCLK = 1;                                        //选择工作方式
  RCAP2H = 0x91;
  RCAP2L = 0xF1;
  TH2 = 0x91;
  TL2 = 0xF1;                                      //设置初始化值
  TR2 = 1;                                         //启动 T2
}
main()
{
  initT2();                                        //初始化 T2
  while(1)
  {
  }
}
```

2.1.10 使用 T2 进行精确定时

1. 功能描述

和 T0/T1 一样，T2 也可以作为定时器使用，用于产生精确定时。

2. 设计思路和操作步骤

使用 T2 进行精确定时的设计思路和 T0/T1 类似，需要注意的是，T2 的初始常数不需要在中断中手动重新装入，但是必须手动清除 T2 的中断标志 TF2，其详细操作步骤如下：

（1）清除 T2CON 中的 C/T2#位选择 T2 工作于定时状态。

（2）置位 TCLK 和 RCLK 位以自动重装 T2 的初始化值。

（3）根据 51 单片机的工作频率和需要定时的时间长度计算出 RCAP2H 和 RCAP2L 的初始化值。

（4）根据需求设置 TH2、TL2 的初始化值，这个值可以和 RCAP2H、RCAP2L 相同，也可以不同，其只影响 T2 的第一次定时。

（5）置位 TR2 启动 T2。

（6）在 T2 的中断服务子程序中清除 TF2 标志位并且做相应的操作。

3. 应用实例——T2 定时控制 I/O 引脚输出秒方波

【例 2.8】应用代码首先使用 initT2 对 T2 进行初始化，在 timer2_int 的中断服务子程序中将 TF2 标志位清除，并且将 counter 计数器加 1，当 counter 到达 10 的时候则为定时 1s 完成，将 P1.7 引脚翻转输出波形。

```
#include "AT89X52.h"
void initT2(void)
{
  RCAP2H=0X3C;          //定时 50ms 常数
  RCAP2L=0xB0;
  TH2=RCAP2H;           //定时器 2 赋初值
  TL2=RCAP2L;
  ET2=1;                //开外定时器 2 中断
  EA=1;                 //开总中断
  TR2=1;                //启动定时器 2
}
void timer2_int(void) interrupt 5
{
 static unsigned char  counter;
 TF2=0;                //注意 T2 的溢出标志位必须软件清零,件不能清零,这与 T0 和
                         T1 不同!!
 counter++;
 if(counter==10)       //定时 50ms×20=1000ms 即 1s
```

```
    {
     P1_7 = ~P1_7;
     counter=0;
    }
   }
   //初始化主函数
   void main(void)
   {
     initT2();              //初始化 T2
     while(1)
     {
     }
   }
```

图 2.3 所示是使用 T2 进行精确定时的波形输出。

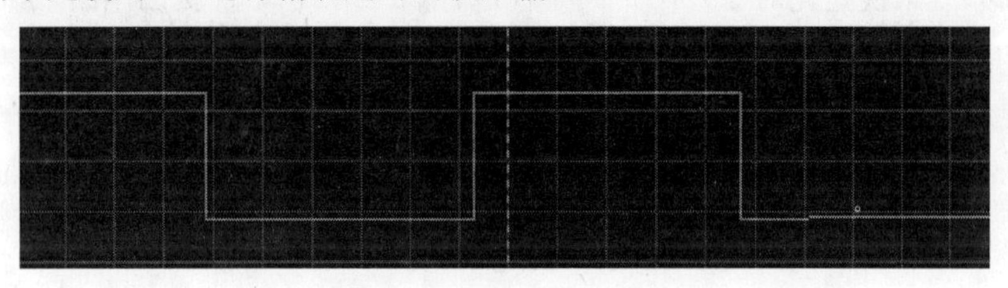

图 2.3　T2 的定时波形输出

2.2　51 单片机外部中断应用

51 单片机内置一个完整的中断体系，包括 2 个外部中断、一个串口中断和 2～3 个定时/计数器中断，合理地利用这些中断可以让单片机的应用系统及时地对某些外部或者内部事件进行响应。

2.2.1　中断和外部中断基础

51 单片机的中断体系由相关控制寄存器和外部的中断引脚组成，这些外部中断引脚包括定时/计数器引脚 T0/T1/T2/T2EX、外部中断引脚 INT0/INT1 及串口发送和接收引脚 RXD/TXD。

1．相关寄存器

表 2.6 是 51 单片机的中断控制寄存器 IE（Interrupt Enable Register）的内部结构，这个寄存器可以位寻址，可以对该寄存器相应位进行置“1”或清零来对相应的中断进行操作。

表 2.6　51 单片机的中断控制寄存器 IE

位 序 号	位 名 称	描　述
7	EA	单片机中断允许控制位，当 EA=0 时，单片机禁止所有的中断；当 EA=1 时，单片机使能中断，但是各个中断是否使能还需要看其相应的中断控制位的状态
6～5	—	—
4	ES	串行中断允许控制位，当 ES=0 时，禁止串行中断；当 ES=1 时，使能串行中断
3	ET1	定时计数器 1 中断允许位，当 ET1 ＝ 0 时，禁止定时计数器 1 溢出中断；当 ET1=1 时，使能定时计数器 1 溢出中断
2	EX1	外部中断 1 允许位，当 EX1＝0 时，禁止外部中断 1；当 EX1＝1 时，使能外部中断 1
1	ET0	定时计数器 0 中断允许位，使用方法同 ET1
0	EX0	外部中断 0 允许位，使用方法同 EX1

从表 2.1 中可以看到，如果要使能对应中断，则需要让 IE 寄存器的 EA 位和对应的控制位都被置“1”。

在单片机的运行中，常会出现几个中断同时产生的情况，此时需要使用 51 单片机的中断优先级判断系统来决定先对哪一个中断事件进行响应，51 单片机的中断默认优先级如图 2.4 所示。

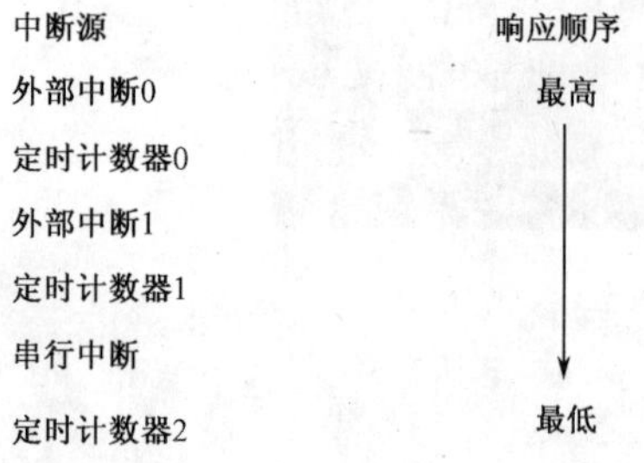

图 2.4　51 单片机的中断默认优先级

在 51 单片机对中断优先级别的处理过程中，单片机遵循以下两条原则：

- 高优先级别的中断可以中断低优先级别所请求的中断，反之不能。
- 同一级别的中断一旦得到响应后随即屏蔽同级的中断，也就是说相同优先级的中断不能够再次引发中断。

可以使用中断优先级控制寄存器 IP（Interrupt Priority Register）来提高某个中断的优先级别，从而达到在多个中断同时发生时先处理该中断的目的，表 2.7 是 51 单片机的中断优先级控制寄存器内部结构，该寄存器可以位寻址，如果中断源对应的控制位被置位为“1”，则该中断源被置位为高优先级，否则为低优先级，高优先级的中断事件总是被优先处理。

表 2.7　中断优先级控制寄存器

位 序 号	位 名 称	描　述
7～5	—	—
4	PS	串行口中断优先级控制位
3	PT1	定时计数器 1 中断优先级控制位
2	PX1	外部中断 1 中断优先级控制位
1	PT0	定时计数器 0 中断优先级控制位
0	PX0	外部中断 0 中断优先级控制位

51 单片机的外部中断 INT0 和 INT1 在使能后有两种触发方式，一种是下降沿触发，一种是低电平触发，这两种方式可以选择，通过对定时计数器控制寄存器 TCON（Timer/Counter Control Register）的相关位的设置来切换，如表 2.8 所示。

表 2.8　TCON 寄存器中关于外部中断设置的相关位

位 序 号	位 名 称	说　明
2	IT1	外部中断 1 触发方式控制位，其功能和 IT0 相同
0	IT0	外部中断 0 触发方式控制位，置位时为下降沿触发方式，清除时为低电平触发方式

当 IT0/IT1 被置“1”时，INT0/INT1 被引脚上的下降沿触发，否则由引脚上的低电平触发。

2．工作方式

51 单片机的中断处理包括中断初始化和中断服务程序两个部分，前者用于对单片机的中断系统进行初始化，包括打开和关闭中断，设定中断优先级等，后者则用于在单片机检测到中断之后响应中断事件。

51 单片机中断系统的初始化应该包括以下的几个步骤：

（1）初始化堆栈指针 SP。

（2）设置中断源的触发方式。

（3）设置中断源的优先级别。

（4）使能相应中断源。

注：在 C 语言编写的代码中，第一步会由编译器自动完成。

51 单片机的中断服务程序应该包括以下内容：

（1）在中断向量入口放置一条跳转指令，让程序从中断向量入口跳转到其实际代码的起始位置。

（2）保存当前寄存器的内容。

（3）清除中断标志位。

（4）处理中断事件。

（5）恢复寄存器内容。

（6）返回到原来主程序的执行处。

注：51 单片机在接收到中断后将程序指针 PC 指向中断向量入口地址、把当前的 PC 内容压入堆栈，以及在中断服务程序返回时候的恢复 PC 内容都是由硬件自动完成的，用户不需要自己管理，但是用户需要详细规划对现场的保护，例如，对相应的寄存器或者是内存地址的使用。常用的方法是在进入中断服务程序的时候把这些数据压入堆栈中，在中断程序返回前将它们退栈，在这种情况下用户必须准确地设计堆栈空间的大小，以免单片机由于堆栈的溢出产生错误。

51 单片机在每个机器周期中都会去查询中断，所查询到的中断是上一个机器周期中被置位的中断请求标志位，但是单片机不会保存没有能够及时响应的中断请求标志位。51 单片机的中断处理流程如下，如图 2.5 所示。

（1）屏蔽同级和低级别的中断。

（2）把当前程序指针 PC 的内容保存到堆栈中。

（3）根据中断标志位，把相应的中断源对应的中断向量入口地址装入到 PC 中。

（4）从中断向量入口地址跳转到对应的中断服务程序中。

（5）执行中断服务。

（6）中断服务执行完成之后打开被屏蔽的中断，然后从堆栈中取出原先保存的 PC 内容，使得程序可以从原先的 PC 地址继续运行。

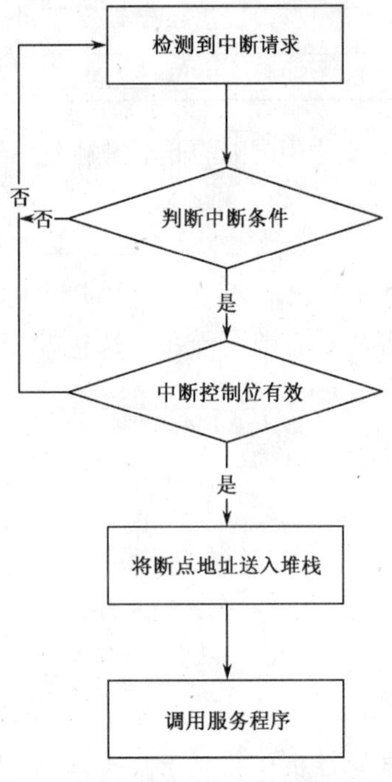

图 2.5　51 单片机中断处理流程

3．中断服务子函数

51 单片机 C 语言的中断服务函数需要使用关键字 interrupt 来进行定义，interrupt 后面的参数 0～4 表明了中断源，在实际使用中常常使用 using 来定义在中断服务函数中使用的寄存器组，其参数可以为 0～3，分别对应通用工作寄存器组 0～组 3，这样的好处是可以减少压入堆栈的变量内容，从而简化中断服务函数的内容，以加快程序执行的速度，中断服务函数的标准结构如下：

```
void 函数名(void) interrupt 中断标号 using 寄存器编号
{
    中断函数代码;
}
```

51 单片机的中断服务函数将自动完成以下功能：

- 将 ACC、B、DPH、DPL 和 PSW 等寄存器的内容保存到堆栈中。
- 如果没有使用 using 关键字来切换工作寄存器组，将自动把在中断服务函数中使用到的工作寄存器保存到堆栈中。
- 在中断服务函数的最后恢复堆栈中保存的相关寄存器内容。
- 生成 RETI 指令返回到主程序。

51 单片机中断源对应的中断标号按照内部优先级从高到低的顺序分配为 0～5，外部中断 0 对应的中断号是 0，定时/计数器 T2 对应的中断号是 5，如图 2.4 所示。

在编写中断服务函数中要注意以下问题：

- 中断服务函数不能定义任何的参变量和返回值。
- 不要主动调用中断服务函数。
- 如果在中断服务函数中使用 using 来指定了寄存器组，则在这个函数中需要一直使用这个寄存器组。
- 中断服务函数中的执行内容尽可能的少，执行时间尽可能的短。

2.2.2　脉冲方式触发的外部中断

1．功能描述

使用脉冲方式来触发外部中断是 51 单片机应用系统中最常用的外部中断应用方式，其在 51 单片机的外部中断引脚上 INT0（P3.2）外加一个平时为高电平的电平信号，当该电平信号出现一个下降沿的时候，触发 51 单片机的外部中断。

2. 设计思路和操作步骤

51 单片机对外部中断 0 进行初始化之后就可以去执行其他代码，当一个低电平脉冲信号出现在 INT0 引脚上的时候 51 单片机会自动触发中断服务子程序，用户可以进行自己的相关操作，其具体操作步骤如下：

（1）设置外部中断的触发方式为脉冲方式触发。

（2）开启外部中断使能位。

（3）在中断服务子程序中进行相应的操作。

3. 应用实例——脉冲触发方式外部中断 0 服务子函数

【例 2.9】51 单片机应用系统首先调用 intINT0 函数对外部中断 0 的工作方式进行初始化，然后进行其他操作，如果有外部中断 0 事件产生，用户可以在 int0Deal 这个外部中断 0 的服务子函数中进行相应的操作。

```
#include <AT89X52.h>
//初始化外部中断
void initINT0(void)
{
  IT0 = 1;                        //设置外部中断 0 为边沿触发方式
  EX0 = 1;                        //使能外部中断 0
  EA = 1;                         //使能中断事件
}
void int0Deal(void) interrupt 0 using 2
{
  //相应的操作
}
main()
{
  initINT0();                     //初始化外部中断
  while(1)                        //主循环,其他操作
  {
  }
}
```

注：外部中断 1 和外部中断 0 脉冲触发方式的使用方法完全相同。

2.2.3　电平方式触发的外部中断

1. 功能描述

有些时候可以使用电平方式来触发外部中断，和脉冲方式触发外部中断方式类似，当一个电平外加到对应的外部中断引脚 INT0 上的时候，触发外部中断事件。

需要注意的是，电平方式触发的外部中断事件会在低电平持续的过程中一直被触发，也

就是说当 51 单片机从外部中断服务子程序中退出时，如果外部中断引脚上的电平依然为低，会再次进入外部中断服务子程序。

注：实际上，51 单片机在两次进入中断服务子程序之间必须最少执行一条另外的指令，但是由于时间极短，可以看做对电平持续时间无影响。

2．设计思路和操作步骤

低电平触发的外部中断的设计思路与操作步骤和脉冲触发方式完全相同，只是 IT0/IT1 标志位的设置不同。

3．应用实例——电平触发方式外部中断 1 服务子函数

【例 2.10】该应用代码和例 2.9 非常类似，只是使用的外部中断 1，需要修改对应的控制位，并且将 IT1 控制位设置为 0。

```
#include <AT89X52.h>
//初始化外部中断 1
void initINT1(void)
{
  IT1= 0;                          //设置外部中断 0 为电平触发方式
  EX1 = 1;                         //使能外部中断 0
  EA = 1;                          //使能中断事件
}
void int1Deal(void) interrupt 2 using 2
{
  //相应的操作
}
main()
{
  initINT1();                      //初始化外部中断
  while(1)                         //主循环,其他操作
  {
  }
}
```

注：电平触发的外部中断常用于需要 51 单片机暂停、单步运行等的应用设计。

2.2.4　多个信号共用一个外部中断

1．功能描述

51 单片机只有两个外部中断，如果在应用系统中有多个信号都需要使用外部中断的时候，可以使用多个信号共用同一个外部中断的方式来实现。

2．设计思路和操作步骤

如果将多个待使用外部中断的信号通过一个多通道与门连接 51 单片机的外部中断引脚，然后再将这些引脚都分别连接到 51 单片机的其他空闲 I/O 引脚上，当其中有一个信号出现低电平/低脉冲信号后，经过与门之后的信号会在 51 单片机的外部中断引脚上产生一个低电平/低脉冲信号并且触发外部中断事件，此时去查询这些连接了外部信号的 I/O 引脚上的电平状态，即可知道是哪个信号申请了外部中断事件，其具体的操作步骤如下：

（1）将待申请中断的信号通过一个多输入与门连接到 51 单片机的外部中断引脚上，同时将这些信号分别连接到 51 单片机的空闲 I/O 引脚上。

（2）初始化 51 单片机的外部中断。

（3）在检测到 51 单片机的外部中断事件之后去检查对应的 I/O 引脚，以判断是哪个信号申请了外部中断事件。

图 2.6 所示是多个信号共用一个外部中断的应用电路图，输入信号 1～输入信号 4 通过一个 4 输入与门之后连接到 51 单片机的外部中断 0 上，同时连接到 51 单片机的 P1.0～P1.3 引脚上。

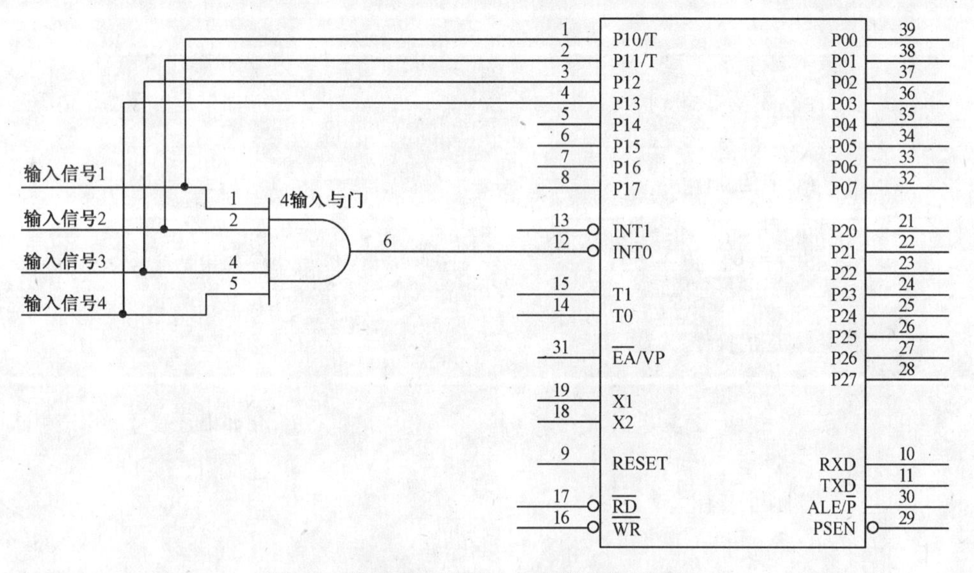

图 2.6　多个信号共用一个中断的应用电路

3．应用实例——扩展 P1 端口作为外部中断引脚

【例 2.11】代码首先调用了 initINT0 函数对外部中断 0 进行初始化，然后在 int0Deal 中断服务子程序中外部中断标志位置位，在主函数循环中对检测对应的 I/O 引脚状态以确定是哪一个信号在申请中断事件。

```
#include <AT89X52.h>
bit intflg = 0;                                    //中断标志位
//初始化 INT0 函数
void initINT0(void)
{
  EX0 = 1;                                         //使用脉冲触发方式
```

```
    IT0 = 0;                                           //使能外部中断 0
    EA = 1;                                            //使能总中断
  }
  //外部中断 0 服务子程序
  void Int0Deal (void) interrupt 0 using 1             //外部中断 0 服务子程序
  {
    intflg = 1;                                        //置位中断标志位
  }
  main()
  {
    initINT0();                                        //初始化 INT0
    while(1)
    {
      if(intflg == 1)                                  //如果检测到中断标志
      {
        P1 = 0xff;                                     //P1 输出高电平
        if(P1_0 == 0)                                  //如果是信号 1 申请中断
        {
          //对应的操作
        }
        else if(P1_1 == 0)                             //如果是信号 2 申请中断
        {
          //对应的操作
        }
        else if(P1_2 == 0)                             //如果是信号 3 申请中断
        {
          //对应的操作
        }
        else if(P1_3 == 0)                             //如果是信号 4 申请中断
        {
           //对应的操作
        }
        else
        {
          //错误处理
        }
      }
    }
  }
```

注：如果单片机的主程序循环比较长，为了避免在执行这段程序的时候外部电平/脉冲

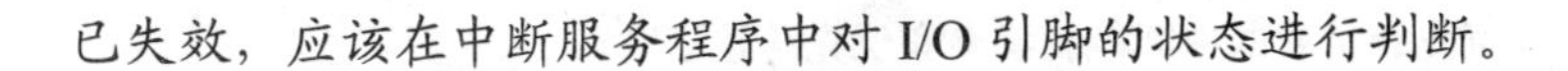
已失效，应该在中断服务程序中对 I/O 引脚的状态进行判断。

2.2.5　扩展多个中断优先级

1．功能描述

51 单片机有两个由中断优先级控制寄存器 IP 控制的中断优先级，当 IP 寄存器内相应标志位被置位后，其对应的中断源优先级别被设置为高级，否则为低级，当中断优先级相同时的 6 个中断源之间的优先关系如图 2.4 所示。

在 51 单片机应用系统中，一般把最需要及时响应的中断事件放在较高优先级的中断源上，例如，外部唤醒事件一般放在外部中断 0 而不是外部中断 1 上。但是在某些时候，需要将这两个优先级进行一定的扩展成为多个优先级，或者需要将这些中断源的优先顺序进行一定的重新排序，此时可以通过软件设计来达到这个目的。

2．设计思路和操作步骤

51 单片机的中断系统中有两个不能够直接寻址的优先级寄存器，当单片机检测到一个中断事件后，该中断源优先级寄存器中的相应触发器被置位，屏蔽了同级别或者更低级别的中断，当该中断服务函数使用 RETI 指令退出的时候，才使得这个触发器复位。51 单片机的每个中断源在 IE 寄存器中都有自己对应的控制位，当对应控制位被置位并且 EA 也被置位后才能允许该中断的产生。基于这两个原理，可以利用软件设计的方法来扩展单片机的优先级或者进行优先级反转，具体的操作步骤如下：

（1）根据系统的设计需求给单片机中断源分配适当的优先级，将系统的最高优先级中断在 IP 中设置为高优先级，其他设置为低优先级。

（2）为每一个中断源都分配一个中断控制字节（Interrupt Control Byte），将优先级高于该中断源的中断源在 IE 中对应的控制位置位，优先级低于该中断源的中断源在 IE 对应中的控制位清零。该中断源自己对应的控制位置“0”，EA 始终置“1”。

（3）设置每一个中断源的优先级控制字节（Priorty Control Byte），设置方式和“中断控制字节”类似，将 IP 寄存器中优先级高于该中断源的中断源优先级别控制位设置为“1”，反之设置为“0”，该中断源自身的控制位设置为“1”。

因为 51 单片机在执行一条 RETI 指令之后将优先级寄存器中的触发器复位，所以，在每一个中断服务程序之外都可以利用 RETI 将优先级寄存器复位，使得单片机可以检测到中断。由于对除了正在执行的中断之外的中断要排列一个优先级别顺序，因此，需要利用“中断控制字节”和“优先级控制字节”来对 IP 寄存器和 IE 寄存器进行一定操作，需要注意的是，一定要将原来的 IE 和 IP 保存到堆栈中并且在子程序退出的时候返回。

3．应用实例——扩展多个中断优先级

例 2.12 是一个 5 级中断优先级扩展实例的代码，其中，每一个中断源的“中断控制字节”和“优先级控制字节”如表 2.9 所示。

【例 2.12】ResetIntSys( )函数实质上就是一条 RETI 代码，用于复位；SetPriority( )函数用

表 2.9 中断优先级扩展的中断控制字节和优先级控制字节

中断控制字节	外部中断 0	1000 0000
	定时计数器 0	1000 0001
	外部中断 1	1000 0010
	定时计数器 1	1000 0101
	串行口	1000 1010
优先级控制字节	外部中断 0	0000 0000
	定时计数器 0	0000 0001
	外部中断 1	0000 0010
	定时计数器 1	0000 0101
	串行口	0000 1010

于设置中断系统的优先级别，其参数即为需要设置的优先级，由于进行优先级设置的时候需要操作 IE 寄存器和 IP 寄存器，所以必须先将相关寄存器保存进堆栈，在实例中嵌入了汇编指令来完成相应的操作；ResetPriority( )函数用于恢复中断系统原先的中断优先级，其实质就是将堆栈中的数据恢复到相应的寄存器中。主程序开启了定时计数器 0 中断，在定时计数器 0 的中断服务子程序中将定时计数器的中断优先级设置为“1”，然后在服务程序的最后将原来的中断优先级恢复。

```
#include<AT89X52.h>
//以下为常量预定义
#define     ENTER_CRITICAL()    EA=0            //关闭中断
#define     EXIT_CRITICAL()     EA=1            //开中断
#define     X0_PRI_MASK 0x00                    //外部中断 0 优先级控制字节
#define     X1_PRI_MASK 0x03                    //外部中断 1 优先级控制字节
#define     T0_PRI_MASK 0x01                    //T0 中断优先级控制字节
#define     T1_PRI_MASK 0x07                    //T1 中断优先级控制字节
#define     S_PRI_MASK 0x0F                     //串口中断优先级控制字节
#define     X0_INT_MASK 0x80                    //外部中断 0 控制字节
#define     T0_INT_MASK 0x81                    //T0 中断控制字节
#define     X1_INT_MASK 0x83                    //外部中断 1 控制字节
#define     T1_INT_MASK 0x87                    //T1 中断控制字节
#define     S_INT_MASK 0x8F                     //串口中断控制字节
static void ResetIntSys(void);                  //复位函数
void Timer0(void);                              //Timer0 服务子函数
void SetPriority(unsigned char prio)            //中断优先级设置函数
{
ENTER_CRITICAL();                               //关闭中断
#pragma ASM
    POP ACC
    POP B
    POP IE
```

```
    POP IP
    PUSH B
    PUSH ACC
#pragma ENDASM
switch(prio)                                        //设置优先级
{
    case 0:                                         //设置外部中断 0
    {
        IP = X0_PRI_MASK;
        IE = X0_INT_MASK;
    }
    break;
    case 1:                                         //设置 T0 中断
    {
        IP = T0_PRI_MASK;
        IE = T0_INT_MASK;
    }
    break;
    case 2:                                         //设置外部中断 1
    {
        IP = X1_PRI_MASK;
        IE = X1_INT_MASK;
    }
    break;
    case 3:                                         //设置 T1 中断
    {
        IP = T1_PRI_MASK;
        IE = T1_INT_MASK;
    }
    break;
    case 4:                                         //设置串口中断
    {
        IP = S_PRI_MASK;
        IE = S_INT_MASK;
    }
    break;
    default:
    {
    }
}
ENTER_CRITICAL();                                   //关中断
```

```
ResetIntSys();                             //调用 RETI 指令
EXIT_CRITICAL();                           //开中断
}
void ResetPriority(void)                   //优先级复位函数
{
ENTER_CRITICAL();                          //关中断
#pragma ASM
    POP ACC
    POP B
    POP IE
    POP IP
    PUSH B
    PUSH ACC
#pragma ENDASM                             //用堆栈保护相应的寄存器
EXIT_CRITICAL();                           //开中断
}
void ResetIntSys(void)                     //复位中断系统
{
#pragma ASM
    RETI                                   //复位中断系统
#pragma ENDASM
}
void Timer0(void) interrupt 1 using 2      //T0 中断处理函数
{
SetPriority(1);                            //设置中断优先级
//中断处理语句
ResetIntSys();                             //复位系统
}
main()
{
TMOD = 0x01;
TL0 = 0xfa;
TH0 = TL0;
EA = 1;
ET0 = 1;
TR0 = 1;                                   //初始化相应寄存器
while(1)
{
}
}
```

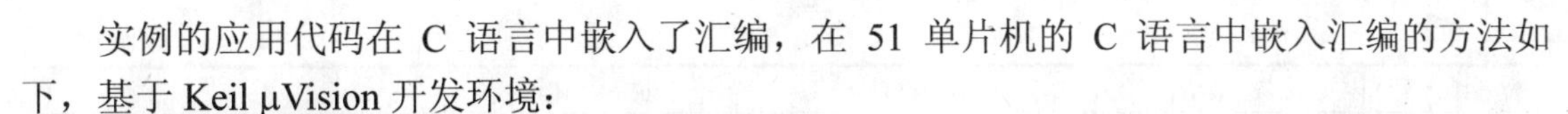

实例的应用代码在 C 语言中嵌入了汇编，在 51 单片机的 C 语言中嵌入汇编的方法如下，基于 Keil µVision 开发环境：

（1）使用#pragma ASM 和#pragma ENDASM 关键字将需要嵌入的汇编语言包括起来，用于告诉编译器这些是汇编代码。

（2）在 Keil µVision 开发环境中选择对应的文件属性，即 Opitons for File （文件名），在弹出的对话框中选中 Generate Assembler SRC File（生成汇编 SRC 文件）和 Assemble SRC File（封装汇编文件）选项，如图 2.7 所示。

Include in Target Build
Always Build
Generate Assembler SRC File
Assemble SRC File
Link Publics Only

图 2.7　修改需要嵌入汇编的文件属性

（3）在项目中加入相应的封装库文件，例如 C51S.LIB 等，这些库文件可以在“X:\Keil\C51\LIB\”路径下找到，其中“X: ”为 Keil 的安装盘。

2.3　51 单片机的串口应用

51 单片机内置最少一个串行接口模块（UART），可以通过外部引脚 TXD 和 RXD 与其他处理器进行串行的数据交换，是 51 单片机应用系统中最常用的数据通道。

2.3.1　串口基础

1．相关寄存器

51 单片机串口相关的寄存器包括串行控制寄存器 SCON、串行数据寄存器 SBUF 及电源管理寄存器 PCON，51 单片机通过对这些寄存器的操作来实现对串口的控制。

串行控制寄存器（SCON）用于对串口进行控制，其寄存器地址为 0x98，支持位寻址，内部功能如表 2.10 所示，在 51 单片机复位后该寄存器被清零。

表 2.10　串行控制寄存器 SCON

位编号	位名称	描述
7	SM0	串行口工作方式选择位 00　工作方式 0　10　工作方式 2 01　工作方式 1　.10　工作方式 3
6	SM1	
5	SM2	多机控制通信位，当该位被置“1”后启动多机通信模式，当该位被清零后禁止多机通信模式。多机通信模式仅仅在工作方式 2 和工作方式 3 下有效；在使用工作方式 0 时，应该使该位为“0”，在工作方式 1 中，通常设置该位为“1”
4	REN	接收允许位，该位被置“1”，允许串行口接收，当被清零时禁止接收
3	TB8	存放在工作方式 2 或者工作方式 3 模式下等待发送的第 9 位数据
2	RB8	存放在工作方式 2 或者工作方式 3 中接收到的第 9 位数据，在工作方式 1 下为接收到的停止位，工作方式 0 中不使用该位

续表

位 编 号	位 名 称	描　　述
1	TI	发送完成标志位，当 SBUF 中的数据发送完成后由硬件置“1”，并且当单片硬件中断被使能后触发串行中断事件，该位必须由软件清零，并且只有在该位被清零后才能够进行下一个字节数据的发送
0	RI	发送完成标志位，当 SBUF 接收到一个字节的数据后由硬件系统置“1”，并且当单片硬件中断被使能后触发串行中断事件，该位必须由软件清零，并且只有在该位被清零后才能够进行下一个字节数据的接收

串行数据寄存器 SBUF 用于存放在串行通信中发送和接收的相关数据，其寄存器地址为 0x99。SBUF 由发送缓冲寄存器和接收缓冲寄存器两部分组成，这两个寄存器占用同一个寄存器地址，允许同时访问。其中，发送缓冲寄存器只能够写入不能够读出，接收缓冲寄存器只能够读出不能够写入，所以，这两个寄存器在同时访问过程中并不会发生冲突。

当将一个数据写入 SBUF 后，单片机立刻根据选择的工作方式和波特率将写入的字节数据进行相应的处理后从 TXD（P3.1）引脚串行发送出去，发送完成后置位相应寄存器里的标志位，只有当相应的标志位被清除之后才能够进行下一次数据的发送。

当 RXD（P3.0）引脚根据工作方式和波特率接收到一个完整的数据字节后单片机将把该数据字节放入到接收缓冲寄存器中，并且置位相应标志。接收缓冲数据寄存器是双字节的，这样就可以在单片机读取接收缓冲数据寄存器中的数据的时候，同时进行下一个字节的数据接收，不会发生前后两个字节的数据冲突。

电源管理寄存器 PCON 里的 SMOD 和串口模块工作方式 1、工作方式 2、工作方式 3 下的波特率设置相关，其具体的使用方法参考下一个小节。

2．工作方式

51 单片机的串口一共有 4 种工作方式，其中，工作方式 0 为同步通信方式，其余 3 种为异步通信方式。

工作方式 0：当“SM0SM1 = 00”时，串口使用工作方式 0，其本质是一个移位寄存器，SBUF 寄存器是移位寄存器的输入、输出寄存器，外部引脚 RXD（P3.0）为数据的输入/输出端，外部引脚 TXD（P3.1）则用来提供数据的同步脉冲，该脉冲为单片机频率的 1/12。在工作方式 0 下，串口不支持全双工，因此，在同一时刻只能够进行数据发送或者接收操作，这种工作方式一般用于扩展外部器件或者两块单片机进行高速数据交互，在工作方式 0 下串口模块有着很高的数据通信速率，能够达到 1Mbps。

将一个字节的数据写入 SBUF 寄存器之后，单片机在下一个机器周期开始时把数据串行发送到外部引脚 RXD 上，首先是字节数据的最低位，同时，外部引脚 TXD 上会给出一个时钟信号，该时钟信号频率为单片机工作频率的 1/12，在机器周期的第 6 节拍起始时变高，在第 3 节拍到来时变低，在第 6 节拍的后半段进行一次数据移位操作。当 SBUF 内的 8 位数据发送完成后，串行口将置位 TI，申请串行口中断，并且只有在 TI 被软件清零后才能够进行下一个字节数据的发送。

当 REN 标志位和 RI 标志位同时为零后的下一个机器周期，串行口将“1010 1010”写接收缓冲寄存器，准备接收数据。当外部数据引脚 TXD 上时钟信号到来后，串行口在该机器周期的第 5 节拍的后半段对 RXD 上的数据进行一次采集，并且将该数据送入接收缓冲寄存器。当完成一个字节的数据接收后，置位 RI 并且申请一个串行中断，并且只有在 RI 被清零之后才能够进行下一次接收。

注：在工作方式 0 下进行串口通信不需要考虑波特率。

当“SM0SM1 = 01”时，串口使用工作方式 1，该工作方式是波特率可变的 8 位异步通信方式，使用定时计数器 T1 作为波特率发生器，其波特率由以下公式决定：

$$波特率=2^{SMOD}\times\frac{F_{osc}}{384\times(256-初始值N)}$$

式中，SMOD 为 PCON 控制器的最高位，F_{osc} 为单片机的工作频率，N 为 T1 的初始化值，当定时计数器 T1 使用工作方式 2 时，可以得到初始化值为

$$初始值=256-2^{SMOD}\times\frac{F_{osc}}{384\times波特率}$$

表 2.11 是常用波特率所对应的 T1 初始值。

表 2.11　51 单片机常用波特率对应的初始值

波特率/工作频率	11.0592M	12M	14.7456M	16M	20M	SMOD 值
150 bps	0x40H	0x30H	0x00H			0
300 bps	0xA0H	0x98H	0x80H	0x75H	0x52H	0
600 bps	0xD0H	0xCCH	0xC0H	0xBBH	0xA9H	0
1200 bps	0xE8H	0xE6H	0xE0H	0xDEH	0xD5H	0
2400 bps	0xF4H	0xF3H	0xF0H	0xEFH	0xEAH	0
4800 bps		0xF3H	0xEFH	0xEFH		1
4800 bps	0xFAH		0xF8H		0xF5H	0
9600 bps	0xFDH		0xFCH			0
9600 bps					0xF5H	1
19200 bps	0xFDH		0xFCH			1
38400 bps			0xFEH			
76800 bps			0xFFH			

将一个字节的数据写入 SBUF 寄存器后，单片机在下一个机器开始时把数据从 TXD（P3.1）引脚发出。每个数据帧包括一个起始位、低位在前高位在后的 8 位数据位和一个停止位。当一个数据帧发送完成之后 TI 标志位被置“1”，如果使能了串行中断还会触发串行中断事件，只有在用户软件清除了 TI 标志位之后单片机才能够进行下一次的数据发送。

当满足下列条件时候，单片机允许串行接收：

- 没有串行中断事件或者上一次中断数据已被取走，RI=0。
- 允许接收，REN=1。
- SM2=0 或者是接收到停止位。

在接收状态中，外部数据被送入到外部引脚 RXD（P3.0）上。单片机 16 倍于波特率的频率来采集该引脚上的数据，当检测到引脚上的负跳变时，启动串行接收，当数据接收完成之后，8 位数据被存放到数据寄存器 SBUF 中，停止位被放入 RB8 位，同时置位 RI，如果满足了串行中断的前提，就会触发串行中断事件。

当“SM0SM1 = 10/11”时串口使用工作方式 2/3，这两种工作方式都是 9 位数据的异步通信工作方式，其区别仅仅在于波特率的计算方法不同，多用于多机通信的场合。

串口工作方式 2 的波特率计算公式如下：

$$波特率=2^{SMOD}\times\frac{F_{osc}}{64}$$

从公式可知，在工作方式 2 下，串口的波特率仅仅和单片机的工作频率及 SMOD 位有关，由于不需要定时计数器作为波特率发生器，可以在没有定时计数器空余的时候使用。该工作方式的通信波特率较高，在单片机工作频率为 11.0592MHz 时即可达到 345.6Kbps 的速率，缺点是波特率唯一且固定，只有两个选择项——SMOD=0 或者 SMOD=1，而且这种波特率通常是非标准波特率。

串口工作方式 3 的波特率计算公式和工作方式 1 相同，参考上一小节。

当向 SBUF 寄存器中写入一个数据后，该数据开始发送，和工作方式 1 有所区别的是 8 位数据位和停止位之间添加了一个 TB8 位，该数据位可以用为地址/数据选择位，也可以用为前 8 位数据的奇、偶校验位，当一帧数据发送完成之后，TI 被置位。

在工作方式 2、3 下，串口的数据接收除了受到 REN 和 RI 位控制之外，还受到 SM2 位的控制。在下列情况下，RI 标志位被置位，完成一帧数据的接收。

- 当 SM2 = 0 时，只要接收到停止位，不管第 9 位是 0 或者 1，均置位 RI 标志位；
- 当 SM2 = 1 时，接收到停止位，且第 9 位为 1 时置位 RI 标志位；当第 9 位为 0 时不置位 RI 位，也即不申请串行中断。

在上述情况下，数据帧中的第 9 位数据均将被放入 RB8 位中。

工作方式 2、3 常用于一个主机，多个子机的多单片机通信系统中。第 9 位可在多机通信中避免不必要的中断。在传送地址和命令时第 9 位置位，串行总线上的所有处理器都产生一个中断处理器将决定是否继续接收下面的数据，如果继续接收数据就清零 SM2，否则 SM2 置位以后的数据流将不会使该单片机产生中断。

工作方式 2、3 还用于对数据传输准确度较高的场合，把 TB9 放入需要传送数据字节的校验位。SM2 复位后，每次接收到一帧数据后都将置位 RI，然后在中断服务子程序中判断接收到的数据的校验位和接收到的 RB8 位是否相同，如果不同，则说明该次传输出现了错误，需要作相应的处理。

在多机通信过程中，作为主控的单片机和作为接收端的从机之间必须存在一定的协同配合，遵循某些共同的规定，这个规定就是通信协议。当主机向从机发送数据包的时候，所有的从机都将收到这个数据包，但是从机根据数据包的内容来决定是否进入串行口中断。

主机可以发送的数据包分为数据包和地址包两种。在主机发送地址包后，系统中所有的从机都将接收到并且进入串口中断，然后根据数据包判断主机是否即将和自己进行数据包的通信；如果是，则进行相应的准备，准备进行数据交换；否则不进行任何操作。这个判断过程使用修改从机的 SM2 位的方式来完成，把主机发送的地址包第 9 位设置为 1，在所有从机的 SM2 位均为 1 时，所有从机均进入串口中断，判断即将和主机通信的是不是自己，如果是则把自己的 SM2 位复位，准备接收数据包，否则不进行任何操作，SM2 位依然为 0。而主机发送的数据包则将第 9 位均设置为 0，此时系统中只有将 SM2=0 的子机能够接收到这个数目包。在主机和子机通信完成之后该子机将自己的 SM2 位置“1”，以保证接下来的通信能够正常的进行。从机和主机的通信则可以全部是数据包，主机的 SM2 位始终为 0。

采用串行口工作方式 2、3 的多机通信操作步骤如下：

（1）把所有的从机 SM2 位均置“1”。

（2）主机发送地址包。

（3）所有的从机接收到数据包，判断是否和自己通信，然后对自己的 SM2 位进行相应的操作（被选中的从机 SM2 被清零）。

（4）主机和从机进行通信。

（5）通信完成，从机重新置自己的 SM2 为“1”，等待下一次地址包。

3．中断处理

当 51 单片机的的中断控制寄存器 IE 中的 EA 位和 ES 位都被置“1”的时候，串口的中断被使能，在这种状态下，如果 RI 或者 TI 被置位，则会触发串口中断事件。由第 2 章可知，串口的中断优先级别默认是最低的，但是可以通过修改中断优先级寄存器 IP 中的 PS 位来提高串口的中断优先级。串口的中断处理函数的结构如下：

```
void 函数名(void) interrupt 4 using 寄存器编号
{
    中断函数代码;
}
```

2.3.2　使用串口工作方式 0 同步通信

1．功能描述

当 51 单片机的串口工作于工作方式 0 的时候，其使用的是同步高速传输方式，通信速率可以高达 1Mbps，可以用于两块 51 单片机之间、51 单片机和其他处理器，以及 51 单片机和其他智能接口器件之间的高速数据交换。

2．设计思路和操作步骤

当 51 单片机的串口和另外一个支持同步高速传输方式的通信接口（可以是另外一块 51 单片机、其他处理器和智能接口器件）的数据发送引脚和数据接收引脚交叉连接时，两者即可开始同步高速传输数据，此时可以把它们的串口合并起来看做一个 16 字节的移位寄存器，两个处理器一般使用 1 或 2 个其他 I/O 引脚或者定义一个通信协议来作为通信的握手信号接口，其具体的操作步骤如下：

（1）设置串口为工作方式 1 并且开启串口中断。

（2）在接收到握手信号之后将待发送的数据发出。

（3）将数据写入 SBUF，并且检查 TI 标志位状态，当 TI 标志位置位后，数据被发送出去。

（4）在串口中断服务子函数中将接收到的数据读出。

3．应用实例——双单片机串口同步通信

例 2.13 和例 2.14 是两片 51 单片机使用串口的工作方式 0 进行数据通信的实例，单片机 A 和单片机 A 的 RXD 和 TXD 引脚交叉连接在一起，其中单片机 A 作为主机，当单片机 B 接收到单片机 A 发送的一个事先约定好的字符 0xAA 之后，将采集到的 5 字节数据通过串口送到单片机 A，图 2.8 是该实例的应用电路图。

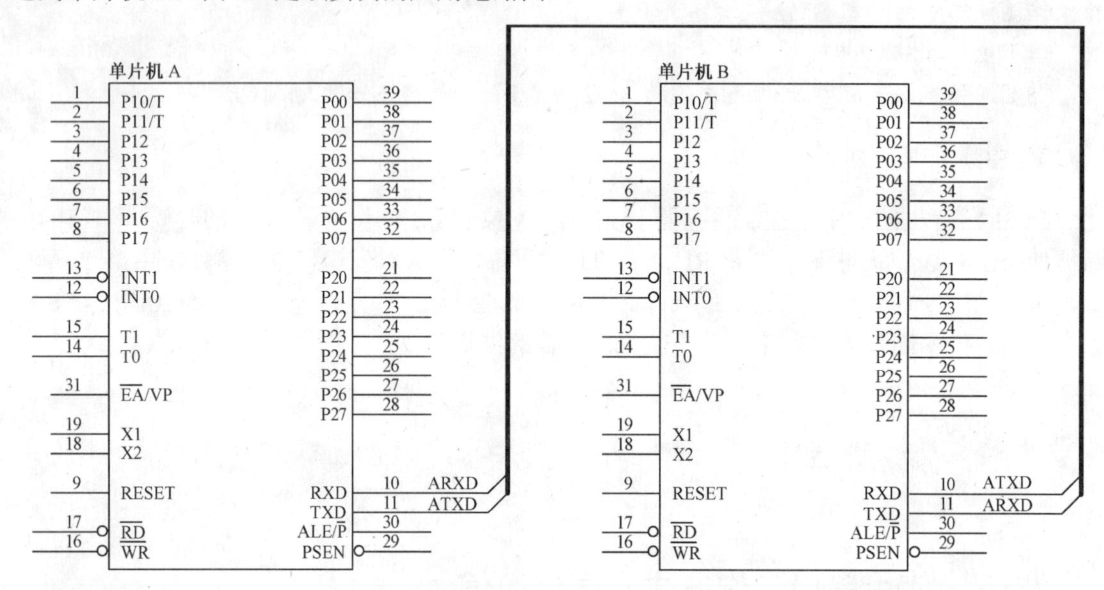

图 2.8　串口工作方式 0 应用实例电路

【例 2.13】单片机 A 的应用代码，单片机 A 调用 Inituart 函数对串口进行初始化，然后等待串口接收数据，在串口接收中断服务子程序中将接收标志位 serialflg 置“1”，最后主程序检测这个标志位并且再次向单片机 B 发送要求传输数据命令。

```
#include<AT89X52.h>
bit serialflg = 0;                              //串口接收完成标志位
unsigned char Rx_Counter = 0x00;                //接收缓冲区计数器
unsigned char Rx_Buffer[5];                     //接收缓冲区
//初始化串口
void Inituart(void)
{

  SCON = 0x10;                                  //串行口工作方式 0
ES = 1;                                         //开串行中断
EA = 1;                                         //开单片机中断
}
//字节发送子函数，调用其将传递入参数 Tx_Data 中的一个字节通过串行口发送出去
void Send(unsigned char Tx_Data)
{
SBUF = Tx_Data;
```

```
    while(TI == 0);                                    //等待发送完成
    TI = 0;                                            //清除TI标志,准备下一次发送
    }
    //串行口中断子函数，用于接收数据
    void Receive(void) interrupt 4 using 2
    {
    if(RI == 1)                                        //如果该中断由接收数据引起
    {
        RI = 0;                                        //清除标志位,准备下一次接收
        //以下是连续接收5个字节的数据且将其放入接收缓冲区内
       if(Rx_Counter <=4)
        {
            Rx_Buffer[Rx_Counter] = SBUF;
            if(Rx_Counter == 4)
            {
                Rx_Counter = 0;
          serialflg = 1;                               //串口接收完成标志位置位
        }
        else
        {
                Rx_Counter ++;
        }
        }
     }
    }
    main()
    {
    Inituart();                                    //调用初始化函数进行系统初始化
       Send(0xaa);                                 //第一次发送要求传送数据命令
    while(1)                                       //主程序循环
    {
       while(serialflg == 0);                      //等待标志位被置位
        serialflg = 0;
        Send(0xaa);                                //发送0xaa要求单片机B传送数据
      }
    }
```

【例2.14】单片机B的应用代码，单片机B调用Inituart函数对串口进行初始化，然后等待串口接收数据，在串口接收中断服务子程序中检查接收到的数据是不是0xAA，若是则向单片机A发送5B的数据。

```
    #include<AT89X52.h>
```

```
//初始化串口
bit serialflg = 0;                                   //串口接收数据标志
void Inituart(void)
{

  SCON = 0x10;                                       //串行口工作方式 0
ES = 1;                                              //开串行中断
EA = 1;                                              //开单片机中断
}
//字节发送子函数,调用其将传递入参数 Tx_Data 中的一个字节通过串行口发送出去
void Send(unsigned char Tx_Data)
{
SBUF = Tx_Data;
while(TI == 0);                                      //等待发送完成
TI = 0;                                              //清除 TI 标志,准备下一次发送
}
//串行口中断子函数，用于接收数据
void Receive(void) interrupt 4 using 2
{
  unsigned char temp;
if(RI == 1)                                          //如果该中断由接收数据引起
{
    RI =0;                                           //清除标志位
     temp = SBUF;                                    //获取接收到的数据
   if(temp == 0xAA)                                  //如果接收到 0xAA
   {
     serialflg = 1;                                  //置位标志位
   }
 }
}
main()
{
Inituart();                                          //调用初始化函数进行系统初始化
while(1)                                             //主程序循环
{
   while(serialflg == 0);                            //等待标志位被置位
   serialflg = 0;
   Send(0x01);                                       //发送 5B 的数据
   Send(0x02);                                       //发送 5B 的数据
   Send(0x03);                                       //发送 5B 的数据
   Send(0x04);                                       //发送 5B 的数据
```

```
    Send(0x05);                                  //发送 5B 的数据
  }
}
```

注：工作方式 0 下的通信波特率只和 51 单片机工作频率有关，所以要求通信的双方有相同的串口工作频率。

2.3.3　使用串口工作方式 1 异步通信

1．功能描述

51 单片机通常使用串口工作方式 1 和 PC 及其他处理器进行异步通信，其好处是适应能力强，只需要通信波特率一致即可以使用三根信号线进行完美地通信。

2．设计思路和操作步骤

51 单片机使用串口工作方式 1 进行异步通信非常简单，其具体的操作步骤如下：

（1）设置串口的工作方式。

（2）根据波特率计算对应的波特率发生器的初始化值，可以使用 T1 或者 T2。

（3）设置并且启动对应的波特率发生器。

（4）设置串口的中断。

（5）在串口的中断服务子程序中发送或者接收数据。

3．应用实例——串口中断数据发送接收

【例 2.15】51 单片机调用 initUART 函数来对串口进行初始化，使用 T1 作为波特率发生器，然后在串口中断处理子程序中将接收到的数据发送出去。

```
#include <AT89X52.h>
unsigned char temp;                              //数据缓冲
void initUART(void)                              //串口初始化函数
{
  PCON = 0x7F;
  SCON = 0x60;
  TMOD = 0x20;                                   //T1 工作方式 1,自动重装
  TH1 = 0xF4;
  TL1 = 0xF4;                                    //初始化值,波特率 2400bps
  TR1 = 1;                                       //启动 T1
}
//串口中断处理子函数
void serialDeal(void) interrupt 4 using 2
{
  unsigned char temp;
  if(RI == 1)                                    //接收到数据
```

```
      {
        RI = 0;                          //清除标志位
        temp = SBUF;
        SBUF = temp;                     //将接收到的数据发送出去
      while(TI == 0);                    //等待发送完成
      TI = 0;                            //清除发送标志
      }
    }
    main()
    {
      initUART();                        //初始化串口
      while(1)
      {
      }
    }
```

2.3.4 使用串口工作方式 2/3 多机通信

1．功能描述

如果多个 51 单片机需要频繁地进行通信，可以使用串口的工作方式 2/3，在该工作方式下串口可以区分数据包和地址包，并且仅仅响应和自己通信的数据包，从而可以大大地减少单片机的工作量。

注： 51 单片机的串口工作方式 2 和工作方式 3 使用方法完全相同，只是工作方式 3 对应的是一个“固定”的波特率，参考 2.3.1 小节。

2．设计思路和操作步骤

使用多个 51 单片机进行通信的系统如图 2.9 所示，一个作为主机的 51 单片机和多个从机使用 TXD 和 RXD 交叉连接的方式连接在一起。

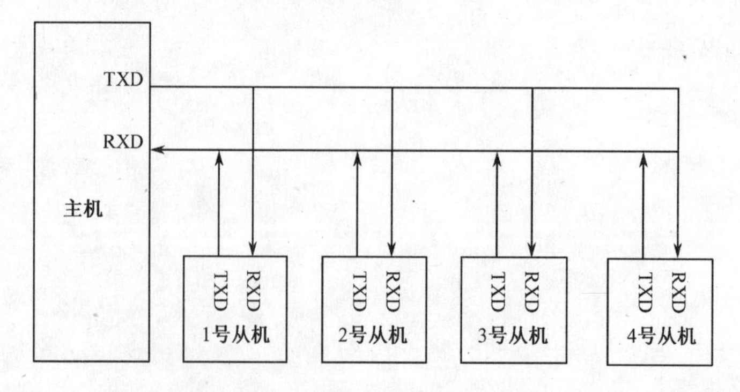

图 2.9　多个 51 单片机使用串口工作方式 2/3 进行通信的结构

如图 2.9 所示，主机的具体操作如下：

（1）设置主机的串口工作方式为 2/3。

（2）设置主机的串口波特率并且启动波特率发生器。

（3）设置 TB8 位为“1”，向 SBUF 写入需要通信的从机地址。

（4）设置 TB8 位为“0”，向 SBUF 写入需要通信的数据。

（5）重复步骤（4）、（5），并且在串口中断服务子程序中接收数据。

从机的具体操作如下：

（1）设置从机的串口工作方式为 2/3。

（2）设置从机的串口波特率并且启动波特率发送器。

（3）设置 SM2 为“1”。

（4）在串口中断服务子程序中接收数据，判断是否和自己的地址相同，如果相同，则将 SM2 置“0”准备接收数据包。

（5）在串口中断服务子程序中接收数据包，接收完成之后设置 SM2 为“1”。

3．应用实例——多单片机通信

例 2.16 是 51 单片机使用串口工作方式 2 进行多机通信的应用代码。

【例 2.16】应用代码首先调用 initUART 函数对串口进行初始化，然后调用 Comu 函数发送一个要求传送数据的子机的地址及送数命令，并且在串口中断服务子函数中进行数据接收。

```
#include <AT89X52.h>
void Comu(unsigned char sla)      //通信函数,首先发送一个地址包,然后发送一个数据包
{
   TB8 = 1;                       //发送数据包
   SBUF = sla;                    //发送要求通信的从机地址
   while(TI == 0);
   TI=0;                          //发送完成
   TB8 = 0;                       //发送地址包
   SBUF = 0xaa;                   //发送送数命令
}
void initUART(void)               //初始化串口
{
TMOD = 0x20;                      // 定时器 T1 使用工作方式 2
TH1 = 0xFA;
TL1 = 0xFA;
TR1 = 1;                          // 开始计时
PCON = 0x80;                      // SMOD = 1
SCON = 0xd0;                      // 工作方式,9 位数据位,波特率 9600bps,允
                                     许接收
}
void serialDeal(void) interrupt 4 using 1
{
  if(RI==1)
```

```
    {
      RI = 1;
      //接收数据
    }
  }
main()
{
  initUART();                           //初始化串口
  while(1)
  {
    Comu(0x01);                         //发送1号机地址
    //延时之后发送其他子机地址
  }
}
```

【例 2.17】从机首先使 SM2 = 1，当接收到地址包之后判断和自己的地址是否相同，如果相同则将 SM2 清零，准备接收数据包，并根据数据包的内容进行操作。

```
#include <AT89X52.h>
//字节发送子函数,调用其将传递入参数Tx_Data中的一个字节通过串行口发送出去
void Send(unsigned char Tx_Data)
{
SBUF = Tx_Data;
while(TI == 0);                 //等待发送完成
TI = 0;                         //清除TI标志，准备下一次发送
}
//串口初始化函数
void initUART(void)
{
TMOD = 0x20;                    // 定时器T1使用工作方式2
TH1 = 0xFA;
TL1 = 0xFA;
TR1 = 1;                        // 开始计时
PCON = 0x80;                    // SMOD = 1
SCON = 0xd0;                    // 工作方式,9位数据位,波特率9600bps,允许接收
  SM2 = 1;                      //只接受地址包
}
main()
{
  unsigned char temp;
  initUART();                   //初始化串口
  while(1)
```

```
    {
      while(RI==0);
      RI =0;
      temp = SBUF;                //存放接收到的 1B 数据
      if(temp == 0x61)            //如果是要和自己通信，0x61 为子机地址
      {
        SM2 = 0;
        while(RI==0);             //等待送数据命令字节
        RI = 0;
        temp = SBUF;
        if(temp == 0xaa)          //如果是发送数据命令
        {
          Send(0x00);
          //继续调用 Send 发送数据
          SM2 = 1;                //完成通信,继续等待地址包
        }
      }
      else                        //继续等待
      {
      }
    }
  }
```

2.3.5　使用 T2 作为串口波特率发生器

1．功能描述

如果 51 单片机的定时/计数器 T1 被占用，则可以使用定时/计数器 T2 来作为 51 单片机串口的波特率发生器。

2．设计思路和操作步骤

51 单片机 T2 可以应用于波特率发生器工作模式，其具体的操作步骤如下：

（1）设置 RCLK 和 TCLK 为“1”使得 T2 工作于波特率发生器模式。

（2）根据单片机的工作频率和波特率计算 T2 的重装寄存器 RCAP2H 和 RCAP2L 的初始化值。

（3）设置串口相应的工作方式。

（4）启动 TR2。

（5）启动串口中断接收。

3．应用实例——T2 作为波特率发生器驱动串口数据发送和接收

【例 2.18】类似例 2.15，51 单片机通过接收到一个字节数据后通过串口返回该字节数

据，使用T2作为波特率发生器。

```
#include <AT89X52.h>
//发送一个字节数据的函数
void Send(unsigned char X)
{
SBUF = X;                                //将要等待发送的数据送入SBUF寄存器
while(TI == 0);                          //等待发送完成
TI = 0;                                  //清除TI标志
}
//初始化串口
void initUART(void)
{
SCON = 0x50;
PCON = 0x80;
RCLK = 1;
TCLK = 1;
RCAP2H = 0xff;
RCAP2L = 0xfd;                            //初始化T2,波特率115200bps
TR2 = 1;                                  //使用T2作为波特率发生器
ES = 1;
EA = 1;                                   //开中断
}
void Serial(void) interrupt 4 using 1     //串行中断处理函数
{
unsigned char temp;
if(RI == 1)                               //如果是收到数据
{
    temp = SBUF;                          //将数据存放在temp中
    RI = 0;                               //清除RI标志
    Send(temp);                           //将接收到的数据发送出去
}
}
main()
{
  initUART();                             //初始化串口
while(1)
{
}
}
```

注：和定时/计数器T1相比，定时/计数器T2可以产生更高频率的波特率，例如，在

11.0592MHz 的单片机工作频率下，T1 只能产生 57600bps 的波特率，而 T2 可以产生 115200bps 的波特率。

2.3.6　串口发送函数 putchar 使用

1．功能描述

51 单片机的 C 语言提供一个串口发送函数 putchar，用于通过串口发送一个字节的数据，该函数的说明如表 2.12 所示。

表 2.12　putchar 函数说明

函 数 原 型	char putchar (char c);
函 数 参 数	c：待发送的字符
函 数 功 能	将字符 c 按照 51 单片机的设置从串行模块发送出去
函数返回值	c 本身

2．设计思路和操作步骤

使用该函数的步骤如下：

（1）使用#include 关键字引用 stdio.h 库文件。

（2）对 51 单片机的串口进行初始化。

（3）使用 putchar 函数来发送一个字节的数据。

3．应用实例——使用 putchar 函数

【例 2.19】这是使用 putchar 函数来重写例 2.18 的实例代码。

```
#include <AT89X52.h>
#include <stdio.h>
//初始化串口
void initUART(void)
{
SCON = 0x50;
PCON = 0x80;
RCLK = 1;
TCLK = 1;
RCAP2H = 0xFF;
RCAP2L = 0xFD;                              //初始化 T2,波特率 115200bps
TR2 = 1;                                    //使用 T2 作为波特率发生器
ES = 1;
EA = 1;                                     //开中断
}
void Serial(void) interrupt 4 using 1   //串行中断处理函数
```

```
{
unsigned char temp;
if(RI == 1)                                   //如果是收到数据
{
    temp = SBUF;                              //将数据存放在temp中
    RI = 0;                                   //清除RI标志
    putchar(temp);                            //将接收到的数据发送出去
}
}
main()
{
  initUART();                                 //初始化串口
while(1)
{
}
}
```

2.3.7 串口发送函数printf使用

1. 功能描述

除了putchar函数之外，在C51中还常使用printf函数来发送一串经过格式化的字符串，表2.13是printf的函数说明，它实际上是调用了putchar函数进行操作，可以使用一些特定的格式控制。

表2.13 printf函数介绍

函数原型	int printf (const char *c, ...);
函数参数	c：指向格式化字符串的指针 …：在format控制下的等待打印的数据
函数功能	将格式化数据用putchar数据输出到51单片机的串行模块，…是一个字符串，它包含字符、字符序列和格式说明。字符与字符序列按顺序输出到输出接口。格式说明以%开始，格式说明使跟随的相同序号的数据按格式说明转换和输出。如果数据的数量多于格式说明，多出的数据将被忽略，如果格式说明多于数据，结果将不可预测
函数返回值	发送出去的字符数

printf函数的格式说明结构：%_flags_width_.precision_{b|B|l|L}_type，各个部分的说明如下。

- type用来说明参数是字符、字符串、数字或者指针字符，如表2.14所示。

表2.14 printf函数的type参数

type	输出结果
D	有符号十进制数
U	无符号十进制数
O	无符号八进制数

续表

type	输出结果
x	无符号十六进制数，使用小写
X	无符号十六进制数，使用大写
f	格式为[-]ddd.ddd 的浮点数
e	格式为[-]d.ddde+dd 的浮点数
E	格式为[-]d.dddE+dd 的浮点数
g	使用 f 或者 e 中比较合适形式的浮点数
G	去 f 或者 E 中比较合适形式的双精度值
c	单字符常数
s	字符串常数
p	指针，格式 t：aaaa，其中 aaaa 为十六进制的地址 t 为存储类型；c：代码；i：片内 RAM；x：片外 RAM；p：片外 RAM
n	无输出，但是在下一参数所指整数中写入字符串
%	%字符

- b、B、l、L 用于 type 之前，说明整型 d、i、u、o、x、X 的 char 或者 long 转换。
- flgs 是标记，其用法如表 2.15 所示。

表 2.15　printf 函数的 flgs 参数

flags	作　用
–	左对齐
+	有符号，数值总是以正负号开始
空格	数字总是以符号或者空格开始
#	变换形式：o、x、X，首字母为 0、0x、0X G、g、e、E、f 则输出小数点
*	忽略

- width 是域宽，只能是一个非负数，用来表示输出字符的最小个数，如果打印字符较少则使用空格填充，在前面加负号则表示为在域中使用左对齐，加 0 则表示用 0 填充。如果输出的字符个数大于域的宽度，仍然会输出全部的字符。“*”表示后续整数参数提供域的宽度，前面加 b，表示后续参数是无符字符。
- precision 表示精度，对于不同类型意义不同，可能引起截尾或者舍入，如表 2.16 所示。

表 2.16　printf 函数的 precision 精度

数据类型	说　明
d、u、o、x、X	输出数字的最小位，如果输出数字超出也不截断尾，如果超出在左边则填入 0
f、e、E	输出数字的小数位数，末位四舍五入
g、G	输出数字的有效位数
c、p	无影响
s	输出字符的最大字符数，超过部分将不显示

2．设计思路和操作步骤

使用 printf 函数的具体操作如下：

（1）使用#include 关键字引用 stdio.h 库文件。

（2）对 51 单片机的串口进行初始化。

（3）使用 printf 函数来发送一个字符串。

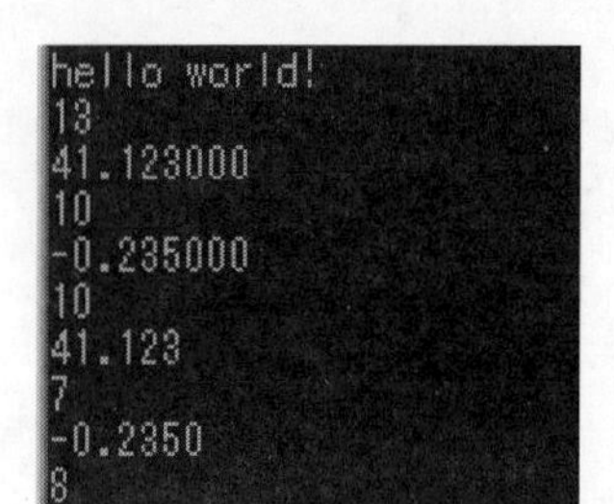

图 2.10　printf 函数输出

3．应用实例——使用 printf 函数

【例 2.20】实例使用 printf 函数输出了一系列的字符和数字，其中，“\n”是 51 单片机 C 语言中的回车换行符，需要注意的是，在 51 单片机的 C 语言中浮点数的默认有效位是小数点后 6 位，但是可以使用格式控制字符来规定实际输出的有效位数，如“%.4f\n”即为小数点后保留 4 位有效数字，如果超过，则被切断，图 2.10 是实例的串行模块输出字符串。

```
#include <AT89X52.h>
#include <stdio.h>
#define TRUE  1
#define FALSE 0
bit  bT0Flg = FALSE;
void InitUart(void)
{
SCON = 0x50;                                    //工作方式 1
TMOD = 0x21;
PCON = 0x00;
TH1 = 0xfd;                                     //使用 T1 作为波特率发生器
TL1 = 0xfd;
TI = 1;
TR1 = 1;                                        //启动 T1
}
void Timer0Init(void)                           //定时器 0 初始化函数
{
TH0 = 0xFF;
TL0 = 0x9C;                                     //100ms 定时
  ET0 = 1;                                      //开启定时器 0 中断
  TR0 = 1;                                      //启动定时器
}
void Timer0Deal(void) interrupt 1 using 1       //定时器 0 中断处理函数
{
ET0 = 0;                                        //首先关闭中断
TH0 = 0xFF;                                     //然后重新装入预制值
TL0 = 0x9C;
  ET0 = 1;                                      //打开 T0 中断
  bT0Flg = TRUE;                                //定时器中断标志位
```

```
}
main()
{
  unsigned char temps[]="hello world!";
  int temp;
  float a,b;
  InitUart();                                   //初始化串口
  Timer0Init();                                 //初始化时钟
  EA = 1;                                       //打开串口中断标志
  a = 41.123;
  b = -0.235;
  while(1)
  {
    while(bT0Flg==FALSE);                       //等待延时标志位
    bT0Flg=FALSE;
    temp = printf("%s\n",&temps[0]);            //输出字符"hello world!"
    printf("%d\n",temp);                        //输出字符的打印宽度
    temp = printf("%f\n",a);                    //输出浮点数 a,默认宽度
    printf("%d\n",temp);
    temp = printf("%f\n",b);                    //输出浮点数 b,默认宽度
    printf("%d\n",temp);
    temp = printf("%2.3f\n",a);                 //输出浮点数 a,指定宽度
    printf("%d\n",temp);
    temp = printf("%.4f\n",b);                  //输出浮点数 b,指定宽度
    printf("%d\n",temp);
  }
}
```

2.3.8　使用串口来扩展外部中断

1．功能描述

当 51 单片机的外部中断 0/1 都被占用的时候，如果不需要使用串口模块，可以使用串口模块来扩展外部中断。

2．设计思路和操作步骤

和使用 51 单片机的定时/计数器来扩展外部中断的方法类似，把需要检测的外部信号连接在 51 单片机的 RXD（P3.0）引脚上，将串口设置为工作方式 1，同时设置 SM2=0，并且设置 REN=1 来使能串行接收。此时当串行模块检测到由高到低的电平跳变之后，会认为是接收到一个起始位，从而进入接收模式，当完成 8 位数据的接收后，触发串行中断事件。

利用串行模块来扩展外部中断也有自己的缺点。首先，这个信号必须是负脉冲边沿触发的。其次，这个信号的负电平保持时间必须使得单片机的串行口确认这个起始位，也就是说脉冲宽度不能太窄。第三，串行模块在检测到这个跳变之后会有 9 个位传输时间的延迟，这是因为串行模块必须接收完成之后才会触发串行中断事件，其具体时间和波特率有关系，当波特率越高时，这个延时及前面提到的负脉冲电平需要保持的时间越短。

使用串口来扩展外部中断的操作步骤如下：

（1）将外部信号连接到 51 单片机的 RXD 引脚（P3.0）上。

（2）设置 51 单片机的串口为工作方式 1。

（3）设置 SM2 位为“0”。

（4）设置 51 单片机的串口波特率尽可能高。

（5）设置 REN 位为“1”来启动串口接收。

（6）在 51 单片机的串口中断服务子函数来处理外部中断事件。

3. 应用实例——使用串口扩展外部中断

【例 2.21】51 单片机首先初始化好串口，然后在串行口中断处理函数中处理相应的中断时间即可。本实例中为了使串行口中断能更快地响应外部按键时间，使用 T2 作为波特率发生器，并且将波特率设置为 115200 bps。

```
#include <AT89X52.h>
void Serial(void) interrupt 4 using 3       //串行中断处理函数
{
 if(RI == 1)                                //判断是否串口中
 {
  RI = 0;                                   //清除 RI 中断
  //外部中断处理函数
 }
}
void initUART(void)
{
SCON = 0x50;
PCON = 0x80;
RCLK = 1;
TCLK = 1;
RCAP2H = 0xff;
RCAP2L = 0xfd;                              //初始化 T2,波特率 115200bps
TR2 = 1;                                    //使用 T2 作为波特率发生器
ES = 1;
EA = 1;                                     //开中断
}
main()
{
```

```
    initUART();                                      //初始化串口
    while(1)
    {
    }
}
```

2.3.9　串口波特率自适应

1．功能描述

在 51 单片机使用串行模块作为数据通信的某些应用系统中，其波特率不唯一且经常变化，此时可以使用波特率自适应的软件设计方法，避免人工过多地干预波特率的切换，降低系统工作效率。

为了实现 51 单片机的波特率的自适应，可以采用如下两种方式：

- 系统启动的时候使用一个默认的通信波特率来通信，然后定义接下来收到的数据包中的预先设定来修改波特率。
- 根据 51 单片机串行通信特点，由单片机程序根据时序来判断通信波特率，把串行口接收到的第一个字节作为初始化字节，通过对这个字节的检测来判断波特率。

第一种方式的优点是原理简单，成功率高，但是程序控制复杂，并且第一次通信的时候需要一个预先约定的波特率，不能应付突发情况；第二种方式的优点是不需要事先约定好波特率，连接方便，但是该方式需要受到一定条件的限制。

51 单片机的通信波特率不是一个 100%准确的数值，可以允许在一定范围内变化，只要满足“测三取二”即可，因此，只要波特率在合理的范围内波动，正在传输的数据的第一位和最后一位的传输时间就会发生变化，通过对这个时间的测量，就可以得到波特率的值。

2．设计思路和操作步骤

使用第二种方式实现 51 单片机的波特率自适应的操作步骤如下：

（1）检测 51 单片机 RXD 接收引脚上的下降沿（启动信号），在该跳变来到的时候启动一个定时/计数器。

（2）检测 51 单片机 RXD 引脚上的每一个上升沿，在该跳变到来的时候读出定时计数器的数据寄存器内容并且保存。

（3）等待定时/计数器的溢出事情，则最后一次所保存的定时计数器的数据寄存器读出数据即为启动位到停止位的时间。

（4）查找事先计算好的表单常数来获得波特率，该表单项的计算公式如下：

$$\text{表单常数}=\frac{\text{单片机工作频率}}{\text{单片机波特率}}\times\frac{5}{12}$$

注：这个表单常数由 4 位十六进制数据组成，有高 8 位和低 8 位之分，例如，当 51 单片机工作频率为 12MHz，通信波特率为 9600bps 的时候所对应的表单常数为 0x02，0x08。

3．应用实例——串口波特率自适应

【例 2.22】51 单片机通过检测 RXD 引脚上的电平宽度来获得对应的定时计数器的值，然后根据这个值反查出波特率列表综合中对应的波特率，从而达到动态获取波特率的目的。

```
#include <AT89X52.h>
#define FastH            0x78
#define FastL              0x00                //最高波特率对应的常数
#define Baud_38400H 0x00                       //波特率 38400bps 对应的常数
#define Baud_38400L 0x78
#define Baud_19200H 0x00
#define Baud_19200L 0xf0
#define Baud_9600H  0x01
#define Baud_9600L  0xe0
#define Baud_4800H  0x03
#define Baud_4800L  0x0c
#define Baud_2400H  0x07
#define Baud_2400L  0x80
#define Baud_1200H  0x0f
#define Baud_1200L  0x00
#define Baud_300H     0xc3
#define Baud_300L        0x00                  //波特率 300bps 对应的常数
#define SlowH            0x00
#define SlowL            0x3c                  //最低波特率对应的常数
//以上定义的为表单常数
unsigned char TimerH,TimerL,Timertemp; //定时计数器 0 数据寄存器所对应的数据
bit Overflow_Flg;                              //定时器溢出标志
void Set_Baud()                                //波特率设置函数
{
unsigned int temp;
temp = 256*TimerH + TimerL;             //组合高低 8 位为 16 位数据
if(temp >= 30720)                       //接收到的波特率过快
{
    //波特率过快的处理代码
  }
else if(temp <= 60)                     //接收到的波特率过慢
{
    //波特率过慢的处理代码
 }
else                                    //查表判断波特率
{
```

```
    switch(TimerH)                  //判断高位数据
    {
        case Baud_38400H:               //如果高位和38400bps高位表项相同
        {
            if(TimerL <= Baud_38400L)   //如果低位数据小于38400低位表项
            {
            //设置对应的波特率
      }
        }
        break;
        //其他表单项判断
        case Baud_300H:                 //300bps
        {
            if(TimerL <= Baud_300L)
            {
            }
        }
        break;
        default:                        //如果不是标准波特率
        {
        }
    }
}
}
void Timer0(void) interrupt 1 using 1   //定时器0溢出中断处理函数
{
TR0 = 0;                                //关闭T0
Overflow_Flg = 1;                       //置位标志位
}
main()
{
TimerH = 0x00;
TimerL = 0x00;
Timertemp = 0x00;
Overflow_Flg = 0;                       //初始化变量
TMOD = 0x01;
 TH0 = 0x00;
TL0 =0x00;                              //初始化定时计数器
 EA = 1;                                //启动定时计数器0中断
ET0 = 1;
 while(1)
```

```
    {
     while(RXD == 1);                              //等待下降沿
     TR0 = 1;                                      //开启定时器 0
     while(Overflow_Flg == 0)                      //如果 T0 没有溢出
     {
         while(RXD == 0);                          //等待上升沿
         while(Timertemp != TimerH)                //两次读取高位
         {
             TimerH = TH0;
             TimerL = TL0;
             Timertemp = TH0;                      //读取定时计数器数据寄存器数据
         }
     }
     Overflow_Flg = 0;                             //清除溢出标志
     Set_Baud();                                   //设置波特率
    }
}
```

2.3.10 使用普通 I/O 引脚来模拟串口

1. 功能描述

由于绝大部分 51 单片机都只有一个串行模块，在如果需要使用多个串行通信的应用中如果通信波特率较低，可以使用普通的 I/O 口来模拟一个串行口，常可以用来扩展一些诸如倾角仪之类的外围设备。

软件模拟 I/O 口的关键是如何计算波特率，其实串口发送的数据也可以看做一串高低电平的组合，图 2.11 所示是 51 单片机以 115200bps 波特率循环发送“0x41”的时候外部 TXD 引脚上的波形图。

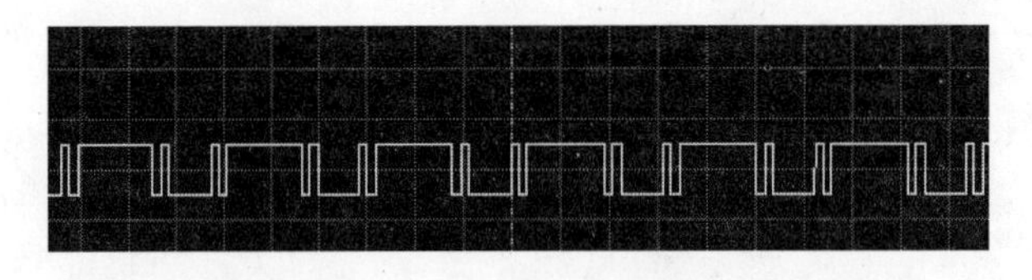

图 2.11　115200bps 通信波形图

从图 2.11 中可以看到串行通信的波特率，其实质只是每位数据的高电平或者低电平的持续时间，波特率越高，持续的时间则越短。由计算可以知道如果波特率为 9600bps，则每一位数据所需要的传送时间为 1000ms/9600=0.104ms，即位与位之间的延时为 0.104ms。得到这个时间之后，可以使用一个定时器根据相应的延时来控制 I/O 引脚输出对应的高低电平，从而达到串行通信的目的。

2．设计思路和操作步骤

使用普通 I/O 引脚作为串行口通信的操作步骤如下：

（1）根据波特率计算出字节的每个位电平持续时间。

（2）设置用于控制 I/O 引脚电平输入、输出的定时/计数器相关参数。

（3）启动定时/计数器。

（4）当需要输出的时候将数据从 I/O 引脚移位输出。

（5）当检查到输入的时候将数据从 I/O 引脚移位输入。

3．应用实例——使用 I/O 引脚模拟串口通信

【例 2.23】应用代码使用 T0 作为波特率发生器，用于按照 9600bps 的电平宽度来定时，控制 I/O 引脚输入或者输出相应的数据。函数 SendByte（）用于发送一个字节的数据；RecByte（）用于接收一个字节的数据，CheckStartBit（）用于检测是否有起始位。当通过接收引脚接收到一个字节的数据之后将该字节数据通过发送引脚发送出去。

```
#include <AT89X52.h>
sbit SoftTXD = P2 ^ 7;
sbit SoftRXD = P2 ^ 6;                          //定义接收、发送引脚
#define Flg F0                                  //标志位,使用 PSW 的 F0 位
sbit ACC0 = ACC ^ 0;
sbit ACC1 = ACC ^ 1;
sbit ACC2 = ACC ^ 2;
sbit ACC3 = ACC ^ 3;
sbit ACC4 = ACC ^ 4;
sbit ACC5 = ACC ^ 5;
sbit ACC6 = ACC ^ 6;
sbit ACC7 = ACC ^ 7;                            //ACC 寄存器的位定义
void Timer0() interrupt 1                       //定时计数器中断处理函数
{
Flg = 1;                                        //置位标示位
}
void SendByte(unsigned char sdata)              //字节数据发送函数
{
ACC=sdata;                                      //待发送数据放入 ACC
Flg=0;                                          //清除标志位
SoftTXD=0;                                      //发送启动位
TL0=TH0;
 TR0=1;                                         //启动定时器
while(Flg == 0);                                //等待延时完成
SoftTXD=ACC0;                                   //首先从发送引脚发送出最低位
Flg=0;
```

```
while(Flg == 0);
SoftTXD=ACC1;
Flg=0;
while(Flg == 0);
SoftTXD=ACC2;
Flg=0;
while(Flg == 0);
SoftTXD=ACC3;
Flg=0;
while(Flg == 0);
SoftTXD=ACC4;
Flg=0;
while(Flg == 0);
SoftTXD=ACC5;
Flg=0;
while(Flg == 0);
SoftTXD=ACC6;
Flg=0;
while(Flg == 0);
SoftTXD=ACC7;
Flg=0;
while(Flg == 0);                          //发送停止位
SoftTXD=1;
Flg=0;
while(Flg == 0);
TR0=0;                                    //关闭定时计数器
}
unsigned char RecByte()                   //接收一个字符的函数
{

TL0=TH0;
 TR0=1;                                   //启动定时计数器
Flg=0;
while(Flg == 0);                          //等待起始位
ACC0=SoftRXD;                             //接收一位数据
TL0=TH0;
Flg=0;
while(Flg == 0);
ACC1=SoftRXD;
Flg=0;
while(Flg == 0);;
```

```
ACC2=SoftRXD;
Flg=0;
while(Flg == 0);
ACC3=SoftRXD;
Flg=0;
while(Flg == 0);
ACC4=SoftRXD;
Flg=0;
while(Flg == 0);
ACC5=SoftRXD;
Flg=0;
while(Flg == 0);
ACC6=SoftRXD;
Flg=0;
while(Flg == 0);
ACC7=SoftRXD;
Flg=0;
while(Flg == 0)                                 //等待停止位
{
    if(SoftRXD == 1)                            //如果没有停止位则退出
    {
        break;
    }
}
TR0=0; //停止 timer
return ACC;                                     //函数返回值通过 ACC 寄存器传递
}
bit CheckStartBit()                             //起始位检测函数
{
return  (SoftRXD==0);                           //返回接收的引脚状态
}
void main()
{
unsigned char temp;
TMOD=0x02;                                      //定时计数器 0 工作模式 2,8 位自动重装
PCON=00;
TH0=0xA6;                                       //T0 的初始化值
//9600bps 就是 1000000/9600=104.167μs 执行的时间即为 104.167*11.0592/12= 96
TL0=TH0;
ET0=1;
EA=1;
```

```
    SendByte(0x55);
    SendByte(0xaa);
    SendByte(0x00);
    SendByte(0xff);                                   //发送 4B 数据
    while(1)
    {
        if(CheckStartBit()==1)                        //如果检测到起始位
        {
            temp=RecByte();                           //接收数据
            SendByte(temp);                           //发送数据
        }
    }
    }
```

第 3 章　51 单片机的电源模块

电源模块用于给 51 单片机应用系统提供相应的电压或者电流，其是应用系统的重要的组成部分，关系到应用系统是否能正常稳定地运行。电源模块包括交流-直流变换、整流部分、直流电压调理部分、电源保护和监控模部分等，本章将详细介绍 51 单片机电源模块的设计基础和相应的器件。

3.1　电源模块设计基础

51 单片机的电源模块主要功能是将外部供电电源转化为 51 单片机应用系统所需要的供电电源，通常来说，外部电源有交流电源和直流电源两种。对于外部电源是交流电源的系统来说，其一般采用 220V 市电，或者 380V 工业用电直接供电，需要进行交流电压调理、整流、直流电压调理三个步骤才能得到 51 单片机应用系统所需要的供电电源；而对于外部电源是直流电源的应用系统来说，只需要进行直流电压调理则可以得到 51 单片机应用系统所需要的供电电源，这三个部分的详细说明如下：

- 交流电压调理：将较高的交流电压变成较低的交流电压的过程。由于外部交流电源通常是 220V 的市电或者 380V 的工业用电，为了能适应 51 单片机所需要的电压，通常使用变压器将这些“高压交流电”转换为 12V、15V、24V 等电压的交流电，具体电压由系统具体情况决定，一般来说要略高于 51 单片机应用系统所需要的电源最高电压。
- 整流：将交流电变成直流电过程。由于 51 单片机应用系统中绝大部分器件都需要使用直流电源供电，所以通常使用整流二极管组或者整流桥将交流电信号变成直流。
- 直流电压调理：将整流之后或者外部电源提供的直流电源信号转化为 51 单片机应用系统所需要的直流电压的过程。由于一个 51 单片机应用系统中需要的直流供电电压可能包括 12V、9V、5V、3.3V 等很多种，而输入提供的直流电源电压往往只有一种，所以需要通过相关的电源芯片/模块转化出所需要的全部直流电源电压。

图 3.1 所示是 51 单片机应用系统的电源模块结构示意图。

3.1.1　变压器

变压器是利用电磁感应的原理来改变交流电压的装置，主要构件是初级线圈、次级线圈和铁芯（磁芯），常用做升降电压、匹配阻抗、安全隔离等用途，变压器的实物如图 3.2 所示。

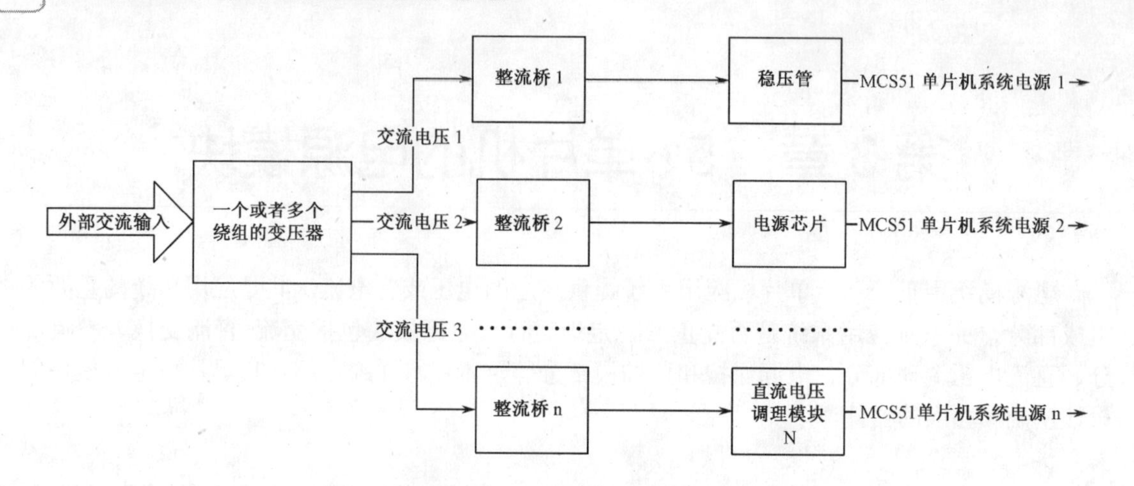

图 3.1　51 单片机应用系统的电源模块结构示意图

MCS51 单片机系统使用的变压器需要考虑的主要参数有输入电压、输出电压、输出组数、输出功率/输出电流，其详细说明如下。

- 输入电压：变压器的交流输入电压。
- 输出电压：变压器的输出电压。
- 输出组数：变压器的输出可以是很多组，这些输出组从电源上是隔离的。
- 输出功率/输出电流：变压器能提供的最大功率或能提供的最大输出电流，不同的输出组可以提供不同大小的输出功率/输出电流。

图 3.3 所示是 220～15V 单组输出的变压器电路示意图，220V 交流电压加在变压的输入线圈上，耦合的 15V 交流电压从输出线圈上给出。

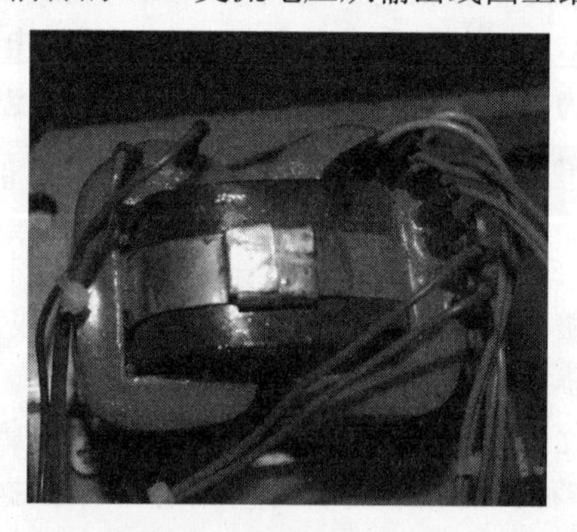

图 3.2　51 单片机应用系统中的变压器实物

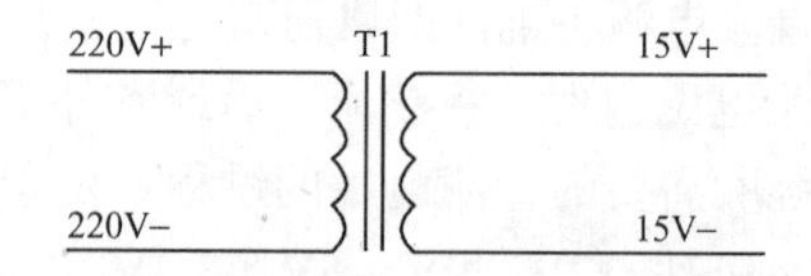

图 3.3　变压器电路示意图

3.1.2　整流桥

整流是将交流电压转化为直流电压过程，一般使用整流二极管或者整流桥来完成。

整流二极管是一种将交流电能转变为直流电能的半导体器件，通常包含一个 PN 结，有阳极和阴极两个端子，它能使得符合相位的交流电流通过二极管而阻止反向的交流电流通过二极管。而整流桥是将多个（一般是 2 个或者 4 个）整流管封在一个器件里的设备，可以分为全桥和半桥。全桥是将连接好的全波桥式整流电路的四个二极管封在一起，而半桥是将连接好的两个二极管桥式半波整流电路封在一起。用两个半桥可组成一个桥式整流电路，而使用单个半桥也可以组成变压器带中心抽头的全波整流电路，整流桥通常需要考虑的参数是截止电压、工作频率和额定电流，图 3.4 所示是整流桥的实物图。

图 3.4　51 单片机应用系统中的整流桥实物图

- 截止电压：整流电压反向加在整流桥上整流二极管上允许的最高电压。截止电压决定整流桥允许整流的电压最大值。
- 工作频率：由于交流电都是周期性的变化相位的，也就是常说的交流电的频率，所以对应的整流桥也需要有一定的工作频率。
- 额定电流：整流桥允许通过的最大电流，直接决定了整流桥允许的负载功率。

3.1.3　直流电压调理方法

一个 MCS51 单片机应用系统可能需要一个或者多个不同电压的直流电压供电，而外部电源提供的电压未必能满足单片机系统的全部需求，此时需要对这些电压进行调理以得到单片机系统需要的电源。

常见的直流电压调理的方法和比较如表 3.1 所示。

表 3.1　直流电压调理方法比较

	稳压管	电源模块	电源芯片
成本	低	高	中等
电路设计	简单	非常简单	一般
功率/电流	较小	大	比较大
稳定性	差	好	普通
外围/辅助器件	几乎不需要	不需要	需要

- 稳压二极管（齐纳二极管、稳压管）是一种硅材料制成的面接触型晶体二极管。稳压管在反向击穿时，在一定的电流范围内端电压几乎不变，表现出稳压特性，因而广泛应用于稳压电源与限幅电路之中，稳压二极管可以串联起来以便在较高的电压上使用，通过串联就可获得更多的稳定电压。
- 电源芯片是一种可以将一种电压电源转化为另外一种电压电源的集成电路芯片，一般

需要添加外部电阻、电容、电感进行辅助滤波等工作，在 MCS51 单片机系统中使用得最为广泛的电源芯片是 78xx（正电压）和 79xx（负电压）系列及 LM1117 等。

- 电源模块是可以直接贴装在 PCB 上的电源供应器，其实质是集成了电源芯片和电源芯片外围器件的电路模块，有开关和线性两种。

3.2 直流电源稳压芯片

最常见的直流电源调理芯片是稳压集成电路，其用半导体工艺和薄膜工艺将稳压电路中的二极管、三极管、电阻、电容等元件制作在同一半导体或绝缘基片上，形成具有稳压功能的固体电路。

3.2.1 直流电源稳压芯片的技术指标

稳压电路的技术指标分为两类：一类是特性指标，用来表示稳压电源规格，包括输入电压、输出功率、输出直流电压和电流范围等；另一类是质量指标，用来表示稳压性能，包括稳压系数、负载调整特性等。

1．稳压系数 S_r

稳压系数又称电压调整特性，是指在负载不变的条件下，稳压电路的输出电压相对变化量与输入电压相对变化量之比，该指标反映了电网电压波动对稳压电路输出电压稳定性的影响。其计算公式如下：

$$S_r = \left.\frac{\Delta U_o / U_o}{\Delta U_I / U_I}\right|_{\Delta U_o = 0} \times 100\%$$

2．负载调整特性 S_I

负载调整特性是指稳压电路在输入电压 U_I 不变的条件下输出电压的相对变化量与负载电流变化量之比，该指标反映了负载变化对输出电压稳定性的影响。其计算公式如下：

$$S_I = \left.\frac{\Delta U_o / U_o}{\Delta I_o}\right|_{\Delta U_I = 0} \times 100\%$$

3．输出电阻 R_O

输出电阻是指输入电压 U_I 不变时，输出电压的变化量与负载电流变化量之比。当输出电阻越小，负载变化对输出电压变化的影响越小，其带负载能力也就越强。其计算公式如下：

$$R_o = \left.\frac{\Delta U_o}{\Delta I_o}\right|_{\Delta U_I = 0}$$

4．纹波抑制比 S_R

纹波抑制比是稳压电路输入纹波电压峰值 U_{IP} 与输出纹波电压峰值 U_{OP} 之比，并取电压增益表示式，该指标反映稳压电路输入电压中含有 100Hz 交流分量峰值或纹波电压的有效值经稳压后减小的程度。其计算公式如下：

$$S_R = 20\lg\frac{U_{IP}}{U_{OP}}\,\text{dB}$$

3.2.2　78/79 系列电源调理芯片

1．78/79 系列电源调理芯片基础

78/79 系列电源调理芯片是最常见的三端稳压集成电路，其中 78 系列为正电压调理芯片，有 7805、7809、7812 等，78 后面的参数表明其输出电压，例如，7805 表明输出为+5V 直流电压；79 系列则为负电压调理输出，有 7905、7909 等，79 后面的参数同样表明其输出电压，例如，7905 则表明输出为5V 直流电压。78/79 系列电源调理芯片具有如下的特点：

- 有多种输出电压型号可选。
- 输出电流比较大，可以达到 1A 或者 1A 以上。
- 具有过热保护和短路保护功能。
- 具有输出晶体管 SOA 保护。
- 价格低廉，应用简单。

图 3.5 所示是常见的 7805 实物图，其引脚说明如下（编号从左到右）：

- 引脚 1：输入电源引脚。
- 引脚 2：电源公共端信号引脚（通常为地信号）。
- 引脚 3：输出电源引脚。
- 背部：电源公共端信号引脚（通常为地信号）。

图 3.6 所示是 78/79 系列稳压芯片的内部结构，其由启动电路、电流发生器、基准电压、误差放大器等模块组成。

图 3.5　7805 实物图

2．78/79 系列电源调理芯片的应用电路

图 3.7 所示是 78/79 系列芯片的典型应用电路，C1～C3 为滤波电容。

在使用 78/79 系列芯片的时候需要注意以下几个问题：

- 芯片的输入输出压差不能太大，否则转换效率急速降低，而且容易击穿损坏。
- 输出电流不能太大，1.5A 是其极限值，如果电流的输出比较大，必须在芯片的后背上加上足够大尺寸的散热片，否则会导致高温保护或热击穿。
- 输入输出压差也不能太小，否则会导致效率很差，而且当输入和输出的压差低于 2～3V 的时候，可能导致芯片不能正常工作。

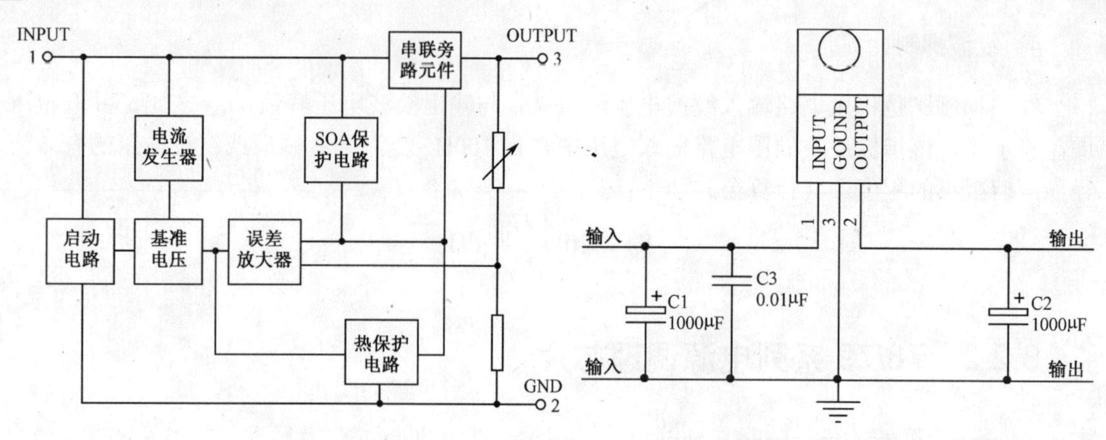

图 3.6　78/79 系列稳压芯片的内部结构

图 3.7　78/79 系列芯片的典型应用电路

3.2.3　AS1117 电源调理芯片

1. AS1117 电源调理芯片基础

AS1117 是一款低压差的线性稳压器，当输出 1A 电流时，其输入、输出的电压差典型值仅为 1.2V，所以比 78/79 系列芯片具有更广泛的应用环境，其主要特点如下：

- 包括三端可调输出和固定电压输出两个版本，其中，固定电压包括 1.8V、2.5V、2.85V、3.3V、5V 输出版本。
- 最大输出电流为 1A。
- 输出电压精度高达±1%。
- 稳定工作电压范围高达 15V。
- 电压线性度为 0.2%。
- 负载线性度为 0.4%。
- 环境温度范围为−50～140℃。

图 3.8 所示是 AS1117 的两种不同封装的示意图，其引脚详细说明如表 3.1 所示。

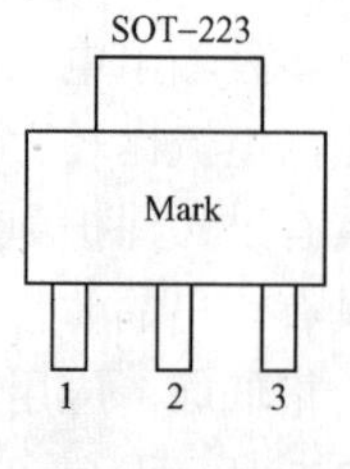

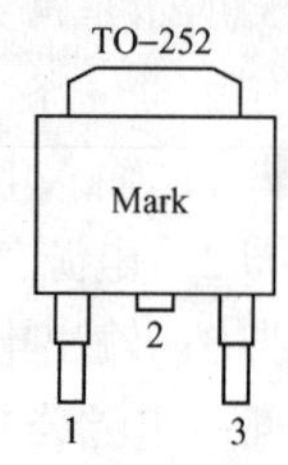

图 3.8　AS1117 的引脚封装示意图

表 3.1　AS1117 的引脚说明

	引脚编号	符号	说明
固定电压输出型	1	GND	接地引脚
	2	Vout	输出引脚
	3	Vin	输入引脚
电压可调型	1	Adj	可调引脚
	2	Vout	输出引脚
	3	Vin	输入引脚

图 3.9 所示是 AS1117 的内部结构示意图，其由启动与偏置电路、电阻网络、电源检测、驱动电路等模块组成。

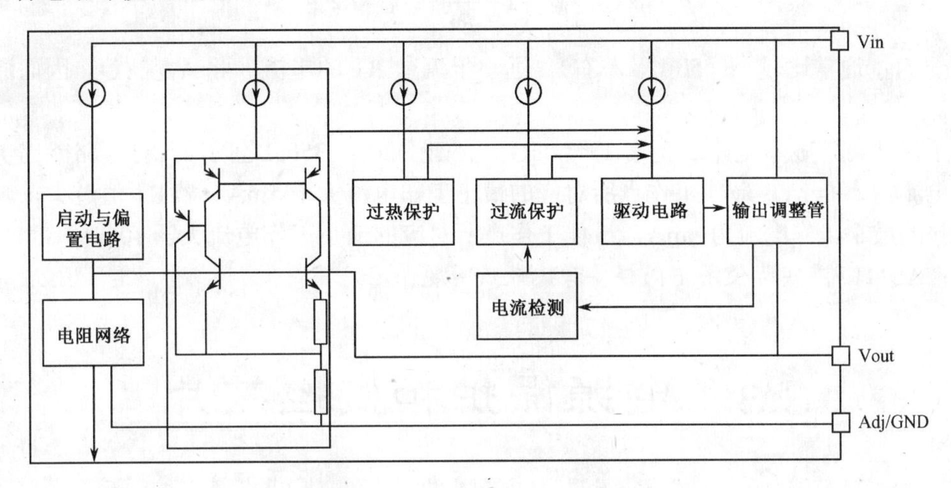

图 3.9　AS1117 的内部结构示意图

2. AS1117 电源调理芯片的应用电路

图 3.10 所示是固定电压输出类型 AS1117 的典型应用电路，可以看到其和 78/79 系列芯片的应用电路几乎一致，只是需要引脚的顺序有所差异。

在实际使用中：

- 对于所有应用电路均推荐使用输入旁路电容 C1 为 10μF 的钽电容。
- 为保证电路的稳定性，在输出端接 22μF 的钽电容 C2。

图 3.11 所示是电压可调型 AS1117 的应用电路，其在输出端和可调端之间可以提供 1.25V 的参考电压，用户可以根据需要通过电阻倍压的方式调整到所需要的电压，图中 R1 和 R2 即为倍增电阻。

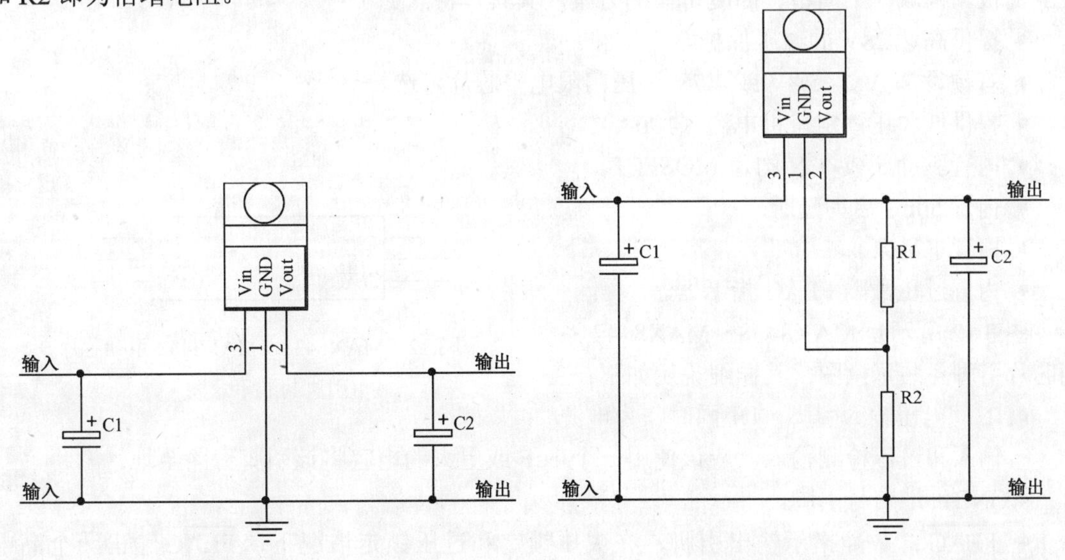

图 3.10　固定电压输出类型 AS1117 的典型应用电路　　图 3.11　电压可调型 AS1117 的应用电路

可调版本 AS1117 的输出电压可以按照如下公式进行计算：

$$V_{out}=V_{ref}\times\left(1+\frac{R2}{R1}\right)+I_{Adj}\times R2$$

由于 I_{Adj} 通常比较小（50μA 左右），远小于流过 R1 的电流（4mA 左右），因而通常可以忽略。

为了保证可调版本电路的正常工作，R1 值应在 200～350Ω之间，此时电路能提供的最小工作电流约为 0mA，最佳工作点所对应的最小工作电流大于 5mA。若 R1 值过大，则电路正常工作的最小工作电流为 4mA，最佳工作点所对应的最小工作电流大于 10mA。

注：AS1117 在实际使用中同样要考虑散热问题。

3.3 电源保护和监控芯片

在 51 单片机的应用系统中，常出现电源上的扰动及错误操作，如雷击、用户接入电源极性错误等情况，为了避免这种情况对系统带来的损伤，应该在应用系统的电源设计上加上相应保护和监控芯片。

3.3.1 MAX8438～MAX8442 系列电源过压保护芯片

电源过压保护芯片用于避免在外加电压过大时对 51 单片机应用系统的损伤，最常用的电源过压保护芯片是美信公司的 MAX8438～MAX8442 系列，其可对低压系统提供高达 28V 的过压保户。如果输入电压超过过压触发电平，MAX4838～MAX4842 会关闭低成本的外部 N 沟道 FET，以防止那些受保护的元件损坏。内部电荷泵无需外部电容，可非常简单地驱动 FET 栅极，构成一个简单、高度可靠的方案。其具体特点如下：

- 提供高达 28V 的过压保护。
- 有预设 7.4V、 5.8V 或 4.7V 过压门限电平芯片可选。
- 提供低欠压锁定待机电流（10μA）。
- 内置驱动低成本 N 沟道 MOSFET。
- 内置 50ms 启动延时。
- 内置电荷泵。
- 内置过压故障 FLAG 指示器。

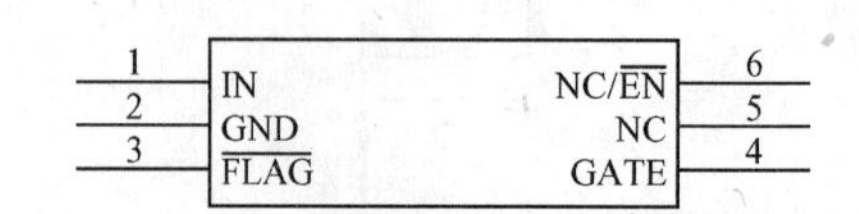

图 3.12　MAX8438～MAX8442 系列芯片引脚封装示意图

图 3.12 所示是 MAX8438～MAX8442 系列芯片引脚封装示意图，其详细说明如下：

- IN：电压输入引脚，IN 同时作为电源输入和过压检测输入，应该使用一个 1μF 或更大的电容将该引脚旁路至地。
- GND：地信号引脚。
- $\overline{\text{FLAG}}$：故障指示输出引脚，在欠压锁定和过压锁定情况下，$\overline{\text{FLAG}}$ 输出一个高电平；在正常工作期间，/FLAG 为低电平，该引脚为漏极开路输出。

- GATE：栅极驱动输出引脚，其为片内电荷泵输出，当输入电压处在欠压锁定门限与过压锁定门限之间时，GATE 拉高以打开外部 N 沟道 MOSFET。
- NC：未使用引脚。

MAX8438～MAX8442 系列芯片的内部结构如图 3.13 所示，其主要由电压调节器、电荷泵、过压比较器、欠压锁存器、逻辑模块和 MOSFET 驱动器等组成。

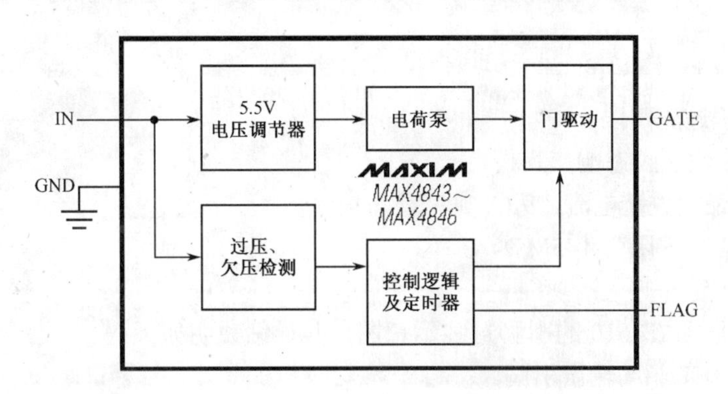

图 3.13　MAX8438～MAX8442 系列芯片的内部结构

如果输入电压处在低压锁定门限和高压锁定门限之间，在 50ms 内部延时后，器件开始启动。内部电荷泵打开，GATE 引脚由内部电荷泵驱动至输入电压电平以上，外接功率 MOSFET 导通，向负载供电。启动过程中，FLAG 引脚将一直保持高电平，直到 FLAG 引脚的屏蔽周期结束，其典型值为 GATE 引脚开始拉高之后 50ms。然后，器件进入正常工作状态。任何情况下，一旦输入电压下降至低压锁定门限以下或输入电压高于高压锁定门限，则 FLAG 引脚输出高电平，GATE 引脚被拉低至地，外接功率 MOSFET 断开。

MAX8438～MAX8442 系列芯片的典型应用电路如图 3.14 所示。

保护芯片处在输入电源与负载供电电源之间，正常情况下外部 MOSFET 导通，不影响负载工作，当过压现象发生时，电路断开外部 MOSFET，从而实现过压保护。在应用过程中，需要在输入电压端接 1μF 的滤波电容，避免输入电压信号波动的影响。和 MOS 管并接的二极管 D1 可以防止电压反向造成的损害。

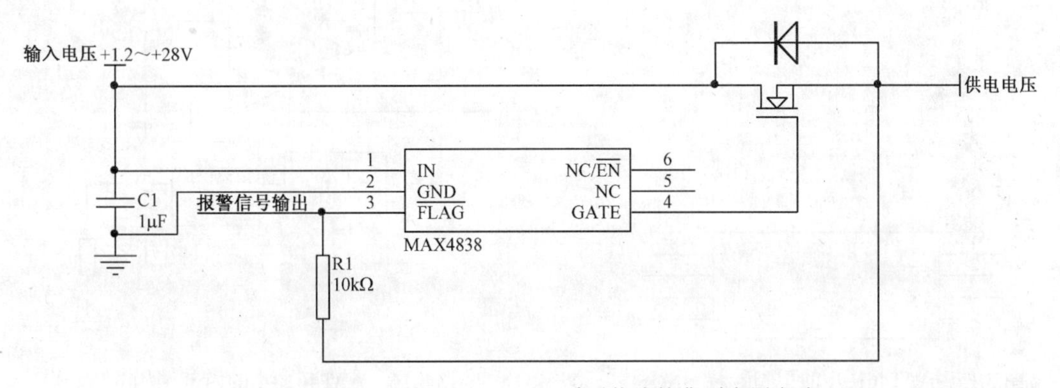

图 3.14　MAX8438～MAX8442 系列芯片的典型应用电路

3.3.2 AAT4610A 电源过流保护芯片

在 51 单片机的应用系统考虑过压保护的同时，也需要考虑过流保护，在某些场合下供电电源容易产生异常的大电流，对应用系统带来危害，此时，可以使用电源过流保护芯片。

AAT4610A 是美国先进模拟科技公司（AATI）生产的一种过电流保护电路，其主要特点如下：

- 支持 2.4～5.5V 输入电压。
- 支持可编程过流门限。
- 提供 400ns 快速瞬态响应。
- 提供 1μA 最大关断电流，9μA 典型静态电流。
- 典型最大等效内阻为 145MΩ。
- 提供欠压锁定和热关断功能。

图 3.15 所示是 AAT4610 的引脚封装示意图，其详细说明如下：

- 内部 MOSFET 驱动输出引脚。
- 地信号引脚。
- 电流门限设置引脚，用以设置保护电流。
- 芯片使能引脚。
- 内部 MOSFET 驱动输入引脚。

图 3.16 所示是 AAT4610A 的内部结构，其由欠电压闭锁电路、过热保护电路、比较放大器、P 沟道 MOSFET（带续流二极管）、1.2V 基准电压源和限流保护电路等模块组成。当欠压锁定阈值电压为 1.8V 时，将 P 沟道 MOSFET 关断；当电压恢复正常时自动使 P 沟道 MOSFET 导通。

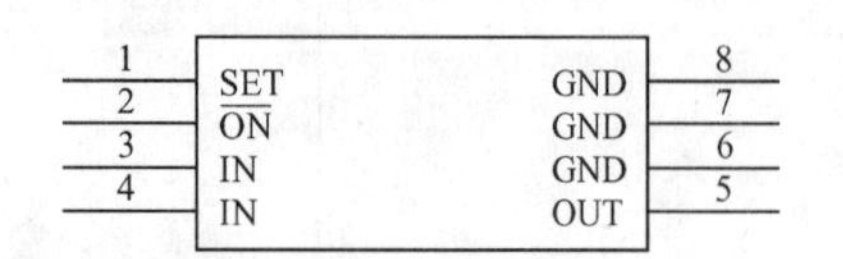

图 3.15 AAT4610A 的引脚封装示意图

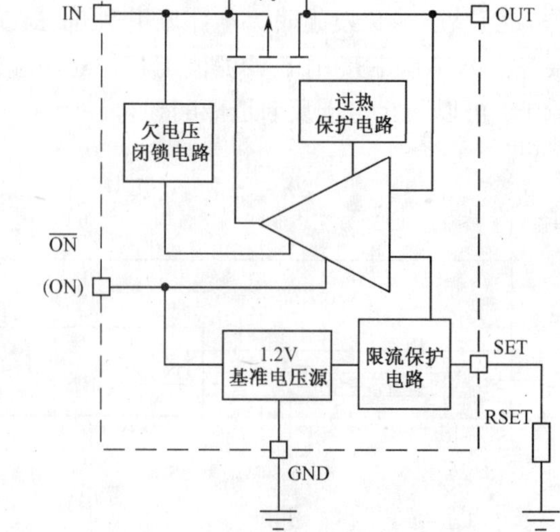

图 3.16 AAT4610A 的内部结构

图 3.17 所示是 AAT4610A 典型应用电路。

如图 3.17 所示，供电电源从 IN 引脚流入，从 OUT 引脚流出。C1、C2 分别为输入端、输出端的滤波电容，宜采用陶瓷电容。RSET 为极限电流设定电阻，其电阻值取决于所需极限电流 ILIMIT，设定范围是 0.13～1A。在决定 RSET 的阻值时，必须考虑 ILIMIT 的变化。造成 ILIMIT 变化的原因有以下 3 种可能：

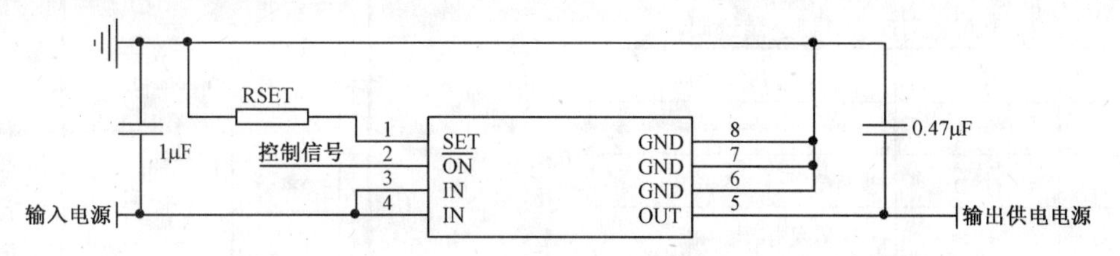

图 3.17　AAT4610A 的典型应用电路

- 从输入端到输出端的电压变化，这是由于 P 沟道功率 MOSFET 的压降而造成的。
- 极限电流随温度而变化。
- 极限电流还受输出电流的影响。

3.3.3　MAX8215 电源监控芯片

除了过压和过流监控芯片之外，在 51 单片机应用系统中还可以使用专门的电源监控芯片，如 MAX8215 等。

MAX8215 是美信公司生产的电源电压监视器，它能对多路直流电源进行检测。其内部有四个专用电压比较器，可分别监视±5V，±12/15V 四路稳压电源的欠压状态，一个辅助电压比较器可对其他电源电压进行监视。其主要特点如下：

- 内置四个专用电压比较器和一个辅助电压比较器。
- 支持监视+5V 电源时误差为±1.25%，其他电压的监视误差为±1.5%。
- 支持过压欠压自动监视，采用辅助电压比较器时延迟可编程。
- 内置±1%精确度的 1.24V 参考电压。
- 支持 2.7～11V 宽电源供电，250μA 最大耗电。
- 引脚都是开漏输出。

MAX8215 的引脚封装如图 3.18 所示，其详细说明如表 3.2 所示。

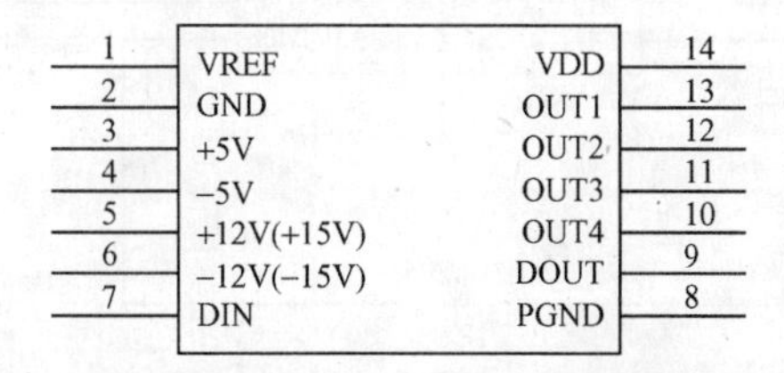

图 3.18　MAX8215 的引脚封装

MAX8125 的内部结构如图 3.19 所示，由一个内建电压基准源，四个专用电压比较器，一个辅助电压比较器，一组反向逻辑电路组成。

图 3.20 所示是 MAX8215 的典型应用电路，其四个独立电压比较器分别监视+5V，

–5V，+12/15V，–12/15V 电源，而辅助比较器则是可编程的，在其输入引脚上连接适当的编程电阻，可以给 51 单片机提供上电复位信号。

表 3.2　MAX8215 的引脚封装说明

引脚编号	引脚符号	引脚功能
1	VREF	内部 1.24V 参考电源输出端
2	GND	接地端
3	+5V	+5V 监视电源输入端
4	–5V	–5 V 监视电源输入端
5	+12 +15	+12 V 或者+15V 监视电源输入端
6	–12 –15	–12 V 或者–15V 监视电源输入端
7	DIN	辅助比较器正极输入端
8	PGND	接地端
9	DOUT	辅助比较器输出端
10～13	OUT1～OUT4	四个独立比较器的输出端
VDD		电源输入端

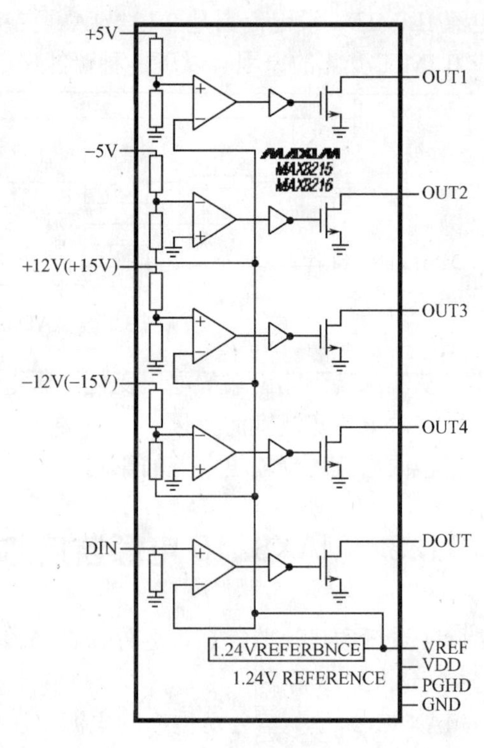

图 3.19　MAX8215 的内部结构

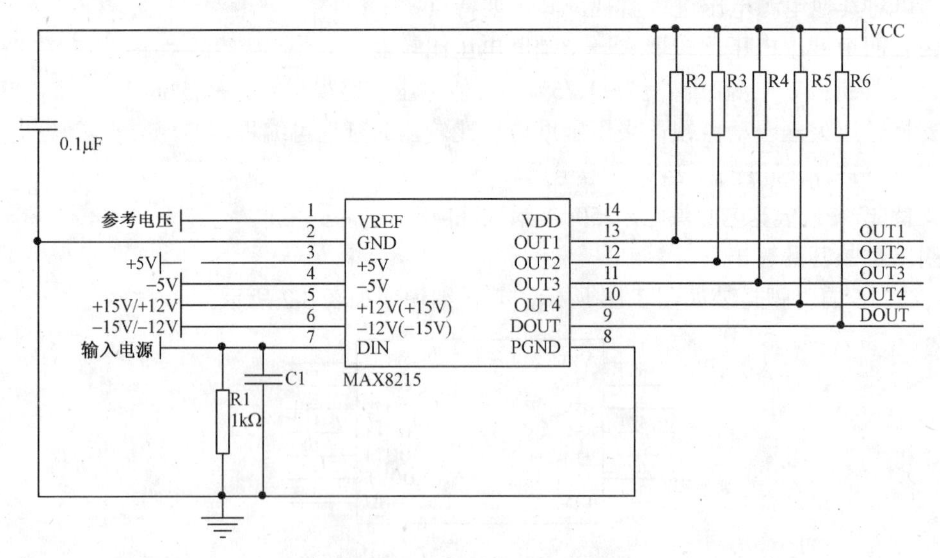

图 3.20　MAX8215 的典型应用电路

第4章　51单片机的看门狗扩展

在 51 单片机的应用系统中，由于单片机的工作常会受到各种干扰，如供电电源上的杂波，静电及外部电磁场等，这些干扰可能导致程序的跑飞，从而使得 51 单片机陷入死循环，应用系统无法继续正常工作，此时可以使用看门狗（watchdog）芯片来监控 51 单片机的运行状态从而避免该状态的产生，看门狗是一种监测单片机程序运行状态的芯片。

4.1　51单片机的看门狗应用基础

看门狗芯片的本质是一个定时器电路，其通常有一个被称为喂狗输入的输入引脚和有一个输出到51单片机的复位端的输出引脚。当51单片机在正常工作的时候，每隔一段时间输出一个信号到看门狗芯片喂狗引脚上，当看门狗芯片接收到这个信号的时候就将定时器清零，如果在一段时间内 51 单片机没有给看门狗芯片提供这个信号，看门狗内部的定时器溢出，此时会从看门狗的输出引脚上输出一个复位信号给51单片机的复位引脚从而使51单片机复位。

对于 51 单片机而言，需要定时地向看门狗提供一个喂狗信号，该喂狗信号对应的程序语句是分散地放在单片机其他控制语句中间的，或者被51单片机定时执行的，一旦51单片机由于干扰造成程序跑飞后进入死循环状态时，提供喂狗信号的程序便不能被执行，此时看门狗会使单片机发生复位，51 单片机的程序从程序存储器的起始位置开始执行，这样便实现了单片机的自动复位。

51 单片机的看门狗可以分为软件看门狗和硬件看门狗，前者是使用 51 单片机的内部定时计数器等方式来模拟看门狗的工作过程；后者是使用专用的看门狗芯片来完成相应的工作，这些常见的芯片有MAX813L、X25045、CAT1161等。

4.2　51单片机的软件模拟看门狗

当 51 单片机的应用系统由于受到体积、成本等因素限制不能使用外部独立的硬件看门狗芯片的时候，可以使用51单片机内部的定时计数器模拟看门狗。

4.2.1　软件模拟看门狗的工作原理

使用软件来模拟看门狗其实质是使用 51 单片机的内部定时计数器来作为看门狗的定时

器，并且 51 单片机的相关应用软件中对该定时器的计数值进行清除，当定时器溢出的时候，使得 51 单片机回到内部程序的起始点重新开始执行，其详细操作步骤如下：

（1）初始化 51 单片机的内部定时计数器，并且开启对应的中断。

（2）根据定时器的定时时间，在主程序中按一定的间隔插入复位定时器的指令，即插入“喂狗”指令，两条“喂狗”指令间的时间间隔（可由系统时钟和指令周期计算出来）应小于定时时间，否则看门狗将发生误动作。

（3）在定时计数器的中断子程序中使 51 单片机“复位”，所有代码从头开始执行。

注：使用软件模拟看门狗的前提是 51 单片机的定时计数器能正常工作。

4.2.2 软件模拟看门狗的应用代码

例 4.1 是一个使用软件来模拟看门狗的应用代码。

【例 4.1】在 11.0592MHz 工作频率下 T1 的定时长度为 250ms，也就是说 51 单片机的其他应用代码必须在 250ms 的时间间隔内通过对 T1 的 TH1 和 TL1 操作来避免 T1 的中断事件发生，如果 T1 发生了中断事件，则调用一段软件复位代码来使得 51 单片机从头开始执行相应代码，这段软件复位代码的讲解如下。

```
#include <AT89X52.h>
//初始化定时计数器 1
void InitTimer1(void)
{
    TMOD = 0x20;
    TH1 = 0x00;
    TL1 = 0x1A;            //定时长度 250ms
    EA = 1;
    ET1 = 1;
    TR1 = 1;
}
//T1 的中断服务子程序,也就是看门狗工作的代码
void Timer1Interrupt(void) interrupt 3
{
    TH1 = 0x00;
    TL1 = 0x1A;
    (*(void(*)(void))0x0000)();//软件复位
}
//喂狗子程序
void FoodDog(void)
{
    TH1 = 0x00;
    TL1 = 0x1A;
```

```
    //清除当前的计数值
}
void main(void)
{
    InitTimer1();
    //其他代码
    while(1)
    {
        //其他代码
        FoodDog();    //喂狗
        //其他代码
        FoodDog();    //喂狗
        //其他代码
    }
}
```

(*(void(*)(void))0x0000)()说明：void(*)() 是一个函数指针，那么(*(void(*)())就是指向函数指针的指针，后面跟的地址为指向函数指针的指针地址。因此，执行上面程序就会自动跑到 PC（0x0000）的地址开始执行程序，也就实现了软件复位功能，与看门狗复位差不多。也能实现任意地址跳转功能，需要注意的是，某些 51 单片机和用户已经自行添加 Boot load 时用户程序的程序开始地址并不为 0x0000，所以需要查找这些特定单片机的启动地址，这个地址可以通过查看各单片机的 main 函数入口地址或复位的起始地址来完成。

注： 定义一个返回值是空函数指针的定义形式如下。

```
void (*p) ( )
```

当把函数指针赋值后，就能通过函数指针调用函数，调用形式如下。

```
(*p) ( );
```

或等价的简化形式。

```
p ( );
```

假设 rst 就是函数指针（相当于把 rst 的地址传递给 P），则如下调用形式就可以令单片机复位。

```
(*rst ) ( );
```

但是由于 rst 不是函数指针而是数组名，所以虽然两者都是地址却不可直接调用，此时可以使用强制类型转换，函数指针的强制类型转换公式如下。

```
( (void (*)() ) rst
```

此时经过转换后的 rst 就可以当作函数指针使用了，其简单的调用形式如下。

```
#define K ( (void (*)( ) ) rst
(*K) ( )
```

又或者

```
( * ( void (*)( ) )rst ) ( );
```

这样就可以实现 51 单片机的复位功能了。类型转换符()的优先级跟指针运算符*的优先级相同，二者的结合方向是自右至左，所以上述语句就能完成复位功能了。也可以使用预定义的方式写成如下。

```
#define K ( ( (void (*)( ) ) rst )
(*K) ( )
```

或

```
( *( ( void (*)( ) )rst ) ) ( );
```

由于没有输入参数，上述复位代码更严谨的写法是

```
#define K ( ( (void (*)(void ) ) rst )
(*K) ( )
```

或

```
( *( ( void (*)(void ) )rst ) ) ( );
```

4.3 看门狗 MAX813L 扩展

4.3.1 MAX813L 的基础

MAX813L 是 MAXIM 公司推出的一块体积小、功耗低、性价比高的带看门狗和电源监控功能的复位芯片。它使用简单、方便，能提供一个高电平的复位信号。MAX813L 的主要特点如下：

- 内置独立的看门狗电路和电源监测电路，其中看门狗定时时间为 1.6s。
- 提供具有手动复位输入端。
- 提供 1.25V 门限检测器，用于低压报警，适时监控 5V 以外的电源电压。
- 具有上电复位（相当于一般情况下一个电阻和一个电容时的上电瞬间复位）、掉电及降压情况的复位输出。

1．MAX813L 的引脚封装和内部结构

图 4.1 所示是 MAX813L 的引脚封装示意图，其详细说明如下。

- $\overline{MR}$：手动复位输入引脚，低电平有效。
- VCC：电源输入引脚。

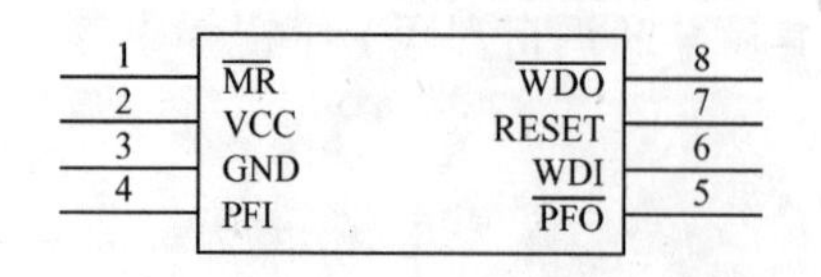

图 4.1　MAX813L 的引脚封装示意图

- GND：电源地引脚。
- PFI：电源故障输入引脚。
- $\overline{PFO}$：电源故障输出引脚。
- WDI：看门狗输入引脚。
- RESET：复位信号输出引脚。
- $\overline{WDO}$：看门狗输出引脚。

MAX813L 的内部结构如图 4.2 所示，其由时基电路、复位产生器、定时器等模块组成。

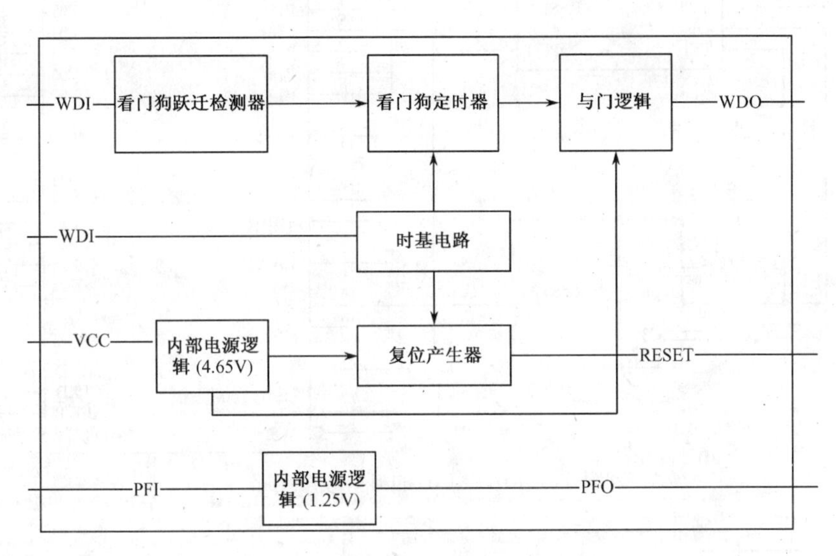

图 4.2　MAX813L 的内部结构

2．MAX813L 的工作状态

MAX813L 具有电源监控复位输出、看门狗复位输出、手动复位输出和门限电压复位输出四种工作状态，其详细说明如下。

- 电源监控复位输出：在系统上电、掉电及供电电压降低时，MAX813L 的第 7 脚 RESET 产生一个复位输出，复位脉冲宽度的典型值为 200ms，高电平有效，复位门限为 4.65V。
- 看门狗复位输出：如果在 1.6s 内没有喂狗信号（即第 6 路无脉冲输入），MAX813L 的第 8 脚/WDO 输出一个低电平信号，即看门狗电路输出信号。
- 手动复位输出：当 MAX813L 的即第 1 引脚 $\overline{\mathrm{MR}}$ 上输入一个低电平的时候，其第 7 脚 RESET 上产生复位输出。
- 门限电压复位输出：MAX813L 内置一个 1.25V 门限值检测器，第 4 脚 PFI 为输入（电源监测端输入），第 5 脚/PFO 为输出。当 PFI 引脚上的电压低于 1.25V 的时候，其/PFO 上会输出一个低电平信号。

4.3.2　MAX813L 的应用电路

MAX813L 的典型应用电路如图 4.3 所示，MAX813L 的 $\overline{\mathrm{MR}}$ 引脚与 $\overline{\mathrm{WDO}}$ 引脚相连，RESET 引脚连接到 51 单片机的复位引脚，喂狗引脚 WDI 与 51 单片机的 P1.7 引脚相连，未使用的 PFI 引脚通过一个电容连接到地。

MAX813L 的另外一种扩展典型应用电路如图 4.4 所示，这种方式既有看门狗复位保护，又兼备手动复位和电源监测功能，电源监测通过中断的形式返回给单片机。

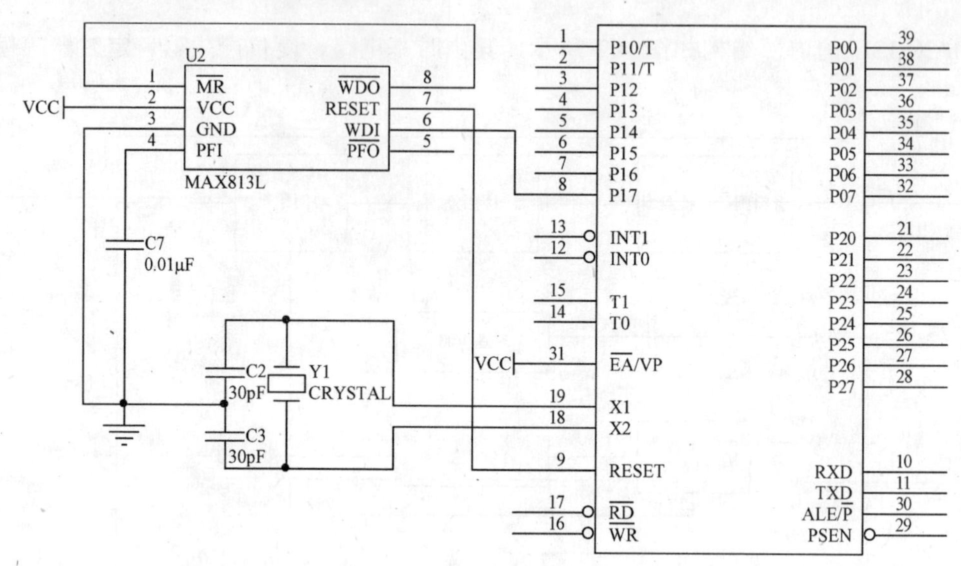

图 4.3 MAX813L 的典型应用电路

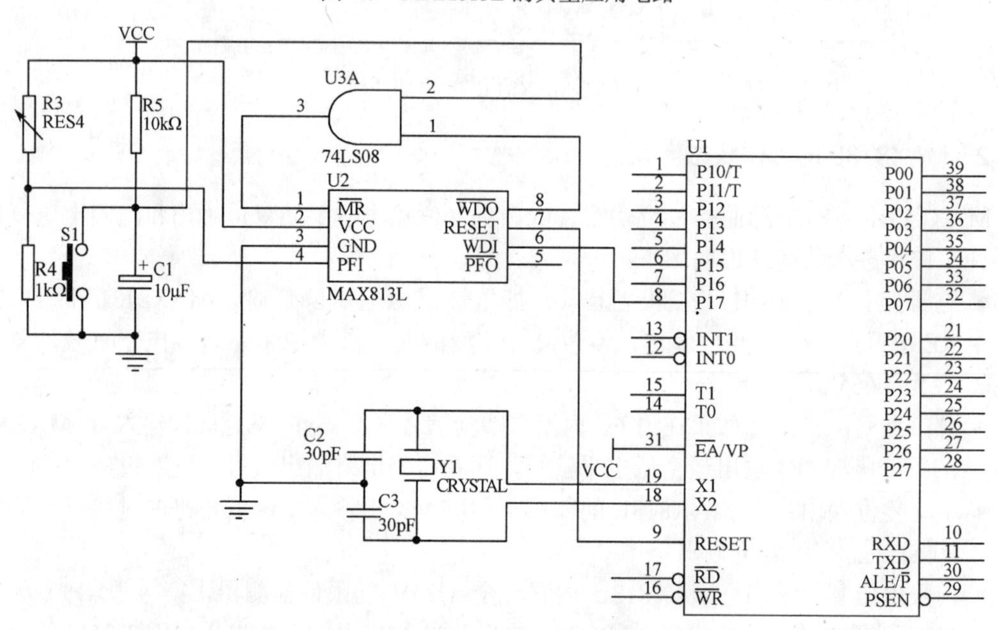

图 4.4 功能扩展的 MAX813L 应用电路

如图 4.4 所示，通过对 R3 的电阻值的改变，可以方便实现最低电压监测值，而使用 74HC08 可以实现手动与自动的看门狗复位。

在 51 单片机运行过程中，其喂狗引脚（P1.7）不断输出脉冲信号，如果因某种原因导致 51 单片机进入死循环，则 P1.7 无脉冲输出；于是 1.6s 后在 MAX813L 的第 8 脚上会输出一个低电平，该低电平加到第 1 脚，使 MAX813 产生复位输出，使 51 单片机有效复位，从而摆脱死循环的困境。另外，当电源电压低于门限值 4.65V 时（如果是图 4.4 的应用电路则该值可以通过调节 R3 进行设置），MAX813L 也产生一个复位输出使得 MAX813L 复位，不执行任何指令，直到电源电压恢复正常，因此，可有效防止因电源电压较低时 51 单片机产生错误的动作。

4.3.3　MAX813L 的操作步骤

MAX813L 的具体操作步骤很简单，51 单片机在 1.6s 的时间间隔内在喂狗引脚上输出一个电平信号以保证 MAX813L 不会产生时钟溢出即可。

4.3.4　MAX813L 的应用代码

例 4.2 是 MAX813L 的应用代码。

【例 4.2】喂狗代码非常简单，只需要在引脚上产生一个对应的脉冲即可。

```
#include <AT89X52.h>
sbit sbdog = P1 ^ 7;          //MAX813L 的喂狗程序
//喂狗子程序
void FoodDog(void)
{
  sbdog = ~sbdog;             //产生一个脉冲信号以喂狗
}
void main(void)
{
    //其他代码
    while(1)
    {
        //其他代码
        FoodDog();    //喂狗
        //其他代码
        FoodDog();    //喂狗
        //其他代码
    }
}
```

4.4　看门狗 CAT1161 扩展

4.4.1　CAT1161 的基础

CAT1161 是 Catalyst 半导体公司出产的集成了 E^2PROM、看门狗及电压监控功能的看门狗芯片，其主要特点如下：

- 支持上电复位和手动复位两种方式。

- 提供多种监控电压值，可以很好地支持 2.7V、3V、3.3V 和 5V 的单片机应用系统。
- 提供复位长度为 1.6s 的看门狗复位功能。
- 内置 16KB 的 E^2PORM，支持最高通信速率为 400KHz 的 I^2C 接口。
- 2.7～6V 的工作电压。

1．CAT1161 的引脚封装和内部结构

图 4.5 所示是 CAT1161 的引脚封装示意图，其详细说明如下。

- DC：未使用引脚。
- $\overline{RST}$：低电平有效复位信号输出引脚。
- WP：写保护引脚，当该引脚被置高时禁止对 CAT1161 的内部 E^2PROM 进行写操作。

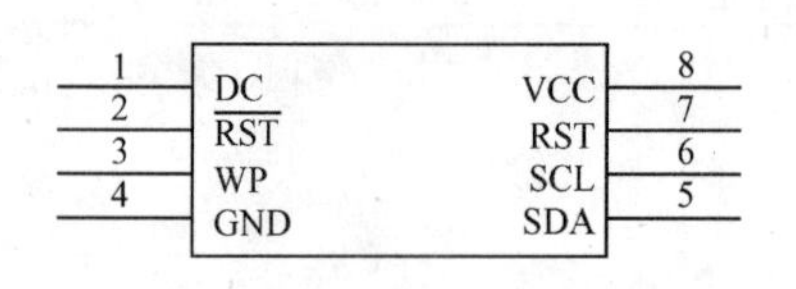

图 4.5　CAT1161 的引脚封装示意图

- GND：电源地信号输入引脚。
- SDA：I^2C 总线数据线引脚。
- SCL：I^2C 总线时钟线引脚。
- RST：高电平有效复位信号输出引脚。
- VCC：电源信号输入引脚。

图 4.6 所示是 CAT1161 的内部结构示意图，其由控制逻辑、看门狗逻辑、内部 E^2PROM 及输出输出逻辑等构成。

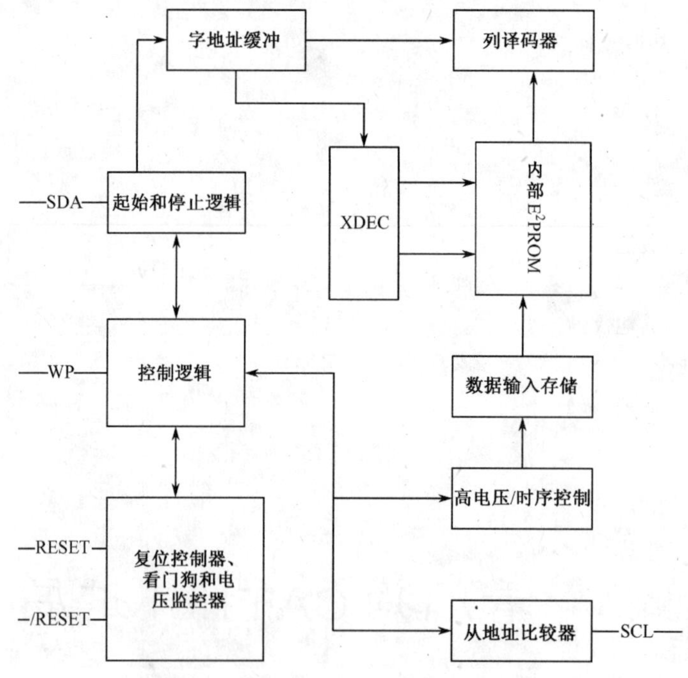

图 4.6　CAT1161 的内部结构示意图

2．CAT1161 的工作状态

CAT1161 内置了 1.6s 溢出的看门狗模块，通过对 I^2C 总线的数据引脚 SDA 进行一次电平变换操作即可将看门狗清除，如果在 1.6s 内没有对 SDA 引脚进行操作，CAT1161 则将输出一个复位电平信号。CAT1161 可以提供高电平、低电平脉冲两种复位方式。CAT1161 内置

有 16KB 的 E^2PROM，使用 I^2C 总线接口，其操作时序符合标准 I^2C 总线读写时序。

CAT1161 能够支持 3V、3.3V 和 5V 系统供电电压，其有 2.25～2.7V、2.85～3.0V、3.0～3.15V、4.25～4.5V、4.5～4.7V 五种复位门阀电压选择，当系统电压下降到复位门阀电压范围内，CAT1161 对系统进行复位。当系统电压上升到高于门阀电压 200mV 后，CAT1161 撤销复位信号。例如，5V 系统宽电压工作的芯片建议使用 4.25～4.5V 范围，而工作电压在 4.5～5.5V 的系统建议使用 4.5～4.7V 门阀，3.3V 可以建议选择 2.85～3.0V 这一范围的 CAT1161，3V 系统可以建议选择 2.25～2.7V 这一范围。

CAT1161 提供手动复位功能，只需要添加对应的按键即可，分别为高电平复位和低电平复位。

注：CAT1161 内置的看门狗模块是不能被屏蔽的。

4.4.2　CAT1161 的应用电路

图 4.7 所示是 CAT1161 的典型应用电路，其分别对应了低电平复位和高电平复位两种复位电平输出应用，按键 S1 和 S2 则是手动复位控制按钮。

注：CAT1161 两个复位电平输出引脚的上拉和下拉电阻都必须同时连接，无论应用系统有没有使用它们的功能。

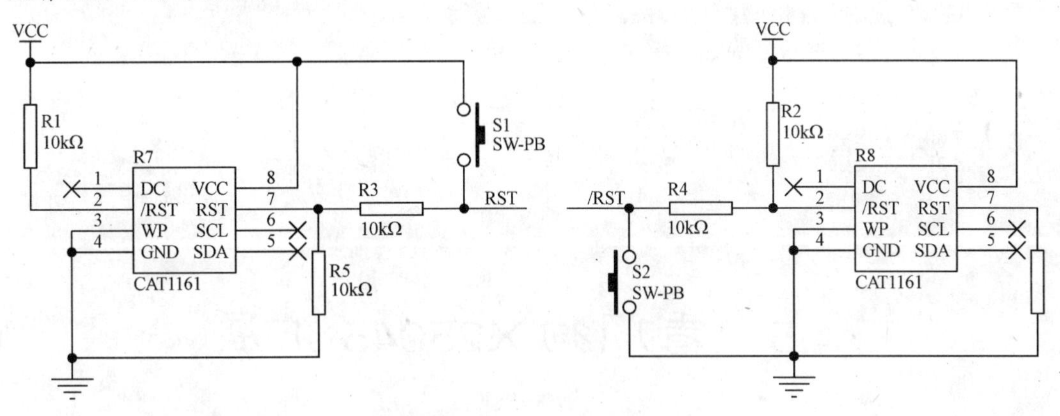

图 4.7　CAT1161 的典型应用电路

4.4.3　CAT1161 的操作步骤

CAT1161 的具体操作步骤也很简单，51 单片机在 1.6s 的时间间隔内在 SDA 数据引脚上产生一个电平变换信号以保证 CAT1161 不会产生时钟溢出即可，如果 51 单片机的应用系统需要比较频繁地使用 CAT1161 的内置 E^2PROM（保证在 1.6s 的时间内最少有一次操作），则不需要考虑 CAT1161 的喂狗操作。

4.4.4　CAT1161 的应用代码

CAT1161 的应用代码如例 4.3 所示。

【例 4.3】51 单片机的中断服务器子程序中对 SDA 引脚进行喂狗操作，确保 CAT1161 的定时器不会溢出。

```
#include <AT89X52.h>
sbit    SDA = P1 ^ 1;
void T0_WDT(void);
main()
{
//其他代码
SDA = 1;
EA = 1;
ET0 = 1;
TMOD = 0x01;                                    //工作方式 1,16 位计数器
TH0 = 0x3c;
TL0 = 0xaf;                                     //50ms
TR0 = 1;
//其他代码
}
void T0_WDT(void) interrupt 1 using 0
{
TH0 = 0x3c;
TL0 = 0xaf;
SDA = ~SDA;                                     //清除 WDT
}
```

4.5 看门狗 X25045 扩展

4.5.1 X25045 的基础

X25045 是美国 Xicor 公司生产的内置 E^2PROM、看门狗模块和电压检测模块的看门狗芯片，其主要特点如下：

- 内置看门狗模块且溢出时间可以设置。
- 提供最低到 1V 的 5 种开始复位电压，并且支持对其进行设置。
- 工作电源范围广，提供有 1.8～3.6V，2.7～5.5V 和 4.5～5.5V 三种不同工作电源范围的型号选择。
- 内置 4KB 的 E^2PROM，支持 16B 的页写操作，并且提供写保护操作。
- 提供通信速率最高位 3.3M 的 SPI 接口。

1．X25045 的引脚封装和内部结构

图 4.8 所示是 X25045 的引脚封装示意图，其详细说明如下。

- $\overline{CS}$/WDI：芯片使能和看门狗输入引脚，当 CS 为高电平时芯片未选中，此时 SO 引脚为高阻态；当 CS 为低电平时芯片处于选中状态，在芯片上电到对其进行操作之间，该引脚上必须有一个从高到低的负脉冲。在 X25045 的看门狗定时器溢出之前，任何一个加在该引脚上的负脉冲将复位看门狗定时器（喂狗）。

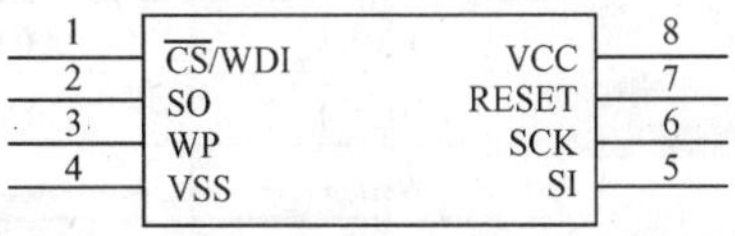

图 4.8　X25045 的引脚封装示意图

- SO：SPI 接口的数据输出引脚。
- WP：写保护引脚，当该引脚为低电平时禁止对 X25045 的写操作，当该引脚为高电平的时候所有操作正常。在 CS 有效时 WP 上一个负脉冲将中断当前对 X25045 的写操作（如果此时已经进入对内部 E^2PROM 的写操作则需要等到写完成之后）。
- VSS：供电电源地信号引脚。
- SI：SPI 接口的数据输入引脚。
- SCK：SPI 的串行时钟引脚。
- RESET：复位信号输出引脚，该引脚为开漏型输出引脚，必须外接一个上拉电阻。当 VCC 下降到允许最低值的时候该引脚会输出高电平一直到 VCC 恢复到高于允许最低值 200mV 的时候。该引脚同时受到看门狗定时器的控制，只要看门狗被激活并且超过预设值时间没有进行喂狗操作则会输出一个复位信号。
- VCC：供电电源输入引脚。

图 4.9 所示是 X25045 的内部结构示意图。

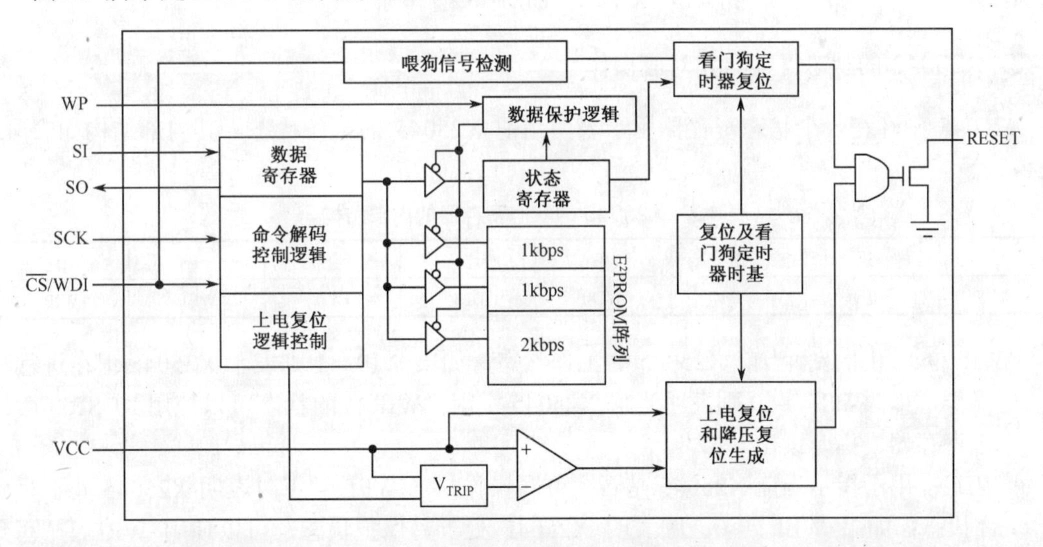

图 4.9　X25045 的内部结构示意图

2．X25045 的指令

X24045 提供了 6 条指令以供 51 单片机对其进行相应操作，如表 4.1 所示。

表 4.1　X25045 的指令

指令名称	指令编码	说　明
WREN	0000 0110	写允许
WRDI	0000 0100	写禁止
RSDR	0000 0101	读状态寄存器
WRSR	0000 0001	写状态寄存器，看门狗和块锁定
READ	0000 $A_8$011	从指定的开始地址单元中读数据
WRITE	0000 $A_8$011	向指定的开始地址单元中写入数据，1～16 字节

在对 X25045 进行写操作之前，必须首先使用 WREN 指令允许其进行写操作；而在完成一字节、一个块又或者对状态寄存器进行写操作之后，X25045 会自动进入写禁止状态。另外在 X25045 复位或者 WP 引脚被拉低的时候 X25045 也处于写禁止状态，图 4.10 所示是 X25045 写允许指令操作的时序图。

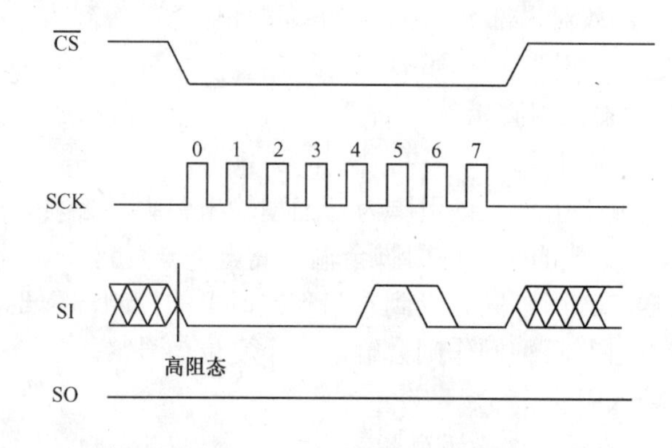

图 4.10　X25045 写允许指令操作时序图

3. X25045 的状态寄存器和对应操作

X25045 中存在一个状态寄存器用于表明当前 X25045 的工作状态，其内部结构如表 4.2 所示。

表 4.2　X25045 的状态寄存器的内部结构

7	6	5	4	3	2	1	0
0	0	WD1	WD0	BL1	BL0	WEL	WIP

- WIP 位：用于指示当前 X25045 的工作状态，如果 WIP = 1 则表示 X25045 正在进行写操作，如果 WIP = 0 则表明当前 X25045 空闲；WIP 位的状态可以使用 RDSR（读状态寄存器）指令读出。
- WEL：用于指示当前 X25045 是否允许写操作，当 WEL = 1 时表明 X25045 处于写允许状态；如果 WEL = 0，则表明 X25045 处于写保护状态，可以使用 WREN（写允许）指令修改 WEL 位的状态。
- BL1 和 BL0：用于设置 X25045 块保护的层次，可以使用 WRSR（写状态寄存器）指令进行修改，使得 X25045 内部的 E^2PROM 的部分或者全部处于或者不处于写保护状态，如表 4.3 所示。
- WD1 和 WD0：看门狗定时溢出时间设置位，用于设置 X25045 的溢出时间，如表 4.4

所示，其可以通过 WRSR（写状态寄存器）指令修改。

表 4.3　BL1 和 BL0 设置

状态寄存器位		保护的地址空间
BL1	BL0	
0	0	不保护
0	1	0x0180～0x01FF
1	0	0x0100～0x01FF
1	1	0x0000～0x01FF

表 4.4　WD1 和 WD0 设置

状态寄存器位		看门狗溢出时间
WD1	WD0	
0	0	1.4s
0	1	600ms
1	0	200ms
1	1	静止

对 X25045 状态寄存器的读操作首先应该将其 $\overline{CS}$ 引脚拉低，然后在 SCK 时钟的驱动下从 SI 引脚送出 RDSR（读状态寄存器）指令，此时状态寄存器的值会从 SO 引脚串行送出，其时序如图 4.11 所示。

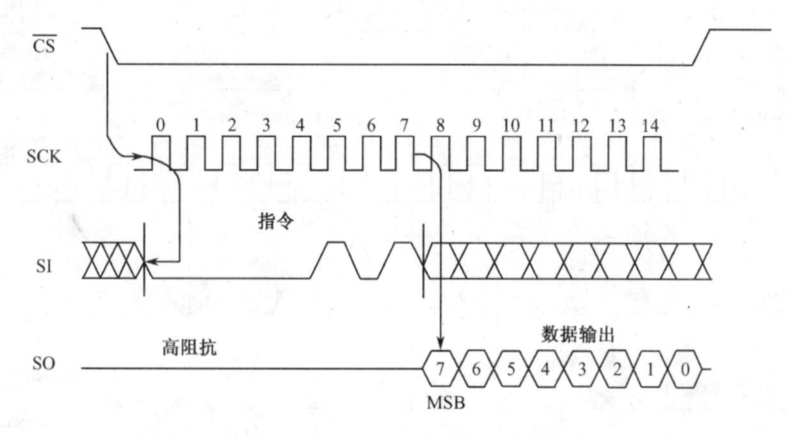

图 4.11　X25045 的读状态寄存器时序

对 X25045 的写操作必须首先使用 WREN（写允许）指令将 WEL 位置“1”，其过程如下：

（1）拉低 $\overline{CS}$ 引脚。

（2）写入 WREN（写允许）指令。

（3）置高 $\overline{CS}$ 引脚。

（4）再次拉低 $\overline{CS}$ 引脚。

（5）写入 WRSR 指令（写状态寄存器）指令。

（6）写入 8 位数据

（7）将 $\overline{CS}$ 引脚拉高。

注：如果 $\overline{CS}$ 引脚没有在 WREN 指令和 WRSR 指令之间被拉高，则 WRSR 指令会被忽略。

X25045 的写操作时序如图 4.12 所示。

4．X25045 的内部 E²PROM 操作

如果要对 X25045 的内部 E²PROM 进行操作，则首先应该将其 $\overline{CS}$ 引脚拉低，然后在 SCK 时钟的驱动下从 SI 引脚送出 READ（读存储器）指令，然后送出对应的地址，此时该地址对应的 E²PROM 的值会从 SO 引脚串行送出；如果此时继续给出 SCK 时钟信号，则下

一个 E^{2}PROM 地址所存放的数据也会自动送出，一直到地址增加到最大地址并且从 0x0000 单元从头开始，其时序如图 4.13 所示，整个读过程当$\overline{CS}$引脚被置高后停止。

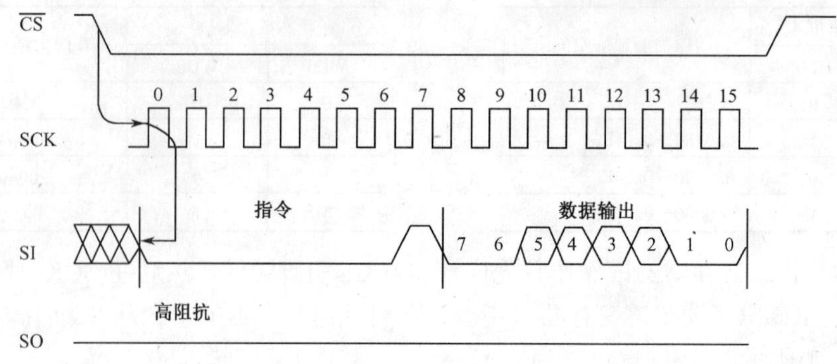

图 4.12 X25045 的写操作时序

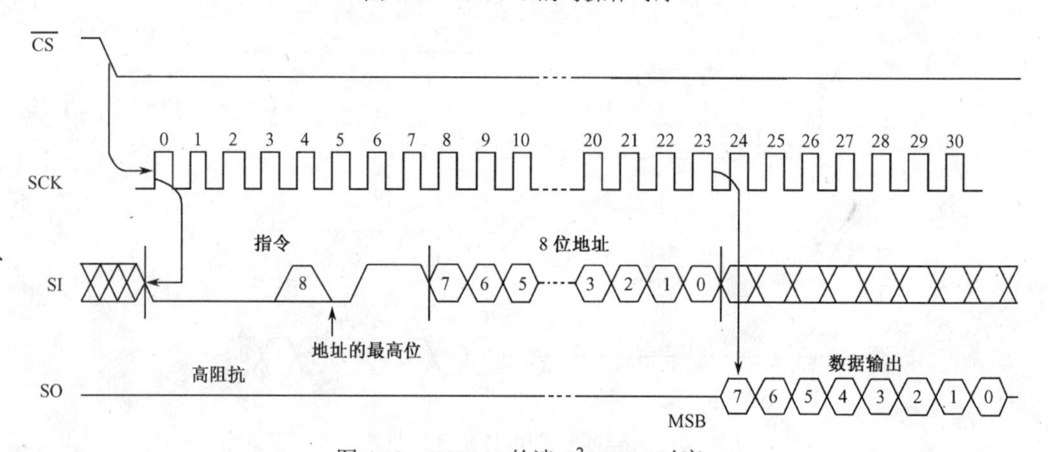

图 4.13 X25045 的读 E^{2}PROM 时序

如果要对 X25045 的内部 E^{2}PROM 进行写操作，则首先需要通过 WREN（写允许）指令将状态寄存器内的 WEL 置“1”，其详细步骤如下：

（1）将$\overline{CS}$引脚拉低。

（2）写 WREN（写允许）指令。

（3）将$\overline{CS}$引脚置高。

（4）再次将$\overline{CS}$引脚拉低。

（5）写入 WRITE（写存储器）指令。

（6）写入 8 位的 E^{2}PROM 地址。

（7）写入 8 位数据。

注 1：如果$\overline{CS}$引脚没有在 WREN 和 WRITE 指令时变为高电平，则 WRITE 指令会被忽略。

注 2：51 单片机可以向 X25045 一次性连续写入 16 个字节的数据，其前提是这 16 个字节必须写入同一个块，该块的地址开始于“X XXXX 0000”并且结束于“X XXXX 1111”，此时必须一直向 X25045 提供时钟信号，如果待写入的字节地址已经到达某个页面的最后而时钟还继续存在，则会回到该页的第一个地址并且覆盖以前的内部数据。

注 3：对 X25045 的 E^{2}PROM 的写操作最少需要 24 个 SCK 时钟周期，在期间$\overline{CS}$引脚必须被一直保持为低电平，并且在最后一个待写入字节写入完成之后拉到高电平，否则会导致写入失败。

注 4：如果在一次写状态寄存器或者 E^2PROM 之后立即进行下一次写操作，应该先检查状态寄存器中的 WIP 位以确定 X25045 正在进行内部的写操作。

图 4.14 是 X25045 的 E^2PROM 写操作的时序。

5．X25045 的看门狗操作

X25045 通过判断 WDI 引脚上的电平变化来确定 51 单片机是否有喂狗操作，在 X25045 所设置的时间间隔内 51 单片机必须在 WDI 引脚上产生一个负脉冲，否则，X25045 会在设定时间达到时从 RESET 引脚上产生一个高电平的复位信号。

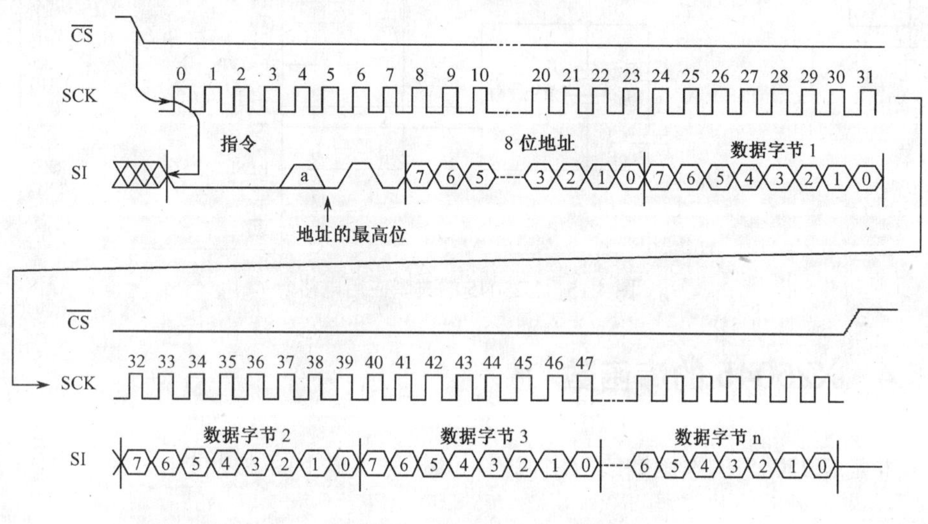

图 4.14　X25045 的 E^2PROM 写操作时序

4.5.2　X25045 的应用电路

X25045 的典型应用电路如图 4.15 所示。

如图 4.15 所示，X25045 的 RESET 复位输出信号经过一个 RC 微分电路后和一个 RC 上电复位电路的输出信号通过一个 7432 或门进行或操作后连接到单片机的复位引脚，此时如果 RC 上电复位电路、按键手动复位电路和 X25045 复位输出中任何一个信号有效时，都会在 51 单片机的复位引脚上产生一个复位信号。51 单片机使用 P1.2 引脚连接到 WDI 喂狗引脚上以完成对 X25045 的喂狗操作，并且使用 P1.0、P1.1 和 P1.3 引脚分别连接到 SPI 接口的三个引脚上以完成对应的数据交换。

注：微分电路 R6、C4 的时间常数不用太大，几百个微秒即可。

4.5.3　X25045 的操作步骤

X25045 的详细操作步骤非常简单，51 单片机在预设好的时间长度内在 X25045 的 WDI 引脚上产生一个负脉冲即可。

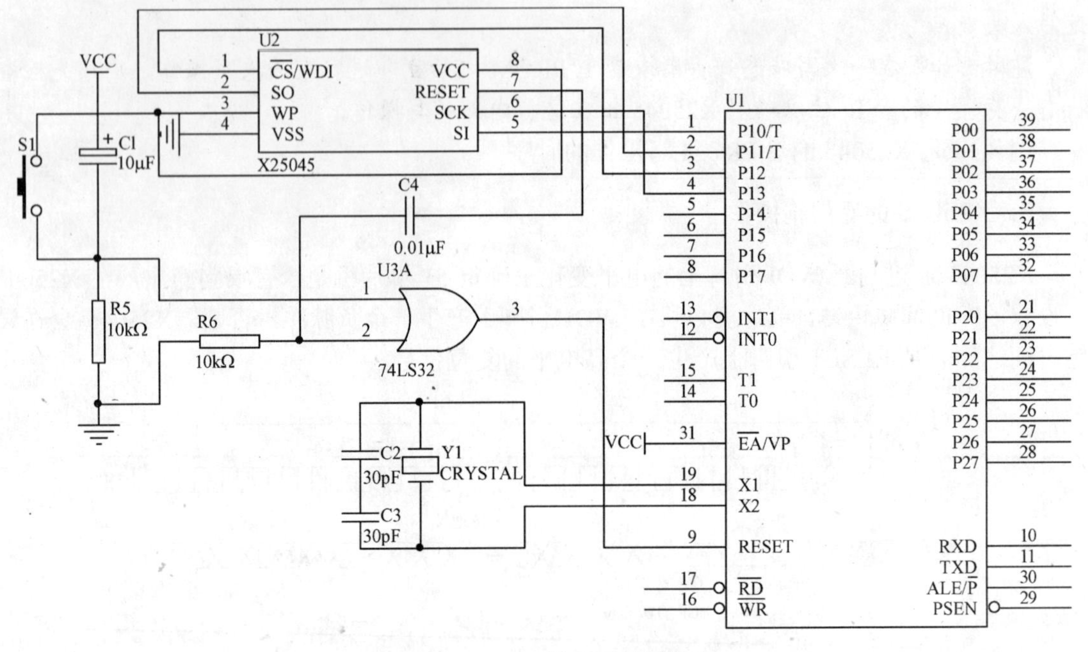

图 4.15　X25045 的典型应用电路

4.5.4　X25045 的库函数

例 4.4 是 X25045 的库函数的应用代码，其提供了以下函数以供用其他应用代码进行调用。

- wren_cmd：写使能命令函数。
- wrdi_cmd：写使能复位命令函数。
- wrsr_cmd：复位时间位和数据保护位写入状态寄存器命令函数。
- rdsr_cmd：读状态寄存器命令函数。
- byte_write：字节写入函数。
- byte_read：字节读出函数。
- page_write：页写入函数。
- sequ_read：连续读出函数。
- rst_wdog：看门狗复位函数。
- output：向 X25045 写入一个字节。
- Input：从 X25045 读出一个字节。
- wip_poll：检查写入过程是否结束函数。

【例 4.4】51 单片机使用 P1 的普通 IO 引脚完成了对 SPI 通信时序的模拟操作以和 X25045 进行数据交换。

```
#include <AT89X52.h>
#include <stdio.h>
#define STATUS_REG 0X00
```

```
/* Status register,设置 DOG 时间设置为 1.4s,无写保护
    这是状态寄存器的值,它的意义在于第 5 位和第 4 位为 WDI1,WDI0,代表 DOG 的时间,00 为
1.4s,01 为 600ms,10 为 200ms,00 为 disabled
    第 3 位和第 2 位为 BL1,BL0,是写保护设置位,00 为无保护,01 为保护 180-1FF,10 为保护
100-1FF,11 为保护 000-1FF.第 1 位为 WEL
    当它为 1 时代表已经"写使能"设置了,现在可以写了,只读位.第 0 位为 WIP,当它为 1 时代表
正在进行写操作,是只读*/
#define MAX_POLL   0x99
/* Maximum number of polls  最大写过程时间,确定 25045 的最大的写入过程的时间*/
unsigned char code WREN_INST=0X06;
/* Write enable latch instruction (WREN)*/
unsigned char code WRDI_INST=0X04;
/* Write disable latch instruction (WRDI)*/
unsigned char code WRSR_INST=0X01;
/* Write status register instruction (WRSR)*/
unsigned char code RDSR_INST=0X05;
/* Read status register instruction (RDSR)*/
unsigned char code WRITE_INST=0X02;
/* Write memory instruction (WRITE)*/
/*写入 25045 的先导字,应当为 0000A010,其中的 A 为写入 25045 的高位地址
将此 WRITE_INST 和写入高位地址相或后即为正确的写先导字*/
unsigned char code READ_INST=0X03;
/* Read memory instruction (READ)*/
/*读出 25045 的先导字,应当为 0000A011,其中的 A 为读出 25045 的高位地址
将此 READ_INST 和读出高位地址相或后即为正确的读先导字*/
unsigned int code BYTE_ADDR=0X55;
/* Memory address for byte mode operations*/
unsigned char code BYTE_DATA=0X11;
/*Data byte for byte write operation*/
unsigned int  code PAGE_ADDR=0X1F;
/* Memory address for page mode operations*/
/*页面写入的起始地址*/
unsigned char code PAGE_DATA1=0X22;
/* 1st data byte for page write operation*/
unsigned char code PAGE_DATA2=0X33;
/* 2nd data byte for page write operation*/
unsigned char code PAGE_DATA3=0X44;
/* 3rd data byte for page write operation*/

unsigned char code INIT_STATE=0x09;
/* Initialization value for control ports*/
```

```
unsigned int code SLIC=0x30;
/* Address location of SLIC*/
sbit SO = P1 ^ 1;                          //25045 输出引脚
sbit SI = P1 ^ 0;                          //25045 输入引脚
sbit SCK = P1 ^ 3;                         //25045 时钟引脚
sbit CS = P1 ^ 2;                          //25045 片选和看门狗引脚
void wren_cmd(void);/*写使能子程序*/
void wrdi_cmd(void);/*写使能复位*/
void wrsr_cmd(void);/*复位时间位和数据保护位写入状态寄存器*/
unsigned char rdsr_cmd(void);/*读状态寄存器*/
void byte_write(unsigned char aa,unsigned int dd);/*字节写入,aa 为写入的
数据,dd 为写入的地址*/
unsigned char byte_read(unsigned int dd);/*字节读出,dd 为读出的地址,返回读
出的数据*/
void page_write(unsigned char aa1,unsigned char aa2,unsigned char
aa3,unsigned char aa4,unsigned int dd);/*页写入*/
void sequ_read(void);/*连续读出*/
void rst_wdog(void);/*DOG 复位*/
void output(unsigned char aa);/*输出一个字节到 25045 中，不包括先导字等*/
unsigned char input();/*由 25045 输入一个字节，不包括先导字等额外的东西*/
void wip_poll(void);/*检查写入过程是否结束*/
void delay(char n)
{
   char a;
   for(a=0;a<n;a++) ;
}
/*写使能子程序*/
void wren_cmd(void)
{
unsigned char aa;
SCK=0;/* Bring SCK low */
CS=0;/* Bring /CS low */
aa=WREN_INST;
output(aa);/* Send WREN instruction */
delay(1);
SCK=0;/* Bring SCK low */
CS=1;/* Bring /CS high */
}

/*写使能复位子程序*/
void wrdi_cmd(void)
```

```
{
unsigned char aa;
SCK=0;/* Bring SCK low */
CS=0;/* Bring /CS low */
aa=WRDI_INST;
output(aa);/* Send WRDI instruction */
delay(1);
SCK=0;/* Bring SCK low */
CS=1;/* Bring /CS high */
}

/*写状态寄存器子程序*/
void wrsr_cmd(void)
{
unsigned char aa;
wren_cmd();//写使能子程序
SCK=0;/* Bring SCK low */
CS=0;/* Bring /CS low */
aa=WRSR_INST;
output(aa) ;/* Send WRSR instruction */
aa=STATUS_REG;
output(aa);/* Send status register */
delay(1);
SCK=0;/* Bring SCK low */
CS=1;/* Bring /CS high */
wip_poll();/* Poll for completion of write cycle */
wrdi_cmd();//写使能复位,其实这句可以省略,每写一次就自动复位
}

/*读状态寄存器,读出的数据放入到aa中*/
unsigned char rdsr_cmd (void)
{
unsigned char aa;
SCK=0;
CS=0;
aa=RDSR_INST;
output(aa);
aa=input();
SCK=0;
CS=1;
return aa;
```

```
}
/*字节写入,aa为写入的数据,dd为写入的地址,对于25045而言为000-1FF*/
void byte_write(unsigned char aa,unsigned char dd)
{
unsigned char tmp;
wren_cmd();//写使能子程序
SCK=0;
CS=0;
if(dd>0xff)
   tmp =  WRITE_INST | 0x08;
else
   tmp = WRITE_INST;
output(tmp);/* Send WRITE instruction including MSB of address */
/*将高位地址左移3位与写入先导字相或,得到正确的先导字写入25045*/
output((unsigned char)(dd&0xff));
/*输出低位地址到25045*/
output(aa);
/*写入数据到25045的对应单元*/
SCK=0;
CS=1;
wip_poll();
/*检测是否写完*/
wrdi_cmd();//写使能复位,其实这句可以省略,每写一次就自动复位
}
/*字节读出,其中dd为读出的地址,返回的值为读出的数据*/
unsigned char byte_read(unsigned char dd)
{
unsigned char cc,tmp;
SCK=0;
CS=0;
if(dd>0xff)
   tmp =  READ_INST | 0x08;
else
   tmp = READ_INST;
output(tmp);/* Send READ_INST instruction including MSB of address */
/*将高位地址左移3位与读出先导字相或,得到正确的先导字写入25045*/
output((unsigned char)(dd&0xff));
/*输出低位地址到25045*/
cc=input();/*得到读出的数据*/
SCK=0;
CS=1;
```

```
    return cc;
    }

    /*页面写入,其中 aa1,aa2,aa3,aa4 为需要写入的 4 个数据(最大也就只能一次写入 4 个
字,dd 为写入的首地址*/
    void  page_write(unsigned  char  aa1,unsigned  char  aa2,unsigned  char
aa3,unsigned char aa4,unsigned int dd)
    {
    SCK=0;
    CS=0;
    output((((unsigned char)(dd-0XFF))<<3)|WRITE_INST);//Send WRITE instruction
including MSB of address
    //将高位地址左移 3 位与写入先导字相或,得到正确的先导字写入 25045
    output((unsigned char)(dd));
    //写入低位地址到 25045
    output(aa1);
    //写入数据 1 到 25045 的对应单元
    output(aa2);
    //写入数据 2 到 25045 的对应单元
    output(aa3);
    //写入数据 3 到 25045 的对应单元
    output(aa4);
    //写入数据 4 到 25045 的对应单元
    SCK=0;
    CS=1;
    wip_poll();
    }
    /*连续读出,由于函数的返回值只能为 1 个,对于连续读出的数据只能使用指针作为函数的返回
值才能做到返回一系列的数组*/
    //sequ_read:
    unsigned int *page_read(unsigned char n, unsigned int dd)
    {
    unsigned char i;
    unsigned char pp[10];
    unsigned int *pt=pp;
    SCK=0;
    CS=0;
    output((((unsigned char)(dd-0XFF))<<3)|READ_INST);
    for (i=0;i<n;i++)
    {
       pp[i]=input();
```

```
}
return (pt);
}
/*复位 DOG*/
void rst_wdog (void)
{
CS=0;
CS=1;
}
/*检测写入的过程是否结束*/
void wip_poll(void)
{
unsigned char aa;
unsigned char my_flag;
for (aa=0;aa<MAX_POLL;aa++)
{
  my_flag=rdsr_cmd();
  if ((my_flag&0x01)==0) {aa=MAX_POLL;}/*判断是否 WIP=0,即判断是否写入过程
已经结束,若结束就跳出,否则继续等待直到达到最大记数值*/
}
aa = 0;
}
/*输出一个数据到 25045,此数据可能为地址,先导字,写入的数据等*/
void output(unsigned char aa)
{
unsigned char my_flag1,my_flag2,i;
my_flag1=aa;
for (i=0;i<8;i++)
{
   my_flag2=my_flag1&0x80 ;
   SI=my_flag2>>7;
   delay(1);
   SCK=0;
   SCK=1; delay(3);
   my_flag1 <<= 1 ;
}
SI=0;/*使 SI 处于确定的状态*/
}
/*得到一个数据,此数据可能为状态寄存器数据,读出的单元数据等*/
unsigned char input(void)
{
```

```
unsigned char aa,my_flag;
char i;
aa = 0;
for (i=7;i>=0;i--)
{
  SCK=0;
  //delay(1);
  my_flag=SO;
  SCK=1;
  //delay(1);
  my_flag <<= i;
  aa |= my_flag ;
  my_flag=0x00;
}
return aa;
}
```

第5章　51单片机I/O引脚扩展

在51单片机的应用系统中，I/O引脚通常用于驱动外围设备或者给用户和设备提供输入通道，常在应用较多的时候出现I/O引脚不够用的情况，此时可以使用一些外部器件对51单片机的I/O引脚进行扩展，包括74系列芯片、并口专用扩展芯片、可编程I/O扩展芯片等，本章将对这些器件的扩展原理和方法进行介绍。

5.1　译码器74138应用

如果51单片机只需要让一位I/O引脚输出高电平，此时可以使用译码器来扩展输出引脚，最常用的译码器是三-八译码器74138。

5.1.1　74138基础

1．74138的引脚

74138译码器是将输入编码转换为输出端另外一种编码的器件，图5.1所示是74138的引脚分布，说明如下：

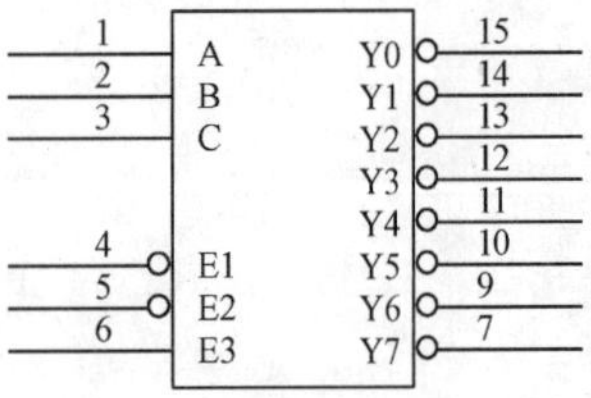

- A～C：输入端引脚，接收外部输入逻辑。
- E1～E3：控制端引脚，对74138的控制。
- Y0～Y7：输出引脚，输出译码之后的逻辑。

图5.1　74138的引脚分布

2．74138的真值表

表5.1是74138的真值表，这是74138对应的输入引脚和输出引脚之间的逻辑电平关系列表。

表5.1　74138的真值表

E1	E2	E3	A	B	C	Y0	Y1	Y2	Y3	Y4	Y5	Y6	Y7
H	X	X	X	X	X	H	H	H	H	H	H	H	H
X	H	X	X	X	X	H	H	H	H	H	H	H	H
X	X	L	X	X	X	H	H	H	H	H	H	H	H
L	L	H	L	L	L	L	H	H	H	H	H	H	H
L	L	H	H	L	L	H	L	H	H	H	H	H	H
L	L	H	L	H	L	H	H	L	H	H	H	H	H
L	L	H	H	H	L	H	H	H	L	H	H	H	H

续表

E1	E2	E3	A	B	C	Y0	Y1	Y2	Y3	Y4	Y5	Y6	Y7
L	L	H	L	L	H	H	H	H	H	L	H	H	H
L	L	H	H	L	H	H	H	H	H	H	L	H	H
L	L	H	L	H	H	H	H	H	H	H	H	L	H
L	L	H	H	H	H	H	H	H	H	H	H	H	L

从表 5.1 可以看到，三–八译码器 74138 的实质就是将输入引脚上的十六进制编码所对应编号的输出引脚选中，并将其置为低电平，让其他输出引脚为高电平；所以译码器的使用方法相当简单，将其输入和 51 单片机的 I/O 引脚连接即可，单片机控制对应的 I/O 引脚输出需要的电平，从而控制译码器的输出引脚选中。

5.1.2　74138 的应用电路

74138 的典型应用电路如图 5.2 所示，51 单片机使用 3 个普通 I/O 引脚和 74138 的 A～C 输入引脚连接，译码之后的结果从 Y0～Y7 输出，74138 的控制端 E1～E2 分别连接到 VCC 和 GND 对应使能的控制信号。

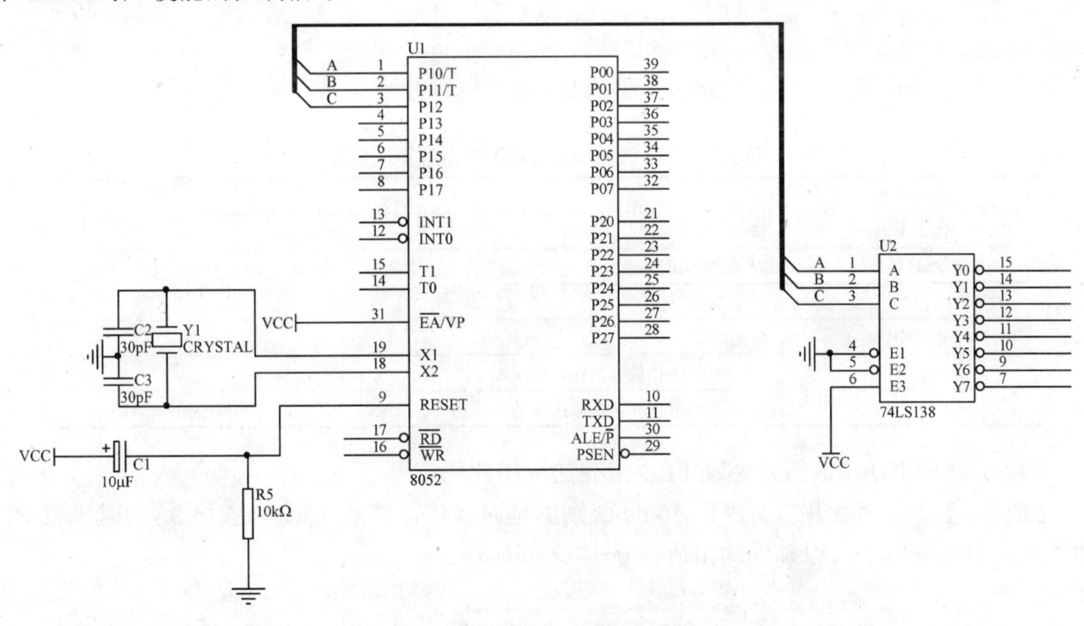

图 5.2　74138 的典型应用电路

5.1.3　74138 的操作步骤

使用 51 单片机扩展 74138 的操作步骤非常简单，只需要控制连接 74138 的 I/O 引脚输出对应的电平即可。

注：74138 的输出引脚在同一时间内只能有一个被选中。

5.1.4 74138 的应用代码——使用 74138 流水驱动 LED 点亮

图 5.3 所示是使用 74138 来驱动 8 个 LED 进行流水显示的应用实例电路图，51 单片机通过 P1.0～P1.2 给 74138 提供输入逻辑电平，74138 的输出电平通过一个排阻使用灌电流驱动方式驱动了 8 个 LED 发光二极管，实例涉及的典型器件如表 5.2 所示。

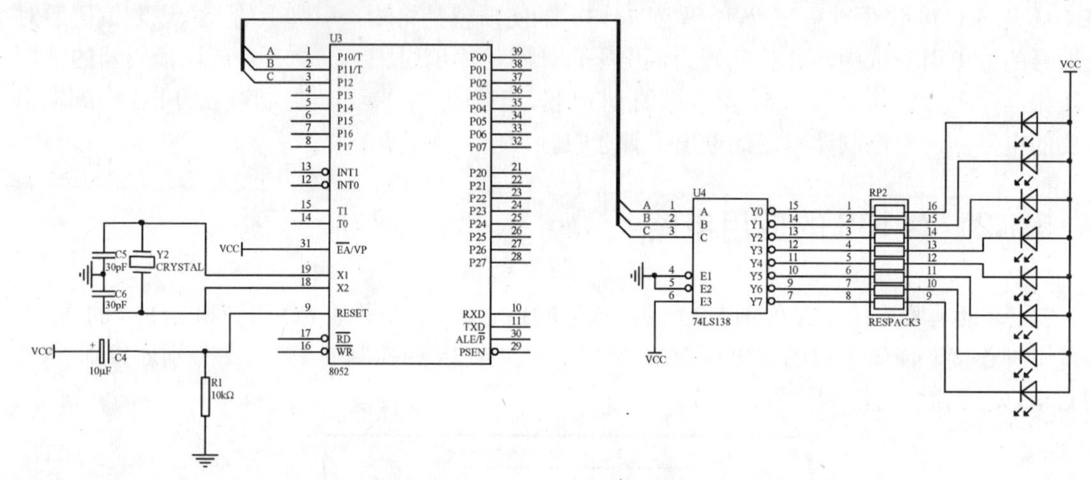

图 5.3 74138 流水驱动 LED 点亮

表 5.2 使用 74138 流水驱动 LED 点亮应用实例器件列表

器 件	说 明
51 单片机	核心部件
74138	74 系列译码器
LED	显示器件
双排电阻	限流电阻
晶体	51 单片机工作的振荡源，12MHz
电容	51 单片机复位和振荡源工作的辅助器件，MAX232 通信芯片的外围辅助器件

例 5.1 是使用 74138 流水驱动 LED 点亮的应用代码。

【例 5.1】单片机使用 T1 进行 50ms 级别的延时操作，然后在每次延时到达的时候将 P1 加 1 之后用 8 来取余，以确保输出值在 0～7 之间循环。

```
#include <AT89X52.h>
#define TRUE  1
#define FALSE 0
bit  bT1Flg = FALSE;                          //T1 标志位
void InitT1(void)                             //定时器 1 初始化函数
{
    TMOD = 0x10;                              //工作方式 1
    TH1 = 0x4C;
    TL1 = 0x00;                               //初始化定时器值,50ms
```

```
    ET1 = 1;
    TR1 = 1;                                  //启动 T1
  }
  void T1Deal(void) interrupt 3 using 2      //定时器 1 中断处理函数
  {
  ET1 = 0;                                    //首先关闭中断
   TH1 = 0x4C;
   TL1 = 0x00;                                //重新初始化定时器值,50ms
   ET1 = 1;                                   //打开 T0 中断
   bT1Flg = TRUE;                             //定时器中断标志位
  }
  void main()
  {
   InitT1();                                  //初始化 T1
   EA = 1;                                    //开中断
     P1 = 0x00;
  while(1)
  {
    while(bT1Flg==FALSE);                     //等待延时标志位
    bT1Flg=FALSE;
     P1 = (P1+1)%8;                           //始终在 0~7 之间选择
   }
  }
```

5.2　锁存器 74273 扩展

74273 是一个 8 位的锁存器芯片，其实质是一个 8 位的 D 触发器，如果在 74273 的时钟有效时将单片机 I/O 引脚上的数据写入其中，则在下一个有效时钟来到之前，这个数据会被“锁定”而保持不变，无论单片机 I/O 引脚上的数据如何变化。这个用于控制数据写入的时钟可以用 51 单片机的一个 I/O 引脚和写信号联合产生，这样则可以在同一块 51 单片机上扩展多个锁存器，而且一个锁存器都有自己的独立地址。

5.2.1　74273 基础

1．74273 的引脚

74273 的引脚示意图如图 5.4 所示，其详细说明如下。

- D1～D8：8 位数据输入引脚。

- Q1～Q8：8 位数据输出引脚。
- CLK：时钟输入引脚。
- CLR：清除输出数据引脚。

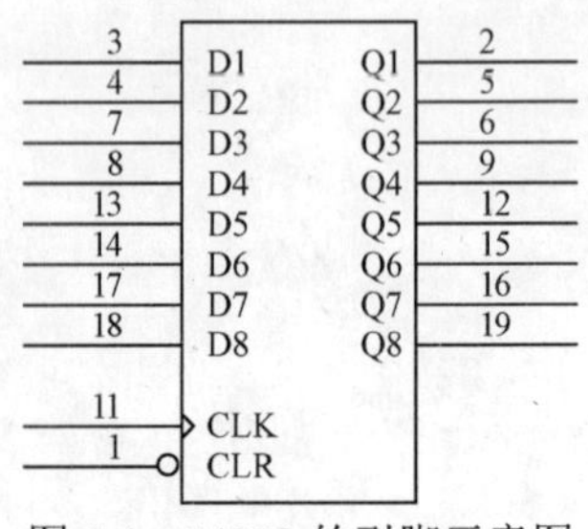

图 5.4　74273 的引脚示意图

2．74273 的真值表

74273 的真值表如表 5.3 所示，可以看到，只有当时钟上升沿到来的时候输入引脚 D 上的数据才会被送到输出引脚 Q 上，当时钟被拉低之后，输出引脚 Q 上的数据被锁定保持不变。

表 5.3　74273 的真值表

输入引脚			数据输出引脚 Q
清除引脚 MR	时钟引脚 CLK	数据输入引脚 D	
zL	X	X	L
H	上升沿	H	H
H	上升沿	L	L
H	L	X	Q

5.2.2　74273 的应用电路

在实际的应用系统中，通常把 74273 的八位数据输入引脚连接到 51 单片机的 P0 端口上作为数据输入，使用 51 单片机的地址总线端口 P2 的某一位和写控制引脚 WR 进行或非操作之后连接到 74273 的 CLK 引脚上，当 51 单片机向该地址写数据的时候，数据通过 P0 端口被送到 74273 的输入端口，并且同时地址端口 P2 和写控制 WR 会同时产生一个高电平，通过或门后该高电平会在 74273 的 CLK 引脚上产生一个上升沿，此时 74273 的输出端口和输入端口上的数据相同，当 51 单片机的写操作完成之后，CLK 引脚上的电平被拉低，数据被锁存到 74273 的输出端口上；74273 的 CLR 引脚可以连接到单片机的某个非 P0、P2 端口 I/O 引脚上作为清除控制，也可以直接连接到高电平，如图 5.5 所示，两片 74273 的地址分别是 U7 = 0xFEFF 和 U8 = 0xFDFF。

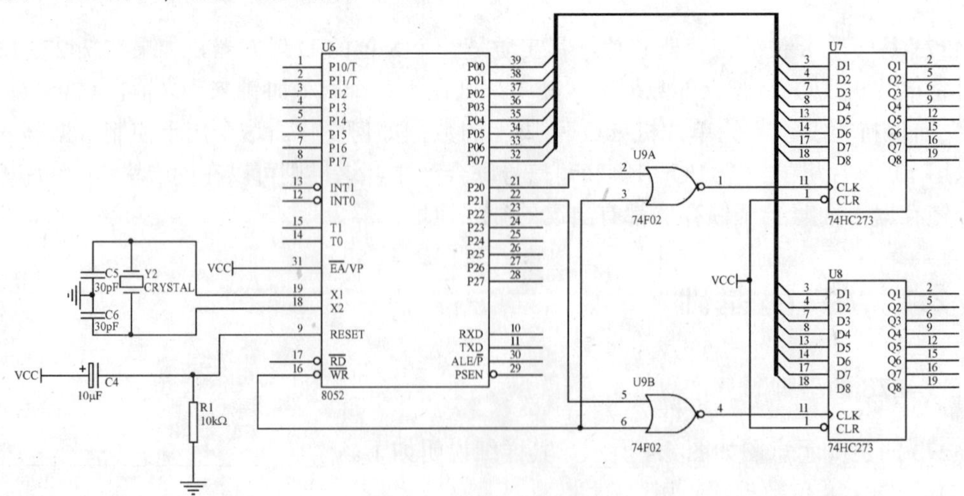

图 5.5　74273 的应用电路

5.2.3　74273 的操作步骤

74273 的操作步骤也很简单，将需要输出的数据按照应用系统中 74273 对应的外部存储器地址输出即可。

5.2.4　74273 的应用代码——使用 74273 设计秒表

这是一个使用 51 单片机驱动 74273 来实现 0～999 计时秒表的应用实例，51 单片机外扩了三片 74273，分别驱动三个共阳极数码管用于显示当前的秒计时，当秒表计时到 999 的时候返回 0 重新计时，电路如图 5.6 所示，表 5.4 是实例涉及的典型器件说明。

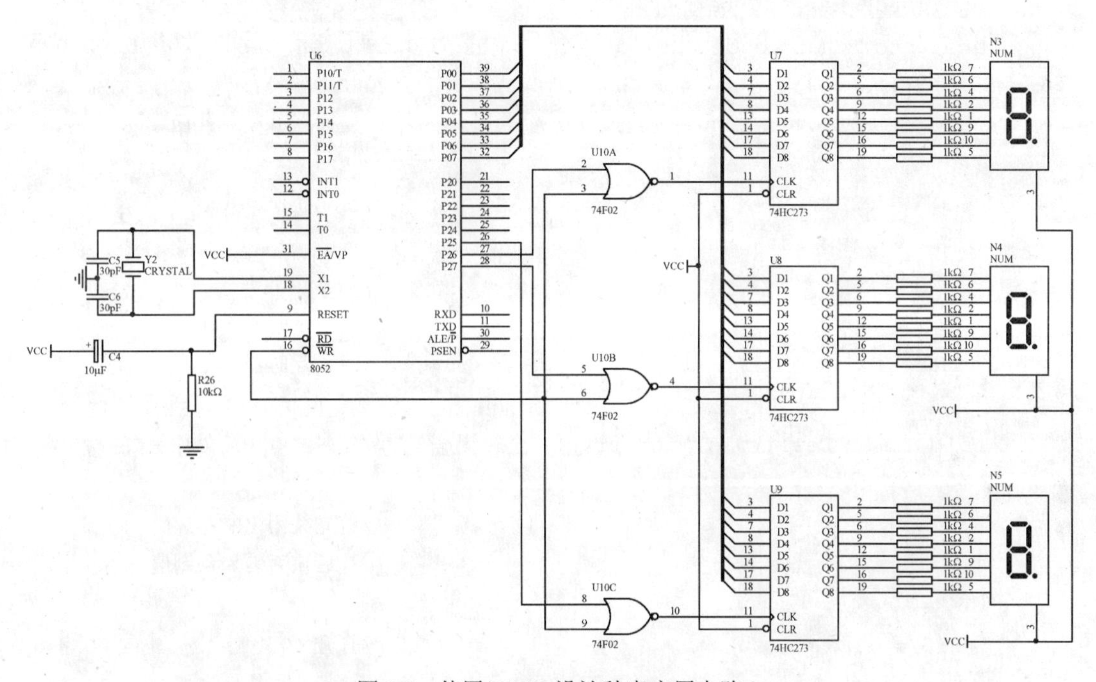

图 5.6　使用 74273 设计秒表应用电路

表 5.4　使用 74273 设计秒表应用实例器件列表

器　件	说　明
51 单片机	核心部件
74273	74 系列锁存器
7402	74 系列或非门
数码管	显示器件
电阻	限流电阻
晶体	51 单片机工作的振荡源，12MHz
电容	51 单片机复位和振荡源工作的辅助器件，MAX232 通信芯片的外围辅助器件

【例 5.2】代码使用了 absacc.h 中的 XBYTE 宏来直接定义两个 273 的地址空间，在定义完成之后只需要向对应的地址写入数据即可以对 273 进行寻址操作。代码使用定时计数器

T0 来进行延时 100ms，然后使用软件定时器完成 1s 的定时，在主程序中使用一个变量 timer 来完成秒时钟的定时，并且以 timer 为参数把字形编码表 SEGtable 里的编码送到 74273 驱动数码管进行显示。

```
#include <AT89X52.h>
#include <absacc.h>
#define N1 XBYTE[0xDFFF]
#define N2 XBYTE[0xBFFF]
#define N3 XBYTE[0x7FFF]                          //定义 273 的地址
#define TRUE  1
#define FALSE 0
bit bT0Flg = 0;
unsigned char counter = 0x00;
unsigned char code SEGtable[ ]={0xc0,0xf9,0xa4,0xb0,0x99,0x92,0x82,
0xf8,0x80,0x90,0x88};                             //字形编码表
void InitT0(void)                                 //定时器 0 初始化函数
{
 TMOD = 0x01;                                     //使用工作方式 1
  TH0 = 0xFF;
 TL0 = 0x9C;                                      //100ms 定时
  ET0 = 1;                                        //开启定时器 0 中断
  TR0 = 1;                                        //启动定时器
}
void Timer0Deal(void) interrupt 1 using 1         //定时器 0 中断处理函数
{
ET0 = 0;                                          //首先关闭中断
TH0 = 0xFF;                                       //然后重新装入预制值
TL0 = 0x9C;
  ET0 = 1;                                        //打开 T0 中断
  counter++;
  if(counter == 10)                               //定时 1s
  {
    bT0Flg = TRUE;                                //定时器中断标志位置位
    counter = 0;
  }
}
main()
{
  unsigned char timer;                            //计数器
  InitT0();                                       //初始化 T0
  EA = 1;                                         //开中断
```

```
    while(1)
    {
      while(bT0Flg==FALSE);                          //等待延时标志位
      bT0Flg=FALSE;
      if(timer==999)                                 //如果 i 已经到了 999,则返回到 0
      {
        timer=0;
      }
      else
      {
        timer++;
      }
      N1 = SEGtable[timer/100];                      //送 N1 显示的内容
      N2 = SEGtable[timer/10%10];                    //送 N2 显示的内容
      N3 = SEGtable[timer%10];                       //N3 显示内容
    }
}
```

5.3　三态门 74244 扩展

当 51 单片机系统需要扩展输入引脚的时候，可以使用三态门，其典型特点是当该器件处于“高阻态”的时候可以看做从总线上断开。和锁存器正好相反，三态门芯片一般用于 51 单片机的 I/O 口的输入扩展，能够把多个输入数据连接到一个并行口上，并且根据系统的需求来决定读入哪一组数据，常见的三态门芯片有 74244 等。

5.3.1　74244 基础

1. 74244 的封装引脚

图 5.7 所示是 74244 的封装引脚示意图，其具体说明如下。

- 1A1～1A4：1 组输入引脚。
- 2A1～2A4：2 组输入引脚。
- 1Y1～1Y4：1 组输出引脚。
- 2Y1～2Y4：2 组输出引脚。
- $1\overline{G}$ 和 $2\overline{G}$：使能控制引脚。

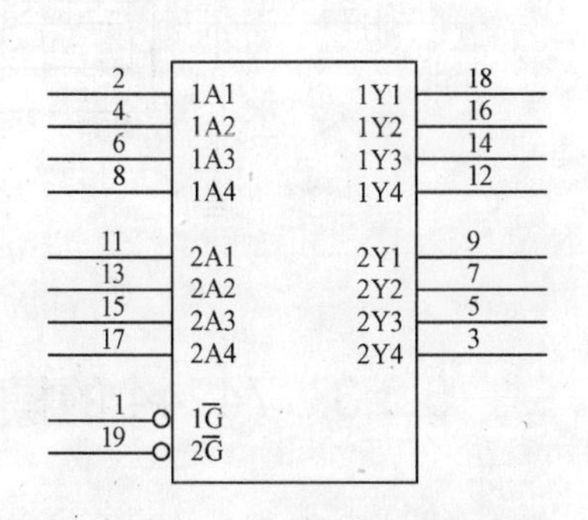

图 5.7　74244 的封装引脚示意图

2. 74244 的真值表

74244 的真值表如表 5.5 所示，当 74244 的 1G 和 2G 引脚

均加上低电平时，输出引脚 Y 上的数值和输入引脚 A 上的值相同，否则 74244 的输出为“高阻态”，可以看做从总线上断开。

表 5.5　74244 的真值表

1G	2G	A	Y
L	L	L	L
L	L	H	H
H	L	Z	Z
L	H	Z	Z
H	H	Z	Z

5.3.2　74244 的应用电路

和使用 74273 扩展输出 I/O 引脚类似，在使用 74244 来扩展输入 I/O 引脚的时候，将数据端口 P0 和 74244 的输出 Y 相连，P2 中某一个位和读有效信号 RD 进行或非操作之后连接到 74244 的 1G 和 2G 引脚上，当 51 单片机对 74244 对应的外围地址进行读操作时候，1G 和 2G 上为低电平，74244 的输出 Y 和输入 A 相等，对应数据被送到单片机的 P0 口上，在其他时候 74244 可以看做从 P0 上断开。和扩展 74273 类似，在同一个 51 单片机外部可以同时扩展多个 74244，且这些 74244，都有独立的地址，如图 5.8 所示，图中两片 74244 的外部地址分别为 0xBFFF 和 0x7FFF。

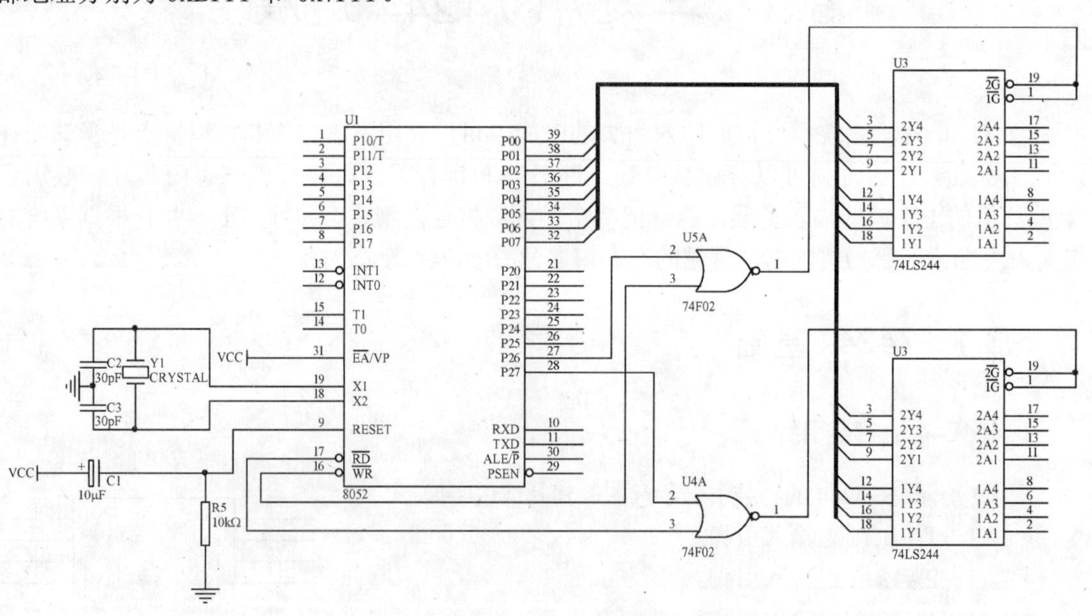

图 5.8　51 单片机扩展 74244 的应用电路

5.3.3　74244 的操作步骤

74244 的操作步骤也很简单，和 74273 类似，将需要输出的数据按照应用系统中 74273

对应的外部存储器地址读入即可。

5.3.4　74244 的应用代码——使用 74244 扩展拨码开关地址输入

这是一个使用 74244 来扩展 51 单片机外部输入引脚的实例，其同时使用了一片 74273 来扩展了一个数码管，并且用这个数码管将 74244 所连接的拨码开关中的几位闭合显示出来，实例的应用电路如图 5.9 所示。

如图 5.9 所示，单片机的 P0 端口分别连接到 74272 的输入端口和 74244 的输出端口，地址线 P2.6 和 P2.7 分别和 WR 信号线通过 7402 或非门之后连接到 74273 的 CLK 引脚和 74244 的 1G、2G 引脚上。当地址线 P2.6 为低电平且 WR 信号有效的时候，产生一个有效沿信号，同时将 P0 口的数据写入到对应的 74273 中，当地址线 P2.7 为低电平且 RD 信号有效时，数据从 74244 的输入端口送到单片机的 P0 引脚上，图 5.9 中 U7 和 U9 的地址分别为 1011 1111 和 0111 1111；74273 的输出端连接到 8 段共阳极数码管的数据引脚上，其 CLR 引脚直接连接到 VCC；74244 的输入端口使用电阻排上拉到 VCC，同时使用一个 8 位拨码开关连接到 GND，当拨码开关断开时，74244 的输入端口上为高电平，反之为低电平，实例涉及的典型器件如表 5.6 所示。

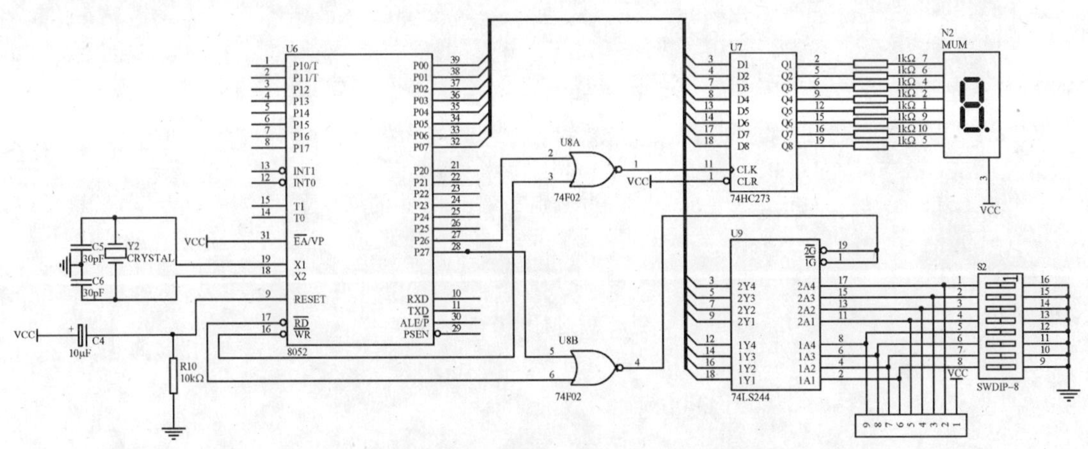

图 5.9　使用 74244 扩展拨码开关输入的应用电路

表 5.6　使用 74244 扩展拨码开关地址输入应用实例器件列表

器　件	说　明
51 单片机	核心部件
74244	74 系列三态门
7402	74 系列或非门
数码管	显示器件
拨码开关	输入器件
电阻和单排电阻	限流电阻
晶体	51 单片机工作的振荡源，12MHz
电容	51 单片机复位和振荡源工作的辅助器件，MAX232 通信芯片的外围辅助器件

例 5.3 是实例的应用代码。

【例 5.3】单片机在主循环中读取 74244 的端口状态，然后判断该状态下有几位拨码开关被打开，查找对应的字形编码并且送出。为了方便判断，有几位拨码开关被打开，使用了位变量联合定义的编程方法，将 temp 变量定位在 bdata 内存空间（位寻址空间）内，然后使用 sbit 关键字对该变量进行再定义，得到 8 位位变量，此时当把拨码开关的状态读入 temp 之后只需要对这些位变量进行判断即可。

```
#include <AT89X52.h>
#include <absacc.h>
#define ADD273 XBYTE[0xBFFF]    //定义 273 的地址
#define ADD244 XBYTE[0x7FFF]    //定义 244 的地址
unsigned  char  code  SEGtable[  ]={0xc0,0xf9,0xa4,0xb0,0x99,0x92,0x82,
0xf8,0x80,0x90,0x88};                              //字形编码表
main()
{
  unsigned char i,j;
  bdata unsigned char temp;
  bit sw0 = temp^0;
  bit sw1 = temp^1;
  bit sw2 = temp^2;
  bit sw3 = temp^3;
  bit sw4 = temp^4;
  bit sw5 = temp^5;
  bit sw6 = temp^6;
  bit sw7 = temp^7;              //分别定义 temp 中的每一位
  while(1)
  {
    for(i=0;i<250;i++)          //进行一个延时操作
    {
     for(j=0;i<100;j++);
    }

    temp = ADD244;              //读取 74244 的端口状态
    i = 0;                      //清除 i 的状态
    if(sw0 == 1)                //判断拨码开关第 0 位状态,如果闭合则让 i+1
    {
     i++;
    }
    if(sw1 == 1)                //判断拨码开关第 1 位状态,如果闭合则让 i+1
   {
     i++;
   }
  if(sw2 == 1)                  //判断拨码开关第 2 位状态,如果闭合则让 i+1
```

```
{
  i++;
}
if(sw3 == 1)                    //判断拨码开关第 3 位状态,如果闭合则让 i+1
{
  i++;
}
if(sw4 == 1)                    //判断拨码开关第 4 位状态,如果闭合则让 i+1
{
  i++;
}
if(sw5 == 1)                    //判断拨码开关第 5 位状态,如果闭合则让 i+1
{
  i++;
}
if(sw6 == 1)                    //判断拨码开关第 6 位状态,如果闭合则让 i+1
{
  i++;
}                               //判断拨码开关第 7 位状态,如果闭合则让 i+1
if(sw7 == 1)
{
  i++;
}
ADD273 = SEGtable[8-i];         //得到有几位拨码开关闭合,并且查找对应的字形编码输出
}
}
```

5.4　串口输出芯片 744049 扩展

当 51 单片机的 I/O 引脚不够且 51 单片机的串行口没有使用的时候，可以使用串口输出芯片 744049 来扩展输出引脚。

5.4.1　744049 基础

1．744049 的引脚

744049 是一个串行输入/8 位并行输出移位寄存器，其外部引脚如图 5.10 所示，详细说明如下。

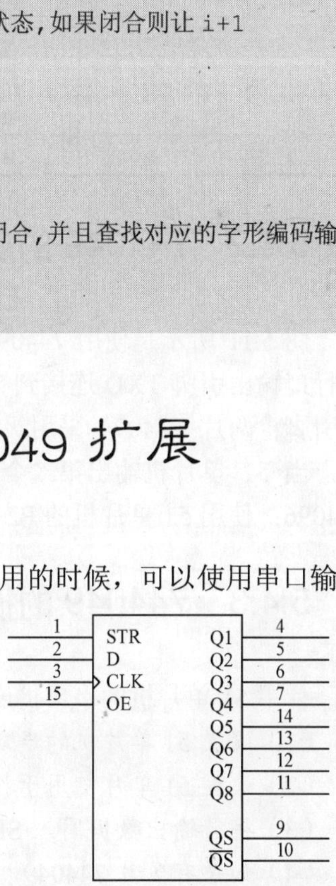

图 5.10　744049 的引脚封装

- STR：控制引脚。
- D：数据输入引脚。
- CLK：时钟输入引脚。
- OE：输出使能引脚。
- Q1～Q8：并行输出引脚。
- QS 和 $\overline{QS}$：串行进位引脚。

2. 744049 的真值表

744094 有一个时钟引脚和一个串行数据输入引脚，当时钟引脚上外加时钟信号的时候，数据从串行数据输入引脚流入 744094，当控制引脚 STB 为高电平的时候，这些串行的数据从 Q0～Q7 8 位并行端口同时输出。744094 的的 QS 引脚是进位引脚，当串行数据超过 8 位之后从该引脚流出，这个引脚可以连接到另外一片 744094 从而实现多位的串-并转换器，表 5.7 是 744094 的真值表。

表 5.7 744094 的真值表

时 钟	输出使能	控 制	数 据	并 行 输 出		串 行 输 出	
				Q1	Qn	Qs	/Qs
↑	L	×	×	OC	OC	Q7	无变化
↓	L	×	×	OC	OC	无变化	Q7
↑	H	L	×	无变化	无变化	Q7	无变化
↑	H	H	L	L	Qn-1	Q7	无变化
↑	H	H	H	H	Qn-1	Q7	无变化
↓	H	H	H	无变化	无变化	无变化	Q7

5.4.2 744049 的应用电路

图 5.11 所示是使用 744094 串行模块来扩展输出 I/O 引脚的典型应用电路，51 单片机的串行口输出引脚 TXD 连接到 704094 的时钟引脚，数据从 RXD 引脚输出到 744094 的数据输入引脚；两片 744094 采用级联的方式，低位的 744094 的 QS 输出连接高位的数据输入端口，当 51 单片机输出第二个字节数据的时候，第一个字节的数据从 QS 端口流出到高位的 744096；使用 51 单片机的 P2.7 引脚来控制选中到底是哪一个 744094 芯片。

5.4.3 744049 的操作步骤

使用 51 单片机的串口扩展 744049 作为输出 I/O 引脚的操作步骤如下：

（1）设置 51 单片机的串口为工作方式 0。

（2）设置 51 单片机用于控制 744049 的 STR 控制引脚的电平为低。

（3）将待输出数据写入 SBUF 中发送出去。

（4）如果有多片 744049，重复以上操作。

（5）设置 51 单片机用于控制 744049 的 STR 控制引脚的电平为高，控制 744049 输出数据。

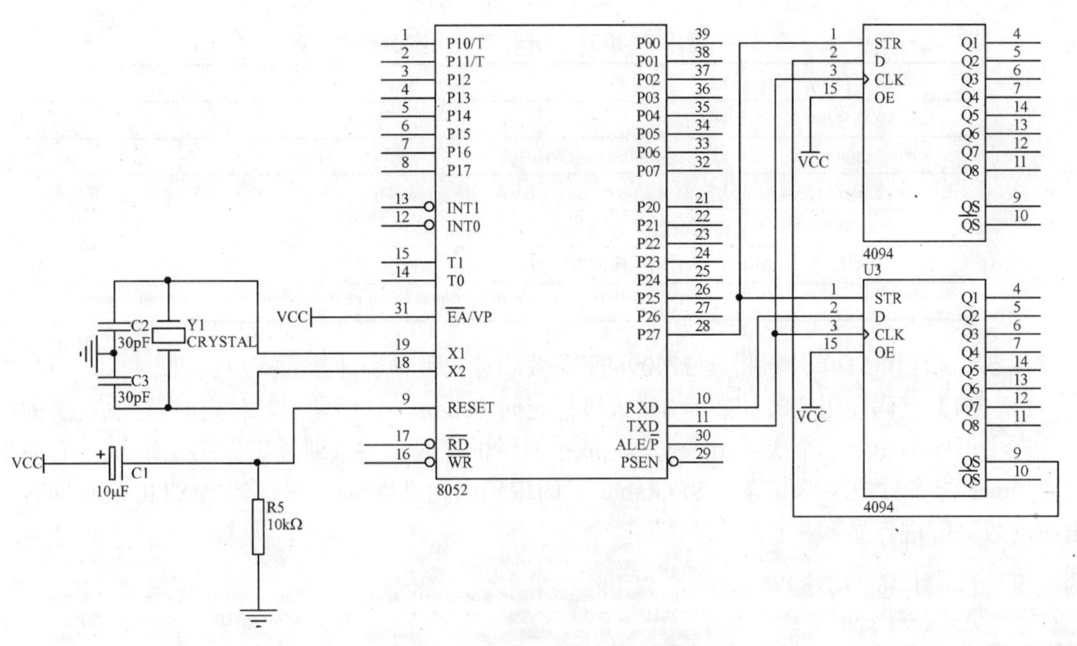

图 5.11 744049 的应用电路

5.4.4 744049 的应用代码——使用 744049 驱动数码管实现秒表

本应用是 51 单片机通过串行口扩展了两片级联的 744094 来驱动两个共阳极的 8 段数码管实现秒表的实例。两片 744094 中低位的数据输入端连接到 51 单片机的 RXD 引脚上，并且使用 P2.0 引脚同时对两片 744094 的数据 STR 引脚进行控制，两个 7 段共阳极数码管使用灌电流方式连接到 744094 的输出引脚上，如图 5.12 所示，实例涉及的典型器件如表 5.8 所示。

注：本应用实例实现的功能和 5.2.4 中的应用实例完全相同，但是实现方法不同，本书后续章节中会有大量的类似情况，即实现功能相同或者相似但是实现方法不同的实例，不再累述。

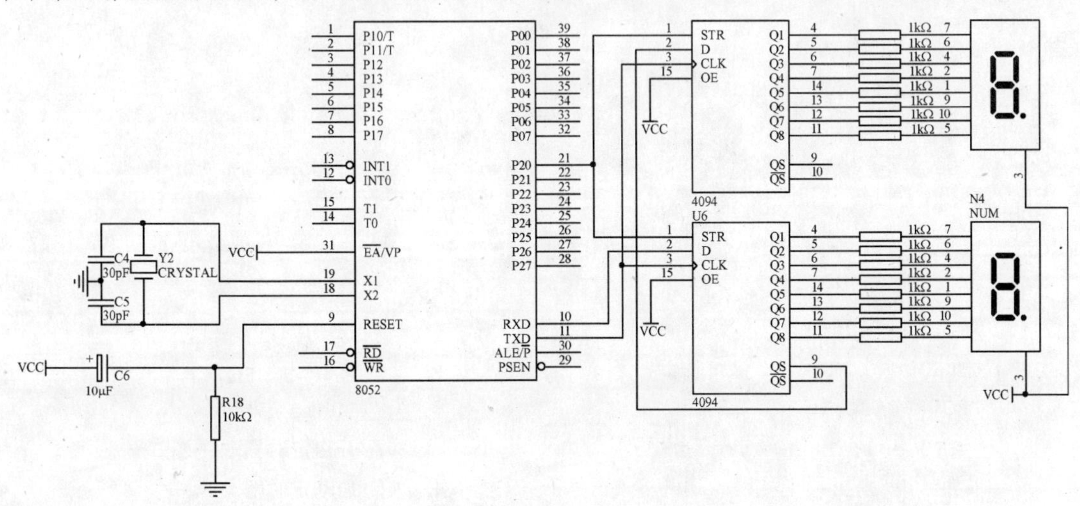

图 5.12 744094 驱动数码管实现秒表

表 5.8　使用 744094 设计秒表应用实例器件列表

器　件	说　明
51 单片机	核心部件
744094	74 系列串口输出芯片
数码管	显示器件
电阻	限流电阻
晶体	51 单片机工作的振荡源，12MHz
电容	51 单片机复位和振荡源工作的辅助器件，MAX232 通信芯片的外围辅助器件

例 5.4 是使用 51 单片机扩展 774094 驱动数码管实现秒表计数的应用代码。

【例 5.4】代码使用定时计数器 T0 来进行延时 100ms，然后使用软件定时器完成 1s 的定时，在主程序中使用一个变量 timer 来完成秒时钟的定时，并且通过工作在工作方式 1 的串口以 timer 为参数把字形编码表 SEGtable 里的编码送到 744094，最后控制 STR 引脚同时输出驱动数码管进行显示。

```
    #include <AT89X52.h>
    sbit sbSTB = P2 ^ 0;                                //输出控制信号
    bit  bT0Flg =0;                                     //秒信号标志位
    unsigned char counter = 0;                          //软件计数器
    unsigned  char  code  SEGtable[  ]={0xc0,0xf9,0xa4,0xb0,0x99,0x92,0x82,
0xf8,0x80,0x90,0xC0};                                   //字形编码表
    //字节发送子函数,调用其将传递入参数 Tx_Data 中的一个字节通过串行口发送出去
    void Send(unsigned char Tx_Data)
    {
    SBUF = Tx_Data;
    while(TI == 0);                                     //等待发送完成
    TI = 0;                                             //清除 TI 标志,准备下一次发送
    }
    //串口初始化函数
    void initUART(void)
    {
     SCON = 0x10;                                       //工作方式 0
    }
    void InitT0(void)                                   //定时器 0 初始化函数
    {
    TMOD = 0x01;                                        //使用工作方式 1
     TH0 = 0xFF;
    TL0 = 0x9C;                                         //100ms 定时
     ET0 = 1;                                           //开启定时器 0 中断
     TR0 = 1;                                           //启动定时器
    }
    void Timer0Deal(void) interrupt 1 using 1  //定时器 0 中断处理函数
```

```
{
ET0 = 0;                                    //首先关闭中断
TH0 = 0xFF;                                 //然后重新装入预制值
TL0 = 0x9C;
 ET0 = 1;                                   //打开 T0 中断
 counter++;
 if(counter == 10)                          //定时 1S
 {
  bT0Flg = 1;                               //定时器中断标志位置位
  counter = 0;
 }
}

main()
{
 unsigned char timer = 0;
 sbSTB = 0;
 initUART();                                //初始化串口
 InitT0();                                  //初始化 T0
 EA = 1;                                    //开中断
 Send(SEGtable[0]);
 Send(SEGtable[0]);                         //将 0 字符对应的字形编码送出
 sbSTB = 1;                                 //将 STB 置为 1,数据送出
 while(1)
 {
  while(bT0Flg == 0);                       //等待延时标志位
  bT0Flg = 1;
  if(timer==99)                             //如果 i 已经到了 999,则返回到 0
  {
   timer=0;
  }
  else
  {
   timer++;
  }
  Send(SEGtable[timer/10]);               //分别送出 i 和 i+1 的对应的字符编码
  Send(SEGtable[(timer%10)]);
  sbSTB = 1;                              //将字符送出
  sbSTB = 0;                              //将字符清除
 }
}
```

5.5 串口输入芯片 CD4014 扩展

和使用串口来扩展输出 I/O 引脚类似，也可以使用串行口来扩展输入 I/O 引脚，此时应该使用 CD4014 芯片。

5.5.1 CD4014 基础

1. CD4014 的引脚

CD4014 是一个 8 位并行输入/串行输出移位寄存器，其外部引脚如图 5.13 所示，详细说明如下。

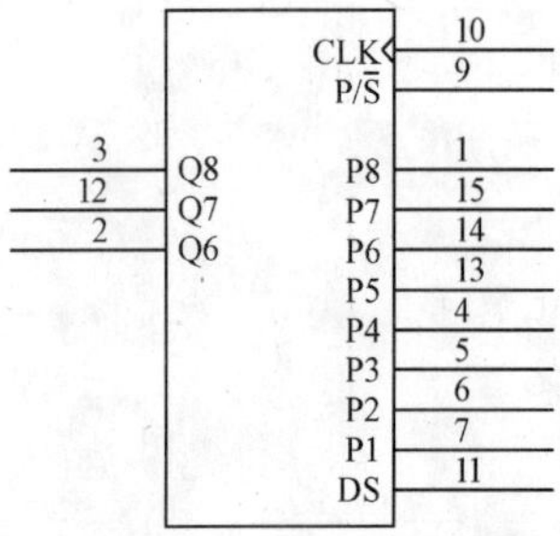

图 5.13 CD4014 的引脚

- P1～P8：8 位并行数据输入引脚。
- CLK：工作时钟输入引脚。
- P/$\overline{S}$：数据输入控制引脚。
- DS：数据串行输出引脚。
- Q6～Q8：进位数据输出引脚。

2. CD4014 的真值表

当控制引脚为高电平的时候，8 位数据从并行引脚输入 CD4014；当时钟输入的时候，8 位数据从串行输出引脚移位输出，表 5.9 是 CD4014 的真值表。

表 5.9 CD4014 的真值表

时 钟	串 行 输 入	控 制 引 脚	P0	Pn	Q1	Qn
↑	×	1	0	0	0	0
↑	×	1	1	0	1	0
↑	×	1	0	1	0	1
↑	×	1	1	1	1	1
↑	0	0	×	×	0	Qn-1
↑	1	0	×	×	1	Qn-1
↓	×	×	×	×	Q1	Qn

5.5.2 CD4014 的应用电路

51 单片机扩展 CD4014 的应用电路如图 5.14 所示，8 位并行输入信号分别接到 CD4014 的 P1～P8 引脚上，芯片的工作时钟信号从 51 单片机的串口发送引脚 TXD 送出，串行输出信号 Q8 连接到 51 单片机串口数据接收引脚 RXD 上，使用 51 单片机的 P2.7 引脚连接到 P/S 引脚来控制 CD4014 的并行数据输入。

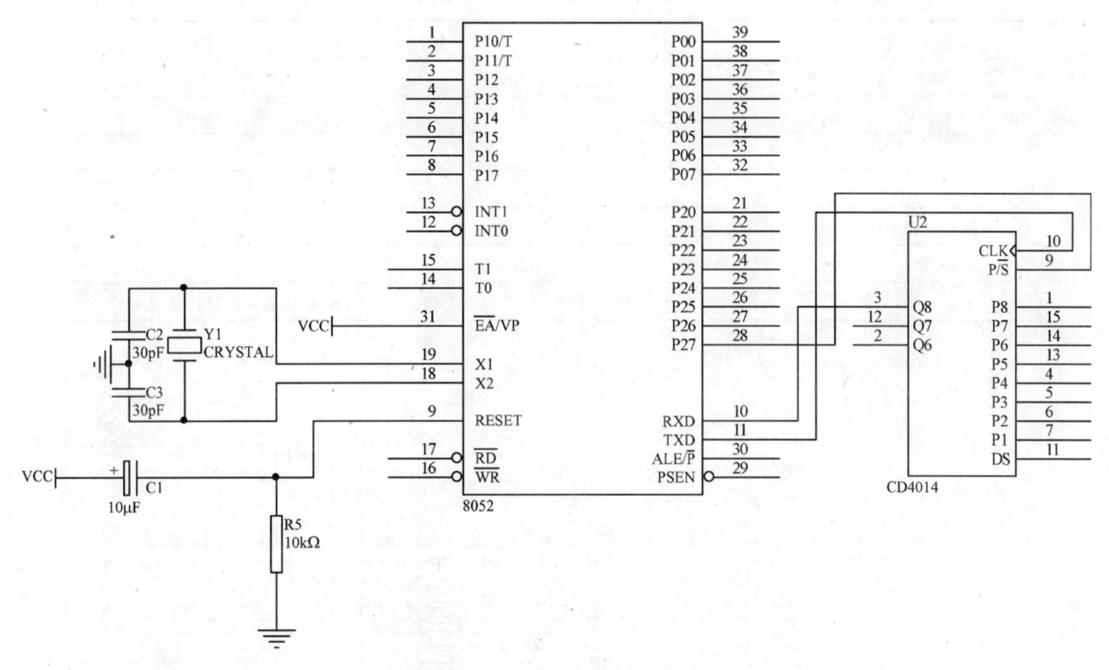

图 5.14　CD4014 的应用电路

5.5.3　CD4014 的操作步骤

使用 51 单片机的串口扩展 CD4014 作为输入 I/O 引脚的操作步骤如下：

（1）设置 51 单片机的串口为工作方式 0。

（2）设置 51 单片机用于控制 CD4014 的 P/S 控制引脚的电平为高，控制 CD4014 从并行端口读入数据。

（3）将任意一个数据数据写入 SBUF 中发送出去。

（4）在串口接收中断服务子函数中读取从 CD4014 串行输入的数据。

（5）如果有多篇 CD4014，重复如上操作。

（6）设置 51 单片机用于控制 CD4014 的 P/S 控制引脚的电平为低。

5.5.4　CD4014 的应用代码——使用 CD4014 读取拨码开关输入

本应用是 51 单片机使用串行口使用一片 CD4014 从外围的拨码开关读取输入状态的并且通过 LED 显示的实例。51 单片机使用 TXD 和 RXD 引脚扩展了一片 CD4014，CD4014 的并行输入端口外接了一个拨码开关，当拨码开关断开时对应的 CD4014 的并行输入端口上为高电平，反之为低电平。51 单片机的 P0 端口上用“灌电流”驱动方式驱动了 8 个发光二极管，同时 P0 通过一个上拉电阻接到 VCC 以提供足够的驱动能力，实例涉及的典型器件如表 5.10 所示。使用 CD4014 读取拨码开关状态实例电路如图 5.15 所示。

表 5.10 使用 CD4014 扩展拨码开关地址输入应用实例器件列表

器 件	说 明
51 单片机	核心部件
CD4014	串行输入芯片
LED	显示器件
拨码开关	输入器件
电阻、单排和双排电阻	限流电阻
晶体	51 单片机工作的振荡源，12MHz
电容	51 单片机复位和振荡源工作的辅助器件，MAX232 通信芯片的外围辅助器件

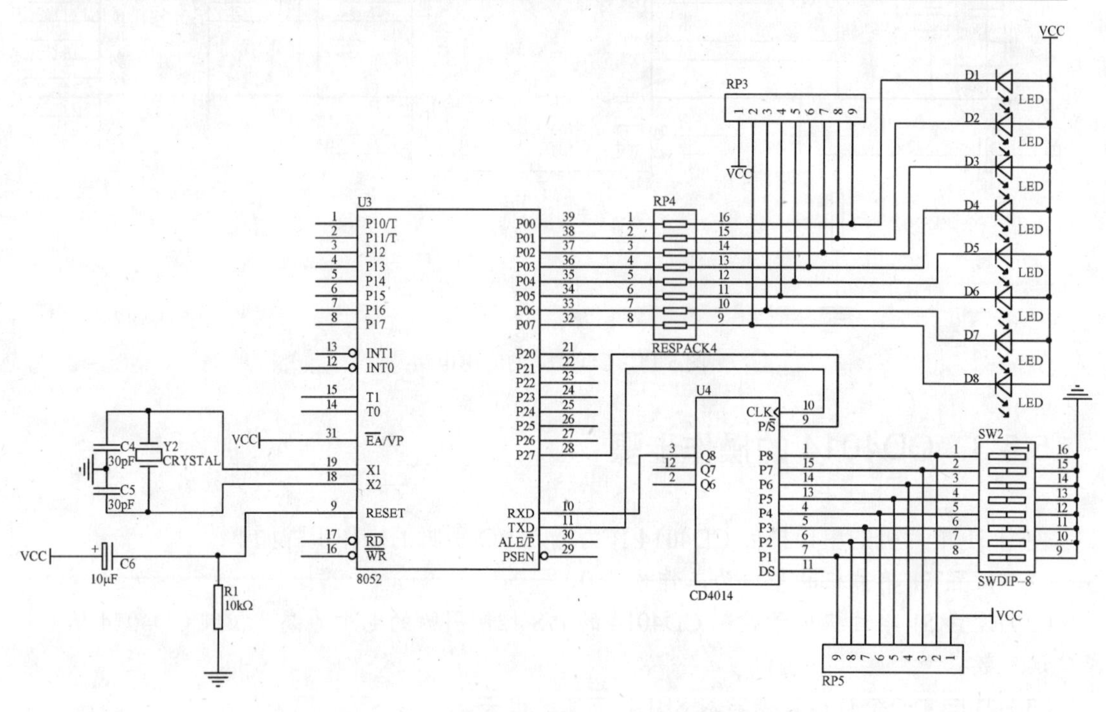

图 5.15 使用 CD4014 读取拨码开关状态实例电路

例 5.5 是应用对应的实例代码。

【例 5.5】51 单片机先控制输出一个高电平，把拨码开关的状态读入 CD4014 中，然后将该数据移位输入到 SBUF 中，等待串口中断之后对读取到的数据取反，之后送 LED 显示。

```
#include <AT89X52.h>
sbit sbPS = P2 ^ 7;                          //输出控制信号
bit RxFlg = 0;
unsigned char Rxtemp=0x00;
//初始化串口
void InitUART(void)
{
  SCON = 0x10;                               //工作方式 0
  ES = 1;                                    //开中断
```

```
}
void serial(void) interrupt 4 using 1
{
  if(RI == 1)                              //接收到数据
  {
    Rxtemp = SBUF;
    RI = 0;
    P0 = Rxtemp;
    RxFlg = 1;
  }
}
//毫秒延时函数
void Delay(unsigned int ms)
{
unsigned int i,j;
for( i=0;i<ms;i++)
       for(j=0;j<1141;j++);
}
main()
{
  bdata unsigned char temp;
  unsigned char viewtemp=0;
  sbPS = 1;                                //不装入数据
  InitUART();                              //初始化串口
  EA = 1;                                  //开串口中断
  while(1)
  {                                        //允许移位置
    sbPS = 0;                              //获得串口数据
    while(RxFlg == 0);
    RxFlg = 0;
    sbPS = 1;
    temp = Rxtemp;
    P0 = ~temp;                            //按位取反送 P0 驱动 LED 显示
    Delay(100);
  }
}
```

5.6 串行移位芯片 74595 扩展

除了使用 51 单片机的串口模块，也可以使用 51 单片机的普通 I/O 引脚来扩展更多的 I/O 引脚，此时可以使用 74595 芯片。

5.6.1 74595 基础

1．74595 的引脚

74595 芯片是一个 8 位串入并出的移位芯片，其外部引脚如图 5.16 所示，详细说明如下。

- Q0～Q7：8 位并行输出端引脚。
- Q7'：级联输出端引脚。
- SER：串行数据输入端引脚。
- $\overline{\text{SRCLR}}$：为低电平时将 74595 的数据清零。
- SRCLK：在时钟上升沿时将数据寄存器的数据移位，在下降沿时移位寄存器数据不变。
- RCLK：在上升沿时将移位寄存器的数据送入数据存储寄存器，在下降沿时存储寄存器数据不变。
- E：在高电平时禁止输出，此时输出引脚为高组态。

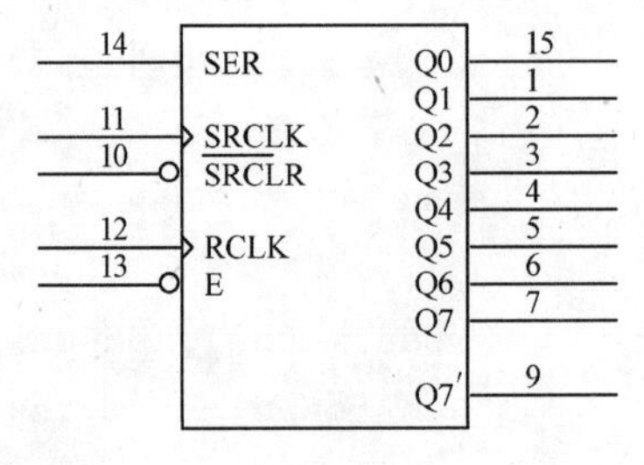

图 5.16 74595 串行移位芯片外部引脚

2．74595 的真值表

74595 的输出有锁存功能，其使用方法很简单，在正常使用时 SRCLR 为高电平， E 为低电平，从 SER 端输入串行位数据，串行输入时钟 SRCLK 发送一个上升沿，直到 8 位数据输入完毕，输出时钟上升沿有效一次，此时输入的数据就被送到了输出端，74595 的真值表如表 5.11 所示。

表 5.11 74595 的真值表

输入					输出		功能说明
SRCLK	RCLK	E	SRCLR	SER	Q7′	Qn	
×	×	L	L	×	L	NC	MR 上的低电平清除所有的数据
×	↑	L	L	×	L	L	把寄存器数据送入锁存器
×	×	H	L	X	L	Z	OE 上的高电平使得输出为高阻态
↑	×	L	H	H	Q6′	NC	串行移位输出
×	↑	L	X	H	NC	Qn′	串行移位输出
↑	↑	L	H	X	Q6′	Qn′	数据直接输出

5.6.2　74595 的应用电路

51 单片机扩展 74595 的应用电路如图 5.17 所示，单片机使用 P2.0～P2.2 分别连接到 74HC595 的 SER、SRCLK 和 RCLR 引脚上，74HC595 的 SRCLR 引脚直接连接到 VCC，始终不清除；E 引脚直接连接到 GND，始终处于默认有效状态，并行输出引脚 Q1～Q8 连接到输入端口。

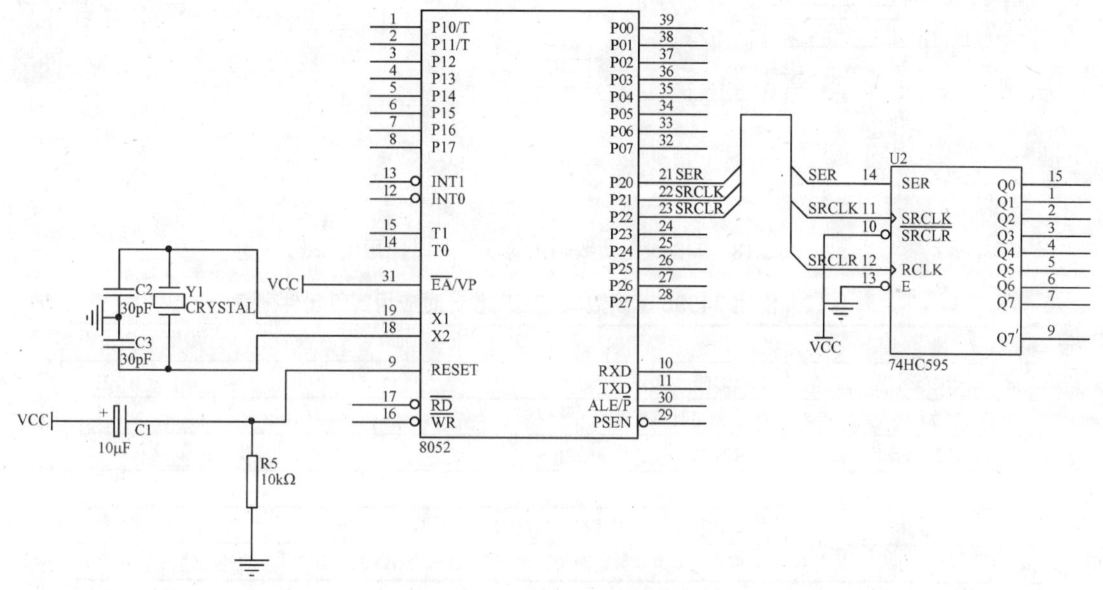

图 5.17　74HC595 的典型应用电路

5.6.3　74595 的操作步骤

51 单片机扩展 74595 的操作步骤如下：

（1）控制 SRCLR 引脚为高电平。

（2）控制 E 引脚为低电平。

（3）从 SR 端输入一位串行数据，并且向串行输入时钟引脚 SRCLK 发送一个上升沿。

（4）重复以上操作直到一个字节的数据输入完毕。

（5）输出时钟 RCLK 发送一个上升沿将数据通过并行端口送出。

5.6.4　74595 的应用代码——使用 74595 驱动数码管实现秒计时

本应用是 51 单片机通过普通 I/O 引脚扩展一片 74595 芯片来驱动一个 7 段共阳极数码管来实现秒计时的实例，其应用电路如图 5.18 所示，51 单片机的 P2.0～P2.2 引脚分别连接到 74HC595 的 SER、SRCLK 和 RCLR 引脚上，74HC595 的 SRCLK 和 E 引脚分别直接连接到 VCC 和 GND，8 位并行输出引脚连接数码管的输入引脚上；当系统开始运行之后，数码管以秒为单位依次显示0~9，实例涉及的典型器件如表5.12所示。

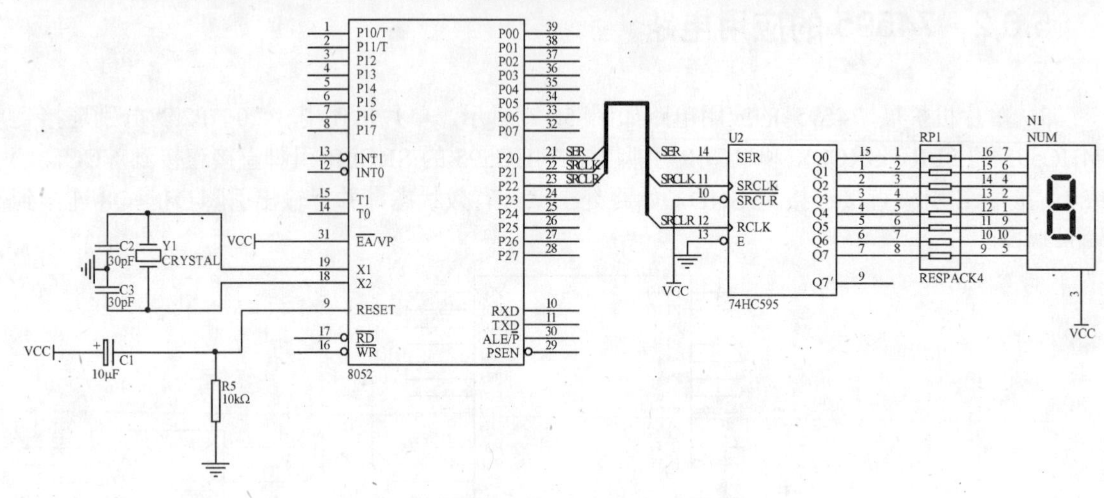

图5.18　74595驱动数码管实现秒计时应用电路

表5.12　使用74595驱动数码管实现秒计时应用实例器件列表

器　件	说　明
51单片机	核心部件
74595	74系列串行移位芯片
数码管	显示器件
双排电阻	限流电阻
晶体	51单片机工作的振荡源，12MHz
电容	51单片机复位和振荡源工作的辅助器件，MAX232通信芯片的外围辅助器件

【例5.6】代码使用定时计数器T0来进行延时100ms，然后使用软件定时器完成1s的定时，在主程序中使用一个变量timer来完成秒时钟的定时，并且通过工作在工作方式1的串口把以timer为参数把字形编码表SEGtable里的编码调用函数output595送到74595，并且使用void clk595函数控制输出到8位并行端口输出。

```
#include <AT89X52.h>
#include <intrins.h>
sbit sbclk = P2^5;                          //时钟
sbit sbsck = P2^6;                          //控制线
sbit sbser   = P2^0;                        //数据线unsigned char temp
unsigned char counter = 0x00;               //计数器
bT0flg = 0;                                 //T0标志位
unsigned char code sbserY_CODE[]=           //字形编码
{
    0xc0,0xf9,0xa4,0xb0,0x99,0x92,0x82,0xf8,0x80,0x90,
};
void InitT0(void)                           //定时器0初始化函数
{
TMOD = 0x01;                                //使用工作方式1
```

```
  TH0 = 0xFF;
TL0 = 0x9C;                                   //100ms 定时
  ET0 = 1;                                    //开启定时器 0 中断
  TR0 = 1;                                    //启动定时器
}
void Timer0Deal(void) interrupt 1 using 1     //定时器 0 中断处理函数
{
ET0 = 0;                                      //首先关闭中断
TH0 = 0xFF;                                   //然后重新装入预制值
TL0 = 0x9C;
  ET0 = 1;                                    //打开 T0 中断
  counter++;
  if(counter == 10)                           //定时 1s
  {
   bT0flg = 1;                                //定时器中断标志位置位
   counter = 0;
  }
}
//595 的输出函数,参数为待输出的数据
void output595(unsigned char temp)
{
    unsigned char i;
for(i=0;i<8;i++)
{
    temp <<= 1;                               //移位
    sbser   = CY;                             //数据输入
    sbclk = 1;                                //发送控制信号
    _nop_();                                  //延时
    _nop_();
    sbclk = 0;                                //清除控制信号
}
}
//595 的时钟输出函数
void clk595()                                 //595 的输出函数
{
    sbsck = 0;                                //时钟线清除
_nop_();
sbsck = 1;                                    //时钟线++
_nop_();
sbsck = 0;
}
```

```
void main()
{
    unsigned char timer;
  InitT0();                                          //初始化 T0
  EA = 1;                                            //开中断
while(1)
{                                                    //循环输出 0~9
     while(bT0flg ==0);
     bT0flg = 0;                                     //等待秒信号
     timer++;
     if(timer > 9)                                   //秒计数器增加
     {
       timer = 0;                                    //到 9 则恢复到 0
     }
        output595(sbserY_CODE[timer]);               //送数据到 595 显示
        clk595();
   }
}
```

5.7 可编程 I/O 扩展芯片 Intel8255 扩展

在 51 单片机的应用系统中，如果单片机的任务比较繁重，不能及时地对外围芯片进行控制，此时可以使用可编程的 I/O 扩展芯片，这些芯片自带一些简单的逻辑控制，可以在不需要 51 单片机进行过多干预的情况下进行工作，最常见的扩展芯片是可编程并行 I/O 扩展芯片 Intel8255。

5.7.1 Intel8255 基础

1. Intel8255 的内部结构

Intel8255 是一种可编程并行 I/O 芯片，提供三组 8 位并行数据口，可以分别独立编程为 I/O 方式，其内部结构如图 5.19 所示，由 A、B、C 三组并行端口，A、B 组控制逻辑、读写控制逻辑和数据寄存器组成。

- 并行端口 A、B、C：Intel8255 有 A、B、C 三个 8 位并行端口，都可设置为输入或者输出端口，A、B、C 三个端口均由一个 8 位数据输出缓冲器和一个 8 位数据输入缓冲器构成，区别在于 B、C 两个端口的数据输入缓冲器是没有锁存功能的，而 A 端口有锁存功能。另外，端口 C 还可以在端口 A 和 B 在需要“握手信号”的工作方式时为端口 A 和 B 提供状态和控制信号。

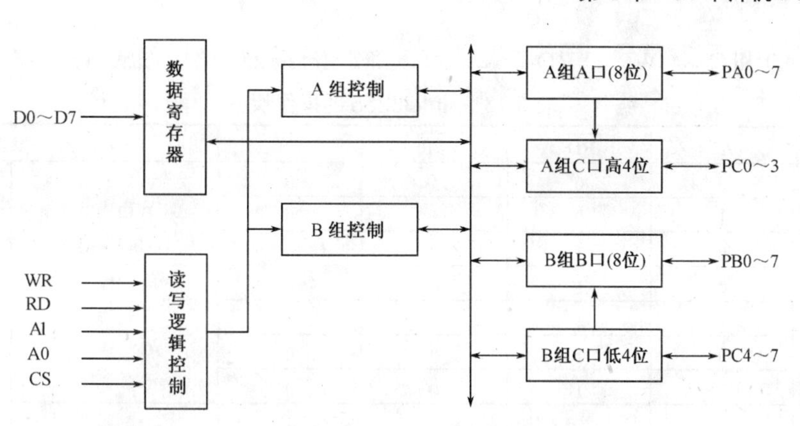

图 5.19　Intel8255 的内部结构

- A、B 组控制电路：Intel8255 的三个并行端口被分为 A、B 两组进行控制，其中端口 A 和端口 C 的高 4 位组成 A 组；端口 B 和端口 C 的低 4 位组成 B 组。
- 数据寄存器：Intel8255 的数据总线是 8 位的三态双向端口，8255 数据的输入和输出及控制字和状态数据都要通过一个 8 位的数据寄存器送到数据总线上。
- 读写逻辑控制：读写逻辑控制负责从 Intel8255 的数据总线缓冲器上接收相关信号，然后根据逻辑转换为各种命令，控制 Intel8255 进行相应的操作。

2. Intel8255 的引脚

Intel8255 的引脚排列如图 5.20 所示，最常用的封装形式是 DIP-40，也有 PLCC 和 CLCC 封装形式的 Intel8255 存在，其引脚功能说明如下。

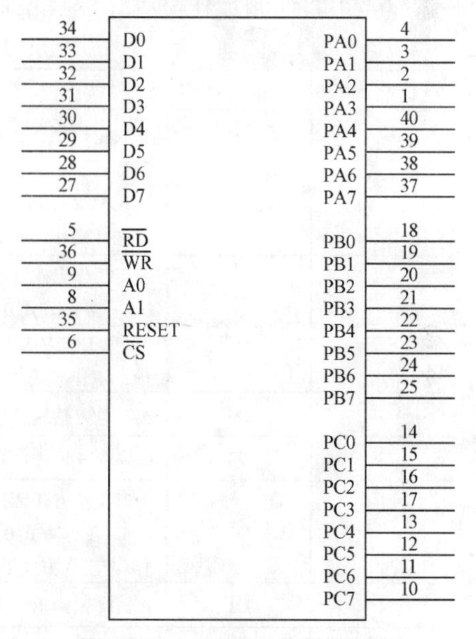

图 5.20　Intel8255 的封装引脚

- D0～D7：双向三态数据端口。
- PA0～PA7：端口 A 双向数据总线。
- PB0～PB7：端口 B 双向数据总线。
- PC0～PC7：端口 C 双向数据总线，并且在工作方式 1 和 2 下为 PA 口和 PB 口提供控制信号。
- RESET：复位信号引脚，当在该引脚上加上一段时间的高电平之后，Intel8255 的控制寄存器被清零，所有端口均被置位为输入方式，进入复位状态。
- $\overline{CS}$：片选输入信号，当该引脚为低电平的时候，允许 Intel8255 工作。
- $\overline{RD}$：读信号，当该信号为低电平的时候，允许单片机对 Intel8255 进行读操作。
- $\overline{WR}$：写信号，当该信号为低电平的时候，允许单片机对 Intel8255 进行写操作。
- A1、A0：寄存器选择引脚。

3. Intel8255 的控制寄存器和工作方式

Intel8255 一共有 4 个内部寄存器，通过对 A1、A0 的控制来选择对其中一个寄存器进行操作，A1、A0 和 $\overline{CS}$、$\overline{WR}$、$\overline{RD}$ 一起，可以确定 Intel8255 的操作状态，如表 5.13 所示。

表 5.13　Intel8255 的操作状态

A1	A0	$\overline{RD}$	$\overline{WR}$	$\overline{CS}$	8255 操作	
0	0	0	1	0	A 口输出	输入
0	1	0	1	0	B 口输出	
1	0	1	0	0	C 口输出	
0	0	1	0	0	A 口输入	输出
0	1	1	0	0	B 口输入	
1	0	1	0	0	C 口输入	
1	1	1	0	0	写控制字	
—	—	—	—	1	高阻	非法操作
1	1	0	1	0	非法状态	
—	—	1	1	0	高阻	

Intel8255 有 0、1、2 三种工作方式：工作方式 0 为基本输入/输出工作方式；工作方式 1 为选通输入/输出工作方式；工作方式 2 为双向工作方式。

Intel8255 的工作方式由写入控制寄存器的控制字来决定，当 A1、A0 均为高电平时，可以对 8255 的控制寄存器进行操作，该寄存器的功能说明如表 5.14 所示。

表 5.14　Intel8255 的控制寄存器

位　号	名　称	描　述
7	D7	决定控制寄存器的工作方式，当该位置"1"的时候，工作寄存器为 Intel8255 工作方式控制寄存器；当该位清零的时候，工作寄存器进入 Intel8255 位数据操作工作方式，和 D3～D0 一起配置对 PC 端口的某位进行置位或者复位，其中，D3～D1 用于确定是对 PC 端口的哪一位进行操作，而 D0 的置位和清零决定对该位进行
6.5	D6、D5	A 口工作方式选择： 00　工作方式 0 01　工作方式 1 1×　工作方式 2
4	D4	A 口输入输出选择位，该位置位 PA 为输入，复位 PA 为输出
3	D3	C 口高 4 位工作方式选择位元，该位置位 PC7～PC4 为输入，复位 PC7～PC4 为输出
2	D2	B 口工作方式选择： 0　工作方式 0 1　工作方式 1
1	D1	B 口输入输出选择位，该位置位 PB 为输入，复位 PB 为输出
0	D0	C 口低 4 位工作方式选择位元，该位置位 PC3～PC0 为输入，复位 PC3～PC0 为输出

如果需要设置 Intel8255 的 PA、PB 端口为工作方式 0，输入；PC 端口为输出，工作方式 0，则应该写入控制寄存器资料为 1001 0001B（0x91）；如果需要单步对 PC4 进行置位操作而不改变其他位的状态时，可以写入该寄存器的数值为 0000 1001B（0x09）。

注：8255 的 PB 和 PC 口没有工作方式 2，具体的操作方式可以参考相关的资料。

5.7.2　Intel8255 的应用电路

51 单片机扩展 Intel8255 的典型电路如图 5.21 所示，51 单片机的 P0 端口由 74LS373 扩展为地址、资料复用总线，地址总线的最低两位连接到 Intel8255 的 A1、A0 引脚，最高位连接到 Intel8255 的 CS 端，用于控制 Intel8255 是否工作，这种连接方式决定如图 5.21 所示的 Intel8255 的 4 个寄存器地址分配如下：

- A 口寄存器：0××× ××00。
- B 口寄存器：0××× ××01。
- C 口寄存器：0××× ××10。
- 控制寄存器：0××× ××11。

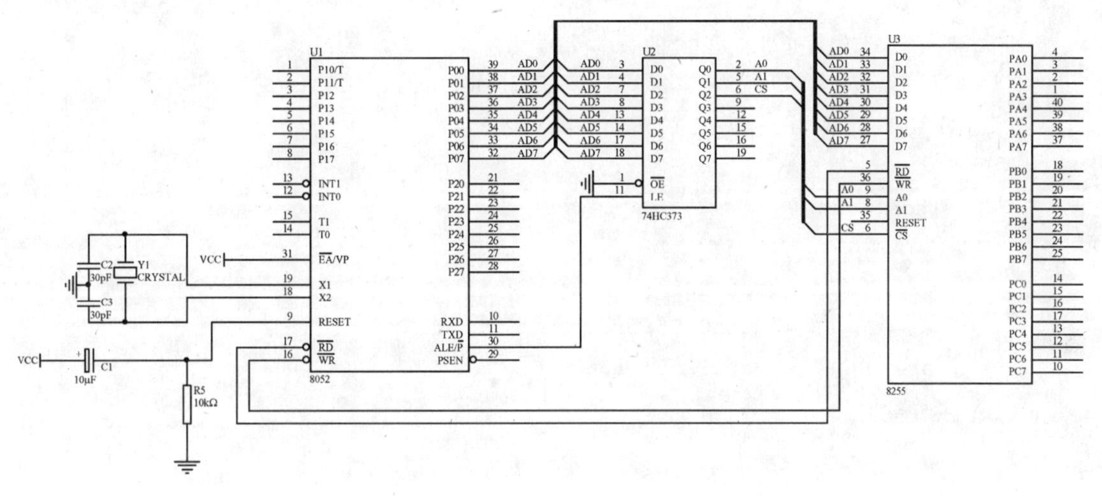

图 5.21　51 单片机扩展 Intel8255 的典型电路

5.7.3　Intel8255 的操作步骤

Intel8255 的具体操作步骤如下：

（1）根据 51 单片机应用系统的外部连接方式计算得到 Intel8255 的寄存器地址。

（2）向控制寄存器写入控制字以设定 Intel8255 的工作方式。

（3）将待写入数据写入 Intel8255 的对应寄存器。

（4）从 Intel8255 对应的寄存器读出引脚数据。

5.7.4　Intel8255 的应用代码

1．Intel8255 的库函数

例 5.7 是 Intel8255 的库函数应用代码，提供了 Init8255、Write8255 和 Read8255 三个函数用于对 8255 进行操作。

【例 5.7】首先使用 XBYTE 对 8255 的外部地址进行定义，然后对其进行操作。

```
#include <AT89X52.h>
#include <absacc.h>                           //外部内存空间宏定义
#define PA XBYTE[0x0000]                      //外部寄存器定义 PA 端口
```

```
#define PB XBYTE[0x0001]                    //外部寄存器定义 PB 端口
#define PC XBYTE[0x0002]                    //外部寄存器定义 PC 端口
#define COM XBYTE[0x0003]                   //外部寄存器定义 控制端口
//初始化 8255 函数
void Init8255(unsigned char para8255)
{
  COM = para8255;                           //将控制字送给 8255 的寄存器中
}
//将一个字节的数据写入 8255 的
//第一个参数是待写入命令,第二个参数是选择的端口,1-A,2-B,3-C
void Write8255(unsigned char data8255,unsigned char port)
{
  switch(port)
  {
    case 1: PA = data8255;break;
    case 2: PB = data8255;break;
    case 3: PC = data8255;break;
    default:{}
  }
}
//将一个字节的数据从 8255 的端口读出
//参数是选择的端口,1-A,2-B,3-C,返回读出的数据
unsigned char Read8255(unsigned char port)
{
  unsigned char temp;
  switch(port)
  {
    case 1: temp = PA;break;
    case 2: temp = PB;break;
    case 3: temp = PC;break;
    default:{}
  }
  return temp;
}
```

2．应用实例——Intel8255 驱动数码管显示秒表

本应用是 51 单片机通过扩展一片 Intel8255 来驱动 3 个 7 段共阳极数码管来实现秒计时的实例，其应用电路如图 5.22 所示，51 单片机使用 74373 扩展了一片 Intel8255，Intel8255 的 PA~PC 三个端口分别驱动了三个 7 段共阳极数码管，当系统运行时，以秒为单位依次显示“000”～“999”，表 5.15 是实例涉及的典型器件说明。

表 5.15　使用 Intel8255 驱动数码管显示秒表应用实例器件列表

器　件	说　明
51 单片机	核心部件
Intel8255	可编程 I/O 扩展芯片
74373	74 系列锁存器
数码管	显示器件
电阻	限流电阻
晶体	51 单片机工作的振荡源，12MHz
电容	51 单片机复位和振荡源工作的辅助器件，MAX232 通信芯片的外围辅助器件

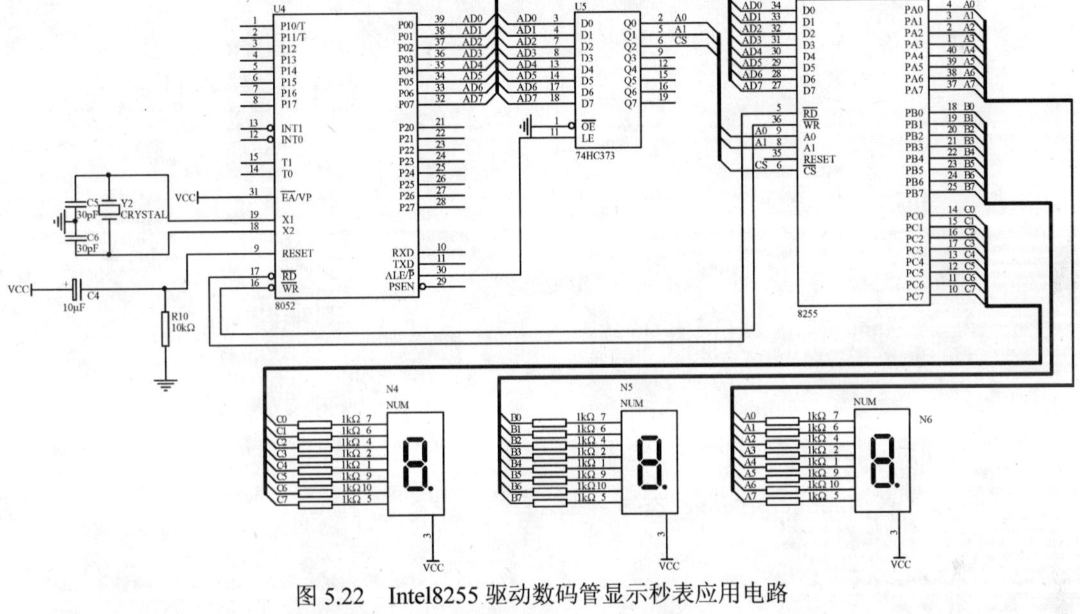

图 5.22　Intel8255 驱动数码管显示秒表应用电路

例 5.8 是实例的应用代码。

【例 5.8】代码使用定时计数器 T0 来进行延时 100ms，然后使用软件定时器完成 1s 的定时，在主程序中使用一个变量 timer 来完成秒时钟的定时。在系统开始调用 Init8255 进行初始化 Intel8255，最后用 Write8255 函数将时钟对应编码输出。

```
#include <AT89X52.h>
#include <absacc.h>                        //外部内存空间宏定义
#define PA XBYTE[0x0000]                   //外部寄存器定义 PA 端口
#define PB XBYTE[0x0001]                   //外部寄存器定义 PB 端口
#define PC XBYTE[0x0002]                   //外部寄存器定义 PC 端口
#define COM XBYTE[0x0003]                  //外部寄存器定义控制端口
unsigned char counter = 0x00;              //计数器
bT0flg = 0;                                //T0 标志位
unsigned char code sbserY_CODE[]=          //字形编码
{
    0xc0,0xf9,0xa4,0xb0,0x99,0x92,0x82,0xf8,0x80,0x90,
};
```

```
void InitT0(void)                                    //定时器 0 初始化函数
{
TMOD = 0x01;                                         //使用工作方式 1
  TH0 = 0xFF;
TL0 = 0x9C;                                          //100ms 定时
  ET0 = 1;                                           //开启定时器 0 中断
  TR0 = 1;                                           //启动定时器
}
void Timer0Deal(void) interrupt 1 using 1            //定时器 0 中断处理函数
{
ET0 = 0;                                             //首先关闭中断
TH0 = 0xFF;                                          //然后重新装入预制值
TL0 = 0x9C;
  ET0 = 1;                                           //打开 T0 中断
  counter++;
  if(counter == 10)                                  //定时 1s
  {
    bT0flg = 1;                                      //定时器中断标志位置位
    counter = 0;
  }
}
//初始化 8255 函数
void Init8255(unsigned char para8255)
{
  COM = para8255;                                    //将控制字送给 8255 的寄存器中
}
//将一个字节的数据写入 8255 的
//第一个参数是待写入命令，第二个参数是选择的端口，1-A,2-B,3-C
void Write8255(unsigned char data8255,unsigned char port)
{
  switch(port)
  {
    case 1: PA = data8255;break;
    case 2: PB = data8255;break;
    case 3: PC = data8255;break;
    default:{}
  }
}
void main()
{
    unsigned char timer;
  InitT0();                                          //初始化 T0
```

```
    EA = 1;                                     //开中断
    Init8255(0x80);                             //初始化 8255
      while(1)
      {                                         //循环输出 0~9
        while(bT0flg ==0);
        bT0flg = 0;                             //等待秒信号
        timer++;
        if(timer > 999)                         //秒计数器增加
        {
          timer = 0;                            //到 9 则恢复到 0
        }
        Write8255(sbserY_CODE[timer%100],1);   //送最高位显示
        Write8255(sbserY_CODE[timer/10%10],2); //送最十位显示
        Write8255(sbserY_CODE[timer%10],3);    //送最低位显示
    }
  }
```

3．应用实例——使用 Intel8255 扩展行列扫描键盘

本应用是一个使用 Intel8255 来扩展 8×8 共 64 个按键的行列扫描键盘的实例，其应用电路如图 5.23 所示，51 单片机使用 74373 扩展了一片 Intel8255，然后 Intel8255 的 PA 端口作为行列扫描键盘的行线扩展了 8 行键盘扫描线，PC 口作为行列扫描键盘的列线扩展了 8 列键盘扫描线，64 个按键跨接在行列扫描线上，实例涉及的典型器件如表 5.16 所示。

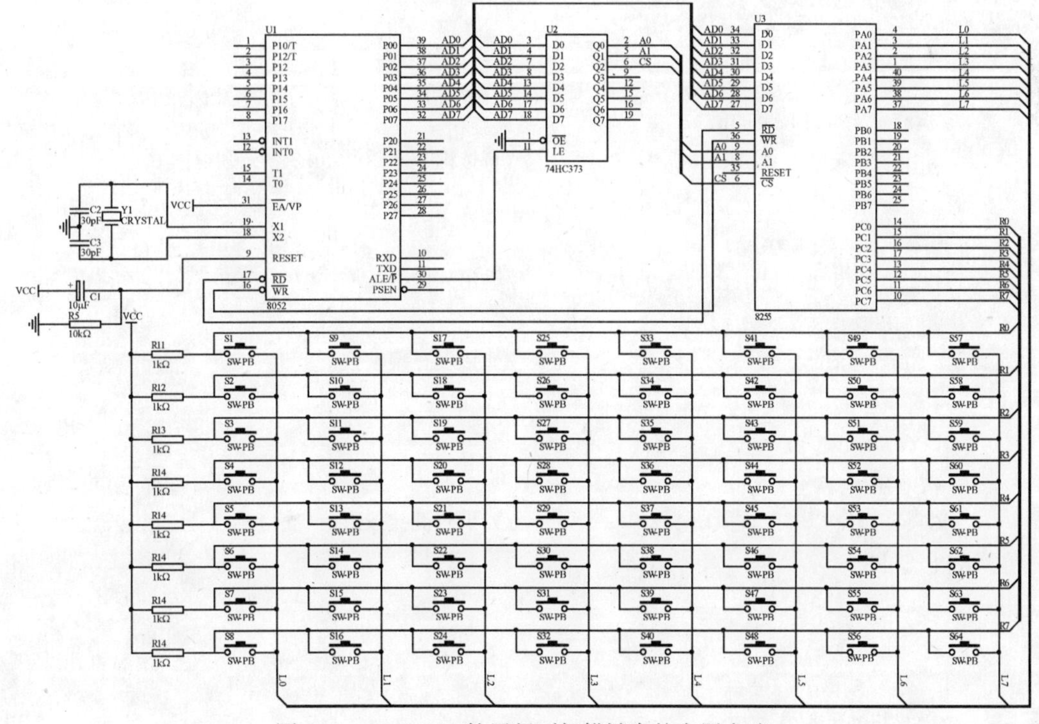

图 5.23　Intel8255 扩展行列扫描键盘的应用电路

表 5.16　使用 Intel8255 扩展行列扫描键盘应用实例器件列表

器　件	说　明
51 单片机	核心部件
Intel8255	可编程 I/O 扩展芯片
74373	74 系列锁存器
按键	输入器件
电阻	限流电阻
晶体	51 单片机工作的振荡源，12MHz
电容	51 单片机复位和振荡源工作的辅助器件，MAX232 通信芯片的外围辅助器件

例 5.9 是实例的应用代码。

【例 5.9】51 单片机通过判断 Intel8255 的返回值首先确定是不是有按键被按下，然后逐行扫描判断这个按键所处的列位置，最后得到对应的编码并且返回。

```
#include<AT89X52.h>
#include<absacc.h>
#define LScan   XBYTE[0x7f00]   //列扫描地址
#define HScan   XBYTE[0x7f02]   //行扫描地址
#define COM    XBYTE[0x7f03]   //控制端口地址
//延时函数
void delay(unsigned int i)
{
 unsigned int j;
 for(j=i;j>0;j--);
}
//检测有无按键按下的函数
unsigned char CheckKey()           //有按键按下返回 0xff,无则返回 0
{
 unsigned char i;
 LScan =0x00;                  //输出列数据
 i=(HScan & 0x0f);
 if(i==0x0f)                   //如果没有键被按下
 {
  return(0);
 }
 Else                          //如果有键被按下
 {
  return(0xff);
 }
}
//键盘扫描子函数
```

```
unsigned char KeyScan()          //无按键返回 oxff,有则返回键码
{
 unsigned char ScanCode;
 unsigned char CodeValue;
 unsigned char k;
 unsigned char i,j;
 if(CheckKey()==0)
 {
  return(0xff);                  //无按键,返回 0xff
 }
 else
  {
   delay(200);                   //延时
   if(CheckKey()==0)
   {
     return(0xff);               //无按键,返回 0xff
   }
   else
   {
     ScanCode=0x01;              //设置列扫描码,初始值最低位为 0
     for(i=0;i<8;i++)            //逐列扫描 8 次
     {
       k=0x01;                   //行扫描码赋初值
       LScan=~ScanCode;          //送列扫描码
       CodeValue=i;
//键码就是 i 的值,第零行的每列键码为 0,1,2,……7 和 i 值一致
       for(j=0;j<8;j++)
       {
         if((HScan & k) ==0)     //是否在当前列
         {
           while(CheckKey()!=0); //若是,则等待按键释放
           return(CodeValue);    //返回键码
         }
         Else                    //否则,键码加 8,同一列的每一行上的键码恰好相差 8
         {                       //列扫描码 k 右移一位,扫描下一行
           CodeValue+=8;
           k<<=1;
         }
        }
        ScanCode<<=1;            //每一行都扫描完,列扫描码右移一位, 扫描下一列
      }
```

```
        }
      }
    }
    main()
    {
      unsigned char Key;
      COM=0x81;                          //8255 初始化,设置 A 口输出,C 口低 4 位输入
      while(1)
      {
        Key=KeyScan();                   //调用按键扫描函数
        if(Key!=0xff)
        {
        }
      }
    }
```

4．应用实例——扩展 Intel8255 显示拨码开关状态

本实例使用 Intel8255 的 PC 端口扩展了一个 8 位拨码开关，然后使用 PA 端口扩展了一个 7 段共阳极数码管，51 单片机查询拨码开关的当前状态，并且把其中闭合的开关总数目通过数码管显示出来。扩展 Intel 8255 显示拨码开关状态应用电路如图 5.24 所示。

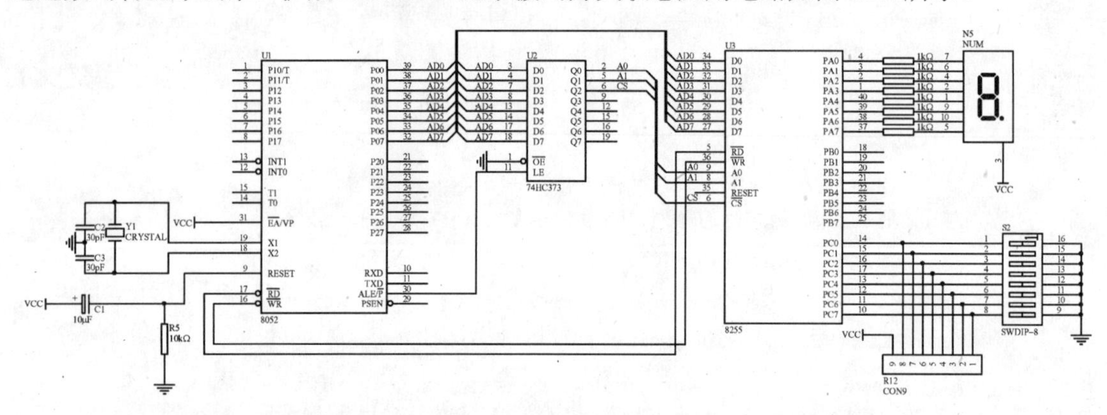

图 5.24　扩展 Intel8255 显示拨码开关状态应用电路

例 5.10 是实例的应用代码。

【例 5.10】代码先使用 Init8255 函数对 8255 进行初始化，PA 端口被初始化为输出，PC 端口被初始化为输入，然后使用 Read8255 函数从 PC 口读入拨码开关的状态，计算其中的闭合个数，再通过调用 Write8255 函数输出显示。

```
#include <AT89X52.h>
#include <absacc.h>                           //外部内存空间宏定义
#define PA XBYTE[0x0000]                      //外部寄存器定义 PA 端口
#define PB XBYTE[0x0001]                      //外部寄存器定义 PB 端口
```

```
#define PC XBYTE[0x0002]                        //外部寄存器定义 PC 端口
#define COM XBYTE[0x0003]                       //外部寄存器定义控制端口
unsigned char code view_CODE[]=                 //字形编码
{
    0xc0,0xf9,0xa4,0xb0,0x99,0x92,0x82,0xf8,0x80,0x90,
};

//初始化 8255 函数
void Init8255(unsigned char para8255)
{
  COM = para8255;                               //将控制字送给 8255 的寄存器中
}
//将一个字节的数据写入 8255 的
//第一个参数是待写入命令,第二个参数是选择的端口,1-A,2-B,3-C
void Write8255(unsigned char data8255,unsigned char port)
{
  switch(port)
  {
   case 1: PA = data8255;break;
   case 2: PB = data8255;break;
   case 3: PC = data8255;break;
   default:{}
  }
}
//将一个字节的数据从 8255 的端口读出
//参数是选择的端口,1-A,2-B,3-C,返回读出的数据
unsigned char Read8255(unsigned char port)
{
  unsigned char temp;
  switch(port)
  {
   case 1: temp = PA;break;
   case 2: temp = PB;break;
   case 3: temp = PC;break;
   default:{}
  }
  return temp;
}
//主函数
main()
{
```

```
    unsigned char temp,viewtemp;
    bit sw0 = temp^0;                                  //变量的位定义
    bit sw1 = temp^1;                                  //分别定义 temp 中的每一位
    bit sw2 = temp^2;
    bit sw3 = temp^3;
    bit sw4 = temp^4;
    bit sw5 = temp^5;
    bit sw6 = temp^6;
    bit sw7 = temp^7;

    Init8255(0x83);                                    //初始化 8255
    while(1)
    {
      temp = Read8255(3);                              //从 C 口输入拨码开关的值
      if(sw0==1)
      {
         viewtemp++;
      }
      if(sw1==1)
      {
         viewtemp++;
      }
      if(sw2==1)
      {
         viewtemp++;
      }
      if(sw3==1)
      {
         viewtemp++;
      }
      if(sw4==1)
      {
         viewtemp++;
      }
      if(sw5==1)
      {
         viewtemp++;
      }
      if(sw6--1)
      {
         viewtemp++;
```

```
        }
        if(sw7==1)
        {
          viewtemp++;
        }
        Write8255(view_CODE[viewtemp],1);          //将拨码开关的值对应的编码
      }
    }
```

第6章 51单片机存储器扩展

在 51 单片机应用系统中，常需要保存一些数据，此时需要使用存储器扩展，常见的存储扩展包括 ROM 扩展、RAM 扩展、E^2PROM 扩展、FLASH 扩展等。按照存储的数据在掉电之后是否丢失可以把这些存储器的扩展分为易失型存储器扩展和非易失型存储器扩展。前者的特点是掉电之后数据丢失，但是数据读写速度快，常用于暂时存放类似程序执行过程中的变量等数据；后者的特点是掉电之后数据不会丢失，但是数据读写数据比较慢，常常用于存放需要长时间保存的数据；前者类似 PC 的内存，而后者类似 PC 的硬盘。本章将详细介绍 51 单片机的不同存储器扩展应用方法，包括 RAM6264、ROM2716、FIFO CY7C419 等。

6.1 外部 RAM 6264 扩展

在 51 单片机的应用系统中，程序变量常需要使用诸如 2KB，4KB 等乃至更多的内部存储器空间，而 51 系列单片机的内部 RAM 通常只有 128～256B，此时就需要外扩 RAM 存储器来弥补内部空间的不足，受到 51 单片机的地址空间的限制，51 单片机的外部 RAM 最多支持外扩 64KB 的数据存储器，而且这些地址单元中还需要包括使用外部地址空间扩展方式扩展的外部器件。51 单片机应用系统中最常用的外部 RAM 芯片是 6216，6264，62256 等，分别对应 2KB，8KB 和 32KB 的 RAM 空间，本小节将介绍最典型的 RAM 芯片 6264 的应用。

6.1.1 6264 基础

1. 6264 的引脚

6264 是 8B×8K 的 64KB 外部 RAM 存储器，封装如图 6.1 所示，其引脚详细说明如下。

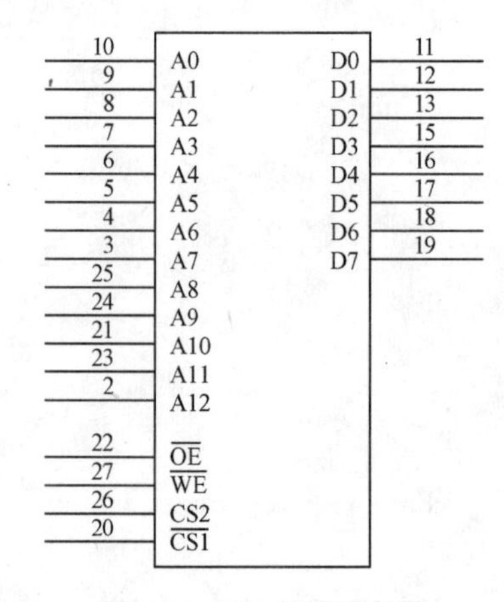

图 6.1 6264 的引脚封装

- A0～A12：地址线引脚，13 位地址线。
- D0～D7：8 位数据线引脚。
- $\overline{WE}$：写允许引脚，当该信号引脚被置低时，允许对 6264 的写操作。
- $\overline{OE}$：读允许引脚，当该信号引脚被置低时，允许对 6264 的读操作。
- $\overline{CS1}$：使能控制引脚，当该信号引脚被置低时，允许对 6264 的操作。
- CS2：使能控制引脚，当该信号引脚被置高时，允许对 6264 的操作。

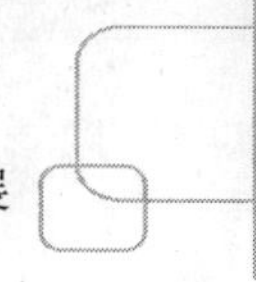

- VCC：+5V 工作电源引脚
- GND：工作电源地引脚。

2．6264 的真值表

表 6.1 是 6264 的真值表，可以看到只有当$\overline{CS1}$引脚上为低电平且 CS2 引脚上为高电平的时候 6264 才能正常工作。

表 6.1　6264 的真值表

$\overline{WE}$	$\overline{CS1}$ 和 CS2		$\overline{WE}$	Mode	Output
×	×	×	×	未选中	高阻
高电平	高电平	高电平	高电平	禁止输出	高阻
高电平	低电平	低电平	高电平	禁止输出	高阻
高电平	高电平	低电平	高电平	禁止输出	高阻
高电平	低电平	高电平	低电平	读	输出
低电平	低电平	高电平	高电平	写	输入
低电平	低电平	高电平	低电平	写	输入

6.1.2　6264 的应用电路

图 6.2 所示是 51 单片机扩展 6264 的典型应用电路。

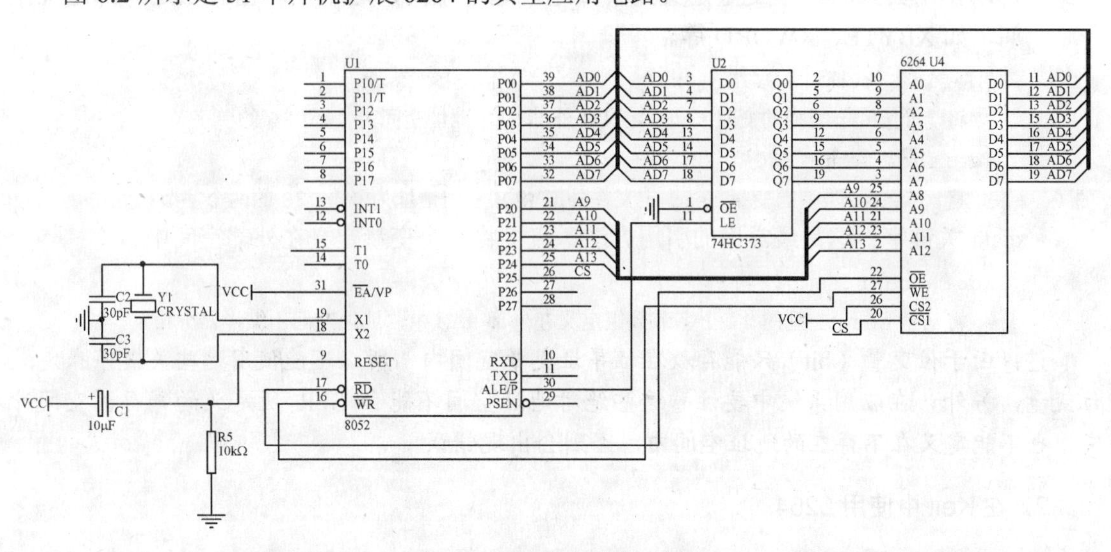

图 6.2　6264 的典型应用电路

51 单片机的应用系统扩展 6264 的典型应用电路如图 6.2 所示，使用 ALE 配合 74373 将 P0.0～P0.7 分离为数据和地址信号，P2.0～P2.4 作为高位地址线，51 单片机的 RD 引脚和 WR 引脚分别连接到 6264 的$\overline{OE}$和$\overline{WE}$引脚用于控制读写，6264 的$\overline{CS1}$引脚连接到 51 单片机的 P2.5 引脚用于使能 6264，CS2 引脚则直接连接到 VCC，如图 6.2 所示的电路中，6264 的地址空间为 0x0000～0x1FFF。

6.1.3 6264的操作步骤

6264的操作步骤非常简单，描述如下：

（1）根据6264的外部电路确定其地址空间。

（2）使用宏定义关键字或者编译器的地址空间设定来对这些外部RAM地址空间进行使用。

6.1.4 6264的应用代码

1. 6264的关键字

在51单片机的应用代码中，可以使用C51语言的关键字来对6264的内部空间进行引用，包括如下的这些关键字。

- _at_关键字：_at_关键字用于把一个变量定义到某个地址空间中，这个地址空间可以是外部地址。

```
unsigned char temp _at_ 0x1020;
//将一个unsigned char类型的变量temp定义在外部RAM地址空间为0x1020的单元中
```

- XBYTE等关键字：在C51语言的absacc.h头文件中包含了大量的绝对地址宏定义，可以使用其来将一个变量定义到某个绝对地址空间，这个空间也可以是外部地址空间，如XBYTE、XWORD等。

```
#define temp XBYTE [0x1020];
//将一个char类型的变量temp定义在外部RAM地址空间为0x1020的单字节单元中
#define temp XWORD[0x1030];
//将一个int类型的变量temp定义在外部RAM空间地址为0x1030的两个字节单元中
```

- xdata关键字：这是最常用的引用方法，直接将一个变量定义在外部空间中。

```
xdata char temp[24];
//将一个char类型的24个字节数组定义在外部RAM中，地址空间由编译器分配
```

注：由于位变量（bit）只能存放在位寻址变量空间内，所以不能使用这些关键字来定义位变量，另外，在应用系统中要注意这些绝对地址空间不能和SFR所定义的寄存器空间冲突，也不能定义在不存在的地址空间内，否则会出现错误。

2. 在Keil中使用6264

在Keil开发环境，可以使用Project/Option选项来选择编译优先选择的变量所在的存储器，如图6.3所示。

在Target/Memory Model的下拉菜单中有三个选择项。

- Small：将变量定义在内部RAM中，使用直接寻址方式，访问速度非常快，适用于变量较少的应用场合。
- Compact：将变量定义在外部RAM里，使用8位页面间接寻址，访问速度比较快，适用于变量少的应用场合。

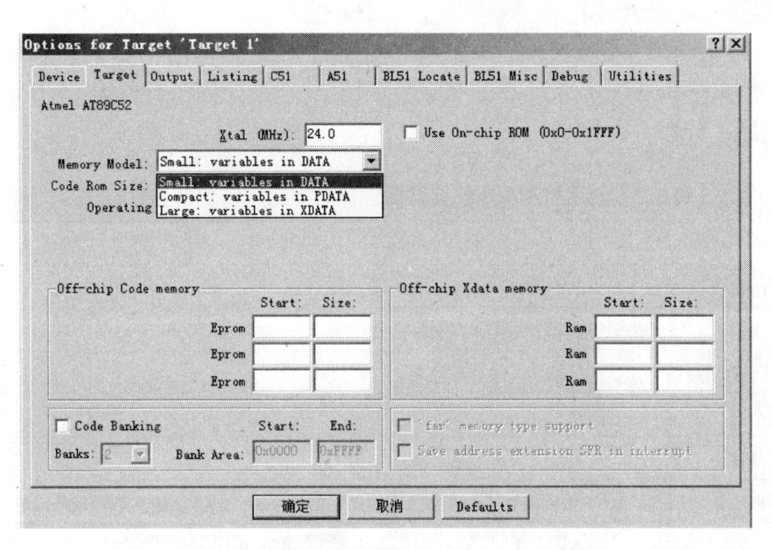

图 6.3　在 Keil 编译环境下使用 6264

- Large：将变量定义在外部 RAM 里，使用 16 位间接寻址，访问速度比较慢，适用变量需要占用大量地址空间的应用场合。

需要注意的是，这个选项仅仅影响编译器的默认定义，如果在代码中加入关键字定义，编译器则会按照编译器的设置来定位变量。也就是说在 Samll 模式下，变量也可以定义在外部地址空间，只要使用前面的关键字定义即可。

Option 菜单的右下方为外部 RAM 的地址空间定义，用于定义外部 RAM 的起始位置和容量大小，使用十六进制编码，使用如图 6.2 所示的扩展电路扩展 6264 时的定义如图 6.4 所示。

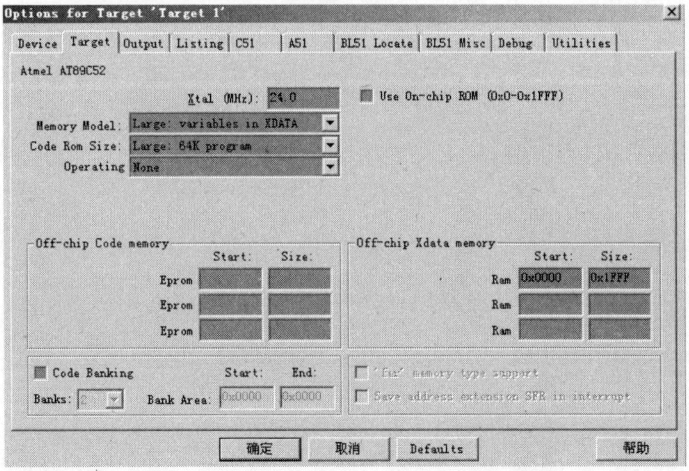

图 6.4　在 Keil 中定义 6264 的地址空间

3. 应用实例——使用 6264 外部存储器进行数据运算

在 51 单片机应用系统中，有时会出现需要进行大规模数据预算的情况，例如，使用维度比较大的一维或者多维数组，或者使用浮点数参与运算，此时用户代码需要占用大量的内存空间，51 单片机的内部 RAM 远远不能满足要求，此时可以使用外部 RAM 来存放这些数据。

本应用是一个使用了两个 128 个维度的 unsigned char 类型的一维数组和 4 个浮点数参与运算的实例，实例的应用电路可以参考图 6.2，实例涉及的典型器件如表 6.2 所示，例 6.1 是实例的应用代码。

表 6.2　使用 6264 外部存储器进行数据运算实例的器件列表

器　件	说　明
AT89S52	51 单片机
6264	8KB 并行 RAM 存储器
74373	数据地址总线分离芯片
电阻	限流
晶体	51 单片机工作的振荡源，12MHz
电容	51 单片机复位和振荡源工作的辅助器件，MAX232 通信芯片的外围辅助器件

【例 6.1】代码使用 xdata 关键字定义了 A[128]和 C[128]两个 128B 的 unsigned char 类型的数组，使用 srand 函数和 rand 函数产生随机数对其进行初始化，然后对这两个数组进行运算操作，将运算结果分别存放到两个 float 类型的变量中，再对这两个变量进行运算。

```
#include <AT89X52.h>
#include <stdlib.h>
xdata unsigned char A[128];
xdata unsigned char C[128];                  //定义两个外部变量
xdata float sumA,sumC,resultA,resultC;  //存放运算中间变量和结果
void main()
{
  unsigned char i;
  srand(10);                                   //初始化 rand 函数
  for(i=0;i<128;i++)
  {
    A[i] = rand();                             //随机数初始化 A 数组
  }
  srand(11);                                   //使用另外一个种子来初始化 rand 函数
  for(i=0;i<128;i++)
  {
    C[i] = rand();                             //随机数初始化 B 数组
  }
  sumA = 0;
  sumC = 0;                                    //初始化这两个变量
  for(i=0;i<128;i++)
  {
    if(A[i]>=C[i])                             //如果数组 A 对应的值大于等数组 B 的值
    {
      sumA = sumA + A[i];
```

```
        }
        else
        {
           sumC = sumC + C[i];
        }
     }
     resultA = sumA*sumC;                          //乘积
     resultC = sumA/sumC;                          //除
  }
```

可以看到，C51 的浮点数运算会占用大量的内存和代码空间，例 6.1 所占用的内存空间如图 6.5 所示，该工程共占用了 277B 的外部 RAM 空间和 1328B 的 ROM 空间。

```
compiling MCU.c...
linking...
Program Size: data=9.0 xdata=277 code=1328
"使用6264进行数据运算" - 0 Error(s), 0 Warning(s).
```

图 6.5　占用的内存空间

6.2　外部 ROM 2716 扩展

上节中提到的浮点数运算等操作需要占用大量的 ROM 存储器空间，51 单片机内置的 ROM 有限，在需要时可以使用外部 ROM 存储器进行扩展以满足系统设计的需求，在 51 单片机应用系统中最常用的是 27 系列 ROM，包括 2716，2764，27256 等，如表 6.3 所示，本小节将介绍 ROM2716 芯片的使用方法。

表 6.3　27 系列 ROM 存储器

	容　量（bit）	读写时间（ns）	封　装		容　量（bit）	读写时间（ns）	封　装
2716	2K×8	350	DIP-24	2732A	4K×8	250	DIP-24
2764	8K×8	250	DIP-28	27128	16K×8	250	DIP-28
27256	32K×8	250	DIP-28	27512	64K×8	250	DIP-28

注：从表 6.3 可以看到，27 系列的 ROM 的名称是由“27”＋“8×容量（字节）”组成的，所以可以比较容易地知道芯片的容量信息。

6.2.1　2716 基础

1．2716 的引脚

图 6.6 所示是 2716 芯片的引脚封装示意图，其引脚的详细功能说明如下。

- A0～A10：11 位地址引脚，2717 是 2KB 的内存，所以其地址引脚一共有 11 根。
- D0～D7：8 位数据引脚。
- VCC：+5V 电源引脚。
- VSS：电源地引脚。
- VPP：+25V 编程电压引脚。
- $\overline{OE}$：输出允许引脚，低电平有效。
- $\overline{E}$/P：芯片工作/编程允许引脚。

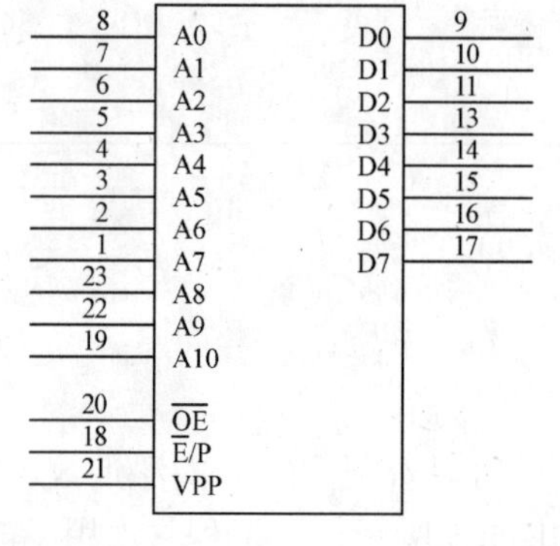

图 6.6　2716 芯片的引脚封装示意图

2．2716 的工作状态

2716 有读出、无效、保持、编程四种工作方式，说明如下，表 6.4 是这四种工作方式下其对应引脚状态。

- 读出：当 $\overline{E}$/P 和 $\overline{OE}$ 信号引脚上均为低电平时，芯片处于读出工作方式下，在这种工作方式下 51 单片机可以使用 2716 中存储的代码。
- 无效：当 $\overline{OE}$ 信号引脚上加上高电平后，芯片处于无效工作状态。
- 保持：当 $\overline{E}$/P 引脚上加上高电平时，芯片处于保持工作状态，一般用于掉电保持。
- 编程：当 $\overline{OE}$ 无效，VPP 有效并且加上编程脉冲信号时候，进入编程状态，编程状态可分为编程、校验和禁止编程三种子状态。

表 6.4　2716 工作状态和引脚电平对应关系

工 作 状 态	$\overline{E}$/P	$\overline{OE}$	VPP	Q0.Q7
读出	低电平	低电平	VCC	资料输出
编程	编程脉冲	高电平	编程电压	数据输入
校验	低电平	低电平	编程电压/VCC	资料输出
禁止编程	低电平	VCC	VCC	高阻
无效	—	VCC	VCC	高阻
保持	VCC	—	VCC	高阻

6.2.2　2716 的应用电路

51 单片机使用 2716 作为程序存储器的典型应用电路如图 6.7 所示，51 单片机的 P0 端口通过 74373 分离之后分别连接到 2716 的地址引脚和数据引脚，读写控制信号线和 2716 对应的信号引脚连接。

51 单片机扩展 2716 作为外部程序内存需要注意以下几点：

- 对于没有片内程序内存的 8031 系列单片机来说，EA 引脚应该连接到低电平，使用外部程序内存；而对于有内部存储器的 51 系列单片机来说，如果程序需要从内部开始执行，则一定要将 EA 引脚连接到高电平。
- 51 单片机的 P0 作为资料/地址线复用，需要加上位址锁存器。
- 在扩展外部 ROM 时，需要使用 ALE 信号作为地址锁存器的选通信号，使用 PSEN 信号作为外部程序内存的选通信号。

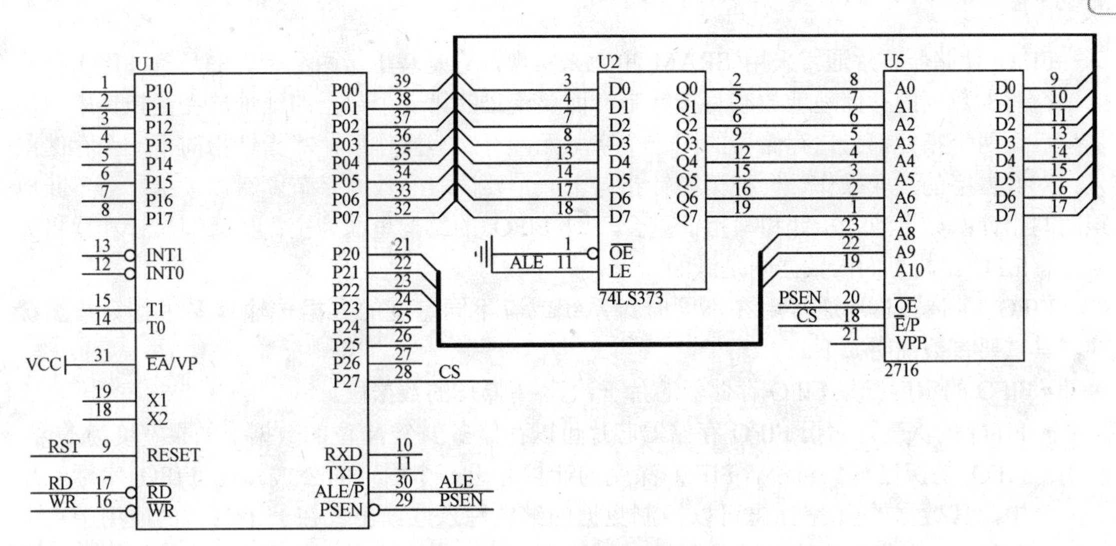

图 6.7　2716 的典型应用电路

6.2.3　2716 的操作步骤

51 单片机使用 2716 作为外部程序存储器的操作步骤如下：

（1）按照典型的 51 单片机应用系统的扩展方法扩展好 2716。

（2）将程序代码烧录到 2716 中。

（3）根据 51 单片机的具体型号设置好 EA 引脚。

6.3　FIFO 存储器芯片 CY7C419 扩展

FIFO（First In First Out）是一种先进先出的数据缓存器，它没有外部读写地址线，但是只能顺序写入数据和读出数据，其数据的存放地址由内部读写指针自动加 1 完成，不能像普通存储器那样可以由地址线决定读取或写入某个指定的地址，本小节将介绍最常见的 FIFO 芯片 CY7C419 的应用方法。

6.3.1　CY7C419 基础

1．FIFO 存储器芯片基础

FIFO 存储器芯片是一个双端口的存储器，其中一个端口用于写入数据，而另一个端口用于读出数据，可以同时对存储器字存储单元进行写入和读出操作，所以，FIFO 的数据吞吐速度是普通 RAM 的两倍。

FIFO 存储器芯片不需要由地址来存取数据。需要由另外的信号线（或标志）来指明存储器的内容状态。

FIFO 存储器芯片通常采用 SRAM 单元来实现，它是基于带两个指针的环行 FIFO 结构的，待写入数据的存储地址放在写指针中，而要读出的第一个数据的地址放在读指针中；在复位后，两个指针都指向存储器的同一个字单元；每次写操作后，写指针指向下一个存储单元；对数据字的读取操作，会把读指针指向下一个要读取的数据字节。所以读指针会不断地跟随写指针；如果当读指针和写指针重合，则 FIFO 的结构里面为空；如果写指针和读指针重合，FIFO 结构里面的数据则是满的。

FIFO 存储器芯片通常用在不同时钟系统或者不同宽度的数据传输体系中作为数据缓冲，其重要参数说明如下。

- FIFO 的宽度：是 FIFO 存储器芯片一次读/写操作的数据位。
- FIFO 的深度：它指 FIFO 存储器芯片可以存储多少个 N 位的数据（如果宽度为 N）。FIFO 的深度可大可小，FIFO 深度的计算并无一个固定的公式。在 FIFO 实际工作中，其数据的满/空标志可以控制数据的继续写入或读出。在一个具体的应用中也不可能由一些参数算出精确的所需 FIFO 深度为多少，这在写速度大于读速度的理想状态下是可行的，但在实际中用到的 FIFO 深度往往要大于计算值。一般来说，根据电路的具体情况，在兼顾系统性能和 FIFO 成本的情况下估算一个大概的宽度和深度就可以了。而对于写速度慢于读速度的应用，FIFO 的深度要根据读出的数据结构和读出数据的那些具体的要求来确定。
- 满标志：FIFO 存储器芯片已满或将要满时由 FIFO 的状态电路送出的一个信号，以阻止 FIFO 的写操作继续向 FIFO 中写数据而造成溢出（overflow）。
- 空标志：FIFO 存储器芯片已空或将要空时由 FIFO 的状态电路送出的一个信号，以阻止 FIFO 的读操作继续从 FIFO 中读出数据而造成无效数据的读出（underflow）。
- 读时钟：读存储器芯片操作所遵循的时钟，在每个时钟沿来临时读数据。
- 写时钟：写存储器芯片操作所遵循的时钟，在每个时钟沿来临时写数据。
- 读指针：指向存储器芯片下一个读出地址。读完后自动加 1。
- 写指针：指向存储器芯片下一个要写入的地址，写完自动加 1。读/写指针其实就是读/写的地址，只不过这个地址不能任意选择，而是连续的。

根据 FIFO 存储器芯片工作的时钟域，可以将 FIFO 分为同步 FIFO 和异步 FIFO。同步 FIFO 是指读时钟和写时钟为同一个时钟，在时钟沿来临时同时发生读/写操作。异步 FIFO 则是读/写时钟不一致，读/写时钟是互相独立的。

引脚	名称	名称	引脚
1	$\overline{WR}$	VCC	28
2	D8	D4	27
3	D3	D5	26
4	D2	D6	25
5	D1	D7	24
6	D0	FL/RT	23
7	$\overline{XI}$	$\overline{MR}$	22
8	$\overline{FF}$	$\overline{EF}$	21
9	Q0	XO/HF	20
10	Q1	Q7	19
11	Q2	Q6	18
12	Q3	Q5	17
13	Q8	Q4	16
14	GND	$\overline{RD}$	15

图 6.8　CY7C419 的引脚封装图

2．CY7C419 的引脚

CY7C419 是 Cypress 公司生产的 256 字×9 位结构的 FIFO 型存储器，其引脚分布如图 6.8 所示，详细说明如下。

- D0～D8：数据输入引脚，在 $\overline{WR}$ 引脚信号的上升沿到来时 D0～D8 引脚上的数据被写入 CY7C419 中。

- $\overline{\text{WR}}$ 、$\overline{\text{RD}}$ ：CY7C419 的数据读/写信号，在 $\overline{\text{WR}}$ 、$\overline{\text{RD}}$ 的上升沿，数据读出写入，在 $\overline{\text{WR}}$ 、$\overline{\text{RD}}$ 的下降沿，CY7C419 的状态信号引脚（$\overline{\text{EF}}$ 、$\overline{\text{FF}}$ 、$\overline{\text{HF}}$ ）及读/写指针进行更新。
- Q0～Q8：数据输出引脚，在 $\overline{\text{RD}}$ 信号有效时，该引脚上输出数据。
- $\overline{\text{MR}}$ ：主复位信号，低电平有效，上电以后，第一次读/写操作之前都需要进行复位。复位时，CY7C419 内部所有的指针及标识类信号进行初始化，由于复位时 CY7C419 为空，所以 $\overline{\text{EF}}$ 有效，$\overline{\text{FF}}$ 无效。
- FL/RT：操作模式不同具有不同功能切换的引脚，如果是深度扩展模式（即多片 CY7C419 级联模式）下，则为 $\overline{\text{FL}}$ 引脚；如果是宽度扩展模式（即多片 CY7C419 并联模式）下，则为 $\overline{\text{RT}}$ 引脚。
- $\overline{\text{EF}}$ ：CY7C419 状态的标志引脚，$\overline{\text{EF}}$ 是在 CY7C419 为空时的有效信号，在读取最终数据时的 $\overline{\text{RD}}$ 信号下降沿，$\overline{\text{EF}}$ 有效，之后在 $\overline{\text{WR}}$ 的上升沿时无效。
- $\overline{\text{FF}}$ ：CY7C419 满信号，在写入最后一个数据时的 $\overline{\text{WR}}$ 信号下降沿，$\overline{\text{FF}}$ 有效，之后在数据读取时 $\overline{\text{RD}}$ 的上升沿无效。
- $\overline{\text{XI}}$ ：该引脚除了应用于深度扩展模式中用于接收后面存储器的 $\overline{\text{XO}}$ 信号，还应用于复位时决定操作模式中。如果 $\overline{\text{XI}}$ 为低电平，$\overline{\text{FL}}$ 为高电平，则确定为独立模式。
- XO/HF：半满标志位，根据操作模式具有不同功能切换的信号，深度扩展情况下为 $\overline{\text{XO}}$ 输出，为了让成为数据访问对象的器件转移到下一个相邻的器件，利用该信号作为传递访问权限的信号进行操作。独立模式时为 $\overline{\text{HF}}$ 输出，向“存储器的容量/2+1”字节进行写入操作时，$\overline{\text{HF}}$ 在此时刻的 $\overline{\text{WR}}$ 下降沿有效；在已经加入“存储器的容量/2+1”字节的数据时，$\overline{\text{HF}}$ 在此时刻的读操作（读操作之后位存储器容量/2）时的 $\overline{\text{RD}}$ 的上升沿无效。即在 FIFO 内存储的数据超过容量一半时，$\overline{\text{HF}}$ 有效。

6.3.2　CY7C419 的应用电路

51 单片机扩展 FIFO 存储器芯片 CY7C419 的典型应用电路如图 6.9 所示。

如图 6.9 所示，51 单片机的 P0 口连接到 CY7C419 的 Q0～Q7 和 D0～D7，第 9 位 Q8 用于存放奇偶检验位，该位由 P1 口的 P1.0 输入/输出；P1 口的 P1.1 用于对 CY7C419 复位操作，对 CY7C419 复位输入端施加一个低电平脉冲，即可实现 CY7C419 复位。51 单片机的读/写控制信号 $\overline{\text{WR}}$ 、$\overline{\text{RD}}$ 分别与 P2 口的 P2.7 经过或门后送 CY7C419 的读/写控制端，在此过程中，由于 51 单片机 P2 口的 P2.7 的参与，CY7C419 的外部存储器地址为 0x7FFF。CY7C419 的存储器满信号端 $\overline{\text{FF}}$ 和存储器空信号端 $\overline{\text{EF}}$ 连接到单片机的两个外部中断输入端口 $\overline{\text{INT0}}$ 、$\overline{\text{INT1}}$ 。

6.3.3　CY7C419 的操作步骤

在对 CY7C419 进行操作时，需要首先查询 FIFO 标识信号的状态，然后再进行具体的读写操作，其具体的操作步骤如下：

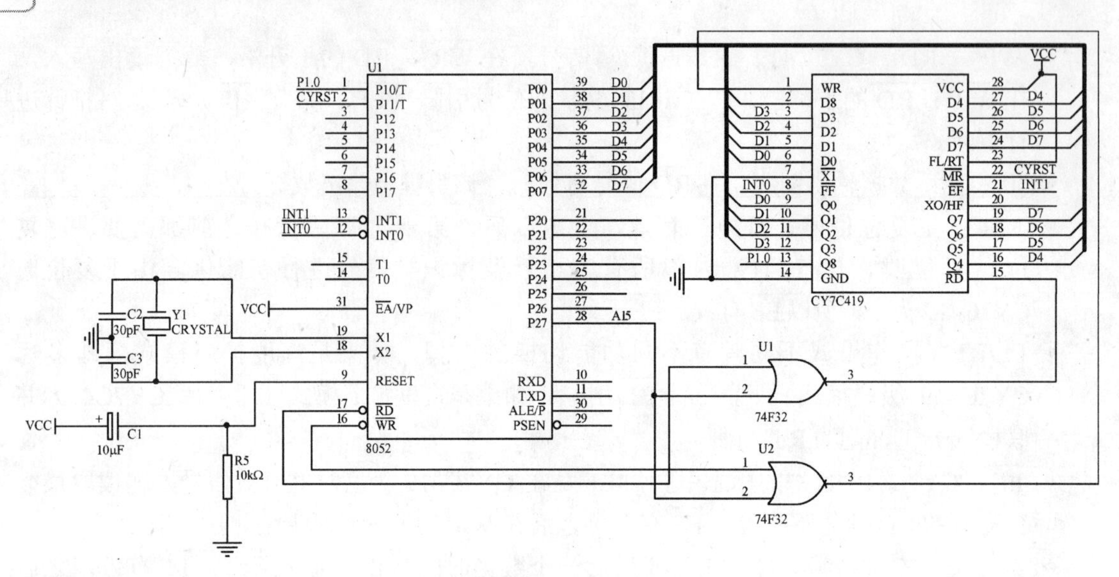

图 6.9 CY7C419 的应用电路

（1）对 CY7C419 读操作时，首先查询 $\overline{EF}$ 存储器空状态标识信号，如果 $\overline{EF}$ 有效，此时 FIFO 存储器没有存储数据，此时不允许读出数据。

（2）对 CY7C419 写操作时，首先查询 $\overline{FF}$ 存储器全满状态标识信号，如果 $\overline{FF}$ 有效，此时 FIFO 存储器没有存储单元接收新的数据，此时不允许写入数据。

6.3.4 应用实例——CY7C419 存放临时数据

本应用是使用 51 单片机扩展 CY7C419 进行临时数据存放的实例，51 单片机将 16B 的缓存数据写入 CY7C419，然后再读出。实例的应用电路涉及的典型器件如表 6.5 所示。

表 6.5 使用 6264 外部存储器进行数据运算实例的器件列表

器　件	说　明
AT89S52	51 单片机
CY7C419	FIFO 存储器芯片
7432	或门，用于组成 FIFO 的读写逻辑
电阻	限流
晶体	51 单片机工作的振荡源，12MHz
电容	51 单片机复位和振荡源工作的辅助器件，MAX232 通信芯片的外围辅助器件

【例 6.2】使用 XBYTE 来定义了一个外部地址作为 FIFO 的读写地址，然后通过对 FIFO 的状态引脚的判断来确定下一步的操作。

```
#include <AT89X52.h>
#include <absacc.h>
#define fifo XBYTE[0x7fff]                    // 定义 fifo 存储器读写地址
sbit sbsum= P1 ^ 0;
unsigned char dbuf0[16];                      //待写入数据
```

```
unsigned char dbuf1[16];
unsigned char flag,flagtemp;
unsigned char check(unsigned char d)
{
  unsigned char temp,number,i;
  number=0;
  temp= d;
  for(i=0;i<8;i++)
  {
    if((temp&&0x80)!=0)
    {
      number=+1;
    }
    else
    {}
    temp=temp<<0x01;
  }
  if((number&&0x01)==1)
  {
    flagtemp=0;
  }
  else
  {
    flagtemp=1;
  }
  return  flagtemp;
}
//外部中断 0 子程序,对应于 fifo 存储器满的情况,此时只能读数据
void out_int0() interrupt 0 using 1
{
  unsigned char i;
  dbuf1[15]=fifo;                              //读取数据
  check(dbuf1[15]);
  sbsum=1;
  if(sbsum==1)
  {
    flag=1;
  }
  else
  {
    flag=0;
```

```
    }
    check(dbuf1[15]);
    if(flagtemp==flag)
    {
      dbuf1[i]= dbuf1[i];
    }
    else
    {
      dbuf1[i]=0x00;
    }
  }
  //外部中断 1 中断,校验
  void out_int1() interrupt 1 using 3
  {
    unsigned char i;
    check(dbuf0[14]);                          //校验
    if(flagtemp==1)
    {
      sbsum=1;
    }                                          //校验位为 1
    else                                       //校验位为 0
    {
      sbsum = 0;
      fifo = dbuf0[i];                         //写入数据
    }
  }
  void  main()
  {
    unsigned char i,sdata;
    SP=0x70;
    for(i=0;i<8;i++)
    {
      flag=check(dbuf0[i]);
      if(flag==1)
      {
        sbsum=1;}
      else
      {
       sbsum=0;
      }
      fifo = dbuf0[i];
```

```
        }
        for(i=0;i<6;i++)
        {
          unsigned char  d;
          d=fifo;
          sbsum=1;
        if(sbsum==1)
        {
          flag=1;
        }
        else
        {
          flag=0;
        }
        check(sdata);
        if(flagtemp==flag)
        {
          dbuf1[i]=sdata;
        }
        else
        {}
        }
      }
```

6.4 I²C 总线接口 AT24 系列 E²PROM 扩展

RAM 等存储器在 51 单片机系统断电后其内部的数据将丢失，如果需要对数据进行保存以供下次系统启动之后调用，此时可以使用 E²PROM 存储器。E²PROM（Electrically Erasable Programmable Read-Only Memory）是电可擦可编程只读存储器的简称，这是一种断电后数据不丢失的存储芯片，常用于保存如用户设置、采样数据等需要在掉电之后保存的数据，常见的 E²PROM 芯片有 ATMEL 公司的 AT24 系列，如 AT2401A、AT2402 等。

6.4.1 I²C 总线基础

AT24 系列 E²PROM 是 I²C 总线接口的器件，I²C 总线（Inter IC Bus）是飞利浦公司在 20 世纪 80 年代推出的一种两线制串行总线标准，目前已经发展到了 2.1 版本。该总线在物理上由一根串行数据线 SDA 和一根串行时钟线 SCL 组成，各种使用该标准的器件都可以直接连接到该总线上进行通信，可以在同一条总线上连接多个外部资源，是 51 单片机常用的外部资源扩展方法之一，图 6.10 所示是 51 单片机使用 I^2C 总线扩展多个 I^2C 总线接口器件的示意图。

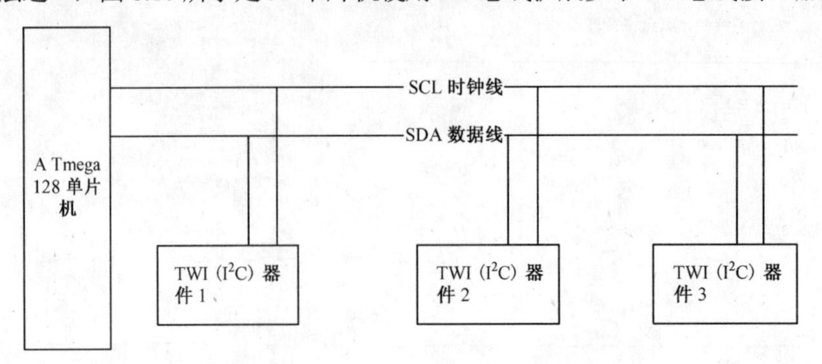

图 6.10　51 单片机使用 I^2C 总线扩展多个 I^2C 总线接口器件的示意图

I^2C 总线的两根引线都通过上拉电阻与正电源连接，所有 I^2C 总线兼容器件的总线驱动都是漏极开路或集电极开路的，这样就实现了对接口操作非常关键的“线与”功能。当 I^2C 接口器件输出为“0”时，总线上会产生一个低电平；当所有的接口器件输出为三态时，总线则会产生高电平，允许上拉电阻将电压拉高。

1. I^2C 总线的术语

I^2C 总线有一些约定好的术语用于描述在通信过程中所涉及的硬件和软件过程，这些术语如下。

- 主机：能产生 I^2C 总线的 SCL 时钟信号，控制启动和停止传输的器件。
- 从机：和主机进行数据交换的器件，从机本身不能主动发起数据传输，也不能主动地产生时钟信号。
- 发送器：向 I^2C 总线提供数据的器件。
- 接收器：从 I^2C 总线上读取数据的器件。
- 多主机：同一条 I^2C 总线上有一个以上可能会同时使用总线的主机。
- 主器件地址：主机的内部地址，每一种主器件有其特定且唯一的主器件地址。
- 从器件地址：从机的内部地址，每一种从器件有其特定且唯一的从器件地址。
- 仲裁过程：当同时有一个以上的主机尝试操作总线时，I^2C 总线使得其中一个主机获得总线的使用权并不破坏报文的过程。
- 同步过程：两个或两个以上器件同步时钟信号的过程。

2. I^2C 总线的时钟信号

I^2C 总线上的时钟信号 SCL 是由所有挂接到该信号线上的器件的 SCL 信号进行逻辑“与”产生的，当这些器件中任何一个的 SCL 引脚上的电平被拉低之后，SCL 信号线就将一直保持低电平，只有当所有器件的 SCL 引脚都恢复到高电平之后，SCL 总线才能恢复为高电平状态，所以这个时钟信号长度由维持低电平时间最长的器件来决定。在下一个时钟周期内，第一个 SCL 引脚被拉低的器件又再次将 SCL 总线拉低，这样就形成了连续的 SCL 时钟信号。

3．I^2C 总线的启动和停止信号

在 I^2C 总线上，必须以主器件发送启动信号来启动一次数据传送，以主器件发送停止信号来结束一次数据传送，从器件收到启动信号之后需要发送应答信号来通知主器件已经完成一次数据接收。

I^2C 总线的启动信号是在读写信号之前，当 SCL 处于高电平的时候，SDA 从高到低的一个跳变。

I^2C 总线的停止信号是当 SCL 处于高电平的时候，SDA 从低到高的一个跳变，用于标志一种操作的结束，即将结束所有的相关的通信，图 6.11 所示是启动信号和停止信号的时序图。

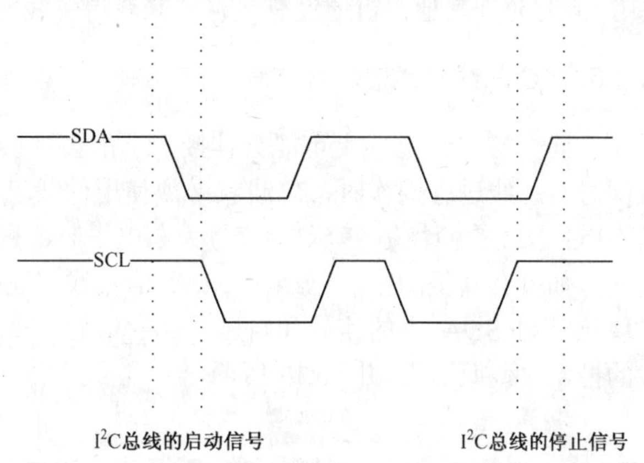

图 6.11　I^2C 总线的启动信号和停止信号时序图

4．I^2C 总线的应答信号

I^2C 总线上的主机在启动信号之后发送一个或多个字节的数据，字节的高位在前，低位在后。主机在发送完成一个字节之后需要等待从机返回的应答信号。应答信号是从机在接受到主机发送完一个字节数据之后，在下一次时钟到来时在 SDA 信号线上给出一个低电平，如图 6.12 所示。

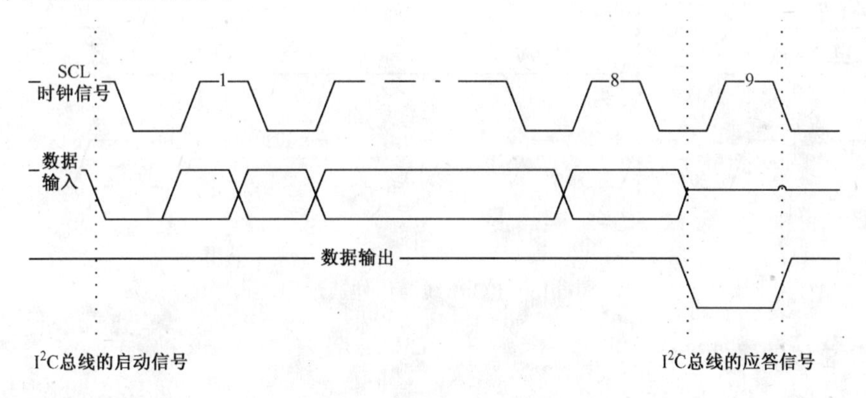

图 6.12　I^2C 总线的应答信号

5．I^2C 总线的数据通信过程

I^2C 总线的数据通信过程必须按照如下流程进行：

- 主机发送启动信号，然后必须发送一个用于寻址的地址字节数据，包含需要和主机通信的从机地址。
- 当 SCL 时钟信号有效时，SDA 上的高电平代表该位数据为“1”，否则为“0”。
- 如果主机发送完一个字节数据之后还想继续发送数据，则可以不发送停止信号而是发送另一个启动信号并且发送下一个地址字节以供连续通信，在连续通信完成之后发送一个停止信号以结束通信。

I^2C 总线的 SDA 和 SCL 信号线上均接有 10kΩ左右的上拉电阻，当 SCL 为高电平时对应的 SDA 的数据为有效；当 SCL 为低电平的时候，SDA 上的电平变化被忽略。当有启动信号之后，这条 TWI（I^2C）总线被定义为“忙状态”，此时禁止同一条总线上其他没有获得总线控制权的主机操作该条总线，而在停止信号之后的一段时间内，总线被定义为“空闲状态”，此时允许其他主机通过总线仲裁来获得总线的使用权，进行下一次数据传送。

6．I^2C 总线的通信仲裁过程

在同一条 I^2C 总线上可能会挂接几个都会对总线进行操作的主机，如果有一个以上的主机同时对总线进行操作时，总线就必须使用仲裁机制来决定哪一个主机能够获得总线的操作权。I^2C 总线的仲裁是在 SCL 信号为高电平时，根据当前 SDA 状态来进行的。在总线仲裁期间，如果有其他的主机已经在 SDA 信号线上发送一个低电平，则发送高电平的主机将会发现该时刻 SDA 上的信号和自己发送的信号不一致，此时该主机则自动被仲裁为失去对总线的控制权，此过程如图 6.13 所示。

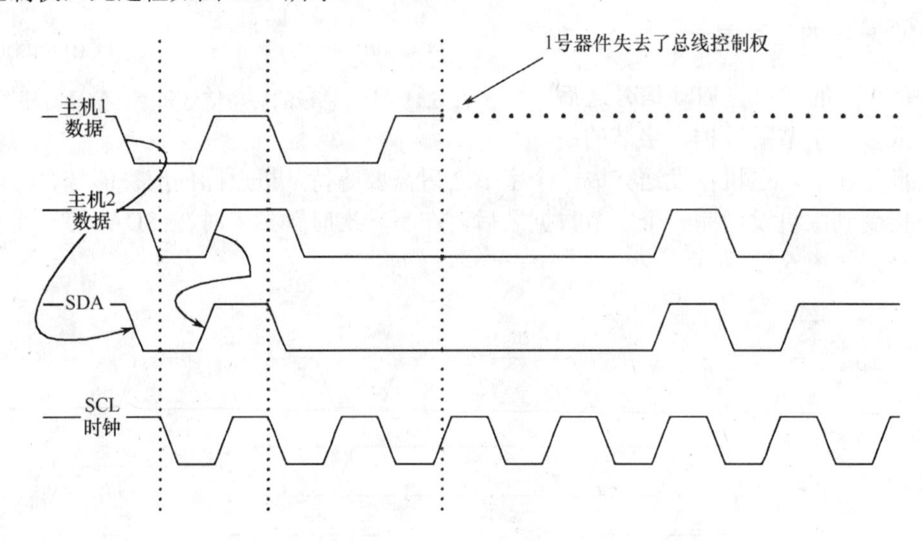

图 6.13　I^2C 总线通信仲裁过程

7．I^2C 总线的器件地址

不同的 I^2C 总线器件具有不同且唯一的地址，总线上的主机通过对这个地址的呼叫来确定对总线上的拥有该地址的器件进行数据交换，表 6.6 是 I^2C 总线器件的地址分配示意，地址字节中前 7 位为该器件的 I^2C 总线地址，该字节的第 8 位用来表明数据的传输方向，也称为读/写标志位。该标志位为“0”时为写操作，数据方向为主机到从机，读/写位为“1”时为读操作，数据方向为从机到主机。

表 6.6　I^2C 总线器件地址分配示意

地址最高位	地址第 6 位	地址第 5 位	地址第 4 位	地址第 3 位	地址第 2 位	地址第 1 位	R/W

注：I^2C 总线协议中存在一个广播地址，如果使用该地址进行数据通信，则在该总线上的所有器件均能收到，具体信息可以参考 I^2C 总线相关手册。

6.4.2　AT24 系列 E^2PROM 基础

AT24 系列 E^2PROM 是 Atmel 公司出品的 I^2C 总线接口 E^2PROM，其主要特点如下。

- 工作电压范围广，可以支持 5.0V、2.7V、2.5V 和 1.8V 供电。
- 支持多速率可变数据传输速度，当工作电压为 5V 时传输速度是 400kHz，工作电压为 2.7V、2.5V 及 1.8V 的时候传输速度是 100kHz。
- 采取分页式存储方式，每页的大小为 8B，根据内存容量的不同，支持不同大小的页面写入方式。
- 自计时写周期小于 10ms。
- 可靠性高，可以进行一百万次读/写操作，数据保存时间长于 100 年。

表 6.7 是常见的 AT24 系列 E^2PROM 芯片的容量列表。

表 6.7　常见的 AT24 系列 E^2PROM 芯片的容量

型　号	容　量	页	页面写入字节
AT24C01A	1KB	8B/页，128 页	8B/页
AT24C02	2KB	8B/页，256 页	8B/页
AT24C04	4KB	8B/页，256 页，2 块	16B/页
AT24C08	8KB	8B/页，256 页，4 块	16B/页
AT24C16	16KB	8B/页，256 页，8 块	16B/页

1．AT24 系列 E^2PROM 的引脚

图 6.14 所示是常见的 AT24 系列 E^2PROM 的封装引脚示意图，其详细说明如下。

- VCC：电源引脚。
- GND：地引脚。
- SCL：I^2C 总线时钟引脚。
- SDA：I^2C 总线数据引脚。
- A0、A1、A2：I^2C 地址引脚，用于寻址 E^2PROM，这系列引脚的数目和功能与具体芯片有关，可以参考表 6.8。

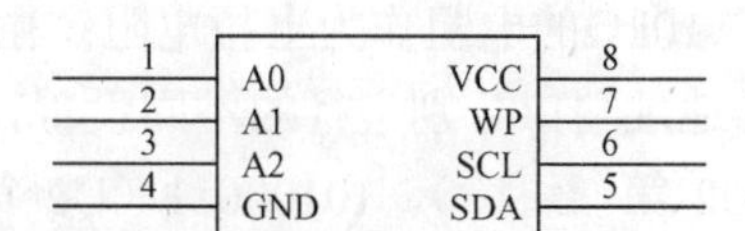

图 6.14　常见的 AT24 系列 E^2PROM 的封装引脚示意图

- WP：写保护引脚，当该引脚连接到 GND 的时候，芯片可以进行正常的读写操作；当连接到 VCC 的时候，具体的芯片有不同的应用方式，某些具体型号的芯片没有这个引脚。

2．AT24 系列 E^2PROM 的 I^2C 地址和内部地址

AT24 系列 E^2PROM 拥有自己的 I^2C 器件地址，其器件地址结构是“1010XXXX”，具体如表 6.8 所示。其中，B7～B4 四位是 AT24 系列 E^2PROM 固定的值，而 B3～B1 四位是根据不同的器件来具体设定的；A2、A1、A0 为器件编号，它们决定了在同一根 I^2C 总线上能够挂接几个相同的器件。器件编号的位数根据型号的不同而不同，P2、P1、P0 为器件内部块选择，根据型号不同能够选择的块数也不同；最后一位 B0 是读写控制位，当被置“1”时是对芯片的读操作，否则为写操作。

表 6.8　AT24 系列 E^2PROM 的 I^2C 地址

器　件	B7	B6	B5	B4	B3	B2	B1	B0
AT24C01A/02	1	0	1	0	A2	A1	A0	R/W
AT24C04	1	0	1	0	A2	A1	P0	R/W
AT24C08	1	0	1	0	A2	P1	P0	R/W
AT24C16	1	0	1	0	P2	P1	P0	R/W

除了用于寻址的 I^2C 地址，AT24 系列 E^2PROM 还有一个 8 位内部地址码用来寻址内部存储单元，根据器件的不同，其内部地址码的实际位数也不一样。对于 AT24C01A 而言，只用了 8 位地址码的低 7 位来寻址 128B；对于 AT24C02 而言，则使用 8 位地址码来寻址 256B；对于 AT24C04 而言，使用 8 位地址码并且结合前面的块地址一起来寻址 512B；对于 AT24C10 而言，使用 8 位地址码并且结合前面的块地址一起来寻址 512B；其具体的计算示例如下：

一块 AT24C01A，其引脚 A2、A1、A0 全部接到高电平，对其进行读操作，则对应的器件地址为 1010 1111；

一块 AT24C04，其从地址为 1010 10xx，则对其中第二块的读操作地址为 1010 1011，对其中第二块的 0x12H 进行读操作的内部地址为 0010 0010。

6.4.3　AT24 系列 E^2PROM 的应用电路

AT24 系列 E^2PROM 的典型应用电路如图 6.15 所示，51 单片机使用两根普通 I/O 引脚来模拟 I^2C 总线的 SCL 时钟线和 SDA 数据线分别连接到 E^2PROM 的对应引脚上，并且都使用了 10kΩ的电阻作为上拉电阻；由于在同一根 I^2C 总线上挂接了两块相同的 E^2PROM，它们的地址端口分别进行的不同设置，如图 6.15 所示的 AT24C04 的 I^2C 地址分别为 10100001（U2 第一块读）、10100011（U2 第二块读）、10100000（U2 第一块写）、10100010（U2 第二块写）、10100101（U3 第一块读）、10100111（U3 第二块读）、10100100（U3 第一块写）、10100110（U3 第二块写）；E^2PROM 的 WP 引脚都连接到 GND 表明允许读/写操作。

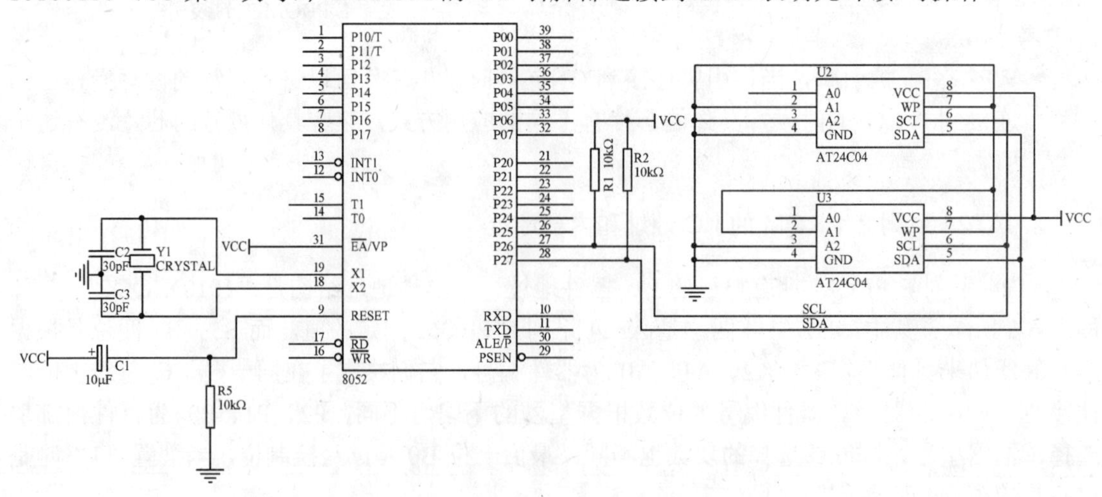

图 6.15　AT24 系列 E^2PROM 的典型应用电路

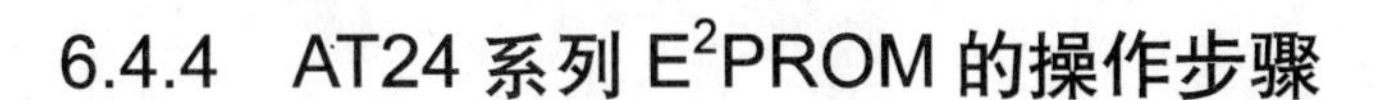

6.4.4 AT24 系列 E^2PROM 的操作步骤

AT24 系列 E^2PROM 芯片的操作可以分为写操作和读操作，写操作包括字节写和页面两种工作方式；而读操作则分为指定位置读、连续读和当前地址读三种工作方式。

1．字节写工作方式操作步骤

AT24 系列 E^2PROM 的字节写工作方式是指每次在 E^2PROM 的指定位置写入一个字节数据，其工作步骤如下：

（1）51 单片机向 AT24 系列 E^2PROM 发送启动信号和器件地址（最低位置 0）。

（2）51 单片机等待应答信号。

（3）当应答信号来到之后 51 单片机发送一个器件内部地址，用于指定数据写入到器件内部的哪一个地址单元中。

（4）51 单片机再次等待应答信号。

（5）51 单片机发送待写入数据。

（6）51 单片机等待应答信号。

（7）51 单片机发送停止信号，AT24 系列 E^2PROM 芯片进入写周期，在此期间内，该芯片不能够进行任何的输入操作。

2．页面写工作方式操作步骤

AT24 系列 E^2PROM 芯片的页面写工作方式和字节写工作方式很类似，只是 51 单片机在完成第一轮数据写入之后不发送停止信号，而是继续发送待写入数据；在接收到每一个字节的数据之后，AT24 系列 E^2PROM 芯片发送一个应答信号，当 51 单片机接收到这个应答信号之后即可以进行下一个字节的数据传送，当全部数据传送完成之后 51 单片机发送停止信号，停止整个写操作过程，其工作步骤如下：

（1）51 单片机向 AT24 系列 E^2PROM 发送启动信号和器件地址（最低位置 0）。

（2）51 单片机等待应答信号。

（3）51 单片机当应答信号来到之后发送一个器件内部地址，用于指定数据写入到器件内部的哪一个地址单元中。

（4）51 单片机再次等待应答信号。

（5）51 单片机发送待写入数据。

（6）51 单片机等待应答信号。

（7）51 单片机发送待写入数据。

（8）51 单片机等待应答信号。

（9）51 单片机发送停止信号，AT24 系列 E^2PROM 芯片进入写周期，在此期间内，该芯片不能够进行任何的输入操作。

注：在 AT24C04、AT24C08、AT24C16 等器件中，页面写入是 16B/页，而 AT24C01A 和 AT24C02 是 8B/页，也就是说，当发送的字节数达到了字节写入页的最高数的时候就会“溢出”，重新覆盖该页面从第一个字节起前面已经写入的字节。页面写入的起始地址一般定在每一个页面的第一个字节，如 10H、30H 等；每次写入的字节数一般为页面内的最大字

节数，如8B或16B。

3. 指定位置读工作方式操作步骤

AT24系列 E^2PROM 指定位置读工作方式是指定一个需要读取的字节的单元地址，对其进行读取，其工作流程如下：

（1）51单片机给出一个启动信号。
（2）51单片机给出从器件地址。
（3）51单片机等待应答信号。
（4）51单片机发送一个指定的器件内部地址。
（5）51单片机等待应答。
（6）51单片机发送一个启动信号和一个对应读器件的器件地址。
（7）51单片机等待应答。
（8）51单片机接收数据。
（9）51单片机发送一个停止信号。

注：通常可以把前面地址的写入过程称为“空写”（Dummy Write）操作。

4. 当前地址读工作方式操作步骤

AT24系列 E^2PROM 的当前地址读工作方式一般和其他两种读工作配合使用，其内部有一个地址计数器，它会保留接收到的最后一个地址并且自动加1。因此，当使用当前地址读的时候，芯片读出的是前一个写入地址的紧接着的地址，其流程如下：

（1）发送启动信号。
（2）51单片机发送对应的读操作器件地址。
（3）51单片机等待应答信号。
（4）51单片机接收数据，这个数据是前一个完成的读操作对应的地址的后一个地址单元中存放的数据。
（5）51单片机发送停止信号。

5. 连续读工作方式操作步骤

AT24系列 E^2PROM 连续读工作需要从一个指定位置读操作或者当前地址读操作开始，接收器件接收到数据之后不发送停止信号，而是发送一个应答信号；当芯片接收到这个应答信号之后自动把地址加1，然后继续发送该地址对应的数据，直到51单片机不发送应答信号而是一个停止信号，类似连续写，其流程如下：

（1）指定位置读/当前位置读（不发送停止信号）。
（2）51单片机发送应答信号。
（3）51单片机接收数据。
（4）51单片机发送停止信号。

注：需要注意的是，AT24系列 E^2PROM 芯片在没有接收到应答信号而是接收到一个停止信号之后就立即停止向外部发送数据。在连续读工作方式的操作过程中，当地址计数器的值超过了器件的最大地址之后会自动溢出——从最低地址开始，这是和页面写不同的（页面

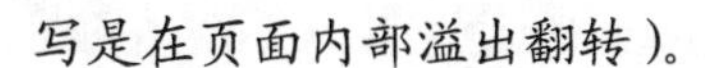
写是在页面内部溢出翻转）。

6.4.5　AT24 系列 E²PROM 的应用代码

1．AT24 系列 E²PROM 的库函数

在 51 单片机实际应用系统中，通常使用普通的 I/O 引脚来模拟 I²C 总线的通信过程来对 AT24 系列 E²PROM 进行操作，例 6.3 给出了这些操作对应的库函数，用户可以直接调用这些函数，其详细说明如下。

- void StartI2C( )：I²C 总线的启动函数，用于启动 I²C 总线操作。
- void StopI2C( )：I²C 总线的停止函数，用于停止 I²C 总线操作。
- void AckI2C( )：I²C 总线的应答函数，用于应答一次 I²C 总线操作。
- void SendByte(unsigned char c)：字节发送函数，用于在 I²C 总线上发送一个字节的数据，其根本的思想是将一个字节的数据从 SDA 引脚上以移位的方式送出去，如果这个字节中该位为“1”，则在 SCL 时钟有效的时候置 SDA 引脚为高电平，反之为低电平。
- unsigned char RevByte( )：字节接收函数，和字节发送函数类似，也是使用移位的思想来接收一个字节的数据，当 SCL 时钟有效的时候，如果 SDA 引脚上为高电平，则将接收到的数据进行“+1”操作，否则“+0”。
- unsigned char WIICByte(unsigned char WChipAdd,unsigned char InterAdd,unsigned char WIICData)：这是一个高级函数，调用了前面 5 个函数，用于向某个器件的某个内部地址写入一个字节，其参数由器件写地址、器件内部地址和待写入数据构成，如果成功，则返回 0xFF，否则返回出错的步骤编号，该函数的流程如图 6.16 所示。
- unsigned char RIICByte(unsigned char WChipAdd,unsigned char RChipAdd,unsigned char InterDataAdd)：这也是一个高级函数，用于从某个器件的某个内部地址读出一个字节的数据，其参数由器件写地址、器件读地址和器件内部地址构成，如果成功，则返回读出去的数据，否则返回出错的步骤编号，该函数的流程如图 6.16 所示。

【例 6.3】在本库函数中，使用 P1.0 和 P1.1 引脚来分别模拟 SDA 和 SCL 引脚，并且使用了 intrins.h 库中的_nop_( )来延时，用于使 SCL 或 SDA 上的电平维持一段时间，这个延时长度和单片机的工作频率有关系，在实际使用过程中需要根据实际的工作频率来调整这个函数的个数。

```
#include <AT89X52.h>
#include <intrins.h>
sbit SDA = P1 ^ 0;                          //数据线
sbit SCL = P1 ^ 1;                          //时钟线
bit bAck;                                   //应答标志,当 bbAck=1 时为正确的应答
void StartI2C();                            //启动函数
void StopI2C();                             //结束函数
void AckI2C();                              //应答函数
void SendByte(unsigned char c);             //字节发送函数
```

```
unsigned char RevByte();                        //接收一个字节数据函数
unsigned char WIICByte(unsigned char WChipAdd,unsigned char InterAdd,
unsigned char WIICData);
//WChipAdd:写器件地址;InterAdd:内部地址;WIICData:待写数据;如写正确则返回
  0xff,//否则返回对应错误步骤序号
unsigned char RIICByte(unsigned char WChipAdd,unsigned char RChipAdd,
unsigned char InterDataAdd);
//WChipAdd:写器件地址;RChipAdd:读器件地址;InterAdd:内部地址;如写正确则返回数
  据,否则返回对应错误步骤序号
//向指定器件的内部指定地址发送一个指定字节
unsigned char WIICByte(unsigned char WChipAdd,unsigned char InterAdd,
unsigned char WIICData)
{
StartI2C();                                     //启动总线
SendByte(WChipAdd);                             //发送器件地址以及命令
if (bAck==1)                                    //收到应答
{
    SendByte(InterAdd);                         //发送内部子地址
    if (bAck ==1)
    {
        SendByte(WIICData);                     //发送数据
        if(bAck == 1)
        {
            StopI2C();                          //停止总线
            return(0xff);
        }
        else
        {
            return(0x03);
        }
    }
    else
    {
        return(0x02);
    }
}
return(0x01);
}
//读取指定器件的内部指定地址一个字节数据
unsigned char RIICByte(unsigned char WChipAdd,unsigned char RChipAdd,
unsigned char InterDataAdd)
```

```
{
unsigned char TempData;
TempData = 0;
StartI2C();                                       //启动
SendByte(WChipAdd);                               //发送器件地址以及读命令
if (bAck==1)                                      //收到应答
{
    SendByte(InterDataAdd);                       //发送内部子地址
    if (bAck ==1)
    {
        StartI2C();
        SendByte(RChipAdd);
        if(bAck == 1)
        {
            TempData = RevByte();                 //接收数据
            StopI2C();                            //停止 I2C 总线
            return(TempData);                     //返回数据
        }
        else
        {
            return(0x03);
        }
    }
    else
    {
        return(0x02);
    }
}
else
{
    return(0x01);
}
}
//启动 I2C 总线,即发送起始条件
void StartI2C()
{
SDA = 1;                                          //发送起始条件数据信号
_nop_();
SCL = 1;
_nop_();                                          //起始建立时间大于 4.7μs
_nop_();
```

```
_nop_();
_nop_();
_nop_();
SDA = 0;                                            //发送起始信号
_nop_();
_nop_();
_nop_();
_nop_();
_nop_();
SCL = 0;                                            //时钟操作
_nop_();
_nop_();
}
//结束 I²C 总线,即发送 I²C 结束条件
void StopI2C()
{
SDA = 0;                                            //发送结束条件的数据信号
_nop_();                                            //发送结束条件的时钟信号
SCL = 1;                                            //结束条件建立时间大于 4μs
_nop_();
_nop_();
_nop_();
_nop_();
_nop_();
SDA = 1;                                            //发送 I²C 总线结束命令
_nop_();
_nop_();
_nop_();
_nop_();
_nop_();
}
//发送一个字节的数据
void    SendByte(unsigned char c)
{
unsigned char BitCnt;
for(BitCnt = 0;BitCnt < 8;BitCnt++)           //一个字节
    {
        if((c << BitCnt)& 0x80) SDA = 1;    //判断发送位
        else    SDA = 0;
        _nop_();
        SCL = 1;                              //时钟线为高,通知从机开始接收数据
```

```
            _nop_();
            _nop_();
            _nop_();
            _nop_();
            _nop_();
            SCL = 0;
        }
    _nop_();
    _nop_();
    SDA = 1;                                        //释放数据线,准备接收应答位
    _nop_();
    _nop_();
    SCL = 1;
    _nop_();
    _nop_();
    _nop_();
    if(SDA == 1) bAck =0;
    else bAck = 1;                                  //判断是否收到应答信号
    SCL = 0;
    _nop_();
    _nop_();
    }
    //接收一个字节的数据
    unsigned char RevByte()
    {
    unsigned char retc;
    unsigned char BitCnt;
    retc = 0;
    SDA = 1;
    for(BitCnt=0;BitCnt<8;BitCnt++)
    {
        _nop_();
        SCL = 0;                                    //置时钟线为低,准备接收
        _nop_();
        _nop_();
        _nop_();
        _nop_();
        _nop_();
        SCL = 1;                                    //置时钟线为高使得数据有效
        _nop_();
        _nop_();
```

```
        retc = retc << 1;                          //左移补零
        if (SDA == 1)
        retc = retc + 1;                           //当数据为 1 则收到的数据+1
        _nop_();
        _nop_();
    }
    SCL = 0;
    _nop_();
    _nop_();
    return(retc);                                  //返回收到的数据
    }
```

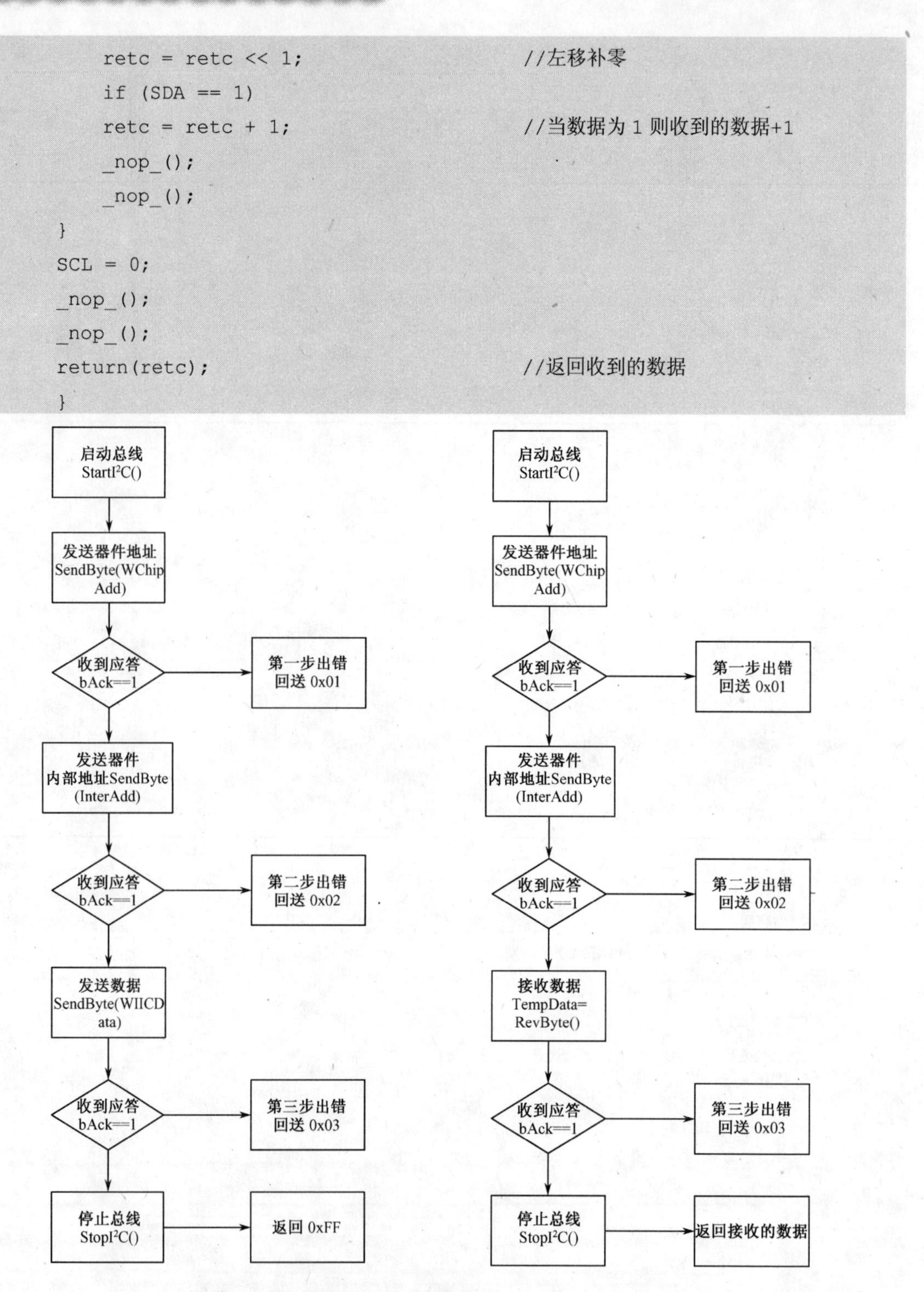

图 6.16　WIICByte 函数和 RIICByte 函数的流程示意

2．应用实例——使用 AT24C04 存放用户数据

本应用实例是一个使用 AT24C04 来存放用户数据的应用实例，51 单片机从串口接收

16B 的数据，将其写入外部扩展的 AT24C04 中，然后将上次存放的 16B 数据通过串口输出，实例的应用电路如图 6.17 所示。

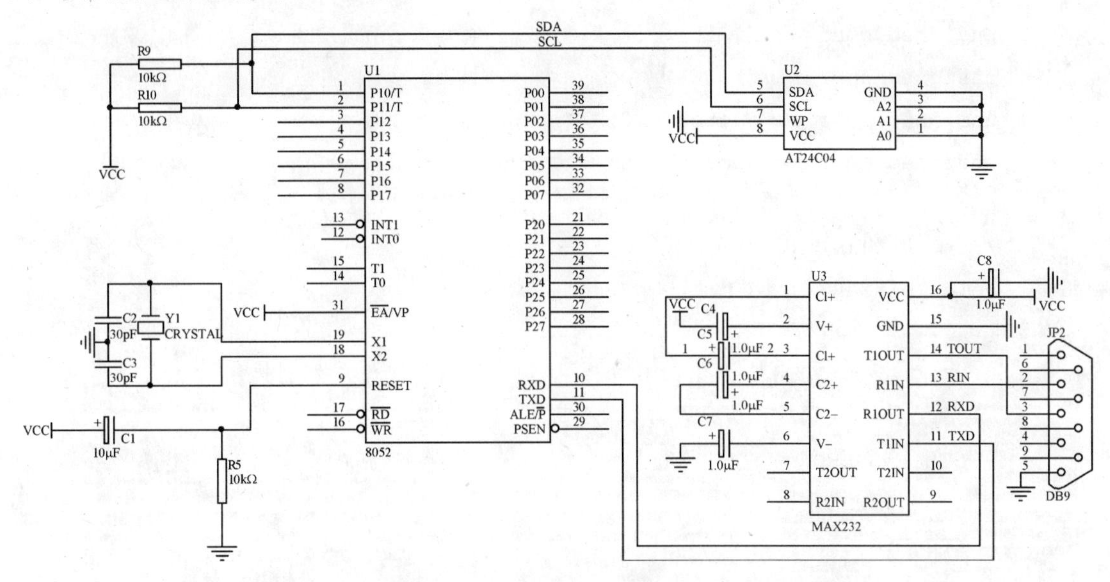

图 6.17　使用 AT24C04 来存放用户数据应用实例电路

如图 6.17 所示，51 单片机使用 P1.0 和 P1.1 通过 10kΩ的上拉电阻连接到 AT24C04 的 SDA 和 SCL 引脚，AT24C04 的地址引脚 A0～A2 全部连接到地，其读地址为 10100001，写地址为 10100000，WP 引脚直接连接到地；51 单片机的 RXD 和 TXD 引脚通过一个 MAX232 电平转换芯片输出，实例涉及的典型应用器件如表 6.9 所示。

【例 6.4】应用代码中调用了上一小节的库中的 WIICByte 和 RIICByte 函数，在初始化系统之后等待串口接收完 16B，在接收完成之后将 rxFlg 接收标志位置位，在主循环中检查该标志位，如果被置位，则进行对 AT24C04 的读/写操作。

表 6.9　使用 AT24C04 来存放用户数据应用实例的器件列表

器　件	说　明
AT89S52	51 单片机
AT24C04	E^2PROM 芯片
MAX232	RS-232 电平逻辑芯片
电阻	上拉
晶体	51 单片机工作的振荡源，12MHz
电容	51 单片机复位和振荡源工作的辅助器件，MAX232 通信芯片的外围辅助器件

```
    #include <At89X52.h>
    #include <stdio.h>
    #define R24C04ADD 0xA1;
    #define W24C04ADD 0xA0;
    extern unsigned char WIICByte(unsigned char WChipAdd,unsigned char
InterAdd,unsigned char WIICData);
```

```
    extern  unsigned  char  RIICByte(unsigned  char  WChipAdd,unsigned  char
RChipAdd,unsigned char InterDataAdd);
    unsigned char wBuff[16];                //待写入字节缓冲区
    unsigned char rBuff[16];                //读出的字节缓冲区
    unsigned char rxCounter = 0;            //接收计数器
    unsigned char wrCounter = 0;            //读写计数器
    bit rxFlg = 0;                          //接收缓冲标志位
    //串口初始化函数
    void InitUART(void)
    {
      TMOD = 0x20;                          //Timer 工作方式选择
      SCON = 0x50;
      TH1 = 0xFD;
      TL1 = TH1;
      PCON = 0x00;
      EA = 1;
      ES = 1;                               //开串口中断
      TR1 = 1;                              //启动 T1
    }
    //串口中断接收处理函数
    void Serialdeal(void) interrupt 4 using 0
    {
     if(RI == 1)                            //接收数据
     {
      wBuff[rxCounter] = SBUF;
      rxCounter++;                          //计数器++
      if(rxCounter>15)                      //到了第 16 个字节
      {
        rxCounter = 0;                      //清除
        rxFlg = 1;                          //接收缓冲标志位置位
      }
     }
    }
    main()
    {
      InitUART();                           //初始化串口
      while(1)
      {
```

```
        while(rxFlg == 0);                  //等待接收标志位被置位
        rxFlg = 0;                          //清除接收标志位
        for(wrCounter=0;wrCounter<16;wrCounter++)
        {
         rBuff[wrCounter] = RIICByte(W24C04ADD,R24C04ADD,(0x01+wrCounter));
         //连续读取一字节数据,共 16B
         putchar(rBuff[wrCounter]);         //将数据通过串口发送
        }
        for(wrCounter=0;wrCounter<16;wrCounter++)
        {
         WIICByte(W24C04ADD,(0x01+wrCounter),wBuff[wrCounter]);
         //连续写入 16B 数据
        }
      }
    }
```

6.5　SPI 总线接口 93 系列 E^2PROM 扩展

和 AT24 系列 E^2PROM 类似，93 系列 E^2PROM 也常用于保存需要在掉电之后保留的数据，其和 AT24 系列的差异是 93 系列 E^2PROM 采用的是 SPI 总线接口，其具有通信速率高，单片机程序编写简单的优点，本小节将详细介绍 93 系列 E^2PROM 的应用方法。

6.5.1　SPI 总线基础

SPI（Serial Peripheral interface）接口总线是 Motorola 公司首先在其 MC68HCXX 系列处理器上定义的一种通信接口标准，它可以使处理器与各种外围设备以串行方式进行最高能达到 3Mbps 的速度的数据通信。

1. SPI 总线的物理结构

SPI 总线接口由四根数据信号线组成，其分别定义如下。

- MISO：主入从出数据线，主机的数据输入线，从机的数据输出线。
- MOSI：主出从入数据线，主机的数据输出线，从机的数据输入线。
- SCK：串行时钟数据线，由主机发出，对于从机是输入信号，当主机发起一次传送的时候，自动发出 8 个 SCK 信号，数据移位发生在 SCK 的每一次跳变上。
- SS：外设片选数据线，数据传送开始前允许从机 SPI 接口工作的片选信号线。

和 I^2C 总线不同，在 SPI 总线上只允许存在一个主机，但是可以存在多个从机，主机使用 SS 信号线来选择从机，在时钟信号 SCK 的上升/下降沿主机数据从主机的 MOSI 引脚发

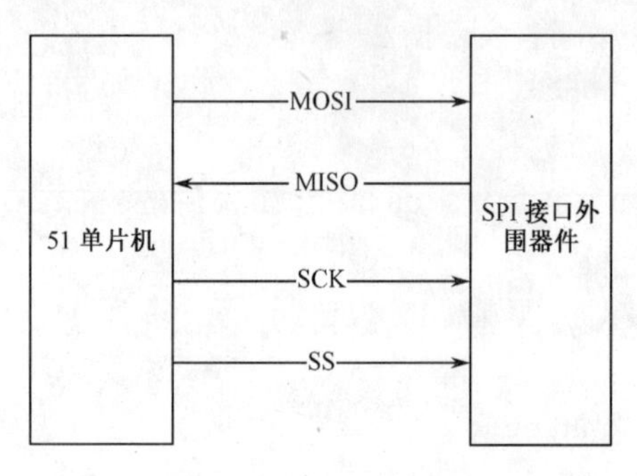

图 6.18 SPI 总线扩展外围器件的电路结构

送给被 SS 选中的从机的 MISO 引脚，而在下一次下降/上升沿上从机数据从从机的MISO 引脚上返回到主机的 MOSI 引脚上，SPI 总线的工作过程类似一个 16 位的移位寄存器，其中 8 位数据在主机中，另外的 8 位数据在从机中，51 单片机使用 SPI 总线接口来扩展外围器件的电路结构如图 6.18 所示。

2．SPI 总线的时序

和 I^2C 总线相同，SPI 总线的数据交换过程也需要时钟驱动，SPI 总线的时钟有时钟极性（CPOL）和时钟相位（CPHA）两个参数，前者决定了有效时钟是高电平还是低电平，后者决定有效时钟的相位，这两个参数配合起来决定了 SPI 总线的数据时序，如图 6.19 和图 6.20 所示。

- 如果 CPOL=0，串行同步时钟的空闲状态为低电平。
- 如果 CPOL=1，串行同步时钟的空闲状态为高电平。
- 如果 CPHA=0，在串行同步时钟的第一个跳变沿上升或下降采样数据。
- 如果 CPHA=1，在串行同步时钟的第二个跳变沿上升或下降采样数据。

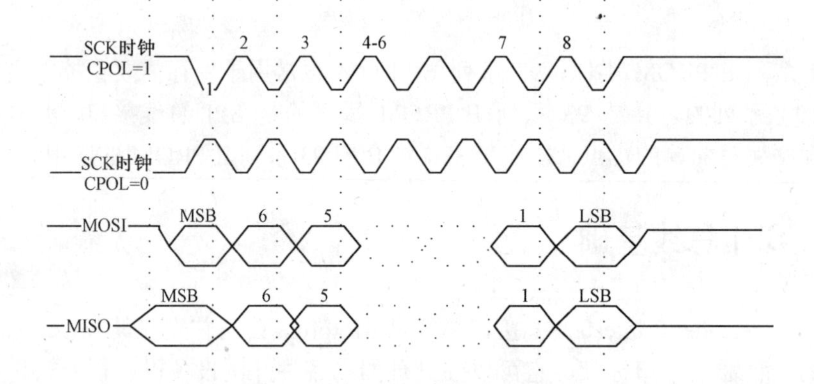

图 6.19 CPHA = 0 时的 SPI 总线数据传输时序

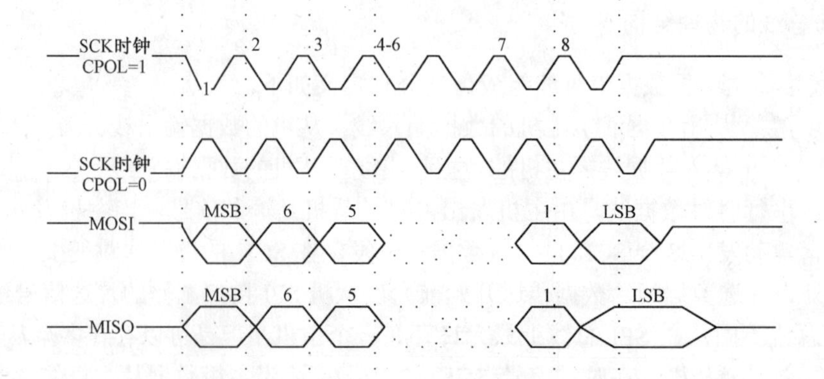

图 6.20 CPHA = 1 时的 SPI 总线数据传输时序

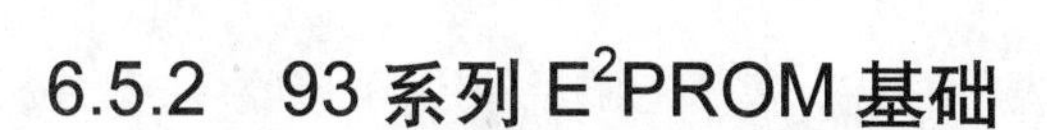

6.5.2　93 系列 E^2PROM 基础

SPI 总线接口 93 系列 E^2PROM 的生产商有 NS、Microchip、Atmel，其兼容产品系列分别为 NM93CXX、93CXX、AT93CXX，封装主要以 8 脚 DIP 和 SOIC 为主。

1．93 系列 E^2PROM 的引脚

93 系列 E^2PROM 的引脚如图 6.21 所示，其具体说明如下。

- CS：片选信号，高电平有效，该引脚外加低电平时，芯片进入低功耗的休眠状态。但是一旦进入编程写入周期，片选信号的状态将不影响内部编程；如果在编程期间 CS 引脚由高电平变为低电平，等到编程结束后，立即进入休眠状态，在将指令写入 93 系列 E^2PROM 的时候，CS 必须输入低电平。

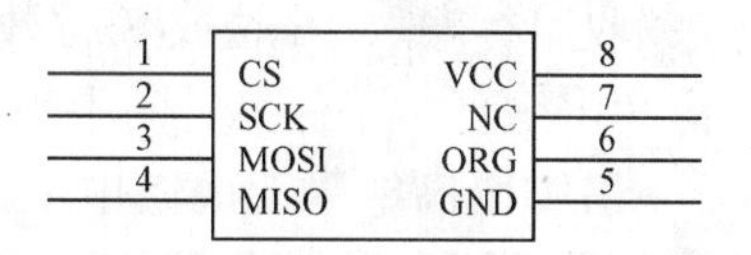

图 6.21　93 系列 E^2PROM 的引脚

- SCK：串行数据时钟输入信号，作为 SPI 总线主器件和外围接口器件之间通信的同步信号，93 系列 E^2PROM 数据引脚上的输入数据都是在时钟 SCK 信号的上升沿锁定有效，输出数据位也是在时钟信号的上升沿锁定有效。
- MOSI：93 系列 E^2PROM 的数据输入引脚。
- MISO：93 系列 E^2PROM 的数据输出引脚。
- ORG：在某些特定 93 系列 E^2PROM 用于选择输出数据为 16 位还是 8 位。
- VCC：电源信号引脚。
- GND：地信号。

2．93 系列 E^2PROM 的指令

和 AT24 系列 E^2PROM 的直接操作方式不同，93 系列 E^2PROM 需要通过指令对芯片进行操作，本小节将以 93C46 为例讲解该指令的具体使用方法，93C46 是 64×16 字节的 SPI 接口 E^2PROM，其内部存储单元有 64 个地址，占用 6 位数据空间，其输出数据两位并行字节，表 6.10 是 93C46 的指令列表。

表 6.10　93C46 的指令表（ORG=1，16 位数据）

指　令	起始位	操作代码	地　址	数据		说　明
				输　入	输　出	
读指令	1	10	A5～A0	—	D15～D0	读地址 A5～A0
写指令	1	01	A5～A0	D15～D0	RDY/BSY	写地址 A5～A0
单地址擦除	1	11	A5～A0		RDY/BSY	擦除地址 A5～A0
擦写使能	1	00	11××××		高阻	
擦写禁止	1	00	00××××		高阻	
页写入	1	00	10××××	D15～D0	RDY/BSY	
页擦除	1	00	01××××		RDY/BSY	

指令的最高位（起始位）为 1，作为控制指令的起始值。然后是两位操作代码，最后是

6位地址码。93C46在SPI总线中必须作为从器件存在，其MOSI引脚用于接收51单片机以串行格式发来的命令、地址和数据，数据的每一位均在SCK的上升沿被读入93C46。此时不论93C46进行什么操作，必须先将CS位置“1”，然后在同步时钟作用下，把9位串行指令一次写入片内。在未完成这条指令所必须的操作之前，芯片拒绝接收新的指令。在不对芯片操作时，最好将CS置为低电平，使芯片处于等待状态，以降低功耗，各个命令的详细说明如下。

- 读指令：当CS为高电平时，93C46在收到读命令和对应的地址后，从MISO引脚上串行输出指定地址单元的16位数据（高位在前）。
- 写指令：当CS为高电平时，93C46在收到写命令和对应的地址后，从MOSI引脚接收串行输入16位或8位数据（高位在前）。在下一个时钟上升沿到来前将CS端置为“0”（低电平保持时间不小于250ns），再将CS恢复为“1”，启动写操作。此时MISO引脚由高电平变成低电平，表示芯片处于写操作的“忙”状态。93C46在写入数据前，会自动擦除代谢单元的内容，当写操作完成后，MOSI引脚变成高电平表示93C46处于“准备就绪”状态，可以接收新命令。
- 擦写禁止和擦写使能指令：当93C46收到擦写命令后进入擦写禁止状态，不允许对芯片进行任何擦写操作，在系统上电时93C46自动进入擦写禁止状态。此时若需要对芯片进行擦写操作，必须先发擦写使能命令，因而防止了干扰或其他原因引起的误操作。93C46在接收到EWEN命令后，进入写允许状态，允许对其进行擦写操作，但是读READ命令不受EWDS和EWEN影响。
- 单地址擦除、页擦除、页写入指令：单地址擦除指令用于擦除某个地址单元的内容，擦除完成之后对应地址的内容为“1”；页擦除指令用于擦除整个芯片的内容，擦除后芯片所有地址的内容均为“1”；页写入指令将特定内容整页写入。在进行页擦除和页写入时，在接收完命令和数据，CS从“1”变为“0”再恢复为1（低电平保持时间不小于250ns）后，页擦除或页写入启动，擦除和写入均为自动定时的方式。自动定时方式下不需要SCK时钟。

6.5.3 93系列E^{2}PROM的应用电路

图6.22所示是93C46的典型应用电路，可以看到其应用方法相当简单，使用51单片机对应的引脚直接连接到93C46的对应引脚即可， P2.0～P2.3分别对应CS、SCK、MOSI和MISO引脚。

6.5.4 93系列E^{2}PROM操作步骤

93系列的E^{2}PROM操作和AT24系列不同，需要使用指令进行，并且其不会自动擦除以前的数据，需要在数据写入之前用户使用对应的指令手动擦除，其写入流程如下：

（1）使能E^{2}PROM的擦除。

（2）擦除E^{2}PROM对应的地址单元。

（3）将对应的数据写入E^{2}PROM的对应单元。

对 93 系列 E^2PROM 的读操作可以使用读指令直接进行操作。

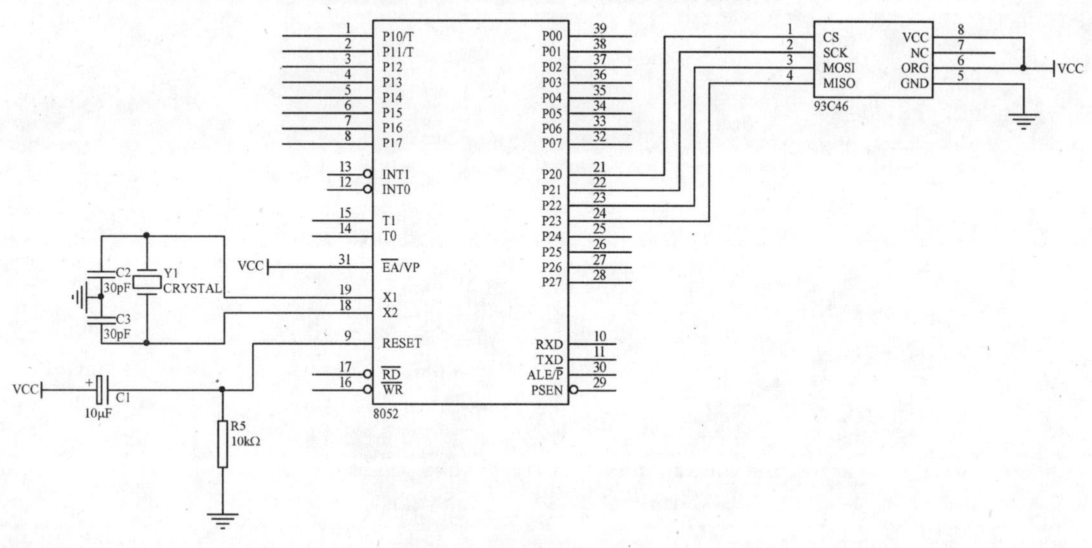

图 6.22　93C46 的典型应用电路

6.5.5　93 系列 E^2PROM 的应用代码

1．93 系列 E^2PROM 的库函数

例 6.5 提供了对 93 系列 E^2PROM 进行读/写操作的库函数，其使用 51 单片机的 I/O 引脚模拟 SPI 的时序对 E^2PROM 进行操作，提供了 at93c_write 函数用于写操作，at93c_read 用于读操作，其中常用两个函数说明如下。

- unsigned char at93c_read(unsigned char addr)：读保存在存储器中地址为 addr 的数据，参数 addr 为指定的地址单元。
- void at93c_write(unsigned char addr,unsigned char dat)：向 93 系列 E^2PROM 地址单元为 addr 的位置写入一个字节数据 dat。

【例 6.5】代码使用 51 单片机的普通引脚来模拟 SPI 总线的数据通信过程，调用了 nop 函数用于延时以产生时钟信号。

```
#include "AT89X52.h"
#include "intrins.h"
//操作命令常数
#define READ     0xc0                      //读命令
#define WRITE    0xa0                      //写命令
#define ERASE    0xe0                      //单擦除命令
#define EWEN     0x98                      //擦除使能命令
#define EWDS     0x80                      //擦除禁止命令
#define WRAL     0x88                      //页写入命令
#define ERAL     0x90                      //页擦除命令
//51 单片机的引脚定义
```

```
sbit CS=P2^0;
sbit SCK=P2^1;
sbit MOSI=P2^2;
sbit MISO=P2^3;
//产生一位时钟信号
void clock(void)
{
    SCK=0;
    _nop_();                                    //空操作
    SCK=1;
}
//向 93c46 写入指定宽度的数据
void spi_send(unsigned char dat,unsigned char num)
{
    unsigned char i;
    for(i=0;i<num;i++)                          //num 为指定字节宽度
    {
        MOSI=(bit)(dat&0x80);
        dat<<=1;
        clock();
    }
}
//从 93C46 读出一个字节的数据
unsigned char spi_receive(void)
{
    unsigned char i;
    unsigned char tmp=0;
    MISO=1;
    while(MISO)
        clock();
    for(i=0;i<8;i++)
    {
        clock();
        tmp<<=1;
        if(MISO)
            tmp++;
    }
    clock();
    return tmp;
}
//读保存在 at93c 存储器中地址为 addr 处的数据
```

```
unsigned char at93c_read(unsigned char addr)
{
    unsigned char tmp;
    CS=0;
    addr<<=1;
    CS=1;

    spi_send(READ,3);
    spi_send(addr,7);
    tmp=spi_receive();
    CS=0;
    return tmp;
}
//使能写/删除函数
void enable_write(void)
{
    CS=0;
    SCK=0;
    CS=1;
    spi_send(EWEN,5);
    spi_send(0,5);
    CS=0;
}
//禁止写/删除操作函数
void disable_write(void)
{
    CS=0;
    SCK=0;
    CS=1;
    spi_send(EWDS,5);
    spi_send(0,5);
    CS=0;
}
//擦除地址为 addr 的存储单元函数
void at93c_erase(unsigned char addr)
{
    enable_write();
    CS=0;
    MISO=1;
    CS=1;
    addr<<=1;
```

```
    spi_send(ERASE,3);
    spi_send(addr,7);
    CS=0;
    CS=1;
    while(!MISO)
        clock();
    CS=0;
    disable_write();
}
//往 at93c46 addr 地址写数据 dat 函数
void at93c_write(unsigned char addr,unsigned char dat)
{
    _nop_();
    //擦除原先的数据
    at93c_erase(addr);
    addr<<=1;
    enable_write();
    CS=1;
    spi_send(WRITE,3);
    spi_send(addr,7);
    spi_send(dat,8);
    CS=0;
    CS=1;
    while(!MISO) clock();
    CS=0;
    disable_write();
}
//往 at93c46 所有存储单元写入 dat 函数
void at93c_writeall(unsigned char dat)
{
    enable_write();
    _nop_();
    CS=1;
    spi_send(WRAL,5);
    spi_send(0,5);
    spi_send(dat,8);
    CS=0;
    CS=1;
    while(!MISO) clock();
    CS=0;
    disable_write();
```

```
}
//擦除 at93c46 函数
void at93c_eraseall(void)
{
    enable_write();
    _nop_();
    CS=1;

    spi_send(ERAL,5);
    spi_send(0,5);
    CS=0;
    CS=1;
    while(!MISO) clock();
    CS=0;
    disable_write();
}
//93C46 的初始化函数
void init_spi_93c(void)
{
    CS=0;
    MOSI=0;
    MISO=1;
    SCK=0;
}
```

2．应用实例——使用 93C46 来存放用户数据

本应用和 6.4.5 小节的应用相同，使用一个外部 E^2PROM 来存放用户数据，51 单片机从串口接收 16B 写入外部 E^2PROM 中，并且将上一次写入的数据读出通过串口发送。其使用了 93 系列 E^2PROM 中的 93C46 来实现，和 6.4.5 小节的设计比起来，该应用的优点是读写速度快，缺点是占用 51 单片机引脚多。

图 6.23 所示是本实例的应用电路，51 单片机使用 P2.0～P2.3 引脚和 93C46 进行通信，使用 MAX232 进行串口的电平转换。

表 6.11 是实例涉及的典型器件说明列表。

表 6.11 使用 93C46 来存放用户数据应用实例的器件列表

器 件	说 明
AT89S52	51 单片机
93C46	SPI 接口 E^2PROM 芯片
MAX232	RS232 电平逻辑芯片
电阻	上拉
晶体	51 单片机工作的振荡源，12MHz
电容	51 单片机复位和振荡源工作的辅助器件，MAX232 通信芯片的外围辅助器件

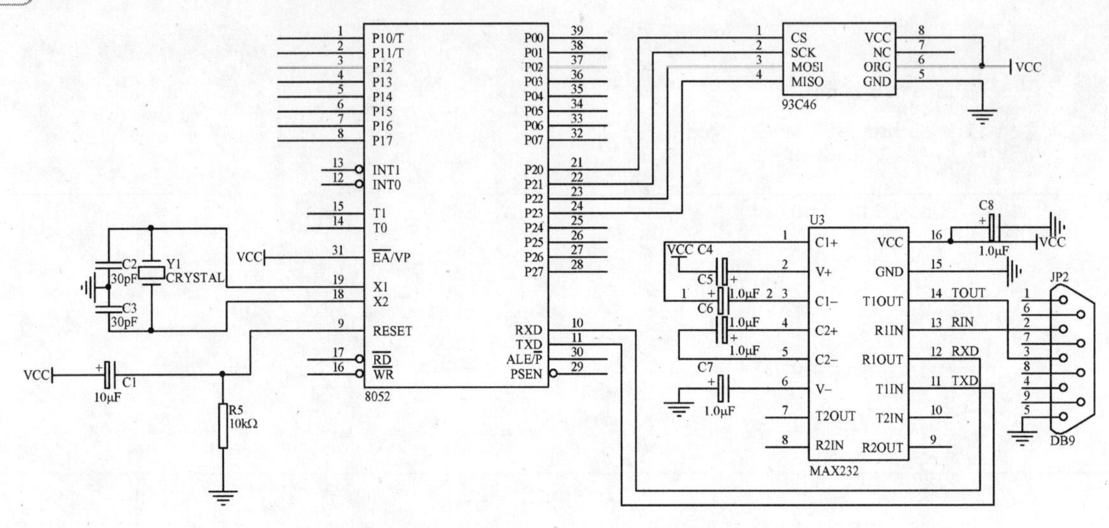

图 6.23　使用 93C46 存放用户数据实例应用电路

【例 6.6】和例 6.4 类似，在初始化系统之后等待串口接收完 16B，在接收完成之后将 rxFlg 接收标志位置位，在主循环中检查该标志位，如果被置位，则调用上一小节中的库函数对 93C46 进行读/写操作。

```
#include <At89X52.h>
#include <stdio.h>
unsigned char at93c_read(unsigned char addr);    //读存放在 addr 地址的数据
void at93c_write(unsigned char addr,unsigned char dat); //将地址写入指定的地址单元
unsigned char wBuff[16];                         //待写入字节缓冲区
unsigned char rBuff[16];                         //读出的字节缓冲区
unsigned char rxCounter = 0;                     //接收计数器
unsigned char wrCounter = 0;                     //读写计数器
bit rxFlg = 0;                                   //接收缓冲标志位
//串口初始化函数
void InitUART(void)
{
   TMOD = 0x20;                                  //Timer 工作方式选择
   SCON = 0x50;
   TH1 = 0xFD;
   TL1 = TH1;
   PCON = 0x00;
   EA = 1;
   ES = 1;                                       //开串口中断
   TR1 = 1;                                      //启动 T1
}
//串口中断接收处理函数
```

```
void Serialdeal(void) interrupt 4 using 0
{
  if(RI == 1)                                          //接收数据
  {
   wBuff[rxCounter] = SBUF;
   rxCounter++;                                        //计数器++
   if(rxCounter>15)                                    //到了第 16B
   {
      rxCounter = 0;                                   //清除
      rxFlg = 1;                                       //接收缓冲标志位置位
   }
  }
}
main()
{
   InitUART();                                         //初始化串口
   while(1)
   {
     while(rxFlg == 0);                                //等待接收标志位被置位
     rxFlg = 0;                                        //清除接收标志位
     for(wrCounter=0;wrCounter<16;wrCounter++)
     {
      rBuff[wrCounter] = at93c_read(0x01+wrCounter);
//连续读取一字节数据,共 16B
      putchar(rBuff[wrCounter]);                       //将数据通过串口发送
     }
     for(wrCounter=0;wrCounter<16;wrCounter++)
     {
      at93c_write((0x01+wrCounter),wBuff[wrCounter]);
//连续写入 16B 数据
     }
   }
}
```

6.6　IDT 系列双口 RAM 双机通信应用

当 51 单片机应用系统中多余一块 51 单片机需要共享一些数据的时候，可以使用双口 RAM，IDT 系列的双口 RAM 具有独立的双地址控制系统，允许两块单片机同时对 RAM 的不同内部地址空间进行操作。

6.6.1 IDT 系列双口 RAM 基础

IDT 公司的双端口 RAM 芯片是 CMOS 静态 RAM，它有左、右两套完全相同的 I/O 口，即两套数据总线，两套地址总线，两套控制总线（$\overline{\text{CE}}$、R/W、$\overline{\text{OE}}$、$\overline{\text{BUSY}}$），并有一套竞争仲裁电路；它的内部存储器可以通过左右两边的任一组 I/O 口进行全异步的存储器读/写操作，其内部结构如图 6.24 所示。

如图 6.24 所示，IDT 系列双口 RAM 的核心部分是用于数据存储的存储器阵列，为左、右两个端口公用，位于左、右两个端口的 51 单片机就可以共享一个存储器空间。

1．IDT 系列双口 RAM 的引脚

图 6.25 所示是存储容量为 2KB 的 IDT7132 的引脚示意图，其详细说明如下。

- $\overline{\text{CEL}}$ 和 $\overline{\text{CER}}$：左、右片选信号引脚。
- R/WL 和 R/WR：左、右读/写信号引脚。
- $\overline{\text{BUSYL}}$ 和 $\overline{\text{BUSYR}}$：左、右忙标志信号引脚。
- $\overline{\text{OEL}}$ 和 $\overline{\text{OER}}$：左、右输出使能信号引脚。
- A0L～A10L 和 A0R～A10R：左、右地址信号引脚。
- I/O0L～I/O7L 和 I/O0R～I/O7R：左、右数据信号引脚。
- VCC：工作电源信号引脚。
- GND：工作电源地信号引脚。

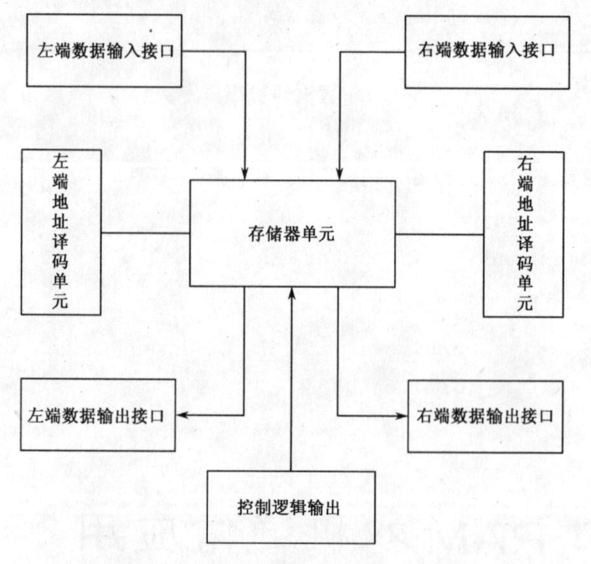

图 6.24　IDT 系列双口 RAM 的内部结构

引脚	名称	名称	引脚
1	$\overline{\text{CEL}}$	VCC	48
2	R/WL	$\overline{\text{CER}}$	47
3	$\overline{\text{BUSYL}}$	R/WR	46
4	A10L	$\overline{\text{BUSYR}}$	45
5	$\overline{\text{OEL}}$	A10R	44
6	A0L	$\overline{\text{OER}}$	43
7	A1L	A0R	42
8	A2L	A1R	41
9	A3L	A2R	40
10	A4L	A3R	39
11	A5L	A4R	38
12	A6L	A5R	37
13	A7L	A6R	36
14	A8L	A7R	35
15	A9L	A8R	34
16	I/O0L	A9R	33
17	I/O1L	I/O7R	32
18	I/O2L	I/O6R	31
19	I/O3L	I/O5R	30
20	I/O4L	I/O4R	29
21	I/O5L	I/O3R	28
22	I/O6L	I/O2R	27
23	I/O7L	I/O1R	26
24	GND	I/O0R	25

图 6.25　IDT7132 的引脚示意图

2．IDT 系列双口 RAM 的真值表

IDT7312 的读/写时序与普通 RAM 的读/写时序非常类似，可以参考 6.1 小节，当 51 单

片机选中 DPRAM 时，片选引脚$\overline{\text{CER}}$（$\overline{\text{CEL}}$）出现下降沿，当$\overline{\text{OEL}}$（$\overline{\text{OER}}$）为高且 R/WL（R/WR）为低时，51 单片机对内部存储单元进行写操作；而当$\overline{\text{OEL}}$（$\overline{\text{OER}}$）为低且 R/WL（R/WR）为高时，51 单片机对内部存储单元进行读操作，IDT7312 在非竞争情况下的真值表如表 6.12 所示。

表 6.12　IDT7132 在非竞争关系下的真值表

左端口或者右端口				功 能 说 明
R/W	$\overline{\text{CE}}$	$\overline{\text{OE}}$	数据端口	
×	H	×	高阻	掉电模式
L	L	×	输入	数据写入存储器
H	L	L	数据输出	存储器数据输出
H	L	H	高阻	输出为高阻态

当两个端口同时分别对双端口 RAM 存取时，IDT7312 芯片有硬件功能控制逻辑输出引脚 BUSY，其工作原理如下（表 6.13 是 IDT7132 的竞争仲裁结果列表）。

- 当左右端口不对同一地址单元存取时，BUSY 引脚均为高电平，可正常存储。
- 当左右端口对同一地址单元存取时，有一端口 BUSY 的为低电平，禁止数据的存取，此时，两个端口中哪个存取请求信号出现在前，则其对应的为高电平，允许存取，否则其对应的为高电平，禁止其写入数据。

表 6.13　IDT7132 的竞争仲裁结果列表

左　端　口		右　端　口		$\overline{\text{BUSY}}$标志		功　　能	说　　明
$\overline{\text{CEL}}$	A0~A10	$\overline{\text{CER}}$	A0～A10	$\overline{\text{BUSYL}}$	$\overline{\text{BUSYR}}$		
×	×	×	×	H	H	无竞争	
L	LV5R	L	LV5R	H	L	左端口胜	如果左、右端口的$\overline{\text{CE}}$同时有效
L	RV5R	L	RV5R	L	H	右端口胜	
L	SAME	L	SAM	H	L	判定完成	
L	SAME	L	SAME	L	H	判定完成	
LL5R	同右地址	LL5R	同左地址	H	L	左端口胜	如果左、右端口的地址同时有效
RL5L	同右地址	RL5L	同左地址	L	H	右端口胜	
LW5R	同右地址	LW5R	同左地址	H	L	判定完成	
LW5R	同右地址	LW5R	同左地址	L	H	判定完成	

表中的相应说明如下：

- LV5R：左端口地址比右端口地址优先有效 5ns 以上。
- RV5R：右端口地址比左端口地址优先有效 5ns 以上。
- SAME：左右端口地址有效时间差在 5ns 以内。
- LL5R：左端口片选信号比右端口片选信号先有效 5ns 以上。
- RL5L：右端口片选信号比左端口片选信号先有效 5ns 以上。
- LW5R：左右端口片选信号有效时间差在 5ns 以内。

6.6.2　IDT 系列双口 RAM 的应用电路

图 6.26 所示是典型的 IDT 系列双口 RAM 的应用电路，51 单片机 U3（单片机 A）和

U5（单片机 B）按照独立 RAM 扩展的方法来分别连接了 IDT7132 的左侧和右侧的逻辑端口，对于 U3 和 U5 而言 IDT7132 的地址空间均为 0x7000～0x7800，IDT7132 的左端口和右端口的 BUSY 引脚分别连接到对应单片机的 P1.0 引脚。

注：*总而言之，51 单片机扩展双口 RAM 的基本方法就是将其分别看做独立的两块 RAM 即可。*

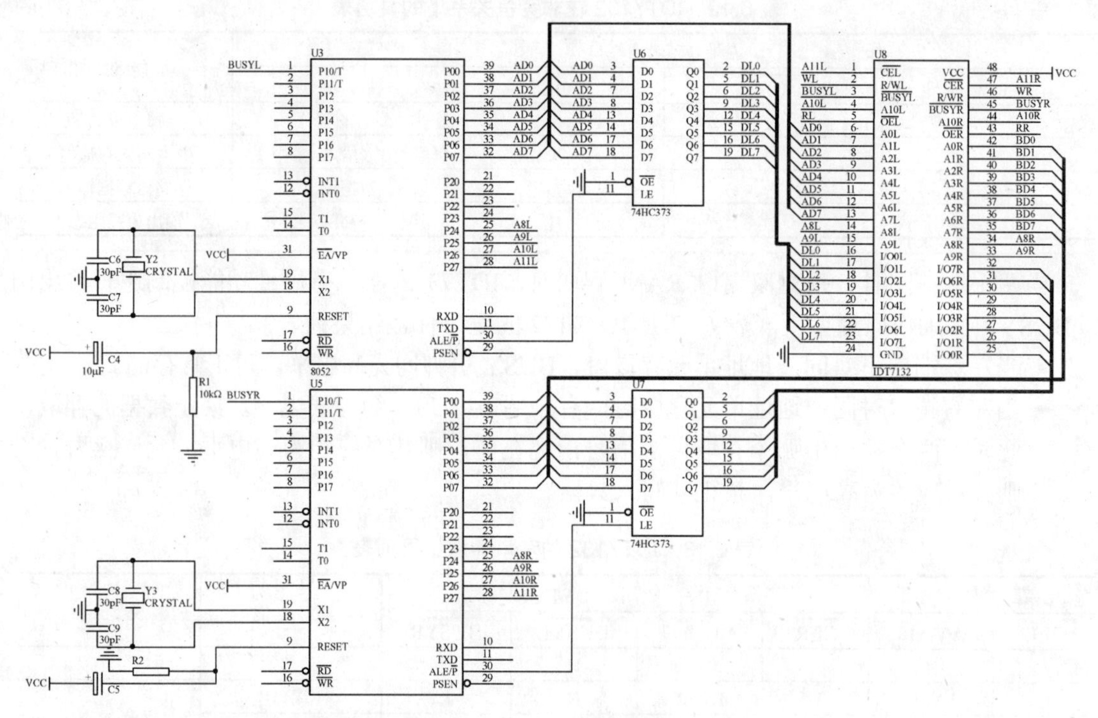

图 6.26　IDT 系列双口 RAM 的典型应用电路

6.6.3　IDT 系列双口 RAM 的操作步骤

51 单片机扩展双端口 RAM 的关键是当出现竞争的时候如何处理，当 51 单片机通过两个端口对双端口 RAM 内部的同一个存储单元进行操作（即两组地址总线完全相同）时将出现竞争，为避免因竞争而导致的数据操作，可以使用以下三种方法：

- 设置标志位，在开辟数据通信区的同时可通过软件方法在某个固定的存储单元设立标志位，这种方法要求双方 51 单片机在每次访问双端口 RAM 之前必须查询、测试和设置标志位，然后再根据标志位的状态决定是否可以访问数据区。
- 有的双端口本身就具有专用的一个或多个硬件标志锁存器和专门的测试和设置指令，可直接对标志位进行读/写操作，这种方法通常用在多个 51 单片机共享一个存储器块时。为了保证通信数据的完整性，在采用这种方法时往往要求每个 51 单片机能对该存储器块进行互斥的存取。
- 使用软件查询引脚状态，双端口 RAM 必须具有解决两个以上 51 单片机同时访问同一单元的竞争仲裁逻辑功能，当双方访问地址发生冲突时，竞争仲裁逻辑可用来决定哪个端口访问有效，同时取消无效端口的访问操作，并将禁止端口的信号置为低电

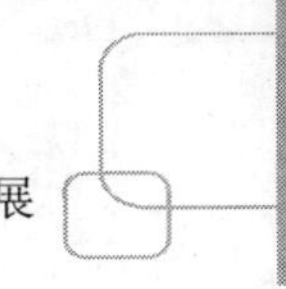

平。因此，信号可作为处理器等待逻辑的输入之一，即当为低电平时，让处理器进入等待状态，每次访问双端口 RAM 时，检查状态以判断是否发生竞争，只有为高时对双端口 RAM 的操作才有效。

在 51 单片机应用系统中使用 IDT 系列双口 RAM 的操作步骤如下：

（1）根据应用系统的具体规划设计，按照单个 51 单片机扩展 RAM 的方法连接好双口 RAM 并且分配好对应的地址空间。

（2）按照使用单个 RAM 的方法，使用双口 RAM 中独立划分给本 51 单片机使用的内存空间。

（3）在使用共用的内存空间的时候，需要使用上述的三种方法中的一种来检验有没有其他单片机也在操作这个对应的空间（一般来说只需要在写操作时候这么做），如果有，则等待，否则进行操作。

6.6.4　应用实例——使用 IDT7232 进行双机通信

本应用是两片 51 单片机使用一片 IDT7132 进行数据交换的实例，两片单片机使用 IDT7312 的第一个存储单元 0x00 作为更新标志，使用 0x0001～0x000A 的 10 个字节作为存储区，单片机 A 向存储区写入数据，单片机 B 从此存储区读出数据，表 6.14 是实例涉及的典型器件列表。

表 6.14　使用 IDT7132 进行双机通信实例器件列表

器　件	说　明
51 单片机 A	核心部件，往 IDT7132 中写入数据
51 单片机 B	核心部件，从 IDT7132 读出数据
74373	数据和地址总线分离芯片
IDT7132	双口 RAM
电阻	限流
晶体	51 单片机工作的振荡源
电容	51 单片机复位和振荡源工作的辅助器件

例 6.7 和例 6.8 分别是 51 单片机 A 和 51 单片机 B 的应用代码。

【例 6.7】单片机 A 的应用代码，首先检查 BUSY 引脚是否忙，如果为空闲，则检查上次的更新是否被读取，如果已经读取完毕，则将 buf 中的数据写入双口 RAM 中。

```
#include <AT89X52.h>
#define adr_flag  ((unsigned char*)0x7000)        //存放更新标志的地址
#define adr_store ((unsigned char*)0x7000)        //存储区起始地址
sbit sbBUSY=P1^0;                                 //P1.0 接 BUSYR 信号
void main(void)
{
   unsigned char buf[10];                         //将要写入的数据存放在 buf[10]中
   unsigned char i,temp;
   while(1)                                       //无限循环
```

```
        {
            *(adr_store+i)= buf[i];             //写双端口 RAM
            if(!sbBUSY) break;                  //如果 BUSYR 信号为低,循环检测
            temp=*adr_flag;                     //直到 BUSYR 信号变高
            if(temp==0) break;                  //若上次更新尚未被读取,循环检测
            else                                //若已被读取
            {
                *adr_flag=0xff;                 //置更新标志
                for(i=0;i<=9;i++)               //写入 10 个字节
                    *(adr_store+i)=buf[i];
            }
        }
    }
```

【例 6.8】单片机 B 的应用代码，其首先检查 BUSY 引脚是否忙，如果为空闲，则检查是否已经更新，如果已经更新则读取数据存放到 buf 中，读取完毕之后把更新标志清除。

```
#include <AT89X52.h>
#define adr_flag  ((unsigned char*)0x7000) //存放更新标志的地址
#define adr_store ((unsigned char*)0x7001) //存储区起始地址
sbit sbBUSY=P1^0;                          //P.5 接 BUSYL 信号
void main(void)
{
    unsigned char buf[10];                 //存储从 IDT7312 中读取的数据
    unsigned char i,temp;
    while(1)                               //无限循环
    {
        buf[i]=*(adr_store+i);             //读双端口 RAM
        if(!sbBUSY) break;                 //如果 BUSYL 信号为低,循环检测
        temp=*adr_flag;                    //直到 BUSYL 信号变高
        if(temp==0xff) break;              //如果尚未更新,循环检测
        else                               //如果已经更新
        {
            *adr_flag=0x0;                 //清除更新标志
            for(i=0;i<=9;i++)              //读取 10 个字节
            {
                buf[i]=*(adr_store+i);
            }
        }
    }
}
```

6.7　Nand Flash 芯片 K9F5608 扩展

如果 51 单片机应用系统需在掉电之后存放大量数据，由于 E^2PROM 的容量一般都比较小，不能满足需求，所以此时可以使用 Flash 芯片。本小节将介绍 Nand Flash 芯片 K9F5608 的使用方法。

6.7.1　Nand Flash 芯片 K9F5608 基础

K9F5608 是三星公司生产的 Nand flash 型存储器，其容量为 32MB+1024KB，芯片被划分为 2048 扇区，每扇区又分为 32 页，每页除了 512B 的主存储区外，还包括 16B 的备用存储区。每个存储页分为 A 区（0～255B）、B 区（255～511B）和 C 区（512～527B），可通过不同的命令码来选择页存储空间的不同存储区域单元；其内部结构如图 6.27 所示。

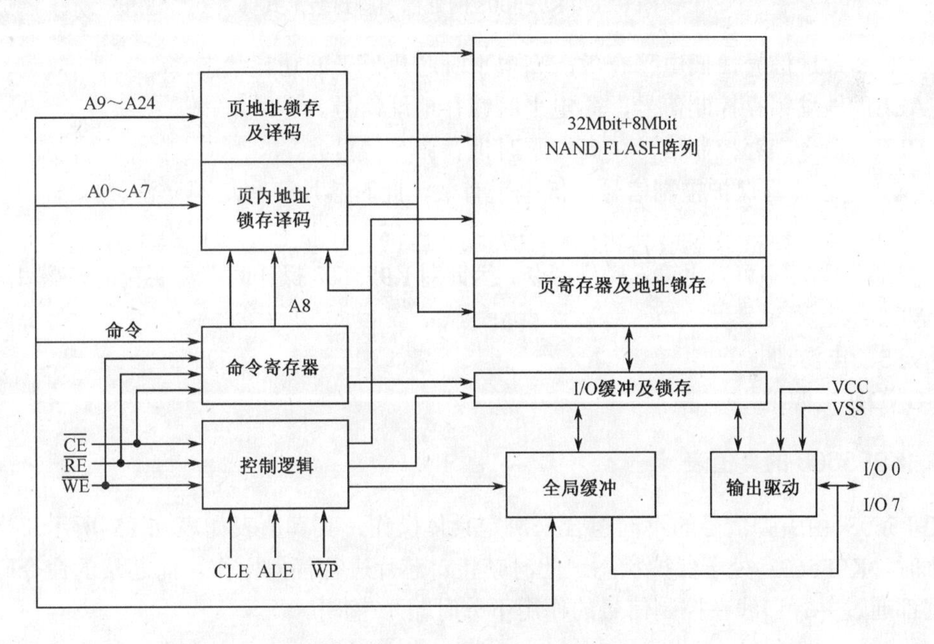

图 6.27　K9F5608 的内部结构

1．K9F5608 的引脚

图 6.28 所示是 K9F5608 的外部引脚封装形式。

K9F5608 的引脚包括片选信号 CE、读使能 RE、写使能 $\overline{WE}$、命令锁存 $\overline{CLE}$、地质锁存 $\overline{ALE}$ 和 8 位并行口 I/O0～I/O7 等，这些引脚的具体功能说明如下：

- I/O0～I/O7：指令、地址、数据输入/输出 8 位端口，可以输入/输出 8 位数据。地址 A0～A7，A9～A24 是通过 I/O0～I/O7 分 3 次输入的，而 A8 则由命令寄存器控制。
- $\overline{WE}$：写允许信号，低电平有效。
- $\overline{RE}$：读允许信号，低电平有效。

引脚	名称	名称	引脚
1	NC	NC	48
2	NC	NC	47
3	NC	NC	46
4	NC	NC	45
5	NC	I/O7	44
6	GND	I/O6	43
7	R/B	I/O5	42
8	$\overline{RE}$	I/O4	41
9	$\overline{CE}$	NC	40
10	NC	NC	39
11	NC	NC	38
12	VCC	VCC	37
13	VSS	VSS	36
14	NC	NC	35
15	NC	NC	34
16	CLE	NC	33
17	ALE	I/O3	32
18	$\overline{WE}$	I/O2	31
19	$\overline{WP}$	I/O1	30
20	NC	I/O0	29
21	NC	NC	28
22	NC	NC	27
23	NC	NC	26
24	NC	NC	25

图 6.28　K9F5608 的外部引脚封装形式

- $\overline{CE}$：片选信号，低电平有效，高电平时芯片处于低功耗状态。
- ALE：地址锁存控制信号，高电平时锁存地址信号。
- CLE：命令锁存控制信号，高电平时锁存命令信号。
- $\overline{WP}$：芯片写保护控制信号，低电平有效，此时芯片读写均不允许。
- R/B：芯片内部状态信号端口，指示芯片内部工作状态。为低电平时，表示芯片忙于内部读/写，不可以再输入操作命令。因此对 K9F5608 操作时，需要查询该端口的状态。
- VCC：电源。
- VSS：电源地。
- GND：电源地。

2．K9F5608 的真值表

K9F5608 由引脚信号的不同组合来决定具体操作，其真值表如表 6.15 所示。当 $\overline{WE}$ 为低电平时，K9F5608 处于保护状态，此时禁止对芯片进行任何操作，而芯片的命令码、地址和数据都通过并行口线在控制信号的作用下分时输入/输出。

表 6.15　K9F5608 的真值表

$\overline{CE}$	CLE	ALE	$\overline{WE}$	$\overline{RE}$	说　明
H	×	×	×	×	保持
L	H	L	↑	H	命令
L	L	H	↑	H	地址
L	L	L	↑	H	写数据
L	L	L	H	↓	读数据

3．K9F5608 的指令

51 单片机通过特定的指令对 K9F5608 进行操作，这些指令包括擦除、编程和读数据等，各种操作除像访问随机存储器 RAM 那样要提供地址和数据外，还要按特定的时序提供各种操作命令，比 RAM 的操作要复杂一些，并且有更多的操作方式，如表 6.16 所示。

表 6.16　K9F5608 的指令

功　能	命 令 字 1	命 令 字 2
读操作 1	0x00/0x01	×
读操作 2	0x50	×
读芯片 ID 号	0x90	×
复位芯片	0xFF	×
页写入	0x80	0x10
回读编程	0x00	0x8A
块擦除	0x60	0xD0
读芯片状态	0x70	×

6.7.2　Nand Flash 芯片 K9F5608 的应用电路

K9F5608 的典型应用电路如图 6.29 所示，51 单片机的 P0 口和 P2 口共同实现对 K9F5608 芯片的读写控制，单片机与 K9F5608 芯片之间传递的地址、命令、数据通过 P0 口与 K9F5608 芯片的 I/O0～I/O7 实现，P2 口除 P2.0 外，每个端口线都用于对 K9F5608 芯片控制操作。

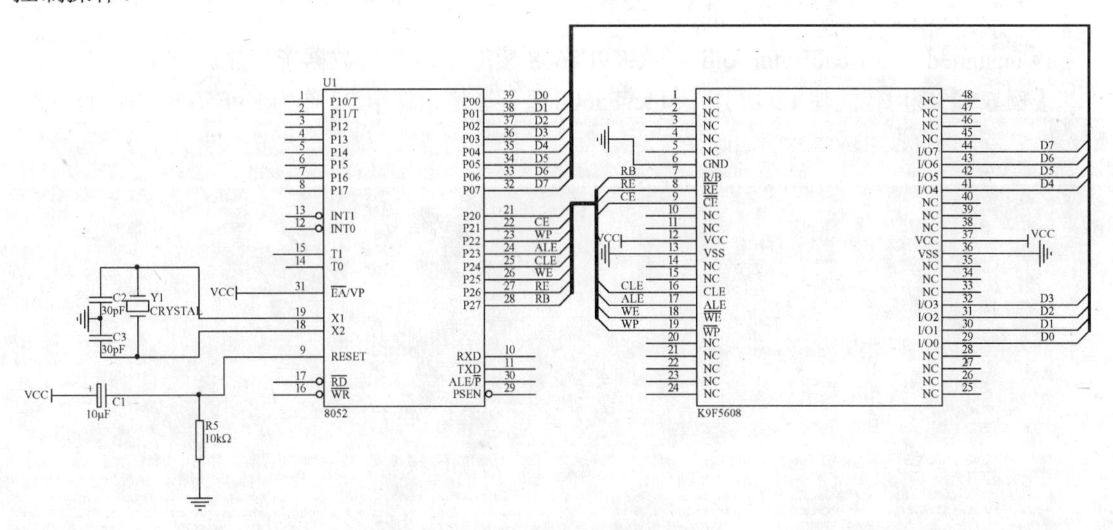

图 6.29　K9F5608 的典型应用电路

6.7.3　Nand Flash 芯片 K9F5608 的操作步骤

Nand Flash 芯片 K9F5608 的读/写操作是最常见的操作，需要注意的是，对 K9F5608 的读/写操作都是以块为单位的，也就是每次都要对 528B 的数据进行操作，对读/写流程的操作步骤的具体说明如下。

K9F5608 的读操作：

（1）发送读指令 0x50。

（2）发送读页面地址。

（3）读取 528B 的数据。

（4）对读出的数据进行处理，找到需要的部分。

K9F5608 的写操作：

（1）发送写指令 0x80。

（2）发送写页面地址。

（3）发送 528B 的数据。

（4）发送写完成数据指令 0x10。

（5）读取 K9F5608 的状态寄存器，如果 R/B 为“1”则表明写入完成，否则需要等待。

（6）判断数据位 I/O0 是否为“0”，如果为“0”，则表示写入成功，否则写入出错。

6.7.4 Nand Flash 芯片 K9F5608 的应用代码

1. K9F5608 的库函数

例 6.9 给出了 K95608 的对应库函数，其中最重要的两个读/写函数说明如下。

- void readpage(unsigned char addr0,addr1,addr2)：对页地址为 addr0 页面的 addr1 开始字节及页地址为 addr2 页面的前 512B 数据进行读操作。
- unsigned char ReadByte(void)：从 K9F5608 读取一个字节数据子程序。

【例 6.9】应用代码使用 P0 引脚和 K9F5608 进行通信，使用 P2 作为 K9F56-8 的控制引脚。

```
#include <AT89X52.h>
//1 单片机对 K9f5608 的控制位功能定义
sbit CE=P2 ^ 1;                         //片选信号
sbit WP=P2 ^ 2;                         //写保护
sbit ALE=P2 ^ 3;                        //地址锁存
sbit CLE=P2 ^ 4;                        //命令锁存
sbit WE=P2 ^ 5;                         //写允许
sbit RE=P2 ^ 6;                         //读允许
sbit BUSY=P2 ^ 7;                       //工作状态
//向 K9F5608 发送一个字节命令函数
void SendCOMM(unsigned char scode)
{
   while(BUSY==0);
   CLE=1;                               //控制总线处于写命令状态
   WE=0;
   P0=scode;
   CLE=10;                              //控制总线恢复初始状态
   WE=1;
```

```
}
//向 K9f5608 发送一个字节数据函数
void SendByte(unsigned char sdata)
{
   while(BUSY==0)
   WE=0;                                    //控制总线处于写数据状态
   P0=sdata;
   WE=1;                                    //控制总线恢复初始状态
}
//向 K9F5608 发送一个数据地址函数
void SendAddr(unsigned char addr)
{
   while(BUSY==0)
   ALE=1;                                   //控制总线处于写地状态
   WE=0;
   P0=addr;                                 //控制总线恢复初始状态
   WE=1;
}
//从 K9F5608 读取一个字节数据子程序
unsigned char ReadByte(void)
{
   unsigned char temp;
   while(BUSY==0)
   RE=0;                                    //控制总线处于读数据状态
   temp=P0;
   RE=1;                                    //控制总线恢复初始状态
   return  temp;
}
//从 K9F5608 读取 528B 数据子程序,也就是页读取操作
//对页地址为 0011H 页面最后 16B 及页地址为 0012 页面的前 512B 数据进行读操作
void readpage(unsigned char addr0,addr1,addr2)
{
  unsigned char  tempdata,i;
  SendCOMM(0x50);                           //发送页读取命令
  SendAddr(addr0);                          //发送地址 0
  SendAddr(addr1);                          //发送地址 1
  SendAddr(addr2);                          //发送地址 2
  do
  {
  }
  while(BUSY==0);
```

```
    for(i=0;i<529;i++)                    //读取 528B 数据
    {
      tempdata=ReadByte();
    }
  }
  //向 K9F5608 写入 528B 数据子程序,也就是页写入(编程)操作
  //对页地址为 addr0 页面的 addr1 开始字节及页地址为 addr2 页面的前 512B 数据进行写操作
  //如果写入成功,返回 0x01,否则为 0x02
  unsigned char writepage(unsigned char addr0,addr1,addr2)
  {
    unsigned char i,temp;
    SendCOMM(0x80);                       //发送页写入命令 1
    SendAddr(addr0);                      //发送地址 0
    SendAddr(addr1);                      //发送地址 1
    SendAddr(addr2);                      //发送地址 2
    for(i=0;i<529;i++)                    //读取 528B 数据
    {
      SendByte(0x01);
    }
    SendCOMM(0x10);                       //发送页写入命令 2
    do
    {
    }
    while(BUSY==0);
    SendCOMM(0x70);                       //发送页写入命令 2
    temp=ReadByte();                      //读取状态寄存器值
    temp=temp&&0x01;                      //取状态寄存器最低位状态值
    if(temp==0x01)
    {
      return 0x02;                        //写入失败
    }
    else
    {
      return  0x01;
    }                                     //写入完成
  }
```

2. 应用实例——使用 K9F5608 来存放用户数据

本应用和 6.5.5 小节的应用相同，使用一个 K9F5608 来存放用户数据，51 单片机从串口接收 512 字节写入 K9F5608 中，并且将上一次写入的数据读出通过串口发送。和使用

E^2PROM 作为存储器的设计比起来，该应用的特点是能存放更多的数据，缺点是占用 51 单片机引脚多且操作烦琐，需要对块数据进行操作。

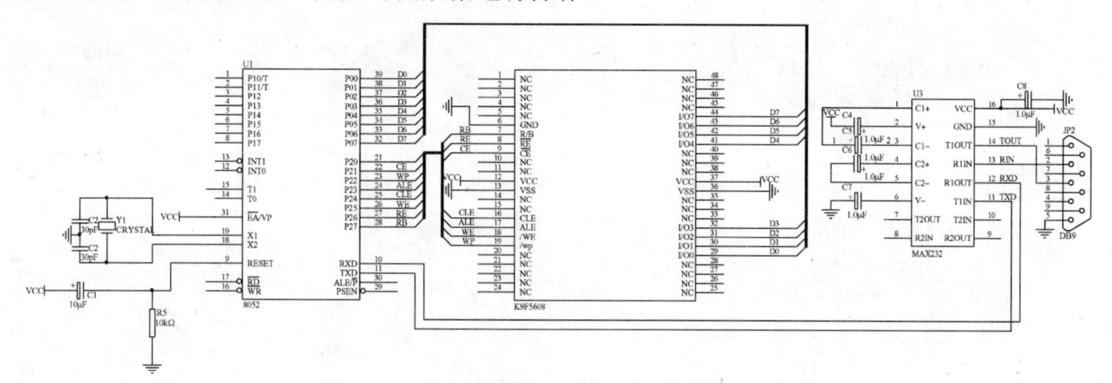

图 6.30　使用 K9F5608 来存放用户数据应用电路

图 6.30 所示是本实例的应用电路，51 单片机使用 P0 引脚和 K9F5608 进行通信，使用 P2 引脚控制 K9F5608 的相应信号引脚，并且使用 MAX232 进行串口的电平转换，表 6.17 是实例涉及典型器件说明。

表 6.17　使用 K9F5608 存放用户数据实例器件列表

器　件	说　明
51 单片机	核心部件
K9F5608	FLASH 芯片
MAX232	电平转换芯片
电阻	限流
晶体	51 单片机工作的振荡源
电容	51 单片机复位和振荡源工作的辅助器件

例 6.10 是实例的应用代码。

【例 6.10】应用代码调用库函数中的读/写函数，需要注意的是，对 K9F5608 的读/写操作都是基于 528B 块数据为单位的。

```
#include <At89X52.h>
#include <stdio.h>
extern void SendCOMM(unsigned char scode);
extern void SendByte(unsigned char sdata);
extern unsigned char ReadByte(void);
extern void SendAddr(unsigned char addr);
xdata unsigned char wBuff[512];                //待写入字节缓冲区
xdata unsigned char rBuff[512];                //读出的字节缓冲区
xdata unsigned char tBuff[528];                //FLASH 操作缓冲区
unsigned int rxCounter = 0;                    //接收计数器
unsigned int wrCounter = 0;                    //读写计数器
bit rxFlg = 0;                                 //接收缓冲标志位
```

```
sbit CE=P2 ^ 1;                                    //片选信号
sbit WP=P2 ^ 2;                                    //写保护
sbit ALE=P2 ^ 3;                                   //地址锁存
sbit CLE=P2 ^ 4;                                   //命令锁存
sbit WE=P2 ^ 5;                                    //写允许
sbit RE=P2 ^ 6;                                    //读允许
sbit BUSY=P2 ^ 7;                                  //工作状态
//串口初始化函数
void InitUART(void)
{
    TMOD = 0x20;                                   //Timer 工作方式选择
    SCON = 0x50;
    TH1 = 0xFD;
    TL1 = TH1;
    PCON = 0x00;
    EA = 1;
    ES = 1;                                        //开串口中断
    TR1 = 1;                                       //启动 T1
}
//串口中断接收处理函数
void Serialdeal(void) interrupt 4 using 0
{
  if(RI == 1)                                      //接收数据
  {
    wBuff[rxCounter] = SBUF;
    rxCounter++;                                   //计数器++
    if(rxCounter>512)                              //到了第 512 个字节
    {
       rxCounter = 0;                              //清除
       rxFlg = 1;                                  //接收缓冲标志位置位
    }
  }
}
main()
{
   unsigned int i;                                 //计数值
   unsigned char temp;                             //temp 值
   InitUART();                                     //初始化串口
   while(1)
   {
     while(rxFlg == 0);                            //等待接收标志位被置位
```

```
    rxFlg = 0;                          //清除接收标志位
    SendCOMM(0x50);                     //发送页读取命令
    SendAddr(0x00);                     //发送地址 0
    SendAddr(0x00);                     //发送地址 1
    SendAddr(0x00);                     //发送地址 2
    for(i=0;i<529;i++)                  //读取 528B 数据
    {
     tBuff[i]=ReadByte();
    }
    for(i=0;i<512;i++)
    {
     rBuff[i] = tBuff[i];               //将前 512B 的数据放入读出缓冲区并且送出
     putchar(rBuff[i]);
    }
     SendCOMM(0x80);                    //发送页写入命令 1
     SendAddr(0x00);                    //发送地址 0
     SendAddr(0x00);                    //发送地址 1
     SendAddr(0x00);                    //发送地址 2
     for(i=0;i<512;i++)                 //将待写入的数据填充到 tbuf 中
     {
      tBuff[i]=wBuff[i];
     }
     for(i=512;i<529;i++)               //将剩余的部分填充为 0x01
     {
       tBuff[i]= 0x01;
     }
     for(i=0;i<529;i++)                 //528B 数据将数据写入
     {
       SendByte(tBuff[i]);
     }
     SendCOMM(0x10);                    //发送页写入命令 2
     do
     {
     }
     while(BUSY==0);
     SendCOMM(0x70);                    //发送页写入命令 2
     temp=ReadByte();                   //读取状态寄存器值
     temp=temp&&0x01;                   //取状态寄存器最低位状态值
     if(temp==0x01)
     {
       //写入失败
```

```
        }
        else
        {
          //写入完成
        }
      }
    }
```

6.8 U盘扩展芯片CH376扩展

随着51单片机应用技术的发展，以及用户对大容量数据存储的需求，Flash存储芯片也可能不能满足用户的需求，此时可以使用U盘扩展芯片CH376来让51单片机系统可以外接普通U盘读写数据，其具有价格便宜，容量大，和其他应用系统如PC数据交互简单的优点，缺点是使用方法比较复杂，代码编写工作量大。

注：其实CH376还支持SD卡的扩展操作，但是限于篇幅本书不过多介绍，有兴趣的读者可以去看该芯片的操作手册。

6.8.1 U盘扩展芯片CH376基础

CH376是一种文件管理控制芯片，常常用在51单片机系统中用于扩展U盘，其内置USB通信协议的基本固件，有USB设备和USB主机两种工作方式，并且内置了支持FAT12、FAT16和FAT32文件系统的管理固件，支持U盘的接口标准操作的固件。CH376芯片有如下特点：

- 支持1.5Mbps低速和12Mbps全速的USB通信，支持USB2.0，仅仅需要晶体和电容作为外围元器件。
- 支持USB主机工作模式和USB设备工作模式，并且支持动态切换这两种工作模式。
- 在USB设备工作模式下支持控制传输、批量传输、中断传输三种不同的传输方式。
- 可以自动检测USB设备的连接和断开，提供设备的连接和断开通知事件。
- 支持速度可以达到6Mbps的SPI主机接口。
- 内置固件处理海量存储设备的的专用通信协议，支持Bulk-Only传输协议和SCSI、UFI、RBC和等效命令集的USB的存储设备，包括U盘、USB硬盘、USB读卡器等。
- 内置FAT12、FA16和FA32文件系统的管理固件，最高支持32G的U盘。
- 提供文件管理功能，包括打开、新建和删除文件，枚举和搜索文件及创建子目录，并且支持长文件名。
- 提供文件读/写功能，可以以字节为最小单位或者以扇区为单位对多级子目录下的文件进行读/写操作。

- 提供磁盘管理功能，支持初始化磁盘、查询物理容量、查询剩余空间、物理扇区读/写等操作。
- 提供 2MB 速度的 8 位并行接口，2MB/24MHz 的 SPI 设备接口，最高 3Mbps 波特率可调的串行口数据连接。
- 支持 5V、3.3V 或 3V 电源供电。

1．CH376 的引脚

CH376 提供了 28 脚的 CH376S 和 20 脚的 CH376T 两种封装形式，它们和 51 单片机的数据结构有所差别，本章只介绍 CH376S，其引脚如图 6.31 所示，详细说明如下。

引脚	名称	名称	引脚
15	D0	XO	14
16	D1	XI	13
17	D2	GND	12
18	SCS/D3	UD−	11
19	DZ/D4	UD+	10
20	SCK/D5	V3	9
21	SDI/D6	A0	8
22	SDO/D7	SD_DI	7
23	SD_CS	RXD	6
24	ACT	TXD	5
25	SD_DO	RD	4
26	SD_CK	WR	3
27	PCS	RST	2
28	VCC	INT	1

图 6.31　CH376S 的引脚

- VCC：供电电源输入引脚，需要外接 0.1μF 的退耦电容。
- GND：供电电源地信号输入引脚，需要和 USB 总线的地信号连接到一起。
- V3：在 3.3V 电源供电时外接供电电源，在 5V 电源供电时外接 0.01μF 的退耦电容。
- XI：晶体振荡的输入端，外接 12M 晶体。
- XO：晶体振荡的反向输出端，需要外接 12M 晶体。
- UD+：USB 总线的 D+数据线。
- UD-：USB 总线的 D−数据线。
- SD_CS：SD 卡 SPI 接口的片选输出，低电平有效，内置上拉电阻。
- SD_CK：SD 卡 SPI 接口的串行时钟输出。
- SD_DI：SD 卡 SPI 接口的串行数据输入，内置上拉电阻。
- SD_DO：SD 卡 SPI 接口的串行数据输出。
- RST：在进入 SD 卡模式之前是电源上电复位和外部复位输出，高电平有效。
- D7～D0：并行接口的数据总线，内置上拉电阻。
- SCS：SPI 接口的片选输入，低电平有效，内置上拉电阻。
- SCK：SPI 接口的串行时钟输入，内置上拉电阻。
- SDI：SPI 接口的串行数据输入，内置上拉电阻。
- SDO：SPI 接口的串行数据输出。
- BZ：SPI 接口的忙状态输出，高电平有效。
- A0：并口的地址输入，用于区分命令地址和数据地址，内置上拉电阻，当 A0=1 时候可以写入命令或者读取状态，当 A0=0 时可以读取数据。
- PCS#：并行接口的片选控制输入，低电平有效，内置上拉电阻。
- RD#：并行接口的读选通输入，低电平有效，内置上拉电阻。
- WR#：并行接口的写选通输入，低电平有效，内置上拉电阻。
- TXD：在芯片内部复位器件为接口配置输入，内置上拉电阻，在芯片复位完成之后为串口的输出引脚。
- RXD：串口的输入引脚，内置上拉电阻。

- INT#：终端请求输出，低电平有效，内置上拉电阻。
- ACT#：状态输出，低电平有效，内置上拉电阻。在USB主机工作方式下是USB设备正在连接状态输出；在SD卡主机方式下是SD卡SPI通信状态输出；在内置固件的USB设备方式下是USB设备配置完成状态输出。
- RSTI：外部复位输入，高电平有效，内置下拉电阻。

2．CH376的操作命令

51单片机通过向CH376发送相应的控制命令对其进行操作，表6.18是CH376关于U盘操作的相关命令，CH376的其他命令可以参考其数据手册。对CH376的中断信号返回之前一般需要较长的时间执行操作，在操作完成之后向控制器返回一个中断信号，控制器可以从CH376中读出该中断的操作状态，如果中断信号的操作状态是USB_RET_SUCCESS（0x51）则说明操作成功，如果为USB_RET_ABORT（0x5F）则说明操作失败，对于那些具有返回值的操作则可以通过CMD_RD_USB_DATA0命令读取返回数据。

表6.18 CH376的U盘操作相关命令

操作代码	命令名称	输入命令参数	输出命令参数	说明
0x01	GET_IC_VER		版本号	获取芯片的固件版本
0x02	SET_BAUDRATE	分频系数和分频常数	操作状态（需要等1ms）	设置串口的波特率
0x03	ENTER_SLEEP			进入低功耗挂起状态
0x04	SET_USB_SPEED	总线速度		设置USB总线速度
0x05	RESET_ALL			硬件复位
0x06	CHECK_EXIST	任意数据	输入数据的按位取反	测试通信接口和工作状态
0x0B	SET_SDO_INT	数据0x16和中断方式		设置SPI的SDO引脚中断方式
0x0C	GET_FILE_SIZE	数据0x68	文件长度	获取当前文件长度
0x15	SET_USB_MODE	模式对应代码	操作状态（需要等10μs）	设置USB工作状态
0x22	GET_STATUS		中断状态	获取中断状态并且清除
0x27	RD_USB_DATA0		数据长度和数据	当前USB中断的中断缓冲区或者主机端点的接收缓冲区读取数据
0x2C	WR_HOST_DATA	数据长度和数据		向USB主机端点的发送缓冲区写入数据
0x2D	WR_REQ_DATA	数据	数据长度	向内部指定缓冲区写入请求的数据块
0x2E	WR_OFS_DATA	偏移位置、数据长度和数据		向内部缓冲区指定偏移地址写入数据块
0x2F	SET_FILE_NAME	文件名		设置操作文件的文件名
0x30	DISK_CONNECT		返回中断信号	检查磁盘是否连接
0x31	DISK_MOUNT		返回中断信号	初始化磁盘并且检查磁盘是否准备就绪

续表

操作代码	命令名称	输入命令参数	输出命令参数	说明
0x32	FILE_OPEN		返回中断信号	打开文件或者目录，枚举文件或者目录
0x33	FILE_ENUM_GO		返回中断信号	继续枚举文件和目录
0x34	FILE_CREATE		返回中断信号	新建文件
0x35	FILE_ERASE		返回中断信号	删除文件
0x36	FILE_CLOSE	是否允许更新	返回中断信号	关闭已经打开的文件或者目录
0x37	DIR_INF0_READ	目录索引号	返回中断信号	读文件的目录信息
0x38	IDR_INF0_SAVE		返回中断信号	保存文件的目录信息
0x39	BYTE_LOCATE	偏移字节数	返回中断信号	以字节为单位移动当前文件或者目录
0x3A	BYTE_READ	请求字节数	返回中断信号	以字节为单位从当前位置读取数据块
0x3B	BYTE_RD_GO		返回中断信号	继续以字节为单位读取数据
0x3C	BYTE_WRITE	请求字节数	返回中断信号	以字节为单位从当前位置写入数据
0x3D	BYTE_WR_GO		返回中断信号	继续以字节为单位写入数据
0x3E	DISK_CAPACITY		返回中断信号	查询磁盘物理容量
0x3F	DISK_QUERY		返回中断信号	查询磁盘空间信息
0x40	DIR_CREATE		返回中断信号	信件目录打开或者打开已经存在的目录
0x4A	SEC_LOCATE	偏移扇区数	返回中断信号	以扇区为单位移动当前文件指针
0x4B	SEC_READ	请求扇区数	返回中断信号	以扇区为单位移动当前文件指针
0x4C	SEC_WRITE	请求扇区数	返回中断信号	以扇区为单位在当前位置写入数据块
0x50	DISK_B0C_CMD		返回中断信号	对 USB 存储器执行 B0 传输协议
0x54	DISK_READ	LBA 扇区地址和扇区数	返回中断信号	从 USB 存储器读物理扇区
0x55	DISK_RD_GO		返回中断信号	继续 USB 存储器的物理扇区读操作
0x56	DISK_WRITE	LBA 扇区地址和扇区数	返回中断信号	向 USB 存储器写物理扇区
0x57	DISK_WR_GO		返回中断信号	继续 USB 存储器的物理扇区写操作

在上表给出的 U 盘相关操作命令中，最重要和常用的是 SET_USB_MODE 命令（0x15）和 GET_STATUS 命令（0x22）。

SET_USB_MODE 命令用于设置 CH376 的 USB 工作模式，命令参数是 USB 工作模式对应代码，CH376 共包括如下 8 种模式。

- 代码模式 0x00：未启用的 USB 设备工作模式（上电或者复位后默认方式）。
- 代码模式 0x01：已启用的 USB 设备方式，外部固件（不支持串行接口）。
- 代码模式 0x02：已启用的 USB 设备方式，内部固件。
- 代码模式 0x03：SD 主机方式，用于管理和存取 SD 卡中的文件。
- 代码模式 0x04：未启用的 USB 主机方式。
- 代码模式 0x05：已启用的 USB 主机方式，不产生 SOF 包。
- 代码模式 0x06：已启用的 USB 主机方式，自动产生 SOF 包。
- 代码模式 0x07：已启用的 USB 主机方式，复位 USB 总线。

在 USB 主机方式下，未启用的工作方式是指 CH376 不会自动检测 USB 设备是否连接，需要外部控制器主动去检测，启用的工作方式下，CH376 则会主动检测 USB 设备是否连接，当 USB 设备连接或者断开时，都会产生中断信号。在代码模式 0x06 下，CH376 会自动定时产生 USB 帧周期开始包，SOF 发送给已经连接的 USB 设备。代码模式 0x07 则通常用于向已经连接的 USB 设备提供 USB 总线复位状态，当切换到其他工作模式下之后，USB 总线复位才会结束，所以，通常推荐在没有 USB 设备连接的情况下使用代码模式 0x05 下的工作方式。当有 USB 设备连接上之后，先进入代码模式 0x07 的工作方式，然后再切换到代码 0x06 的工作方式。通常情况下，设置 CH376 的工作模式会在 10μs 时间内完成，完成之后返回操作状态。

GET_STATUS 命令用于获取 CH376 的中断状态并且清除 CH376 的中断，控制器可以读取 CH376 的中断状态返回值，该返回值可以分为 USB 设备的中断状态、SD 卡或 USB 主机方式的操作中断状态、USB 主机方式的通信失败状态、SD 或 USB 主机文件模式下文件系统警告或错误代码四个大类，参考表 6.19～6.21。

表 6.19　CH376 USB 主机工作方式的操作中断状态返回值

中断状态字节	状态命令	说明
0x14	USB_INT_SUCCESS	SD 或 USB 事务、传输操作、文件操作成功
0x15	USB_INT_CONNECT	检测到 USB 设备连接事件
0x16	USB_INT_DISCONNECT	检测到 USB 设备断开事件
0x17	USB_INT_BUF_OVER	传输的数据有错误或者数据太多导致缓冲区溢出
0x18	USB_INT_USB_READY	USB 设备已经被初始化
0x1D	USB_INT_DISK_READ	存储设备读操作，请求数据读出
0x1E	USB_INT_DISK_WRITE	存储设备写操作，请求数据写入
0x1F	USB_INT_DISK_ERR	存储设备操作失败

表 6.20　CH376　USB 主机方式通信失败的中断状态返回值

<table>
<tr><th>中断状态字节</th><th>状态命令</th><th>说明</th></tr>
<tr><td>位 7、位 6</td><td>保留</td><td>总为 0</td></tr>
<tr><td>位 5</td><td>标志位</td><td>总为 1，表明该返回值为操作失败之后的返回值</td></tr>
<tr><td>位 4</td><td>IN 实物的同步标志</td><td>对于 IN 事务，如果该位为 0 则当前接收的数据包不同步，数据可能无效</td></tr>
<tr><td rowspan="4">位 3～位 0</td><td rowspan="4">导致操作失败时候的 USB 设备返回值</td><td>1010，设备返回 NAK</td></tr>
<tr><td>1100，设备返回 STALL</td></tr>
<tr><td>XX00，设备返回超时，无返回</td></tr>
<tr><td>其他组合则为设备返回的 PID</td></tr>
<tr><td>0x41</td><td>ERR_OPEN_DIR</td><td>指定路径的目录被打开</td></tr>
<tr><td>0x42</td><td>ERR_MISS_FILE</td><td>指定路径的文件没有找到，可能是文件名错误</td></tr>
<tr><td>0x43</td><td>ERR_FOUND_NAME</td><td>搜索相匹配的文件名或者是要求打开目录却打开了文件</td></tr>
<tr><td>0x82</td><td>ERR_DISK_DISCON</td><td>磁盘未连接，有可能已经断开</td></tr>
<tr><td>0x84</td><td>ERR_LARGE_SECTOR</td><td>磁盘扇区太大，只能支持每个扇区 512B</td></tr>
<tr><td>0x92</td><td>ERR_TYPE_ERROR</td><td>不支持该磁盘分区类型</td></tr>
</table>

续表

中断状态字节	状态命令	说　明
0xA1	ERR_BPB_ERROR	磁盘尚未格式化或者格式化参数错误
0xB1	ERR_DISK_FULL	磁盘空间不足
0xB2	ERR_FDT_OVER	磁盘目录内文件太多，没有空余目录项，FAT12 或者 FAT16 文件系统下根目录下的文件数应该少于 512 个
0xB4	ERR_FILE_CLOSE	文件已经关闭

表 6.21　CH376 USB 主机工作方式下文件系统警告和错误代码

中断状态字节	状态名称	说　明
0x41	ERR_OPEN_DIR	指定路径的目录被打开
0x42	ERR_MISS_FILE	指定路径的文件没有找到，可能是文件名错误
0x43	ERR_FOUND_NAME	搜索相匹配的文件名或者是要求打开目录却打开了文件
0x82	ERR_DISK_DISCON	磁盘未连接，有可能已经断开
0x84	ERR_LARGE_SECTOR	磁盘扇区太大，只能支持每个扇区 512B
0x92	ERR_TYPE_ERROR	不支持该磁盘分区类型
0xA1	ERR_BPB_ERROR	磁盘尚未格式化或者格式化参数错误
0xB1	ERR_DISK_FULL	磁盘空间不足
0xB2	ERR_FDT_OVER	磁盘目录内文件太多，没有空余目录项，FAT12 或者 FAT16 文件系统下根目录下的文件数应该少于 512 个
0xB4	ERR_FILE_CLOSE	文件已经关闭

3．CH376 的 U 盘文件系统支持

U 盘是基于 FLASH 存储芯片的物理存储设备，它提供了若干个物理扇区用于数据存储，每个扇区的大小通常是 512B，由于 PC 通常将 U 盘中的物理扇区组织为 FAT 文件系统，为了方便 51 单片机通过 U 盘或者 SD 卡和 PC 进行数据交换，51 单片机对 U 盘或者 SD 卡的数据操作也应该遵循 FAT 文件系统格式规范。

一个 U 盘中可以有若干个文件，每个文件都是一组数据的结合，以文件名区分和识别，实际文件数据的存放可能不是连续的，而是通过一组“指针”链接的多个块（可能是分配单元或者簇），从而能够根据需要随时增大文件长度以容纳更多的数据。目录（文件夹）是为了方便分类管理，管理者可以指定多个文件归档在一起。

在 FAT 文件系统中，磁盘容量是以簇为基本单位进行分配的，而簇的大小总是扇区的倍数，所以文件的占用空间总是簇的倍数，也就是扇区的倍数，虽然文件占用的空间是簇或者扇区的倍数，但是在实际应用中，保存在文件中的有效数据长度却不一定是扇区的倍数，所以 FAT 文件系统在文件目录信息 FAT_DIR_INF0 中专门记录了当前文件有效数据的长度及有效数据的字节数，也就是文件长度，文件长度总小于或者等于文件占用的空间。在对文件写入数据后，如果是覆盖了原数据，那么文件长度可能不会发生变化，当超过原文件长度后，变成了追加数据，则文件长度增大。如果向文件追加数据之后，没有修改文件目录信息中的文件长度，那么 FAT 文件系统会认为超过文件长度的数据是无效的，在这种情况下，PC 无法读出超过文件长度的数据，虽然数据是实际存在的。

如果数据量很小或者数据不连续，则可以在每次追加数据之后立即更新文件目录信息中的文件长度，如果数据量很大并且需要连续写入数据，从效率的角度出发，可以在连续写入多组数据之后再一次性更新文件目录信息中的文件长度，或者在文件关闭时再更新文件长度，FILE_CLOSE 命令可以将内存中的文件长度刷新到 U 盘文件的文件目录信息中。

虽然 CH376 最大能支持对 1G 的单个文件操作，但是为了提高效率，建议单个文件的大小不要超过 100M，通常在几千到几兆比较合适，如果数据较多，则最好分多个目录，分多个文件存储。

通常来说，51 单片机系统处理 U 盘的文件系统需要实现如图 6.32 所示左边的四个层次，该图的右边是 U 盘的内部结构层次，由于 CH376 芯片内置了通用的 USB-HOST 硬件接口规范、USB 底层传输固件、BULK-Only 协议传输固件、FAT 文件系统管理固件，即图左边的 4 个层次，所以 51 单片机只需要进行文件管理和操作即可。

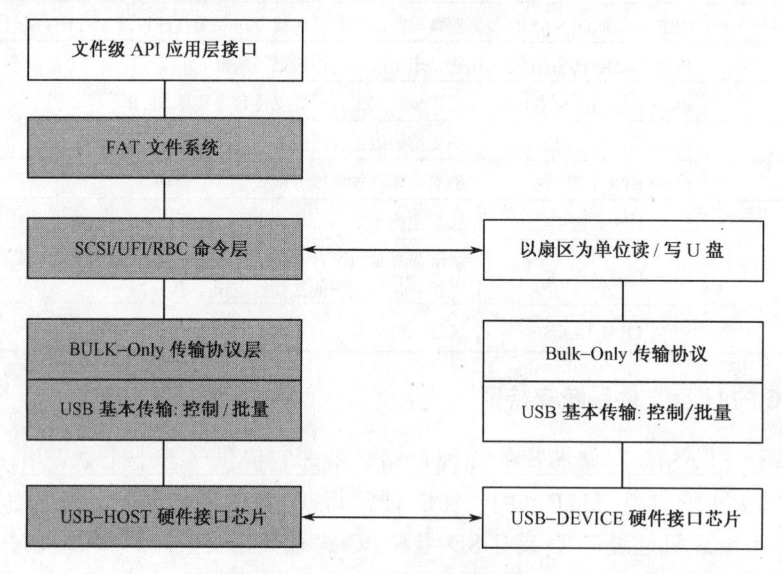

图 6.32　CH376 的文件协议层次

6.8.2　U 盘扩展芯片 CH376 的应用电路

CH376 和 51 单片机之间支持 8 位并行地址数据扩展、SPI 同步串行总线扩展、异步串口扩展三种扩展方式，当 CH376 上电复位时将根据 WR、RD、PCS、A0、RXD 和 TXD 引脚的电平状态来决定使用何种通信接口，如表 6.22 所示。

表 6.22　CH376 的通信接口选择

WR	RD	PCS	A0	RXD	TXD	通信接口选择
1	1	1	1	1	1	串口
1	1/X	1/X	X	1	0	并行接口
0	0	1	1	1	1	SPI 接口
其他状态						CH376 不工作，RST 引脚保持高电平

CH376的中断引脚INT的输出是低电平有效，可以连接到51单片机的中断引脚或者普通引脚，MCS51单片机可以使用中断或者查询方式来获取并且处理中断，如果单片机的引脚非常紧张，也可以使用查询对应寄存器的方式来获取中断而不使用CH376的中断引脚。

- 如果将CH376配置为8位并行端口扩展方式，则TXD应该连接到GND，其余相关引脚悬空。
- 如果将CH376配置为SPI总线扩展方式，则RD和WR应该连接到GND，其余相关引脚悬空。
- 如果将CH376配置串口扩展方式，则所有相关引脚应该悬空，默认的串口波特率由SDI/D6、SCK/D5、BZ/D4三个引脚设定。如果需要修改CH376的通信波特率，建议用51单片机的I/O引脚来控制CH376的RSTI引脚，便于在需要的时候能复位CH376恢复到默认的波特率，由于RSTI引脚内置下拉电阻，所以，由MCS51单片机的准双向I/O引脚驱动时需要加一个阻值为几千欧的上拉电阻。

1. CH376的并行接口扩展应用电路

CH376的并行口引脚包括8位双向数据总线D0～D7、RD、WR、PCS和地址输入引脚A0。CH376可以使用PCS和A0方便地进行外部存储器编址的扩展，同时把WR和RD引脚连接到51单片机的对应引脚，如图6.33所示，表6.23是CH376并行口扩展的真值表。

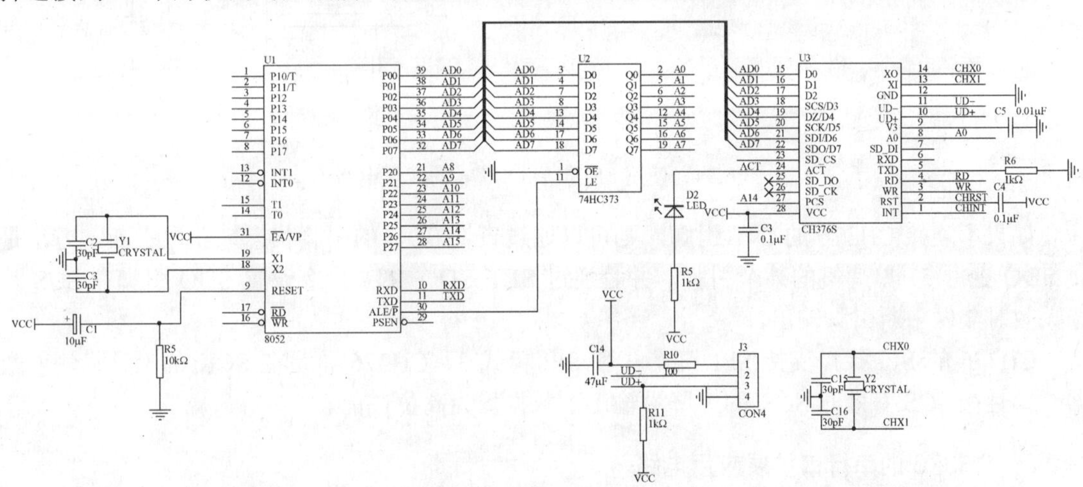

图6.33　使用并行口扩展CH376的应用电路

表6.23　CH376并行口扩展真值表

PCS	$\overline{WR}$	$\overline{RD}$	A0	D7～D0	实际操作
1	X	X	X	X/Z	未选中CH376，所有操作无效
0	1	1	X	X/Z	选中CH376，无操作
0	0	1/X	1	输入	写命令
0	0	1/X	0	输入	写数据
0	1	0	0	输出	读数据
0	1	0	1	输出	从CH376读接口状态

如图 6.33 所示，CH376 占用两个地址位，当 A0=1 时选择的是命令端口，可以写入新的命令或者读取接口状态，当 A0 = 0 时选择数据端口，可以读写数据。单片机通过 8 位并口扩展 CH376 时的操作均由一个命令码、若干个输入数据和若干个输出数据组成，有部分命令不需要操作数据，有部分命令没有输出数据。

2．CH376 的 SPI 接口扩展应用电路

CH376 的 SPI 总线接口包括 SCS、SCK、SPI、SDO 和 BZ 引脚，可以使用 51 单片机的普通 I/O 引脚来模拟 SPI 操作，如图 6.34 所示。

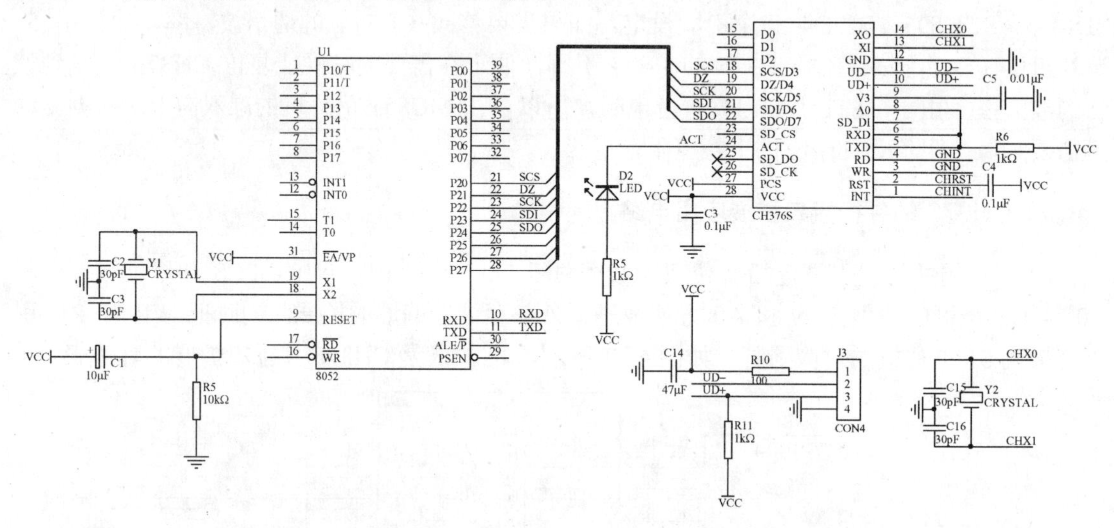

图 6.34　使用 SPI 扩展 CH376 的应用电路

如果不连接 CH376 的 INT 引脚，则可以通过查询 SDO 的引脚状态来获取中断，方法是让 SDO 独占 51 单片机的某个引脚，并且通过 SET_SDO_INT 命令设置 SDO 引脚在 SCS 片选无效时兼做中断引脚输出。

CH376 的 SPI 接口支持 SPI 模式 0 和 SPI 模式 3，CH376 总是在 SCK 的上升沿输入数据，并且在 SCS 有效时 SCK 的下降沿输出，数据均为高位在前。

3．CH376 的串行口扩展应用电路

CH376 的串行接口引脚包括 RXD、TXD，支持和 MCS51 单片机的异步串口的 TXD 和 RXD 对应连接，其数据传输格式一位起始位，一位停止位，八位数据位，其通信波特率支持在上电时默认设置或者在系统复位之后使用 SET_BAUDRATE 命令设置波特率，如图 6.35 所示。

4．CH376 的硬件扩展应用电路注意事项

在 CH376 的典型电路设计中，需要注意以下几个要点：

- CH376 芯片的 ACT 引脚用于状态指示输出，在内置固件的 USB 设备工作方式下，当 USB 设备还未配置完成或取消配置时，该引脚输出高电平；当 USB 配置完成之后，该引脚输出低电平。在 USB 主机工作方式下，当 USB 设备断开之后该引脚输出高电平，当 USB 设备连接时该引脚输出低电平。在 SD 卡主机工作方式下，当 SD 卡的

SPI 通信成功之后该引脚输出低电平，该引脚可以外接一个串接限流电阻的 LED 用于指示 CH376 的工作状态。

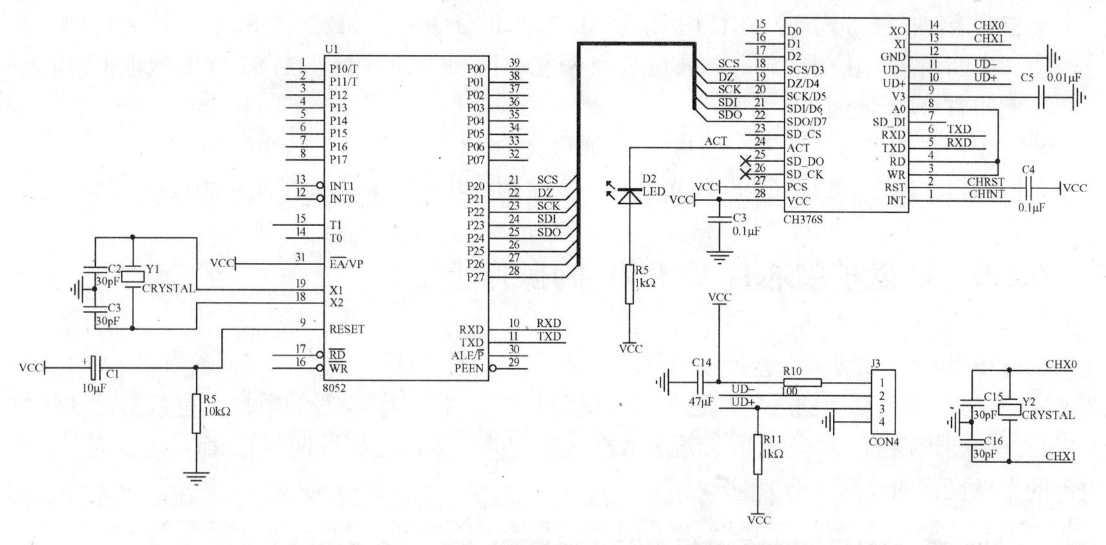

图 6.35　使用串行口扩展 CH376 的应用电路

- CH376 芯片的 UD+和 UD−引脚是 USB 信号线，当芯片工作在 USB 设备方式时，应该直接连接到 USB 总线上；当芯片工作于 USB 主机方式时，可以直接连接到 USB 设备上或串接等效电阻小于 5Ω的保险电阻、电感或 ESD 保护器件。
- CH376 芯片内置了电源上电复位电路，在通常情况下不需要提供外部复位信号。RSTI 引脚用于从外部输入异步复位信号，当 RSTI 引脚为高电平时，CH376 被复位，当 RSTI 引脚恢复为低电平后，CH376 会继续延时复位 35ms 左右，然后进入正常工作状态。为了在电源上电期间可靠复位并且减少外部干扰，可以在 RSTI 引脚和 VCC 之间跨接一个容量为 0.1μF 左右的电容。CH376 芯片的 RST 引脚（SD_DO 引脚）是高电平有效的复位状态输出引脚，可以用于向外部单片机提供上电复位信号，当 CH376 电源上点复位或被外部强制复位，以及复位延时期间，RST 引脚输出高电平，CH376 复位完成并且通信接口初始化完成之后，RST 引脚恢复到低电平。
- CH376 芯片正常工作时，需要外部提供 12MHz 的时钟信号，其芯片内置晶体振荡器和电容，通常情况下，时钟信号由 CH376 内置的振荡器通过晶体稳频率产生，外围电路只需要在 XI 和 XO 之间连接一个 12MHz 的晶体即可，如果使用晶振，则将振荡信号从 XI 引脚输入，XO 引脚悬空。
- CH376 芯片支持 3.3V 或 5V 电源供电，当供电电压为 5V（或高于 4V）时，CH376 芯片的 VCC 引脚输入外部供电电源，并且 V3 引脚应该连接 4700pF 到 0.02μF 的退耦电容。当工作电压为 3.3V（或低于 4V）时，CH376 的 V3 引脚应该和 VCC 引脚相连并且同时连接到外部供电电源上，需要注意的是，此时和 CH376 芯片相连接的其他电路的工作电压都不能超过 3.3V。

另外，如果 51 单片机的 I/O 引脚或者中断引脚不够，CH376 的 INT 引脚可以不使用，此时，获取中断及中断返回值的方法如下：

- 并行接口扩展方式下通过查询 CH376 的命令端口或者接口状态，第 7 位是中断标志位，当该位为“0”时表明有中断请求。
- SPI 接口扩展方式下，在使用 SET_SDO_INT 命令设置 SDO 在 SCS 片选无效时，兼做中断请求输出引脚之后，通过查询 SDO 引脚来获取中断，当 SDO 为低电平时，则表明有中断请求。
- 在串口接口扩展方式下，CH376 在通过 INT 引脚返回中断脉冲的同时，通过串口直接发出中断返回值，如果 51 单片机进入了串口接收中断，则说明有中断请求。

6.8.3 U 盘扩展芯片 CH376 的操作步骤

CH376 的操作步骤可以分为数据读/写操作和文件读/写操作两个部分，前者是 51 单片机和 CH376 进行数据交换的过程，这些数据既包括对 U 盘进行读/写的数据，也包括对这些数据操作，需要遵循的文件规范所必须的数据（如文件长度，文件日期等）；而后者是对 U 盘内部的文件操作的过程。

1．CH376 的并行接口扩展数据读/写操作步骤

在使用并行接口扩展 CH376 时，CH376 作为 51 单片机的外部存储器存在，其占用一个命令地址和一个数据地址，在确定了这个地址之后可以按照如下步骤进行数据交互：

（1）51 单片机向 CH376 命令端口写入命令。

（2）如果该命令有输入数据，则向数据端口写入数据。

（3）如果该命令有输出数据，则从数据端口读出数据。

（4）命令操作完成之后等待 CH376 返回中断。

2．CH376 的 SPI 接口扩展数据读/写操作步骤

51 单片机还可以使用 I/O 引脚模拟 SPI 总线接口来扩展 CH376，其优点是占用的引脚少，缺点是操作速度慢，其具体操作步骤如下：

（1）51 单片机产生 CH376 的 SPI 片选信号，低电平有效。

（2）51 单片机按 SPI 输出方式发出一个字节的数据，CH376 总是将 SPI 片选 SCS 有效后收到的首字节当做命令码，后续字节当做数据。

（3）51 单片机查询 BZ 引脚，等待 CH376 的 SPI 接口操作完成，或者直接延时 1.5μs 左右。

（4）如果是写操作，51 单片机发送一个字节的待写入数据，等待 SPI 接口空闲之后，单片机继续发出待写入数据，直到操作完成。

（5）如果是读操作，51 单片机从 CH376 接收一个字节的数据，等待 SPI 接口空闲之后，单片机继续接收数据，直到操作完成。

（6）51 单片机禁止 SPI 片选。

3．CH376 的串口扩展数据读写操作步骤

CH376 使用串口通信的时候必须参考通信协议：两个包头字节（0x57 和 0xAB）、命令字节、数据字节（包括发送或者接收）。CH376 设置了超时机制，如果两个包头字节之间或

两个包头直接和命令字节之间的时间间隔超过 32ms，CH376 则会丢弃该同步码和命令字节，串口操作的具体步骤如下：

（1）51 单片机根据 CH376 的上电默认设置，设置好自己的串口。

（2）51 单片机通过串口发送包头字节 0x57 和 0xAB。

（3）51 单片机通过串口发送命令字节。

（4）如果该命令有命令参数，则通过串口发送命令参数。

（5）如果该命令有返回数据，则通过串口接收返回数据。

（6）CH376 根据命令的具体情况向 51 单片机返回一个中断信号并且通过串口返回中断状态。

4．CH376 的文件操作步骤

使用 CH376 对 U 盘的文件操作包括读数据、写数据、数据查找、文件管理等操作，其中最重要的是读数据和写数据，本小节将介绍这两个操作的步骤，其他操作方法读者可以参考 CH376 手册。

CH376 的文件读操作步骤如下：

（1）根据文件名称或者标号查找到该文件。

（2）打开文件。

（3）定位需要读出的数据在文件中的位置。

（4）读数据。

（5）关闭文件。

CH376 的文件写操作步骤如下：

（1）根据文件名称或者标号查找到该文件。

（2）打开文件。

（3）定位需要写入的数据在文件中的位置。

（4）写入数据。

（5）更新文件长度和操作信息。

（6）关闭文件。

6.8.4　U 盘扩展芯片 CH376 的应用代码

本小节给出了 51 单片机使用 CH376 扩展 U 盘的读/写库函数，文件操作库函数及一个使用 CH376 对 U 盘进行读/写操作的应用实例。

1．CH376 的并行接口扩展读/写库函数

例 6.11 是 CH376 的并行接口扩展读/写库，提供如下 4 个函数用于对 CH376 进行操作。

- void　xWriteCH376Data(unsigned char mData)：往 CH376 写入一个字节数据。
- unsigned char　xReadCH376Data(void)：从 CH376 读出一个字节数据。
- unsigned char　Query376Interrupt(void)：处理 CH376 的中断事件。
- unsigned char　mInitCH376Host(void)：初始化 CH376 为 HOST 工作方式。

【例 6.11】应用代码使用#define 关键字定义了一些常数，并且使用_at_关键字定义了CH376 的读/写地址单元。

```
#include <AT89X52.h>
#ifndef PARA_STATE_INTB
#define PARA_STATE_INTB      0x80          //并口方式状态端口的位 7:中断标志,低
                                             有效
#define PARA_STATE_BUSY      0x10          // 并口方式状态端口的位 4:忙标志,高有
                                             效
#endif
#define CMD11_CHECK_EXIST    0x06          // 测试通信接口和工作状态
// 输入: 任意数据
// 输出: 输入数据的按位取反
#define     ERR_USB_UNKNOWN      0xFA      // 未知错误,不应该发生的情况,需检查硬
                                             件或者程序错误
#define CMD11_SET_USB_MODE  0x15           // 设置 USB 工作模式
// 输入: 模式代码
//        00H=未启用的设备方式, 01H=已启用的设备方式并且使用外部固件模式(串口不支
持), 02H=已启用的设备方式并且使用内置固件模式
//.       03H=SD 卡主机模式/未启用的主机模式,用于管理和存取 SD 卡中的文件
//        04H=未启用的主机方式, 05H=已启用的主机方式, 06H=已启用的主机方式并且自
动产生 SOF 包, 07H=已启用的主机方式并且复位 USB 总线
// 输出: 操作状态( CMD_RET_SUCCESS 或 CMD_RET_ABORT, 其他值说明操作未完成 )
// 操作状态
#ifndef CMD_RET_SUCCESS
#define CMD_RET_SUCCESS      0x51          // 命令操作成功
#define CMD_RET_ABORT        0x5F          // 命令操作失败
#endif
#define USB_INT_SUCCESS      0x14          //USB 事务或者传输操作成功
unsigned char   xdata   CH376_CMD_PORT  _at_ 0xBDF1;    // 假设 CH376 命令
                                                           端口的 I/O 地址
unsigned char   xdata   CH376_DAT_PORT  _at_ 0xBCF0;    // 假设 CH376 数据
                                                           端口的 I/O 地址
//CH376 的 INT#引脚,如果未连接那么也可以通过查询状态端口实现
#define CH376_INT_WIRE           INT0
// 从 CH376 读状态
#define xReadCH376Status( )      ( CH376_CMD_PORT )
// 向 CH376 写命令
void    xWriteCH376Cmd( unsigned char mCmd )
{
    unsigned char   i;
```

```
    CH376_CMD_PORT = mCmd;
    for ( i = 10; i != 0; -- i )
  {
   // 状态查询,等待 CH376 不忙,或者上面一行的延时 1.5μs 代替
    if ( ( xReadCH376Status( ) & PARA_STATE_BUSY ) == 0 )
    {
      break;  // 检查状态端口的忙标志位
    }
}
}
void    CH376_PORT_INIT( void )
{
//由于使用标准并口读/写时序,所以无需操作
}
#ifdef  FOR_LOW_SPEED_MCU  // 不需要延时
#define xWriteCH376Data( d )    { CH376_DAT_PORT = d; }// 向 CH376 写数据
#define xReadCH376Data( )       ( CH376_DAT_PORT )      // 从 CH376 读数据
#else
// 向 CH376 写数据
void    xWriteCH376Data( unsigned char mData )
{
CH376_DAT_PORT = mData;
}
// 从 CH376 读数据
unsigned char   xReadCH376Data( void )
{
return( CH376_DAT_PORT );
}
#endif
// 延时指定微秒时间,根据单片机主频调整,不精确
void    mDelayuS(unsigned char us )
{
while ( us -- );
}

// 延时指定毫秒时间,根据单片机主频调整,不精确
void    mDelaymS(unsigned char ms )
{
while ( ms -- ) {
    mDelayuS( 250 );
    mDelayuS( 250 );
```

```
        mDelayuS( 250 );
        mDelayuS( 250 );
    }
    }
    // 查询CH376中断(INT#低电平)
    unsigned char  Query376Interrupt( void )
    {
    #ifdef  CH376_INT_WIRE
    return( CH376_INT_WIRE ? 0 : 1 );        // 如果连接了CH376的中断引脚则直接
                                                查询中断引脚
    #else
    return( xReadCH376Status( ) & PARA_STATE_INTB ? FALSE:TRUE);
                                             // 如果未连接CH376的中断引脚则查询
                                                状态端口
    #endif
    }
    // 初始化CH376
    unsigned char  mInitCH376Host( void )
    {
    unsigned char  res;
    CH376_PORT_INIT( );                      // 接口硬件初始化
    xWriteCH376Cmd( CMD11_CHECK_EXIST );     // 测试单片机与CH376之间的通信接口
    xWriteCH376Data( 0x65 );
    res = xReadCH376Data( );
    // 通信接口不正常,可能原因有:接口连接异常,其他设备影响(片选不唯一),串口波特率,一直
在复位,晶振不工作
    if ( res != 0x9A )
      {
        return( ERR_USB_UNKNOWN );
      }
    xWriteCH376Cmd( CMD11_SET_USB_MODE );  // 设备USB工作模式
    xWriteCH376Data( 0x06 );
    mDelayuS( 20 );
    res = xReadCH376Data( );
    if ( res == CMD_RET_SUCCESS )
      {
        return( USB_INT_SUCCESS );
      }
    else return( ERR_USB_UNKNOWN );          //设置模式错误
    }
```

2. CH376 的 SPI 接口扩展读/写库函数

例 6.12 使用 SPI 接口扩展 CH376 的库函数，其同样提供了如下函数用于对 CH376 进行操作。

- void　xWriteCH376Data(unsigned char mData)：向 CH376 写入一字节数据。
- unsigned char　xReadCH376Data(void)：从 CH376 读出一字节数据。
- unsigned char　Query376Interrupt(void)：查询 CH376 中断状态。
- unsigned char　mInitCH376Host(void)：初始化 CH376。

【例 6.12】51 单片机使用普通 I/O 引脚来模拟 SPI 读/写时序来实现和 CH376 的数据交互，用户可以根据自己的实际情况定义自己应用系统中的对应引脚。

```
#include    "AT89X52.h"
#define CMD11_CHECK_EXIST   0x06          // 测试通信接口和工作状态
// 输入：任意数据
// 输出：输入数据的按位取反
#define     ERR_USB_UNKNOWN     0xFA      // 未知错误,不应该发生的情况,需检查硬
                                             件或者程序错误
#define CMD11_SET_USB_MODE  0x15          // 设置 USB 工作模式
// 输入：模式代码
//  00H=未启用的设备方式, 01H=已启用的设备方式并且使用外部固件模式(串口不支持),
02H=已启用的设备方式并且使用内置固件模式
//  03H=SD 卡主机模式/未启用的主机模式,用于管理和存取 SD 卡中的文件
//  04H=未启用的主机方式, 05H=已启用的主机方式, 06H=已启用的主机方式并且自动产生
SOF 包, 07H=已启用的主机方式并且复位 USB 总线
// 输出：操作状态( CMD_RET_SUCCESS 或 CMD_RET_ABORT, 其他值说明操作未完成 )
// 操作状态
#ifndef CMD_RET_SUCCESS
#define CMD_RET_SUCCESS     0x51          // 命令操作成功
#define CMD_RET_ABORT       0x5F          // 命令操作失败
#endif
#define USB_INT_SUCCESS     0x14          //USB 事务或者传输操作成功
//SPI 引脚定义
sbit    CH376_SPI_SCS = P1 ^ 4;           //SCS 引脚
sbit    CH376_SPI_SDI   =   P1 ^ 5;       //SDI 引脚
sbit    CH376_SPI_SDO = P1 ^ 6;           //SDO 引脚
sbit    CH376_SPI_SCK = P1 ^ 7;           //SCK 引脚
#define CH376_INT_WIRE          INT0      /* 假设 CH376 的 INT#引脚,如果未连接
                                             那么也可以通过查询兼做中断输出的
                                             SDO 引脚状态实现 */
void    CH376_PORT_INIT( void )  /* 由于使用软件模拟 SPI 读/写时序,所以进行初
始化 */
{
```

```
    /* 如果是硬件 SPI 接口,那么可使用 mode3(CPOL=1&CPHA=1)或 mode0(CPOL=0&CPHA=0),
CH376 在时钟上升沿采样输入,下降沿输出,数据位是高位在前 */
    CH376_SPI_SCS = 1;  /* 禁止 SPI 片选 */
    CH376_SPI_SCK = 1;  /* 默认为高电平,SPI 模式 3,也可以用 SPI 模式 0,但模拟程序可
能需稍做修改 */
    /* 对于双向 I/O 引脚模拟 SPI 接口,那么必须在此设置 SPI_SCS,SPI_SCK,SPI_SDI 为输出
方向,SPI_SDO 为输入方向 */
    }
    void   mDelayuS(unsigned char us )
    {
    while ( us -- );
    }
    // 延时指定毫秒时间,根据单片机主频调整,不精确
    void   mDelaymS(unsigned char ms )
    {
    while ( ms -- ) {
        mDelayuS( 250 );
        mDelayuS( 250 );
        mDelayuS( 250 );
        mDelayuS( 250 );
    }
    }
    void   Spi376OutByte( unsigned char d )  /* SPI 输出 8 个位数据 */
    {  /* 如果是硬件 SPI 接口,应该是先将数据写入 SPI 数据寄存器,然后查询 SPI 状态寄存器
以等待 SPI 字节传输完成 */
    unsigned char  i;
    for ( i = 0; i < 8; i ++ ) {
        CH376_SPI_SCK = 0;
        if ( d & 0x80 ) CH376_SPI_SDI = 1;
        else CH376_SPI_SDI = 0;
        d <<= 1;  /* 数据位是高位在前 */
        CH376_SPI_SCK = 1;  /* CH376 在时钟上升沿采样输入 */
    }
    }
    unsigned char  Spi376InByte( void )  /* SPI 输入 8 个位数据 */
    {  /* 如果是硬件 SPI 接口,应该是先查询 SPI 状态寄存器以等待 SPI 字节传输完成,然后从
SPI 数据寄存器读出数据 */
    unsigned char  i, d;
    d = 0;
    for ( i = 0; i < 8; i ++ ) {
        CH376_SPI_SCK = 0;  /* CH376 在时钟下降沿输出 */
```

```
        d <<= 1;  /* 数据位是高位在前 */
        if ( CH376_SPI_SDO ) d ++;
        CH376_SPI_SCK = 1;
    }
    return( d );
    }
    #define xEndCH376Cmd( ) { CH376_SPI_SCS = 1; }  /* SPI 片选无效,结束 CH376
命令,仅用于 SPI 接口方式 */
    void    xWriteCH376Cmd( unsigned char mCmd )  /* 向 CH376 写命令 */
    {
    #ifdef  CH376_SPI_BZ
    unsigned char   i;
    #endif
    CH376_SPI_SCS = 1;  /* 防止之前未通过 xEndCH376Cmd 禁止 SPI 片选 */
    mDelay0_5us( );
    /* 对于双向 I/O 引脚模拟 SPI 接口,那么必须确保已经设置 SPI_SCS,SPI_SCK,SPI_SDI 为
输出方向,SPI_SDO 为输入方向 */
    CH376_SPI_SCS = 0;  /* SPI 片选有效 */
    Spi376OutByte( mCmd );  /* 发出命令码 */
    #ifdef  CH376_SPI_BZ
    for  ( i = 30; i != 0 && CH376_SPI_BZ; -- i );  /* SPI 忙状态查询,等待
CH376 不忙,或者下面一行的延时 1.5μs 代替 */
    #else
    mDelay0_5us( ); mDelay0_5us( ); mDelay0_5us( );  /* 延时 1.5μs 确保读写周
期大于 1.5μs,或者用上面一行的状态查询代替 */
    #endif
    }
    #ifdef  FOR_LOW_SPEED_MCU  /* 不需要延时 */
    #define xWriteCH376Data( d )    { Spi376OutByte( d ); }  /* 向 CH376 写数
据 */
    #define xReadCH376Data( )       ( Spi376InByte( ) )  /* 从 CH376 读数据 */
    #else
    void    xWriteCH376Data( unsigned char mData )  /* 向 CH376 写数据 */
    {
    Spi376OutByte( mData );
    }
    unsigned char   xReadCH376Data( void )  /* 从 CH376 读数据 */
    {
    return( Spi376InByte( ) );
    }
    #endif
```

```
/* 查询CH376中断(INT#低电平) */
unsigned char  Query376Interrupt( void )
{
#ifdef  CH376_INT_WIRE
return( CH376_INT_WIRE ? 0 : 1 );  /* 如果连接了 CH376 的中断引脚则直接查询中断引脚 */
#else
return( CH376_SPI_SDO ? 0 : 1 );  /* 如果未连接 CH376 的中断引脚则查询兼做中断输出的 SDO 引脚状态 */
#endif
}
unsigned char  mInitCH376Host( void )  /* 初始化 CH376 */
{
unsigned char  res;
CH376_PORT_INIT( );  /* 接口硬件初始化 */
xWriteCH376Cmd(CMD11_CHECK_EXIST);/*测试单片机与 CH376 之间的通信接口 */
xWriteCH376Data( 0x65 );
res = xReadCH376Data( );
xEndCH376Cmd( );
if ( res != 0x9A ) return( ERR_USB_UNKNOWN );  /* 通信接口不正常,可能原因有:接口连接异常,其他设备影响(片选不唯一),串口波特率,一直在复位,晶振不工作 */
xWriteCH376Cmd( CMD11_SET_USB_MODE );  /* 设备 USB 工作模式 */
xWriteCH376Data( 0x06 );
mDelayuS( 20 );
res = xReadCH376Data( );
xEndCH376Cmd( );
#ifndef CH376_INT_WIRE
#ifdef  CH376_SPI_SDO
xWriteCH376Cmd( CMD20_SET_SDO_INT ); /*设置 SPI 的 SDO 引脚的中断方式 */
xWriteCH376Data( 0x16 );
xWriteCH376Data( 0x90 );  /* SDO 引脚在 SCS 片选无效时兼做中断请求输出 */
xEndCH376Cmd( );
#endif
#endif
if ( res == CMD_RET_SUCCESS ) return( USB_INT_SUCCESS );
else return( ERR_USB_UNKNOWN );  /* 设置模式错误 */
}
```

3．CH376 的串口扩展读/写库函数

例 6.13 使用串口接口扩展 CH376 的库函数，其同样提供了如下函数用于对 CH376 进行

操作，其中包括了对 51 单片机的串行模块进行初始化的函数，用户可以根据自己应用系统的实际情况来修改。

- void　CH376_PORT_INIT(void)：串口初始化函数。
- unsigend char　mInitCH376Host(void)：初始化 CH376 函数。
- void　SET_WORK_BAUDRATE(void)：将 51 单片机切换到正式通信波特率。
- unsigned char　xReadCH376Data(void)：从 CH376 读数据。
- void　xWriteCH376Cmd(unsigned char mCmd)：向 CH376 写命令。
- void　xWriteCH376Data(unsigned char mData)：向 CH376 写数据。

【例 6.13】在应用代码中对串口进行了初始化，使用 T2 作为波特率发生器。

```
#include    "AT89X52.h"
#define CMD11_CHECK_EXIST   0x06          // 测试通信接口和工作状态
// 输入:任意数据
// 输出:输入数据的按位取反
#define     ERR_USB_UNKNOWN     0xFA      // 未知错误,不应该发生的情况,需检查硬件或者程序错误
#define CMD11_SET_USB_MODE  0x15          // 设置 USB 工作模式
// 输入:模式代码
//          00H=未启用的设备方式, 01H=已启用的设备方式并且使用外部固件模式(串口不支持), 02H=已启用的设备方式并且使用内置固件模式
//          03H=SD 卡主机模式/未启用的主机模式,用于管理和存取 SD 卡中的文件
//          04H=未启用的主机方式, 05H=已启用的主机方式, 06H=已启用的主机方式并且自动产生 SOF 包, 07H=已启用的主机方式并且复位 USB 总线
// 输出:操作状态( CMD_RET_SUCCESS 或 CMD_RET_ABORT, 其他值说明操作未完成 )
// 操作状态
#define CMD21_SET_BAUDRATE  0x02              /* 串口方式: 设置串口通信波特率(上电或者复位后的默认波特率为 9600bps,由 D4/D5/D6 引脚选择) */
/* 输入:波特率分频系数, 波特率分频常数 */
/* 输出:操作状态( CMD_RET_SUCCESS 或 CMD_RET_ABORT, 其他值说明操作未完成 ) */
#define SER_SYNC_CODE1      0x57              /* 启动操作的第 1 个串口同步码 */
#define SER_SYNC_CODE2      0xAB              /* 启动操作的第 2 个串口同步码 */
#ifndef CMD_RET_SUCCESS
#define CMD_RET_SUCCESS     0x51              // 命令操作成功
#define CMD_RET_ABORT       0x5F              // 命令操作失败
#endif
#define USB_INT_SUCCESS     0x14              //USB 事务或者传输操作成功
#define CH376_INT_WIRE          INT0      /* 假设 CH376 的 INT#引脚,如果未连接那么也可以通过查询串口中断状态码实现 */
#define UART_INIT_BAUDRATE  9600      /* 默认通信波特率 9600bps,建议通过硬件引脚设定直接选择更高的 CH376 的默认通信波特率 */
#define UART_WORK_BAUDRATE  57600     /* 正式通信波特率 57600bps */
```

```
void    CH376_PORT_INIT( void ) /* 由于使用异步串口读写时序,所以进行初始化 */
{
/* 如果单片机只有一个串口,那么必须禁止通过串口输出监控信息 */
SCON = 0x50;
PCON = 0x80;
//  TL2 = RCAP2L = 0 - 18432000/32/UART_INIT_BAUDRATE; /* 18.432MHz 晶振 */
TL2 = RCAP2L = 0 - 24000000/32/UART_INIT_BAUDRATE; /* 24MHz 晶振 */
/* 建议通过硬件引脚设定直接选择更高的 CH376 的默认通信波特率 */
TH2 = RCAP2H = 0xFF;
T2CON = 0x34;  /* 定时器 2 用于串口的波特率发生器 */
RI = 0;
}
#ifdef  UART_WORK_BAUDRATE
void    SET_WORK_BAUDRATE( void )  /* 将单片机切换到正式通信波特率 */
{
//  TL2 = RCAP2L = 0-18432000/32/UART_WORK_BAUDRATE;/*18.432MHz 晶振 */
TL2 = RCAP2L = 0-24000000/32/UART_WORK_BAUDRATE; /* 24MHz 晶振 */
RI = 0;
}
#endif
#define xEndCH376Cmd( )  /* 结束 CH376 命令,仅用于 SPI 接口方式 */
void    xWriteCH376Cmd( unsigned char mCmd )  /* 向 CH376 写命令 */
{
TI = 0;
SBUF = SER_SYNC_CODE1;  /* 启动操作的第 1 个串口同步码 */
while ( TI == 0 );
TI = 0;
SBUF = SER_SYNC_CODE2;  /* 启动操作的第 2 个串口同步码 */
while ( TI == 0 );
TI = 0;
SBUF = mCmd;  /* 串口输出 */
while ( TI == 0 );
}
void    xWriteCH376Data( unsigned char mData )  /* 向 CH376 写数据 */
{
TI = 0;
SBUF = mData;  /* 串口输出 */
while ( TI == 0 );
}
unsigned char   xReadCH376Data( void )  /* 从 CH376 读数据 */
```

```
{
long    i;
for ( i = 0; i < 500000; i ++ ) {  /* 计数防止超时 */
    if ( RI ) {  /* 串口接收到 */
        RI = 0;
        return( SBUF );  /* 串口输入 */
    }
}
return( 0 );  /* 不应该发生的情况 */
}
/* 查询 CH376 中断(INT#低电平) */
unsigned char   Query376Interrupt( void )
{
#ifdef  CH376_INT_WIRE
return( CH376_INT_WIRE ? 0 : 1 );  /* 如果连接了 CH376 的中断引脚则直接查询中
断引脚 */
#else
if ( RI ) {  /* 如果未连接 CH376 的中断引脚则查询串口中断状态码 */
    RI = 0;
    return( TRUE );
}
else return( FALSE );
#endif
}
unsigned char   mInitCH376Host( void )  /* 初始化 CH376 */
{
unsigned char   res;
CH376_PORT_INIT( );  /* 接口硬件初始化 */
xWriteCH376Cmd(CMD11_CHECK_EXIST);/*测试单片机与 CH376 之间的通信接口 */
xWriteCH376Data( 0x65 );
res = xReadCH376Data( );
//  xEndCH376Cmd( );  // 异步串口方式不需要
if ( res != 0x9A ) return( ERR_USB_UNKNOWN );  /* 通信接口不正常,可能原因
有接口连接异常,其他设备影响(片选不唯一),串口波特率,一直在复位,晶振不工作 */
#ifdef  UART_WORK_BAUDRATE
xWriteCH376Cmd( CMD21_SET_BAUDRATE );  /* 设置串口通信波特率 */
#if     UART_WORK_BAUDRATE >= 6000000/256
xWriteCH376Data( 0x03 );
xWriteCH376Data( 256 - 6000000/UART_WORK_BAUDRATE );
#else
xWriteCH376Data( 0x02 );
```

```
    xWriteCH376Data( 256 - 750000/UART_WORK_BAUDRATE );
    #endif
    SET_WORK_BAUDRATE( );  /* 将单片机切换到正式通信波特率 */
    res = xReadCH376Data( );
    //  xEndCH376Cmd( );  // 异步串口方式不需要
    if ( res != CMD_RET_SUCCESS ) return( ERR_USB_UNKNOWN );  /* 通信波特率
切换失败,建议通过硬件复位 CH376 后重试 */
    #endif
    xWriteCH376Cmd( CMD11_SET_USB_MODE );  /* 设备 USB 工作模式 */
    xWriteCH376Data( 0x06 );
    //  mDelayuS( 20 );     // 异步串口方式不需要
    res = xReadCH376Data( );
    //  xEndCH376Cmd( );    // 异步串口方式不需要
    if ( res == CMD_RET_SUCCESS ) return( USB_INT_SUCCESS );
    else return( ERR_USB_UNKNOWN );  /* 设置模式错误 */
    }
```

4．CH376 的文件操作库函数

例 6.14 是 CH376 的文件操作的库函数，其中引用了前面接口函数库中对的读/写操作库函数，这些文件操作的库函数说明如下。

- unsigned char CH376ByteLocate(unsigned long offset)：以字节为单位移动当前文件指针。
- unsigned char CH376ByteWrite(unsigned char *buf, unsigned short ReqCount, unsigned short *RealCount)：以字节为单位向当前位置写入数据块。
- unsigned char CH376DiskConnect(void)：检查 U 盘是否连接。
- unsigned char CH376DiskMount(void)：初始化磁盘并测试磁盘是否就绪。
- unsigned char CH376FileClose(unsigned char UpdateSz)：关闭当前已经打开的文件或者目录。
- unsigned char CH376FileCreate(unsigned char *name)：在根目录或者当前目录下新建文件，如果文件已经存在，那么先删除。
- unsigned char CH376FileOpen(unsigned char *name)：在根目录或者当前目录下打开文件或者目录。
- unsigned long CH376GetFileSize(void)：读取当前文件长度。
- unsigned char CH376GetIntStatus(void)：获取中断状态并取消中断请求。
- unsigned long CH376Read32bitDat(void)：从 CH376 芯片读取 32 位的数据并结束命令。
- unsigned long CH376ReadVar32(unsigned char var)：读 CH376 芯片内部的 32 位变量。
- unsigned char CH376SendCmdDatWaitInt(unsigned char mCmd，unsigned char mDat)：发出命令码和一字节数据后，等待中断。
- unsigned char CH376SendCmdWaitInt(unsigned char mCmd)：发出命令码后，等待中断。

- void CH376SetFileName(unsigned char *name)：设置将要操作的文件的文件名。
- unsigned char CH376WriteReqBlock(unsigned char *buf)：向内部指定缓冲区写入请求的数据块，返回长度。
- void CH376WriteVar32(unsigned char var, unsigned long dat)：写 CH376 芯片内部的 32 位变量。
- void mStopIfError(unsigned char iError)：检查操作状态，如果错误则显示错误代码并停机，应该替换为实际的处理措施。

【例.6.14】应用代码中调用了前面读/写操作库中的部分函数，用户可以根据硬件的实际连接情况选用具体的读/写操作库。

```
#include <AT89X52.h>
#include <stdio.h>
#include <absacc.h>
#include <string.h>
#define CH376_CMD_PORT XBYTE[0x7FFF]          //376 的命令字节定义
#define CH376_DAT_PORT XBYTE[0x7FFE]          //376 的数据字节定义
#define CH376_INT_WIRE                  INT1
// 假定 CH376 的 INT#引脚,如果未连接那么也可以通过查询状态端口实现
//以下为常变量定义
#define     TRUE    1
#define     FALSE   0
#ifndef     NULL
#define     NULL    0                        //定义 NULL 如果必要
#endif
#define CMD01_GET_STATUS    0x22             //获取中断状态并取消中断请求
#define CMD11_CHECK_EXIST   0x06             // 测试通信接口和工作状态
#define CMD0H_DISK_CONNECT  0x30
// 主机文件模式/不支持 SD 卡：检查磁盘是否连接 */
//输出中断定义
#define CMD0H_DISK_MOUNT    0x31
// 主机文件模式：初始化磁盘并测试磁盘是否就绪
#define CMD10_SET_FILE_NAME 0x2F
// 主机文件模式：设置将要操作的文件的文件名
//输入：以 0 结束的字符串(含结束符 0 在内长度不超过 14 个字符
#define CMD11_SET_USB_MODE  0x15             // 设置 USB 工作模式
// 输入：模式代码
//        00H=未启用的设备方式， 01H=已启用的设备方式并且使用外部固件模式(串口不支持)， 02H=已启用的设备方式并且使用内置固件模式
//        03H=SD 卡主机模式/未启用的主机模式,用于管理和存取 SD 卡中的文件
//        04H=未启用的主机方式， 05H=已启用的主机方式， 06H=已启用的主机方式并且自动产生 SOF 包， 07H=已启用的主机方式并且复位 USB 总线
```

```
// 输出：操作状态( CMD_RET_SUCCESS 或 CMD_RET_ABORT, 其他值说明操作未完成 )
#define ERR_USB_UNKNOWN      0xFA          // 未知错误,不应该发生的情况,需
                                              检查硬件或者程序错误
#define CMD_RET_SUCCESS      0x51          // 命令操作成功
#define CMD_RET_ABORT        0x5F          // 命令操作失败
#define USB_INT_SUCCESS      0x14          // USB 事务或者传输操作成功
#define USB_INT_CONNECT      0x15          // 检测到 USB 设备连接事件, 可能
                                              是新连接或者断开后重新连接
#define USB_INT_DISCONNECT   0x16          // 检测到 USB 设备断开事件
#define USB_INT_BUF_OVER     0x17          // USB 传输的数据有误或者数据太
                                              多缓冲区溢出
#define USB_INT_USB_READY    0x18          // USB 设备已经被初始化(已经分配
                                              USB 地址)
#define USB_INT_DISK_READ    0x1D          // USB 存储器请求数据读出
#define USB_INT_DISK_WRITE   0x1E          // USB 存储器请求数据写入
#define USB_INT_DISK_ERR     0x1F          // USB 存储器操作失败
#define DEF_SEPAR_CHAR1      0x5C          // 路径名的分隔符 '\'
#define DEF_SEPAR_CHAR2      0x2F          // 路径名的分隔符 '/'
#define CMD50_WRITE_VAR32    0x0D          //设置指定的 32 位文件系统变量
//输入：变量地址, 数据(总长度 32 位,低字节在前)
#define VAR_CURRENT_CLUST    0x64         //当前文件的当前簇号(总长度 32 位,
                                             低字节在前)
#define CMD_FILE_OPEN        CMD0H_FILE_OPEN
#define CMD0H_FILE_OPEN      0x32          /* 主机文件模式：打开文件或者目
录(文件夹),或者枚举文件和目录(文件夹) */
// 输出中断
#define CMD14_READ_VAR32     0x0C          /* 读取指定的 32 位文件系统变量 */
/* 输入：变量地址 */
/* 输出：数据(总长度 32 位,低字节在前) */
#define VAR_FILE_SIZE        0x68          /* 当前文件的长度(总长度 32 位,
低字节在前) */
#define ERR_MISS_FILE        0x42          /* 指定路径的文件没有找到,可能是
文件名称错误 */
#define CMD4H_BYTE_LOCATE    0x39          /* 主机文件模式：以字节为单位移
动当前文件指针 */
/* 输入：偏移字节数(总长度 32 位,低字节在前) */
/* 输出中断 */
#define CMD0H_FILE_CREATE    0x34          /* 主机文件模式：新建文件,如果文
件已经存在那么先删除 */
/* 输出中断 */
#define CMD2H_BYTE_WRITE     0x3C          /* 主机文件模式：以字节为单位向
```

```
当前位置写入数据块 */
        /* 输入: 请求写入的字节数(总长度 16 位,低字节在前) */
        /* 输出中断 */
        #define USB_INT_DISK_WRITE  0x1E              /* USB 存储器请求数据写入 */
        #define CMD0H_BYTE_WR_GO    0x3D              /* 主机文件模式: 继续字节写 */
        /* 输出中断 */
        #define CMD01_WR_REQ_DATA   0x2D              /* 向内部指定缓冲区写入请求的数
据块 */
        /* 输出: 长度 */
        /* 输入: 数据流 */
        #define VAR_CURRENT_OFFSET  0x6C              /* 当前文件指针,当前读写位置的字
节偏移(总长度 32 位,低字节在前) */
        #define CMD1H_FILE_CLOSE    0x36              /* 主机文件模式: 关闭当前已经打
开的文件或者目录(文件夹) */
        /* 输入: 是否允许更新文件长度 */
        /*          00H=禁止更新长度, 01H=允许更新长度 */
        /* 输出中断 */
        unsigned char idata buf[64];                  //缓冲区大小
        void    mDelaymS( unsigned char ms );
        void    mDelayuS( unsigned char us );
        void    mInitSTDIO(void);
        void    xWriteCH376Cmd(unsigned int mCmd );
        void    xWriteCH376Data(unsigned char mData );
        void    mStopIfError( unsigned char iError );
        unsigned char xReadCH376Data( void );
        unsigned char mInitCH376Host( void );
        unsigned char Query376Interrupt(void);
        unsigned char CH376ByteLocate( unsigned long offset );
        void CH376SetFileName(unsigned char *name );
        void CH376WriteVar32(unsigned char var, unsigned long dat );
        unsigned char CH376DiskConnect( void );              // 检查 U 盘是否连接,
                                                               不支持 SD 卡
        unsigned char CH376GetIntStatus( void );             //获取中断状态并取消中
                                                               断请求
        unsigned char CH376SendCmdWaitInt(unsigned char mCmd );
                                                             //发出命令码后,等待中断
        unsigned char CH376DiskMount( void );
        unsigned char CH376FileOpen( unsigned char *name );
        unsigned char CH376FileCreate(unsigned char *name );
        unsigned   char   CH376ByteWrite(unsigned   char   *buf,   unsigned   short
ReqCount, unsigned short *RealCount );
```

```
unsigned char CH376WriteReqBlock(unsigned char *buf );
unsigned char CH376FileClose(unsigned char UpdateSz );
unsigned char CH376SendCmdDatWaitInt(unsigned char mCmd, unsigned char mDat );
unsigned long CH376GetFileSize( void );
unsigned long CH376ReadVar32(unsigned char var );
unsigned long CH376Read32bitDat( void );
#ifndef NO_DEFAULT_CH376_INT
unsigned char Wait376Interrupt( void );     // 等待CH376中断(INT#低电平),
                                            返回中断状态码, 超时则返回
                                            ERR_USB_UNKNOWN
#endif
// 延时指定毫秒时间,根据单片机主频调整,不精确
void    mDelaymS( unsigned char ms )
{
while ( ms -- )
{
    mDelayuS(250);
    mDelayuS(250);
    mDelayuS(250);
    mDelayuS(250);
}
}
// 延时指定微秒时间,根据单片机主频调整,不精确
void    mDelayuS( unsigned char us )
{
while ( us -- );                           // 24MHz MCS51
}
// 为printf和getkey输入/输出初始化串口
void    mInitSTDIO( void )
{
SCON = 0x50;
PCON = 0x80;
RCLK = 1;
TCLK = 1;
RCAP2H = 0xff;
RCAP2L = 0xfd;                             //T2,115200
TR2 = 1;
ES = 1;
EA = 1;
}
```

```
unsigned char mInitCH376Host( void )               //初始化 CH376
{
unsigned char res;
xWriteCH376Cmd(CMD11_CHECK_EXIST);                 // 测试单片机与 CH376 之间的
                                                      通信接口
xWriteCH376Data(0x65);                             //写一个测试数据
res = xReadCH376Data( );
if ( res != 0x9A )                                 //如果不是测试数据取反
{
   return(ERR_USB_UNKNOWN);
// 通信接口不正常,可能原因有接口连接异常,其他设备影响(片选不唯一),串口波特率,一直
  在复位,晶振不工作
}
xWriteCH376Cmd(CMD11_SET_USB_MODE);                // 设备 USB 工作模式
xWriteCH376Data( 0x06 );                           //启用主机方式产生 SOF 包
mDelayuS( 20 );
res = xReadCH376Data( );                           //读设置返回数据
if ( res == CMD_RET_SUCCESS )                      //如果设置成功
{
   return(USB_INT_SUCCESS);
}
else
{
   return(ERR_USB_UNKNOWN);                        // 设置模式错误
}
}
void xWriteCH376Cmd(unsigned int mCmd )            //向 CH376 写命令
{
CH376_CMD_PORT = mCmd;
   mDelayuS(2);                                    // 延时 2μs 确保读写周期大于
                                                      1.5μs
}
void   xWriteCH376Data(unsigned char mData )       //向 CH376 写数据
{
CH376_DAT_PORT = mData;
mDelayuS(2);                                       // 确保读写周期大于 0.6μs
}
unsigned char xReadCH376Data( void )               // 从 CH376 读数据
{
mDelayuS(2);                                       // 确保读写周期大于 0.6μs
return( CH376_DAT_PORT );
```

```
}
// 检查操作状态,如果错误则显示错误代码并停机,应该替换为实际的处理措施,例如显示错误信息,等待用户确认后重试等
void   mStopIfError( unsigned char iError )
{
if ( iError == USB_INT_SUCCESS )
{
    return;                                               //操作成功
}
TI = 1;
printf( "Error: %02X\n", (unsigned int)iError );  // 显示错误
while ( 1 )
{
    mDelaymS( 200 );
    mDelaymS( 200 );
}
}
unsigned char  CH376DiskConnect( void )        // 检查U盘是否连接,不支持SD卡
{
unsigned char s;
if ( Query376Interrupt( ) == TRUE)
{
    CH376GetIntStatus( );                              // 检测到中断
}
s = CH376SendCmdWaitInt(CMD0H_DISK_CONNECT);
return(s);
}
// 查询CH376中断(INT#低电平)
unsigned char  Query376Interrupt( void )
{
#ifdef  CH376_INT_WIRE                                 //如果连接了这个
    return( CH376_INT_WIRE ? FALSE : TRUE );   // 如果连接了CH376的中断引脚则直接查询中断引脚
//如果INT1为1,则返回FALSE,否则返回TRUE,INT1为中断引脚,低电平有效
#else
    return( xReadCH376Status( ) & PARA_STATE_INTB ? FALSE : TRUE );
                                                       // 如果未连接CH376的中断引脚则查询状态端口
#endif
}
```

```
unsigned char CH376GetIntStatus( void )     //获取中断状态并取消中断请求
{
unsigned char s;
xWriteCH376Cmd(CMD01_GET_STATUS);           //读中断状态命令
s = xReadCH376Data( );
return( s );
}
unsigned char CH376SendCmdWaitInt(unsigned char mCmd )
                                            //发出命令码后, 等待中断
{
unsigned char s;
xWriteCH376Cmd(mCmd);
//  xEndCH376Cmd( );
s = Wait376Interrupt( );
return(s);
}
#ifndef NO_DEFAULT_CH376_INT                //如果没有定义这个就执行这个函
                                              数,则这个函数被屏蔽掉了
unsigned char Wait376Interrupt( void )      // 等待 CH376 中断(INT#低电
                                              平),返回中断状态码, 超时则返
                                              回 ERR_USB_UNKNOWN
{
#ifdef  DEF_INT_TIMEOUT
#if     DEF_INT_TIMEOUT < 1
while ( Query376Interrupt( ) == FALSE );    // 一直等中断
return( CH376GetIntStatus( ) );             // 检测到中断
#else
unsigned long   i;
for ( i = 0; i < DEF_INT_TIMEOUT; i ++ ) { // 计数防止超时
    if ( Query376Interrupt( ) ) return( CH376GetIntStatus( ) );
                                            // 检测到中断
// 在等待 CH376 中断的过程中,可以做些需要及时处理的其他事情
}
return( ERR_USB_UNKNOWN );                  // 不应该发生的情况
#endif
#else                                       //实际上是执行的这段代码
unsigned long  i;
unsigned char  s;
for ( i = 0; i < 5000000; i ++ )
{  // 计数防止超时,默认的超时时间,与单片机主频有关
    if ( Query376Interrupt( ) == TRUE )
```

```
    {
        s = CH376GetIntStatus( );        //取中断值
        return(s);                       // 检测到中断
    }
    // 在等待 CH376 中断的过程中,可以做些需要及时处理的其他事情
}
return( ERR_USB_UNKNOWN );               // 不应该发生的情况
#endif
}
#endif
unsigned char CH376DiskMount( void )    //初始化磁盘并测试磁盘是否就绪
{
unsigned char s;
s = CH376SendCmdWaitInt( CMD0H_DISK_MOUNT );
return(s);
}
unsigned char CH376FileOpen( unsigned char *name )
// 在根目录或者当前目录下打开文件或者目录(文件夹)
{
unsigned char s;
CH376SetFileName(name);
// 设置将要操作的文件的文件名
if ( name[0] == DEF_SEPAR_CHAR1 || name[0] == DEF_SEPAR_CHAR2 )
{
    CH376WriteVar32(VAR_CURRENT_CLUST, 0);
}
s = CH376SendCmdWaitInt( CMD0H_FILE_OPEN );
return(s);
}
void CH376SetFileName(unsigned char *name )
//设置将要操作的文件的文件名
{
unsigned char c;
xWriteCH376Cmd(CMD10_SET_FILE_NAME);
c = *name;
xWriteCH376Data(c);
while (c)
{
    name ++;
    c = *name;
    if ( c == DEF_SEPAR_CHAR1 || c == DEF_SEPAR_CHAR2 )
```

```
    {
        c = 0;                                    // 强行将文件名截止
    }
    xWriteCH376Data(c);
  }
  }
  void CH376WriteVar32(unsigned char var, unsigned long dat )
  //写 CH376 芯片内部的 32 位变量
  {
  xWriteCH376Cmd(CMD50_WRITE_VAR32);
  xWriteCH376Data( var );
  xWriteCH376Data( (unsigned char)dat );
  xWriteCH376Data( (unsigned char)( (unsigned short)dat >> 8 ) );
  xWriteCH376Data( (unsigned char)( dat >> 16 ) );
  xWriteCH376Data( (unsigned char)( dat >> 24 ) );
  //  xEndCH376Cmd( );
  }
  unsigned long CH376GetFileSize( void )              // 读取当前文件长度
  {
  return( CH376ReadVar32( VAR_FILE_SIZE ) );
  }
  unsigned long CH376ReadVar32(unsigned char var )  //读 CH376 芯片内部的 32
                                                       位变量
  {
  unsigned long temp;
  xWriteCH376Cmd( CMD14_READ_VAR32 );
  xWriteCH376Data( var );
  temp = CH376Read32bitDat( );
  return(temp);                                      // 从 CH376 芯片读取 32
                                                       位的数据并结束命令
  }
  unsigned long CH376Read32bitDat( void )            // 从 CH376 芯片读取 32
                                                       位的数据并结束命令
  {
  unsigned char c0, c1, c2, c3;
  c0 = xReadCH376Data( );
  c1 = xReadCH376Data( );
  c2 = xReadCH376Data( );
  c3 = xReadCH376Data( );
  return( c0 | (unsigned short)c1 << 8 | (unsigned long)c2 << 16 |
(unsigned long)c3 << 24 );
```

```
    }
    unsigned char CH376ByteLocate( unsigned long offset )  //以字节为单位移动
当前文件指针
    {
    unsigned char temp;
    xWriteCH376Cmd( CMD4H_BYTE_LOCATE );
    xWriteCH376Data( (unsigned char)offset );
    xWriteCH376Data( (unsigned char)((unsigned short)offset>>8) );
    xWriteCH376Data( (unsigned char)(offset>>16) );
    xWriteCH376Data( (unsigned char)(offset>>24) );
    //  xEndCH376Cmd( );
    temp = Wait376Interrupt( );
    return(temp);
    }
    unsigned char CH376FileCreate(unsigned char *name )
    //在根目录或者当前目录下新建文件,如果文件已经存在那么先删除
    {
    unsigned char temp;
    if (name)
    {
        CH376SetFileName( name );           // 设置将要操作的文件的文件名
    }
    temp = CH376SendCmdWaitInt( CMD0H_FILE_CREATE );
    return(temp);
    }
    unsigned  char  CH376ByteWrite(unsigned  char  *buf,  unsigned  short
ReqCount, unsigned short *RealCount )          // 以字节为单位向当前位置写入数据块
    {
    unsigned char s;
    xWriteCH376Cmd( CMD2H_BYTE_WRITE );
    xWriteCH376Data( (unsigned char)ReqCount );
    xWriteCH376Data( (unsigned char)(ReqCount>>8) );
    if ( RealCount ) *RealCount = 0;
    while ( 1 )
    {
        s = Wait376Interrupt( );
        if ( s == USB_INT_DISK_WRITE )
        {
            s = CH376WriteReqBlock(buf);
    // 向内部指定缓冲区写入请求的数据块,返回长度
            xWriteCH376Cmd( CMD0H_BYTE_WR_GO );
```

```
//          xEndCH376Cmd( );
            buf += s;
            if ( RealCount )
            {
                *RealCount += s;
            }
        }
        else
        {
            return( s );                                // 错误
        }
    }
}
unsigned char CH376WriteReqBlock(unsigned char *buf )
//向内部指定缓冲区写入请求的数据块,返回长度
{
unsigned char  s, l;
xWriteCH376Cmd( CMD01_WR_REQ_DATA );
s = l = xReadCH376Data( );  /* 长度 */
if ( l )
{
    do
    {
        xWriteCH376Data( *buf );
        buf ++;
    } while ( -- l );
}
return( s );
}
unsigned char CH376FileClose(unsigned char UpdateSz )
// 关闭当前已经打开的文件或者目录(文件夹)
{
return( CH376SendCmdDatWaitInt( CMD1H_FILE_CLOSE, UpdateSz ) );
}
unsigned char CH376SendCmdDatWaitInt(unsigned char mCmd, unsigned char
mDat )
// 发出命令码和一字节数据后,等待中断
{
unsigned char temp;
xWriteCH376Cmd( mCmd );
xWriteCH376Data( mDat );
```

```
        temp = Wait376Interrupt();
        return(temp);
    }
```

5．应用实例——使用 CH376 扩展 U 盘存放用户数据

本应用使用 CH376 在 U 盘上建立一个命名为 Rec 的 txt 文件，并且将从串行口接收到的数据格式化之后写入该文件中，串行口接收的数据是连续 3 个字节的十六进制 ASCII 代码。在实例中 51 单片机首先检查 U 盘是否插入，如果未插入则等待，如果已经插入则判断文件“Rec.TXT”是否存在，如果存在则打开，如果没有存在则在 U 盘根目录上建立该文件，然后把从串口接收到的数据回车换行写入文件，实例的电路如图 6.36 所示。

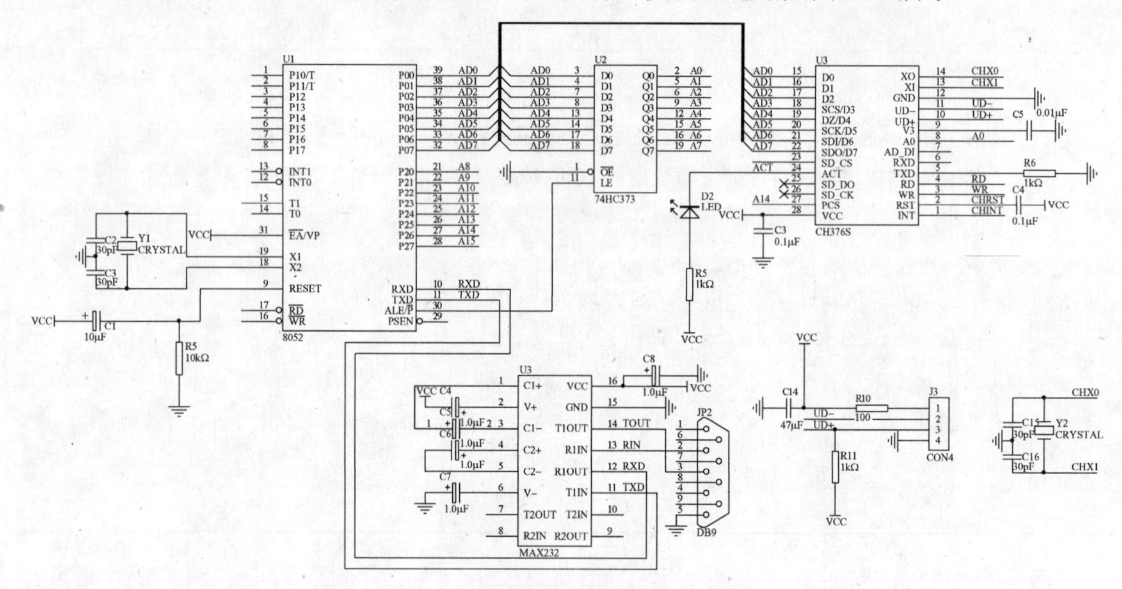

图 6.36　使用 CH376 扩展 U 盘存放用户数据实例电路

如图 6.36 所示，51 单片机使用并口扩展方式扩展了一片 CH376，并且使用 MAX232 作为串口电平转换芯片，实例中涉及的典型器件如表 6.24 所示。

表 6.24　使用 CH376 扩展 U 盘存放用户数据实例器件列表

器　件	说　明
51 单片机	核心部件
CH376	U 盘扩展芯片
MAX232	电平转换芯片
电阻	限流
晶体	51 单片机工作的振荡源
电容	51 单片机复位和振荡源工作的辅助器件

例 6.15 是实例的应用代码。

【例 6.15】代码先初始化 CH376，然后一直等待 U 盘插入，在 U 盘连接之后调用 CH376DiskMount( )函数来判断 U 盘是否准备就绪，在进入就绪状态之后使用

CH376FileOpen( )来打开指定文件，如果文件不存在，则会返回 ERR_MISS_FILE 的错误代码，此时调用 CH376FileCreate( )函数来建立文件，否则返回 USB_INT_SUCCESS 代码，此时使用 CH376ByteLocate( )函数将文件的光标定位到文件最后，然后写入相应的字符代码。

```
#include <AT89X52.h>
//在这里引用前面对应的库函数

unsigned char Rxdata[5];                //3B 的接收缓冲区,加上回车换行
unsigned char Rxcounter = 0;            //接收计数器
bit Rxflg = 0;                          //接收标志

//串口接收服务子函数
void SerialDeal(void) interrupt 4 using 2
{
   if(RI == 1)                          //如果接收到数据
   {
    Rxdata[Rxcounter] = SBUF;
    Rxcounter++;                        //计数器++
    if(Rxcounter == 3)                  //计数到头
    {
      Rxcounter = 0;                    //清除计数器
      Rxflg = 1;                        //标志位置位
    }
   }
}

main()
{
unsigned char  s,temp,i;
unsigned char  month, date, hour;
unsigned short  adc;
mDelaymS(100);                          //延时 100μs
mInitSTDIO( );                          //串口初始化
TI = 1;
s = mInitCH376Host( );                  // 初始化 CH376
mStopIfError(s);
while(1)
{
   while(Rxflg == 1);                   //等待接收到数据
   Rxflg = 0;                           //清除标志位
    TI = 1;
```

```
while (temp!= USB_INT_SUCCESS)
{
    temp = CH376DiskConnect();
// 检查 U 盘是否连接,等待 U 盘插入
    mDelaymS( 100 );
}
mDelaymS( 200 );                    //延时,可选操作,有的 USB 存储器需要几
                                    十毫秒的延时
// 对于检测到 USB 设备的,最多等待 10*50ms
for ( i = 0; i < 10; i++ )
{
    // 最长等待时间,10*50ms
    mDelaymS( 50 );
    TI = 1;
    temp = 0x00;
    temp = CH376DiskMount( );
    if (temp == USB_INT_SUCCESS )
    {
        break;
  // 初始化磁盘并测试磁盘是否就绪,如果准备就绪就退出
    }
}
s = 0;
s = CH376FileOpen( "/Rec.TXT" );
// 打开文件,该文件在根目录下
if ( s == USB_INT_SUCCESS )
{
    // 文件存在并且已经被打开,移动文件指针到尾部以便添加数据
    s = 0;
    s = CH376ByteLocate( 0xFFFFFFFF );  // 移到文件的尾部
    mStopIfError( s );
}
else if ( s == ERR_MISS_FILE )
{
    // 没有找到文件,必须新建文件
    s = CH376FileCreate(NULL);
// 新建文件并打开,如果文件已经存在则先删除后再新建,不必再提供文件名,刚才已经
   提供给 CH376FileOpen
    mStopIfError( s );
}
else mStopIfError( s );                    //打开文件时出错
```

```
    // 注意字符串长度不能溢出 buf,否则加大缓冲区或者分多次写入
     s = 0;
     s = CH376ByteWrite( buf, s, NULL );     // 以字节为单位向文件写入数据
     mStopIfError( s );
    Rxdata[3] = 0x0d;
    Rxdata[4] = 0x0a;                        //添加回车换行
    s = 5;                                   //总长度
     s = CH376ByteWrite( Rxdata, s, NULL ); // 以字节为单位向文件写入数据
    // 有些 U 盘可能会要求在写数据后等待一会才能继续操作,所以,如果在某些 U 盘中
    //发生数据丢失现象,建议在每次写入数据后稍作延时再继续
         mStopIfError( s );
    // 如果实际产品中有实时时钟,可以根据需要将文件的日期和时间修改为实际值,
     s = 0;
     s = CH376FileClose(TRUE);               // 关闭文件,自动计算文件长
                                                度,以字节为单位写文件,
//建议让程序库关闭文件以便自动更新文件长度
     mStopIfError( s );
     mDelaymS( 200 );
}
}
```

第7章 51单片机的智能卡扩展

智能卡即IC卡（Integrated Circuit Card），又称集成电路卡，可以分为接触式IC卡和非接触式IC卡（射频卡）两种。IC卡是将一个电子芯片嵌入符合ISO 7816标准的卡基中做成卡片形式，然后使用对应的IC卡读写器来和控制系统进行数据交换，可以应用于门禁系统、公交卡系统等场合。本章介绍了在51单片机应用系统中使用较多的AT24系列接触卡，SLE4442非接触式IC卡和射频卡（非接触式IC卡）。

7.1 接触式存储卡扩展

接触式IC卡就是在使用时，通过有形的金属电极触点将卡的集成电路与外部接口电路直接接触连接，提供集成电路工作的电源和进行数据交换的IC卡。其特点是在卡的表面有符合ISO-7816标准的多个金属触点。最常见的接触式存储卡是AT24系列存储卡，其具有读出和写入两种状态。

7.1.1 AT24系列接触式存储卡基础

1. 接触式IC卡的引脚封装

接触式IC卡的实际构成可分为半导体芯片、电极模片、塑料基片，图7.1所示是一个符合ISO-7816标准接触式存储卡的外形和触点示意图，其触点详细定义如下（如图7.1左上第一个触点为触点1，左下最后一个触点为触点4，右上第一个触点为触点5，右下最后一个触点为触点8）。

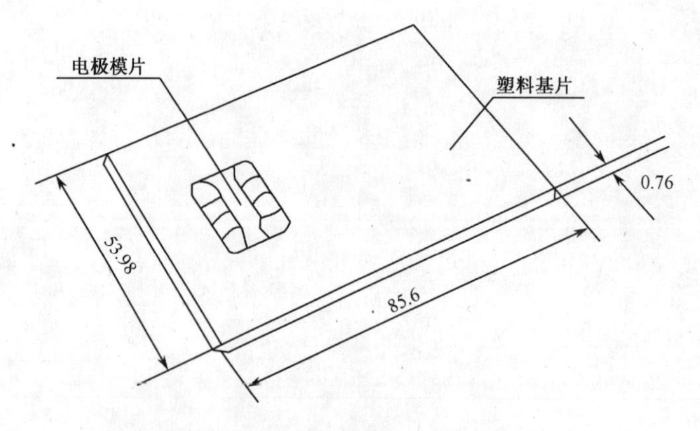

图7.1 接触式存储卡的外形和触点示意图

- 触点 1：VCC，IC 卡的工作电源输入触点。
- 触点 2：RST，复位控制触点，这是一个可以省略的触点。
- 触点 3：CLK，读/写时钟信号触点。
- 触点 4：NC，未使用触点。
- 触点 5：GND，工作电源地输入触点。
- 触点 6：Vpp，存储器编程电源输入触点，这也是一个可以省略的触点。
- 触点 7：Data，读写串行数据的输入/输出触点。
- 触点 8：NC，未使用触点。

注：根据具体的接触式存储卡不同，触点 4 和触点 8 可能会被定义为某些特殊用途，具体的可以参考对应 IC 卡的相关说明。

接触式 IC 卡通过其表面的金属电极触点将卡的集成电路与外部接口电路直接接触连接，由外部接口电路提供卡内集成电路工作的电源，通过串行方式与读写器进行交换数据。

2．接触式 IC 卡的卡座

由于接触式 IC 卡需要通过相应触点进行操作，所以必须使用对应的卡座，图 7.2 和图 7.3 所示是两种最常见的接触式 IC 卡卡座的实物图。

图 7.2　滑触式接触式 IC 卡卡座

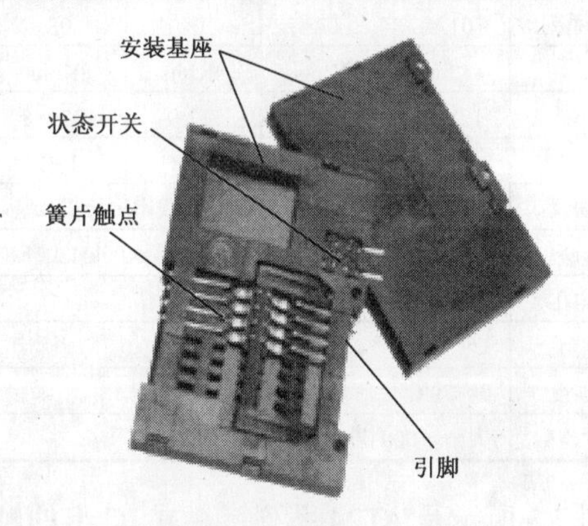

图 7.3　着落式接触式 IC 卡卡座

如图 7.2 和图 7.3 所示，接触式 IC 卡卡座由安装基座、状态开关和簧片触点组成，其详细说明如下。

- 安装基座：为 IC 卡卡座及 IC 卡提供物理支撑。
- 状态开关：用于检测 IC 卡是否插入。
- 簧片触点：用于和 IC 卡的对应触点进行通信。

IC 卡卡座的状态开关可以分为常开型和常闭型两种，其区别如下。

- 常开型：未插卡时，开关断开；插卡到位后，开关闭合。
- 常闭型：未插卡时，开关闭合；插卡到位后，开关断开。

3．AT24 系列接触式存储卡

AT24 系列接触卡是一个在卡基上集成了一片 AT24 系列 E^2PROM 的 IC 卡，其可以用于存储少量数据（通常少于 1MB），图 7.4 所示是 AT24 系列接触式存储卡的内部结构示意图。

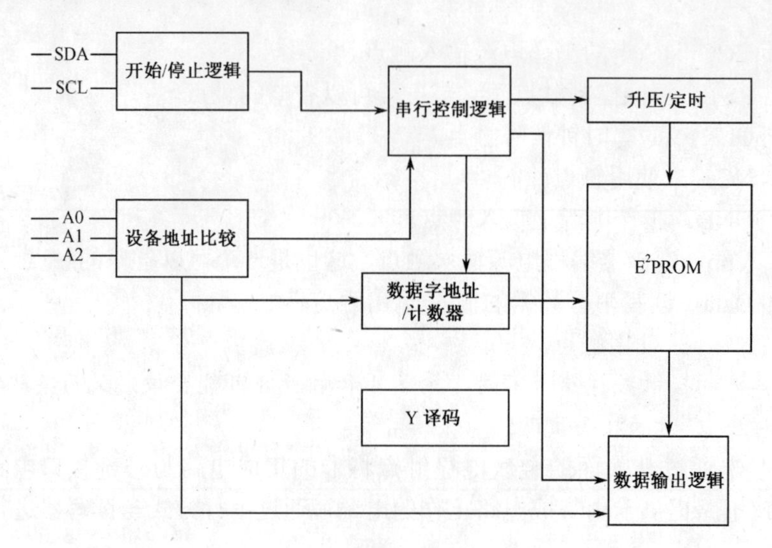

图 7.4 AT24 系列接触式存储卡的内部结构示意图

根据内置的 E^2PROM 容量大小，AT24 系列接触式 IC 卡可以分为如表 7.1 所示的种类。

表 7.1 AT24 系列接触式 IC 卡的分类

AT24 系列	01A	02	04	08	16	32	64	128	256
容量	1Kbits	2Kbits	4Kbits	8Kbits	16Kbits	32Kbits	64Kbits	128Kbits	256Kbits
组织形式	128×8	256×8	512×8	1024×8	2048×8	4096×8	8192×8	16384×8	32768×8
页写入方式	8B	8B	16B	16B	16B	32B	32B	64B	64B
通信协议	ISO/IEC7816-3 同步协议，双线串行接口								
工作频率	1MHz（5V），1MHz（2.7V），400kHz（1.8V）								
工作电压	1.8～5V								
工作电流	1～3mA								
工作温度	0～70℃								
写/擦除次数	大雨 1 000 000 次								

图 7.5 所示是 AT24 系列接触式 IC 卡的触点示意，其详细说明如下。

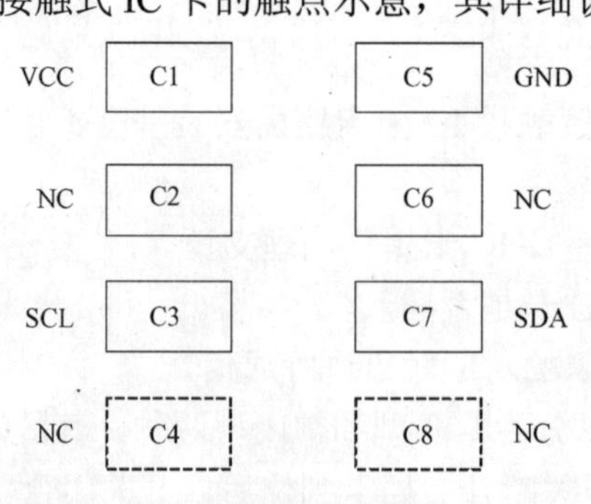

图 7.5 AT24 系列接触式 IC 卡的触点示意图

- C1：VCC，供电电源输入触点。
- C2：NC，空触点。
- C3：SCL，串行时钟触点。
- C4：NC，空触点。

- C5：GND，供电电源地触点。
- C6：SDA，串行数据触点。
- C7：NC，空触点。
- C8：NC，空触点。

注：由于 AT24 系列接触式存储卡实质上是一个在 IC 卡基上集成的 AT24 系列 E^2PROM，所以其读/写操作方式和 AT24 系列 E^2PROM 完全相同，可以参考本书第 6 章的 6.4 小节。

7.1.2　AT24 系列接触式存储卡的应用电路

AT24 系列接触式存储卡的典型应用电路如图 7.6 所示，IC 卡座的状态开关一端通过电阻连接到 VCC，另一端通过电阻同时连接到 GND 和单片机的 P2.5 引脚，当没有 AT24 系列卡插入的时候单片机的 P2.5 引脚上为低电平（常开型卡座），当有 AT24 系列插入的时候单片机的 P2.5 引脚上为高电平。51 单片机使用 P2.0 通过控制一个三级管给 AT24 系列接触式存储卡供电，使用 P2.6 和 P2.7 引脚作为 I^2C 接口通信引脚。

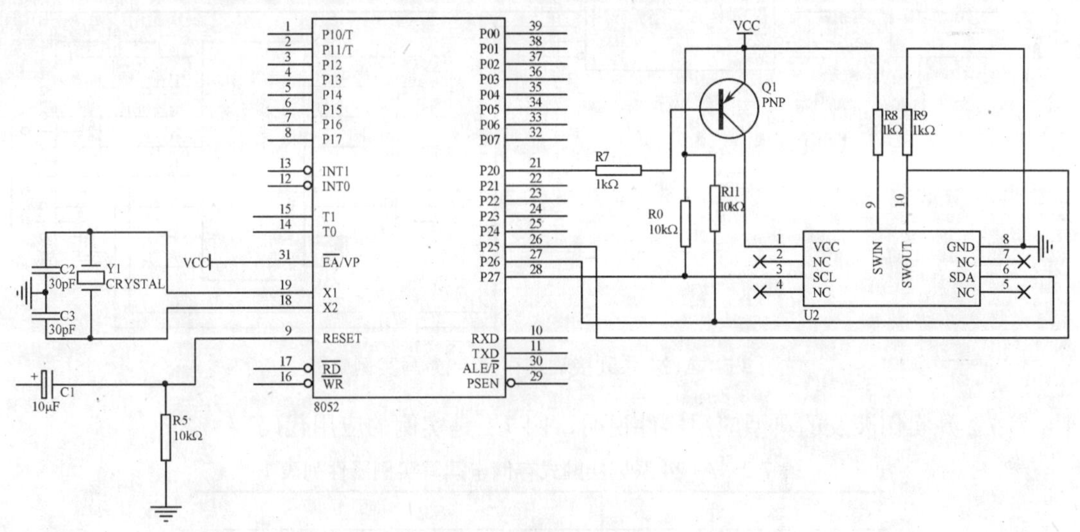

图 7.6　AT24 系列接触式存储卡应用电路

7.1.3　AT24 系列接触式存储卡的操作步骤

AT24 系列接触式存储卡的详细操作步骤如下：

（1）监测 IC 卡座的状态开关等待 IC 卡插入。

（2）当检测到有 IC 卡插入的时候，控制三极管导通，给 AT24 系列接触式存储卡供电。

（3）对 IC 卡进行读/写操作。

（4）控制三极管断开，移除供电电源。

7.1.4 应用实例——AT24 系列接触式存储卡读/写

本应用实例是一个使用 51 单片机实现 AT24 系列接触式存储卡读写的实例，51 单片机将 PC 通过串口发送的单个字节数据写入卡中，然后读出，图 7.7 所示是实例的应用电路，51 单片机使用 P2 的部分引脚来控制对 AT2404 接触式存储卡的读/写操作，使用 MAX232 作为 RS-232 电平转换芯片和 PC 进行数据交互。

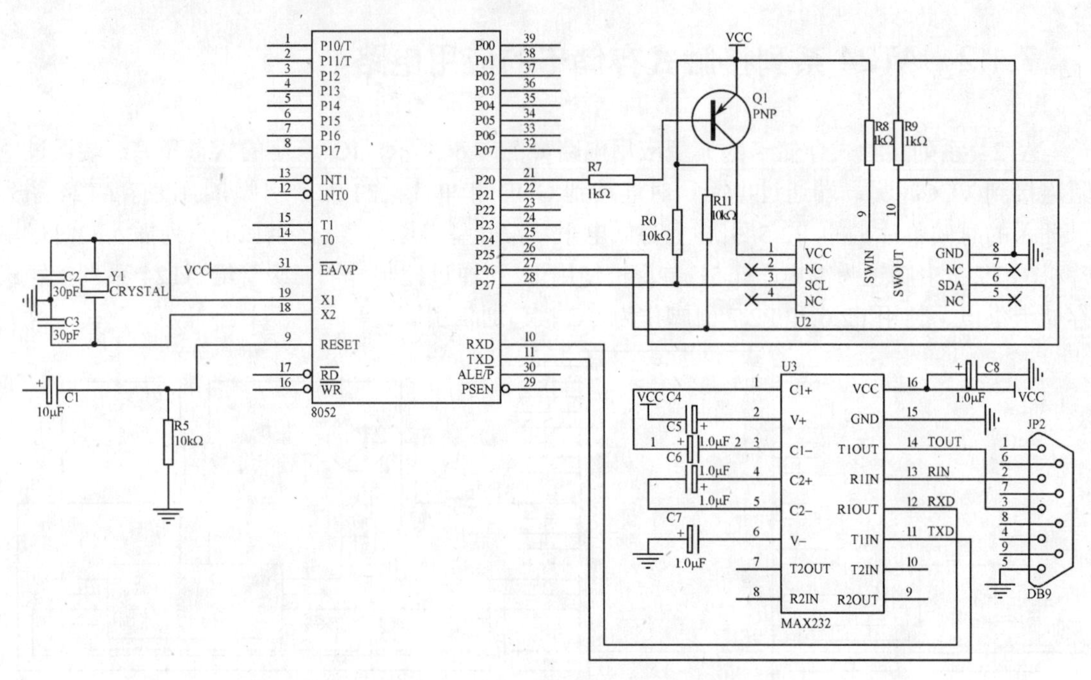

图 7.7 AT24 系列接触式存储卡读/写实例电路

表 7.2 是实例涉及的典型应用器件说明，例 7.1 是实例的应用代码。

表 7.2 AT24 系列接触式存储卡读写实例器件列表

器　件	说　明
51 单片机	核心部件
MAX232	RS-232 电平转换芯片
AT24C04 接触式存储卡	IC 卡
三极管	AT24 系列接触式存储卡供电开关
电阻	上拉和限流
晶体	51 单片机工作的振荡源
电容	51 单片机复位和振荡源工作的辅助器件

【例 7.1】应用代码中调用了第 6 章 6.4 小节库中的 WIICByte 和 RIICByte 函数，初始完 51 单片机的串口之后即等待串口接收数据，当接收到数据之后通过检查 IC 卡卡座的状态开关，如果有 IC 卡插入则将接收到的字节数据写入 IC 卡中，然后调用 RIICByte 函数读出，再通过串口发送回馈给 PC。

```
#include <At89X52.h>
#include <stdio.h>
#include <intrins.h>
#define R24C04ADD 0xA1
#define W24C04ADD 0xA0
sbit SDA = P2 ^ 6;                          //数据线
sbit SCL = P2 ^ 7;                          //时钟线
sbit KSW = P2 ^ 0;                          //AT24 系列 IC 卡供电开关
sbit ICIN = P2 ^ 5;                         //AT24 系列 IC 卡插入检查引脚
bit bAck;                                   //应答标志 当 bbAck=1 时为正确的应答
unsigned char wBuff;                        //待写入字节缓冲区
unsigned char rBuff;                        //读出的字节缓冲区
bit rxFlg = 0;                              //接收缓冲标志位
void StartI2C();                            //启动函数
void StopI2C();                             //结束函数
void AckI2C();                              //应答函数
void SendByte(unsigned char c);             //字节发送函数
unsigned char RevByte();                    //接收一个字节数据函数
unsigned char WIICByte(unsigned char WChipAdd,unsigned char InterAdd,
unsigned char WIICData);
//WChipAdd:写器件地址;InterAdd:内部地址;WIICData:待写数据;如写正确则返回 0xff,
//否则返回对应错误步骤序号
unsigned char RIICByte(unsigned char WChipAdd,unsigned char RChipAdd,
unsigned char InterDataAdd);
//WChipAdd:写器件地址;RChipAdd:读器件地址;InterAdd:内部地址;如写正确则返回数据,
//否则返回对应错误步骤序号
//串口初始化函数
void InitUART(void)
{
   TMOD = 0x20;                             //Timer 工作方式选择
   SCON = 0x50;
   TH1 = 0xFD;
   TL1 = TH1;
   PCON = 0x00;
   EA = 1;
   ES = 1;                                  //开串口中断
   TR1 = 1;                                 //启动 T1
}
//串口中断接收处理函数
void Serialdeal(void) interrupt 4 using 0
{
```

```
    if(RI == 1)                                    //接收数据
    {
     wBuff = SBUF;
     rxFlg = 1;                                    //接收缓冲标志位置位
     RI = 0;
    }
  }
  main()
  {
     unsigned char i, temp;
     InitUART();                                   //初始化串口
     KSW = 0;                                      //初始化供电开关
     while(1)
     {
       while(rxFlg == 0);                          //等待接收标志位被置位
       rxFlg = 0;                                  //清除接收标志位
       if(ICIN == 1)                               //检查是否有卡插入
       {
          KSW = 1;                                 //打开供电开关
          for(i=0;i<10;i++);                       //延时等待供电稳定
          temp = WIICByte(W24C04ADD,0x01,wBuff);
  //将数据写入AT2404 IC卡中
          for(i=0;i<10;i++);                       //延时
          temp = RIICByte(W24C04ADD,R24C04ADD,0x01);
  //将数据从AT2404 IC卡中读出
          putchar(temp);                           //将数据通过串口送出
          KSW = 0;                                 //断电
       }
     }
  }
```

7.2 接触式加密卡扩展

AT24 系列接触式存储卡由于没有相关的加密手段，所以不适用于需要进行加密运算的场合，例如，门禁系统，食堂计费系统等，此时可以使用接触式加密卡。接触式加密卡（Smart Card with Security Logic）主要由 E^2PROM 存储单元阵列和密码控制逻辑单元构成。由于采用密码控制逻辑来控制对 E^2PROM 存储器的访问和改写，因此，它不像普通接触式存储卡一样可以被任意地复制或改写。SLE4442 接触式加密卡具有容量大、安全保密高、使

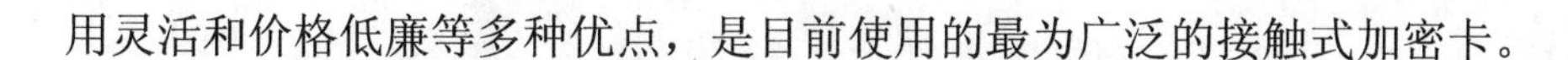

用灵活和价格低廉等多种优点，是目前使用的最为广泛的接触式加密卡。

7.2.1　SLE4442 接触式加密卡基础

1．SLE4442 接触式加密卡的封装和内部结构

SLE4442 接触式加密卡提供了两种封装模式：普通封装和嵌入到塑胶卡片中的 M2.2 模块封装，在本章中只介绍 M2.2 模块封装形式，M2.2 封装模式的触点分布如图 7.8 所示，其触点详细说明如下。

- C1：VCC，工作电源输入触点。
- C2：RST，复位触点，高电平有效。
- C3：CLK，时钟触点。
- C4：NC，未使用触点。
- C5：GND，工作电源地触点。
- C6：NC，未使用触点。
- C7：I/O，数据线触点（漏极开路）。
- C8：NC，未使用触点。

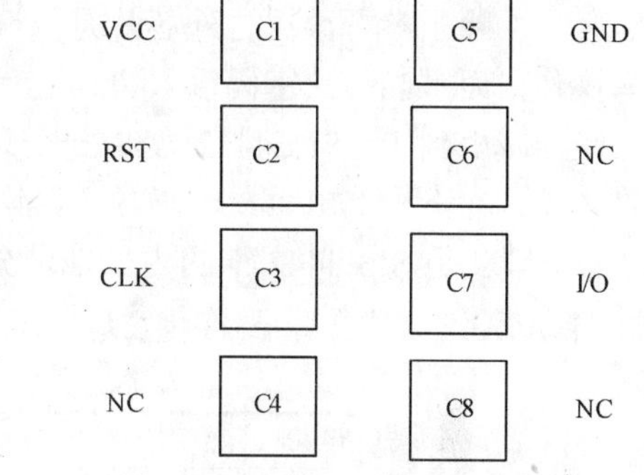

图 7.8　M2.2 封装模式的触点分布

SLE4442 的内部结构如图 7.9 所示。

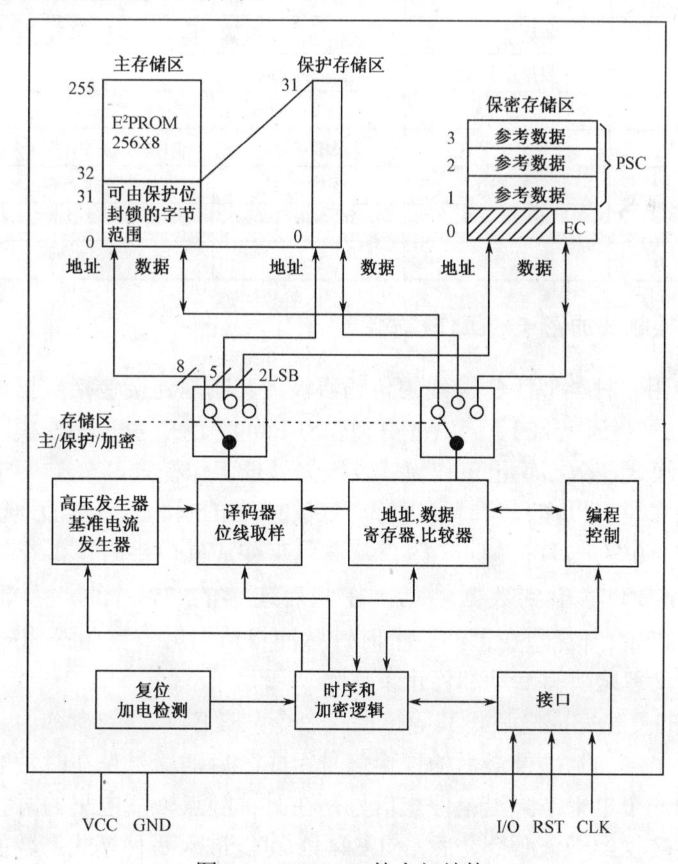

图 7.9　SLE4442 的内部结构

SLE4442 卡的存储区由 256×8 位字节的主存储器和 32 位的保护 PROM 存储器构成，其中主存储器的擦除和写是按照字节进行的。擦除过程中，字节被设置为逻辑“1”；在写入的时候，待写入数据和字节中的数据做“与”操作，所以，对存储器的写包括擦除和写入两个过程。存储器空间中最开始 32 个字节的空间可以通过对保护 PROM 的相应位的设置来控制是否可以擦除和写，这 32 个字节的空间和 32 位的 PROM 一一对应，当对应位被写保护之后主存储器中的对应字节将不能被擦除，这个 PROM 被熔断，从而可以不被改变。此外，SLE4442 还提供了一个可以控制擦除和写主存储器的保护控制逻辑单元，该逻辑单元由 4 个字节组成，第一个字节是一个只有 3 位的错误计数器，后 3 个字节是可编程保护代码；在上电之后，除了参考数据之外芯片是只读的，只有通过密码验证之后才可以对芯片进行擦除和写操作，而且当每次密码输入错误之后密码计数器会自动减 1，当三次输入错误之后，密码计数器减少到 0，SLE4442 变成一个只读存储器，而且这种改变是不可逆的。当密码输入正确之后，在下次上电时，密码计数器恢复初始值。

表 7.3 是 SLE4442 卡的内部地址分配方式，可以看到，其内部的三种存储器采用独立编址的方式。

表 7.3　SLE4442 卡的内部存储器地址分配

地　址	主 存 储 器	保护存储器	加密存储器
255	数据字节 255	—	—
……	……	—	—
32	数据字节 32	—	—
31	数据字节 31	保护位 31	—
……	……	—	—
3	数据字节 3	保护位 3	参考数据字节 3
2	数据字节 2	保护位 2	参考数据字节 2
1	数据字节 1	保护位 1	参考数据字节 1
0	数据字节 0	保护位 0	错误计数器

2．SLE4442 接触式加密卡的工作模式

SLE4442 卡使用一种类似 I^2C 总线的传输协议，其物理连接包括数据线和时钟线，前者上的数据变化只在时钟线信号的下降沿才有效，SLE4442 包括 4 种工作模式：复位与复位响应工作、命令工作模式、数据输出工作模式及数据处理工作模式。

SLE4442 卡的复位可以在任何时候进行，复位时，SLE4442 内部的地址计数器在一个时钟脉冲到来时被置“0”；当复位触点 RST 从高电平变成低电平时，主存储器的一个字节的第一个数据位（LSB）输出到数据触点，在此后连续的 31 个时钟脉冲，送出前 4 个 E^2PROM 地址单元中的内容，在第 33 个时钟脉冲将数据触点置为高阻态。在响应复位期间，SLE4442 卡自动忽略所有启动和停止条件。

在 SLE4442 的复位完成之后，其等待接收命令。SLE4442 的命令由一个启动信号、三个字节的命令、一个附加脉冲及最后的停止信号组成。启动信号是在时钟触点为高电平的时候，数据触点上的一个电平下降沿；停止信号是在时钟触点为高电平的时候，数据触点线上的一个上升沿。在接收到一个命令之后，SLE4442 可能进入两种模式：数据输出工作模式或数据处理工作模式。

在数据输出模式下，SLE4442 卡将数据发送至 51 单片机，在时钟触点上的第一个下降沿到来后，数据触点上第一个数据位有效。在最后一个数据位后，为使数据触点成为高阻态并使 SLE4442 卡准备好接收新命令，需要一个额外的时钟脉冲。在此输出数据工作模式期间，任何起始和停止信号均被无视。

数据处理工作模式是 SLE4442 卡的内部模式，在第一个时钟脉冲的下降沿，将数据触点从高电平拉到低并且开始一次处理，此后，SLE4442 在内部连续计数，直到第 n 个时钟脉冲之后还需要附加一个时钟脉冲，SLE4442 在此脉冲下降沿将数据触点再次拉高以完成芯片的处理过程，在整个处理过程中，数据触点被一直锁定在低电平状态。

注：在命令工作模式、数据输出工作模式和数据处理工作模式下，SLE4442 卡的 RST 触点上必须始终保持低电平，如果在时钟触点上为低电平时，RST 触点被置为高电平，所有操作将失败，数据触点被置为高阻态。

3. SLE4442 接触式加密卡的命令

SLE4442 提供了七种操作命令，这些操作命令都包括三个字节，其格式如表 7.4 所示，由控制字、地址字节和数据字节组成，其传送的顺序从各个字节的最低位开始，第一个传送的是控制字的最低位 B0，最后传输的是数据字的最高位 D7，在传送完成之后，需要附加一个时钟脉冲将数据触点设置为高阻态。

表 7.4　SLE4442 卡的命令

控制字							
B7	B6	B5	B4	B3	B2	B1	B0
地址字							
A7	A6	A5	A4	A3	A2	A1	A0
数据字							
D7	D6	D5	D4	D3	D2	D1	D0

表 7.5 是 SLE4442 卡的命令说明列表。

表 7.5　SLE4442 卡的命令说明

控制字	地址字	数据字	功能	命令模式
00110000	待读地址	—	读主存储器	输出数据模式
00111000	待写入地址	待写入数据	写主存储器	处理模式
00110100	—	—	读保护存储器	输出数据模式
00111100	待写入地址	待写入数据	写保护存储器	处理模式
00110001	—	—	读加密存储器	输出数据模式
00111001	待写入地址	待写入数据	修改加密存储器	处理模式
00110011	待比较地址	待比较数据	比较检验数据	处理模式

读主存储器 SLE4442 卡命令用于读出从字节地址 N 开始，到存储区最后一个地址空间的主存储区中数据内容，每个字节的最低位（LSB）开始送出。在此命令发出之后，51 单片机必须提供足够的时钟脉冲，脉冲数 $M = (256-N)\times 8+1$，其中最后一个脉冲用于将数据触点拉高，读主存储器的命令不受任何限制。

读保护存储器 SLE4442 卡命令，用于在对应的命令字后的 32 个连续时钟脉冲将读出保护存储器的内容，最后需要附加一个时钟脉冲将数据触点置成高阻态。SLE4442 从最低字节往外送出保护存储器的内容，每个字节从数据的最低位开始，读保护存储器命令也不受任何限制。

写主储存器 SLE4442 卡命令用于根据所传送的字节数据，寻址主存储器的主 E^2PROM 存储器空间，然后修改字节内容。写主存储器可能以下三种操作模式：

- 擦除后写入数据，需要 256 个时钟脉冲。
- 只擦除不写入数据，需要 124 个时钟脉冲。
- 只写入不擦除数据，需要 124 个时钟脉冲。

注：当保护存储器中对应的位被置“0”时候，在第 2 个时钟到来的时候数据触点将被置为高阻态，写主存储器失败。

写保护存储器 SLE4442 命令用于把被输入的数据与 E^2PROM 主存储器中所对应的数据进行比较，如果数据一致，对应的保护字位被置为“0”，从而使得主存储器中的信息不可更改；如果数据一致，则保护字位的写操作将被禁止执行。该命令所要求的时钟脉冲和执行时间与修改主存储器命令的情况相同。

读密码存储器 SLE4442 命令类似于读保护存储器命令，用于读出 4 个字节的密码存储器的内容，如果输入数据则所需要的时钟脉冲数量为 32，其后还需要附加一个时钟脉冲来把数据触点置为高阻态，如果可变程加密代码的检验不成功，则只能够读出错误计数器的内容，数据触点上的电平总保持为低状态。

写密码存储器 SLE4442 命令用于根据所传送的字节数据和要修改的数据对加密存储器中相应字节的内容进行修改。该命令只能够在可编程加密代码比较成功之后才能够进行，该命令的执行时间和所需要的时钟脉冲与写主存储器的情况相同。

比较检验数据 SLE4442 命令把输入的校验数据各个字节与相对应的参照数据（存放在加密存储器中）进行比较。如果比较不成功（即两种数据不相同），则错误计数器的一个字位被从“1”置位为“0”，并且不能够逆转。如果比较成功，则擦除操作执行有效，此时只要不断电，对整个 SLE4442 卡各存储器的各区间的写入/擦除操作都可以进行；如果比较不成功，擦除操作无效，密码错误计数器将不会恢复为“111”的状态，当计数器不全为“0”时，就允许 51 单片机对 SLE4442 卡进行重新尝试。当校验数据比较成功之后，密码存储器也同样的被打开了，其单元的参考数据（即密码）也可以被写入改变，其操作过程和对主存储器的写操作过程相同。所以，在 SLE4442 出厂的时候，根据用户的需要，可以在可编程加密代码中间编入一个专用的代码，这样，在使用的过程中只要想要打开 SLE4442 就需要合法地获得这个代码，这也是防止非法盗窃或者伪造卡的重要方法。

7.2.2 SLE4442 接触式加密卡的应用电路

SLE4442 接触式加密卡的应用电路和 AT24 系列接触式存储卡类似，但是其需要增加一个引脚用于对 SLE4442 进行复位控制，其典型应用电路如图 7.10 所示。

和图 7.6 类似，51 单片机使用 P2 端口的部分引脚完成对 SLE4442 加密卡的控制，需要注意的是，P2.4 引脚连接到了 SLE4442 卡的复位触点，并且通过一个 10kΩ 的电阻连接到地，当该引脚输出高电平的时候，SLE4442 接触式加密卡进入复位状态。

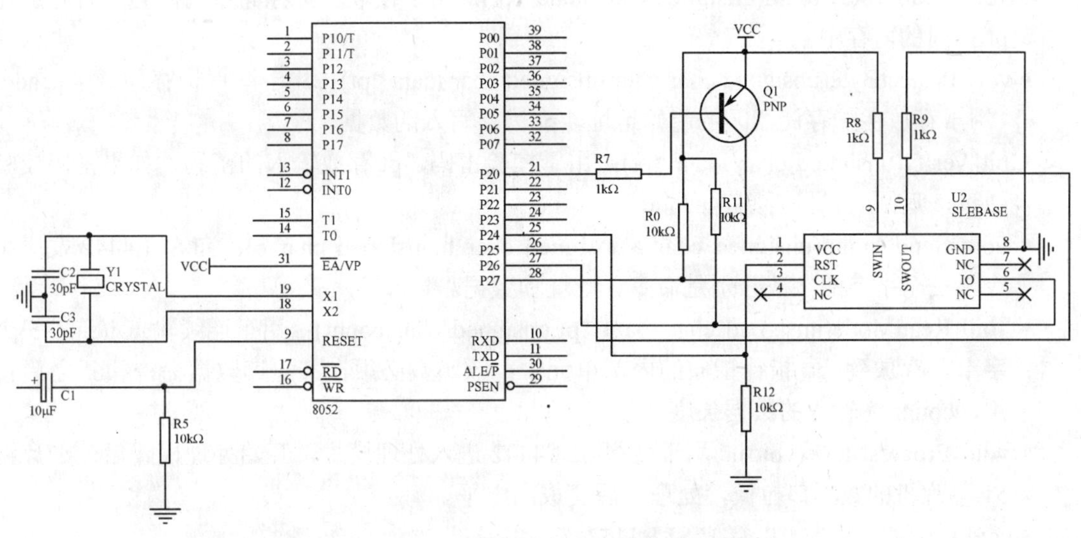

图 7.10　SLE4442 接触式加密卡的典型应用电路

7.2.3　SLE4442 接触式加密卡的操作步骤

SLE4442 接触式加密卡的具体操作步骤如下：

（1）检测 IC 卡座的状态开关等待 IC 卡插入。

（2）当检测到有 IC 卡插入的时候，控制三极管导通，给 AT24 系列接触式存储卡供电。

（3）如果是对 IC 卡主存储器进行读操作，则直接读取 IC 卡内的存储单元，读取数据。

（4）如果是对 IC 卡主存储区进行写操作，则需要首先读取 IC 卡的保密存储单元，将对应密码和当前 51 单片机给出的密码进行比较，如果相同，则可以进行写操作，如果不相同，则写入失败，等待进一步处理。

（5）如果是对 IC 卡的保密存储区进行写操作，则需要首先保证可变程加密代码的检验成功，然后把数据写入对应的保密存储区。

（6）控制三极管断开，移除供电电源。

7.2.4　SLE4442 接触式加密卡的应用代码

1．SLE4442 接触式加密卡的库函数

例 7.2 是 51 单片机对 SLE4442 接触式加密卡进行读/写操作的库函数，其提供了对应的相关函数以供其他应用代码进行调用。

- void ReadMainMem(unsigned char addr,unsigned char idata *pt,unsigned char count)：用于读取 SLE4442 的主内存，addr 为 SLE4442 卡的内部地址（32～255），pt 为指向 51 单片机内存空间的指针，count 为读出的字节数。
- void WriteMainMem(unsigned char addr,unsigned char idata *pt)：用于向 SLE4442 卡的主内存写一段数据，其参数和 ReadMainMem 类似，pt 存放的是待写入数据。

- void ReadProtectMem(unsigned char idata *pt)：用于读取保护存储器的内容并且存放在pt指向的内存中。
- void ProtectByte(unsigned char addr,unsigned char idata *pt)：用于写保护存储器区，addr用于存放保护存储器区的起始地址，pt为待写入的数据。
- bit Verify(unsigned char idata *pt)：用于校验密码，pt存放输入的密码，如果密码校验通过，返回“1”，否则返回“0”。
- void SendComm(unsigned char a,unsigned char b,unsigned char c)：向SLE4442发送命令，三个字节的参数分别是命令、地址和数据。
- void ReadMode(unsigned char idata *pt,unsigned char count)：用于连续输入i(=<255)个字节，存放到pt指针指向的内部单元中；该函数必须在某一读数据命令模式之后使用，counr为输入的数据长度。
- void ProcessMode(void)：用于使得SLE4442进入处理模式，开始处理模式后，卡片将51单片机的数据口拉低，处理完后变成高电平。
- void ResetCard(void)：复位SLE4442卡。
- void BreakOperate(void)：用于中止一个当前正在进行的操作。
- void StartComm(void)：开始命令。
- void StopComm(void)：停止命令。
- unsigned char ReadByte()：从SLE4442中读取一个字节并返回。
- void WriteByte(unsigned char ch)：向SLE4442写入一个字节。

【例7.2】应用代码分别使用P2.4、P2.6和P2.7来完成对SLE4442卡的复位触点、时钟触点和数据触点的控制。

```
    #include<AT89X52.h>
    #include<intrins.h>
    #define RMM_COMM 0x30                        //读主存命令字
    #define WMM_COMM 0x38                        //写主存命令字
    #define VER_COMM 0x33                        //校验密码
    #define RSM_COMM 0x31                        //读密码存储区
    #define WSM_COMM 0x39                        //写密码存储区
    #define RPM_COMM 0x34                        //读保护存储区
    #define WPM_COMM 0x3c                        //写保护存储区
    sbit    sbRST    = P2 ^ 4;                   //sle4442复位控制
    sbit    sbCLK    = P2 ^ 7;                   //sle4442时钟线
    sbit    sbIO     = P2 ^ 6;                   //sle4442数据
    void ReadMainMem(unsigned char addr,unsigned char idata *pt,unsigned
char count);
    //读IC卡主存
    void WriteMainMem(unsigned char addr,unsigned char idata *pt);
    //写IC卡主存
    void ReadProtectMem(unsigned char idata *pt);
```

```
//读保护存储器
void ProtectByte(unsigned char CardAdd,unsigned char idata *pt);
//保护一字节,注意待保护的字节是已经写入过的,地址只能在保护存储区内
bit  Verify(unsigned char idata *pt);   //校验密码,成功返回 1
void SendComm(unsigned char a,unsigned char b,unsigned char c);
                                        //发送命令
void ReadMode(unsigned char idata *pt,unsigned char count);
                                        //读模式
void ProcessMode(void);                 //处理模式
void ResetCard(void);                   //IC 卡复位
void BreakOperate(void);                //中断操作
void StartComm(void);                   //启动命令
void StopComm(void);                    //停止命令
unsigned char ReadByte(void);           //读一个字节
void WriteByte(unsigned char ch);       //写入一个字节
void Delay10us(void);                   //延时 10μs
void Delay5us(void);                    //延时 5μs
void ResetCard(void)
{
    unsigned char temp;
    Delay5us();                         //延时 5μs
    sbRST = 0;
    sbCLK = 0;
    sbIO  = 1;
    Delay5us();
    sbRST = 1;                          //启动复位
    Delay5us();
    sbCLK = 1;                          //启动时钟
    Delay10us();
    Delay10us();
    Delay10us();
    Delay10us();
    sbCLK = 0;
    Delay5us();
    sbRST = 0;
    Delay10us();                        //复位和复位应答时序
    temp = ReadByte();
    temp = ReadByte();
    temp = ReadByte();
    temp = ReadByte();                  //空读 32bit (4B),为前四个字节数据
    sbCLK = 0;
```

```
    Delay5us();
    sbIO  = 1;
    _nop_();
    sbCLK = 0;
    Delay5us();                                        //最后一个 bit 操作
}
unsigned char ReadByte()
{
    unsigned char i,ch;
    ch = 0;
    for (i = 8; i > 0; i--)
    {
        sbCLK = 0;
        ch = ch >> 1;                                  //低位读起
        if((unsigned char)sbIO)
            ch |= 0x80;                                //根据 sbIO 上的电平判断 CH 是否加 1
        Delay5us();
        sbCLK = 1;                                     //时钟跳变
        Delay5us();
    }
    return ch;
}
void WriteByte(unsigned char ch)
{
    unsigned char i;
    for(i = 8; i > 0; i--)
    {
        sbCLK = 0;
        sbIO = (bit)(ch & 0x01);
//位与后 bit 类型转化进行判断决定 sbIO 的电平
        Delay5us();
        sbCLK = 1;
        Delay10us();
        ch = ch >> 1;                                  //右移一位
    }
}
void SendComm(unsigned char a,unsigned char b,unsigned char c)
{
    StartComm();                                       //开始发送命令
    WriteByte(a);                                      //a:发命令字
    WriteByte(b);                                      //b:发地址
```

```
    WriteByte(c);                              //c:发数据
    StopComm();                                //结束发送命令
}
void StartComm(void)
{
    sbCLK = 0;
    sbIO  = 1;
    Delay5us();
    sbCLK = 1;
    Delay5us();
    sbIO  = 0;
    Delay5us();                                //IO_CLK为高时候的sbIO的一个下降沿
}
void StopComm(void)
{
    sbCLK = 0;
    sbIO  = 0;
    Delay5us();
    sbCLK = 1;
    Delay5us();
    sbIO  = 1;
    Delay10us();                               // IO_CLK为高时候的sbIO的一个上升沿
}
void ReadMode(unsigned char idata *pt,unsigned char count)
{
    sbCLK=0;
    Delay5us();
    do
    {
        *pt = ReadByte();                      //读入一个字节
        pt++;                                  //指针加一
    }while(--count);                           //计数器减一,判断
}
void ProcessMode(void)
{
    unsigned int i;
    sbCLK = 0;
    Delay5us();
    sbIO  = 0;
    for (i = 255; i > 0; i--)
    {
```

```
            sbCLK = 1;
            Delay5us();
            sbCLK = 0;
            Delay5us();
        }
        sbIO  = 1;                              //进行内部处理
    }
    void BreakOperate(void)
    {
         sbCLK = 0;
         sbRST = 0;
         sbIO  = 0;
         Delay5us();
         sbRST = 1;
         sbIO  = 1;
         Delay5us();
         sbRST = 0;                             //利用复位终止操作
         Delay5us();
    }
    void ReadMainMem(unsigned char addr,unsigned char idata *pt,unsigned
char count)
    {
        ResetCard();                            //复位
        SendComm(RMM_COMM,addr,0xff);           //发送读主存命令
        ReadMode(pt,count);                     //读入模式
        BreakOperate();                         //退出操作
    }
    void WriteMainMem(unsigned char addr,unsigned char idata *pt)
    {
        ResetCard();
        SendComm(WMM_COMM, addr, *pt);          //写主存的命令字,地址,数据
        ProcessMode();                          //处理模式
        BreakOperate();
    }
    void ReadProtectMem(unsigned char idata *pt)
    {
        ResetCard();
        SendComm(RPM_COMM,0xff,0xff);           //读保护存储器的命令字,后两个参数忽略
        ReadMode(pt,4);                         //读出
        BreakOperate();
    }
```

```
void ProtectByte(unsigned char addr,unsigned char idata *pt)
{
   ResetCard();
   SendComm(WPM_COMM, addr, *pt);       //写保护存储区的命令字,地址,数据
   ProcessMode();
   BreakOperate();
}
bit Verify(unsigned char idata *pt)
{
    unsigned char idata temp[4];        //暂存4B的保密区内容
    unsigned char i;
    SendComm(RSM_COMM,0xff,0xff);
//读密码存储区的命令字,第2,3个参数在此命令中被忽略
    ReadMode(temp, 4);                  //读出
    if((temp[0] & 0x07) != 0)
//第一字节是错误计数器,如果错误计数器为0,直接退出
    {
       if((temp[0] & 0x07)==0x07)       // 00000111
            i = 0x06;
       else if((temp[0] & 0x07)==0x06) // 00000110
            i = 0x04;
       else if((temp[0] & 0x07)==0x04) // 00000100
              i = 0x00;                 //将其中一位为1的改为0
      SendComm(WSM_COMM,0,i);           //修改错误计数器
      ProcessMode();                    //处理
      for (i = 1; i < 4; i++, pt++)     //校对3B的密码
      {
         SendComm(VER_COMM,i,*pt);      //发出校对命令
         ProcessMode();                 //处理
      }
      SendComm(WSM_COMM,0,0xff);        //擦除计数器恢复错误计数器
      ProcessMode();                    //处理
      SendComm(RSM_COMM,0xff,0xff);
//读密码存储区的命令字,第2,3个参数在此命令中被忽略
      ReadMode(temp, 4);                //读错误计数器的内容
      if((temp[0] & 0x07)==0x07)        //如果没有被成功擦除,表明校对失败
         return 1 ;
    }
    return 0;
}
void Delay10us(void)
```

```
    {
        _nop_();
        _nop_();
        _nop_();
        _nop_();
        _nop_();
        _nop_();
    }
    void Delay5us(void)
    {
        _nop_();
        _nop_();
        _nop_();
    }
```

2．应用实例——SLE4442 接触式加密卡的读/写

本应用实例是一个使用 51 单片机实现 SLE4442 加密卡读/写的实例，51 单片机将串口接收到的单个字节数据和 SLE4442 中指定位置的数据进行比较，如果数据不同，则将接收到的数据写入该位置中，然后返回 SLE4442 中的原始数据值，图 7.11 所示是实例的应用电路，51 单片机使用 P2 的部分引脚来控制对 SLE4442 卡的读/写操作，使用 MAX232 作为 RS-232 电平转换芯片和 PC 进行数据交互。

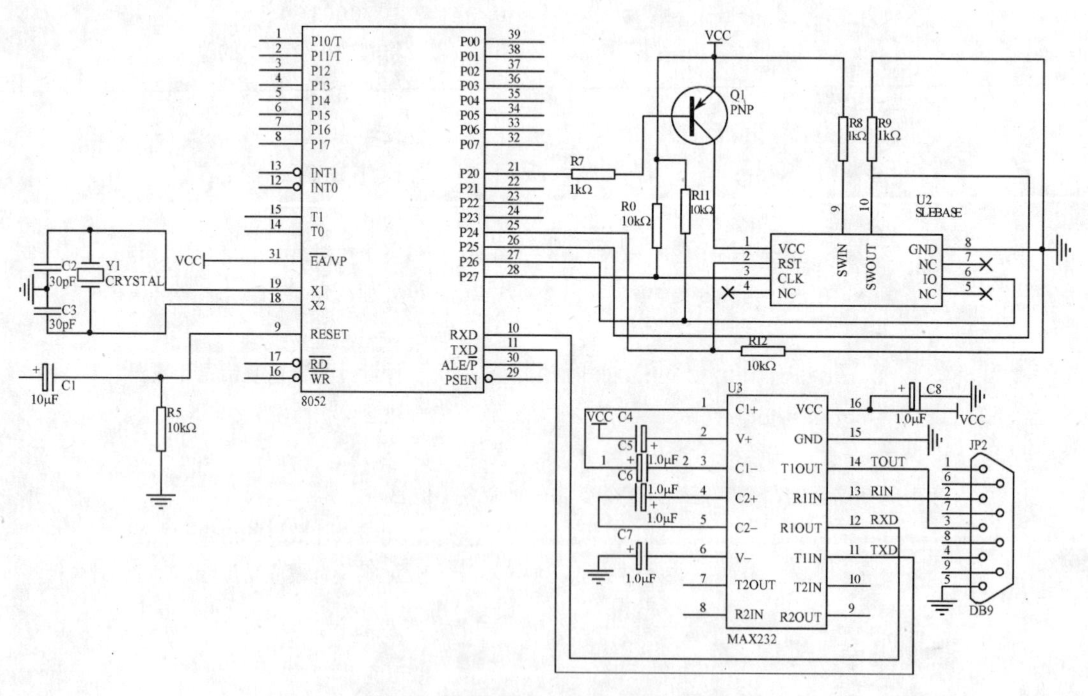

图 7.11　SLE4442 接触式加密卡读/写实例应用电路

表 7.6 是实例涉及的典型应用器件说明，例 7.2 是实例的应用代码。

表 7.6　AT24 系列接触式存储卡读/写实例器件列表

器　件	说　明
51 单片机	核心部件
MAX232	RS-232 电平转换芯片
SLE4442 卡	IC 卡
三极管	AT24 系列接触式存储卡供电开关
电阻	上拉和限流
晶体	51 单片机工作的振荡源
电容	51 单片机复位和振荡源工作的辅助器件

【例 7.3】应用代码调用了例 7.2 中的库函数，在接收到串口发送的数据之后首先判断是否有卡插入，如果有则进行上电操作，需要注意的是，上电之后需要对 SLE4442 卡进行一个复位操作。如果需要对 SLE4442 进行写入操作，则需要首先调用 Verify 函数比较密码，密码存放在 ucPassWord 数组中，如果密码相同，才能进行写入操作。

```
        #include<AT89X52.h>
        #include<intrins.h>
        #include<stdio.h>
        #define RMM_COMM 0x30                                    //读主存命令字
        #define WMM_COMM 0x38                                    //写主存命令字
        #define VER_COMM 0x33                                    //校验密码
        #define RSM_COMM 0x31                                    //读密码存储区
        #define WSM_COMM 0x39                                    //写密码存储区
        #define RPM_COMM 0x34                                    //读保护存储区
        #define WPM_COMM 0x3c                                    //写保护存储区
        sbit sbRST = P2 ^ 4;                                     //sle4442 复位控制
        sbit sbCLK = P2 ^ 7;                                     //sle4442 时钟线
        sbit sbIO = P2 ^ 6;                                      //sle4442 数据
        sbit sbKSW = P2 ^ 0;                                     //IC 卡供电开关
        sbit sbICIN = P2 ^ 5;                                    //IC 卡插入检查引脚
        bit rxFlg = 0;                                           //接收标志位
        unsigned char wBuff,rBuff;                               //读/写缓冲区变量
        void ReadMainMem(unsigned char addr,unsigned char idata *pt,unsigned
char count);
        //读 IC 卡主存
        void WriteMainMem(unsigned char addr,unsigned char idata *pt);

        //写 IC 卡主存
        void ReadProtectMem(unsigned char idata *pt);
        //读保护存储器
        void ProtectByte(unsigned char CardAdd,unsigned char idata *pt);
        //保护一字节,注意待保护的字节是已经写入过的,地址只能在保护存储区内
```

```
bit  Verify(unsigned char idata *pt);           //校验密码,成功返回1
void SendComm(unsigned char a,unsigned char b,unsigned char c);
                                                //发送命令
void ReadMode(unsigned char idata *pt,unsigned char count);
                                                //读模式
void ProcessMode(void);                         //处理模式
void ResetCard(void);                           //IC卡复位
void BreakOperate(void);                        //中断操作
void StartComm(void);                           //启动命令
void StopComm(void);                            //停止命令
unsigned char ReadByte(void);                   //读一个字节
void WriteByte(unsigned char ch);               //写入一个字节
void Delay10us(void);                           //延时10μs
void Delay5us(void);                            //延时5μs
//串口初始化函数
void InitUART(void)
{
    TMOD = 0x20;                                //Timer工作方式选择
    SCON = 0x50;
    TH1 = 0xFD;
    TL1 = TH1;
    PCON = 0x00;
    EA = 1;
    ES = 1;                                     //开串口中断
    TR1 = 1;                                    //启动T1
}
//串口中断接收处理函数
void Serialdeal(void) interrupt 4 using 0
{
  if(RI == 1)                                   //接收数据
  {
    wBuff = SBUF;
    rxFlg = 1;                                  //接收缓冲标志位置位
    RI = 0;
  }
}
void main()
{
   unsigned char ucPassWord[3]={0x99,0x99,0x99};//c存放SLE4442的密码
   bit btemp = 0;                               //位临时变量
   InitUART();                                  //初始化串口
```

```
    sbKSW = 0;                                    //初始化供电开关
    while(1)
    {
      while(rxFlg == 0);                          //等待接收标志位被置位
      rxFlg = 0;                                  //清除接收标志位
      if(sbICIN == 1)                             //检查是否有卡插入
      {
        sbKSW = 1;                                //打开供电开关
        Delay10us();                              //延时等待供电稳定
         ResetCard();                             //卡复位
          ReadMainMem(0x02,&rBuff,1);             //读 SLE4442 中指定内存地址
          BreakOperate();                         //终止操作
          Delay10us();
        if(wBuff!= rBuff)                         //如果串口接收到的数据和读出
                                                    的不同
        {
         btemp = Verify(&ucPassWord[0]);          //判断密码是否相同
          if(btemp == 1)                          //如果密码相同
          {
           btemp  = 0;                            //清除
             WriteMainMem(0x02,&wBuff);           //写入内存寄存器的值
         Delay10us();
          }
        }
        putchar(rBuff);                           //通过串口返回读到的值
            ResetCard();                          //卡复位
        sbKSW = 0;                                //断电
      }
    }
  }
```

7.3 非接触式智能卡扩展

接触式智能卡具有触点容易损害，读写速度偏慢且每次对其进行操作时都需要将卡插入读卡器中才能完成数据交换等缺点，在需要方便快捷进行数据交换的时候可以使用非接触式智能卡。

7.3.1 非接触式智能卡

1．非接触式智能卡基础

非接触式 IC 卡又称射频卡，其由封装在一个标准的 PVC 卡片内的 IC 芯片和感应天线组成，同样需要使用专门的读卡器对其进行读/写。非接触性 IC 卡与读卡器之间通过频率为 13.56MHz 的无线电波来完成供电和相应的读/写操作。非接触性 IC 卡本身是无源卡，当读写器对卡进行读写操作时，读写器发出的信号由两部分叠加组成：第一部分是电源信号，该信号由 IC 卡接收后，与卡内置的 LC 电路作用，产生一个瞬时能量来供给 IC 卡内的相应电路工作；另外一部分则是指令和数据信号，控制 IC 卡内置芯片完成数据的读取、修改、存储等，并将相应的数据信号反馈给读写器以完成一次读/写操作。

非接触式 IC 卡可以分为以飞利浦、西门子为代表的 TYPEA（Mifare）和以摩托罗拉、意法半导体为代表的 TYPEB 两类，它们没有本质的区别，只是在数据交互过程中使用的具体方法略有差异而已。本书只介绍飞利浦公司生成的符合 TYPEA 规范的 Mifare 1 射频 IC 卡。

Mifare1 射频 IC 卡的核心是飞利浦公司的 Mifare1 S50 系列控制芯片，该控制芯片由 1KB 的高速 E^2PROM、一个控制模块和一个高效率射频天线构成，其主要特点如下：

- 无电源，自带天线，内置加密控制逻辑和通信逻辑电路。
- 内置 1KB 的 E^2PROM，分为 16 个扇区，每个扇区分为 4 块，每块 16B，以块作为存取单位，每个扇区有独立的一组（2 个）密码及存取权限设置。
- 每张卡都有唯一的 32 位序列号，有防冲突机制、支持多卡操作。
- 卡上数据可保存 10 年，可反复写 10 万次。
- 工作频率为 13.56MHz。
- 支持 106kbps 的快速数据传输速率。
- 读写距离最大可达 10cm（取决于天线设计）。
- 工作温度范围为-20～+50℃。

2．Mifare1 射频卡的内部结构

Mifare 1 射频卡可以分为 RF 射频接口电路部分和数字电路部分。

RF 射频接口电路部分由波形转换模块和 POR 模块组成，波形转换模块可以接收卡片读写器上的 13.56MHz 的无线电调制信号，一方面送调制/解调模块，另一方面将该正弦波信号转换为方波信号并且对其整流滤波，然后电压调节模块对电压进行进一步地处理，包括稳压等，最终输出供给卡片上的各电路。POR 模块主要是对卡片上的各个电路进行上电复位操作，使各电路同步启动工作。

数字电路部分模块由 ATR 模块、Anticollision 模块、Select Application 模块、认证及存取控制模块、控制及算术运算模块、RAM/ROM 模块、数据加密模块和存储器模块组成。

- ATR 模块：当 Mifare1 射频卡接收到读写器外部通信需求的时候，卡片的 ATR 模块立即启动，将卡片 Block 0 中的卡片类型（TagType）号共 2B 传送给读写器，建立卡片

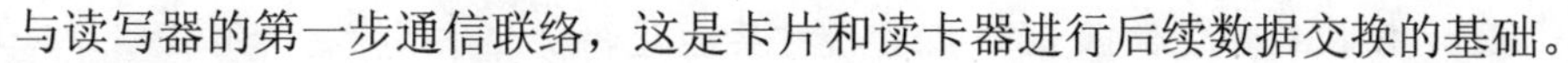

与读写器的第一步通信联络，这是卡片和读卡器进行后续数据交换的基础。

- Anticollision 模块：该模块用于防止卡片产生重叠，如果有多张 Mifare1 卡片处在卡片读写器的天线的工作范围之内时，AntiCollision 模块立刻启动，读写器会轮流和每一张卡片进行通信并且取得卡片的系列号，由于每一张 Mifare1 卡片都具有唯一的系列号，因此，卡片读写器可以根据卡片的序列号来识别、区分已选的卡片。Anticollision 模块工作时，卡片读写器将得到卡片的序列号 Serial Number。序列号 Serial Number 存储在卡片的 Block 0 中，共有 5 个字节，实际有用的为 4 个字节，另一个字节为序列号 Serial Number 的校验字节。
- Select Application 模块：用于卡片的选择，当卡片读写器要想对卡片进行读/写操作，必须首先对卡片进行“SELECT”操作以使卡片真正地被选中，被选中的卡片将存储在 BLOCK 0 中的“SIZE”字节传送给读写器。当读写器收到这一字节后，可以对卡片进行深一步的操作，例如，可以进行密码验证等。
- 认证及存取控制模块：和 SLE4442 卡类似，对卡片进行读/写操作之前，必须对卡上已经设置的密码进行认证，如果匹配，则允许进一步的 Read/Write 操作。Mifare1 卡片上有 16 个扇区，每个扇区都可分别设置各自的密码，互不干涉。因此，每个扇区可独立地应用于一个应用场合。
- 控制及算术运算模块：本模块是卡片的核心控制单元，用于进行对整个卡片的各个单位的控制，并且协调卡片的各个步骤，同时它还对各种收/发的数据进行算术运算处理，递增/递减处理，CRC 运算处理，其实质是一个内置的单片机。
- RAM/ROM 模块：RAM 主要配合控制及算术运算单元，将运算的结果进行暂时的存储。如果某些数据需要存储到 E^2PROM，则由控制及算术运算模块取出送到 E^2PROM 存储器中；如果某些数据需要传送给读写器，则由控制及算术运算模块取出，经过 RF 射频接口电路的处理，通过卡片上的天线传送给卡片读写器，RAM 中的数据在卡片失掉电源后（卡片离开读写器天线的有效工作范围内）将被清除。在 ROM 中还固化了卡片运行所需要的必要的程序指令，由控制及算术运算单元取出去对每个单元进行微指令控制，使卡片能有条不紊地与卡片的读写器进行数据通信。
- 数据加密单元：该单元完成对数据的加密处理及密码保护。
- 存储器模块：该模块由 E^2PROM 及其外围接口电路组成，E^2PROM 中的数据在卡片失掉电源后（卡片离开读写器天线的有效工作范围内）仍将被保持，用户所要存储的数据被存放在该单元中。

3．Mifare1 射频卡的认证机制

Mifare1 射频卡内部的认证模块采用了三次传递的认证机制来保证 IC 的数据交换的安全性，其过程如下：

（1）外部读写器首先确定使用的扇区并且选择使用密码的类型（A 或 B）。

（2）IC 卡读取密码和存取接入调节，然后向读卡器发送一个随机数 X，此为第一次传递。

（3）读写器接收到随机数 X 之后，将 X 和密码、读写器的序列号及读写器自身产生的一个随机数 Y 组合成一个令牌数据 XY 发送给 IC 卡，此为第二次传递。

（4）当 IC 卡接收到令牌数据 XY 之后，对其加密部分进行解密，并且校验第一次传递中的随机数 X 是否和第二次传递中令牌数据中对应部分一致。

（5）如果前一步校验通过，IC 卡即将 X、Y、密码及 IC 卡序列号相结合产生的令牌数据 YX 发送给读写器，此为第三次传递。

（6）当读写器接收到令牌数据 YX 后，对其加密的部分进行解密，并且校验第二次传递中传送的随机数 Y 是否和接收到的令牌 YX 中的相应部分一致。

如果上述过程中的每一步都能正确地通过，则认为整个认证过程通过，此时读写器可以对 IC 卡上的对应扇区进行下一步操作，如果没有通过则表明认证失败，需要从第一步从头开始。

4．Mifare1 射频卡的内部存储结构 s

Mifare1 射频卡的核心部件是一个 E^2PROM 存储器，可以在 IC 卡掉电之后保存数据，其组织结构如表 7.7 所示。E^2PROM 存储器容量为 1KB，分为 16 个扇区，每个扇区有 4 个块，每个块包含 16 个字节。整个 E^2PROM 存储器包括 64 个块，从 0 扇区的第 0 块到第 15 扇区的第 3 块统一编号为 0～63。

表 7.7　E^2PROM 存储器的组织结构

扇	块	每个块中 16 个字节																描述
		0	1	2	3	4	5	6	7	8	9	10	11	12	13	14	15	
15	3	密码 A						存取控制				密码 B						控制块
	2	数据																数据块
	1	数据																
	0	数据																
		……																
1	3	密码 A						存取控制				密码 B						控制块
	2	数据																数据块
	1	数据																
	0	数据																
0	3	密码 A						存取控制				密码 B						控制块
	2	数据																数据块
	1	数据																
	0	出场信息，包括 IC 卡序列号和厂商信息																

如表 7.7 所示，扇区 0 的块 0 用于存储该 IC 的序列号（0～3B，第 4 字节为校验字节）和厂商信息（5～15B），这部分数据在 IC 卡出厂写入存储器中并且进行了写保护不允许修改。每个扇区的 0～2 块用于保存数据，被称为数据块；而第 3 块用于存放密码 A（0～5B）、密码 B（10~15B）和相应的存取控制信息（6～9B），所以也被称为控制块。

在 Mifare1 卡的 E^2PROM 存储器中，每个扇区都是相对独立的，可以拥有自己独立的控制数据，包括密码 A、密码 B 和存取控制信息。而每个扇区中的各个块的控制信息由对应扇区的密码和存取控制字节共同决定，每个块在该扇区的控制存取字节中有对应的 3 个控制位用来决定密码 A 和密码 B 对该块的读写权限。

5．Mifare1 射频卡的操作命令

Mifare1 射频卡支持如下 6 种操作命令。

- 读操作：读存储器的一个块。
- 写操作：写存储器的一个块。
- 加值操作：对块进行加值操作。
- 减值操作：对块进行减值操作。
- 存储操作：将块中的内容读入内部数据寄存器。
- 传输操作：将内部数据寄存器的内容写入块中。

7.3.2　Mifare1 射频卡读卡器

1. H6152 读卡器基础

在 IC 卡工作需要将其放在对应读写卡模块的有效工作区域，读写卡模块的天线发送无线载波信号耦合到卡片上的天线以提供电源能量，其电压可达 2V 以上，足以满足卡片上的 IC 电路供电需要，所以，在 51 单片机应用系统中使用非接触式 IC 卡的重点扩展非接触式 IC 读卡器，本小节将介绍符合 TYPEA 规范的德国 ACG 公司的 H6152 系列非接触式 IC 卡读/写模块在 51 单片机中的扩展方法。

H6152 读/写模块操作简单方便，读/写过程稳定有效。它集成了 PCB 板载天线电路和 RS-232/422 接口的集成读/写模块，还提供了 RS-232/422 接口与 TTL 接口的转换电路，其具有以下特点：

- 完全符合 Mifare1 卡标准。
- 工作频率为 13.56MHz。
- 提供 9600bps、19200bps、38400bps 和 57600bps 共 4 种串行通信波特率可选。
- 提供 RS-232/422/485 通信接口可选。
- 天线输出阻抗为 50kΩ，尺寸为 45mm×70mm。
- 供电电源电压为+5V，工作电流为 80mA。
- 工作温度为-40～+85℃。
- 最大读写距离为 50mm。

图 7.12 所示是 H6152 射频卡读卡器的结构示意图。

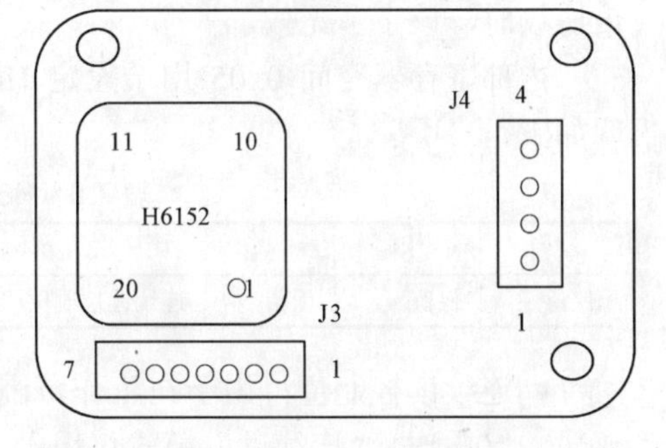

图 7.12　H6152 射频卡读卡器结构示意图

如图 7.12 所示，H6152 提供了 J3 和 J4 两个排针接口和 51 单片机进行通信，J3 主要用于提供电源和相应的数据交换，其引脚定义如下。

- 引脚 1：保留引脚。
- 引脚 2：电源输入引脚，5V。
- 引脚 3：电源地输入引脚。
- 引脚 4：A 路串行接收 RxD（RS-232/422）。
- 引脚 5：A 路串行发送 TxD（RS-232/422）。
- 引脚 6：B 路串行接收 RxD（RS-422）。
- 引脚 7：B 路串行发送 TxD（RS-422）。

J4 主要用于提供模块和电源的相关状态指示输出，通常用于连接 LED，其引脚定义如下。

- 引脚 1：读卡器模块读过程 LED 指示的正端引脚。
- 引脚 2：读卡器模块读过程 LED 指示的负端引脚。
- 引脚 3：读卡器模块供电 LED 指示的正端引脚。
- 引脚 4：读卡器模块供电 LED 指示的负端引脚。

2．H6152 的内部寄存器

H6152 内置了 212B 的 E^2PROM，其可以分为两部分：32×6B 的密码存储区间和 20B 的功能寄存器区间，其中密码寄存器可以由用户设置，作为读写 Mifarel 卡的快速密码访问区，可以用于保存密码 A 和密码 B 类型的预设密码；而功能寄存器则用于设置通信波特率、通信类型等信息，其地址分配和功能如表 7.8 所示。

表 7.8　H6152 的内部寄存器分布

内 存　地址	功 能 描 述	说　　明
0x00～0x03H	存放 32 位设备序列号	用于保存出厂时由厂商设定的唯一设备序列号
0x04	当前设备 ID	用于保存多机通信时当前设备的 ID 号
0x05	设定通信协议	用于设定 H6152 的通信协议和上电复位后的工作状态
0x06	设定波特率	用于设定 H6152 的通信速率
0x07～0x0F	保留区间	保留
0x10～0x13	存放用户数据	可以由用户设定，用于保存用户信息

内部寄存器空间 0x04 用于存放当前 H6152 的设备 ID 编号，当在一个单片机应用系统中有多个 H6152 读写模块时，该寄存器用于保存当前设备的编号作为设备的地址以和其他 H6152 区别开来。该寄存器的实际取值范围为 0x01～0xFE，因为 0x00 和 0xFF 分别用于标识主控制设备和“getID”申请。默认情况下，该寄存器值为 0x01，当 H6152 使用 ASCII 通信协议时，该字节无效。

内部寄存器空间 0x05 用于设定 H6152 的通信协议，其内部结构如表 7.9 所示，详细说明如下。

表 7.9　H6152 的通信协议设定寄存器

7	6	5	4	3	2	1	0
保留	保留	保留	连续读控制位	超时控制位	扩展 ID 位	二进制位	自动开始控制位

- 连续读控制位：用于在工作范围内存在多张 Mifarel 卡时的卡片识别控制，当该位为“0”时，“连续读”模式仅用于天线有效范围内只有一张 Mifarel 卡的情况，当天线有效范围内出现多张卡时，读写模块会根据卡片的位置选择其中一张并返回其序列号；该位为“1”时，“连续读”模式在工作范围内出现多张 Mifarel 卡同样正常工作。该位默认值为“0”。
- 超时控制位：当该位为“0”时，Binary（比特流）通信协议下不开启超时控制，为“1”时开启超时控制，该位默认值为“0”。
- 扩展 ID 位：当该位为“0”时，执行“c”、“s”、“m”命令时，传送 Mifarel 卡序列号前不传送卡片类型字节（TAGID）；当该位为“1”时，传送 Mifarel 卡序列号前先发送 1 字节的卡片类型字节 TAGID，该字节的值可以为 0x01、0x02、0x03 或者

0xFF，其中，0xFF 表示未知卡片，该位默认值为“0”。

- 二进制位：该位用于设定读写模块使用的通信协议类型，为“0”时，使用 ASCII 通信协议；为“1”时，使用 Binary 通信协议；该位默认值为“0”。
- 自动开始位：该位为“0”时，H6152 在上电复位后自动进入“连续读”模式（即读写模块反复与工作范围内的 Mifarel 卡进行通信，读取其序列号）；为“1”时仅在读写模块接收到“c”命令时才进入“命令”模式。由于 Binary 通信协议下不支持“c”命令，如果使用 Binary 协议进行通信，该位内容将被忽略。该位的默认值为“1”。

内部寄存器空间 0x06 用于设定 H6152 的串行接口通信波特率，其内部结构如表 7.10 所示，详细说明如下。

表 7.10　H6152 的接口通信波特率控制寄存器

7	6	5	4	3	2	1	0
保留	保留	保留	保留	保留	保留	BS1	BS0-

- BS1、BS0 = “00”，9600bps。
- BS1、BS0 = “00”，19200bps。
- BS1、BS0 = “00”，38400bps。
- BS1、BS0 = “00”，57600bps。

默认状态下，H6152 的串行数据输出格式为 8 位数据位、无校验、1 位停止位、通信速率 9600bps。

3．H6152 的控制命令

在应用系统中，51 单片机使用“9600,n,8,1”的数据格式与 H6152 进行串行通信，H6152 支持两种串行异步通信协议：ASCII 协议和 Binary（比特流）协议。前者通常应用于单片机应用系统中只有一个 H6152 读卡器的场合，而后者应用于多个 H6152 读卡器场合。

ASCII 通信协议的数据帧由 1～2B 的命令和 N 个字节的以 ASCII 码格式发送的数据组成，H6152 提供了一系列相关的控制命令以方便 51 单片机对其进行操作，这些命令包括系统复位（Reset）、连续读（Continuous Read）、选择卡（Select）、登录扇区（Login）、读操作（Read）、写操作（Write）、多卡选择（Multi Tag Select）。

系统复位命令用于对 H6152 进行软件复位，其数据格式如表 7.11 所示。

表 7.11　系统复位命令

	命　令	数　据
发送	“X”	无
接收	无	“Mifare0.14d”+<CR>+<LF>

注：返回值中的<CR>、<LF>分别指 ASCII 码中的回车符和换行符，其 ASCII 码值为 0x13 和 0x10。

连续读命令使 H6152 进入“连续读”模式，此时，H6152 会与其天线有效范围内的 Mifarel 卡反复通信并且读取卡片的序列号。只有 H6152 的通信协议寄存器中的扩展 ID 位为“1”时，在返回数据中会增加一个字节用于说明 IC 卡的类型，参考上一小节。连续读命令的数据格式如表 7.12 所示。

表 7.12 连续读命令

	命　令	数　据
发送	“C”	无
接收	无	1 字节射频卡类型数据+4 字节卡片序列号

选择卡命令用于选中一张卡片并返回其序列号，只有 H6152 的通信协议寄存器中的扩展 ID 位为“1”时，在返回数据中会增加一个字节用于说明 IC 卡的类型，参考上一小节。该命令只有在 H6152 天线有效范围内只有一张卡片时才有效，其数据格式如表 7.13 所示。

表 7.13 选择卡命令

	命　令	数　据
发送	“C”	无
接收	无	无

登录扇区命令用于登录 IC 卡的某一扇区以便进行下一步操作，其数据格式如表 7.14 所示。

表 7.14 登录扇区命令

	命　令	数　据
发送	“1”	扇区号 1B+密码类型 1B+密码值 6B
接收	“L”登录成功 “N”无卡 “F”密码错误 “E”无效格式	无

登录扇区命令的密码类型字节描述如下。

- 0xAA：密码 A，且其值为 0xA0，0xA1，0xA2，0xA3，0xA4，0xA5。
- 0xFF：密码 A，且其值为 0xFF，0xFF，0xFF，0xFF，0xFF，0xFF。
- 0xBB：密码 B，且其值为 0xB0，0xB1，0xB2，0xB3，0xB4，0xB5，0xB6。
- 0x10～0x2F：密码 A，且其值为 H6152 密码寄存器中 0x00～0x0F 中的内容。
- 0x30～0x4F：密码 B，且其值为 H6152 密码寄存器中 0x00～0x1F 中的内容。

读操作命令用于读取选定卡上的块或 H6152 工作寄存器中的内容，其数据格式如表 7.15 所示。

表 7.15 读操作卡命令

	命　令	数　据
发送	“r”读模块	1B 块号
	“rv”以数值方式读数据块	1B 块号
	“re”读 H6152 工作寄存器内容	1B 块号
接收	无	返回对应的数据
	“N”无卡	无
	“I”无数值块	无
	“F”读失败	无

写操作命令用于写选定卡上的块或 H6152 的内容寄存器。这里“wv”命令可以将选定块格式化为数值块，并写入初值，数值块可以用于保存 Mifarel 卡中的数值信息，可以直接对这样的数据块进行加值、减值等操作，其数据格式如表 7.16 所示。

表 7.16　写操作命令

	命　令	数　据
发送	“w”写块	1B 块编号和 16B 数据
	“wv”格式化指定数据块为数值块并写入初值	1B 块编号和 4B 数据
	“we”写 H6152 工作寄存器内容	1B 扇区编号和 4B 数据
	“wm”写 H6152 密码寄存器内容	1B 块编号和 6B 密码寄存器
接收	无	返回对应的写入内容
	“X”写入后无法读出	无
	“U”写入后读出错误	无
	“N”无卡	无
	“I”写数据块失败	无
	“F”写失败	无

多卡选择命令用于从指定序列号中选中一张卡片。如果使用“<CR>”，该命令返回所有读写模块有效值范围内的卡片序列号，并用<CR><LF>隔开，如表 7.17 所示。

表 7.17　多卡选择命令

	命　令	数　据
发送	“m”	4 字节卡编号或者<CR>
接收	无	1 字节卡类型和 4 字节卡编号
	“N”无卡	无

7.3.3　非接触式智能卡读卡器 H6152 的应用电路

H6152 的典型应用电路如图 7.13 所示，由于 H6152 的串行通信电平使用的是 RS-232 电平逻辑，所以，51 单片机和 H6152 进行通信时必须使用一片 MAX232 作为电平转换芯片。H6152 的电源和读写指示灯引脚上跨接两个发光二极管用于指示 H6152 的工作状态。51 单片机使用 P1.0 引脚控制一个三极管来给 H6152 提供电源。

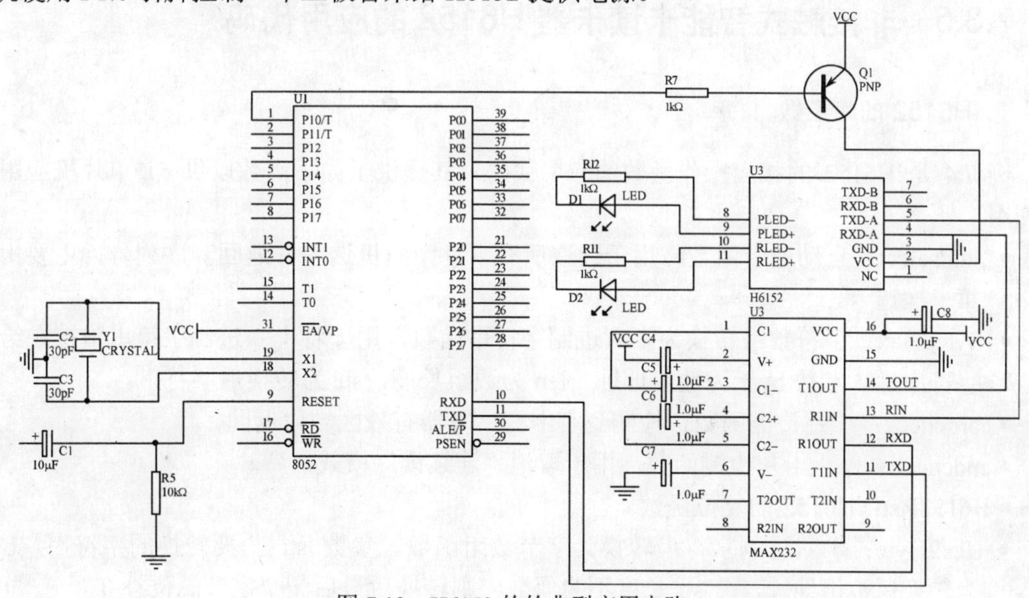

图 7.13　H6152 的的典型应用电路

7.3.4 非接触式智能卡读卡器 H6152 的操作步骤

H6152 的详细操作步骤如图 7.14 所示。

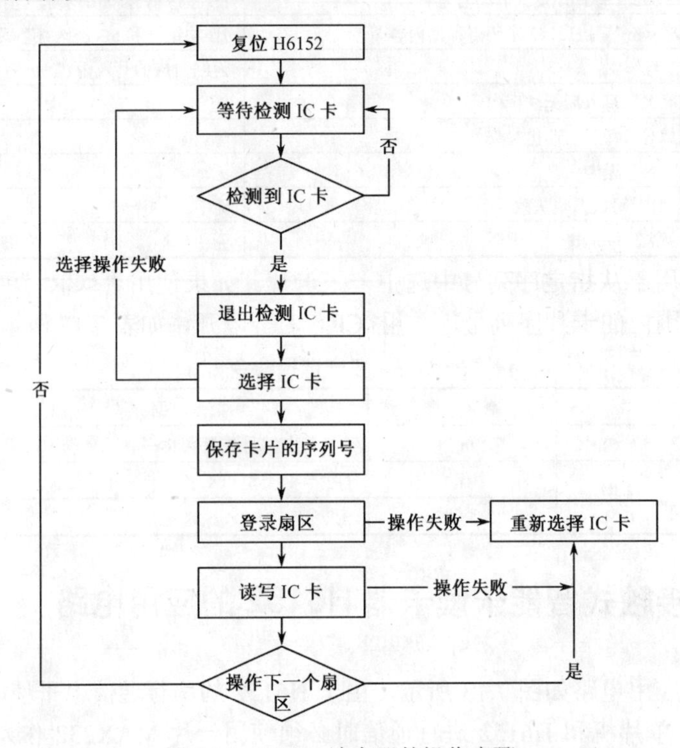

图 7.14 H6152 读卡器的操作步骤

7.3.5 非接触式智能卡读卡器 H6152 的应用代码

1. H6152 的库函数

例 7.4 是 H6152 的相应操作函数的应用代码，其提供了如下函数以供 51 单片机应用系统调用。

- autoselect：自动选卡函数，用于读取所有卡片，随机选中并返回其序列号，主要用于第一次选卡。
- Byte2Hex：字符数组转换为十六进制字符串函数，用于将十六进制字符串附接在给定字符串后，参数 byte 为数组地址，len 为数组长度，str 为转换后字符串。
- cardcheck：卡片检测函数，检测到有卡在读写器有效区域内返回。
- endcheck：停止卡片检测函数，用于取消“连续读”模式。
- H6152Rst：H6152 的复位函数。
- Hex2Byte：十六进制字符串转换为字节数组函数，参数 str 为要转换的字符串，byte 为转换后数组地址，若 str 长度不为偶数，则转换后最后一个字节高位补 0。

- loginsect：登录扇区函数。
- readblock：读取块函数。
- snselect：指定选卡函数。
- writeblock：写块函数。

【例 7.4】H6152 对 51 单片机的串行数据接收操作分别是在各个操作函数中完成，每个操作函数分别对 RI 进行检查，如果有该标志位被置位则表明有 H6152 数据发送到 51 单片机。

```
#include <AT89X52.h>
#include <string.h>
#include <intrins.h>
#include <stdio.h>
//宏定义
#define KEY_A 0xaa
#define KEY_B 0xbb
#define KEY_DEFAULT 0xff
#define OK 0                        // 操作成功
#define ERR_N 'N'                   // 无卡
#define ERR_F 'F'                   // 操作失败
#define ERR_E 'E'                   // 格式错误
#define ERR_I 'I'                   // 非数值块
#define ERR_X 'X'                   // 操作后无法读出
#define ERR_U 'U'                   // 未知错误
// 缓冲区定义
unsigned char hbuf[37];
unsigned char block0buf[16];
unsigned char block1buf[16];
bit flagok;                         // 读/写块成功标志位
bit flagfirst;                      // 第一次选卡标志位
bit flagselok;                      // 选卡成功标志位
bit flaglogok;                      // 登录扇区成功标志位
unsigned char flagwr;               // 写块成功标志位
unsigned char flagrd;               // 读块成功标志位
// 延时 t 毫秒函数
void delay(unsigned int t)
{
unsigned int i;
while(t--)
{
        /* 对于 11.0592M 时钟,约延时 1ms */
        for (i=0;i<125;i++)
        {}
```

```
    }
    }
    /* 串口字符串发送命令函数 */
    void sendcmd(unsigned char *str)
    {
    while(*str != 0)
    {
        TI = 0;                         // 请发送标志位
        SBUF = *str;                    // 发送数据
        str++;
        while(!TI);                     // 等待发送完成
    }
    }
    /* 字符数组转换为十六进制字符串函数,十六进制字符串附接在给定字符串后,
      参数 byte 为数组地址,len 为数组长度,str 为转换后字符串 */
    void Byte2Hex(unsigned char *byte,unsigned char len,unsigned char *str)
    {
    unsigned char i, j;
    unsigned char tmp;

    j = strlen(str);
    for(i=0; i<len; i++)
    {
        tmp=((*byte)>>4)&0x0f;          // 字节高位
        if(tmp < 0x0a)
            *(str+j) = tmp+0x30;
        else
            *(str+j) = tmp-0x0a+'a';
        str++;
        tmp = (*byte)&0x0f;             // 字节低位
        if(tmp < 0x0a)
            *(str+j) = tmp+0x30;
        else
            *(str+j) = tmp-0x0a+'a';
        str++;
    }
    *(str+j) = 0;                       // 字符串结束
    }
    /* 十六进制字符串转换为字节数组函数,参数 str 为要转换的字符串,byte 为
    转换后数组地址,若 str 长度不为偶数,则转换后最后一个字节高位补 0*/
    void Hex2Byte(unsigned char *str, unsigned char *byte)
```

```
{
unsigned char tmp;

while(*str != 0)
{
    tmp = ((*str)<<4)&0xf0;     // 字节高位
    str++;
    if(*str == 0)               // 若 str 长度为奇数,则转换后最后一个字节高位补 0
    {
        *byte = (tmp>>4)&0x0f;
        return;
    }
    tmp += (*str)&0x0f;         // 字节低位
    *byte = tmp;
    byte++;
 }
}
/* H6152 复位函数 */
void H6152Rst()
{
strcpy(hbuf,"x");
sendcmd(hbuf);                  // 发送命令"x"
delay(300);                     // 延时 300ms 确保 H6152 复位完毕
}
/* 卡片检测函数,检测到有卡在读写器有效区域内返回 */
void cardcheck()
{
strcpy(hbuf,"c");
sendcmd(hbuf);                  // 发送命令"c",命令进入"连续读"模式
delay(10);                      // 延时 10ms
/* 一旦发现串口接收到数据就立即返回,
表示检测到读写器有效区域内有卡片 */
RI = 0;
while(!RI);
delay(10);                      // 延时 10ms,消抖
RI = 0;
while(!RI);
/* 确认工作区内有卡片,返回 */
}
/* 停止卡片检测函数, 即取消"连续读"模式 */
void endcheck()
```

```
{
strcpy(hbuf," ");
sendcmd(hbuf);                          // 发送取消"连续读"模式
delay(10);                              // 延时 10ms
}
/* 自动选卡函数,读取所有卡片,随机选中并
 返回其序列号,主要用于第一次选卡 */
unsigned char autoselect(unsigned char *buf)
{
unsigned char i;
strcpy(hbuf,"m\r");
sendcmd(hbuf);                          // 发送"m<CR>"
for(i=0;i<8;i++)                        // 接收第一张卡的序列号
{
     RI = 0;
     while(!RI);
     *(hbuf+i) = SBUF;

     /* 如果接收到错误信息则返回错误代码 */
     if((*(hbuf+i)>0x39)&&(*(hbuf+i)<'a'))
          return *(hbuf+i);
}
*(hbuf+i) = 0;
Hex2Byte(hbuf,buf);                     // 第一张卡片序列号由十六进制字符串转换为字节数组
strcpy(hbuf,"m");
Byte2Hex(buf,4,hbuf);
delay(10);
sendcmd(hbuf);                          // 发送"m<SN>", 选中第一张卡片
for(i=0;i<8;i++)                        // 接收选中卡片的序列号
{
     RI = 0;
     while(!RI);
     *(hbuf+i) = SBUF;
     /* 如果接收到错误信息则返回错误代码 */
     if((*(hbuf+i)>0x39)&&(*(hbuf+i)<'a'))
         return *(hbuf+i);
}
return 0;                               // 成功
}
/* 指定选卡函数,根据制定序列号选卡 */
unsigned char snselect(unsigned char *sn)
```

```
{
unsigned char i;

strcpy(hbuf,"m");
Byte2Hex(sn,4,hbuf);                    // 将序列号 sn 转换为十六进制字符串
delay(10);
sendcmd(hbuf);                          // 发送"m<SN>",选中第一张卡片
for(i=0;i<8;i++)                        // 接收选中卡片的序列号
{
    RI = 0;
    while(!RI);
    *(hbuf+i) = SBUF;
    /* 如果接收到错误信息则返回错误代码 */
    if((*(hbuf+i)>0x39)&&(*(hbuf+i)<'a'))
            return *(hbuf+i);
}
return 0;                               // 成功
}
/* 登录扇区函数,参数 sect 为扇区号,keytype 为密码类型,keyvalue 为密码内容。
keyvalue 为 NULL 时,表示使用默认密码;keytype 为 0x10~0x2f 和 0x30~0x4f
之间或者 0xff 时,程序忽略 keyvalue 的内容。*/
unsigned char loginsect(unsigned char sect,unsigned char keytype,unsigned
char *keyvalue)
{
unsigned char tmp;

if(sect>16)                             // 扇区号超过 16 报错
    return ERR_E;
strcpy(hbuf,"l");
Byte2Hex(&sect,1,hbuf);                 // 将 sect 转换为十六进制字符串
if(((keytype>0x10)&&(keytype<0x2f))||((keytype>0x30)&&(keytype<0x4f)))
    Byte2Hex(&keytype,1,hbuf); // "l<sect><reg>
else if((keytype==KEY_A)||(keytype==KEY_B))     // 使用密码 A 或 B 登录
{
    Byte2Hex(&keytype,1,hbuf);
    if (keyvalue==NULL)
          strcat(hbuf,"\r");        // "l<sect>aa<CR>或"l<sect>bb<CR>"
    else
          Byte2Hex(keyvalue,6,hbuf);
                                        // "l<sect>aa<value>或"l<sect>bb<value>"
}
```

```
else if(keytype==KEY_DEFAULT)      // 使用默认密码登录
    strcat(hbuf,"\r");             // "l<sect><CR>
else
    return ERR_U;                  // 未知错误
sendcmd(hbuf);                     // 发送命令
RI = 0;
while(!RI);
tmp = SBUF;
if(tmp=='L')                       // 登录成功
    return 0;
else
    return tmp;                    // 返回错误
}
/* 读块函数,将块中内容读至缓冲区,缓冲区长度应为 16B */
unsigned char readblock(unsigned char block,unsigned char *buf)
{
unsigned char i;

if (block>64)                      // 块号超过 64 报错
      return ERR_E;
strcpy(hbuf,"r");
Byte2Hex(&block,1,hbuf);           // block 转换为十六进制字符串
sendcmd(hbuf);                     // "r<block>"
for (i=0;i<32;i++)                 // 接收块数据
{
    RI = 0;
    while(!RI);
    *(hbuf+i) = SBUF;
    /* 如果接收到错误信息则返回错误代码 */
    if((*(hbuf+i)>0x39)&&(*(hbuf+i)<'a'))
        return *(hbuf+i);
}
*(hbuf+32) = 0;
Hex2Byte(hbuf,buf);                 // 将块内容由十六进制字符串转换为字节数组
return 0;                           //成功
}
/* 写块函数，将缓冲区中内容写入块，缓冲区长度 16B */
unsigned char writeblock(unsigned char block,unsigned char *buf)
{
unsigned char i;
if (block>64)                       // 块号超过 64 报错
```

```
        return ERR_E;
    strcpy(hbuf,"w");
    Byte2Hex(&block,1,hbuf);                // block 转换为十六进制字符串
    Byte2Hex(buf,16,hbuf);                  // 将要写入块的内容转换为十六进制字符串
    sendcmd(hbuf);                          // "w<block><data>"
    for (i=0;i<32;i++)                      // 接收返回数据,为写入的内容
    {
        RI = 0;
        while(!RI);
        *(hbuf+i) = SBUF;
        /* 如果接收到错误信息则返回错误代码 */
        if((*(hbuf+i)>0x39)&&(*(hbuf+i)<'a'))
            return *(hbuf+i);
    }
    return 0;                               // 成功
}
```

2．应用实例——非接触门禁卡

本实例是一个使用非接触智能卡作为门禁卡的典型应用，51 单片机扩展 H6152 作为读写卡系统，当读卡器范围内存在一张 IC 卡时，对其进行读/写以判别是不是当前门禁系统的有效卡，如果是则打开门点亮一个指示灯，并且将当前开门的次数写入卡中，否则报警，实例的应用电路如图 7.15 所示。

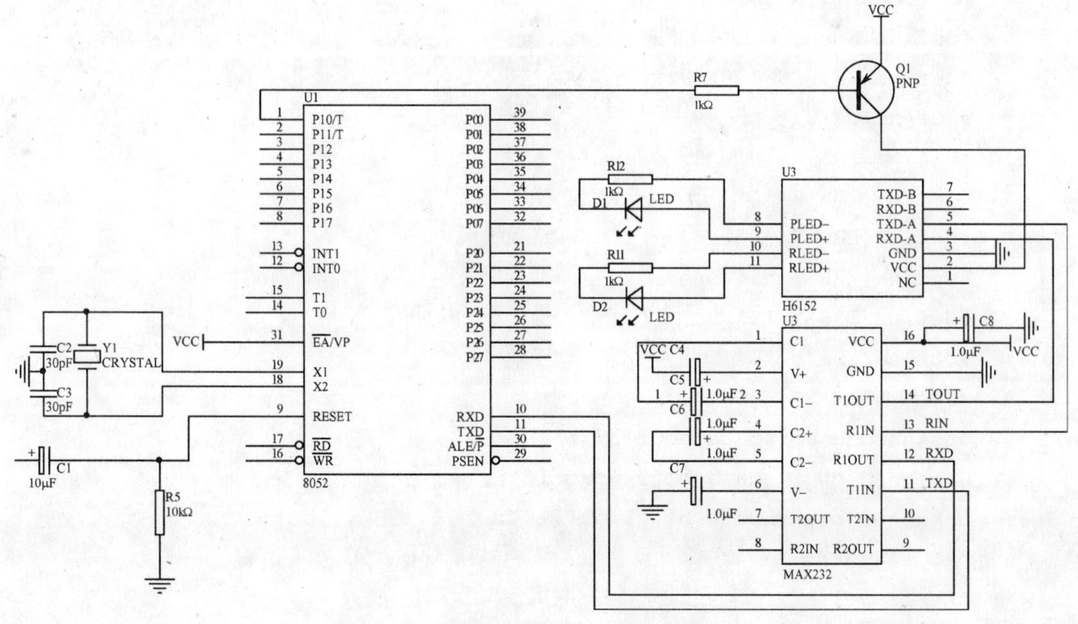

图 7.15　非接触门禁卡应用实例电路

如图 7.15 所示，51 单片机使用串口扩展一个 MAX232 芯片和 H6152 读卡器进行通信，

使用 P1.0 控制一个三极管为读卡器供电，使用 P1.6 和 P1.7 分别通过一个 NPN 三极管驱动继电器和蜂鸣器分别用于报警和开关门。实例涉及的典型器件如表 7.18 所示，例 7.5 是实例的应用代码。

表 7.18　非接触门禁卡实例器件列表

器　件	说　明
51 单片机	核心部件
MAX232	RS-232 电平转换芯片
H6152	非接触式 IC 卡读卡器
三极管	驱动电路
继电器	开关门执行器件
蜂鸣器	报警器件
发光二极管	指示器件
电阻	上拉和限流
晶体	51 单片机工作的振荡源
电容	51 单片机复位和振荡源工作的辅助器件

【例 7.5】应用代码调用了上一小节中的对应库函数，需要注意的是，本应用代码仅仅是一个范例，在实际使用过程中还需要考虑很多细节问题，如打开的门超时之后需要自动关闭等。

```
#include <AT89X52.h>
#include <string.h>
#include <intrins.h>
#include <stdio.h>
//宏定义
#define KEY_A 0xaa
#define KEY_B 0xbb
#define KEY_DEFAULT 0xff
#define OK 0                    // 操作成功
#define ERR_N 'N'               // 无卡
#define ERR_F 'F'               // 操作失败
#define ERR_E 'E'               // 格式错误
#define ERR_I 'I'               // 非数值块
#define ERR_X 'X'               // 操作后无法读出
#define ERR_U 'U'               // 未知错误
//缓冲区定义
unsigned char xdata hbuf[37];
unsigned char xdata block0buf[16];
unsigned char xdata block1buf[16];
bit flagok;                     // 读/写块成功标志位
bit flagfirst;                  // 第一次选卡标志位
bit flagselok;                  // 选卡成功标志位
bit flaglogok;                  // 登录扇区成功标志位
unsigned char flagwr;           // 写块成功标志位
```

```
unsigned char flagrd;          // 读块成功标志位
unsigned char  count;
sbit sbPSW = P1 ^ 0;           //供电开关
sbit sbLED = P1 ^ 1;           //LED
sbit sbBP = P1 ^ 6;            //蜂鸣器
sbit sbRelay = P1 ^ 7;         //继电器
//串口初始化函数
void InitUART(void)
{
   TMOD = 0x20;                //Timer 工作方式选择
   SCON = 0x50;
   TH1 = 0xFD;
   TL1 = TH1;
   PCON = 0x00;
   EA = 1;
   ES = 1;                     //开串口中断
   TR1 = 1;                    //启动 T1
}
/* 定时器 0 中断服务子程序 */
void timer0() interrupt 1 using 1
{
TR0 = 0;                       // 停止计数

TH0 = -5000/256;               // 重设计数初值
TL0 = -5000%256;

count++;

if (count>300)                 // 第一次检测到卡 1.5s 后
{
    count = 0;
    if(!flagok)                // 如果检测到 1.5s 后读/写标志还是失败,则蜂鸣器报警
    {
        sbBP = 0;
        delay(2000);           // 报警持续 2s
        sbBP = 1;
    }
}
else
    TR0 = 1;                   // 启动 T0 计数
}
```

```
void main()
{
char sn[4];
unsigned char sectno,blockno;  // 扇区号、块号
sectno = 1;                    // 扇区 1
blockno = 0;                   // 块 0
flagok = 0;
flagfirst = 1;
flagselok = 0;
flaglogok = 0;
count = 0;
sbPSW = 1;                     // H6152 正常工作
sbBP = 1;                      //蜂鸣器不发声
  sbRelay = 1;                 //继电器关闭

EA = 1;
TMOD = 0x01;                   // 模式 1,T0 为 16 位定时/计数器
TH0 = -5000/256;               // 设置计数初值
TL0 = -5000%256;
ET0 = 1;                       // 打开 T0 中断
InitUART();                    // 串口初始化
H6152Rst();                    // H6152 复位
while(!flagok)
{
    cardcheck();               // 卡片检测
    endcheck();                // 停止检测
    if (flagfirst)             // 如果是第一次选卡
    {
        flagfirst = 0;
        if (autoselect(sn)==0) // 第一张卡片选择成功,并保存序列号 sn
        {
            flagselok = 1;
            TR0 = 1;           // T0 开始计时
        }
    }
    else
    {
        if(snselect(sn)==0)    // 指定序列号 sn 的卡片选择成功
              flagselok = 1;
    }
    if (flagselok)
```

```
        {
            if(loginsect(sectno,KEY_DEFAULT,NULL)=='L')      // 登录成功
                flaglogok = 1;
            else
            {
                flagselok = 0;       // 登录不成功,重新去选卡
                flaglogok = 0;
            }
            if (flaglogok)           //卡登录成功
            {
            flagrd = readblock(blockno,block0buf);      //读出卡内的内容
            if (flagrd!=0)
            {
                    flagselok = 0;  // 读块错误,重新去选卡
            }
            else
            {
             if((block0buf[0] == 0x32)&&(block0buf[1] == 0x23))  //如果是开门密码
             {
               sbRelay = 0;                 //开门
               sbLED = 0;
               block0buf[2]++;              //存放的开门次数
               flagwr = writeblock(blockno,block0buf);           //写入数据
               if (flagwr!=0)
               {
                        flagselok = 0;  // 写块错误,重新去选卡
               }
             }
             else
             {
               sbBP = 0;                    //蜂鸣器报警
             }
            }
            }
        }
      }
    }
```

第8章　51单片机用户输入通道扩展

在 51 单片机应用系统中，常需要用户通过输入对系统进行控制或者给系统提供一些参数，此时需要使用一些器件使得用户完成相应的操作，这些器件被称为 51 单片机的用户输入通道，包括按键、拨码开关、键盘等，本章将详细介绍如何在 51 单片机的应用系统中对它们进行扩展。

8.1　独立按键

独立按键是 51 单片机应用系统中最常用的用户输入通道部件，可以用于多种状态的输入或者选择，其有多种不同的尺寸和外形。

8.1.1　独立按键基础

独立按键的工作基本原理是被按下时按键接通两个点，放开时则断开这两个点。按照结构可以把按键分为两类：触点式开关按键，如机械式开关、导电橡胶式开关等；无触点开关按键，如电气式按键、磁感应按键等。前者造价低手感好，后者寿命长，在 51 单片机应用系统中最常用的是前者，图 8.1 所示是常见的独立按键的实物。

独立按键在 51 单片机系统中的典型应用结构是将按键的一个点连接到高电平（逻辑“1”）上，另外一个点连接到低电平（逻辑“0”）上，然后把其中一个点连接到 51 单片机的 I/O 引脚上，此时，当按键释放和被按下的时候，单片机引脚上的电平将发生变化，这个电平变化过程如图 8.2 所示。

图 8.1　独立按键实物

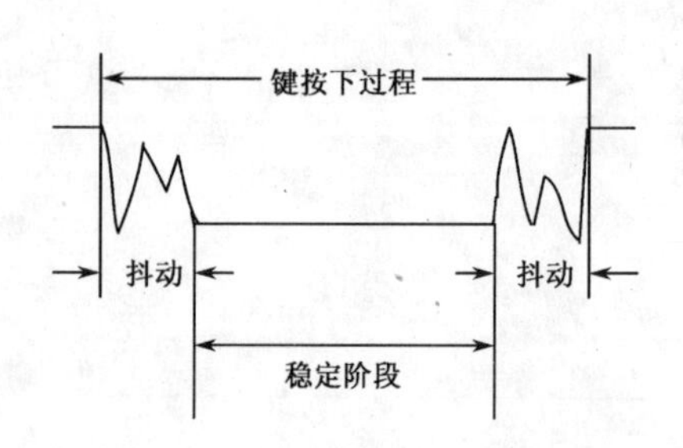

图 8.2　独立按键的电平变化过程

从图 8.2 可以看到，按键上的电平变化有一个抖动过程，这是由按键的机械特性所决定的，抖动时间一般为 10ms 左右，可能有多次抖动。如果 51 单片机不对按键抖动做任何处理而直接读取，由于单片机在抖动时间内可能进行了多次读取，则会把每一次抖动都看做一次按键事件产生错误，所以，在对按键事件进行处理的时候，必须在硬件上使用消抖电路或者软件上使用消抖函数。消抖电路一般使用一个电容或者低通滤波器，依靠其积分原理来消除这个抖动信号，消抖函数则采用读取、延时后再次读取的方法，两次做比较看读取的值是否相同的方法，虽然浪费了一段时间，但是由于相对整体来说非常短，所以不会对整体系统造成大的影响。

8.1.2　独立按键的应用电路

独立按键的典型应用电路如图 8.3 所示，8 个独立按键一端连接在单片机的 I/O 引脚上，另一端连接在 GND 上，当按键没有被按下时，这些 I/O 引脚由于通过上拉电阻连接到 VCC，所以为高电平；当有按键被按下时，对应的 I/O 引脚被连接到 GND，为低电平。

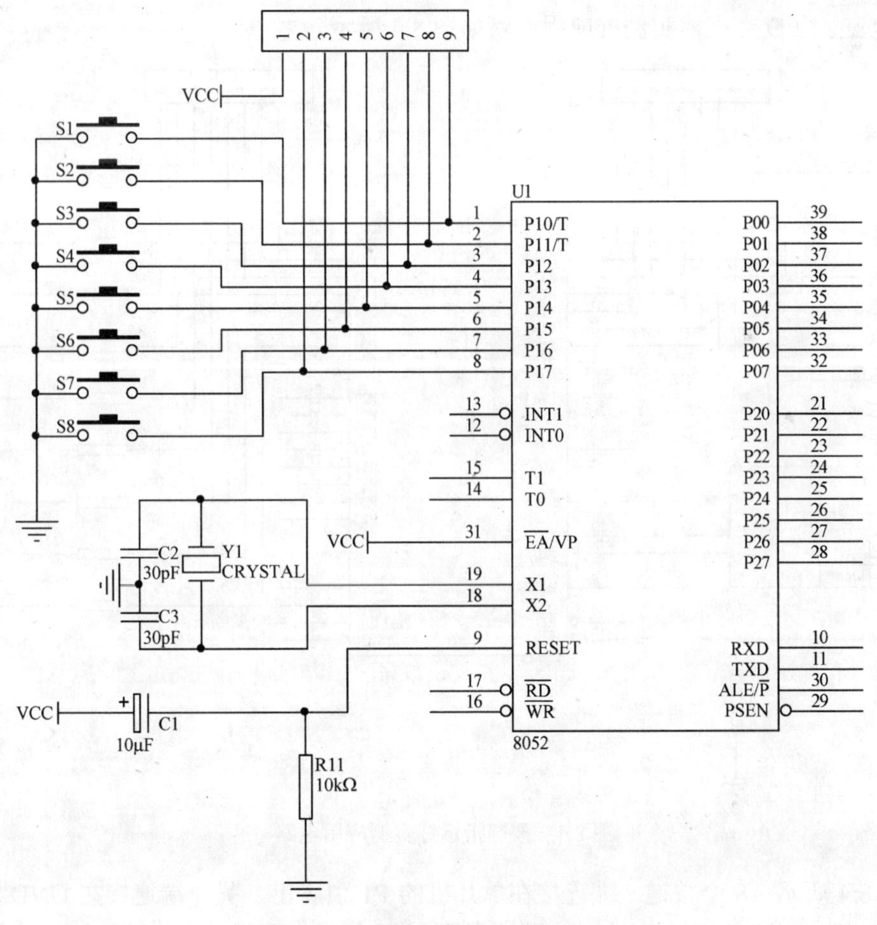

图 8.3　独立按键的典型应用电路

8.1.3 独立按键的操作步骤

51 单片机对独立按键的详细操作步骤如下：

（1）向 51 单片机连接到独立按键的对应端口输出高电平。

（2）读取对应端口的电平状态。

（3）延时一段时间，再次读取对应端口的电平状态。

（4）如果两次读取的电平状态相同，则返回对应的独立按键值，否则转带第一个步骤等待下一次读取。

8.1.4 应用实例——独立按键指示灯

本应用是一个用指示灯来指示按键当前状态的实例，常用于提示用户当前的按键状态，51 单片机使用 K1～K8 共 8 个按键来控制 D1～D8 共 8 个 LED 的输出，当对应的按键被按下时，对应的 LED 点亮，实例的应用电路如图 8.4 所示。

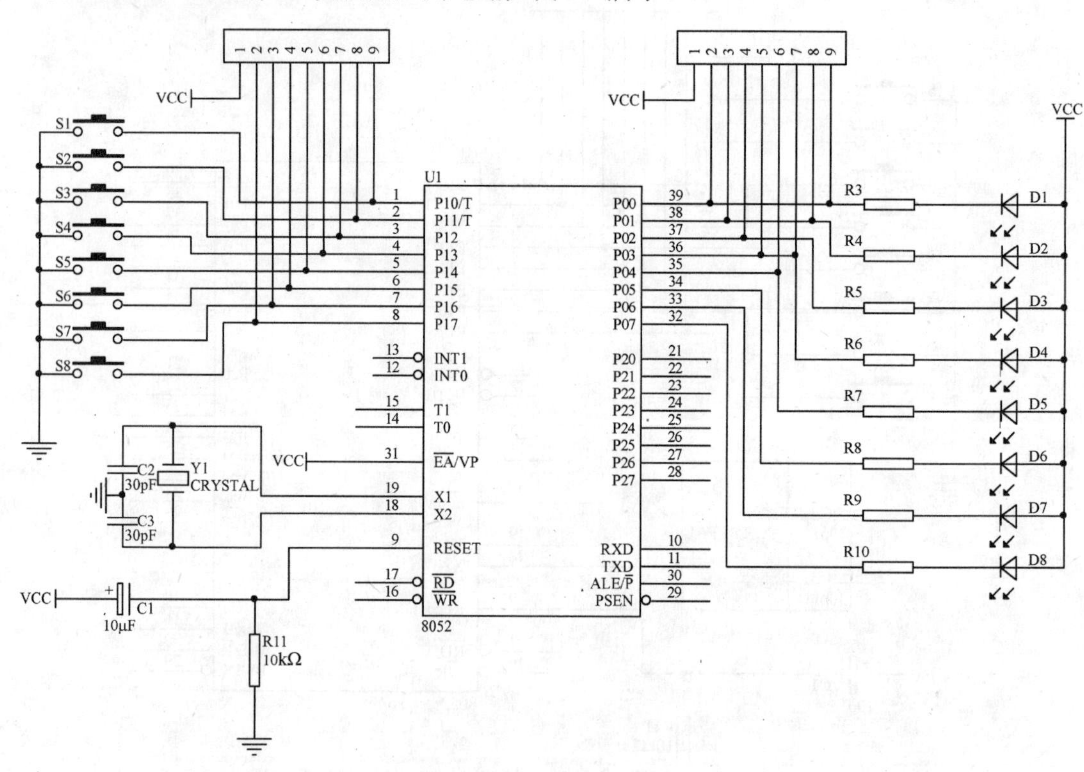

图 8.4 按键指示灯实例应用电路

如图 8.4 所示，8 个按键一端连接在单片机的 P1 引脚上，另一端连接在 GND 上，当按键没有被按下时，P1 端口通过上拉电阻连接到 VCC，为高电平；当按键被按下时，P1 被连接到 GND，为低电平。8 个 LED 使用“灌电流”的方式连接到 P0，由于 P0 是开漏输出，所以使用了一个上拉电阻，表 8.1 是实例涉及的主要器件列表。

表 8.1　按键指示灯实例器件列表

器　件	说　明
51 单片机	核心部件
独立按键	用户输入通道
LED	指示按键状态
电阻	上拉和限流
晶体	51 单片机工作的振荡源
电容	51 单片机复位和振荡源工作的辅助器件

【例 8.1】P1 上读入的 I/O 引脚电平为对应的独立按键状态，如果对应位为“0”，则表明有键被按下，使用定时计数器 T0 进行延时 10ms 后再次读取，以消除抖动，如果两次读取的状态相同，则证明不是抖动，将 P1 引脚状态从 P0 的对应引脚输出，否则清除该数据。

```
#include <AT89X52.h>
void InitTimer0(void)                            //T0 的初始化函数，延时 10μs
{
   TMOD = 0x01;
   TH0 = 0xFF;
   TL0 = 0xF4;                                   //10μs
   EA = 1;
   ET0 = 1;
}

void Timer0Interrupt(void) interrupt 1           //T0 的中断处理子函数
{
   TH0 = 0x0FF;
   TL0 = 0x0F7;
   TR0 = 0;                                      //关闭 T0
}
main()
{
  unsigned char KeyNum,temp;
  InitTimer0();                                  //初始化 T0
  P1 = 0x00;
   KeyNum = P1;                                  //读取 KeyNum 数值
   if(KeyNum != 0xFF)                            //如果有按键被按下
   {
       TR0 = 1;                                  //延迟 10ms
       temp = P1;                                //再次读取 KeyNum
       if(KeyNum == temp)
       {
           KeyNum = KeyNum;                      //没有误动作
```

```
            P0 = KeyNum;                                    //将 LED 状态输出
            }
            else
            {
            KeyNum = 0x00;                                  //有抖动延时,被清除
            }
    }
    }
```

8.2 拨码开关

按键需要用户进行持续的输入，如果用户需要在不干预的前提下保持输入的状态，此时可以使用拨码开关。

8.2.1 拨码开关基础

拨码开关是一种有通、断两种稳定状态的开关，使用方法和按键类似，其和按键的区别在于不会自动恢复到未接通状态，一般用 2～8 个做成一组，一般用来设置地址码等，图 8.5 所示是 4 位拨码开关的实物图。

图 8.5 拨码开关实物图

拨码开关的应用原理和按键完全相同，只是其不会自动地释放，只能使用人工修改其状态，所以也不会有抖动出现。

8.2.2 拨码开关的应用电路

拨码开关的典型应用电路和独立按键类似，如图 8.6 所示，拨码开关的一段连接到 GND，另外一端通过上拉电阻连接到 51 单片机的 I/O 引脚上，当拨码开关闭合时，对应的 51 单片机引脚电压为低，否则为高。

8.2.3 拨码开关的操作步骤

拨码开关的的详细操作步骤如下：

（1）向 51 单片机连接到独立按键的对应端口输出高电平。

（2）读取对应端口的电平状态即为当前拨码开关的状态。

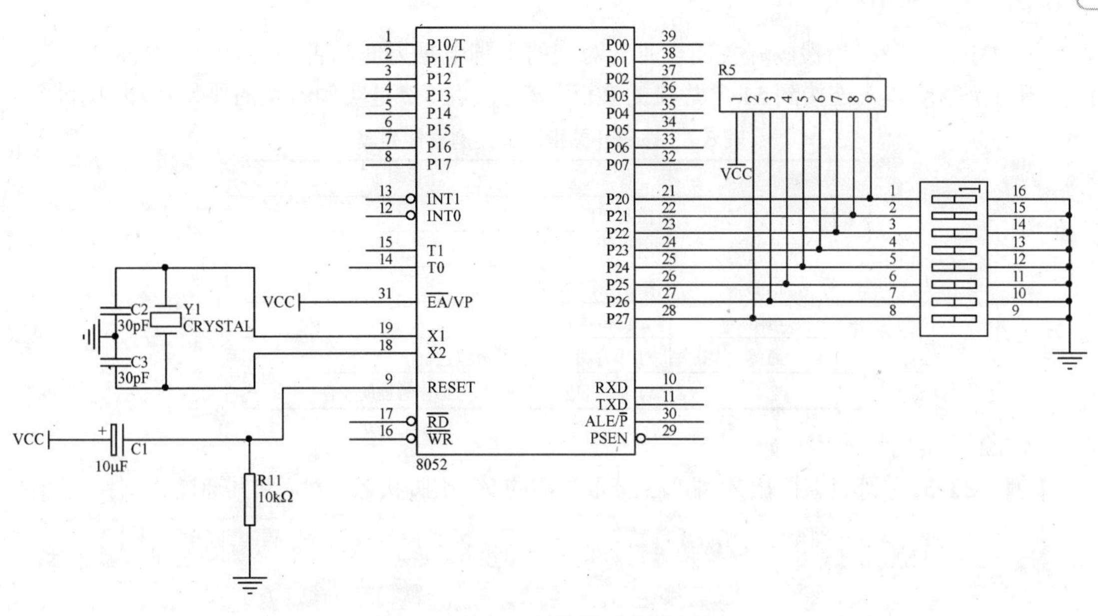

图 8.6　拨码开关的典型应用电路

8.2.4　应用实例——拨码开关指示灯

本应用是一个用指示灯来指示拨码开关当前状态的实例，常用于提示用户当前的拨码开关状态，51 单片机使用 D1～D8 共 8 个 LED 的输出来指示一个 8 位拨码开关的状态，当对应的拨码开关被闭合时，对应的 LED 点亮，否则熄灭。对应的实例的应用电路如图 8.7 所示。

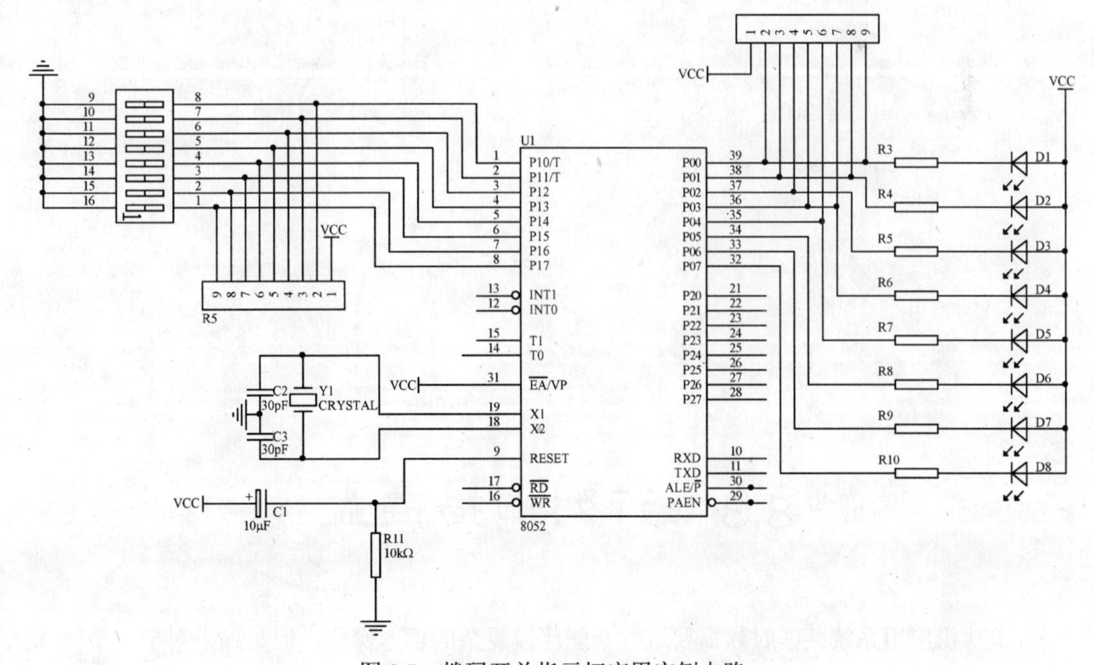

图 8.7　拨码开关指示灯应用实例电路

如图 8.7 所示，一个 8 位的拨码开关一端直接连接到地，一端通过上拉电阻连接到 51

单片机的 P1 引脚，当拨码开关闭合时其对应的引脚电平为低，否则为高；8 个发光二极管使用灌电流驱动方式连接到 51 单片机的 P0 引脚上，表 8.2 是实例涉及的典型器件说明。

表 8.2　拨码开关指示灯实例器件列表

器　件	说　明
51 单片机	核心部件
拨码开关	用户输入通道
LED	指示按键状态
电阻	上拉和限流
晶体	51 单片机工作的振荡源
电容	51 单片机复位和振荡源工作的辅助器件

例 8.2 是实例的应用代码。

【例 8.2】51 单片机直接从 P1 端口上读取当前的 I/O 引脚状态，然后将其通过 P0 端口送出。

```
#include <AT89X52.h>
main()
{
  unsigned char KeyNum,temp;
  P1 = 0x00;
KeyNum = P1;                                    //读取 KeyNum 数值
if(KeyNum != 0xFF)                              //如果有按键被按下
{
    temp = P1;                                  //再次读取 KeyNum
    if(KeyNum == temp)
    {
        KeyNum = KeyNum;                        //没有误动作
    P0 = KeyNum;                                //将 LED 状态输出
    }
    else
    {
        KeyNum = 0x00;                          //有抖动延时,被清除
    }
 }
}
```

8.3 行列扫描键盘

51 单片机应用系统某些时候需要进行一些比较复杂的输入操作，但是如果对于每个输入状态都定义一个独立按键，会导致 51 单片机的 I/O 引脚不够用，此时可以使用行列扫描键盘。

8.3.1　行列扫描键盘基础

行列扫描键盘是将很多的独立按键按照行、列的结构组合起来构成一个整体键盘，从而减少对 51 单片机的 I/O 引脚的使用数目，其内部结构如图 8.8 所示。

行列扫描键盘把独立的按键跨接在行扫描线和列扫描线之间，这样 $M \times N$ 个按键就只需要 M 根行线和 N 根列线，大大的减少了 I/O 引脚的占用，这样的行列扫描键盘则被称为 $M \times N$ 行列键盘，常见的行列扫描键盘实体如图 8.9 所示。

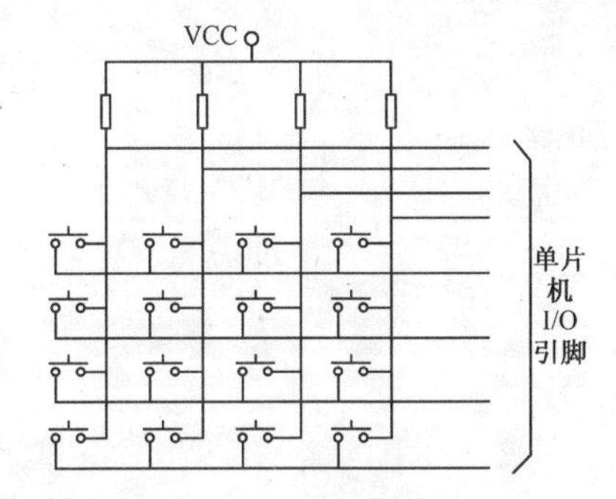

图 8.8　行列扫描键盘的结构原理

图 8.9　行列扫描键盘实物

行列扫描键盘也可以使用中断辅助判断是否有键被按下，如图 8.10 所示，此方法的好处是响应快，当有键被按下时，很快就能得到 MCS51 单片机的响应，但是需要更多的硬件，并且占用一个中断。

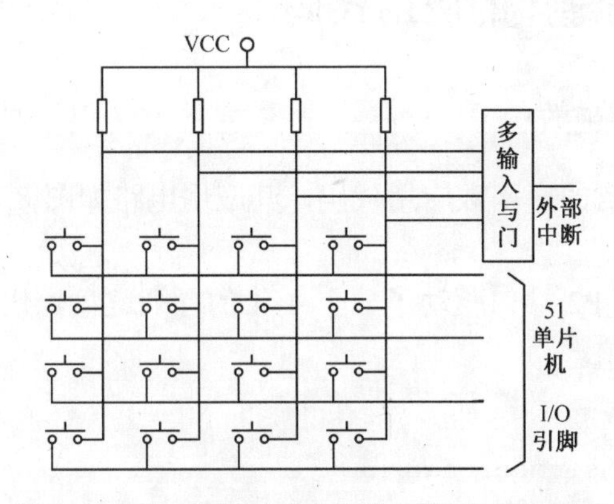

图 8.10　带中断输出的行列扫描键盘结构原理

8.3.2　行列扫描键盘的应用电路

行列扫描键盘的典型应用电路如图 8.11 所示，这是一个 4×4 的共计 16 个按键的行列扫描键盘，4 根行线和 4 根列线分别连接到 51 单片机的 P2 端口的高 4 位和低 4 位，16 个独立按键跨接在行线和列线上。

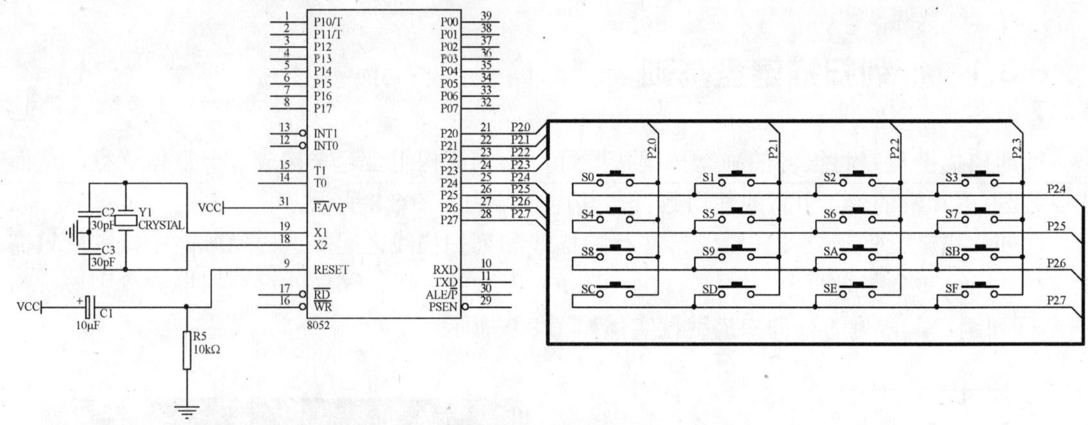

图 8.11　行列扫描键盘的典型应用电路

8.3.3　行列扫描键盘的操作步骤

51 单片机扩展行列扫描键盘的详细操作步骤如下：

（1）将所有的行线都置为高电平。

（2）依次将所有的列线都置为低电平，然后读取行线状态。

（3）如果对应的行列线上有按键被按下，则读入的行线为低电平。

（4）根据行列键盘的输出将按键编码并且输出。

8.3.4　行列扫描键盘的应用代码

1．行列扫描键盘的库函数

本应用是行列扫描键盘的库函数应用代码，其应用电路如图 8.11 所示，例 8.3 是实例的应用代码。

【例 8.3】51 单片机用 P2 端口驱动了一个 4×4 的行列键盘，代码使用移位操作对其进行扫描并且返回对应的按键值。

```
#include <AT89X52.h>
void DelayMS(unsigned char ms)                          //ms 延时函数
{
unsigned int i,j;
for( i=0;i<ms;i++)
    for(j=0;j<1141;j++);
}
unsigned char KeyBoardScan(void)
{
unsigned char scancode,tempcode;
P2 = 0x0f;                                              //输出 0
if((P2 & 0x0f) != 0x0f)                                 //如果有键被按下
```

```
    {
        DelayMS(300);
        if((P2 & 0x0f) != 0x0f)                     //延时确认有键被按下
        {
            scancode = 0xef;                        //第一条行线=0
            while((scancode & 0x01) != 0)           // 轮询行线
            {
                P2 = scancode;
                if((P2 & 0x0f) != 0x0f)             //如果这一行上有输入
                {
                    tempcode = (P2 & 0x0f) | 0xf0;  //获取按键编码
                    return((~scancode) + (~tempcode));
                }
                else
                {
                    scancode=(scancode<<1)|0x01;    //下一列
                }
            }
        }
    }
    return(0);
    }
```

2．应用实例——发声“小”键盘

本应用是一个在 51 单片机应用系统中常提供给用户用于输入的“小”键盘的实例，其本质是一个行列扫描键盘，然后根据用户对于不同键的操作提供声音和数字提示，其应用电路如图 8.12 所示。

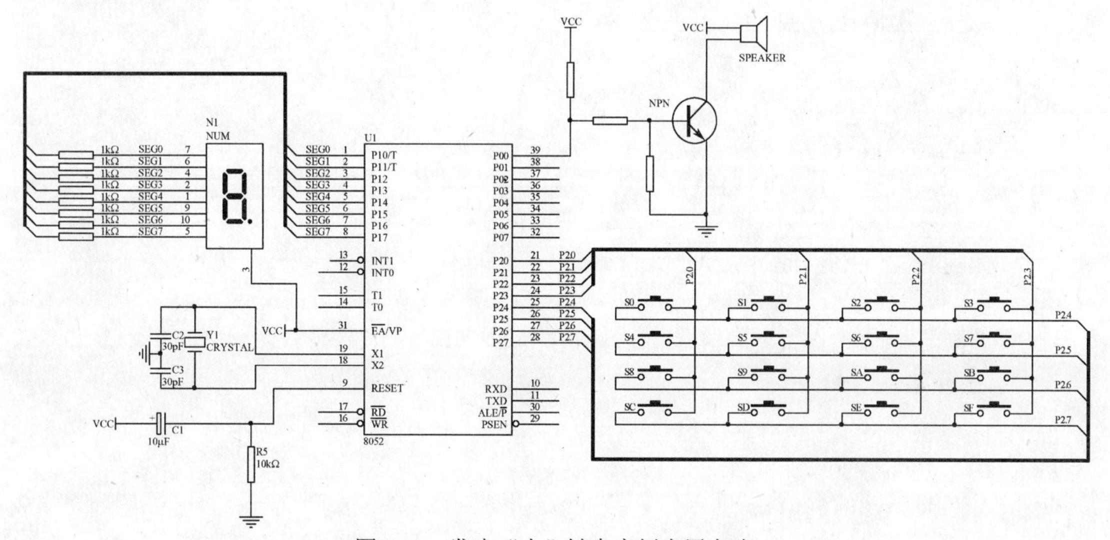

图 8.12　发声“小”键盘实例应用电路

如图 8.12 所示，是计算器键盘实例的应用电路图，P1 使用灌电流方式驱动了一个共阳极 8 段数码管，P2 口则以行列扫描的方法连接了 16 个按键，为了能够在有按键被按下时，有声音的提示，使用 P0.0 引脚通过 NPN 三极管驱动了一个蜂鸣器，表 8.3 是实例涉及的典型器件的说明。

表 8.3　发声“小”键盘实例器件列表

器　件	说　明
4×4 行列扫描键盘	以行列扫描连接方式连接的 16 个按键，编码为“0”～“F”
共阳极 8 段数码管	用于显示按键编码
蜂鸣器	在有按键被按下的时候发声
电阻	限流
晶体	51 单片机工作的振荡源
电容	51 单片机复位和振荡源工作的辅助器件

例 8.4 是实例的应用代码。

【例 8.4】代码调用了上一小节提供的 unsigned char KeyBoardScan(void)函数用于扫描按键的状态，并且返回被按下的按键的编码，主程序根据返回的编码在 DSY_CODE 数组中查找出对应的字形编码并且送到 P1 口输出，并且在有按键被按下时调用 Beep 函数驱动蜂鸣器发声。

```
        #include <AT89X52.h>
        sbit FMQ = P0^0;                                //蜂鸣器驱动引脚
        unsigned char code DSY_CODE[]=
        {
        0xc0,0xf9,0xa4,0xb0,0x99,0x92,0x82,0xf8,0x80,0x90,0x88,0x83,0xc6,0xa1,
0x86,0x8e,0x00
        };
        //字形编码
        unsigned char Pre_KeyNO = 16,KeyNO = 16;
        //存放对应的按键编码
        void DelayMS(unsigned char ms)                  //ms 延时函数
        {
        unsigned int i,j;
        for( i=0;i<ms;i++)
            for(j=0;j<1141;j++);
        }
        unsigned char KeyBoardScan(void)
        {
        unsigned char scancode,tempcode;
        P2 = 0x0f;                                      //输出 0
        if((P2 & 0x0f) != 0x0f)                         //如果有键被按下
        {
            DelayMS(300);
            if((P2 & 0x0f) != 0x0f)                     //延时确认有键被按下
```

```
    {
        scancode = 0xef;                          // 第一条行线=0
        while((scancode & 0x01) != 0)        // 轮询行线
        {
            P2 = scancode;
            if((P2 & 0x0f) != 0x0f)              //如果这一行上有输入
            {
                tempcode=(P2&0x0f)|0xf0;      //获取按键编码
                return((~scancode) + (~tempcode));
            }
            else
            {
                scancode = (scancode << 1 ) | 0x01;          //下一列
            }
        }
    }
}
return(0);
}
void Beep()                                   //蜂鸣器发声函数
{
    unsigned char i;
for(i=0;i<100;i++)
{
    DelayMS(1);
    FMQ = ~FMQ;
}
FMQ = 1;
}
void main()
{
    P0 = 0x00;
while(1)
{
  KeyNO = KeyBoardScan();                      //获取当前按键值
    if(Pre_KeyNO != KeyNO)                     //如果有按键被按下
    {
        P1 = ~DSY_CODE[KeyNO];                 //从 P1 端口输出对应的字形编码
        Beep();                                //按键发声
        Pre_KeyNO = KeyNO;                     //保存按键编码
        }
```

```
        DelayMS(100);
    }
}
```

8.4 PS/2 键盘

除了独立按键构成的行列扫描键盘之外，51 单片机还可以扩展普通的 PS/2 计算机键盘用于用户输入，它能提供更加强大的、符合用户输入习惯的输入功能。

8.4.1 PS/2 键盘基础

PS/2 键盘是 1987 年 IBM 推出的键盘接口标准，其定义了 84～101 键，采用 6 脚的 mini-DIN 连接器，使用双向串行通信协议，并且提供有可选择的第三套键盘扫描码集。PS/2 键盘也属于矩阵键盘，它的按键识别本质上讲也是基于行扫描或者列扫描，不同之处在于这种键盘内部有一个键盘控制芯片，该控制芯片会自动连续地扫描键盘矩阵，当有一个键被按下时，这个动作被控制芯片扫描识别，并且将其对应的扫描码通过键盘线以串行数据帧发送。

1．PS/2 键盘的引脚封装

PS/2 键盘的 mini-DIN 连接器的引脚定义和说明如图 8.13 所示，需要注意的是，图中第 1 脚数据引脚（Data）和第 5 脚时钟引脚（CLK）都是集电极开路的，需要上拉一个较大电阻值的电阻到 VCC，它们平时保持高电平，有输出时才被拉到低电平，然后在输出结束时，再次被拉到高电平。

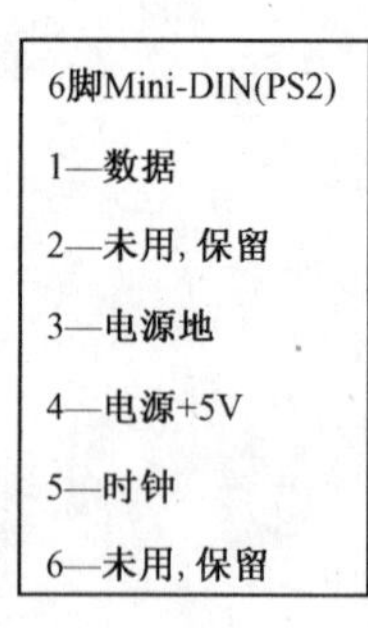

6脚Mini-DIN(PS2)
1—数据
2—未用, 保留
3—电源地
4—电源+5V
5—时钟
6—未用, 保留

图 8.13　PS/2 键盘的引脚封装

2．PS/2 键盘的按键编码

PS/2 键盘在有按键被按下时会将该按键对应的编码返回，其用两个不同的扫描码代表键的按下和释放。键被按下的编码称为 make，同一个按键的释放编码被称为 break，当一个键被按下（make）时，键盘发送一个扫描码，而当同一按键被释放（break）时，键盘发送另一个扫描码，break 扫描码总是比 make 扫描码大 128（十进制，等于十六进制的 0x80）。例如，如果给定键的 make 扫描码为 0x06，则该键的 break 扫描码为 0x86

（0x06+0x80=0x86）。

表 8.4 是 PS/2 键盘的扫描码编码。

表 8.4　PS/2 键盘的扫描码

十六进制扫描码	按　键	十六进制扫描码	按　键	十六进制扫描码	按　键	十六进制扫描码	按　键
01	Esc	15	Yy	29	~和`	3D	F3
02	!和 1	16	U 和 u	2A	左移位	3E	F4
03	@和 2	17	I 和 i	2B	| 和\	3F	F5
04	#和 3	18	O 和 o	2C	Z 和 z	40	F6
05	$和 4	19	P 和 p	2D	X 和 x	41	F7
06	%和 5	1A	{和[	2E	C 和 c	42	F8
07	^和 6	1B	}和]	2F	V 和 v	43	F9
08	&和 7	1C	Enter	30	B 和 b	44	F10
09	*和 8	1D	Ctrl	31	N 和 n	45	NumLock
0A	(和 9	1E	A 和 a	32	M 和 m	46	ScrollLock
0B	)和 0	1F	S 和 s	33	（和,	47	7 和 Home
0C	_和-	20	D 和 d	34	）和。	48	8 和上箭头
0D	+和=	21	F 和 f	35	?和/	49	9 和 PgUp
0E	退格	22	G 和 g	36	右移位	4A	-(gray）
0F	Tab	23	H 和 h	37	PrtSc 和*	4B	4 和左箭头
10	Q 和 q	24	J 和 j	38	Alt	4C	5（小键盘）
11	W 和 w	25	K 和 k	39	空格	4D	6 和右箭头
12	E 和 e	26	L 和 l	3A	CapsLock	4E	+(gray)
13	R 和 r	27	:和;	3B	F1	4F	1 和 End
14	T 和 t	28	“和‘	3C	F2	50	2 和下箭头
						51	3 和 PgDn
						52	0 和 Ins
						53	和 Del

PS/2 键盘除了提供单个的按键的使用方法外，还提供了组合按键的使用方法，也就是说用户可以同时按下多个按键，表 8.5 是 PS/2 键盘的组合按键编码。

表 8.5　PS/2 键盘的按键组合编码

十六进制扫描码	按　键	十六进制扫描码	按　键	十六进制扫描码	按　键	十六进制扫描码	按　键
54	Shift+F1	60	Ctrl+F3	6C	Alt+F5	78	Alt+1
55	Shift+F2	61	Ctrl+F4	6D	Alt+F6	79	Alt+2
56	Shift+F3	62	Ctrl+F5	6E	Alt+F7	7A	Alt+3
57	Shift+F4	63	Ctrl+F6	6F	Alt+F8	7B	Alt+4
58	Shift+F5	64	Ctrl+F7	70	Alt+F9	7C	Alt+5
59	Shift+F6	65	Ctrl+F8	71	Alt+F10	7D	Alt+6
5A	Shift+F7	66	Ctrl+F9	72	Ctrl+PrtSC	7E	Alt+7
5B	Shift+F8	67	Ctrl+F10	73	Ctrl+左箭头	7F	Alt+8
5C	Shift+F9	68	Alt+F1	74	Ctr+右箭头	80	Alt+9
5D	Shift+F10	69	Alt+F2	75	Ctrl+End	81	Alt+10
5E	Ctrl+F1	6A	Alt+F3	76	Ctrl+PgDn		
5F	Ctrl+F2	6B	Alt+F4	77	Ctrl+Home		

除了以上两种编码之外，PS/2 键盘还提供了扩展按键编码，如表 8.6 所示。

表 8.6 PS/2 键盘的扩展按键编码

十六进制扫描码	按 键	十六进制扫描码	按 键	十六进制扫描码	按 键	十六进制扫描码	按 键
85	F11	8E	Ctrl+-	97	Alt+Home	A0	Alt+下箭头
86	F12	8F	Ctrl+5	98	Alt+上箭头	A1	Alt+PgDn
87	Shift+F11	90	Ctrl++	99	Alt+PgUp	A2	Alt+Insert
88	Shift+F12	91	Ctrl+下箭头	9A		A3	Alt+Delete
89	Ctrl+F11	92	Ctrl+Insert	9B	Alt+左箭头	A4	Alt+/
8A	Ctrl+F12	93	Ctrl+Delete	9C		A5	Alt+Tab
8B	Alt+F11	94	Ctrl+Tab	9D	Alt+右箭头	A6	Alt+Enter
8C	Alt+F12	95	Ctrl+/	9E			
8D	Ctrl+上箭头	96	Ctrl+*	9F	Alt+End		

需要注意的是，在表 8.4 中，大写和小写字母的扫描码是相同的，对于所有具有双重标签（一个按键上有个两个符号代表两个意义）的键，51 单片机通过对键盘移位状态字节的判断来区分按键的状态。当一个键被按下时（make），该键将被识别出来并且扫描码会发送到 51 单片机，单片机检查该键是否是 Shift 键（RightShift 和 LeftShift）、Alt 键、Clt 等键盘移位状态字节区标定的按键中的一个，如果是，就设置该区中相应位，但不会将扫描码写入键盘缓冲区。如果扫描码属于上述特殊键以外的任何键，那么 51 单片机就检查该键是否对应一个 ASCII 码，如果对应一个 ASCII 码，则将该 ASCII 码和扫描码写入键盘缓冲区，如果该键没有 ASCII 码，那么将把 00（ASCII 码）和扫描码写入键盘缓冲区。

3．PS/2 键盘的通信协议

PS/2 键盘的通信协议是一种双向同步串行通信协议，通信的两端通过 CLK（时钟线）同步，并通过 Data（数据线）交换数据，任何一方如果想抑制另外一方通信时，只需要把 CLK（时钟线）拉到低电平即可。在 51 单片机和 PS/2 键盘的通信过程中单片机必须作为主机，也就是说 51 单片机可以抑制 PS/2 键盘发送数据，而 PS/2 键盘则不能抑制 51 单片机发送数据。51 单片机和 PS/2 键盘进行数据传输的最大时钟频率是 33kHz，推荐值在 15kHz 左右，也就是说 CLK（时钟线）高、低电平的持续时间都为 40μs。数据线上的每一个数据帧包含 11～12 个位，其具体格式如表 8.7 所示。

表 8.7 PS/2 键盘的数据帧格式

起始位（1）	永远为逻辑“0”
数据（8 位）	最低位在前
奇偶校验位（1）	使用奇校验
停止位（1）	永远为逻辑“1”
应答位（1）	只能由 51 单片机（主机）发出

如表 8.7 所示，如果数据位中为“1”的个数为偶数，校验位就为“1”；如果数据位中“1”的个数为奇数，校验位就为“0”；总之，数据位中“1”的个数加上校验位中“1”的个数总为奇数，因此，总进行奇校验。

PS/2 键盘的 CLK 和 Data 都是集电极开路的，平时都是高电平，当 PS/2 键盘等待发送数据时，其首先检查 CLK（时钟线）以确认其是否为高电平，如果为低则认为正在通信，此时 PS/2 键盘会缓冲需要发送的数据一直到通信结束（一般 PS/2 键盘有 16B 的缓冲区）；

如果 CLK（时钟线）为高电平，PS/2 键盘便开始将数据发送到 51 单片机。通常来说时钟信号是由 PS/2 键盘产生的，数据都是按照数据帧格式顺序发送，其中数据位在 CLK 为高电平时就绪，在 CLK 的下降沿被 51 单片机读入，其时序如图 8.14 所示。

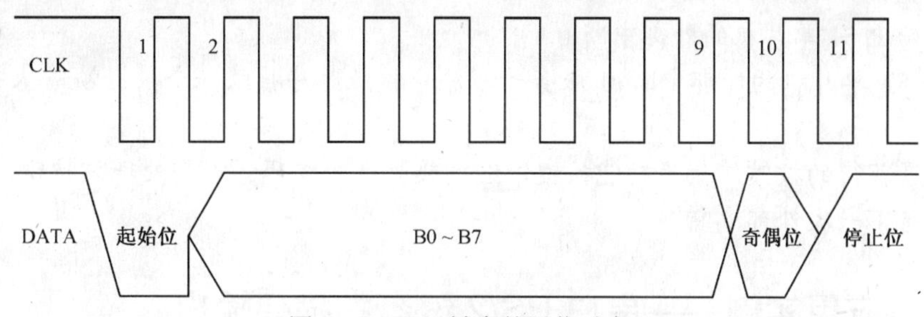

图 8.14　PS/2 键盘的通信时序

注：当时钟频率为 15kHz 时，CLK（时钟线）的上升沿到数据位转变时间至少要 5μs，数据沿变化到 CLK 下降沿的时间至少也有 5μs，但不能大于 25μs，这是由 PS/2 通信协议的时序规定的。如果时钟频率是其他值，参数的内容则应稍作调整。

8.4.2　PS/2 键盘的应用电路

PS/2 键盘的典型应用电路如图 8.15 所示，PS/2 键盘时钟接在 P3.2 口，即 51 单片机的外部中 INT0 上，键盘数据接到 P1.0 上，每次按键，键盘会向 51 单片机发脉冲使单片机发生外部中断，数据由 P1.0 口一位一位传进来，传到 51 单片机的数据格式为 1 位开始位（0），8 位数据位（所按按键的通码，用来识别按键），1 位校验位（奇校验）、1 位结束位（1），51 单片机接受这些串行数据位，生成一个字节的按键扫描码。

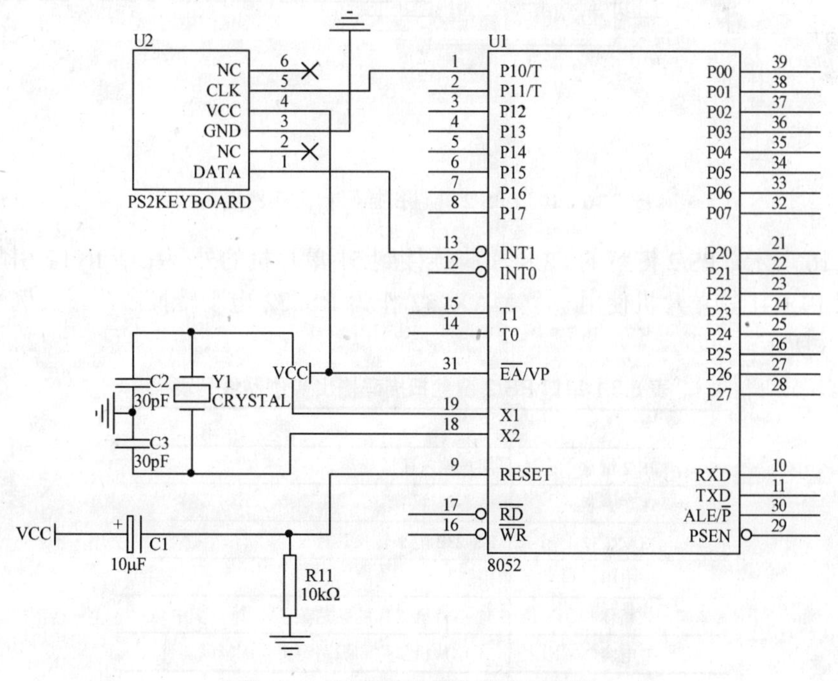

图 8.15　PS/2 键盘的典型应用电路

8.4.3 PS/2 键盘的操作步骤

PS/2 键盘的详细操作步骤如下：

（1）初始化 51 单片机的外部中断 0。

（2）在 51 单片机的外部中断 0 服务子程序中按照时序接收一个数据帧，从中获得一个按键编码。

（3）如果获得的按键编码为功能按键，继续接收 3 个编码；否则处理该按键。

（4）等待下一次外部中断。

8.4.4 应用实例——串口 PS/2 键盘扫描码输出

本应用是一个使用 51 单片机扩展 PS/2 并且将 PS/2 的当前按键编码通过串口输出的实例，其应用电路如图 8.16 所示。

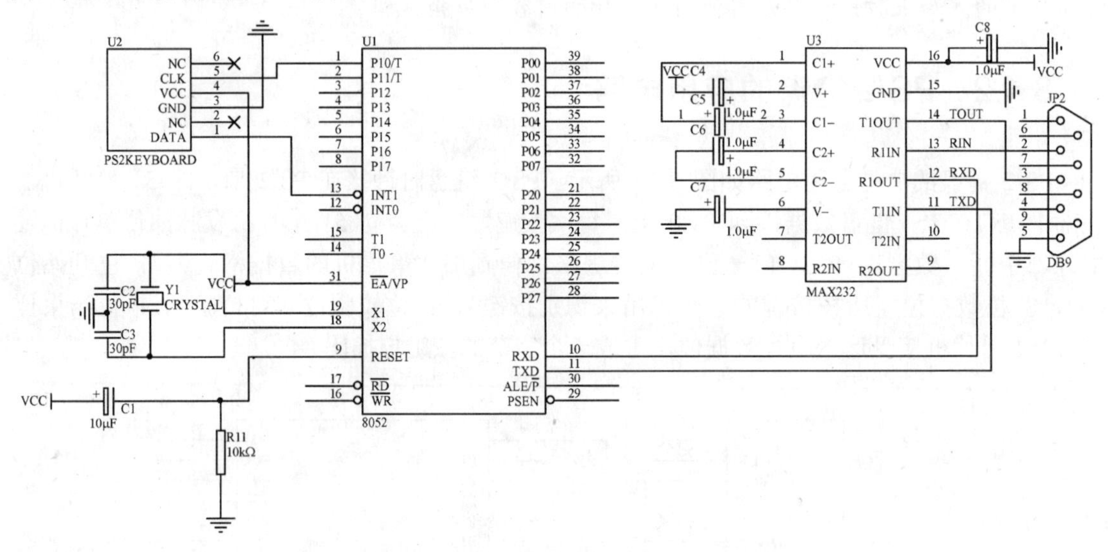

图 8.16 串口 PS/2 键盘扫描码输出实例电路

如图 8.16 所示，PS/2 键盘的 CLK 引脚连接到 51 单片机的外部中断 INT1 引脚上，数据引脚连接到 P1.0 上，单片机使用一个 MAX232 作为 RS232 电平转换芯片，实例涉及的典型器件如表 8.8 所示。

表 8.8 串口 PS/2 键盘扫描码输出实例器件列表

器 件	说 明
PS/2 键盘	用户输入通道
51 单片机	核心器件
MAX232	RS-232 电平转换芯片
电阻	限流
晶体	51 单片机工作的振荡源
电容	51 单片机复位和振荡源工作的辅助器件

例 8.5 是实例的应用代码。

【例 8.5】51 单片机将 PS/2 键盘的时钟信号连接到外部中断 1，在外部中断 1 服务子程序中对键盘的按键编码进行查询，然后解码之后通过 putchar 函数送出。

```
#include <AT89X52.h>
#include <stdio.h>
#define Key_Data P1_0              //定义 Keyboard 引脚
#define Key_CLK P3_3
#define Busy 0x80                  //用于检测 LCM 状态字中的 Busy 标识
//定义按键编码
unsigned char code UnShifted[59][2] = {
0x1C, 'a',
0x32, 'b',
0x21, 'c',
0x23, 'd',
0x24, 'e',
0x2B, 'f',
0x34, 'g',
0x33, 'h',
0x43, 'i',
0x3B, 'j',
0x42, 'k',
0x4B, 'l',
0x3A, 'm',
0x31, 'n',
0x44, 'o',
0x4D, 'p',
0x15, 'q',
0x2D, 'r',
0x1B, 's',
0x2C, 't',
0x3C, 'u',
0x2A, 'v',
0x1D, 'w',
0x22, 'x',
0x35, 'y',
0x1A, 'z',
0x45, '0',
0x16, '1',
0x1E, '2',
0x26, '3',
```

```
0x25, '4',
0x2E, '5',
0x36, '6',
0x3D, '7',
0x3E, '8',
0x46, '9',
0x0E, '`',
0x4E, '-',
0x55, '=',
0x5D, '/',
0x29, ' ',
0x54, '[',
0x5B, ']',
0x4C, ';',
0x52, ',',
0x41, ',',
0x49, '.',
0x4A, '/',
0x71, '.',
0x70, '0',
0x69, '1',
0x72, '2',
0x7A, '3',
0x6B, '4',
0x73, '5',
0x74, '6',
0x6C, '7',
0x75, '8',
0x7D, '9',
};
//定义按键编码
unsigned char code Shifted[59][2] = {
0x1C,'A',
0x32,'B',
0x21, 'C',
0x23, 'D',
0x24, 'E',
0x2B, 'F',
0x34, 'G',
0x33, 'H',
0x43, 'I',
```

```
    0x3B, 'J',
    0x42, 'K',
    0x4B, 'L',
    0x3A, 'M',
    0x31, 'N',
    0x44, 'O',
    0x4D, 'P',
    0x15, 'Q',
    0x2D, 'R',
    0x1B, 'S',
    0x2C, 'T',
    0x3C, 'U',
    0x2A, 'V',
    0x1D, 'W',
    0x22, 'X',
    0x35, 'Y',
    0x1A, 'Z',
    0x45, '0',
    0x16, '1',
    0x1E, '2',
    0x26, '3',
    0x25, '4',
    0x2E, '5',
    0x36, '6',
    0x3D, '7',
    0x3E, '8',
    0x46, '9',
    0x0E, '~',
    0x4E, '_',
    0x55, '+',
    0x5D, '|',
    0x29, ' ',
    0x54, '{',
    0x5B, '}',
    0x4C, ':',
    0x52, '"',
    0x41, '<',
    0x49, '>',
    0x4A, '?',
    0x71, '.',
    0x70, '0',
```

```
0x69, '1',
0x72, '2',
0x7A, '3',
0x6B, '4',
0x73, '5',
0x74, '6',
0x6C, '7',
0x75, '8',
0x7D, '9',
};

void Decode(unsigned char ScanCode);

static unsigned char IntNum = 0;         //中断次数计数
static unsigned char KeyV;               //键值
static unsigned char counter=0;
static unsigned char Key_UP=0,Shift=0; //Key_UP是键松开标识,Shift是Shift
                                          键按下标识
static unsigned char BF = 0;             //标识是否有字符被收到

void main(void)
{

  TMOD=0x20;
  TH1=0xfd;
  TL1=0xfd;
  PCON=0x00;
  SCON=0x50;                             //串口波特率初始化
  IE=0x90;
  TR1=1;
  IT1 = 0;                               //设外部中断1为低电平触发
  EA = 1;
  EX1 = 1;                               //开中断
  do
  {
    if (BF)
    Decode(KeyV);
    else
    EA = 1;                              //开中断
  }
  while(1);
```

```
}


void Keyboard_out(void) interrupt 2
{
  if((IntNum > 0) && (IntNum < 9))
  {
    KeyV = KeyV >> 1;                    //因键盘数据是低>>高,结合上一句所以右移一位
    if (Key_Data)
    {
      KeyV = KeyV | 0x80;                //当键盘数据线为 1 时到最高位
    }
  }
  IntNum++;
  while (!Key_CLK);                      //等待 PS/2CLK 拉高
  if (IntNum > 10)
  {
    IntNum = 0;                          //当中断 11 次后表示一帧数据收完,清变量准
                                           备下一次接收
    BF = 1;                              //标识有字符输入完了
    EA = 0;                              //关中断等显示完后再开中断 (注:如这里不
                                           用 BF 和关中断直接调 Decode()则所 Decode
                                           中所调用的所有函数要声明为再入函数)
  }
}

void Decode(unsigned char ScanCode)
//注意:如 SHIFT+G 为 12H 34H F0H 34H F0H 12H,也就是说 shift 的通码+G 的通码
+shift 的断码+G 的断码
{
  unsigned char TempCyc;
  if (!Key_UP)                           //当键盘松开时
  {
    switch (ScanCode)
    {
      case 0xF0 :                        // 当收到 0xF0,Key_UP 置 1 表示断码开始
      {
        Key_UP = 1;
      }
      break;
      case 0x12 : // 左 SHIFT
```

```
            {
              Shift = 1;
            }
            break;
            case 0x59 :                        // 右 SHIFT
            {
              Shift = 1;
            }
            break;
            default:
            if (counter > 15)
            {
              counter = 0;
            }
            if(!Shift)                         //如果 SHIFT 没按下
            {
              for (TempCyc = 0;(UnShifted[TempCyc][0]!=ScanCode)&&(TempCyc<59);
TempCyc++);                                    //查表显示
              if (UnShifted[TempCyc][0] == ScanCode)
              {
                  putchar(UnShifted[TempCyc][1]);
              }
              counter++;
            }
            Else                               //按下 SHIFT
            {
              for(TempCyc=0;(Shifted[TempCyc][0]!=ScanCode)&&(TempCyc<59);
TempCyc++);                                    //查表显示
              if (Shifted[TempCyc][0] == ScanCode)
              {
                putchar(Shifted[TempCyc][1]);
              }
              counter++;
            }
            break;
            }
          }
          else
          {
            Key_UP = 0;
            switch (ScanCode)      //当键松开时不处理判码,如 G 34H F0H 34H 那么第二
```

```
                                    个 34H 不会被处理
        {
            case 0x12 :         // 左 SHIFT
            {
              Shift = 0;
            }
            break;
            case 0x59 :         // 右 SHIFT
            {
              Shift = 0;
            }
            break;
        }
    }
    BF = 0;                     //标识字符处理完了
}
```

第 9 章　51 单片机显示模块扩展

和用户输入通道类似，51 单片机的应用系统常需要给用户提供一些相关信息的显示，如字符和图形等，此时可以使用相关的显示器件来显示这些信息，包括 LED、数码管、液晶等，本章将详细介绍在应用系统中使用显示器件的方法。

9.1　LED 扩展

LED 是最常见的 51 单片机应用系统的显示模块，常用于指示应用系统的工作状态。

9.1.1　LED 基础

LED（发光二极管）是 51 单片机系统中最常见的一种指示型外部设备，是半导体二极管的一种，可以把电能转化成光能；其主要结构是一个 PN 结，具有单向导电性，常用于指示某个开关量的状态，LED 的实物如图 9.1 所示。

图 9.1　LED 实物

注：发光二极管有红、黄、绿等多种不同颜色及不同的大小（直径），还有高亮等型号，它们主要的区别是封装、功率和价格。

发光二极管 LED 和普通二极管一样，具有单向导电性，当加在发光二极管两端的电压超过了它的导通电压（一般为 1.7～1.9V）时就会导通，当流过它的电流超过一定电流时（一般为 2～3mA）则会发光。

9.1.2　LED 的应用电路

图 9.2 所示是最典型的 51 单片机应用系统中的 LED 应用电路，P1 端口上的 LED 驱动方式称为“拉电流”驱动方式，当 51 单片机 I/O 引脚输出高电平的时候，发光二极管导通发光，当 51 单片机 I/O 引脚输出低电平时，发光二极管截止；图 9.2 中 P2 端口上的 LED 驱动方式称为“灌电流”驱动方式，当 MCS51 引脚输出低电平时，发光二极管导通发光，当 MCS51 引脚输出高电平时，发光二极管截止。

图 9.2 中的电阻均为限流电阻，当电阻值较小的时候，电流较大，发光二极管亮度较高，当该电阻值较大时，电流较小，发光二极管亮度较低，一般来说该电阻值选择

1～10kΩ，具体电阻的选择和该型号单片机的 I/O 口驱动能力、LED 的型号及系统的功耗有关。

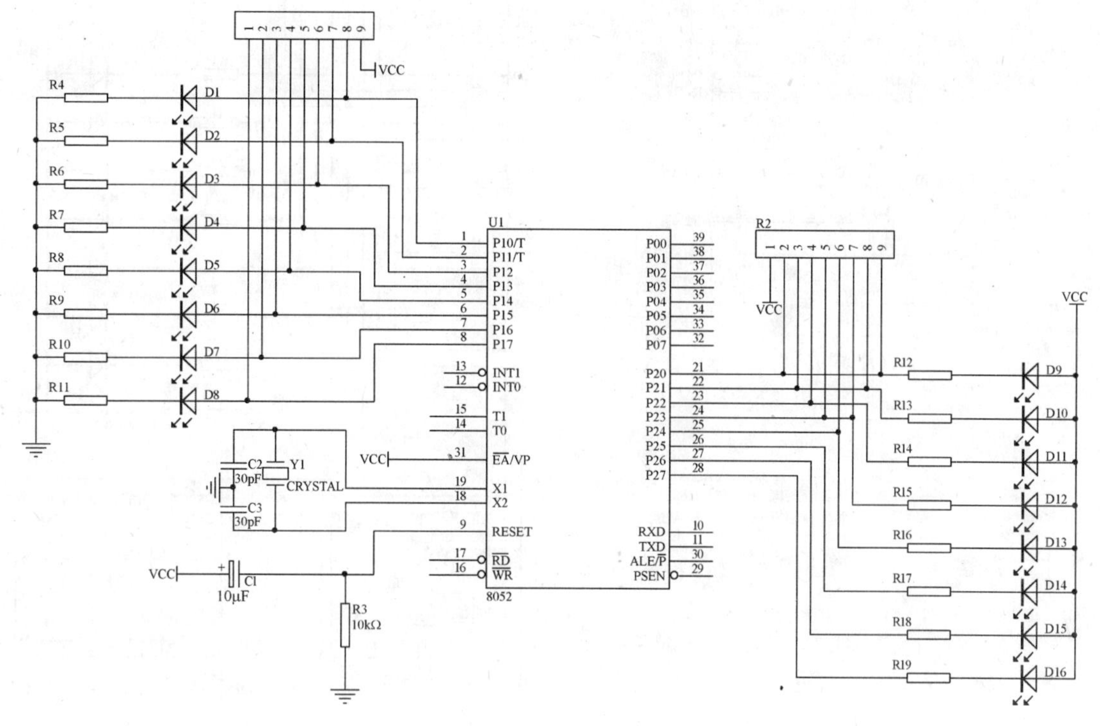

图 9.2　LED 的应用电路

注：P1 端口不直接用 I/O 引脚驱动 LED，是外加了 VCC 的原因使 51 单片机 I/O 口的驱动能力有限；同理，P3 中的电阻值不宜过小，因为 51 单片机 I/O 口的吸收电流能力也有限，过大的电流容易烧毁单片机。

9.1.3　LED 的操作步骤

LED 的详细操作步骤如下：

（1）在灌电流驱动电路下，如果需要 LED 点亮，则在对应的 I/O 引脚上输出一个低电平，否则输出一个高电平。

（2）拉电流驱动电路的驱动方法和灌电流刚好相反。

9.1.4　应用实例——串口 LED 显示

本应用是一个使用 51 单片机驱动多个 LED 显示串口发送数据的实例，其应用电路如图 9.3 所示，8 个 LED 通过灌电流驱动方式连接到 51 单片机的 P2 引脚上，51 单片机的串口通过一个 MAX232 芯片连接到 PC 串口，当接收到 PC 送来的数据之后根据收到的数据驱动 LED 显示。

表 9.1 是实例涉及的器件列表。

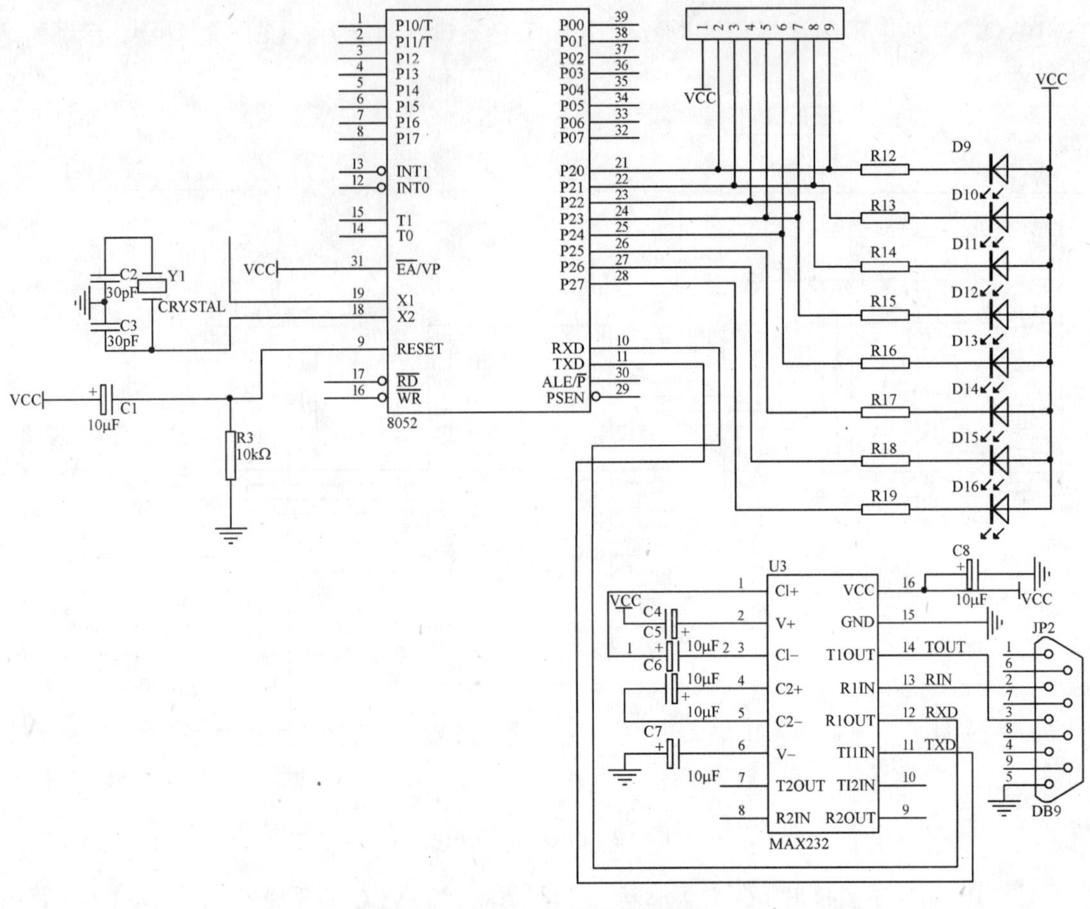

图 9.3　串口 LED 显示实例电路

表 9.1　串口 LED 显示实例器件列表

器　　件	说　　明
发光二极管（LED）	显示 LED 状态
51 单片机	系统核心部件
MAX232	RS-232 电平转换芯片
限流电阻	对通过 LED 的电流大小进行限制
晶体	51 单片机工作的振荡源
电容	51 单片机复位和振荡源工作的辅助器件

例 9.1 是实例的应用代码。

【例 9.1】51 单片机首先初始化串口，然后等待 PC 器发送数据，在接收到这个数据之后将该数据通过 P2 送出以驱动 LED 发光。

```
#include <AT89X52.h>
unsigned char Encode = 0;                          //存放接收到的数据
//串口初始化函数,9600bps
void InitUART(void)
{
```

```
    TMOD = 0x20;
    SCON = 0x50;
    TH1 = 0xFD;
    TL1 = TH1;
    PCON = 0x00;
    EA = 1;
    ES = 1;
    TR1 = 1;
}
//串口中断处理子函数
void UARTInterrupt(void) interrupt 4
{
    if(RI==1)                                   //如果接收到数据
    {
        RI = 0;
        Encode = SBUF;                          //读取接收到的数据
    }
}
main()
{
  InitUART();                                   //初始化串口
  while(1)
  {
    if(Encode!= 0x00)
    {
      P2 = ~Encode;                             //取反送出
      Encode = 0x00;                            //清除
    }
  }
}
```

9.2　单位数码管扩展

在单片机应用系统中，有些时候需要显示一些简单的数字或字符，此时可以使用数码管。

9.2.1　单位数码管基础

数码管是一种由多个发光二极管组成的半导体发光器件，是 51 单片机系统常用的一种外围显示器件。常见的数码管可以按照显示的段数分为 7 段数码管、8 段数码管和异型数码管；按能显示多少个字符/数字可以分为一位、两位等“X”位数码管；按照数码管中各个发光二极管的连接方式可以分为共阴极数码管和共阳极数码管，常见的数码管实体如图 9.4 所示。

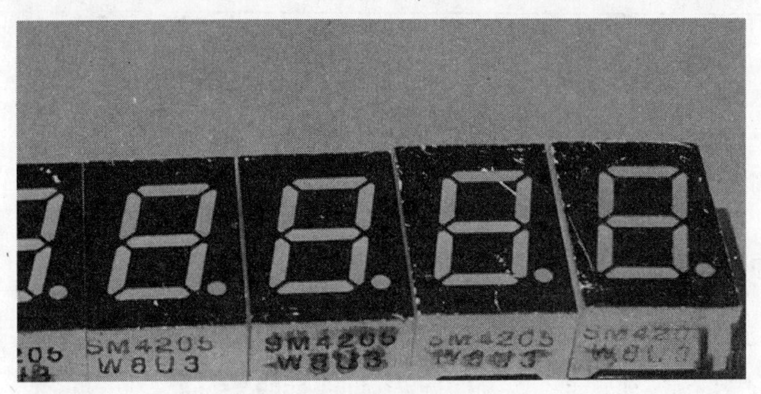

图 9.4　数码管实物图

常见的单位（一位）8 段数码管的内部结构如图 9.5 所示，其由 8 个发光二极管组成，通过点亮不同的发光二极管组合可用来显示数字 0～9、字符 A、F、H、L、P、R、U、Y、符号“-”及小数点“.”。

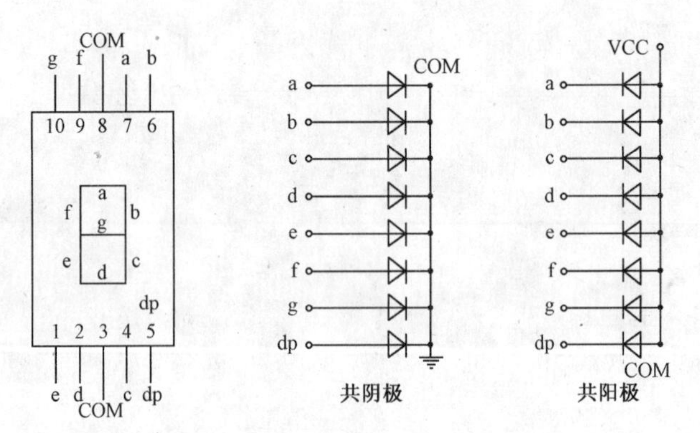

图 9.5　8 段数码管的内部结构

如图 9.5 所示，8 段共阳极数码管的 8 个发光二极管的阳极（正极）连接在一起，其他引脚接各段驱动电路输出端，当这些发光二极管的正极输入高电平，对应发光二极管的输出端为低电平时，则对应发光二极管导通，对应的段点亮，根据发光字段的不同组合显示出各种数字或字符。8 段共阴极数码管的结构正好相反，8 个发光二极管的阴极（负极）连接在一起，其他引脚接各段驱动电路输出端，当这些发光二极管的负极输入低电平，对应发光二极管的输出端为高电平时，则对应的发光二极管导通，对应的段点亮，根据发光字段的不同组合可显示出各种数字或字符。和 LED 类似，当通过数码管的电流较大的时候显示段的亮度较高，反之较低，通常使用限流电阻来决定数码管的亮度。

51 单片机一般采用软件译码或硬件译码两种方式来扩展数码管，前者是指通过软件控制 51 单片机的 I/O 输出从而达到控制数码管显示的方式，后者则是指使用专门的译码驱动硬件来控制数码管显示的方式；前者的硬件成本较低，但是占用单片机更多的 I/O 引脚，软件较为复杂，后者硬件成本较高，但是程序设计简单，只占用较少的 I/O 引脚。

根据 8 段数码管的显示原理，要使数码管显示出相应的字符必须使单片机 I/O 口输出的数据即输入到数码管每个字段发光二极管的电平符合想要显示的字符要求。这个从目标输出字符反推出数码管各段应该输入数据的过程称为字形编码，8 段数码管字形编码如表 9.2 所示。

表 9.2　8 段数码管编码列表

显示	共阳极数码管									共阴极数码管								
字符	dp	g	f	e	d	c	b	a	代码	dp	g	f	e	d	c	b	a	代码
0	1	1	0	0	0	0	0	0	C0H	0	0	1	1	1	1	1	1	3FH
1	1	1	1	1	1	0	0	1	F9H	0	0	0	0	0	1	1	0	06H
2	1	0	1	0	0	1	0	0	A4H	0	1	0	1	1	0	1	1	5BH
3	1	0	1	1	0	0	0	0	B0H	0	1	0	0	1	1	1	1	4FH
4	1	0	0	1	1	0	0	1	99H	0	1	1	0	0	1	1	0	66H
5	1	0	0	1	0	0	1	0	92H	0	1	1	0	1	1	0	1	6DH
6	1	0	0	0	0	0	1	0	82H	0	1	1	1	1	1	0	1	7DH
7	1	1	1	1	1	0	0	0	F8H	0	0	0	0	0	1	1	1	07H
8	1	0	0	0	0	0	0	0	80H	0	1	1	1	1	1	1	1	7FH
9	1	0	0	1	0	0	0	0	90H	0	1	1	0	1	1	1	1	6FH
A	1	0	0	0	1	0	0	0	88H	0	1	1	1	0	1	1	1	77H
B	1	0	0	0	0	0	1	1	83H	0	1	1	1	1	1	0	0	7CH
C	1	1	0	0	0	1	1	0	C6H	0	0	1	1	1	0	0	1	39H
D	1	0	1	0	0	0	0	1	A1H	0	1	0	1	1	1	1	0	5EH
E	1	0	0	0	0	1	1	0	86H	0	1	1	1	1	0	0	1	79H
F	1	0	0	0	1	1	1	0	8EH	0	1	1	1	0	0	0	1	71H
H	1	0	0	0	1	0	0	1	89H	0	1	1	1	0	1	1	0	76H
L	1	1	0	0	0	1	1	1	C7H	0	0	1	1	1	0	0	0	38H
P	1	0	0	0	1	1	0	0	8CH	0	1	1	1	0	0	1	1	73H
R	1	1	0	0	1	1	1	0	CEH	0	0	1	1	0	0	0	1	31H
U	1	1	0	0	0	0	0	1	C1H	0	0	1	1	1	1	1	0	3EH
Y	1	0	0	1	0	0	0	1	91H	0	1	1	0	1	1	1	0	6EH
–	1	0	1	1	1	1	1	1	BFH	0	1	0	0	0	0	0	0	40H
.	0	1	1	1	1	1	1	1	7FH	1	0	0	0	0	0	0	0	80H
无	1	1	1	1	1	1	1	1	FFH	0	0	0	0	0	0	0	0	00H

对于使用 51 单片机的 I/O 口来驱动数码管而言，只需要在 I/O 上输出对应的字形编码，8 段数码管即可显示所需要的字符或数字，需要注意在扩展数码管的时候也需要考虑单片机的 I/O 的驱动能力，和 LED 的驱动方式类似，数码管也有“拉电流”和“灌电流”两种驱动方式。

9.2.2　单位数码管的应用电路

典型的单位共阳极数码管应用电路如图 9.6 所示，共阳极 8 段数码管的共阳极直接连接到 VCC，8 段数据引脚通过限流电阻直接连接单片机的 P1 引脚。

如果使用共阴极 8 段数码管，其应用电路如图 9.7 所示，共阴极 8 段数码管的阴极则直接连接到 GND，8 段数据引脚通过限流电阻直接连接单片机的上拉到 VCC 的 P1 引脚。

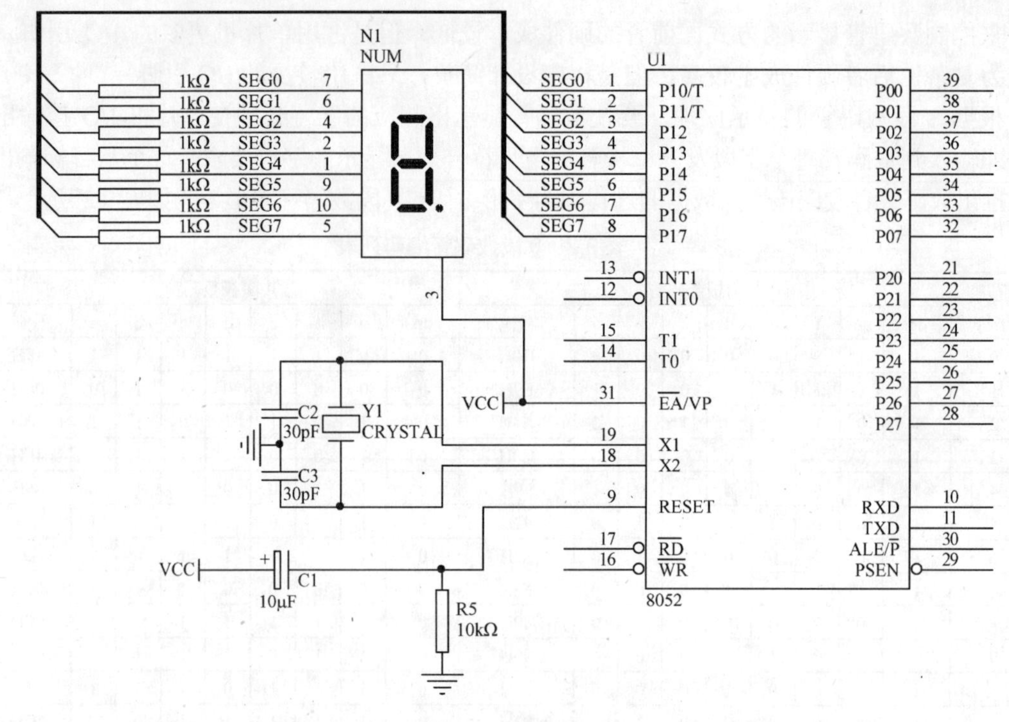

图 9.6　单位共阳极数码管应用电路

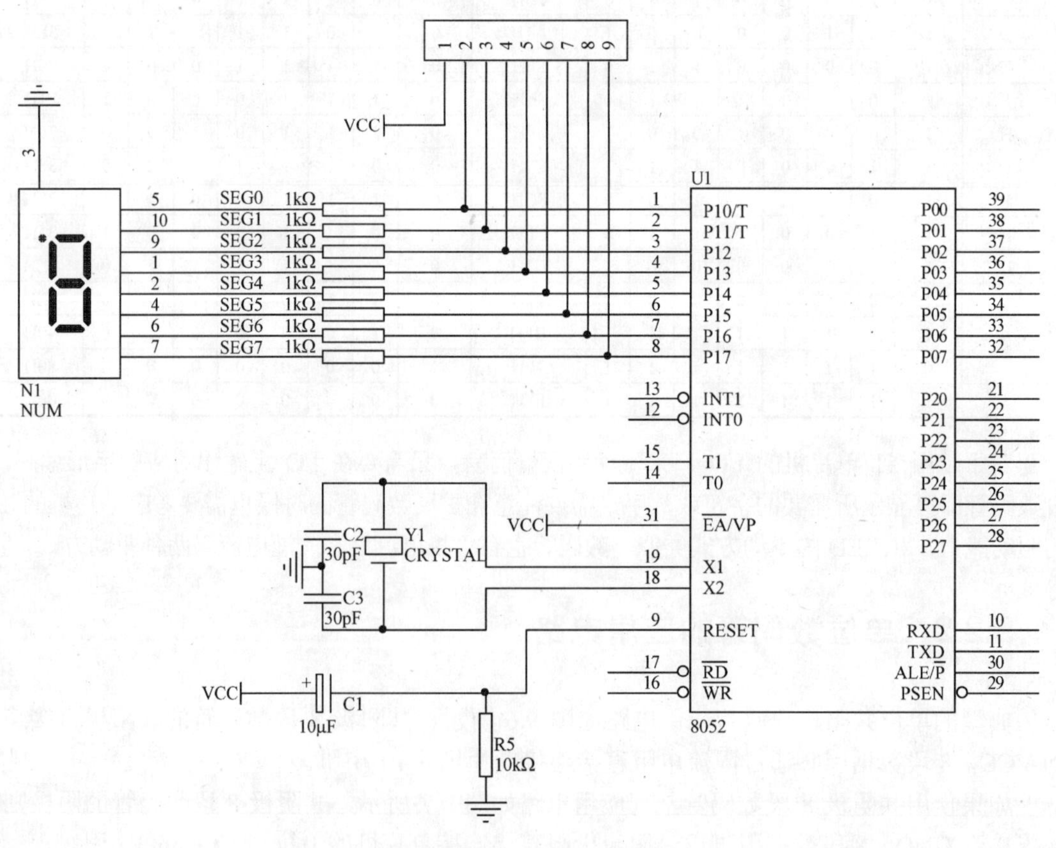

图 9.7　单位共阴极数码管应用电路

9.2.3　单位数码管的操作步骤

单位数码管的详细操作步骤如下：

（1）按照待输出的数据查找在表中对应的编码。

（2）将编码通过端口输出。

9.2.4　单位数码管的应用代码

1．单位数码管的库函数

单位数码管库函数的应用代码如例 9.2 所示。

【例 9.2】51 单片机分别定义了共阳极和共阴极数码管所对应的字符编码表，然后在需要输出字符进行查找输出。

```
#include <AT89X52.h>
//共阳极的对应编码
unsigned char code SEGYtable[ ]={
0xc0,0xf9,0xa4,0xb0,0x99,0x92,0x82,0xf8,
0x80,0x90,0x88,0x83,0xC6,0xA1,0x86,0x8E
};
//共阴极的对应编码
unsigned char code YSEGtable[ ]={
0xc0,0xf9,0xa4,0xb0,0x99,0x92,0x82,0xf8,
0x80,0x90,0x88,0x83,0xC6,0xA1,0x86,0x8E
};

void SegView(unsigned char viewdata,unsigned char a)
{
  if(a==0)                              //如果是共阳极
  {
    P1 = SEGYtable[viewdata];           //输出字符
  }
  else                                  //如果是共阴极
  {
    P1 = YSEGtable[viewdata];
  }
}
```

2．应用实例——串口数码管显示

本应用是一个使用 51 单片机扩展单位 8 段数码管的显示从串口发送数据的实例，其应用电路如图 9.8 所示，8 段共阳极数码管连接到单片机的 P1 引脚上，51 单片机的串口通过一个 MAX232 芯片连接到 PC 串口，当接收到 PC 送来的数据之后根据收到的数据驱动数码管显示。

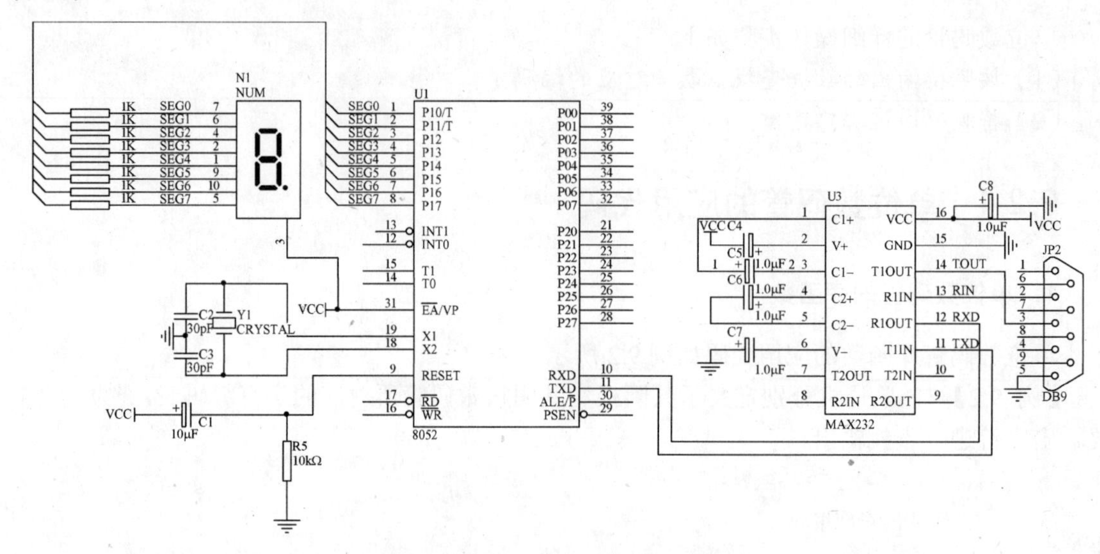

图 9.8　串口数码管显示实例电路

在实例涉及的典型器件如表 9.3 所示。

表 9.3　串口数码管显示实例器件列表

器　　件	说　　明
8 段共阳极数码管	显示器件
51 单片机	系统核心部件
MAX232	RS-232 电平转换芯片
限流电阻	对通过 LED 的电流大小进行限制
晶体	51 单片机工作的振荡源
电容	51 单片机复位和振荡源工作的辅助器件

例 9.3 是实例的应用代码。

【例 9.3】51 单片机首先对串口进行初始化，然后等到 PC 向 51 单片机发送数据，最后将该数据调用 SegView 函数驱动数码管显示。

```
#include <AT89X52.h>
//共阳极的对应编码
unsigned char code SEGYtable[ ]={
0xc0,0xf9,0xa4,0xb0,0x99,0x92,0x82,0xf8,
0x80,0x90,0x88,0x83,0xC6,0xA1,0x86,0x8E
};
//共阴极的对应编码
unsigned char code YSEGtable[ ]={
0xc0,0xf9,0xa4,0xb0,0x99,0x92,0x82,0xf8,
0x80,0x90,0x88,0x83,0xC6,0xA1,0x86,0x8E
};
```

```
unsigned char Encode = 0;                         //存放接收到的数据
void SegView(unsigned char viewdata,unsigned char a)
{
 if(a==0)                                         //如果是共阳极
 {
   P1 = SEGYtable[viewdata];                      //输出字符
 }
 else                                             //如果是共阴极
 {
   P1 = YSEGtable[viewdata];
 }
}
//串口初始化函数,9600bps
void InitUART(void)
{
   TMOD = 0x20;
   SCON = 0x50;
   TH1 = 0xFD;
   TL1 = TH1;
   PCON = 0x00;
   EA = 1;
   ES = 1;
   TR1 = 1;
}
//串口中断处理子函数
void UARTInterrupt(void) interrupt 4
{
   if(RI==1)                                      //如果接收到数据
   {
       RI = 0;
       Encode = SBUF;                             //读取接收到的数据
   }
}
main()
{
  InitUART();                                     //初始化串口
  while(1)
  {
   if(Encode!= 0x00)
   {
     SegView(Encode,1);                           //输出显示字符
```

```
        Encode = 0x00;                              //清除
      }
    }
  }
```

9.3 多位数码管扩展

在 51 单片机的应用系统中常常需要显示多位的数字或者简单字母，此时可以使用多位数码管。可以使用多个独立的 8 段数码管拼接成多位数码管，其好处是位数不限，布局灵活；也可以直接使用集成好的多位数码管，优点是引线简单（只有一套八段驱动引脚），价格相对来说便宜一些。

9.3.1 多位数码管基础

图 9.9 所示是 6 位共阳极集成数码管的的结构图，可以看到，6 位数码管的 A、B、C、D、E、F、DP 引脚都集成到了一起，而位选择 1、2、3、4、5、6 引脚则是对应位数码管的阳极端点，用于选择点亮的位。

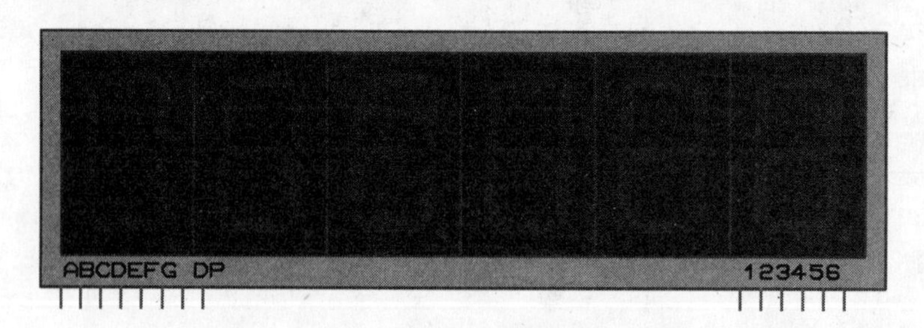

图 9.9　多位数码管的结构

多位数码管可以使用 51 单片机多个 I/O 端口驱动，例如，P0～P3 分别驱动 4 个数码管，但是这样极大地浪费了 I/O 资源，所以通常在实际使用中是使用动态扫描的方法来实现多位数码管的显示。动态扫描是针对静态显示而言的，静态显示是指数码管显示某一字符时，相应的发光二极管恒定导通或恒定截止，这种显示方式的每个数码管相互独立，公共端恒定接地（共阴极）或接电源（共阳极），每个数码管的每个字段分别与一个 I/O 口地址相连或与硬件译码电路相连，这时只要 I/O 口或硬件译码器有所需电平输出，相应字符即显示出来，并保持不变，直到需要更新所显示字符。采用静态显示方式占用单片机时间少，编程简单，但其占用的口线多，硬件电路复杂，成本高，只适合显示位数较少的场合。而动态扫描则是一个一个的轮流点亮每个数码管，方法是多位数码管的 a～dp 数据段都用相同的 I/O 引脚来驱动，而使用不同的 I/O 引脚来控制位选择引脚。在动态扫描显示时，先选中第一个数码管，把数据送给它显示，一定时间后再选中第二个数码管，把数据送给它显示，一直到最后一个。这样虽然在某一时刻只有一个数码管在显示字符，但是只要扫描的速度足够高

（超过人眼的视觉暂留时间），动态显示的效果在人看来就是几个数码管同时显示。采用动态扫描的方式比较节省 I/O 口，硬件电路也较静态显示方式简单，但其亮度不如静态显示方式，而且在显示的数码管较多时，51 单片机要依次扫描，占用了单片机较多的时间。

在动态扫描的电路中，使用不同的 I/O 引脚来进行位选择，此时，该 I/O 引脚必须要能完成“点亮”-“熄灭”数码管的控制功能，该功能一般是通过一个通断电路控制共阳/共阴极端（位选择端）来实现的，当 I/O 引脚控制该电路接通的时候，共阳/共阴极端被连接到 VCC/地，对应的位数码管被选中显示，通常这个通断电路使用三极管来实现。

9.3.2 多位数码管的应用电路

图 9.10 所示是用单位数码管拼接的多位数码管的应用电路，使用 4 个 PNP 三极管来控制 4 位数码管，当对应的控制引脚 NUM1～NUM4 输出高电平时，三极管导通，VCC 被加在对应的数码管公共端（选择端），对应的数码管被选中，按照该数码管的数据输入显示对应的字符或数字。

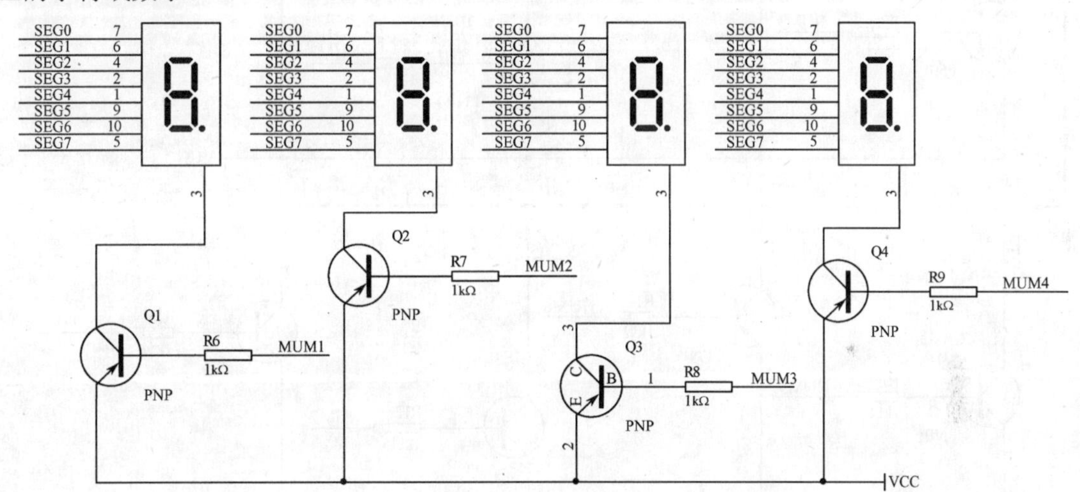

图 9.10　多位数码管应用电路

图 9.11 所示是集成的多位数码管的应用电路，和分离多位数码管应用电路类似，其使用 PNP 三极管来控制需要显示的数码管位，用 P1 来送出需要显示的数据，和分离多位数码管的区别是其电路连线较少。

9.3.3 多位数码管的操作步骤

多位数码管的详细操作步骤如下：

（1）按照待输出的数据查找在表中对应的编码。

（2）选中对应需要显示的数码管位。

（3）将编码通过端口输出。

（4）快速切换到下一个数码管位，循环下去。

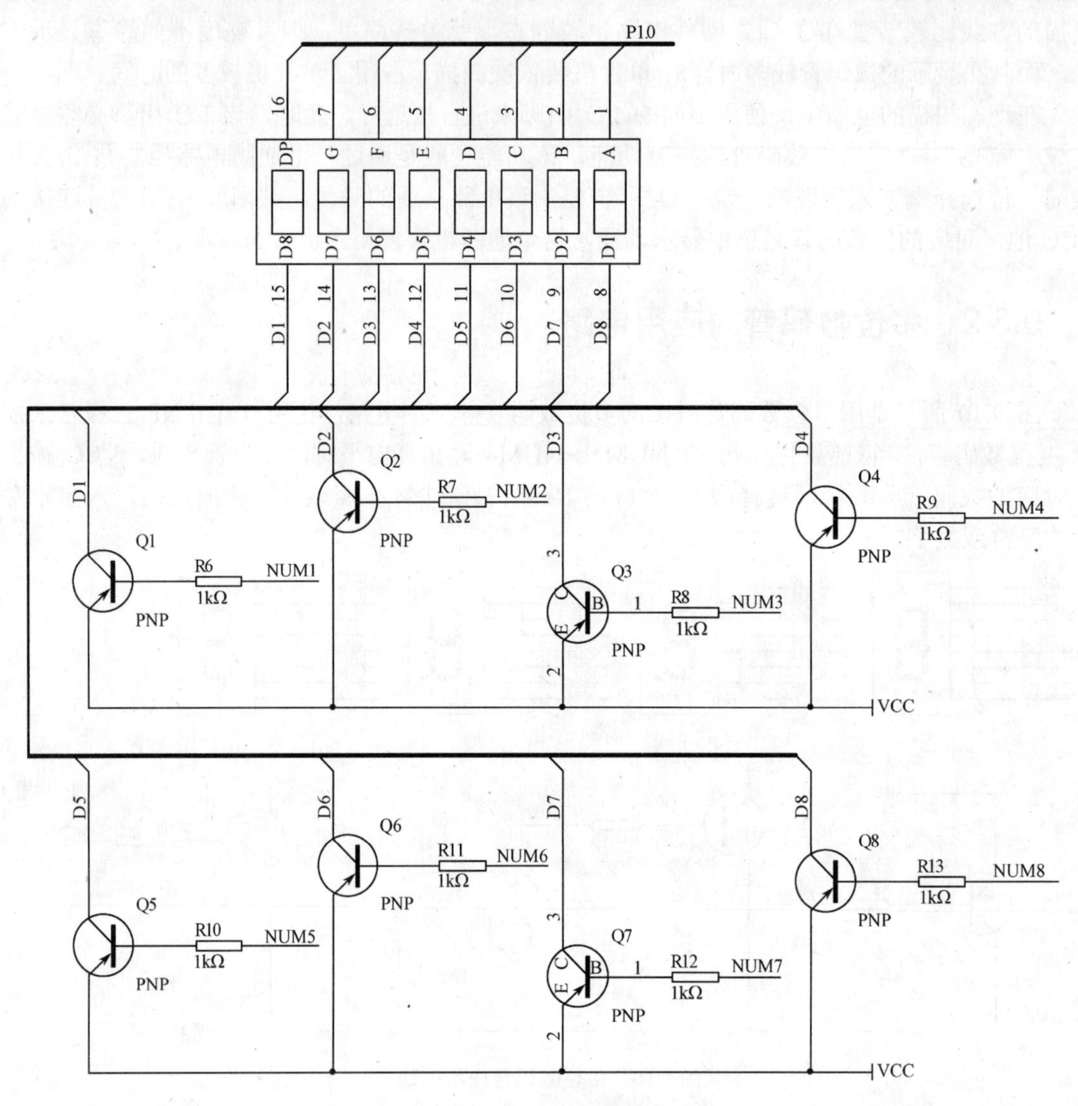

图 9.11　集成多位数码管应用电路

9.3.4　多位数码管的应用代码

1．多位数码管的库函数

例 9.4 是多位数码管的库函数代码。

【例 9.4】应用代码首先分别定义了共阳极和共阴极的数码管对应的编码信息，然后提供了库函数 SegView(unsigned char viewdata,unsigned char a,unsigned char div)，其中 div 参数用于选中对应的数码管位，输入值可以为 1～8。

```
#include <AT89X52.h>
//共阳极的对应编码
```

```
unsigned char code SEGYtable[ ]={
0xc0,0xf9,0xa4,0xb0,0x99,0x92,0x82,0xf8,
0x80,0x90,0x88,0x83,0xC6,0xA1,0x86,0x8E
};
//共阴极的对应编码
unsigned char code YSEGtable[ ]={
0xc0,0xf9,0xa4,0xb0,0x99,0x92,0x82,0xf8,
0x80,0x90,0x88,0x83,0xC6,0xA1,0x86,0x8E
};
//第一个参数为数据,第二个参数选择共阴极还是阳极,第三个选择第几位
void SegView(unsigned char viewdata,unsigned char a,unsigned char div)
{
  if(a==0)                              //如果是共阳极
  {
    P1 = SEGYtable[viewdata];           //输出字符
  }
  else                                  //如果是共阴极
  {
    P1 = YSEGtable[viewdata];
  }
  switch(div)//选择使用的位数
  {
    case 1: P2 = 0x01; break;
    case 2: P2 = 0x02; break;
    case 3: P2 = 0x04; break;
    case 4: P2 = 0x08; break;
    case 5: P2 = 0x10; break;
    case 6: P2 = 0x20; break;
    case 7: P2 = 0x40; break;
    case 8: P2 = 0x80; break;
    default: P2 = 0x00;
  }
}
```

2．应用实例——串口多位数码管显示

本应用是一个使用 51 单片机扩展多位 8 段数码管的显示从串口发送数据的实例，其应用电路如图 9.12 所示，3 个分离式 8 段共阳极数码管的数据端直接连接到单片机的 P1 引脚上，其控制端连接到 P2，51 单片机的串口通过一个 MAX232 芯片连接到 PC 串口，当接收到 PC 送来的数据之后根据收到的数据驱动多位数码管显示。

表 9.4 是实例涉及的典型器件说明。

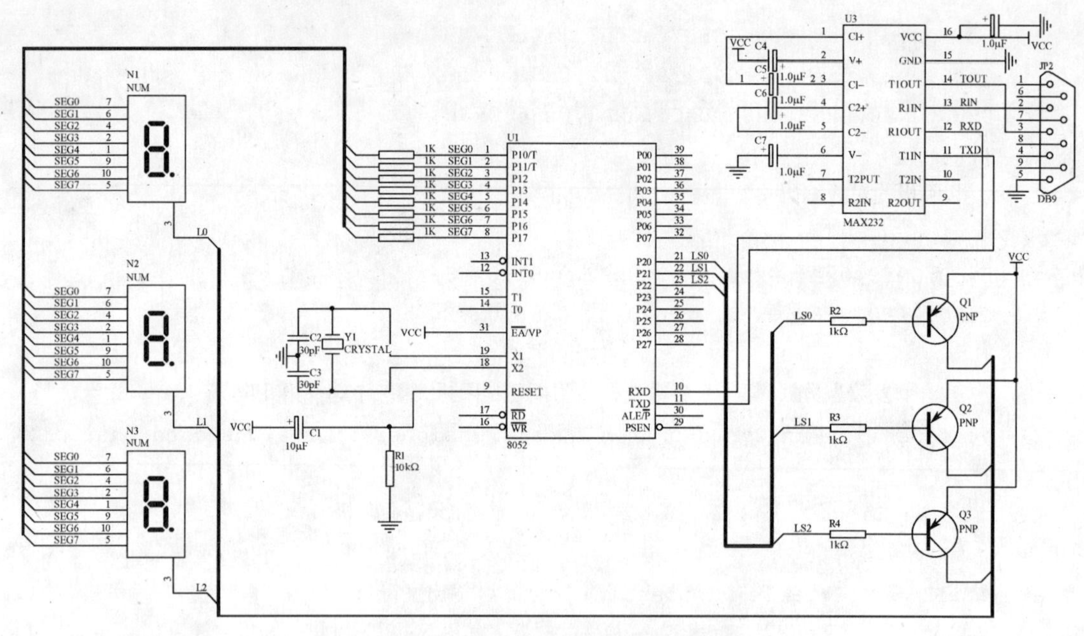

图 9.12　串口多位数码管显示实例电路

表 9.4　串口多位数码管显示实例器件列表

器　件	说　明
8 段共阳极数码管	显示器件
51 单片机	系统核心部件
MAX232	RS-232 电平转换芯片
限流电阻	对通过 LED 的电流大小进行限制
晶体	51 单片机工作的振荡源
电容	51 单片机复位和振荡源工作的辅助器件

例 9.5 是实例的应用代码。

【例 9.5】应用代码调用了上一小节中的库函数，使用定时计数器 T0 作为延时计数器，每次送出对应位的编码后使用 T0 延时 10μs。

```
#include <AT89X52.h>
//共阳极的对应编码
unsigned char code SEGYtable[ ]={
0xc0,0xf9,0xa4,0xb0,0x99,0x92,0x82,0xf8,
0x80,0x90,0x88,0x83,0xC6,0xA1,0x86,0x8E
};
//共阴极的对应编码
unsigned char code YSEGtable[ ]={
0xc0,0xf9,0xa4,0xb0,0x99,0x92,0x82,0xf8,
0x80,0x90,0x88,0x83,0xC6,0xA1,0x86,0x8E
};
unsigned char Encode = 0;               //存放接收到的数据
void SegView(unsigned char viewdata,unsigned char a,unsigned char div)
```

```
{
 if(a==0)                              //如果是共阳极
 {
  P1 = SEGYtable[viewdata];            //输出字符
 }
 else                                  //如果是共阴极
 {
  P1 = YSEGtable[viewdata];
 }
 switch(div)//选择使用的位数
 {
  case 1: P2 = 0x01; break;
  case 2: P2 = 0x02; break;
  case 3: P2 = 0x04; break;
  case 4: P2 = 0x08; break;
  case 5: P2 = 0x10; break;
  case 6: P2 = 0x20; break;
  case 7: P2 = 0x40; break;
  case 8: P2 = 0x80; break;
  default: P2 = 0x00;
 }
}
//串口初始化函数,9600bps
void InitUART(void)
{
    TMOD = 0x21;
    SCON = 0x50;
    TH1 = 0xFD;
    TL1 = TH1;
    PCON = 0x00;
    EA = 1;
    ES = 1;
    TR1 = 1;
}
//T0 定时器初始化函数
void InitTimer0(void)
{
    TMOD = 0x21;
    TH0 = 0xFF;
    TL0 = 0xF6;                        //10μs
    ET0 = 1;                           //开 T0 中断
```

```
}
//T0 中断处理子函数
void Timer0Interrupt(void) interrupt 1
{
    TH0 = 0xFF;
    TL0 = 0xF6;                        //重装
    TR0 = 0 ;                          //关闭 TR0
}
//串口中断处理子函数
void UARTInterrupt(void) interrupt 4
{
    if(RI==1)                          //如果接收到数据
    {
        RI = 0;
        Encode = SBUF;                 //读取接收到的数据
    }
}
main()
{
  unsigned char temp = 0;
  InitUART();                          //初始化串口
  InitTimer0();                        //初始化 T0
  while(1)
  {
    temp = Encode /100;                //最高位
    SegView(Encode,1,1);               //输出显示字符
    TR0 = 1;                           //延时 10ms
    temp = Encode /100/10;             //第二位
    SegView(Encode,1,2);               //输出显示字符
    TR0 = 1;                           //延时 10ms
    temp = Encode %10;                 //第三位
    SegView(Encode,1,3);               //输出显示字符
    TR0 = 1;                           //延时 10ms
  }
}
```

9.4 数码管驱动芯片 MAX7219 扩展

使用 51 单片机的普通 I/O 端口扩展数码管具有电路简单的优点，但是其占用了大量 51

单片机的软件执行时间，加重了单片机的 CPU 负担，在必要的情况下，可以使用专门的数码管驱动芯片，MAX7219 是最常用的此类芯片之一。

9.4.1　MAX7219 基础

MAX7219 是美国美信（MAXIM）公司生产的一种集成化的串行输入/输出共阴极显示驱动器，其可以驱动 8 位数字的 8 段数码管，也可以连接 64 个独立的 LED 或其他使用通断驱动的器件。MAX7219 内部包含了 BCD 编码器、多路扫描回路、段字驱动器及一个 8×8 的静态 RAM 用来存储临时数据，还有一个外部寄存器可以用来设置每个段输出的电流大小。

1．MAX7219 的引脚封装

图 9.13 所示是 MAX7219 的外部引脚封装示意图，其详细说明如下。

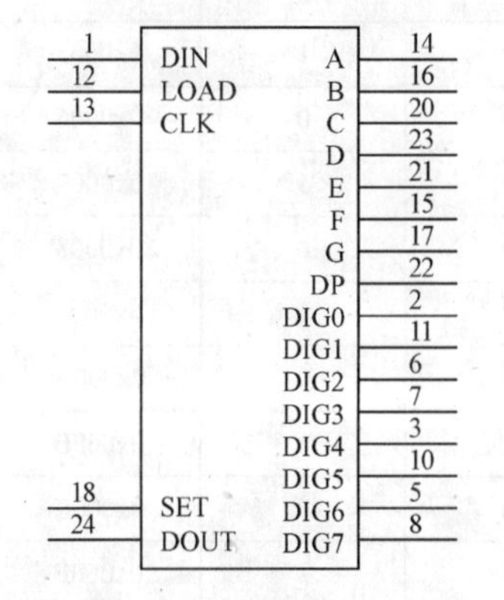

图 9.13　MAX7219 的外部引脚封装示意图

- DIN：串行数据输入引脚。
- DIG0～DIG7：数码管列选择引脚。
- GND：电源地。
- LOAD：数据锁定控制引脚，在 LOAD 的上升沿来到时候片内数据被锁定。
- CLK：时钟引脚。
- SEGa～SEGg：数码管段驱动引脚，当没有输出的时候为低电平。
- DP：数码管驱动引脚，当没有输出的时候为低电平。
- SET：段电流大小控制引脚，可以通过一个电阻连接到 VCC 来增大段电流，使得数码管更亮。
- VCC：电源。
- DOUT：串行数据输入引脚，可以用于多片 MAX7219 级联扩展。

2．MAX7219 的通信数据格式

MAX7219 和 51 单片机进行通信时使用 16 位串行数据，其由 4 位无效数据、4 位地址和 8 位数据组成，如表 9.5 所示。

表 9.5　MAX7219 的数据格式

D15	D14	D13	D12	D11	D10	D9	D8
×	×	×	×	地址			
D7	D6	D5	D4	D3	D2	D1	D0
数据							

MAX7219 在 DIN 端口上输入的 16 位数据在每一个 CLK 时钟信号的上升沿被移入内部的移位寄存器，然后在 LOAD 信号的上升沿到来的时候这些数据被送到数据或控制寄存器，在发送过程中数据遵循高位在前，低位在后的原则。

3. MAX7219 的寄存器

51 单片机通过对 MAX7219 内部寄存器的操作完成对 MAX7219 的控制，MAX7219 内部有 14 个可寻址的数据/控制寄存器，8B 的数据寄存器在片内是一个 8×8 的内存空间，5B 的控制寄存器包括编码模式、显示亮度、扫描限制、关闭模式及显示检测五个寄存器，表 9.6 是 MAX7219 的内部寄存器分布。

表 9.6 MAX7219 的内部寄存器分布

寄存器名称	地址					编码
	D15～D12	D11	D10	D9	D8	
显示段 0	×	0	0	0	1	0x0001
显示段 1	×	0	0	1	0	0x0002
显示段 2	×	0	0	1	1	0x0003
显示段 3	×	0	1	0	0	0x0004
显示段 4	×	0	1	0	1	0x0005
显示段 5	×	0	1	1	0	0x0006
显示段 6	×	0	1	1	1	0x0007
显示段 7	×	1	0	0	0	0x0008
编码模式	×	1	0	0	1	0x0009
显示亮度	×	1	0	1	0	0x000A
扫描限制	×	1	0	1	1	0x000B
关闭模式	×	1	1	0	0	0x000C
显示检测	×	1	1	1	1	0x000F

MAX7219 的模式编码寄存器用于设置对显示内存中的数据进行 BCD 译码或不进行译码，如表 9.7 所示。

表 9.7 MAX7219 的编码模式寄存器

编码模式	寄存器数据								编码
	D7	D6	D5	D4	D3	D2	D1	D0	
均不编码	0	0	0	0	0	0	0	0	0x00
第 0 位编码，其他不解码	0	0	0	0	0	0	0	1	0x01
0～3 位编码，其他不解码	0	0	0	0	1	1	1	1	0x0F
均编码	1	1	1	1	1	1	1	1	0xFF

当 MAX7219 选择了编码模式时，其内置的译码器只对数据的低四位 D3～D0 进行译码，D4～D6 为无效位，D7 位用来设置小数点，不受译码器的控制且始终为高电平，表 9.8 为译码的输出格式。

如果不使用编码模式的话，输入 MAX7219 的 8 位数据和 MAX7219 的输出引脚上的电平相符合。

MAX7219 可以通过加在 VCC 引脚和 SET 引脚之间的一个外部电阻来控制数码管的显示亮度，段驱动电流一般是流入 SET 引脚电流的 100 倍，这个电阻可以是固定的，也可以

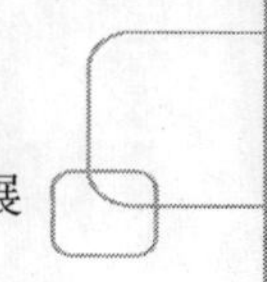

表 9.8　MAX7219 的字符编码

七段编码字符	数据寄存器						显示的段=1							
	D7	D6~D4	D3	D2	D1	D0	DP	A	B	C	D	E	F	G
0		×	0	0	0	0		1	1	1	1	1	1	0
1		×	0	0	0	1		0	1	1	0	0	0	0
2		×	0	0	1	0		1	1	0	1	1	0	1
3		×	0	0	1	1		1	1	1	1	0	0	1
4		×	0	1	0	0		0	1	1	0	0	1	1
5		×	0	1	0	1		1	0	1	1	0	1	1
6		×	0	1	1	0		1	0	1	1	1	1	1
7		×	0	1	1	1		1	1	1	0	0	0	0
8		×	1	0	0	0		1	1	1	1	1	1	1
9		×	1	0	0	1		1	1	1	1	0	1	1
—		×	1	0	1	0		0	0	0	0	0	0	1
E		×	1	0	1	1		1	0	0	1	1	1	1
H		×	1	1	0	0		0	1	1	0	1	1	1
L		×	1	1	0	1		0	0	0	1	1	1	0
P		×	1	1	1	0		1	1	0	0	1	1	1
无显示		×	1	1	1	1		0	0	0	0	0	0	0

是可变电阻，其最小值为 9.53kΩ，此时段电流为 40mA。显示亮度也可以通过亮度寄存器的低四位通过脉宽调制器来控制，该脉宽调制器将段电流平均分为 16 级，最大值为由通过 SET 引脚设置的最大电流的 31/32，最小值为 1/32，如表 9.9 所示，最小熄灭时间为时钟周期的 1/32。

表 9.9　亮度控制寄存器

时钟周期	D7	D6	D5	D4	D3	D2	D1	D0	编码
1/32	×	×	×	×	0	0	0	0	0x00
3/32	×	×	×	×	0	0	0	1	0x01
5/32	×	×	×	×	0	0	1	0	0x02
7/32	×	×	×	×	0	0	1	1	0x03
9/32	×	×	×	×	0	1	0	0	0x04
11/32	×	×	×	×	0	1	0	1	0x05
13/32	×	×	×	×	0	1	1	0	0x06
15/32	×	×	×	×	0	1	1	1	0x07
17/32	×	×	×	×	1	0	0	0	0x08
19/32	×	×	×	×	1	0	0	1	0x09
21/32	×	×	×	×	1	0	1	0	0x0A
23/32	×	×	×	×	1	0	1	1	0x0B
25/32	×	×	×	×	1	1	0	0	0x0C
27/32	×	×	×	×	1	1	0	1	0x0D
29/32	×	×	×	×	1	1	1	0	0x0E
31/32	×	×	×	×	1	1	1	1	0x0F

MAX7219 的扫描控制寄存器用来需要显示的数码管的位数，最多为 8，最少为 1，

MAX7219 将以 800Hz 的扫描速率对这些位数码管进行多路扫描显示，如果数据少的话，扫描速率为 8×fosc/N，N 是指需要扫描数字的个数。扫描数据的位数会影响显示亮度，所以，不能将扫描寄存器设置为空扫描，表 9.10 是扫描寄存器的内部格式。

表 9.10　MAX7219 的扫描控制寄存器

扫描的位	数据寄存器								编　码
	D7	D6	D5	D4	D3	D2	D1	D0	
0	×	×	×	×	×	0	0	0	0x00
0～1	×	×	×	×	×	0	0	1	0x01
0～2	×	×	×	×	×	0	1	0	0x02
0～3	×	×	×	×	×	0	1	1	0x03
0～4	×	×	×	×	×	1	0	0	0x04
0～5	×	×	×	×	×	1	0	1	0x05
0～6	×	×	×	×	×	1	1	0	0x06
0～7	×	×	×	×	×	1	1	1	0x07

如果需要扫描的数码管少于三位，个别的数据驱动将损耗过多的功耗，所以，SET 外加的电阻大小必须根据显示数据的个数来确定，从而限制个别数据驱动对功耗的浪费，表 9.11 是不同段位数被扫描时所对应的最大需求段电流。

表 9.11　MAX7219 的电流需求

段 位 数	电 流 大 小
1	10mA
2	20mA
3	30mA

当有多个 MAX7219 被串接使用时，可以使用关闭模式寄存器，把所有的芯片的 LOAD 端连接在一起，然后把相邻的芯片的 DOUT 和 DIN 连接在一起，DOUT 是一个 CMOS 逻辑电平的输出口，可以很容易驱动下一级的 DIN 口。例如，当四个 MAX7219 连接起来使用时，向第四个芯片发送需要使用的 16 位数据，然后后面跟三组 NO-OP(0x××0×）代码，使对应的 LOAD 端变为高电平，数据则被载入所有芯片。前三个芯片接收到 NO-OP 代码，第四个接收到有效数据。

MAX7219 的显示检测寄存器有正常和显示检测两种工作状态，显示检测状态在不改变所有其他控制和数据寄存器（包括关闭寄存器）的情况下将所有 LED 都点亮。在此状态下，8 个位都会被扫描，工作周期为 31/32，表 9.12 是显示检测寄存器的内部格式。

表 9.12　显示检测寄存器的内部结构

工作模式	数据寄存器							
	D7	D6	D5	D4	D3	D2	D1	D0
普通工作模式	×	×	×	×	×	×	×	0
显示检测工作模式	×	×	×	×	×	×	×	1

9.4.2　MAX7219 的应用电路

使用 51 单片机扩展 MAX7219 来驱动多位数码管的应用电路如图 9.14 所示。

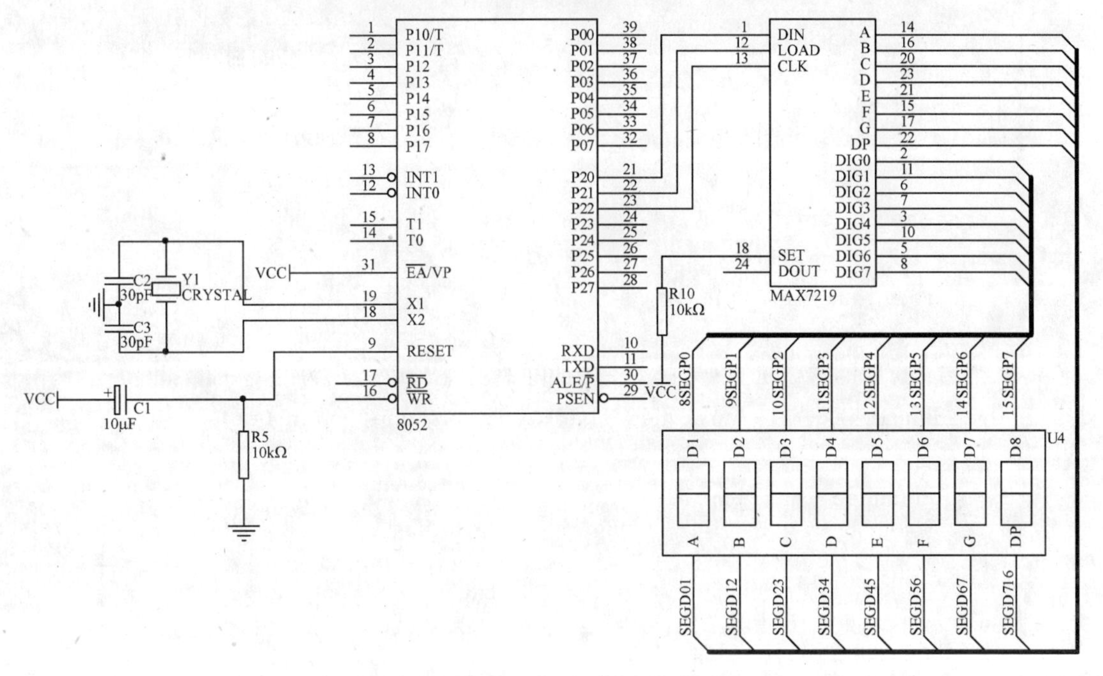

图 9.14　MAX7219 的典型应用电路

如图 9.14 所示，51 单片机使用 P2.0～P2.2 和 MAX7219 相连接，MAX7219 的段输出和数据输出分别连接到 8 位数码管的对应端口。

9.4.3　MAX7219 的操作步骤

MAX7219 的详细操作步骤如下：

（1）51 单片机使用普通 I/O 引脚来模拟 MAX7219 的数据交换过程。

（2）根据数码管的连接情况设置 MAX7219 的编码模式控制寄存器。

（3）设置 MAX7219 的亮度控制寄存器以设置数码管亮度。

（4）设置 MAX7219 的扫描控制寄存器以确定扫描方法。

（5）关闭模式控制寄存器。

（6）将需要显示的数据写入 MAX7219。

9.4.4　MAX7219 的应用代码

1. MAX7219 的库函数

例 9.6 是使用 51 单片机普通 I/O 引脚驱动 MAX7219 的库函数。

【例 9.6】应用代码使用 51 单片机的 P2 端口来模拟 MAX7219 的时序，提供了函数

WriteMAX7219 用于向 MAX7219 写入数据。

```
#include <AT89X52.h>
#include <intrins.h>
sbit sbDIN= P2^0;                                    //MAX7219 的数据引脚
sbit sbLOAD = P2^1;                                  //MAX7219 的控制引脚
sbit sbCLK = P2^2;                                   //MAX7219 的时钟引脚
void DelayMS(unsigned int ms)                        //毫秒级延时函数
{
unsigned int i,j;
for( i=0;i<ms;i++)
    for(j=0;j<1141;j++);
}
//写 MAX7219 函数,Addr 为 MAX7219 的内部寄存器地址,Dat 为待写入的数据
void WriteMAX7219(unsigned char Addr,unsigned char Dat)
{
   unsigned char i;
sbLOAD = 0;
for(i=0;i<8;i++)                                     //先送出 8 位地址
{
    sbCLK = 0;                                       //时钟拉低
    Addr <<= 1;                                      //移位送出地址
    sbDIN   = CY;                                    //送出数据
    sbCLK = 1;                                       //时钟上升沿
    _nop_();
    _nop_();
    sbCLK = 0;
}
for(i=0;i<8;i++)                                     //再送出 8 位数据
{
    sbCLK = 0;
    Dat <<= 1;                                       //移位送出数据
    sbDIN   = CY;
    sbCLK = 1;
    _nop_();
    _nop_();
    sbCLK = 0;
}
sbLOAD = 1;
}
//MAX7129 的初始化函数,参数分别为编码模式控制寄存器、亮度控制寄存器和扫描控制寄存器
```

```
    void Initialise(unsigned char mode,unsigned char blink,unsigned char
div)
    {
        WriteMAX7219(0x09,mode);                         //编码模式寄存器
    WriteMAX7219(0x0a,blink);                            //显示亮度控制
    WriteMAX7219(0x0b,div);                              //扫描控制
    WriteMAX7219(0x0c,0x01);                             //关闭模式控制寄存器设置
    }
```

2. 应用实例——秒表

本应用是一个使用 51 单片机进行 0～999999s 定时并且将当前秒数据通过数码管显示出来的实例，只使用了 8 位数码管中的 6 位用于显示，实例涉及的典型器件如表 9.13 所示。

表 9.13　秒表实例器件列表

器　件	说　明
8 段共阳极数码管	显示器件
51 单片机	系统核心部件
MAX7219	数码管驱动芯片
限流电阻	对通过 LED 的电流大小进行限制
晶体	51 单片机工作的振荡源
电容	51 单片机复位和振荡源工作的辅助器件

例 9.7 是实例的应用代码。

【例 9.7】实例调用了上一小节的 MAX7219 驱动函数，并且使用 T1 作为定时器实现秒定时，并且将当前的秒信息拆分后送 MAX7219 显示。

```
    #include <AT89X52.h>
    #include <intrins.h>
    sbit sbDIN= P2^0;                                //MAX7219 的数据引脚
    sbit sbLOAD = P2^1;                              //MAX7219 的控制引脚
    sbit sbCLK = P2^2;                               //MAX7219 的时钟引脚
    unsigned char Disp_Buffer[6];                    //MAX7219 的输出缓冲
    unsigned char counter=0;                         //计时器和计数器值
    unsigned int timer = 0;
    //写 MAX7219 函数,Addr 为 MAX7219 的内部寄存器地址,Dat 为待写入的数据
    void WriteMAX7219(unsigned char Addr,unsigned char Dat)
    {
        unsigned char i;
    sbLOAD = 0;
    for(i=0;i<8;i++)                                 //先送出 8 位地址
    {
        sbCLK = 0;                                   //时钟拉低
```

```
        Addr <<= 1;                                    //移位送出地址
        sbDIN   = CY;                                  //送出数据
        sbCLK = 1;                                     //时钟上升沿
        _nop_();
        _nop_();
        sbCLK = 0;
    }
    for(i=0;i<8;i++)                                   //再送出 8 位数据
    {
        sbCLK = 0;
        Dat <<= 1;                                     //移位送出数据
        sbDIN   = CY;
        sbCLK = 1;
        _nop_();
        _nop_();
        sbCLK = 0;
    }
    sbLOAD = 1;
    }
    //MAX7129 的初始化函数,参数分别为编码模式控制寄存器、亮度控制寄存器和扫描控制寄存器
    void Initialise(unsigned char mode,unsigned char blink,unsigned char
div)
    {
        WriteMAX7219(0x09,mode);                       //编码模式寄存器
    WriteMAX7219(0x0a,blink);                          //显示亮度控制
    WriteMAX7219(0x0b,div);                            //扫描控制
    WriteMAX7219(0x0c,0x01);                           //关闭模式控制寄存器设置
    }
    //T1 初始化函数
    void InitTimer1(void)
    {
       TMOD = 0x10;
       TH1 = 0x4C;
       TL1 = 0x00;                                     //50ms
       EA = 1;
       ET1 = 1;
       TR1 = 1;
    }
    void Timer1Interrupt(void) interrupt 3
    {
       TH1 = 0x4C;
```

```
    TL1 = 0x00;
    counter++;
    if(counter==200)                                //1s
    {
      timer++;                                      //计数器++
      counter = 0;                                  //清除
      if(timer == 999999)                           //到达最大值
      {
        timer = 0;                                  //清除
      }
    }
}
void main()
{
    unsigned char i;
Initialise(0xff,0x07,0x05);                         //首先初始化MAX7129
  InitTimer1();                                     //初始化T1
  while(1)
  {
    Disp_Buffer[5] = timer/100000;
    Disp_Buffer[4] = timer/100000/10000;
    Disp_Buffer[3] = timer/100000/10000/1000;
    Disp_Buffer[2] = timer/100000/10000/1000/100;
    Disp_Buffer[1] = timer/100000/10000/1000/100/10;
    Disp_Buffer[0] = timer/100000/10000/1000/100%10;    //拆分数据
    for(i=0;i<6;i++)
  {
      WriteMAX7219(i+1,Disp_Buffer[i]);                     //将显示缓冲区内的
                                                              数据循环送出
  }
 }
}
```

9.5　数码管和键盘驱动芯片CH452扩展

在51单片机应用系统中，常需要同时扩展数码管和按键（键盘），如果都使用普通I/O引脚进行扩展，则会占用大量硬件资源，并且CPU的负担也会很重，此时可以使用数码管和按键专用扩展芯片CH452进行驱动。

9.5.1 CH452 基础

CH452 是专用的数码管和按键驱动芯片，其主要特点如下：

- 内置时钟振荡电路。
- 可以动态驱动 8 位数码管或 64 只 LED，具有 BCD 译码、闪烁、移位、段位寻址、光柱译码等功能。
- 支持最多 64 个键的键盘扫描。
- 可以使用级联的 4 线串行接口或 I²C 串行接口和 51 单片机连接。
- 可以给 51 单片机提供上电复位信号。

图 9.15 所示是 I²C 总线接口的 CH452 的典型应用结构。

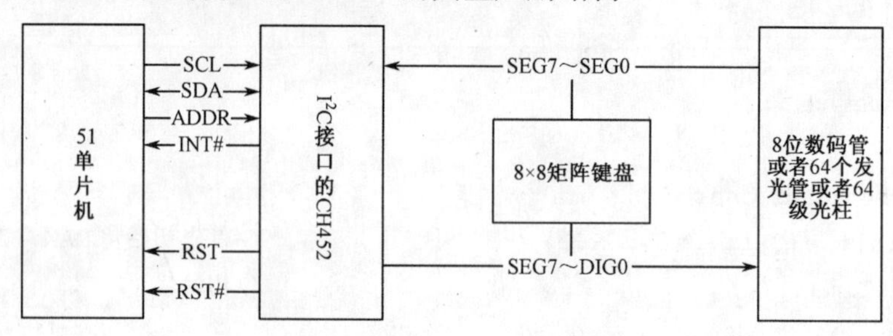

图 9.15 I²C 总线接口 CH452 的典型应用结构

1. CH452 的引脚封装

CH452 芯片提供了 4 线串行接口和 I²C 接口两种方式和单片机通信，其外部封装有 SOP28 和 DIP24 两种，本书仅介绍 I²C 接口，I²C 接口的 CH452 的封装形式有两种，如图 9.16 所示，其引脚说明如表 9.14 所示。

CH452A

引脚	名称	引脚	名称
1	DIG7	28	RSTI
2	DIG6	27	SCL
3	DIG5	26	SDA
4	DIG4	25	ADDR
5	DIG3	24	INT#
6	DIG2	23	VCC
7	DIG1	22	SEG7
8	DIG0	21	SEG6
9	GND	20	SEG5
10	GND	19	SEG4
11	NC	18	SEG3
12	RST	17	SEG2
13	RST#	16	SEG1
14	H3L2	15	SEG0

（a）

CH452L

引脚	名称	引脚	名称
1	SEG7	24	SEG6
2	VCC	23	SEG5
3	INT#	22	SEG4
4	ADDR	21	SEG3
5	SDA	20	SEG2
6	SCL	19	SEG1
7	DIG7	18	SEG0
8	DIG6	17	H3L2
9	DIG5	16	RST
10	DIG4	15	GND
11	DIG3	14	DIG0
12	DIG2	13	DIG1

（b）

图 9.16 I²C 接口的 CH452 的引脚封装

表 9.14 I²C 接口的 CH452 引脚说明

SOP28	DIP24S	引脚名称	类型	说明
23	2	VCC	电源	电源输入，持续电流不小于 150mA
9、10	15	GND	电源	电源地，持续电流不小于 150mA
22～15	1、24～18	SEG7～SEG0	三态输出以及输入	数码管的段驱动，高电平有效；键盘扫描输入，高电平有效，内置下拉

续表

SOP28	DIP24S	引 脚 名 称	类　型	说　明
1～8	7～14	DIG7～DIG0	输出	数码管的字驱动，低电平有效；键盘扫描输出，高电平有效
14	17	H3L2	输出	接口方式选择，内置上拉电阻，高电平选择 4 线接口，低电平选择 I²C 接口
12	16	RST	输出	上电复位输出，高电平有效
13	不支持	RST#	输出	上电复位输出，低电平有效
28	不支持	RSTI	输出	手工复位输入，高电平有效，内置下拉
11	不支持	NC		不使用
25	4	ADDR	输入	I²C 接口的地址选择，内置上拉电阻
26	5	SDA	I²C 数据线	I²C 接口的数据输入和输出
27	6	SCL	I²C 时钟线	I²C 接口的时钟线
24	3	INT	中断输出	I²C 接口的中断输出，键盘中断输出，低电平有效

2．CH452 的数码管驱动

CH452 使用动态扫描驱动的方式来驱动数码管或 LED，其扫描顺序为位引脚 DIG0 到 DIG7，当其中一个位引脚输出有效的时候其他引脚无效，用于选通对应的数码管。CH452 内部有电流驱动级，所以可以直接驱动 0.5～1in 的共阴数码管，段驱动引脚 SEG6～SEG0 则分别对应数码管的段 G～段 A，引脚 SEG7 对应数码管的小数点，字驱动引脚 DIG7～DIG0 分别连接 8 个数码管的阴极。CH452 也可以连接 8×8 矩阵的发光二极管 LED 阵列或者 64 个独立发光管或者 64 级光柱，其同样可以改变字驱动输出极性以便于直接驱动共阳极的数码管（不译码方式），或者通过外接反相驱动器来驱动共阳极数码管，也可以外接大功率管支持大尺寸的数码管。

CH452 支持扫描的极限控制，并且只为有效的数码管分配扫描时间。当扫描极限设定为“1”时，唯一的数码管 DIG0 将得到所有的动态驱动时间，从而相当于静态驱动；当扫描极限设定为 8 时，8 个数码管 DIG0～DIG7 将分别得到 1/8 动态驱动时间；当扫描极限设定为“4”时，4 个数码管 DIG0～DIG4 将分别得到 1/4 的动态驱动时间，此时，数码管的平均驱动电流将比扫描极限为 8 的时候增加一倍，所以，降低扫描极限可以提高数码管的显示亮度。

CH452 内部有 8 个 8 位的数据寄存器，用于保存 8 个字数据，分别对于 CH452 所驱动的 8 个数码管或者 8 组每个 8 个的发光二极管。CH452 支持对数据寄存器中的数据进行左移、右移、左循环、右循环操作，并且支持对各位数码管的独立闪烁控制，但是在字数据左右移动或者左右循环移动的过程中，闪烁控制的属性不会随着数据移动。

CH452 支持任意段位寻址，所以可以用于独立控制 64 个发光二极管（LED）中的任意一个或者数码管的特定段（如小数点），所有段位统一编制从 0x00 到 0x3F，当用“段位寻址置 1”命令将某个地址的段位置 1 之后，该地址对应的发光管 LED 或者数码管的段会被点亮，该操作不会影响其他位置上的 LED 或者数码管其他端的状态。

CH452 支持 64 级的光柱译码，用 64 个发光管或者 64 级光柱表示 65 种状态，加载新的光柱值后，地址小于指定光柱值的发光管会点亮，而大于或者等于指定光柱的发光管会熄灭，表 9.15 是 CH452 的 DIG7～DIG0 与 SEG7～SEG0 之间的 8×8 矩阵编址，用于数码管段位寻址、发光管 LED 阵列及光柱的编址。

表 9.15　CH452 的数码管驱动编址

	DIG7	DIG6	DIG5	DIG4	DIG3	DIG2	DIG1	DIG0
SEG0	0x38	0x30	0x28	0x20	0x18	0x10	0x08	0x00
SEG1	0x39	0x31	0x29	0x21	0x19	0x11	0x09	0x01
SEG2	0x3A	0x32	0x2A	0x22	0x1A	0x12	0x0A	0x02
SEG3	0x3B	0x33	0x2B	0x23	0x1B	0x13	0x0B	0x03
SEG4	0x3C	0x34	0x2C	0x24	0x1C	0x14	0x0C	0x04
SEG5	0x3D	0x35	0x2D	0x25	0x1D	0x15	0x0D	0x05
SEG6	0x3E	0x36	0x2E	0x26	0x1E	0x16	0x0E	0x06
SEG7	0x3F	0x37	0x2F	0x27	0x1F	0x17	0x0F	0x07

CH452 默认的工作方式是不译码工作方式，在这种工作方式下 CH452 内部的 8 个数据寄存器中字数据的位 0～位 7 分别对应 8 个数码管的小数点和段 A～段 G；对于发光二极管阵列，则每个字的每个位数据对应唯一的一个发光二极管，当该数据为“1”时，对应的数码管的段或者发光二极管都会点亮；当数据位为“0”，则对应的数码管的段或者发光二极管会熄灭。CH452 还有 BCD 译码工作方式，该工作方式主要用于数码管驱动，51 单片机只要给需要显示字符对应的 BCD 码，CH452 会将其译码后直接驱动数码管显示对应的字符。BCD 译码工作方式对数据寄存器中字数据的位 0～位 4 进行 BCD 译码，控制段驱动引脚 SEG0~SEG7 的输出，对应于数码管的段 A～段 G，同时用字数据的位 7 控制段驱引脚 SEG7 的输出，对应于数码管的小数点，字数据的位 5 和位 6 不影响 BCD 译码，图 9.17 所示是数码管段和名称的对应关系。

S7	S6	S5	S4	S3	S2	S1	S0
DP	G	F	E	D	C	B	A

SEG7–SEG0　　与数码管

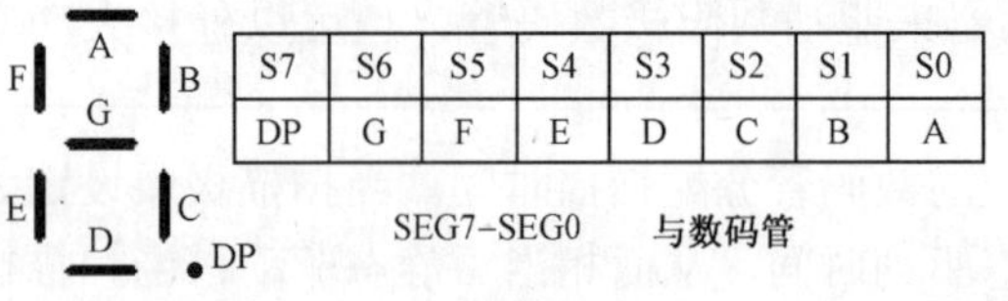

图 9.17　数码管段和名称的对应关系

表 9.16 是 CH452 的数据寄存器中数据的位 0～位 4 进行 BCD 译码后所对应的段 A～G 及数码管显示的字符。

表 9.16　CH452 的 BCD 译码编码表

位 4～位 0	段 G～段 A	显示字符	位 4～位 0	段 G～段 A	段 G～段 A
00000	0111111	0	10000	0000000	空格
00001	0000110	1	10001	1000110	-1 或者+
00010	1011011	2	10010	1000000	–
00011	1001111	3	10011	1000001	=
00100	1100110	4	10100	0111001	[
00101	1101101	5	10101	0001111	]
00110	1111101	6	10110	0001000	_
00111	0000111	7	10111	1110110	H
01000	1111111	8	11000	0111000	L
01001	1101111	9	11001	1110011	P

续表

<table>
<tr><th>位 4～位 0</th><th>段 G～段 A</th><th>显示字符</th><th>位 4～位 0</th><th>段 G～段 A</th><th>段 G～段 A</th></tr>
<tr><td>01010</td><td>1110111</td><td>A</td><td>11010</td><td>0000000</td><td>.</td></tr>
<tr><td>01011</td><td>1111100</td><td>b</td><td>11110</td><td>SELF_BCD</td><td>自定义</td></tr>
<tr><td>01100</td><td>1011000</td><td>c</td><td>其余值</td><td>0000000</td><td>空格</td></tr>
<tr><td>01101</td><td>1011110</td><td colspan="2">d</td><td colspan="2" rowspan="3">SELF_BCD 是用户自己定义的 BCD 码，复位后默认为空格</td></tr>
<tr><td>01110</td><td>1111001</td><td colspan="2">E</td></tr>
<tr><td>01111</td><td>1110001</td><td colspan="2">F</td></tr>
</table>

3．CH452 的键盘扫描驱动

CH452 支持 8×8 的 64 键矩阵键盘，在键盘扫描过程中，DIG7～DIG0 引脚用于行列扫描输出，SEG7～SEG0 引脚均有内部下拉电阻，用于行列扫描输入。

CH452 会定期在显示驱动扫描过程中插入键盘扫描，在键盘扫描器件，DIG7～DIG0 按照 DIG0～DIG7 顺序依次输出高电平，其余 7 个引脚输出低电平；SEG7～SEG0 的输入被禁止，当没有键被按下的时候，SEG7～SEG0 都被下拉为低电平，当有按键被按下时，例如连接 DIG3 和 SEG4 的按键被按下，则当 DIG3 输出高电平时候，SEG4 检测到高电平。为了避免因为按键抖动或者外界干扰产生误码，CH452 实行两次扫描，只有当两次键盘扫描的结果相同时，该按键值才为有效。如果 CH452 检测到有按键事件则在 I^2C 接口中的 INT 引脚上产生低电平有效的键盘中断事件，此时 MCS51 单片机可以通过串行接口读取按键代码，在没有检测到新的有效按键之前，CH452 不会产生任何键盘中断。

注：CH452 不支持组合键，也就是说，在同一个时刻，不能有两个或者更多的按键被按下，如果多个键同时被按下，则按键代码较小的按键优先。

CH452 提供 7 位的按键代码，位 2～位 0 是列扫描码，位 5～位 3 是行扫描码，位 6 是状态码（按下为 1，释放为 0）。例如，连接 DIG3 和 SEG4 的键被按下，则按键代码是 1100011B 或者 0x63，按键被释放之后，按键代码通常是 0111111B 或者 23（也可能是其他值，但是一定小于 0x40），其中，对应 DIG3 的列扫描码为 011B，对应 SEG4 的行扫描码为 100B。MCS51 单片机可以在任何时候读取按键代码，但是一般需要在 CH452 检测到有效按键而产生键盘中断时读取按键代码，此时按键代码的第 6 位总为“1”，如果需要关注按键的释放，则单片机可以通过查询方式定期读取按键代码直到按键代码的第 6 位为“0”。

表 9.17 是 DIG7～DIG0 与 SEG7～SEG0 之间 8×8 矩阵的按键编码，由于按键代码是 7 位，键按下时第 6 位总是“1”，所以当键被按下的时候，CH452 所提供的实际按键代码是表中的按键代码加上 0x40，也就是说，实际的按键代码应该在 0x40～0x7F 之间。

表 9.17　CH452 的按键编码

	DIG7	DIG6	DIG5	DIG4	DIG3	DIG2	DIG1	DIG0
SEG0	0x07	0x06	0x05	0x04	0x03	0x02	0x01	0x00
SEG1	0x0F	0x0E	0x0D	0x0C	0x0B	0x0A	0x09	0x08
SEG2	0x17	0x16	0x15	0x14	0x13	0x12	0x11	0x10
SEG3	0x1F	0x1E	0x1D	0x1C	0x1B	0x1A	0x19	0x18
SEG4	0x27	0x26	0x25	0x24	0x23	0x22	0x21	0x20
SEG5	0x2F	0x2E	0x2D	0x2C	0x2B	0x2A	0x29	0x28
SEG6	0x37	0x36	0x35	0x34	0x33	0x32	0x31	0x30
SEG7	0x3F	0x3E	0x3D	0x3C	0x3B	0x3A	0x39	0x38

4．CH452 的命令

CH452 的操作命令均为 12 位，表 9.18 给出了各个操作命令对应的 12 位串行数据，其中标注为“×”的位表示该位可以为任意值，标有名称的位则表示该位在 CH452 芯片内部具有对应的寄存器，其数据根据操作命令的不同而变化。

I^2C 接口的 CH452 支持表 9.18 中所有的命令，方向位 R/$\overline{W}$ 用于表明读或写的数据传输方向，对于 I^2C 接口的 CH452，51 单片机可以回读之前写入的数据用于校验，当为数据 R/$\overline{W}$ 为“0”时执行写入操作，位 R/$\overline{W}$ 为“1”时执行回读操作。

表 9.18　CH452 的命令列表

操作命令	方向	位 11	位 10	位 9	位 8	位 7	位 6	位 5	位 4	位 3	位 2	位 1	位 0
空操作	写	0	0	0	0	×	×	×	×	×	×	×	×
加载光柱值	写	0	0	0	1	0	LEVEL						
段位寻址清 0	写	0	0	0	1	1	0	BIT_ADDR					
段位选址置 1	写	0	0	0	1	1	1	BIT_ADDR					
芯片内部复位	写	0	0	1	0	0	0	0	0	0	0	0	1
进入睡眠状态	写	0	0	1	0	0	0	0	0	0	0	1	0
字数据左移	写	0	0	1	1	0	0	0	0	0	0	0	0
字数据右移	写	0	0	1	1	0	0	0	0	0	0	1	0
字数据左循环	写	0	0	1	1	0	0	0	0	0	0	0	1
字数据右循环	写	0	0	1	1	0	0	0	0	0	0	1	1
自定义 BCB 码	写/读	0	0	1	1	1	SELF_BCD						
设定系统参数	写/读	0	1	0	0	0	GPOE	INTM	SSPD	DPLR	WDOG	KEYB	DISP
设定显示参数	写/读	0	1	0	1	MODE	LIMIT			INTENSITY			
设定闪烁参数	写/读	0	1	1	0	D7S	D6S	D5S	D4S	D3S	D2S	D1S	D0S
加载字数据 0	写/读	1	0	0	0	DIG_DATA，DIG0 对应的字数据							
加载字数据 1	写/读	1	0	0	1	DIG_DATA，DIG1 对应的字数据							
加载字数据 2	写/读	1	0	1	0	DIG_DATA，DIG2 对应的字数据							
加载字数据 3	写/读	1	0	1	1	DIG_DATA，DIG3 对应的字数据							
加载字数据 4	写/读	1	1	0	0	DIG_DATA，DIG1 对应的字数据							
加载字数据 5	写/读	1	1	0	1	DIG_DATA，DIG4 对应的字数据							
加载字数据 6	写/读	1	1	1	0	DIG_DATA，DIG5 对应的字数据							
加载字数据 7	写/读	1	1	1	1	DIG_DATA，DIG6 对应的字数据							
读取芯片版本	I^2C 读	0	0	0	0	0	1	0	0	0	0	0	0
读取 SEG 引脚	I^2C 读	0	0	0	1	SEG7	SEG6	SEG5	SEG4	SEG3	SEG2	SEG1	SEG0
读取按键代码	读	0	1	1	1	0	KEY6	KEY5	KEY4	KEY3	KEY2	KEY1	KEY0
I^2C 接口应答	I^2C 写	0	1	1	1	×	×	×	×	×	×	×	×

CH452 的命令详细使用方式可以参考 CH452 的使用手册。

5．CH452 的复位操作

CH452 可以给 51 单片机提供上电复位信号，单片机的复位引脚可以直接连接到 CH452 的 RST 引脚，当 CH452 上电时 RST 引脚输出高电平有效的复位脉冲信号，可以使 51 单片机复位。

CH452 的上电复位是在 CH452 自身上电过程中产生的复位脉冲，为了减少 CH452 驱动大电流器件如数码管而产生的电源干扰，在设计电路 PCB 时，应该紧靠 CH452 芯片，在正负电源之间并联一组电源退耦电容，至少包括一个容量不小于 0.1μF 的独石或者瓷片电容和一个容量不小于 100μF 的电解电容。

9.5.2　CH452 的应用电路

1．CH452 和 51 单片机的接口电路

CH452 的 I²C 接口包括时钟引脚（SCL）和数据引脚（SDA），另外，还有一个地址选择引脚（ADDR）和键盘中断输出引脚（INT）。其中，SCL、ADDR 都是带上拉的输入信号线，SDA 是带上拉的双向信号线，默认是高电平，INT 是带上拉的开漏输出，在启用键盘扫描之后用做键盘的中断输出线，默认是高电平。在 51 单片机系统中可以最多同时使用两块 CH452 芯片，为了区分两个 CH452，可以将其中一块 CH452 的 ADDR 引脚接高电平，另外一块接低电平，从而使两块 CH452 有不同的 I²C 设备地址。

CH452 和 51 单片机使用 I²C 接口的典型电路如图 9.18 所示。

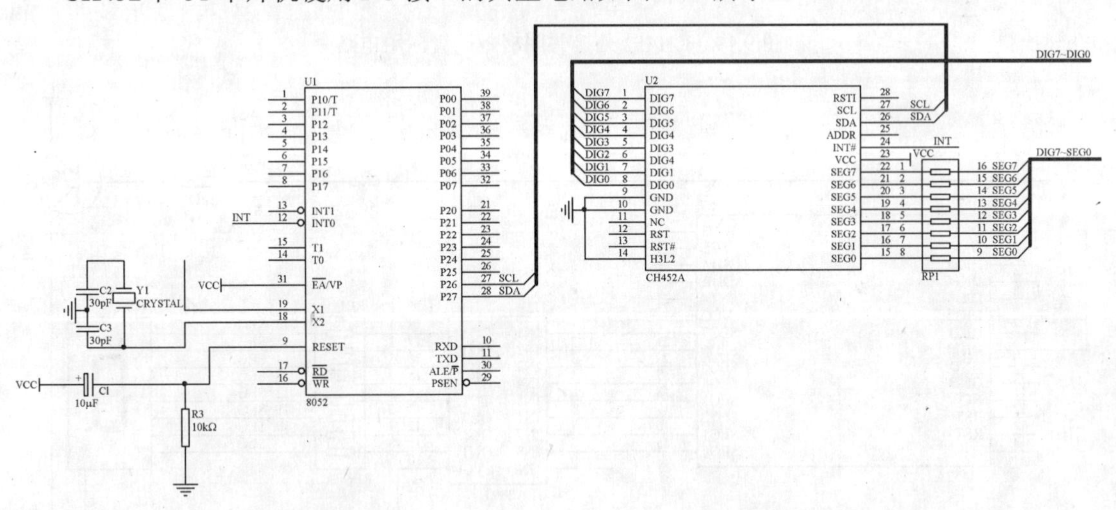

图 9.18　CH452 和 51 单片机使用 I²C 接口的典型电路

2．CH452 的数码管接口电路

图 9.19 所示是 CH452 外接 8 个共阴极数码管的应用电路。

CH452 可以动态驱动 8 个共阴数码管，所有数码管的相同段引脚（段 A～段 G 及小数点）并联后通过串接的限流电阻 R1（R12）连接到 CH452 的段驱动引脚 SEG0～SEG7 上，各个数码管的阴极分别由 CH452 的 DIG0～DIG7 引脚驱动。限流电阻的阻值越大则段驱动电流越小，数码管的显示亮度越低，R1（R12）的阻值一般在 1～100kΩ之间，在其他条件相同的前提下，应该优先选择较大的电阻值以减少 CH452 的功耗。在数码管的面板布局上，建议数码管从左到右的顺序是 N1 在最左边，N8 在最右边，以便匹配字左右移动和循环移动命令，如果数码管不足 8 个，可以优先去掉左边的数码管，并且设置相应的扫描极限以

提高数码管的显示亮度，当数码管少于 7 个并且扫描极限小于 7 时，如果设置 GPOE 为“1”则可以将多余的 DIG6 和 DIG7 引脚用于通用输出引脚。

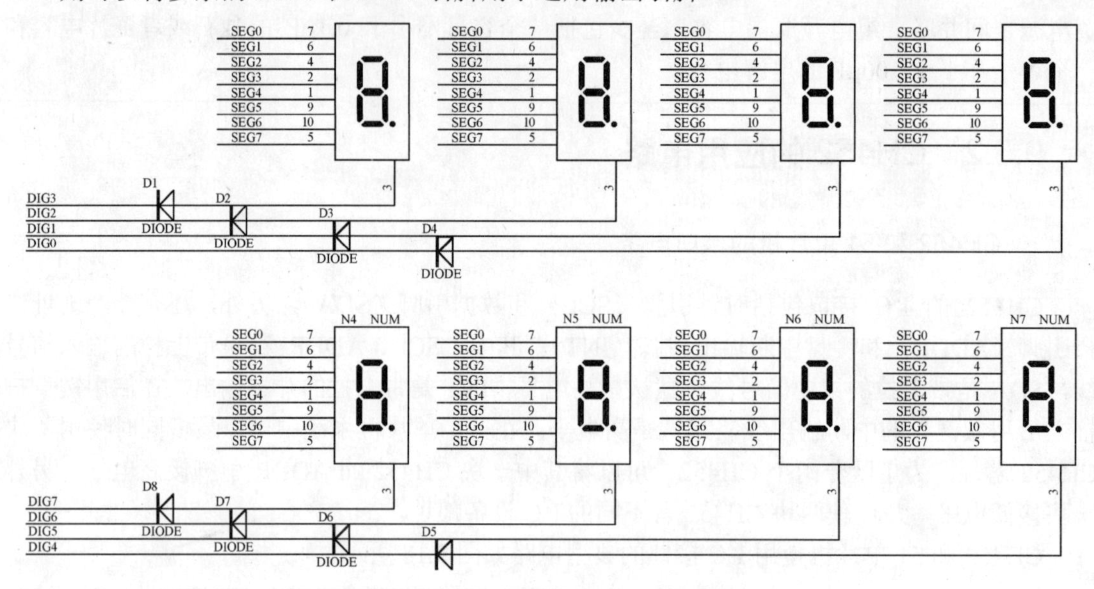

图 9.19　CH452 外接共阴极数码管应用电路

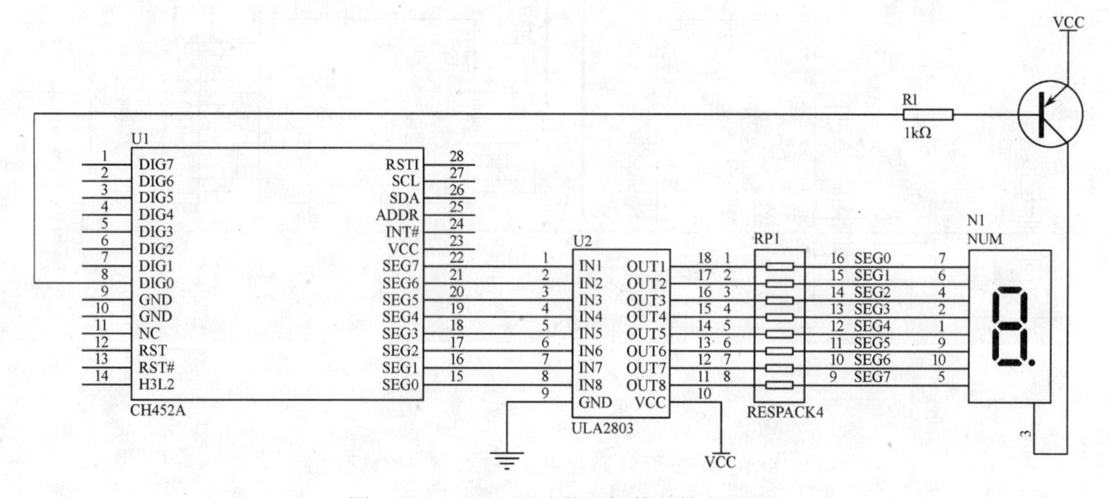

图 9.20　CH452 驱动共阳极数码管电路图

图 9.20 所示是用 CH452 驱动共阳极数码管的电路图，将 CH452 的段驱动信号 SEG0～SEG7 和字驱动信号 DIG0～DIG7 分别反相之后即可以连接共阳极数码管。在图 9.20 中，段信号 SEG0～SEG7 由达林顿管阵列 ULN2803 反响驱动（也可以用 NPN 三极管代替），而字信号 DIG0～DIG7 则由 8 个 PNP 三极管反相驱动，该电路的驱动电流比 CH452 直接驱动要大很多，所以，图中的电阻排 RP1 应该根据实际应用情况选择合适电阻值。

注：图中的 ULA2803 也可以去掉，使用 CH452 驱动段引脚，但是只能使用不译码的方式，并且加载的字数据必须按位取反（0 亮 1 灭）。

3．CH452 的按键接口电路

CH452 具有 64 键的键盘扫描功能，如果在应用中只需要很少的按键，则可以在 8×8 矩阵中任意去掉不需要的按键，为了防止按键被按下之后在 SEG 信号线和 DIG 信号线之间形成短路而影响数码管的显示，一般应在 CH452 的 DIG0～DIG7 引脚和键盘矩阵之间串接限流电阻 R2，其阻值可以为 1～10kΩ。如果单片机使得 CH452 进入了低功耗睡眠状态，K0～K31 可以将睡眠状态的 CH452 唤醒，如果 CH452 的键盘功能已经被启用，则还会输出键盘中断，使用 CH452 驱动行列键盘的电路图如 9.21 所示。

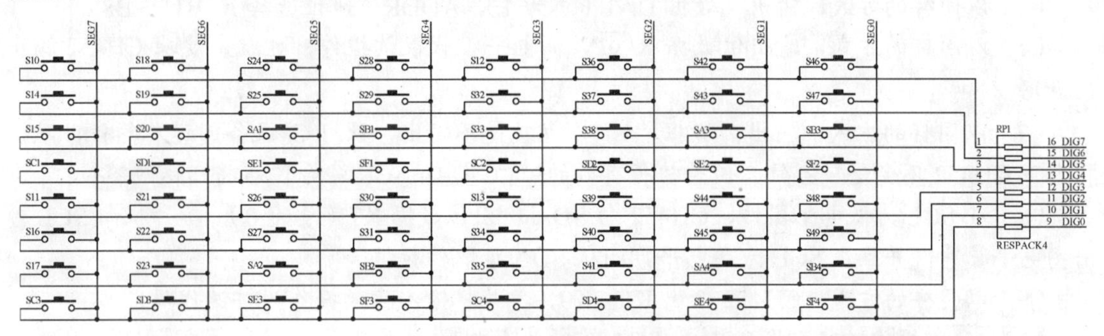

图 9.21　CH452 的按键接口电路

注：由于某些数码管在实际使用中可能由于工作电压较高存在反相漏电现象，从而被 CH452 误认为是某个按键一直被按下，所以建议使用二极管 D1 ~ D8 来防止二极管反相漏电，并且提高键盘扫描时 SEG0 ~ SEG7 的输入信号的电平，确保键盘扫描更可靠，但是当电源电压低于 5V 时应该去掉这些二极管以防止影响显示亮度。

9.5.3　CH452 的操作步骤

51 单片机向 CH452 写入数据的详细操作步骤如下：

（1）SDA 输出高电平，SCL 输出高电平，准备启动信号。

（2）SDA 输出低电平，产生启动信号。

（3）SCL 输出低电平，启动完成。

（4）向 SDA 输出最高位数据 DA0（总是 0），并且向 SCL 输出高电平脉冲（从低电平变为高电平再恢复到低电平），其中包括一个上升沿及高电平是 CH452 输入位数据。

（5）以同样的方式，输出为数据 DA（总是 1），ADDR（地址选择），B11 ~ B8。

（6）以同样的方式，输出位数据 R/-W，低电平代表写操作，也就是还要继续输出位数据。

（7）以同样的方式，输出位数据 1，也就是不输出，以便 I^2C 设备回送应答位，在默认状态下 CH452 并不回送应答位，但是执行有效的“I^2C 接口 ACK”命令后将回送应答位。

（8）以同样的方式输出为数据 B7 ~ B0。

（9）结束，建议将 SCL 恢复为高电平，建议将 SDA 恢复为高电平。

CH452 的 INT 引脚用于键盘中断输出，默认为高电平，当 CH452 检测到有效按键时，INT 输出低电平有效的键盘中断，51 单片机在中断处理中发送读按键代码命令，然后清除

INT中断，从I²C接口中读出对应的按键代码，其详细操作步骤如下：

（1）SDA输出高电平，SCL输出高电平，准备启动信号。

（2）SDA输出低电平，产生启动信号。

（3）SCL输出低电平，启动完成。

（4）输出一位数据，即向SDA输出最高位数据DA0（总为0），并且向SCL输出高电平脉冲（从低电平变为高电平再恢复为低电平），其中包括一个上升沿及高电平使CH452输入位数据。

（5）以同样的方式，输出位数据DA1（总为1），ADDR（地址选择），B11～B8。

（6）以同样的方式，输出位数据R/$\overline{W}$，高电平1代表读操作，也就是要求CH452输出位数据。

（7）以同样的方式，输出为数据“1”，也就是不输出，让I²C设备回送应答位，默认状态下CH452不会送应答位，但是执行有效的“I²C接口ACK命令”后将回送应答位。

（8）在SCL为低电平器件，CH452向SDA输出位数据K7（总为0），单片机向SCL输出高电平脉冲，并且在SCL为高电平期间从SDA读取位数据。

（9）以同样的方式，CH452输出K6～K0，单片机输入位数据作为按键代码。

（10）结束操作，建议将SCL和SDA恢复为高电平。

如果在“系统参数”设置命令中设定了INTM为“1”，选择按键中断输入方式为低电平脉冲（边沿中断），当CH452检测到有效按键时，将等待到SCL和SDA空闲（SCL和SDA保持高电平40μs以上），然后从SDA输出几个微秒宽度的低电平脉冲作为键盘中断，之后依然从INT引脚输出低电平有效的键盘中断，这种中断方式可以用于节省51单片机的I/O引脚，只需要连接SCL和SDA而不需要连接INT引脚，空闲时51单片机使SCL和SDA保持高电平，CH452通过SDA的低电平脉冲向单片机通知键盘中断。

9.5.4 CH452的应用代码

1. CH452的库函数

例9.8是CH452的库函数的代码。

【例9.8】CH452和51单片机使用“三线”连接方式，使用INT0控制外部中断0来接收CH452的键盘事件，库函数提供了CH452_Write和CH452_Read函数对CH452进行读写操作。

```
#include <AT89X52.h>
#include <intrins.h>
#pragma NOAREGS                                        // 如果MCS51使用键盘中断功
                                                          能,那么建议加入此编译选项
#define     DELAY_1US         {_nop_();_nop_();} // MCS51<=30MHz
/* 2线接口的位操作,与单片机有关 */
#define     CH452_SCL_SET          {CH452_SCL=1;}
#define     CH452_SCL_CLR          {CH452_SCL=0;}
#define     CH452_SDA_SET          {CH452_SDA=1;}
```

```
#define     CH452_SDA_CLR       {CH452_SDA=0;}
#define     CH452_SDA_IN        (CH452_SDA)
/* 与单片机有关,与中断连接方式有关 */
#define     USE_CH452_KEY       1                  // 使用了 CH452 的按键中断
#ifdef      USE_CH452_KEY
#define     DISABLE_KEY_INTERRUPT   {EX1=0;}
#define     ENABLE_KEY_INTERRUPT    {EX1=1;}
#define     CLEAR_KEY_INTER_FLAG    {IE1=0;}
#else
#define     DISABLE_KEY_INTERRUPT   {}
#define     ENABLE_KEY_INTERRUPT    {}
#define     CLEAR_KEY_INTER_FLAG    {}
#endif
/* CH451 和 CH452 的常用命令码 */
#define CH452_NOP        0x0000        // 空操作
#define CH452_RESET      0x0201        // 复位
#define CH452_LEVEL      0x0100        // 加载光柱值,需另加 7 位数据
#define CH452_CLR_BIT    0x0180        // 段位清"0",需另加 6 位数据
#define CH452_SET_BIT    0x01C0        // 段位置"1",需另加 6 位数据
#define CH452_SLEEP      0x0202        // 进入睡眠状态
#define CH452_LEFTMOV    0x0300        // 设置移动方式-左移
#define CH452_LEFTCYC    0x0301        // 设置移动方式-左循环
#define CH452_RIGHTMOV   0x0302        // 设置移动方式-右移
#define CH452_RIGHTCYC   0x0303        // 设置移动方式-右循环
#define CH452_SELF_BCD   0x0380        // 自定义 BCD 码,需另加 7 位数据
#define CH452_SYSOFF     0x0400        // 关闭显示、关闭键盘
#define CH452_SYSON1     0x0401        // 开启显示
#define CH452_SYSON2     0x0403        // 开启显示、键盘
#define CH452_SYSON2W    0x0423        // 开启显示、键盘, 真正 2 线接口
#define CH452_NO_BCD     0x0500        // 设置默认显示方式,可另加 3 位扫描极限
#define CH452_BCD        0x0580        // 设置 BCD 译码方式,可另加 3 位扫描极限
#define CH452_TWINKLE    0x0600        // 设置闪烁控制,需另加 8 位数据
#define CH452_GET_KEY    0x0700        // 获取按键,返回按键代码
#define CH452_DIG0       0x0800        // 数码管位 0 显示,需另加 8 位数据
#define CH452_DIG1       0x0900        // 数码管位 1 显示,需另加 8 位数据
#define CH452_DIG2       0x0a00        // 数码管位 2 显示,需另加 8 位数据
#define CH452_DIG3       0x0b00        // 数码管位 3 显示,需另加 8 位数据
#define CH452_DIG4       0x0c00        // 数码管位 4 显示,需另加 8 位数据
#define CH452_DIG5       0x0d00        // 数码管位 5 显示,需另加 8 位数据
#define CH452_DIG6       0x0e00        // 数码管位 6 显示,需另加 8 位数据
#define CH452_DIG7       0x0f00        // 数码管位 7 显示,需另加 8 位数据
```

```
// BCD 译码方式下的特殊字符
#define     CH452_BCD_SPACE     0x10
#define     CH452_BCD_PLUS      0x11
#define     CH452_BCD_MINUS     0x12
#define     CH452_BCD_EQU       0x13
#define     CH452_BCD_LEFT      0x14
#define     CH452_BCD_RIGHT     0x15
#define     CH452_BCD_UNDER     0x16
#define     CH452_BCD_CH_H      0x17
#define     CH452_BCD_CH_L      0x18
#define     CH452_BCD_CH_P      0x19
#define     CH452_BCD_DOT       0x1A
#define     CH452_BCD_SELF      0x1E
#define     CH452_BCD_TEST      0x88
#define     CH452_BCD_DOT_X     0x80
// 有效按键代码
#define     CH452_KEY_MIN       0x40
#define     CH452_KEY_MAX       0x7F
// 2 线接口的 CH452 定义
#define     CH452_I2C_ADDR0     0x40      // CH452 的 ADDR=0 时的地址
#define     CH452_I2C_ADDR1     0x60      // CH452 的 ADDR=1 时的地址,默认值
#define     CH452_I2C_MASK      0x3E      // CH452 的 2 线接口高字节命令掩码
// 2 线接口的连接,与实际电路有关
sbit    CH452_SCL=P2^6;
sbit    CH452_SDA=P2^7;
//如果使用真正的 2 线接口,那么 SDA 接中断引脚 P3^3/INT1,用 SDA 直接做中断输出
sbit    CH452_INT=P3^3;                   // 标准的 2 线接口使用该引脚输出中断
sbit LED = P1 ^ 5;                        //指示灯
// 函数定义
unsigned char CH452_Read(void);           // 从 CH452 读取按键代码
void CH452_Write(unsigned short cmd);  // 向 CH452 发出操作命令
unsigned char  CH452_I2c_RdByte(void);
void CH452_I2c_WrByte(unsigned char dat);
void CH452_I2c_Stop(void);
void CH452_I2c_Start(void);

void CH452_I2c_Start(void)                // 操作起始
{
DISABLE_KEY_INTERRUPT;
//禁止键盘中断,防止开始时被 CH452 中断而进入中断服务程序中的 START
CH452_SDA_SET;   /*发送起始条件的数据信号*/
```

```
CH452_SCL_SET;
DELAY_1US;
CH452_SDA_CLR;    /*发送起始信号*/
DELAY_1US;
CH452_SCL_CLR;    /*钳住 I2C 总线,准备发送或接收数据 */
DELAY_1US;
}
void CH452_I2c_Stop(void)                      // 操作结束
{
CH452_SDA_CLR;
DELAY_1US;
CH452_SCL_SET;
DELAY_1US;
CH452_SDA_SET;  /*发送 I2C 总线结束信号*/
DELAY_1US;
DELAY_1US;
 ENABLE_KEY_INTERRUPT;
}
void CH452_I2c_WrByte(unsigned char dat)   //写一个字节数据
{
unsigned char i;
for(i=0;i!=8;i++)                              // 输出 8 位数据
{
    if(dat&0x80) {CH452_SDA_SET;}
    else {CH452_SDA_CLR;}
    DELAY_1US;
    CH452_SCL_SET;
    dat<<=1;
    DELAY_1US;
    DELAY_1US;
    CH452_SCL_CLR;
    DELAY_1US;
}
CH452_SDA_SET;
DELAY_1US;
CH452_SCL_SET;                                 // 接收应答
DELAY_1US;
DELAY_1US;
CH452_SCL_CLR;
DELAY_1US;
}
```

```
unsigned char  CH452_I2c_RdByte(void)        //读一个字节数据
{
unsigned char dat,i;
CH452_SDA_SET;
dat=0;
for(i=0;i!=8;i++)                            // 输入 8 位数据
{
    CH452_SCL_SET;
    DELAY_1US;
    DELAY_1US;
    dat<<=1;
    if(CH452_SDA_IN) dat++;                  // 输入 1 位
    CH452_SCL_CLR;
    DELAY_1US;
}
CH452_SDA_SET;
DELAY_1US;
CH452_SCL_SET;                               // 发出无效应答
DELAY_1US;
DELAY_1US;
CH452_SCL_CLR;
DELAY_1US;
return(dat);
}
void CH452_Write(unsigned short cmd)         //写 CH342 命令函数
{
CH452_I2c_Start();                           //启动总线
#ifdef  ENABLE_2_CH452                       // 若有两个 CH452 并连
    CH452_I2c_WrByte((unsigned
char)(cmd>>7)&CH452_I2C_MASK|CH452_I2C_ADDR0);
// CH452 的 ADDR=0 时
#else
    CH452_I2c_WrByte((unsigned
char)(cmd>>7)&CH452_I2C_MASK|CH452_I2C_ADDR1);
// CH452 的 ADDR=1 时(默认)
#endif
    CH452_I2c_WrByte((unsigned char)cmd);    //发送数据
    CH452_I2c_Stop();                        //停止总线
}
unsigned char CH452_Read(void)               //读取状态
{
```

```
    unsigned char keycode;
        CH452_I2c_Start();                          //启动总线*
        CH452_I2c_WrByte((unsigned
char)(CH452_GET_KEY>>7)&CH452_I2C_MASK|0x01|CH452_I2C_ADDR1);
        // 若有两个 CH452 并连,当 ADDR=0 时,需修改为 CH452_I2C_ADDR0
        keycode=CH452_I2c_RdByte();                 //读取数据
        CH452_I2c_Stop();                           //结束总线
        return(keycode);
    }
```

2. 应用实例——CH452 的串口数据显示和按键状态返回

本应用是一个使用 CH452 扩展数码管和按键，将串口送来的数据在数码管上显示，并且将当前的按键值返回的实例，实例的应用电路如图 9.22 所示。

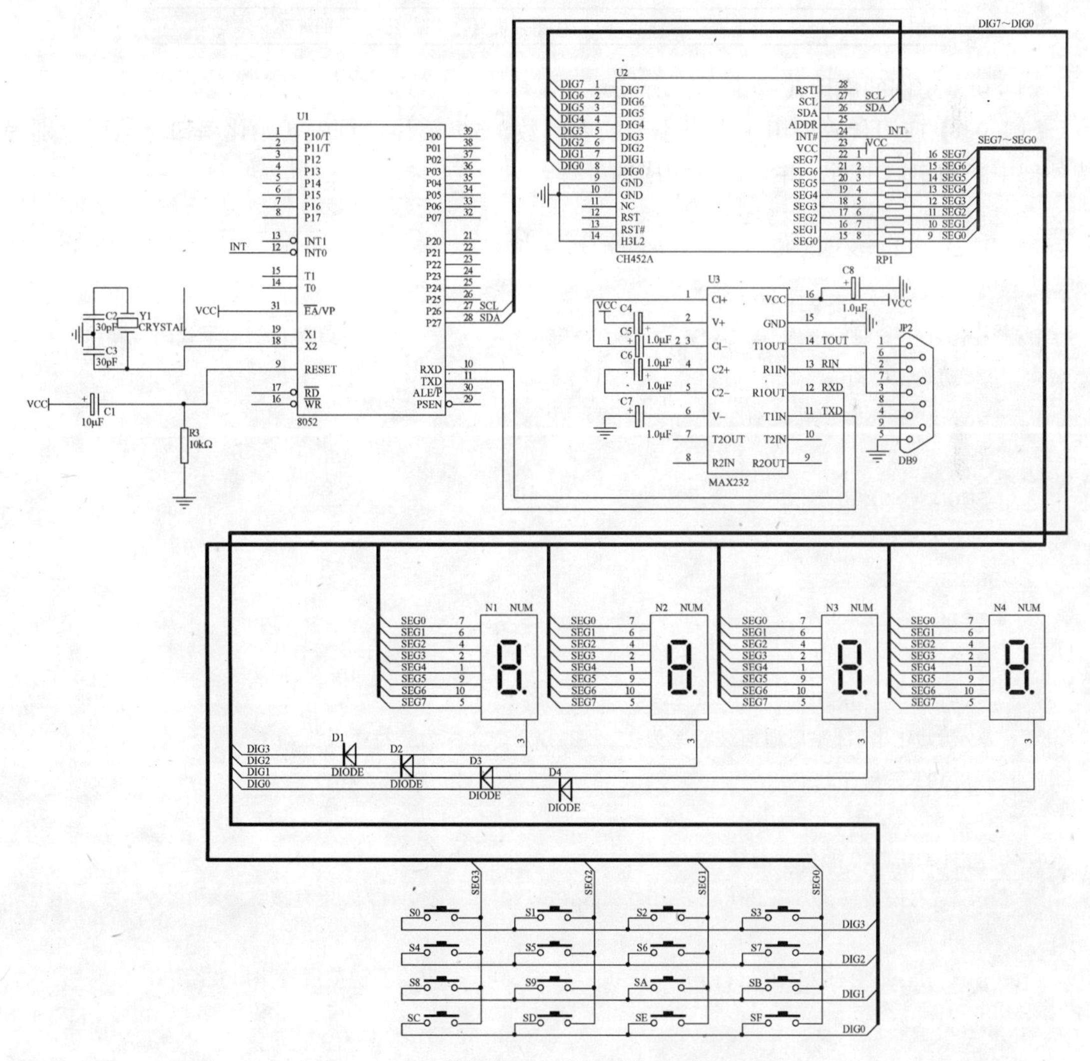

图 9.22　串口数据显示和按键状态返回实例电路

如图 9.22 所示，51 单片机用 P2.7 和 P2.6 引脚扩展了一片 CH452A，CH452A 的中断信号输出连接到 51 单片机的 INT0 引脚，CH452A 外接了 4 个共阴极 8 段数码管和 16 个 4×4 行列扫描键盘，51 单片机和 PC 使用 MAX232 作为 RS-232 电平转换芯片，表 9.19 是实例涉及的典型器件列表。

表 9.19 CH452 的串口数据显示实例器件列表

器　件	说　明
51 单片机	核心部件
CH452	数码管和键盘驱动芯片
4×4 行列键盘	输入设备
数码管	显示器件
MAX232	RS-232 电平转换芯片
二极管	防止数码管电流反串
电阻	限流
晶体	51 单片机工作的振荡源
电容	51 单片机复位和振荡源工作的辅助器件

例 9.9 是实例的应用代码。

【例 9.9】应用代码调用了上一小节的库函数，51 单片机首先初始化串口，然后分别等待外部中断和串口中断，并且进行相应的处理。

```
#include <AT89X52.h>
#include <intrins.h>
#include <stdio.h>
unsigned char ViewData = 0x00;                  //串口接收的显示代码
//初始化串口
void initUART(void)
{
SCON = 0x50;
PCON = 0x80;
RCLK = 1;
TCLK = 1;
RCAP2H = 0xff;
RCAP2L = 0xfd;
//初始化串口,串口通信波特率为 115.2Kbps,T2 作为波特率发生器
    TR2 = 1;                                    //启动 T2
}
//外部中断 0 服务子函数
void int1(void) interrupt 0 using 2             //如果有按键中断
{
putchar(CH452_Read());                        //将按键值通过串口发给 PC
}
//串口
void serialDeal(void) interrupt 4 using 1
```

```
{
  if(RI==1)
  {
   RI = 0;
   ViewData = SBUF;                              //读取待显示数据
  }
}
main()
{
  unsigned char temp;
  initUART();                                    //初始化串口
  IE0=0;
EX0=1;                                           //开外部中断
EA = 1;                                          //开总中断
 CH452_Write(CH452_SYSON2);                      //使用 I2C 接口总线
CH452_Write(CH452_BCD);                          //采用 BCD 译码,驱动 8 个数码管
 while(1)
 {
  CH452_Write(CH452_DIG3 | 0);                   //数码管 7 输出 1
   temp = ViewData/100;                          //最高位
  CH452_Write(CH452_DIG2 | temp);                //输出最高位
   temp = ViewData/100/10;
  CH452_Write(CH452_DIG1 | temp);                //第二位
   temp = ViewData%10;
  CH452_Write(CH452_DIG0 | temp);                //最低位
 }
}
```

9.6　数字字符液晶 1602 扩展

在 51 单片机的应用系统中，有时需要显示一些汉字、字符或者图形信息，这时就需要使用液晶显示模块，液晶显示模块（LCM）是一种低功耗的显示模块，而且能够显示诸如文字、曲线、图形、动画等信息。按照液晶显示模块显示图案的不同，通常可分为笔段型 LCD、字符型 LCD 和点阵图形型 LCD 三种。字符型 LCD 是专门用来显示英文和其他拉丁文字母、数字、符号等的点阵型液晶显示模块。它一般由若干个 5×8 或 5×11 点阵组成，每一个点阵显示一个字符，这类模块一般应用于数字寻呼机、数字仪表等电子设备中，本小节将介绍最常见的 1602 字符液晶。

9.6.1　1602 液晶基础

1602 是常用的液晶模块之一，主要特点如下：

- 液晶模块由若干个 5×8 点阵块组成的显示字符块组成，每个点阵块为一个字符位，字符间距和行距都为一个点的宽度。
- 主控芯片为 HD44780（HITACHI）或其他兼容芯片。
- 自带内存 192 种字符。
- 具有 64 个字节的自定义字符 RAM，可自定义为 8 个 5×8 字符或 4 个 5×11 字符。
- 具有标准的接口，方便和 51 单片机连接。
- 单+5V 电源供电。

图 9.23 所示是 1602 液晶的实物图。

1．1602 的引脚封装

1602 使用的是 SIP-16 的标准封装，其引脚封装如图 9.24 所示。

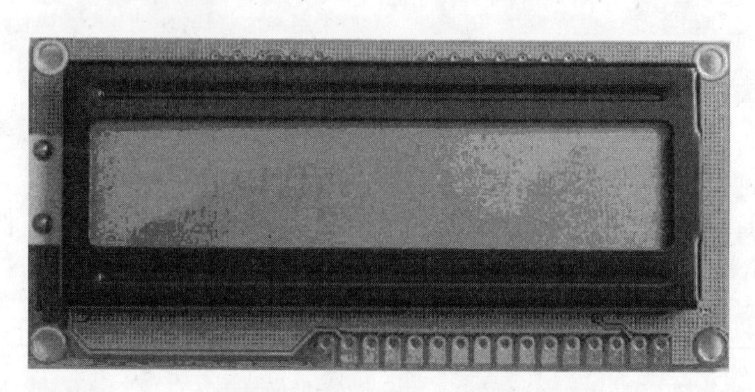

图 9.23　1602 液晶实物图

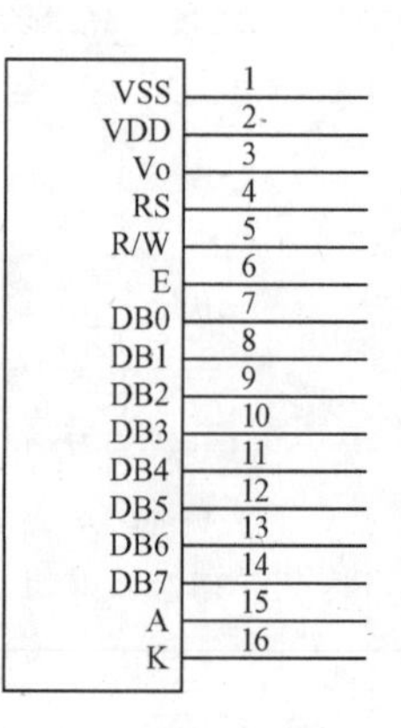

图 9.24　1602 的引脚封装

- VSS：电源地引脚。
- VDD：电源引脚。
- Vo：液晶显示偏压信号引脚，接 0～5V 以调节显示对比度。
- RS：寄存器选择引脚，1：数据；0：指令。
- R/W：读、写操作选择引脚，1：读；0：写。
- E：使能信号引脚。
- DB0～DB7：数据总线引脚。
- A：背光 5V 电源引脚。
- K：背光地信号引脚。

2．1602 的指令

51 单片机通过向 1602 发送相关指令以完成对 1602 的控制，这些指令包括清屏命令、复位命令等，如表 9.20～表 9.30 所示。

- 清屏指令：用于清除 DDRAM 和 AC 的数值，将屏幕的显示清空。

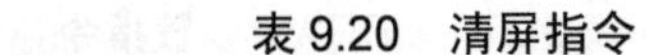

表 9.20　清屏指令

RS	RW	D7	D6	D5	D4	D3	D2	D1	D0
0	0	0	0	0	0	0	0	0	1

- 归零指令：将屏幕的光标回归原点。

表 9.21　归零指令

RS	RW	D7	D6	D5	D4	D3	D2	D1	D0
0	0	0	0	0	0	0	0	1	*

- 输入方式选择指令；用于设置光标和画面移动方式。其中，I/D=1：数据读、写操作后，AC 自动加 1；I/D=0：数据读、写操作后，AC 自动减 1；S=1：数据读、写操作，画面平移；S=0：数据读、写操作，画面保持不变。

表 9.22　输入方式选择指令

RS	RW	D7	D6	D5	D4	D3	D2	D1	D0
0	0	0	0	0	0	0	1	I/D	S

- 显示开关控制指令：用于设置显示、光标及闪烁开、关。其中，D 表示显示开关：D=1 为开，D=0 为关；C 表示光标开关：C=1 为开，C=0 为关；B 表示闪烁开关：B=1 为开，B=0 为关。

表 9.23　显示开关控制指令

RS	RW	D7	D6	D5	D4	D3	D2	D1	D0
0	0	0	0	0	0	1	D	C	B

- 光标和画面移动指令：用于在不影响 DDRAM 的情况下使光标、画面移动。其中，S/C=1：画面平移一个字符位；S/C=0：光标平移一个字符位；R/L=1：右移；R/L=0：左移。

表 9.24　光标和画面移动指令

RS	RW	D7	D6	D5	D4	D3	D2	D1	D0
0	0	0	0	0	1	S/C	R/L	*	*

- 功能设置指令：用于设置工作方式（初始化指令）。其中，DL=1：8 位数据接口；DL=0：四位数据接口；N=1：两行显示；N=0：一行显示；F=1：5×10 点阵字符；F=0：5×7 点阵字符。

表 9.25　功能设置指令

RS	RW	D7	D6	D5	D4	D3	D2	D1	D0
0	0	0	0	1	DL	N	F	*	*

- CGRAM 设置指令：用于设置 CGRAM 地址，A5～A0=0x00～0x3F。

表 9.26　CGRAM 设置指令

RS	RW	D7	D6	D5	D4	D3	D2	D1	D0
0	0	0	1	A5	A4	A3	A2	A1	A0

- DDRAM 设置指令：用于设置 DDRAM 地址，N=0：一行显示 A6～A0=0～4FH；N=1：两行显示，首行 A6～A0=00H～2FH，次行 A6～A0=40H～64FH。

表 9.27　DDRAM 设置指令

RS	RW	D7	D6	D5	D4	D3	D2	D1	D0
0	0	1	A6	A5	A4	A3	A2	A1	A0

- 读 BF 和 AC 指令：其中，BF=1 表示忙；BF=0 表示准备好。此时，AC 值意义为最近一次地址设置（CGRAM 或 DDRAM）定义。

表 9.28　读 BF 和 AC 指令

RS	RW	D7	D6	D5	D4	D3	D2	D1	D0
0	1	BF	AC6	AC5	AC4	AC3	AC2	AC1	AC0

- 写数据指令：用于将地址码写入 DDRAM 以使 LCD 显示出相应的图形或将用户自创的图形存入 CGRAM 内。

表 9.29　写数据指令

RS	RW	D7	D6	D5	D4	D3	D2	D1	D0
1	0	数据							

- 读数据指令：根据当前的设置，从 DDRRAM 或 CGRAM 数据读出。

表 9.30　读数据指令

RS	RW	D7	D6	D5	D4	D3	D2	D1	D0
1	1	数据							

9.6.2　1602 液晶的应用电路

1602 液晶与 51 单片机的典型应用电路如图 9.25 所示，51 单片机使用一个并行端口连接到 1602 的 8 位并行数据端口，然后使用其他任意三根 I/O 引脚来控制 1602 的读写和使能。

通过调节图 9.25 中的滑动变阻器 R4 的阻值，可以调节 1602 的显示屏的对比度。而滑动变阻器 R5 可以用于调节 1602 的背光亮度。

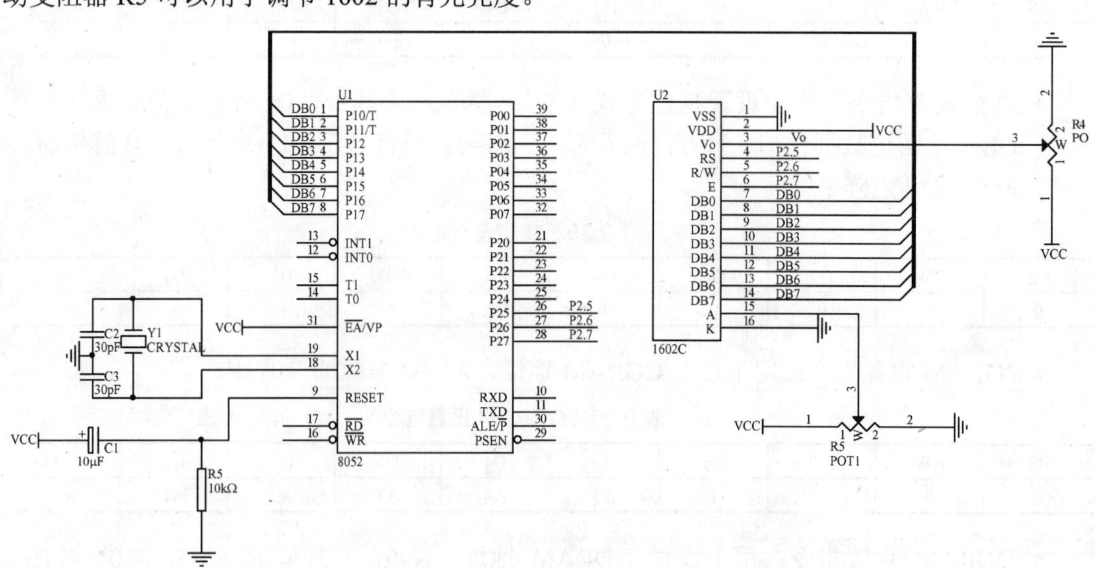

图 9.25　1602 液晶与 51 单片机的典型应用电路

9.6.3　1602 液晶的操作步骤

1602 液晶的详细操作步骤如下：

（1）进入初始化状态。

（2）51 单片机向 1602 写入命令字 0x38。

（3）延时 4ms 以上。

（4）再次向 1602 写入命令字 0x38。

（5）延时 100μs 以上。

（6）再次向 1602 写入命令字 0x38。

（7）写入命令字 0x0C。

（8）写入命令字 0xo1。

（9）初始化结束，将待显示的数据写入 1602。

9.6.4　1602 液晶的应用代码

1．1602 的库函数

例 9.10 是 1602 的库函数的应用代码。

【例 9.10】1602 和 51 单片机使用 P0 进行数据交换，P2.5～P2.7 用于对 1602 进行相应的读/写控制。

```
#include <AT89X52.h>
sbit RS = P2^5;
sbit RW = P2^6;
sbit EN = P2^7;                    //控制引脚定义
//延时函数
void Delayms(unsigned int ms)
{
    unsigned char i;
while(ms--)
{
    for(i=0;i<120;i++);
}
}
//忙标志检查
unsigned char Busy_Check()
{
    unsigned char LCD_Status;
RS = 0;
RW = 1;
EN = 1;
```

```
Delayms(1);
 LCD_Status = P0;
EN = 0;
return LCD_Status;
}
//写 1602 的控制命令
void Write_LCD_Command(unsigned char cmd)
{
    while((Busy_Check()&0x80)==0x80);
RS = 0;
RW = 0;
EN = 0;
P0 = cmd;
EN = 1;
Delayms(1);
EN = 0;
}
//写 1602 的数据
void Write_LCD_Data(unsigned char dat)
{
    while((Busy_Check()&0x80)==0x80);
RS = 1;
RW = 0;
EN = 0;
P0 = dat;
EN = 1;
Delayms(1);
EN = 0;
}
//初始化 1602 液晶
void Initialize_LCD()
{
    Write_LCD_Command(0x38);
Delayms(1);
Write_LCD_Command(0x01);
Delayms(1);
Write_LCD_Command(0x06);
Delayms(1);
Write_LCD_Command(0x0c);
Delayms(1);
}
```

```
//显示字符串
void ShowString(unsigned char x,unsigned char y,unsigned char *str)
{
    unsigned char i = 0;
if(y == 0)
    Write_LCD_Command(0x80 | x);
if(y == 1)
    Write_LCD_Command(0xc0 | x);
for(i=0;i<16;i++)
{
    Write_LCD_Data(str[i]);
}
}
```

2．1602 显示串口发送数据

本应用是使用 51 单片机扩展 1602 显示 PC 通过串口发送的数据和字符的实例，其应用电路如图 9.26 所示。

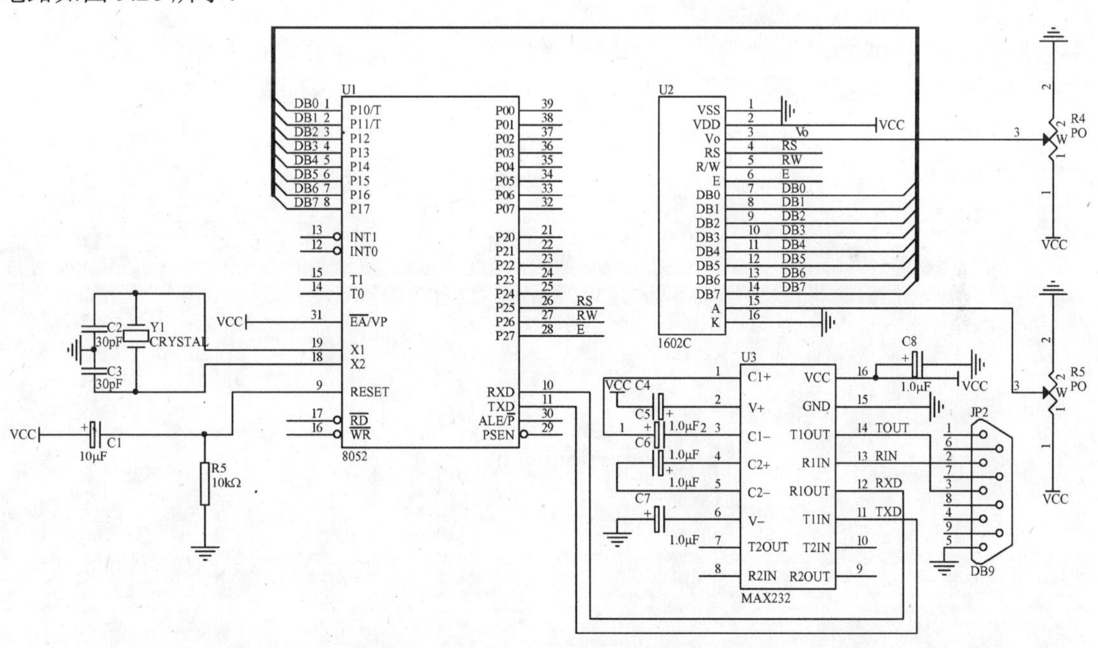

图 9.26　1602 显示串口发送数据实例电路

51 单片机的 P0 口和 1602 的数据端口连接，P2.5～P2.7 用于对 1602 的相应端口进行控制，R4 和 R5 分别用于调节 1602 的对比度和背光亮度，单片机和 PC 通过 MAX232 电平转换芯片进行通信，实例涉及的典型器件如表 9.31 所示。

例 9.11 是实例的应用代码。

【例 9.11】代码调用了上一小节的库函数，在完成对串口和 1602 的初始化之后进入 while 循环，等待串口发送待显示数据，然后调用显示函数将该数据显示出来。

表 9.31　1602 显示串口发送数据实例器件列表

器　件	说　明
51 单片机	核心部件
1602	字符液晶，显示器件
MAX232	RS-232 电平转换芯片
电阻	限流
晶体	51 单片机工作的振荡源
电容	51 单片机复位和振荡源工作的辅助器件

```
#include <AT89X52.h>
sbit RS = P2^5;
sbit RW = P2^6;
sbit EN = P2^7;                                    //控制引脚定义
unsigned char viewdata;                            //待发送数据
//串口初始化函数
void initUART(void)
{
SCON = 0x50;
PCON = 0x80;
RCLK = 1;
TCLK = 1;
RCAP2H = 0xff;
RCAP2L = 0xfd;
//初始化串口,串口通信波特率为 115.2Kbps，T2 作为波特率发生器
TR2 = 1;                                           //启动 T2
}
//串口中断服务子函数
void serialDeal(void) interrupt 4 using 1
{
  if(RI==1)
  {
    RI = 0;
    viewdata = SBUF;                               //读取待显示数据
  }
}
main()
{
  initUART();                                      //初始化串口
  Initialize_LCD();                                //初始化串口
  while(1)
```

```
    {
      ShowString(0,0,&viewdata);          //在 0.0 的位置显示数据
    }
  }
```

9.7　汉字图形液晶 12864 扩展

当 51 单片机需要输出汉字或者图形等信息时，可以使用汉字图形液晶模块 12864。

9.7.1　12864 液晶基础

12864 液晶是一块 128×64 点阵的 LCD 显示模块，通常来说其自带两种字号的二级汉字库，并且自带基本绘图 GUI 功能，包括画点、直线、矩形、圆形等；此外还自带两字号的 ASCII 码西文字库。12864 采用 SPI 串行接口和 51 单片机连接，包括从机引脚 SS，时钟引脚 SCK，数据引脚 SDA 和一根额外的 BUSY 引脚。12864 液晶模块提供了大量的控制命令，51 单片机只需要简单的操作即可实现对该液晶模块的控制，12864 液晶模块的特点如下：

- 提供 128×64 点阵显示。
- 提供 SPI 串行接口方式。
- 自带 12×12 和 16×16 二级汉字库。
- 自带 6×10 和 8×16ASCII 西文字库。
- 自带基本绘图功能。
- 提供 3.3V/5V 的工作电源可选，自带背光。

图 9.27 所示是常见的 12864 液晶模块的实物图。

1. 12864 的引脚封装

图 9.28 所示是 12864 的引脚封装图，其详细说明如下。

图 9.27　12864 液晶模块实物图

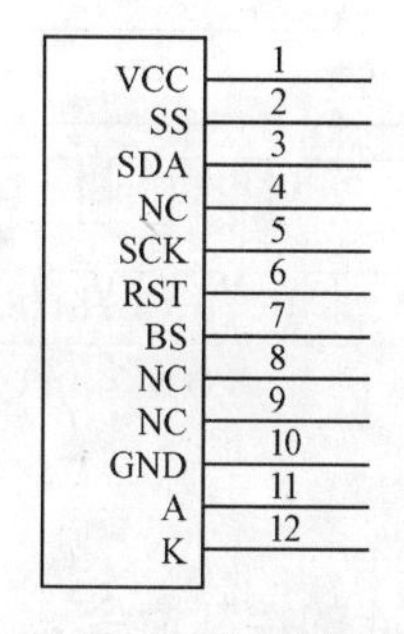

图 9.28　12864 的引脚封装图

- VCC：LCM 供电引脚，3.3V/5V 输入。
- SS：SPI 接口从机选择引脚。
- SDA：SPI 数据输入引脚。
- TS：测试用保留引脚。
- SCK：SPI 时钟引脚。
- RST：复位引脚。
- BS：LCM 忙信号引脚。
- NC：保留引脚。
- GND：电源地引脚。
- A：背光电源输入引脚。
- K：背光电源地信号引脚。

2．12864 的复位和数据传输时序

12864 液晶模块自带 ATmega 等单片机为主核心的控制模块，并且带有存放字库的存储器，用户在使用该模块的时候只需要按照 SPI 串行接口标准对模块使用控制命令进行操作即可。12864 液晶模块有一个复位引脚，可以对该引脚输入一个低电平脉冲来让模块复位，复位需要保持低电平最少 1ms，在恢复高电平 2ms 后才能对模块进行操作，如果模块复位不正常，将无法正常工作，12864 液晶模块的复位时序如图 9.29 所示。

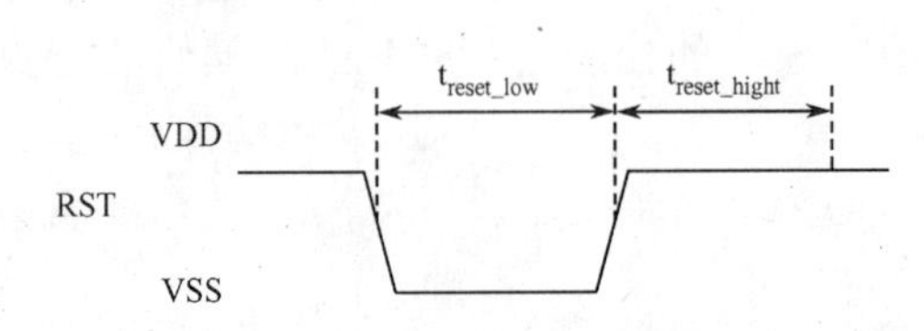

图 9.29　12864 液晶模块的复位时序

12864 液晶模块的串行 SPI 接口最高时钟频率为 2MHz，其时序如图 9.30 所示。在 SPI 接口中，SS 为从机选择线，当 SS 从高电平变为低电平之后，模块开始接收控制指令，模块对 SDA 数据线的采样在每个时钟 SCK 的上升沿，当完成 SS 变低电平后传输的控制指令接收之后，BUSY 引脚将被置高，此时 SCK 不应该再有跳变；当 BUSY 变为低电平之后可以进行下一个字节数据的传输；而在一次完整的控制指令以指令参数的数据传输过程中，SS 必须保持为低电平，如果 SS 变成高电平，则认为是本次操作的结束或者中断。所以用户在每个字节的传输之间，应该检测 BUSY 引脚的状态，只有在 BUSY 引脚为低电平时，传输数据才是有效且正确的。

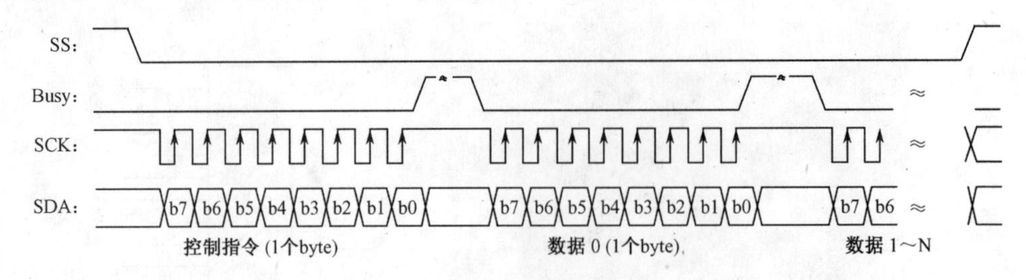

图 9.30　12864 的数据传输时序

3．12864 的控制命令

12864 液晶模块提供了 16 组控制命令以供用户操作，如表 9.32 所示。

表 9.32　12864 的控制命令

控制指令	功　能	数据长度（字节）	参　数	说　明
0x01	绘点	2	Data1：X 轴坐标 Data2：Y 轴坐标	X=0–127 Y=0–63
0x02	画直线	4	Data1：直线起点 X 轴坐标 Data2：直线起点 Y 轴坐标 Data3：直线终点 X 轴坐标 Data4：直线终点 Y 轴坐标	
0x03	画矩形框	4	Data1：左上角 X 轴坐标 Data2：左上角 Y 轴坐标 Data3：右下角 X 轴坐标 Data4：右下角 Y 轴坐标	
0x04	画实心矩形	4	Data1：左上角 X 轴坐标 Data2：左上角 Y 轴坐标 Data3：右下角 X 轴坐标 Data4：右下角 Y 轴坐标	
0x05	画圆框	3	Data1：圆心 X 轴坐标 Data2：圆心 Y 轴坐标 Data3：圆半径	
0x06	画实心圆	3	Data1：圆心 X 轴坐标 Data2：圆心 Y 轴坐标 Data3：圆半径	
0x07	显示 ASCII 字符	3	Data1：字符左上角 X 轴坐标 Data2：字符左上角 Y 轴坐标 Data3：ASCII 编码	ACSII 编码中，0～31 无效
0x08	显示汉字	4	Data1：字符左上角 X 轴坐标 Data2：字符左上角 Y 轴坐标 Data3：GB 码的高 8 位 Data4：GB 码的低 8 位	
0x09	填充数据	>2	Data1：要填充的起始位置的 X 轴坐标 Data2：要填充的起始位置的页数 Data3～DataN：要填充的数据	Page=0～7
0x80	清屏	1	Data1：可以为任意数据，但是必须有	
0x81	设置 ASCII 字符类型	1	Data1：分高低四位有不同含义 高四位 b7～b4 为字符大小选择 b7～b4 = 0000 选择 8×16 字体 b7～b4 = 0001 选择 6×10 字体 低四位 b3～b0 为字符颜色选择 b3～b0 = 0000 选择白色字体 b3～b0 = 0001 选择黑色字体	
0x83	设置绘图色	1	Data1：为 0 时表示使用白色进行绘制，非 0 则为黑色	仅作用于绘图操作
0x84	Y 轴倒置	1	Data1：为 0 时表示 Y 轴将倒置，非 0 则为正常使用	
0x85	X 轴倒置	1	Data1：为 0 时表示 X 轴将倒置，非 0 则为正常使用	下一次显示生效
0x88	LCM 开关	1	Data1：为 0 时表示关闭 LCM，非 0 则为正常使用	

9.7.2 12864 液晶的应用电路

12864 液晶的典型应用电路如图 9.31 所示，51 单片机使用 P1.0～P1.4 和 12864 液晶的数据和控制端口连接。

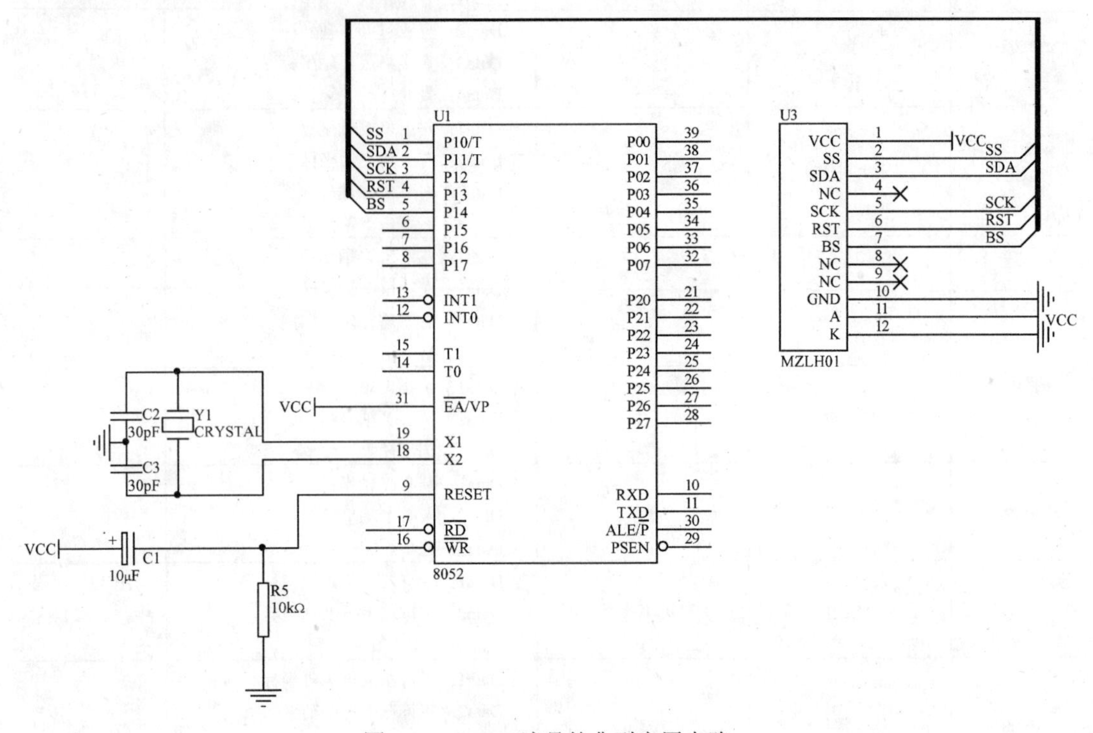

图 9.31　12864 液晶的典型应用电路

9.7.3 12864 液晶的操作步骤

12864 液晶的详细操作步骤如下：

（1）51 单片机将 12864 初始化为数据传输状态。

（2）将 12864 的 SS 引脚置为低电平。

（3）向 12864 写入控制命令及控制命令参数。

（4）将 SS 引脚拉高。

（5）写入相应待显示数据。

注：在对 12864 液晶模块进行写操作之前，应该先对 BUSY 信号进行检测，当该引脚为低电平时，才对该模块进行数据发送操作。

9.7.4 12864 液晶的应用代码

1. 12864 的库函数

例 9.12 是 12864 的操作库函数。

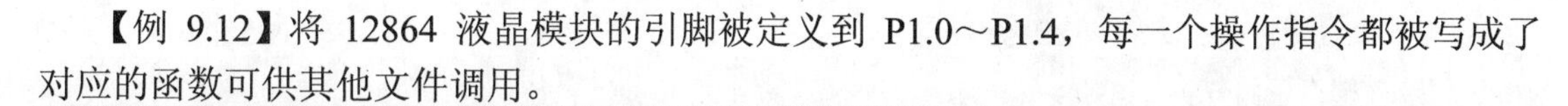

【例 9.12】将 12864 液晶模块的引脚被定义到 P1.0～P1.4，每一个操作指令都被写成了对应的函数可供其他文件调用。

```
        #include <AT89X52.h>
        #define Dis_X_MAX       128-1
        #define Dis_Y_MAX       64-1
        //Define the MCU Register
        sbit SPI_SS=P1^0;
        sbit SPI_SDA=P1^1;
        sbit SPI_SCK=P1^2;
        sbit SPI_RES=P1^3;
        sbit SPI_BUSY=P1^4;
         //12864 的接口引脚定义
        void LCD_Init(void);                           //液晶初始化函数
        void SPI_SSSet(unsigned char Status);  //设置 SPI 主机从机函数
        void SPI_Send(unsigned char Data);      //SPI 发送字节函数
        void FontSet(unsigned char Font_NUM,unsigned char Color);
                                                       //英文字符设置函数
        void FontSet_cn(unsigned char Font_NUM,unsigned char Color);
                                                       //中文字符设置函数
        void PutChar(unsigned char x,unsigned char y,unsigned char a);
        //在指定坐标输出一个字符的函数
        void PutString(unsigned char x,unsigned char y,unsigned char *p);
        //在指定坐标输出一个字符的函数串的函数
        void PutChar_cn(unsigned char x,unsigned char y,unsigned short * GB);
        //在指定坐标输出一个中文字符的函数
        void PutString_cn(unsigned char x,unsigned char y,unsigned short *p);
        //在指定坐标输出一个中文字符串的函数
        void SetPaintMode(unsigned char Mode,unsigned char Color);
                                                       //设置绘图模式的函数
        void PutPixel(unsigned char x,unsigned char y);
                                                       //绘制一个像素点的函数
        void Line(unsigned char s_x,unsigned char  s_y,unsigned char  e_x,
unsigned char  e_y);
        //画线函数
        void Circle(unsigned char x,unsigned char y,unsigned char r,unsigned
char mode);
        //画圆函数
        void Rectangle(unsigned char left, unsigned char top, unsigned char
right,
                    unsigned char bottom, unsigned char mode);  //画长方形函数
```

```
void ClrScreen(void);
//清屏幕函数
void fill_s(unsigned char x,unsigned char y,unsigned char * String,
unsigned char Number);
//填充屏幕的函数
unsigned char X_Witch=6;                              //X轴字符起始分布点
unsigned char Y_Witch=10;                             //Y轴字符起始分布点
unsigned char X_Witch_cn=16;                          //X轴中文字符起始分布点
unsigned char Y_Witch_cn=16;                          //Y轴中文字符起始分布点
unsigned char Dis_Zero=0;
void TimeDelay(unsigned int Timers)                   //延时函数
{
unsigned int i;
while(Timers)
{
    Timers--;
    for(i=0;i<1000;i++) ;
}
}
//液晶初始化函数,用于初始化液晶
void LCD_Init(void)
{
SPI_SS = 1;
SPI_SDA = 1;
SPI_SCK = 1;
SPI_BUSY = 1;

SPI_RES = 0;                                     //复位
TimeDelay(20);                                   //保持低电平大概2ms左右
SPI_RES = 1;                                     //恢复高电平
TimeDelay(20);                                   //延时大概2ms左右
}
//设置SPI主机从机函数,用于打开或者关闭SPI的从机模式
void SPI_SSSet(unsigned char Status)
{
while(SPI_BUSY==1);                              //如Busy为高电平,则循环等待
if(Status)                                       //判断是要置SS为低还是高
                                                   电平
{
    SPI_SS = 1;                                  //SS置高电平
}
```

```
else
    SPI_SS = 0;                                   //SS 置低电平
}
//SPI 发送字节函数,用于通过 SPI 发送一个字节
void SPI_Send(unsigned int Data)
{
unsigned int i=0;
while(SPI_BUSY);                                  //如 Busy 为高电平,则循环等待
for(i=0;i<8;i++)
{
    SPI_SCK = 0;                                  //SCK 置低
    if(Data&0x0080)
        SPI_SDA = 1;
    else SPI_SDA = 0;
    SPI_SCK = 1;                                  //SCK 上升沿触发串行数据采样
    Data = Data<<1;                               //数据左移一位
}
}
//英文字符设置函数,用于设置英文输出字符
//第一个参数为英文字符的大小,第二个参数为颜色
void FontSet(unsigned char Font_NUM,unsigned char Color)
{
unsigned char ucTemp=0;
if(Font_NUM)
{
    X_Witch = 6;
    Y_Witch = 10;
}
else
{
    X_Witch = 8;
    Y_Witch = 16;
}
ucTemp = (Font_NUM<<4)|Color;
//设置 ASCII 字符的字型
SPI_SSSet(0);                       //SS 置低电平
SPI_Send(0x81);                     //传送指令 0x81
SPI_Send(ucTemp);                   //选择 8×16 的 ASCII 字体,字符色为黑色
SPI_SSSet(1);                       //完成操作置 SS 高电平
}
//中文字符设置函数,用于设置英文输出字符
```

```
//第一个参数为中文字符的大小,第二个参数为颜色
void FontSet_cn(unsigned char Font_NUM,unsigned char Color)
{
unsigned char ucTemp=0;
if(Font_NUM)
{
    X_Witch_cn = 12;
    Y_Witch_cn = 12;
}
else
{
    X_Witch_cn = 16;
    Y_Witch_cn = 16;
}
ucTemp = (Font_NUM<<4)|Color;
//设置 ASCII 字符的字型
SPI_SSSet(0);                     //SS 置低电平
SPI_Send(0x82);                   //传送指令 0x81
SPI_Send(ucTemp);                 //选择 8×16 的 ASCII 字体,字符色为黑色
SPI_SSSet(1);                     //完成操作置 SS 高电平
}
//在指定坐标输出一个字符的函数
//第 1、2 个参数为字符的起始 X 和 Y 坐标,第 3 个参数为输出的字符
void PutChar(unsigned char x,unsigned char y,unsigned char a)
{
//显示 ASCII 字符
SPI_SSSet(0);                     //SS 置低电平
SPI_Send(7);                      //传送指令 0x07
SPI_Send(x);                      //要显示字符的左上角的 X 轴位置
SPI_Send(y);                      //要显示字符的左上角的 Y 轴位置
SPI_Send(a);                      //要显示字符 ASCII 字符的 ASCII 码值
SPI_SSSet(1);                     //完成操作置 SS 高电平
}
//在指定坐标输出一个字符串的函数
//第 1、2 个参数为字符串的起始 X 和 Y 坐标,第 3 个参数为输出的字符串
void PutString(unsigned char x,unsigned char y,unsigned char *p)
{
while(*p!=0)
{
    PutChar(x,y,*p);
    x += X_Witch;
```

```
        if((x + X_Witch) > Dis_X_MAX)
        {
            x = Dis_Zero;
            if((Dis_Y_MAX - y) < Y_Witch) break;
            else y += Y_Witch;
        }
        p++;
    }
    }
//在指定坐标输出一个中文字符的函数
//第 1、2 个参数为中文字符的起始 X 和 Y 坐标,第 3 个参数为输出的中文字符
void PutChar_cn(unsigned char x,unsigned char y,unsigned short * GB)
{
//显示 ASCII 字符
SPI_SSSet(0);                           //SS 置低电平
SPI_Send(8);                            //传送指令 0x08
SPI_Send(x);                            //要显示字符的左上角的 X 轴位置
SPI_Send(y);                            //要显示字符的左上角的 Y 轴位置

SPI_Send((*GB>>8)&0x00ff);              //传送二级字库中汉字 GB 码的高八位值
SPI_Send(*GB&0x00ff);                   //传送二级字库中汉字 GB 码的低八位值
SPI_SSSet(1);                           //完成操作置 SS 高电平
}
//在指定坐标输出一个中文字符串的函数
//第 1、2 个参数为中文字符串的起始 X 和 Y 坐标,第 3 个参数为输出的中文字符串
void PutString_cn(unsigned char x,unsigned char y,unsigned short *p)
{
while((*p>>8)!=0)
{
    PutChar_cn(x,y,p);
    x += X_Witch_cn;
    if((x + X_Witch_cn) > Dis_X_MAX)
    {
        x = Dis_Zero;
        if((Dis_Y_MAX - y) < Y_Witch_cn) break;
        else y += Y_Witch_cn;
    }
    p++;
}
}
//设置绘图模式的函数,第一个参数为绘图的模式,第二个为绘图的颜色
```

```
void SetPaintMode(unsigned char Mode,unsigned char Color)
{
unsigned char ucTemp=0;
ucTemp = (Mode<<4)|Color;
//设置绘图模式
SPI_SSSet(0);                          //SS 置低电平
SPI_Send(0x83);                        //传送指令 0x83
SPI_Send(ucTemp);                      //选择 8×16 的 ASCII 字体,字符色为黑色
SPI_SSSet(1);                          //完成操作置 SS 高电平
}
//绘制一个像素点的函数,参数为该像素点的坐标
void PutPixel(unsigned char x,unsigned char y)
{
//绘点操作
SPI_SSSet(0);                          //SS 置低电平
SPI_Send(1);                           //送指令 0x01
SPI_Send(x);                           //送第一个数据,即设置点的 X 轴位置
SPI_Send(y);                           //点的 Y 轴位置
SPI_SSSet(1);                          //完成操作置 SS 高电平
}
//绘制线的函数,参数分别为线的起始 XY 坐标
void Line(unsigned char s_x,unsigned char  s_y,unsigned char  e_x,
unsigned char  e_y)
{
//绘制直线
SPI_SSSet(0);                          //SS 置低电平
SPI_Send(2);                           //送指令 0x02
SPI_Send(s_x);                         //起点 X 轴坐标
SPI_Send(s_y);                         //起点 Y 轴坐标
SPI_Send(e_x);                         //终点 X 轴坐标
SPI_Send(e_y);                         //终点 Y 轴坐标
SPI_SSSet(1);                          //完成操作置 SS 高电平
}
//绘制圆的函数
//参数分别为圆心的 X、Y 坐标、圆的半径及圆的模式
void Circle(unsigned char x,unsigned char y,unsigned char r,unsigned
char mode)
{
SPI_SSSet(0);
if(mode)
    SPI_Send(6);
```

```
        else
            SPI_Send(5);
        SPI_Send(x);
        SPI_Send(y);
        SPI_Send(r);
        SPI_SSSet(1);
        }
        //绘制长方形的函数
        //参数分别为长方形的起始 X、Y 坐标及模式
        void Rectangle(unsigned char left, unsigned char top, unsigned char
right, unsigned char bottom, unsigned char mode)
        {
        SPI_SSSet(0);
        if(mode)
            SPI_Send(4);
        else
            SPI_Send(3);
        SPI_Send(left);
        SPI_Send(top);
        SPI_Send(right);
        SPI_Send(bottom);
        SPI_SSSet(1);
        }
        //清除屏幕显示的函数
        void ClrScreen(void)
        {
        //清屏操作
        SPI_SSSet(0);                       //SS 置低电平
        SPI_Send(0x80);                     //送指令 0x80
        SPI_Send(0);                        //指令数据
        SPI_SSSet(1);                       //完成操作置 SS 高电平
        }
        void fill_s(unsigned char x,unsigned char y,unsigned char * String,
unsigned char Number)
        {
        //清屏操作
        SPI_SSSet(0);                       //SS 置低电平
        SPI_Send(0x09);                     //送指令 0x09
        SPI_Send(x);                        //指令数据
        SPI_Send(y);                        //指令数据
        TimeDelay(1);                       //稍稍延一点时间
```

```
    while(Number!=0)
    {
        SPI_Send(*(String++));        //指令数据
        Number--;
    }
    SPI_SSSet(1);                     //完成操作置SS高电平
    }
```

2．应用实例——12864 的串口数据和图形显示

本应用是使用 51 单片机扩展 12864 根据 PC 通过串口发送的相关命令显示字符串或者图形的实例，图 9.32 所示是实例的应用电路，51 单片机使用 P1.0～P1.4 和 12864 通信，使用 MAX232 芯片作为 RS-232 电平转换芯片。

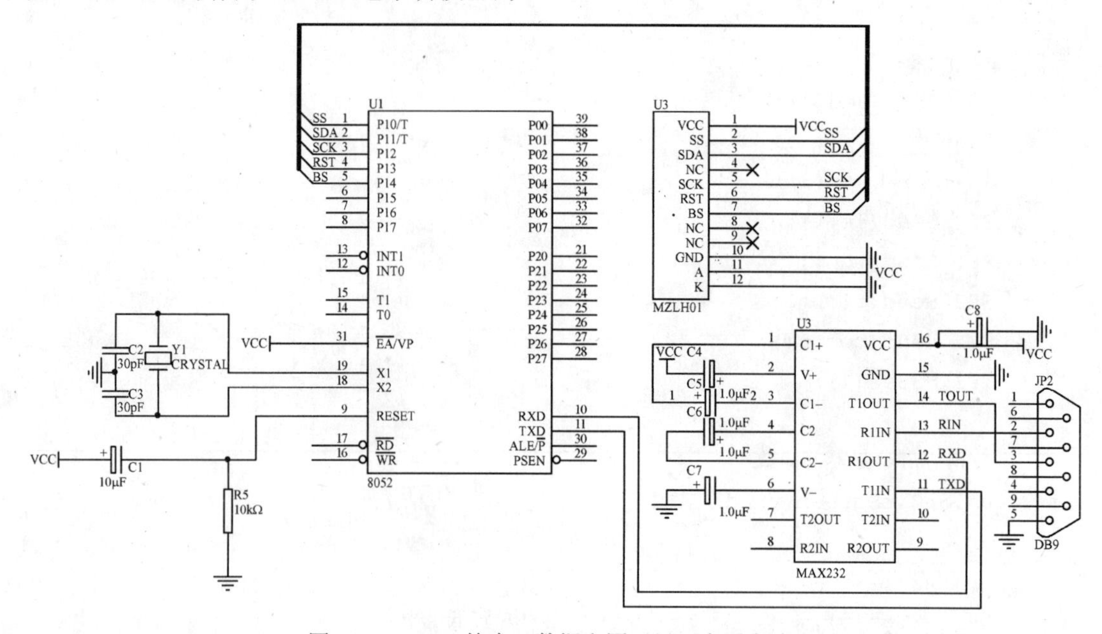

图 9.32　12864 的串口数据和图形显示应用电路

表 9.33 是 12864 的串口数据和图形显示实例涉及的典型器件。

表 9.33　12864 串口数据和图形显示实例器件列表

器　件	说　明
51 单片机	核心部件
12864	汉字和图形液晶，显示器件
MAX232	RS-232 电平转换芯片
电阻	限流
晶体	51 单片机工作的振荡源
电容	51 单片机复位和振荡源工作的辅助器件

例 9.13 是实例的应用代码。

【例 9.13】应用代码调用了上一小节的库函数，51 单片机首先对 12864 进行初始化操作，然后等待串口接收标志被置位，在主循环中检查该标志位，并且根据接收到的数据调用 switch 语句做判断，进行相应的操作。

```
    #include <AT89X52.h>
    #define Dis_X_MAX       128-1
    #define Dis_Y_MAX       64-1
    //Define the MCU Register
    sbit SPI_SS=P1^0;
    sbit SPI_SDA=P1^1;
    sbit SPI_SCK=P1^2;
    sbit SPI_RES=P1^3;
    sbit SPI_BUSY=P1^4;
    bit RxFlg = 0;                                          //接收标志位
    unsigned char Rxdata = 0x00;                            //接收到的数据
     //12864 的接口引脚定义
    void LCD_Init(void);                                    //液晶初始化函数
    void SPI_SSSet(unsigned char Status);                   //设置 SPI 主机从机函数
    void SPI_Send(unsigned char Data);                      //SPI 发送字节函数
    void FontSet(unsigned char Font_NUM,unsigned char Color);
                                                            //英文字符设置函数
    void FontSet_cn(unsigned char Font_NUM,unsigned char Color);
                                                            //中文字符设置函数
    void PutChar(unsigned char x,unsigned char y,unsigned char a);
    //在指定坐标输出一个字符的函数
    void PutString(unsigned char x,unsigned char y,unsigned char *p);
    //在指定坐标输出一个字符的函数串的函数
    void PutChar_cn(unsigned char x,unsigned char y,unsigned short * GB);
    //在指定坐标输出一个中文字符的函数
    void PutString_cn(unsigned char x,unsigned char y,unsigned short *p);
    //在指定坐标输出一个中文字符串的函数
    void SetPaintMode(unsigned char Mode,unsigned char Color);
                                                            //设置绘图模式的函数
    void PutPixel(unsigned char x,unsigned char y);         //绘制一个像素点的函数
    void Line(unsigned char s_x,unsigned char  s_y,unsigned char  e_x,
unsigned char  e_y);
    //画线函数
    void Circle(unsigned char x,unsigned char y,unsigned char r,unsigned
char mode);
    //画圆函数
    void Rectangle(unsigned char left, unsigned char top, unsigned char
```

```
right, unsigned char bottom, unsigned char mode);//画长方形函数
    void ClrScreen(void);
    //清屏幕函数
    void fill_s(unsigned char x,unsigned char y,unsigned char * String,
unsigned char Number);
    //填充屏幕的函数
    unsigned char X_Witch=6;                               //X轴字符起始分布点
    unsigned char Y_Witch=10;                              //Y轴字符起始分布点
    unsigned char X_Witch_cn=16;                           //X轴中文字符起始分布点
    unsigned char Y_Witch_cn=16;                           //Y轴中文字符起始分布点
    unsigned char Dis_Zero=0;
    //串口初始化函数
    void InitUART(void)
    {
      TMOD = 0x20;
      SCON = 0x50;
      TH1 = 0xFD;
      TL1 = TH1;
      PCON = 0x00;                                         //初始化为9600bps
      EA = 1;
      ES = 1;
      TR1 = 1;                                             //启动T1
    }
    //串口中断服务子函数
    void UARTInterrupt(void) interrupt 4
    {
      if(RI==1)
      {
        RI = 0;
        RxFlg = 1;                                         //置位接收标志位
        Rxdata = SBUF;                                     //读取接收数据
      }
    }
    main()
    {
     InitUART();                                           //串口初始化函数
     LCD_Init();                                           //初始化LCD
    ClrScreen();                                           //清屏操作
     PutString_cn(0,20,(unsigned short *)"欢迎使用");      //调用汉字串显示函数
     while(1)
     {
```

```
    if(RxFlg == 1)                              //如果有串口数据
    {
      RxFlg = 0;                                //清除标志位
      switch(Rxdata)
      {
        case 0x01:
        {
          Line(10,10,10,50);
        }break;                                 //绘制直线
        case 0x02:
        {
          FontSet(0,1);                         //选择 8X16 的 ASCII 码字库,
                                                  同时设置字符颜色为黑色
        PutChar(1,25,'B');                      //显示 ASCII 码字符"B"
        }
        break;
        case 0x03:
        {
          Rectangle(12,10,42,50,0);
        }
        break;                                  //绘制矩形框
        case 0x04:
        {
          Rectangle(14,12,40,48,1);
        }
        break;                                  //绘制实心矩形
        case 0x05:
        {
         FontSet(1,1);
//选择 6X10 的 ASCII 码字库,同时设置字符颜色为黑色
        PutString(10,52,"welcom to BJ!");      //显示字符串
        }
        break;
        case 0x06:
        {
         PutPixel(0,0);                         //绘制点
        PutPixel(2,0);
        PutPixel(4,0);
        PutPixel(5,0);
        PutPixel(0,0);
           PutPixel(0,2);
```

```
                PutPixel(0,4);
                PutPixel(0,5);
               }
              break;
              default: {}
             }
           }
         }
      }
```

第 10 章　51 单片机的 A/D 芯片扩展

在 51 单片机的应用系统中，某些信号是以模拟电压的形式给出的，此时需要使用外扩的 A/D（模拟/数字变换）通道将这些连续的模拟电压信号转换为数字信号才能被 51 单片机所识别。A/D 芯片有通道数（单通道、多通道）、精度（输入数字数据位数）和接口（并行、串行）的区别，本章将详细介绍 51 单片机应用系统中的各种 A/D 芯片扩展方法。

10.1　51 单片机的 A/D 芯片基础

A/D（模拟/数字）变换是将时间连续变化的模拟量转换为离散的量化数值的过程，通常经历采样、量化和编码三个步骤，如图 10.1 所示。

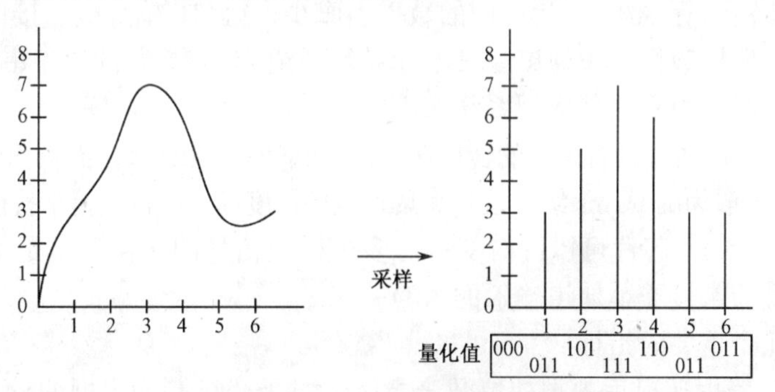

图 10.1　A/D 变换的过程

采样过程将时间连续的信号变成时间不连续的模拟信号，该过程是通过模拟开关来实现的，模拟开关每隔一定的时间间隔打开一次，一个连续的模拟信号通过这个开关后，就形成一系列的脉冲信号，称为采样信号。在理想数据采集系统中，只要满足采样定理——采样频率不小于被采集信号最高频率的两倍（$f_s \geqslant 2f_{max}$），则采样输出信号就可以无失真的重现原输入信号，而在实际应用中通常取 f_s=（5～10）f_{max}。

量化过程是将模拟信号变成数字信号的过程，如图 10.1 所示，采样后的离散信号幅值在 0～7 之间，对这些离散信号采用四舍五入的方法进行量化处理，得到离散的量化值，量化值的幅度在 0～5 之间，如图 10.1 的横轴所示，此时输入信号的幅值变化就与实际的数值对应起来，完成了从模拟到数字的变换；量化过程也会引入误差，增加采样频率和幅值的表示位数可以减少误差。

为了方便处理，通常将量化过程得到的量化值进行二进制编码，对相同范围的模拟量，编码位数越多，量化误差越小。对无正负区分的单极性信号，所有的二进制编码位均表示其数值大小。对有正负的双极性信号则必须有一位符号位表示其极性，通常有三种表示方法：

符号数值法、补码和偏移二进制码。

一个完整的 51 单片机的 A/D 转换通道如图 10.2 所示，其由传感器、电压调理模块、A/D 转换通道芯片所组成。

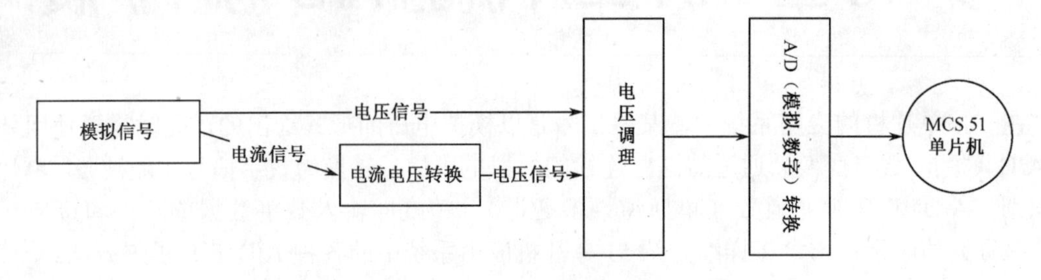

图 10.2　完整的 51 单片机 A/D 转换通道构成

A/D 芯片按转换数据的输出方式可分为串行和并行两种，其中，并行 A/D 芯片又可根据数据宽度分为 8 位、10 位、12 位、24 位等；按转换原理可以分为逐次逼近型（SAR）和双积分型；按照同一块芯片上支持的同时输入的模拟信号数目可以分为同时支持多个模拟信号输入的多通道型和只支持单个模拟信号输入的单通道型。

并行 A/D 芯片需要占用较多数目的数据引脚，但是其输出速度快，在数据宽度比较低时有较高的性价比；串行 A/D 芯片占用的数据引脚少，比 51 单片机的接口简单，但是由于数据要逐位输出，所以数据输出速度通常不如并行通道的 A/D 芯片快。串行和并行 A/D 芯片各有优势，使用时主要看具体应用系统的需求。

逐次逼近型的 A/D 芯片具有很快的转换速度，一般是 ns 或μs 级；而双积分型 A/D 芯片的转换速度要慢一些，一般为μs 或 ms 级，但是其具有转换精度高、廉价、抗干扰能力强等优点。

多通道输入的 A/D 芯片可以同时支持对多个模拟信号的转换，但是由于需要进行通道切换，其转换速度通常慢于单通道输入的 A/D 芯片。

A/D 芯片有几个重要的指标：

- 分辨率：一般用转换后数据的位数来表示，对于二进制输出型的 A/D 芯片来说，分辨率为 8 位是只能将模拟信号转换成 00H～FFH 数字量的芯片，也表明它可以对满量程的 1/2～1/256 的增量做出反应。
- 量化误差：将模拟量转换成数字量（即量化）过程中引起的误差。它理论上为单位数字量的一半，即 1/2LSB。分辨率和量化误差是统一的，提高分辨率可以减少量化误差。
- 转换时间是只从启动转换到完成一次 A/D 转换所需要的时间。
- 转换量程：A/D 芯片能够转换的电压范围，如 0～5V，−10～+10V 等。
- 通道数：同时能转换的模拟信号的数目。

常见的 A/D 芯片有如下几种：

- 多通道类型：ADC0809、TLC2543。
- 单通道类型：ADC0801、ADS1100。
- 高精度类型：AD997A。

一般 A/D 芯片的引脚分为几类信号：模拟输入信号、数据输出信号、启动转换信号、转换结束信号和其他一些控制信号，这样在 A/D 芯片与 MCS51 单片机接口时就需要考虑如下几个问题。

- 模拟信号输入的连接，当单端输入时，VIN+引脚直接与输入信号连接，VIN−引脚接地。当差分输入时，单端输入正信号时，VIN+引脚与信号连接，VIN−引脚接地；单端输入负信号时，VIN−引脚与信号连接，VIN+引脚接地。
- 数据输入线与系统总线的连接，当数据线具有可控三态输出门时，直接与系统总线连接；当数据线没有三态输出门或具有内部三态门而不受外部控制时不能与系统总线直接连接，要通过 I/O 接口连接。当为 8 位以上芯片时需要考虑芯片数据输出线与系统总线位数的对应关系。如 12 位 A/D 与 51 单片机接口就要考虑加入锁存器来分时分批读取转换数据。
- 启动信号连接，电平启动信号，如 AD570 在整个转换过程中必须保证启动信号有效。脉冲启动信号，如 ADC0804，ADC0809 只须脉冲启动即可。
- 转换结束信号和转换数据的读取，中断方式：转换结束信号连至单片机的外部中断引脚，在中断程序中读取转换结果。程序查询方式：转换结束信号连至单片机的某 I/O 引脚，在程序中轮巡此引脚电平，当查询得知转换结束时读取转换结果。

10.2　8 位并行多通道 A/D 芯片 ADC0809 应用

ADC0809 是最常用的并行 A/D 芯片之一，其内置 8 位 A/D 转换模块、8 路多路开关和 51 单片机读写控制逻辑模块。

10.2.1　ADC0809 基础

ADC0809 的外部引脚封装如图 10.3 所示，其各个引脚说明如下。

- 2-1～2-8：8 位并行数字量输出引脚。
- IN-0～IN-7：8 通道模拟量输入引脚。
- VCC：正电源。
- GND：电源地。
- REF（+）：参考电压正端引脚。
- REF（−）：参考电压负端引脚。
- START：A/D 转换启动信号输入端。
- ALE：地址锁存允许信号输入端。
- EOC：转换结束信号输出引脚，开始转换时为低电平，当转换结束时为高电平。
- OE：输出允许控制端，用以打开三态数据输出锁存器。
- CLK：时钟信号输入引脚。

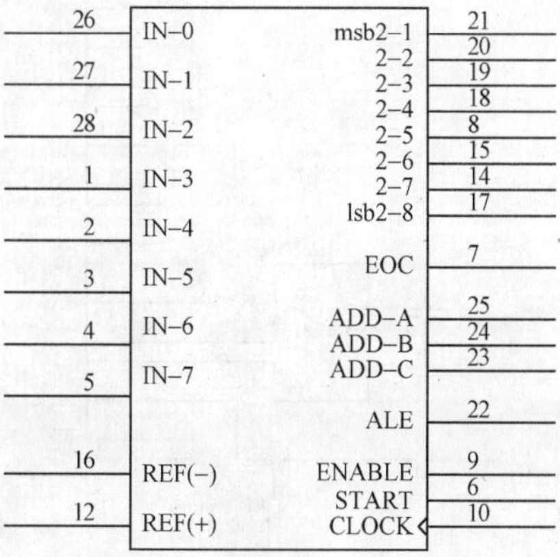

图 10.3　ADC0809 的外部引脚封装

● ADD-A、ADD-B、ADD-C：地址输入引脚，用于选择输入通道 0～7。

图 10.4 所示是 ADC0809 芯片的逻辑结构，其由一个 8 路模拟开关、一个地址锁存与译码器、一个 A/D 转换器和一个三态输出锁存器组成，各个模块的功能说明如下：

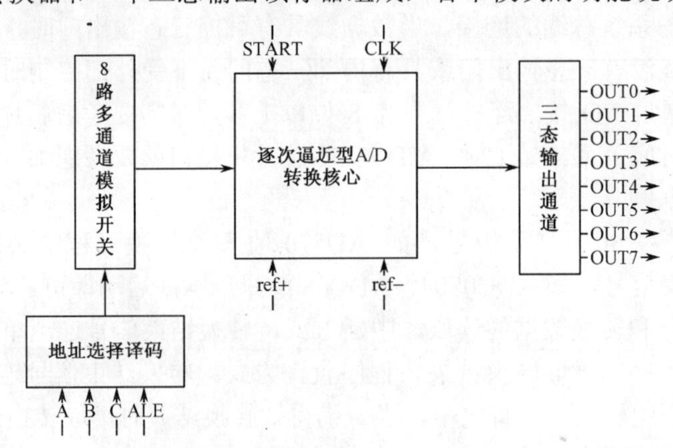

图 10.4　ADC0809 的内部逻辑结构

- 多路模拟开关：用于选通 8 个模拟通道，允许 8 路模拟量分时输入。
- 地址选择译码：用于控制多路模拟开关进行切换。
- 逐次逼近型 A/D 转换核心：A/D 转换的核心模块。
- 三态输出锁存器：锁存 A/D 转换完的数字量，当 OE 端为高电平时，51 单片机才可以从三态输出锁存器取走转换完的数据。

10.2.2　ADC0809 的应用电路

ADC0809 的典型应用电路如图 10.5 所示，ADC0809 的 8 位数据引脚连接到 51 单片机的 P0 端口，其他的控制逻辑由 51 单片机 P2 引脚来控制，51 单片机使用内部的一个定时/计数器控制 P2.3 引脚来给 ADC0809 提供工作时钟信号。

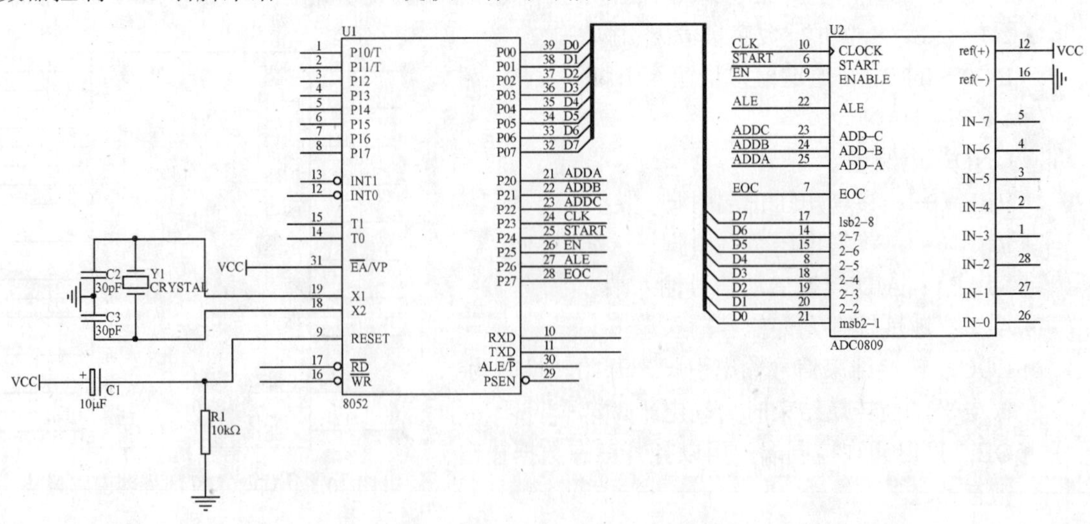

图 10.5　ADC0809 的典型应用电路

图 10.6 所示是 ADC0809 的另外一种典型应用电路，这是 51 单片机的标准外部存储器（外围器件）扩展结构，51 单片机的 P0 端口直接连接到 ADC0809 的数据端口上，并且通过一个 74373 锁存连接到 ADC0809 的通道地址选择端 A、B、C 上，P2.7 引脚和 RD、WR 读写引脚通过一个 7432 或之后取反分别连接到 ADC0809 的 START（ALE）和 ENABLE 引脚上；51 单片机的 ALE 引脚直接连接到 ADC0809 的 CLOCK 引脚上；ADC0809 的 EOC 引脚通过一个反向门连接到 51 单片机的外部中断 INT0 上。

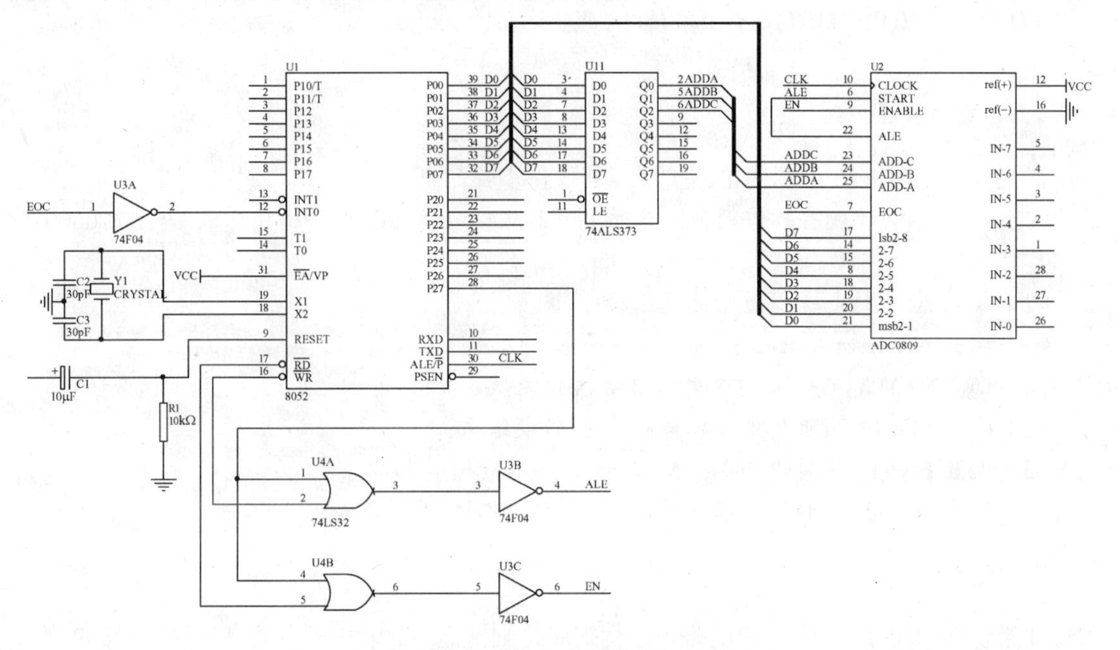

图 10.6　ADC0809 的典型应用电路二

如图 10.6 所示的典型应用电路的详细说明如下：

- 51 单片机的 P0 引脚作为数据端口连接到 ADC0809 的数据端口，和 ADC0809 进行数据交换。
- 51 单片机的 P2.7 引脚和写引脚 WR 或操作取反之后同时连接到 ADC0809 的 ALE 和 START 引脚上，当 51 单片机的 WR 引脚和 P2.7 同时为低电平时，ADC0809 的 ALE 和 START 引脚被拉高，启动 ADC0809 的 A/D 转换。
- 51 单片机的 P2.7 引脚和读引脚 RD 或操作取反之后同时连接到 ADC0809 的 ENABLE 引脚上，当 P2.7 引脚和读引脚 RD 都输出低电平时，ADC0809 的 ENABLE 上为高电平，允许从 ADC0809 读出数据。
- 51 单片机的 P0.0～P0.2 引脚通过 74373 锁存连接到 ADC0809 的 ADDA～ADDC 引脚上，其和 P2.7 引脚结合起来确定了 ADC0809 的 8 个通道的外部存储器地址为 0x7FF0～7FF7，对这 8 个地址的写操作将启动一次 ADC0809 对应通道的 AD 转换，对这 8 个地址的读操作将从 ADC0809 读出数据。
- ADC0809 的 EOC 引脚通过一个反向门连接到 51 单片机的外部中断引脚 INT0 上，当 ADC0809 的转换结束输出高电平的时候会在 51 单片机的 INT0 引脚上产生一个负脉冲，51 单片机可以检测这个脉冲信号或者使用中断方式来触发外部中断事件。

- 51 单片机的 ALE 引脚会在工作时，以 51 单片机的工作频率的 1/12 的频率往外送出一个频率信号，把这个信号连接 ADC0809 的 CLOCK 引脚上以充当 ADC0809 的工作时钟。

注：如果应用系统比较简单，如只需要外扩一片 ADC0809 时，又或者需要对 ADC0809 的工作频率可控时，可以使用图 10.5 的扩展方式，否则可以使用图 10.6 的扩展方式，其好处是可以其他的外部存储器扩展方式的外围器件统一编址，而且操作简单。

10.2.3 ADC0809 的操作步骤

1．扩展方式 1

如果使用如图 10.5 所示的电路扩展，其操作步骤如下：

（1）设置定时/计数器工作频率，启动定时器从相应的 I/O 引脚输出方波给 ADC0809 提供工作时钟。

（2）设置 ALE 的电平以进行通道选择。

（3）设置 ADDA ~ ADDC 引脚上对应的电平以选择采集通道。

（4）设置 START 电平上的电平以启动 A/D 采集。

（5）检查 EOC 引脚上的电平以等待 A/D 转换结束。

（6）设置 ENABLE 引脚的电平允许 ADC0809 输出 A/D 数据。

（7）从 ADC0809 中读出数据。

2．扩展方式 2

如果使用如图 10.6 所示的电路来进行扩展，则不需 51 单片机主动产生 ADC0809 的工作时钟，其操作步骤如下：

（1）根据电路计算 ADC0809 的 8 个通道的地址。

（2）向选中通道的地址任意写一个数，启动 A/D 转换。

（3）检测 EOC 引脚状态。

（4）如果 EOC 状态为高电平，则从该通道地址读出 A/D 转换数据。

10.2.4 ADC0809 的应用代码

1．扩展方式 1 的库函数

例 10.1 是使用扩展方式 1 扩展 ADC0809 的库函数。

【例 10.1】initT0 用于初始化定时/计数器 T0 给 ADC0809 产生时钟信号，在 T0 的中断服务子程序中将 P2.3（CLK 引脚翻转），从而在 ADC0809 的 CLOCK 引脚上产生一个方波信号。initADC0809 函数用于对 ADC0809 的相关控制信号进行初始化，ADC0809Deal 函数的参数用于选择 ADC0809 的通道数，然后等待 EOC 信号变高之后读出 ADC0809 的转换值并返回。

```
#include <AT89X52.h>
sbit OE  = P2^5;                                  //OE引脚
```

```
sbit EOC = P2^7;                              //EOC 引脚定义
sbit ST  = P2^4;                              //启动引脚定义 START
sbit CLK = P2^3;                              //时钟引脚定义 CLK
sbit ADDA = P2^0;
sbit ADDB = P2^1;
sbit ADDC = P2^2;                             //通道选择
void initT0(void)
{
    TMOD = 0x02;
TH0  = 0x14;
TL0  = 0x00;                                  //初始化定时器 0
IE   = 0x82;                                  //开中断
TR0  = 1;                                     //启动定时器
}
void initADC0809(void)                        //初始化 ADC0809
{
OE = 1;
 EOC = 1;
 ST = 1;
 CLK = 1;                                     //初始化 ADC0809 的控制信号
}
void Timer0_INT() interrupt 1
//定时器 0 中断函数,用于产生时钟信号
{
    CLK = !CLK;
}

//ADC0809 的控制函数,ch 为通道数,返回转换值
unsigned char ADC0809Deal(unsigned char ch)
{
  unsigned char ADtemp;
  switch(ch)                                  //选择通道
  {
    case 0x00:                                //通道 0
    {
      ADDA = 0;
      ADDB = 0;
      ADDC = 0;
    }
    break;
    case 0x01:                                //通道 1
```

```
{
  ADDA = 1;
  ADDB = 0;
  ADDC = 0;
}
break;
case 0x02:                                    //通道 2
{
  ADDA = 0;
  ADDB = 1;
  ADDC = 0;
}
break;
case 0x03:                                    //通道 3
{
  ADDA = 1;
  ADDB = 1;
  ADDC = 0;
}
break;
case 0x04:                                    //通道 4
{
  ADDA = 0;
  ADDB = 0;
  ADDC = 1;
}
break;
case 0x05:                                    //通道 5
{
  ADDA = 1;
  ADDB = 0;
  ADDC = 1;
}
break;
case  0x06:                                   //通道 6
{
  ADDA = 0;
  ADDB = 1;
  ADDC = 1;
}
break;
```

```
    case 0x07:                                        //通道 7
    {
      ADDA = 1;
      ADDB = 1;
      ADDC = 1;
    }
    break;
    default:{}
  }
     ST = 0;
     ST = 1;                                  //给出启动信号
     ST = 0;
     while(EOC == 0);                         //如果还没转换完成
     OE = 1;                                  //等待采集完成之后使 OE=1,输出采集数据
   ADtemp = P0;                               //采集结果
     OE = 0;
    return(ADtemp);                           //返回采集值
}
```

2. 扩展方式 2 的库函数

例 10.2 是使用扩展方式 2 扩展 ADC0809 的库函数。

【例 10.2】库函数首先使用 XBYTE 获得了 ADC0809 通道的外部地址，然后对该地址写入任何一字节的数据即启动了 ADC0809 进行该通道的转换，ADC0809 的转换完成信号 EOC 通过反向门之后连接到单片机的 INT0 引脚上，所以在外部中断服务子程序中对 ADC0809 使用的通道数据进行判断并且读回转换的数据。

```
#include <AT89X52.h>
#include <absacc.h>
#define  ADCCH0 XBYTE[0x7FF0]
#define  ADCCH1 XBYTE[0x7FF1]
#define  ADCCH2 XBYTE[0x7FF2]
#define  ADCCH3 XBYTE[0x7FF3]
#define  ADCCH4 XBYTE[0x7FF4]
#define  ADCCH5 XBYTE[0x7FF5]
#define  ADCCH6 XBYTE[0x7FF6]
#define  ADCCH7 XBYTE[0x7FF7]
         //定义通道地址
unsigned char ADdata;                             //存放 AD 数据
unsigned char ADcha;                              //存放 AD 的通道数
//外部中断 0 的初始化函数
void initInt0(void)
```

```
{
  EX0 = 1;
  IT0 = 1;
  EA = 1;                                    //初始化外部中断 0,下降沿触发方式
}
//ADC0809 的启动函数,向该地址写入一个任意数则启动 ADC0809
ADC0809start(unsigned char ch)
{
   switch(ch)                                //判断使用哪一个通道
   {
     case 0x00: ADCCH0 = 0x00; break;        //通道 0
     case 0x01: ADCCH1 = 0x00; break;        //通道 1
     case 0x02: ADCCH2 = 0x00; break;        //通道 2
     case 0x03: ADCCH3 = 0x00; break;        //通道 3
     case 0x04: ADCCH4 = 0x00; break;        //通道 4
     case 0x05: ADCCH5 = 0x00; break;        //通道 5
     case 0x06: ADCCH6 = 0x00; break;        //通道 6
     case 0x07: ADCCH7 = 0x00; break;        //通道 7
     default:    ADCCH0 = 0x00;              //默认为通道 0
   }
}
//外部中断 0 处理函数,当有外部中断产生的时候说明 ADC0809 转换完成
void INT0Deal(void) interrupt 0 using 1
{
    switch(ADcha)                            //判断 AD 的通道数,读回转换值
    {
     case 0x00: ADdata = ADCCH0; break;      //读出数据
     case 0x01: ADdata = ADCCH1; break;      //读出数据
     case 0x02: ADdata = ADCCH2; break;      //读出数据
     case 0x03: ADdata = ADCCH3; break;      //读出数据
     case 0x04: ADdata = ADCCH4; break;      //读出数据
     case 0x05: ADdata = ADCCH5; break;      //读出数据
     case 0x06: ADdata = ADCCH6; break;      //读出数据
     case 0x07: ADdata = ADCCH7; break;      //读出数据
    }
}
```

3. 使用实例——串口输出 ADC0809 多通道数据采集

本应用实例是一个 ADC0809 的多通道数据采集实例，ADC809 以 10Hz 的速度从 8 个通道轮流采集数据，并且通过串口将采集值送出，实例的应用电路如图 10.7 所示，采用扩展

方式 2，8 通道待采集信号分别连接到 ADC0809 的信号输入引脚 0～7 上，其对应的 51 单片机外部地址为 0x7FF0～0x7FF7，51 单片机使用串行口发送采集数据。

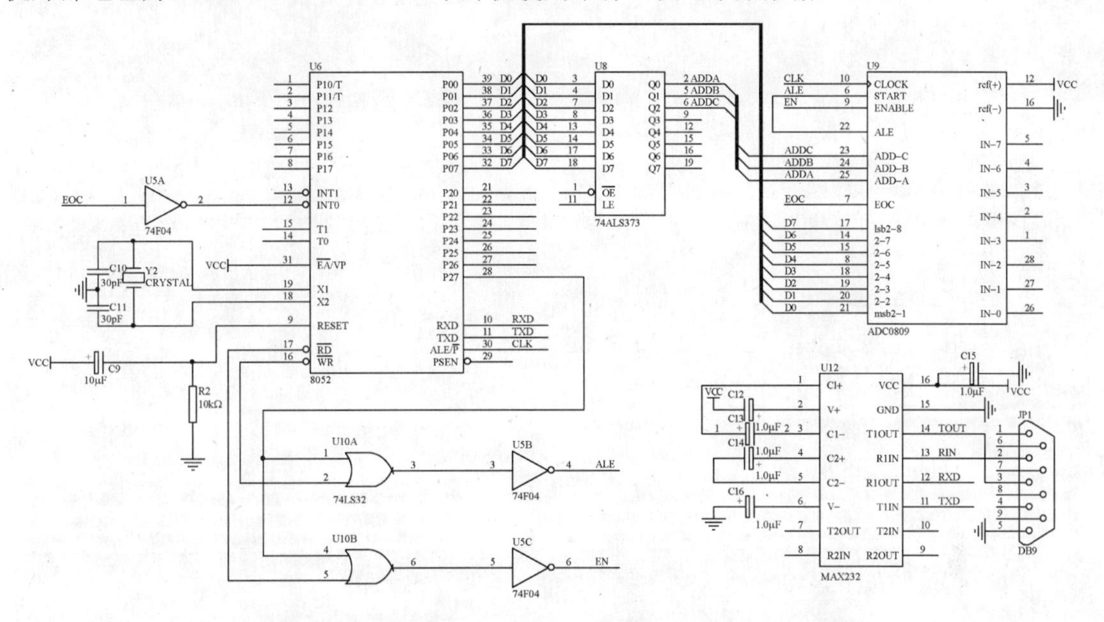

图 10.7　串口输出 ADC0809 多通道采集数据应用实例电路

例 10.3 是实例的应用代码。

【例 10.3】51 使用 T0 来定时，每过 50ms 将标志位 T0flg 置位，在主程序中检查该标志位，如果该标志位被置位，则调用 ADC0809start 函数来启动一次 AD 转换，然后等待 EOC 引脚电平变高，读取该通道的 AD 转换值，从串口送出，然后切换到下一个通道。在通过串口发送数据的时候调用了 putchar 函数。

```
#include <AT89X52.h>
#include <absacc.h>
#include <stdio.h>
#define  ADCCH0 XBYTE[0x7FF0]
#define  ADCCH1 XBYTE[0x7FF1]
#define  ADCCH2 XBYTE[0x7FF2]
#define  ADCCH3 XBYTE[0x7FF3]
#define  ADCCH4 XBYTE[0x7FF4]
#define  ADCCH5 XBYTE[0x7FF5]
#define  ADCCH6 XBYTE[0x7FF6]
#define  ADCCH7 XBYTE[0x7FF7]
//定义通道地址
unsigned char ADdata;                              //存放 AD 数据
unsigned char ADcha;                               //存放 AD 的通道数
bit T0flg = 0;                                     //定时器 0
sbit EOC = P3^2;                                   //EOC 引脚连接到 P3.2
//T0 的初始化函数
```

```
void InitT0(void)
{
    TMOD = 0x01;                              //设置工作方式
    TH0 = 0x4C;
    TL0 = 0x00;                               //设置初始化值,50ms
    EA = 1;
    ET0 = 1;
    TR0 = 1;                                  //启动 T0
}
//T0 的中断处理子函数
void Timer0Interrupt(void) interrupt 1
{
    TH0 = 0x4C;
    TL0 = 0x00;
    T0flg = 1;                                //置位 T0 标志位
}
//串口的初始化函数
void InitUART(void)
{
    TMOD = 0x20;
    SCON = 0x50;                              //工作方式 1
    TH1 = 0xFD;
    TL1 = TH1;                                //初始化值
    PCON = 0x00;
    EA = 1;
    ES = 1;
    TR1 = 1;
}
//ADC0809 的启动函数
void ADC0809start(unsigned char ch)
{
   switch(ch)                                 //判断使用哪一个通道
   {
      case 0x00: ADCCH0 = 0x00; break;        //通道 0
      case 0x01: ADCCH1 = 0x00; break;        //通道 1
      case 0x02: ADCCH2 = 0x00; break;        //通道 2
      case 0x03: ADCCH3 = 0x00; break;        //通道 3
      case 0x04: ADCCH4 = 0x00; break;        //通道 4
      case 0x05: ADCCH5 = 0x00; break;        //通道 5
      case 0x06: ADCCH6 = 0x00; break;        //通道 6
      case 0x07: ADCCH7 = 0x00; break;        //通道 7
```

```
        default:    ADCCH0 = 0x00;                //默认为通道 0
    }
  }
  //读 AD 数据并且返回
  unsigned char ADC0809read(unsigned char ch)
  {
      unsigned char ADdata;
      switch(ch)                                  //判断 AD 的通道数,读回转换值
      {
        case 0x00: ADdata = ADCCH0; break;        //读出数据
        case 0x01: ADdata = ADCCH1; break;        //读出数据
        case 0x02: ADdata = ADCCH2; break;        //读出数据
        case 0x03: ADdata = ADCCH3; break;        //读出数据
        case 0x04: ADdata = ADCCH4; break;        //读出数据
        case 0x05: ADdata = ADCCH5; break;        //读出数据
        case 0x06: ADdata = ADCCH6; break;        //读出数据
        case 0x07: ADdata = ADCCH7; break;        //读出数据
        default:{}
      }
      return(ADdata);
  }
  void main(void)
  {
    unsigned char counter = 0x00;                 //存放当前的通道数
    InitT0();                                     //初始化 T0
    InitUART();                                   //初始化 UART
    while(1)
    {
      while(T0flg == 0);                          //如果标志位置位
      T0flg = 0;                                  //标志位清除
      counter++;
      if(counter==0x08)                           //如果已经到了通道 7
      {
        counter = 0x00;
      }
      ADC0809start(counter);                      //启动 ADC0809
      while(EOC == 0);                            //等待转换结束
      putchar(counter);                           //送出通道数据
      putchar(ADC0809read(counter));              //将 AD 数据通过串口送出
    }
  }
```

10.3 12位并行多通道A/D芯片MAX197应用

12位并行多通道A/D转换芯片MAX197是一个支持12位精度，8路输入通道选择的逐次逼近型A/D转换芯片，常常使用在对转换精度要求比较高的应用系统中，其特点如下：

- 提供12位分辨率，误差±1/2（LSB）的采样精度。
- 采用5V电源供电。
- 可以通过软件选择输入量程，支持±10V、±5V、0～10V、0～5V。
- 提供8路信号输入通道。
- 提供100KSPS的采样速率。
- 可用通过软件选择内部或外部工作时钟。
- 可以选择使用内部4.096V电压基准和外部电压基准。
- 提供和51单片机完全兼容的三态总线接口。

10.3.1 MAX197基础

1. MAX197的引脚封装

MAX197的引脚封装如图10.8所示，各个引脚的说明如下：

- CLK：时钟输入引脚，如果使用外部时钟，则连接外部时钟源；如果使用内部时钟，则在此引脚和地之间接一个电容用以设置内部时钟的频率，当电容为典型值100pF时，内部时钟的频率1.56MHz。
- $\overline{CS}$：片选引脚，低电平有效。
- $\overline{WR}$：当$\overline{CS}$为低电平时，如果工作在内部采集模式，$\overline{WR}$引脚的上升沿将锁住数据，并发出一个采集脉冲；如果工作在外部采集模式，$\overline{WR}$引脚的第一个上升沿启动一次采集，第二个上升沿结束采集并开始一次转换。

引脚	名称	名称	引脚
1	CLK	DGND	28
2	$\overline{CS}$	VDD	27
3	$\overline{WR}$	REF	26
4	$\overline{RD}$	REFAJ	25
5	HBEN	$\overline{INT}$	24
6	$\overline{SHDN}$	CH7	23
7	D7	CH6	22
8	D6	CH5	21
9	D5	CH4	20
10	D4	CH3	19
11	D3/D11	CH2	18
12	D2/D110	CH1	17
13	D1/D9	CH0	16
14	D0/D8	AGND	15

图10.8 MAX197的引脚封装

- $\overline{RD}$：当$\overline{CS}$为低电平时，$\overline{RD}$的下降沿将使能数据总线上的一次读操作。
- HBEN：数据总线复用控制引脚，通过此输入可实现12位转换。当此引脚为高电平时，数据总线上可以通过复用得到高4位数据；当此引脚为低电平时，数据总线上只存在低8位数据。
- $\overline{SHDN}$：低功耗模式控制引脚，低电平有效，当该引脚有效时，MAX197进入低功耗工作状态。
- D7～D4：三态数据I/O端口。

- D3～D0/D11～D8：三态数据 I/O 端口。当 HBEN=0 时，输出为 D3～D0；当 HBEN=1 时，输出为 D11～D8。
- AGND：模拟地信号输入引脚。
- CH0～CH7：8 路信号输入通道。
- $\overline{\text{INT}}$：中断输出引脚，低电平有效，当一次 A/D 转换结束，输出数据准备就绪时，此引脚变为低电平。
- REFAJ：带隙电压基准输出/外部调节引脚，通常连接一个 0.01μF 旁路电容到模拟地。当在 REF 引脚上采用外部基准电压时，此引脚连到 VDD 上。
- REF：缓冲器基准电压输出 $\overline{\text{ADC}}$ 基准电压输入引脚，在内部基准电压模式下，该引脚上提供 4.096V 的标准输出电压，可以在 REFAJ 引脚作外部调整；在外部基准电压模式下，通过把 REFAJ 引脚接 VDD 可禁用内部缓冲器。
- VDD：+5V 电源输入引脚，需要通过 0.1μF 的电容旁路至地。
- DGND（28 引脚）：数字地。

2．MAX197 的控制寄存器

MAX197 的控制寄存器内部结构如表 10.1 所示。

表 10.1　MAX197 控制寄存器

BIT	7	6	5	4	3	2	1	0
读/写	PD1	PD0	ACQMOD	RNG	BIP	A2	A1	A0

- PD1 和 PD0：用于选择 MAX197 的时钟和功耗模式，其具体设置如表 10.2 所示。

表 10.2　PD1 和 PD0 位设置

PD1	PD0	说　明
0	0	正常工作，外部时钟模式
0	1	正常工作，内部时钟模式
1	0	后备低功耗工作模式
1	1	低功耗工作模式

- ACQMOD：当该位为 0 时为内部控制采集，当该位为 1 时为外部控制采集。
- PNG 和 BIP：用于设置满量程电压范围选择和极性转换模式选择，其详细说明如表 10.3 所示。

表 10.3　PNG 和 BIP 位设置

PNG	BIP	说　明
0	0	输入电压为 0～5V
0	1	输入电压为 0～10V
1	0	输入电压为±5V
1	1	输入电压为±10V

- A2～A0：MAX197 的输入通道选择。

10.3.2 MAX197 的应用电路

MAX197 和 51 单片机的典型应用电路如图 10.9 所示。

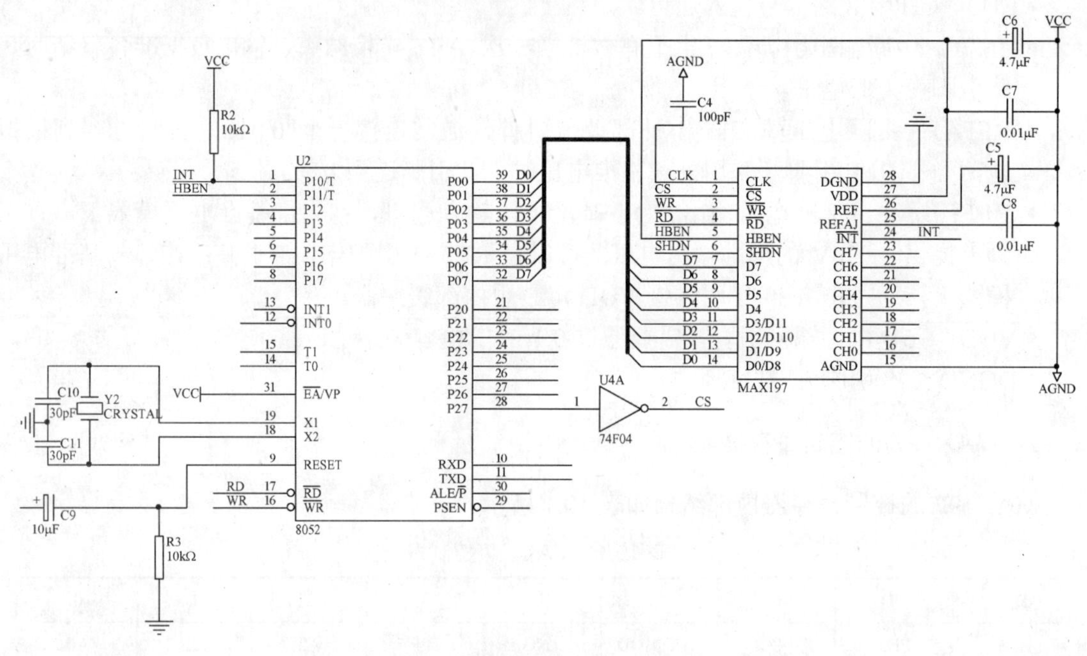

图 10.9 MAX197 的典型应用电路

如图 10.9 所示，MAX197 工作于内部时钟模式，其 CLK 引脚通过一个 100pF 的电容接地，读写引脚 RD 和 WR 分别和 51 单片机的读写引脚 RD 和 WR 连接，使用外部基准电压源；51 单片机的 P0 引脚和 MAX197 的数据端口连接，并且使用 P1.1 和 MAX197 的 HBEN 引脚连接以控制选择 MAX197 的数据高低位选择；P2.7 引脚通过一个 7404 反相器控制 MAX197 的片选信号 CS；P1.0 引脚则和 MAX197 的中断输出引脚 $\overline{\text{INT}}$ 相连，51 单片机可以通过查询此引脚的高低电平检测是否完成一次 A/D 转换。

按照如图 10.9 所示的连接方式，MAX197 可以参与外部存储器地址编制，其通道外部地址为 0x8FFF。

注：A/D 转换电路涉及模拟和数字信号，为保证最佳的性能，在 PCB 设计时需要仔细考虑。为了减少串话和噪声，应该让模拟信号和数字信号分开，尽量让数字地线处于数字信号线之间，“模拟地”和“数字地”作分割处理，最终在 PCB 的边角处相连。为了减小高、低频的起伏噪声，应该将 VDD 和 REFVCC 通过 0.1μF 和 4.7μF 电容并联旁路 AGND。

10.3.3 MAX197 的操作步骤

51 单片机扩展 MAX197 的操作步骤如下：

（1）写入 MAX197 的控制寄存器对应的控制字，选择输入信号通道。

（2）启动 A/D 转换。

（3）等待 MAX197 的 INT 引脚输出转换完成的电平。

（4）输出 HBEN＝1，读取转换结果高 4 位数据。

（5）输出 HBEN＝0，读取转换结果低 4 位数据。

10.3.4　MAX197 的应用代码

1．MAX197 的库函数

例 10.4 是 MAX197 的库函数代码。

【例 10.4】代码使用 XBYTE 来定义 MAX197 的内部寄存器空间，然后使用 initMAX197 来对 MAX197 进行初始化，其参数为基准为 0 的通道编号，然后使用查询方式的 readMAX197 函数来读取 MAX197 的转换结果。

```
#include<AT89X52.h>
#include<ABSACC.h>
//MAX197 的外部地址空间
#define ARDDMAX197 XBYTE[0x8FFF]
sbit ADINT = P1 ^ 0;                       //MAX197 的中断输出位
sbit HEBN = P1 ^ 1;                        //MAX197 数据总线复用控制
//初始化 MAX197 芯片
void initMAX197(unsigned char ch)
{
  ARDDMAX197 = 0x40 + ch;
  //正常工作,内部时钟模式,内部控制采集 0～5V 测量范围,通道基准为 0
}
//读 MAX197 的转换结果
unsigned int readMAX197(void)
{
  unsigned char ADdataH,ADdataL;          //AD 数据
  while(ADINT!=0);                        //如果没有转换完成则等待
  HEBN = 1;                               //读高位
  ADdataH = ARDDMAX197;                   //存放高 4 位地址
  HEBN = 0;                               //读低位
  ADdataL = ARDDMAX197;                   //存放低 4 位地址
  return((0xFF * ADdataH + ADdataL));     //返回采集值
}
```

2．应用实例——串口输出 MAX197 多通道数据采集

本应用实例是一个使用 MAX197 进行多通道数据采集的实例，MAX197 以 10Hz 的速度从 8 个通道轮流采集数据，并且通过串口将采集值送出，实例的应用电路如图 10.10 所示，8 通道待采集信号分别连接到 ADC0809 的信号输入引脚 0～7 上，MAX197 的对应的 51 单

片机外部地址为 0x8FFF，其转换完成信号输出连接到 51 单片机的外部中断引脚 0，51 单片机使用串行口发送采集数据。

【例 10.5】51 单片机使用 T0 来定时，每过 50ms 将标志位 T0flg 置位，在主程序中检查该标志位，如果该标志位被置位，则调用 initMAX197 函数来启动一次 A/D 转换，然后等待

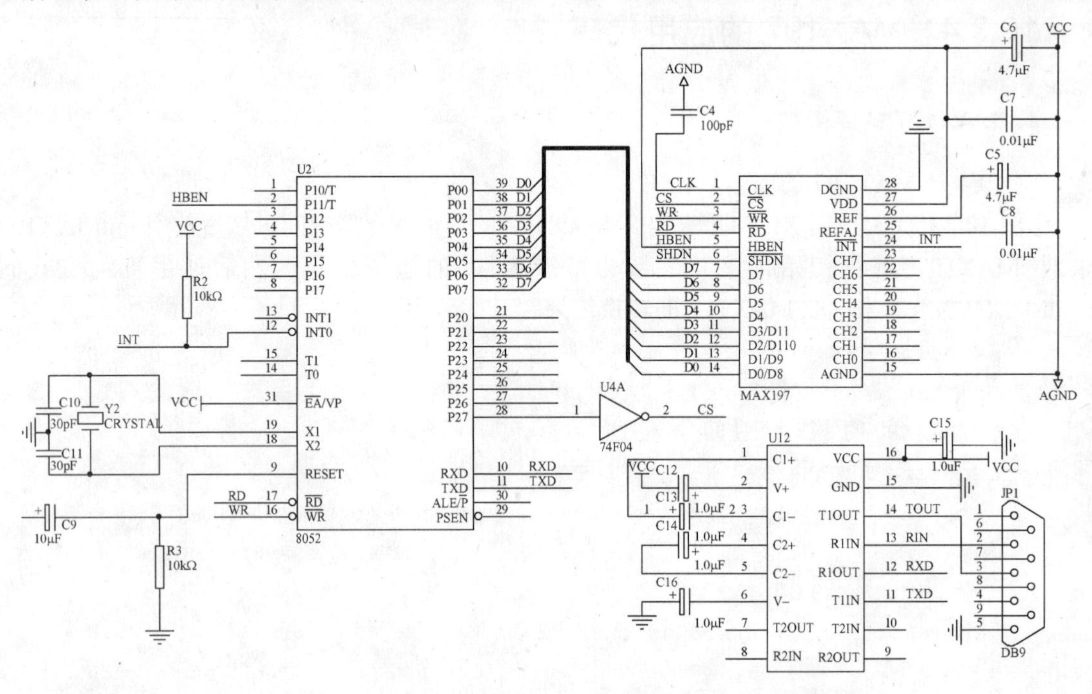

图 10.10　串口输出 MAX197 多通道数据采集实例应用电路

外部中断事件，在外部中断 0 的中断服务子函数中将对应的标志位置位，然后主函数中检查该标志位，如果被置位则读取该通道的 A/D 转换值，从串口送出，然后切换到下一个通道。在通过串口发送数据的时候调用了 putchar 函数。

```
#include <AT89X52.h>
#include <absacc.h>
#include <stdio.h>
#define  ARDDMAX197 XBYTE[0x8FFF]
//定义通道地址
unsigned char ADdataH,ADdataL;              //存放 AD 数据高位和低位
unsigned char ADcha;                        //存放 AD 的通道数
bit T0flg = 0;                              //定时器 0 标志
bit Int0flg = 0;                            //外部中断 0 标志
sbit EOC = P3^2;                            //EOC 引脚连接到 P3.2
sbit HEBN = P1 ^ 1;                         //MAX197 数据总线复用控制
//T0 的初始化函数
void InitT0(void)
{
  TMOD = 0x01;                              //设置工作方式
```

```
    TH0 = 0x4C;
    TL0 = 0x00;                                    //设置初始化值,50ms
    ET0 = 1;
    TR0 = 1;                                       //启动 T0
}
//T0 的中断处理子函数
void Timer0Interrupt(void) interrupt 1
{
    TH0 = 0x4C;
    TL0 = 0x00;
    T0flg = 1;                                     //置位 T0 标志位
}
//串口的初始化函数
void InitUART(void)
{
    TMOD = 0x20;
    SCON = 0x50;                                   //工作方式 1
    TH1 = 0xFD;
    TL1 = TH1;                                     //初始化值
    PCON = 0x00;
    ES = 1;
    TR1 = 1;
}
//外部中断 0 的初始化函数
void InitINT0(void)
{
  EX0 = 1;
  IT0 = 1;                                         //启动外部中断,低脉冲触发方式
}
void INT0Deal(void) interrupt 0  using 1
{
  Int0flg = 1;                                     //置位标志位
}
//初始化 initMAX197
void initMAX197(unsigned char ch)
{
  ARDDMAX197 = 0x40 + ch;
  //正常工作,内部时钟模式,内部控制采集 0～5V 测量范围,通道基准为 0
}
void main(void)
{
```

```
    unsigned char counter = 0x00;              //存放当前的通道数
    InitT0();                                  //初始化 T0
    InitUART();                                //初始化 UART
    InitINT0();                                //初始化外部中断 0
    EA = 1;                                    //开启总中断
    while(1)
    {
      while(T0flg == 0);                       //如果标志位置位
      T0flg = 0;                               //标志位清除
      counter++;
      if(counter==0x08)                        //如果已经到了通道 7
      {
        counter = 0x00;
      }
      initMAX197(counter);                     //启动 MAX197
      while(Int0flg == 0);                     //等待转换结束
      Int0flg =0;                              //清除标志
      HEBN = 1;                                //读高位
      ADdataH = ARDDMAX197;                    //存放高 4 位地址
      HEBN = 0;                                //读低位
      ADdataL = ARDDMAX197;                    //存放低 4 位地址
      putchar(counter);                        //送出通道数据
      putchar(ADdataH);                        //将 AD 数据高位通过串口送出
      putchar(ADdataL);                        //低位数据
    }
}
```

10.4 12 位串行多通道 A/D 芯片 TLC2543 应用

TLC2543 是 TI 公司生产的 12 位串行逐次逼近型 A/D 转换器，其支持 12 精度的多通道输入信号 A/D 转换，提供串行接口，可以大大节省 51 单片机的 I/O 引脚，其主要特点如下：

- 提供 12 位精度，转换时间 10μs。
- 提供 11 个模拟输入通道。
- 提供 3 路内置自测试方式。
- 提供高达 66Kbps 的采样率。

- 线性误差最大为 1LSB。
- 具有单、双极性输出，并且有转换结束（EOC）输出。
- 可设置数据输出最高位或者最低位在前。
- 可设置输出数据长度。

10.4.1　TLC2543 基础

1．TLC2543 的引脚封装

TLC2543 的引脚封装如图 10.11 所示，其引脚说明如下：

- AIN0～AIN10：11 路模拟输入引脚。
- $\overline{CS}$：片选引脚。
- Din：串行数据输入引脚。
- Do：串行数据输出引脚。
- EOC：为转换结束引脚。
- CLK：时钟引脚
- REF+：基准电压正引脚。
- REF−：基准电压负引脚。
- VCC：正电源引脚。
- GND：地信号引脚。

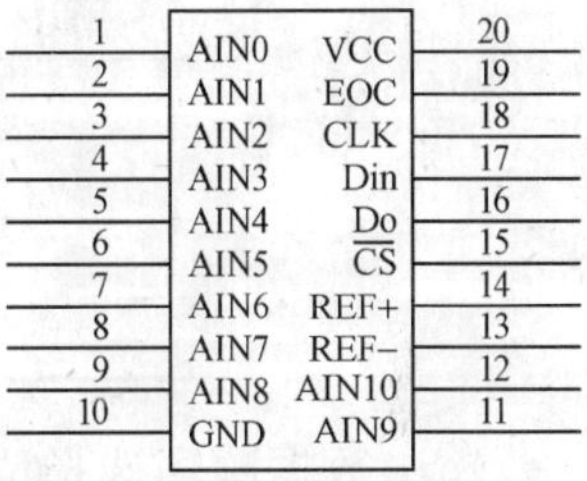

图 10.11　TLC2543 的引脚封装

2．TLC2543 的控制字

每次进行 A/D 转换的时候都必须向 TLC2543 写入命令字以便确定其工作状态，命令字的格式如表 10.4 所示。

表 10.4　TCL2543 的命令字格式

D7～D4	D3～D2	D1	D0
输入通道地址选择	输出数据长度选择	输出数据顺序选择	输出数据格式选择

- 输入通道地址选择位：用于选择 TCL2543 的输入通道和自测试电压值，如表 10.5 所示。

表 10.5　TCL2543 的输入通道选择

D7	D6	D5	D4	说　明
0	0	0	0	通道 0
0	0	0	1	通道 1
0	0	1	0	通道 2
0	0	1	1	通道 3
0	1	0	0	通道 4
0	1	0	1	通道 5
0	1	1	0	通道 6
0	1	1	1	通道 7
1	0	0	0	通道 8

续表

D7	D6	D5	D4	说　明
1	0	0	1	通道 9
1	0	1	0	通道 10
1	0	1	1	自测试电压（VREF（VREF+）-（VREF-））/2
1	1	0	0	自测试电压 VREF-
1	1	0	1	自测试电压 VREF+
1	1	1	0	掉电

- 输出数据长度选择位：用于选择 A/D 转换结果的位数，如表 10.6 所示。

表 10.6　输出数据长度选择位设置

D3	D2	说　明
0	0	12 位数据输出
0	1	8 位数据输出
1	0	12 位数据输出
1	1	16 位数据输出

- 输出数据顺序选择位：用于选择数据输出的顺序，如果 D1=0，则高位在前；如果 D1=1，则低位在前。
- 输出数据格式选择位：用于选择输出数据的属性，如果 D0=0，采样数据是无符号数；如果 D0=1，采样数据是有符号数。

3．TLC2543 的工作流程

TLC2543 的工作流程可以分为 I/O 周期和实际转换周期两个步骤。

TLC2543 的 I/O 周期由外部提供的 CLK 时钟信号来定义，延续 8、12 或 16 个时钟周期，取决于选定的输出数据长度，TLC2543 进入 I/O 周期后同时进行两种操作。

在 CLK 时钟的前 8 个脉冲的上升沿，以 MSB 前导方式从串行数据输入引脚读取 8 位数据到输入寄存器，其中前 4 位为模拟通道地址，控制 14 通道模拟多路器从 11 个模拟输入通道和 3 个内部自测通道中，选通一路连接到采样保持器，该电路从第 4 个 CLK 时钟脉冲的下降沿开始，对所选信号进行采样，直到最后一个 CLK 脉冲的下降沿。I/O 周期的时钟脉冲个数与输出数据长度（位数）有关，输出数据长度由输入数据的 D3、D2 位选择为 8、12 或 16 位，当 TLC2543 处于 12 或 16 位工作状态时，在前 8 个时钟脉冲之后，Din 引脚上的电平无效。

在 Do 引脚上串行输出 8、12 或 16 位数据，当 $\overline{CS}$ 引脚保持为低电平的时候，第一为数据出现在 EOC 的上升沿；若转换由 $\overline{CS}$ 引脚控制，则第一个输出数据发生在 $\overline{CS}$ 引脚上电平的下降沿，此数据为前一次转换的结果，在第一个输出数据位之后每一位均由后续的 CLK 脉冲下降沿输出。

TCL2543 在进入转换周期工作方式之后在 I/O 周期的最后一个 CLK 脉冲的下降沿来到之后 EOC 变为低电平，采样值保持不变，转换周期开始；片内的转换模块对采样值进行逐次逼近式 A/D 转换，其工作由与 CLK 同步的内部时钟控制。当转换结束之后后 EOC 引脚变高，转换结果被锁存在输出数据寄存器中，等待在下一个 I/O 周期输出。

TCL2543 的 I/O 周期和转换周期交替进行，从而可以减小外部的数字噪声对转换精度的影响，其工作时序如图 10.12 所示。

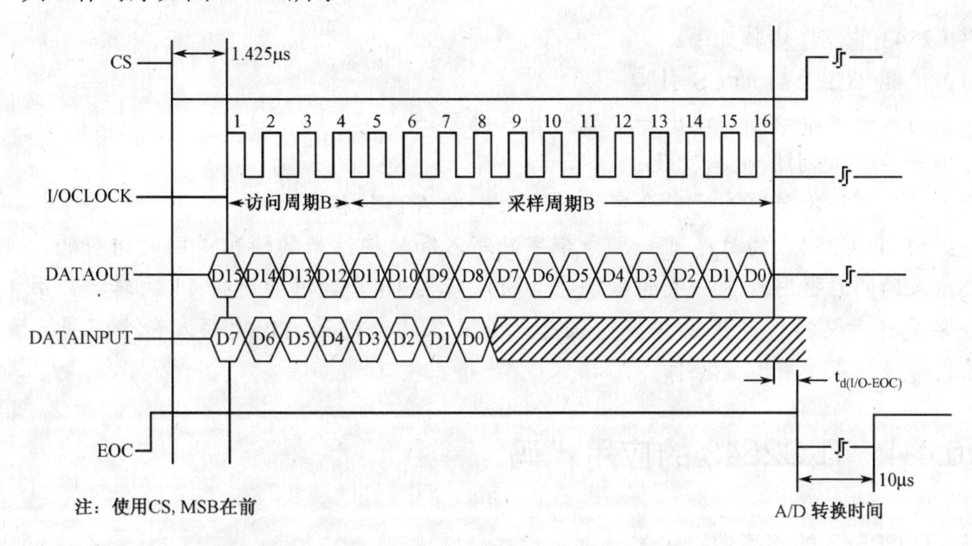

图 10.12　TCL2543 的工作时序图

10.4.2　TLC2543 的应用电路

TCL2543 的典型应用电路如图 10.13 所示，51 单片机使用普通 I/O 引脚分别连接到 TLC2543 的对应引脚上，使用软件来控制 I/O 引脚时序来实现对 TLC2543 的控制。

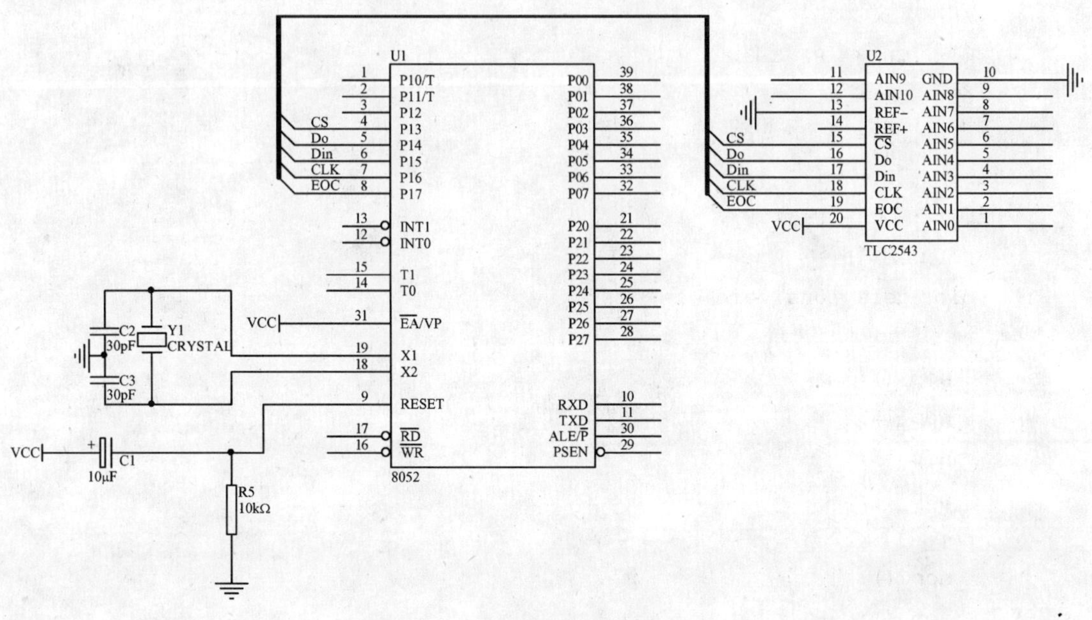

图 10.13　TLC2543 的典型应用电路

10.4.3 TLC2543 的操作步骤

TCL2543 的操作步骤如下：

（1）使能 TCL2543 的 CS 引脚。

（2）写入一次命令字，读出一次数据并且抛弃。

（3）等待 EOC 引脚电平变化。

（4）写入下一次待写入的命令字，读出上一次 A/D 转换值。

注：由 TLC2543 的时序可知，命令字的写入和转换结果的输出是同时进行的，即在读出转换结果的同时也写入下一次的命令字，所以采集 10 个数据要进行 11 次转换，第 1 次写入命令字是有意义操作，读出转换结果是无意义操作；而第 11 次写入命令字是无意义操作，读出转换结果是有意义操作。

10.4.4 TLC2543 的应用代码

1. TLC2543 的库函数

例 10.6 是 TLC2543 库函数的应用代码。

【例 10.6】GetTLCData 函数用于启动 TLC2543 进行 A/D 转换并且从其中读出上一次转换的结果，其参数是选中的输入通道编号。

```
#include <AT89X52.h>
#include <intrins.h>
//引脚定义
sbit  CLK = P1 ^ 6;
sbit  Di = P1 ^ 5;
sbit  Do = P1 ^ 4;
sbit  CS = P1 ^ 3;
sbit  EOC = P1 ^ 7;
//10μs 延时函数
void  delay10us(void)
{
  _nop_();
  _nop_();
  _nop_();
  _nop_();
_nop_();
  _nop_();
  _nop_();
  _nop_();
}
//TLC2543 操作函数,参数为通道号,返回的是上一次的采集值
```

```
unsigned int GetTLCData(unsigned char  CHN)
{
  unsigned char  i,temp;
    unsigned int   tempADdata =0;              //分别存放采集的数据,先清零
    CHN=CHN<<4;                                //12 位格式,选择高位导前,单极性
    CLK=0;
    CS=1;
    CS=0;                                      //下降沿,并保持低电平
    temp=CHN;                                  //输入要转换的通道
    for(i=0;i<12;i++)
    {
        tempADdata = tempADdata << 1;          //转换结果左移 1 位
        if((temp & 0x80)!=0)
      {
        Di = 1;
      } //送方式/通道控制字
        else
      {
       Di = 0;
      }
       if(Do == 1)                       //如果为高电平
      {
      tempADdata = tempADdata + 1;       //读入转换结果
      }
      CLK=1;                             //上升沿
    delay10us();                         //延时
      CLK=0;                             //下降沿
      temp=temp<<1;                      //左移,准备发送方式通道控制字下一位
  }
  CS=1;                                  //上升沿
  tempADdata = tempADdata & 0x0fff;      //屏蔽高 4 位,因为是 12 位转换结果
  return(tempADdata);
  }
```

2. 应用实例——串口输出 TLC2543 的多通道数据采集

本应用实例是一个使用 TLC2543 进行多通道数据采集的实例，TLC2543 以 10Hz 的速度从 11 个通道轮流采集数据，并且通过串口将采集值送出，实例的应用电路如图 10.14 所示，11 个通道待采集信号分别连接到 TLC2543 的信号输入引脚 0~10 上，51 单片机使用引脚 P1 的普通 I/O 来模拟 TLC2543 的控制信号并且通过串行口发送采集数据。

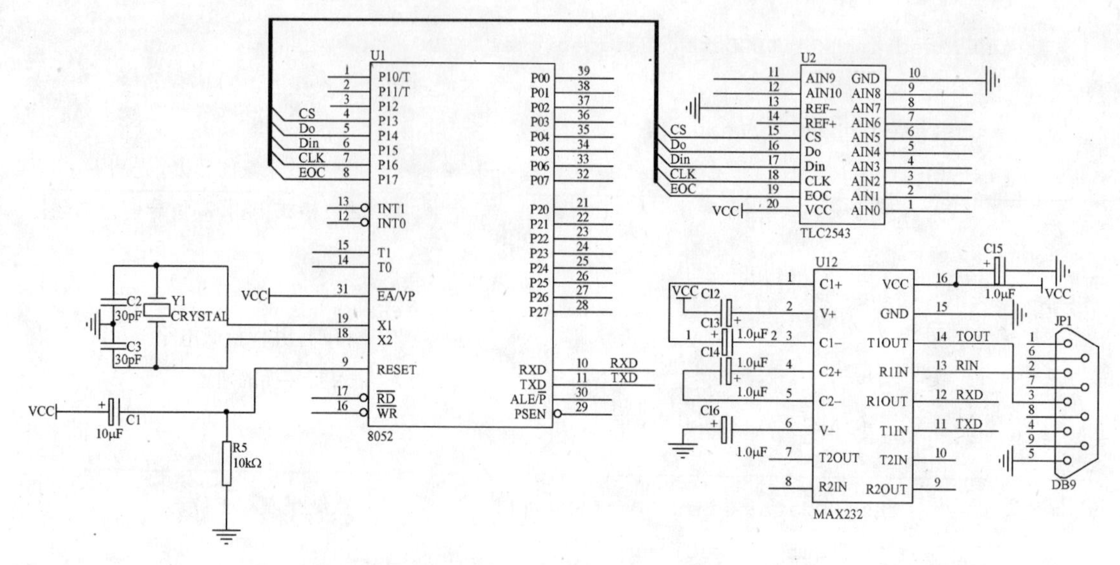

图 10.14　串口输出 TLC2543 多通道串口数据采集应用电路

【例 10.7】51 单片机使用 T0 来定时，每过 50ms 将标志位 T0flg 置位，在主程序中检查该标志位，如果该标志位被置位，则调用 GetTLCData 函数来启动一次 A/D 转换并且将上一次启动的 A/D 转换值读出并且通过串口送出，在通过串口发送数据的时候调用了 putchar 函数。

```
#include <AT89X52.h>
#include <stdio.h>
#include <intrins.h>
//引脚定义
sbit  CLK = P1 ^ 6;
sbit  Di = P1 ^ 5;
sbit  Do = P1 ^ 4;
sbit  CS = P1 ^ 3;
sbit  EOC = P1 ^ 7;
unsigned int ADdata;                                //存放 AD 数据
bit T0flg = 0;                                      //定时器 0 标志
//T0 的初始化函数
void InitT0(void)
{
    TMOD = 0x01;                                    //设置工作方式
    TH0 = 0x4C;
    TL0 = 0x00;                                     //设置初始化值,50ms
    ET0 = 1;
    TR0 = 1;                                        //启动 T0
}
//T0 的中断处理子函数
void Timer0Interrupt(void) interrupt 1
```

```
{
   TH0 = 0x4C;
   TL0 = 0x00;
   T0flg = 1;                                //置位 T0 标志位
}
//串口的初始化函数
void InitUART(void)
{
   TMOD = 0x20;
   SCON = 0x50;                              //工作方式 1
   TH1 = 0xFD;
   TL1 = TH1;                                //初始化值
   PCON = 0x00;
   ES = 1;
   TR1 = 1;
}
//10μs 延时函数
void  delay10us(void)
{
  _nop_();
  _nop_();
  _nop_();
  _nop_();
    _nop_();
  _nop_();
  _nop_();
  _nop_();
}
//TLC2543 操作函数,参数为通道号,返回的是上一次的采集值
unsigned int GetTLCData(unsigned char  CHN)
{
  unsigned char  i,temp;
unsigned int   tempADdata =0;                //分别存放采集的数据,先清零
CHN=CHN<<4;                                  //12 位格式,选择高位导前,单极性
CLK=0;
CS=1;
CS=0;                                        //下降沿,并保持低电平
temp=CHN;                                    //输入要转换的通道
for(i=0;i<12;i++)
{
  tempADdata = tempADdata << 1;              //转换结果左移 1 位
```

```
        if((temp & 0x80)!=0)
       {
        Di = 1;
       }//送方式/通道控制字
        else
       {
        Di = 0;
       }
        if(Do == 1)                          //如果为高电平
        {
         tempADdata = tempADdata + 1;        //读入转换结果
        }
        CLK=1;                               //上升沿
      delay10us();                           //延时
        CLK=0;                               //下降沿
        temp=temp<<1;                        //左移,准备发送方式通道控制字下一位
    }
    CS=1;                                    //上升沿
    tempADdata = tempADdata & 0x0fff;        //屏蔽高4位,因为是12位转换结果
    return(tempADdata);
    }
    void main(void)
    {
     unsigned char counter = 0x00;           //存放当前的通道数
     InitT0();                               //初始化 T0
     InitUART();                             //初始化 UART
     EA = 1;                                 //开启总中断
     ADdata = GetTLCData(0x00);              //先进行一次转换,然后抛弃
     while(1)
     {
      while(T0flg == 0);                     //如果标志位置位
      T0flg = 0;                             //标志位清除
      counter++;
      if(counter== 10)                       //如果已经到了通道 10
      {
       counter = 0x00;
      }
      ADdata = GetTLCData(counter);          //获得上一次转换的值并且启动下一次转换
      if(counter>0)                          //如果不是通道 0 启动
      {
       putchar(counter-1);                   //送出通道数据
```

```
      putchar(ADdata/0xff);                    //将AD数据高位通过串口送出
      putchar(ADdata%0xff);                    //低位数据
    }
    else
    {
      putchar(10);                             //通道10
      putchar(ADdata/0xff);                    //将AD数据高位通过串口送出
      putchar(ADdata%0xff);                    //低位数据
    }
  }
}
```

10.5　I²C 接口高精度 A/D 芯片 ADS1100 应用

ADS1100 是 TI 公司的全差分、16 位、自校准，Δ-Σ型 A/D 转换芯片，其主要特点如下：

- 提供满标度是量程的 0.0125%最大值的精度。
- 提供连续的自校准。
- 提供单周期转换模式。
- 提供可编程增益放大器，增益范围可以选择 1、2、4、8 倍。
- 提供可编程的数据速率 8SPS～128SPS。
- 提供内部系统时钟。
- 使用 I²C 总线接口。
- 电源电压可以使用 2.7～5.5V。
- 具有 8 个不同的 I²C 总线地址。

10.5.1　ADS1100 基础

ADS1100 由一个增益可调的Δ-Σ型 A/D 模块、一个时钟发生器和一个 I²C 接口模块组成，使用芯片电源作为 A/D 转换的基准电压，其内部结构如图 10.15 所示。

为了补偿增益和偏移误差，ADS1100 集成了自校准电路，该自校准电路不需要用户调节，用户也没法调节，完全由 ADS1100 自行操作。和自校准电路类似，ADS1100 内部还集成了一个时钟模块，该时钟会驱动其他模块工作。

1. ADS1100 的引脚封装

图 10.16 所示是 ADS1100 的封装引脚图，其引脚功能说明如下：

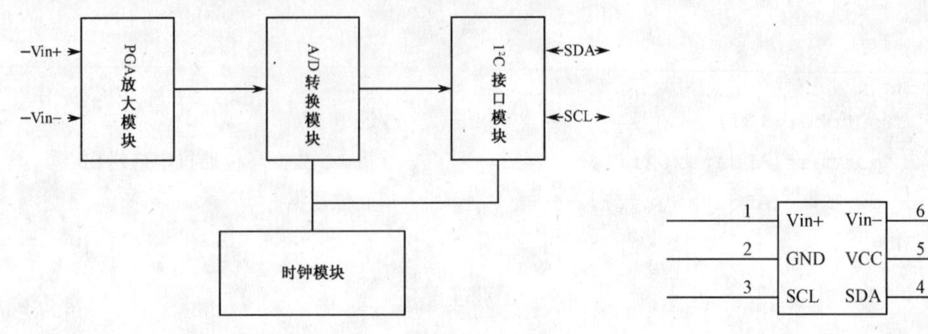

图 10.15　ADS1100 的内部结构

引脚	左侧	右侧	引脚
1	Vin+	Vin−	6
2	GND	VCC	5
3	SCL	SDA	4

图 10.16　ADS1100 的封装引脚图

- Vin+：模拟信号正输入引脚。
- Vin−：模拟信号负输入引脚。
- GND：电源地引脚。
- VCC：电源正信号引脚，ADS1100 可以使用 2.7～5.5V 电压供电，该电压也会作为 ADS1100 的基准电压。
- SCL：I^2C 时钟信号引脚。
- SDA：I^2C 数据信号引脚。

2. ADS1100 的 I^2C 总线地址

所有 I^2C 器件都有自己的器件地址，ADS1100 的器件地址为“1001aaaR/W”，其中“aaa”是出厂设置。ADS1100 共有 a0～a7 八种不同的预置值，分别对应“000”～“111”八个不同的地址，这八种 ADS1100 都以“ADx”为标识，其中 x 表示地址变量，完整的地址对应关系如表 10.7 所示。

表 10.7　ADS1100 标识和对应地址

标　识	地　址	标　识	地　址
AD0	1001 000R/W	AD1	1001 001R/W
AD2	1001 010R/W	AD3	1001 011R/W
AD4	1001 100R/W	AD5	1001 101R/W
AD6	1001 110R/W	AD7	1001 111R/W

ADS1100 会对 I^2C 总线上的总呼叫复位命令做出响应，该命令由一个地址字节 0x00 和一个数据字节 0x06 组成，ADS1100 会对两个字节都进行应答。在收到这个命令之后，ADS1100 会进行一次完整的复位，相当于掉电再上电的过程，此过程中如果有采样转化正在进行，则中断此次采样转化并且清除输出寄存器，把配置寄存器复位为默认值。

I^2C 总线有标准通信速率（100kHz）、快速通信速率（400kHz）、高速通信速率（3.4MHz）是三种通信速率标准，ADS1100 完整的支持这三种通信速率工作方式，其中前两种工作方式可以直接使用，而高速通信速率工作方式需要对 ADS1100 进行配置，配置的具体步骤可以参考相关资料。

3. ADS1100 的控制寄存器

ADS1100 有配置寄存器和输出寄存器两个内部寄存器，前者用于控制 ADS1100 的状态和工作方式，输出寄存器用于存放 A/D 转换的结果，这两个寄存器都可以通过 I^2C 接口总线访问。

配置寄存器的内部如表 10.8 所示，该寄存器用于控制 ADS1100 的工作方式、数据速率和可编程增益放大器（PGA）的倍数，该寄存器的初始化值是 0x8C。

表 10.8　ADS1100 的配置寄存器

内 部 位	7	6	5	4	3	2	1	0
名　称	ST/RSY	0	0	SC	DR1	DR0	PGA1	PGA0

- ST/RSY 位：在单周期转化工作方式中，向 ST/RSY 位写“1”将启动转化，写入“0”则无影响；读该位时候如果为“1”，则表明 AD 转换正在进行，如果为“0”，则表明 AD 转化已经完成，可以从输出寄存器中读出上一次转换的结果。在连续转化工作方式中，该位的写入被忽略，而该位的读出始终为“1”。
- 6、5 位：这两位为保留位，必须为“0”。
- SC 位：此位用于控制 ADS1100 的工作方式，当 SC 位被置“1”时 ADS1100 为单周期转化方式工作，当 SC 位被置“0”时 ADS1100 则以连续转化方式工作。
- DR1 和 DR0 位：此两位用于控制 ADS1100 的数据速率，如表 10.9 所示，其中 8SPS 为默认设置。
- PGA1 和 PGA0 位：此两位控制 ADS1100 的增益设置，用于放大待采样的信号，其中 1 倍为默认值，如表 10.10 所示。

表 10.9　DR1 和 DR0 位设置

DR1	DR0	速　率
0	0	128SPS
0	1	32SPS
1	0	16SPS
1	1	8SPS

表 10.10　PGA1 和 PGA0 位设置

PGA1	PGA0	增　益
0	0	1
0	1	2
1	0	4
1	1	8

可以从 ADS1100 中读出输出寄存器和配置寄存器的值，使用 ADS1100 的读地址对 ADS1100 寻址，然后读出 3 个字节，其中前两个字节为输出寄存器的值，第三个字节为配置寄存器的值。

也可以将数据写入 ADS1100，使用 ADS1100 的写地址对 ADS1100 寻址，然后写入一个字节的内容，这个字节的内容即为 ADS1100 的配置寄存器的内容。

注：从 ADS1100 读出四个或者更多的字节是没有用的，此时所有的值都会为 0xFF；通常来说，读取前两个字节也就是输出寄存器的值就足够了；同样，写一个以上的字节也是没有用的，ADS1100 将忽略第一个字节之后的所有字节，并且不会对这些字节做出应答。

ADS1100 输出寄存器的输出是和模拟量的输入成比例的，该输出限制在一定的数据范围内，该范围取决于 ADS1100 的位数设置，ADS1100 的位数是由其数据速率设置所决定的，如表 10.11 所示。

表 10.11　ADS1100 的速率与输出

数据速率	位　数	最小输出	最大输出
8SPS	16 位	−32768	32767
16SPS	15 位	−16384	16383
32SPS	14 位	−8192	8191
64SPS	12 位	−2048	2047

对于最小码的输入码，可编程增益放大器 PGA 的增益设置，Vin+和 Vin−的输入值及参考电压 VDD 而言，有如下的计算公式。

$$输出码=-1\times最小码\times PGA\times\frac{(Vin+)-(Vin-)}{VDD}$$

必须使用负的最小输出码，ADS1100 的输出码格式为二进制的补码，所以最大值和最小值的绝对值不同，例如，如果数据速率为 16SPS 且 PGA 为 2 的时候，输出码的表达式为：

$$输出码=16384\times2\times\frac{(Vin+)-(Vin-)}{VDD}$$

ADS1100 输出的所有代码右对齐且经过负号扩展，这使得数据速率码较高时候仅仅使用一个 16 位的累加器就能进行平均值的计算。

4. ADS1100 的工作流程

ADS1100 采用开关电容器输入级，对于外部电路来说其可以看做一个电阻，电阻值的大小取决于这个电容的值和开关频率，开关频率和调节器的频率相同，ADS1100 的频率通常为 275kHz，而电容器的值取决于可编程增益放大器 PGA 的设置。

ADS1100 的差分阻抗大小和 PGA 有关，ADS1100 的共模阻抗大小典型值为 2.4MΩ/PGA；ADS1100 的共模阻抗是一个固定值，其典型值为 8MΩ。

ADS1100 有两种工作方式：连续转换工作方式和单周期转换工作方式。

在连续转换工作方式中，ADS1100 连续的采集模拟信号并且将其转换为对应的数字信号，转换结果值将立即被送入输出寄存器，然后开始新的一轮转换。当 ADS1100 处于连续转换方式工作时，配置寄存器的 ST/BSY 位总是被置“1”。

在单周期转换工作方式中，ADS1100 不断地检查配置寄存器中的 ST/BSY 位，只有当该位被置“1”时上电，然后开始采集模拟信号并且将其转化为对应的数字信号，转化结束之后 ADS1100 将结构送入输入寄存器，清除 ST/BSY 位，并且 ADS1100 掉电。如果 ADS110 从连续转换工作方式切换到单周期转换工作方式，ADS1100 将完成当前的转换，然后掉电，从下一次开始进行单周期转换。

注：输入阻抗是指一个电路输入端的等效阻抗。在输入端上加上一个电压源 *U*，测量输入端的电流 *I*，则输入阻抗 Rin 就是 *U*/*I*。可以把输入端想象成一个电阻的两端，这个电阻的阻值，就是输入阻抗。输入阻抗跟一个普通的电抗元件没什么两样，它反映了对电流阻碍作

用的大小。对于电压驱动的电路，输入阻抗越大，则对电压源的负载就越轻，因而就越容易驱动；而对于电流驱动型的电路，输入阻抗越小，则对电流源的负载就越轻；由于 A/D 芯片一般来说是一个电压驱动型的电路，所以输入阻抗越大越好。

10.5.2　ADS1100 的应用电路

由于 ADS1100 的电源即为其 A/D 转换的基准电源，所以这个电源必须相对来说比较精密且稳定，这样才能保证 A/D 转换的精度，所以，ADS1100 通常要搭配精密恒压源使用，其中使用的最多的是 AD586。

AD586 是采用离子注入埋藏齐纳二极管技术和激光调阻的高稳定度薄膜电阻的高精度 5V 基准源，其引脚图如图 10.17 所示。

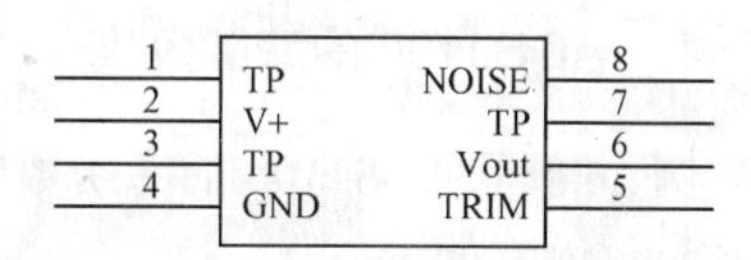

图 10.17　AD586 的引脚封装

AD586 的输出电压值在 5.000V±2.0mV，具有在 0～70℃时最大 2ppm/C 的温度系数，并且可以提供最大 10mA 的输出或者吸收能力。

如图 10.18 所示，51 单片机使用 P1.0 和 P1.1 分别作为 I^2C 总线接口的时钟线和数据线和 ADS1100 连接，采用 AD586 作为精密电源给 ADS1100 供电，并且充当 ADS1100 转换的基准电压源，其输出电压 VAD 可以使用 R8 进行细微调节。

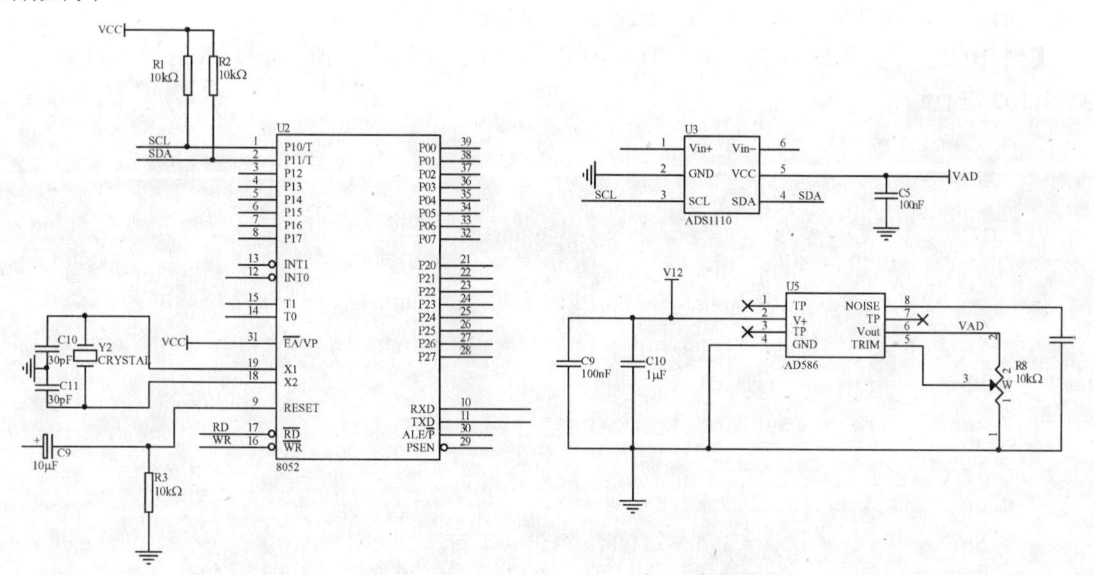

图 10.18　ADS1100 的典型应用电路

10.5.3　ADS1100 的操作步骤

ADS1100 的操作步骤可以分为连续转换和单次转换两种，在连续转换下，其操作步骤如下：

（1）向ADS1100的寄存器写入控制字。

（2）等待转换结束。

（3）连续从ADS1100读出转换结果。

在单次转换方式下，其操作步骤如下：

（1）向ADS1100的寄存器写入控制字。

（2）等待转换结束。

（3）从ADS1100读出转换结果，并且重复操作（1）。

10.5.4 ADS1100的应用代码

1. ADS1100的库函数

例10.8是ADS1100的库函数的应用代码，提供了可以用于ADS1100的库函数，主要的控制函数说明如下：

- Init_ADS1100(unsigned char ucADSAdd,unsigned char ucADSPara)：ADS1100的初始化函数，参数分别为ADS1100的地址和内部寄存器控制字。
- void Write_ADS1100(unsigned char ucADSAdd,unsigned char ucADSPara)：对ADS1100写入一个字节，第一个参数为ADS1100的地址，第二个参数是待写入的数据。
- unsigned int uiRead_ADS1100(unsigned char ucADSAdd)：从ADS110中读出两个字节的数据，可以是A/D转换值，也可以是控制寄存器状态。

【例10.8】库函数使用51单片机的P1.0和P1.1引脚来模拟I^2C总线的通信过程，和ADS1100进行通信。

```
#include <intrins.h>
#include <AT89X52.h>
sbit sbSDA = P1 ^ 1;                    //SDA引脚
sbit sbSCL = P1 ^ 0;                    //SCL引脚
void Init_ADS1100(unsigned char ucADSAdd,unsigned char ucADSPara);
void Write_ADS1100(unsigned char ucADSAdd,unsigned char ucADSPara);
void Start_IIC (void);
void Write_IICByte(unsigned char ucSendData);
void Stop_IIC(void);
unsigned char ucCheck_ACK(void);
unsigned int uiRead_ADS1100(unsigned char ucADSAdd);
void ADS1100_Ack(void);
void ADS1100_Nack(void);
void Delay_1ms(unsigned int uiTCounter);
unsigned char Read_IICByte(void);
/*****************************************************************
启动I²C总线
*****************************************************************/
```

```
void Start_IIC (void)
{

sbSDA=1;
_nop_();
sbSCL=1;
_nop_();
_nop_();
_nop_();
_nop_();
_nop_();
sbSDA=0;
_nop_();
_nop_();
_nop_();
_nop_();
_nop_();
sbSCL=0;
_nop_();
_nop_();
_nop_();
_nop_();
_nop_();
}
/*****************************************************************
通过 I2C 总线发送一个字节数据，ucSendData 中为需要发送的字节
*****************************************************************/
void Write_IICByte(unsigned char ucSendData)
{
unsigned char ucSendCounter;
ucSendCounter = 8;                    //发送 8 位
do
{
    _nop_();
    _nop_();
    _nop_();
    _nop_();
    _nop_();
      if((ucSendData&0x80)==0x80)   //判断需要发送的位是 0 还是 1
      {
        sbSDA=1;                    //写 bit 1
```

```
        }
         else
        {
           sbSDA=0;                        //写 bit0
        }
         _nop_();
         _nop_();
         _nop_();
         _nop_();
         _nop_();
        sbSCL=1;
       _nop_();
         _nop_();
         _nop_();
       ucSendData=ucSendData<<1;
         ucSendCounter--;
       sbSCL=0;
      } while(ucSendCounter);                 //等 8 个 bit 发送完成
    }
    /*****************************************************************
    写 ADS1100,ucADSAdd 是存放的 ADS1100 地址,ucADSData 存放的初始化
    ADS1100 的参数
    *****************************************************************/
    void Write_ADS1100(unsigned char ucADSAdd,unsigned char ucADSPara)
    {
    Start_IIC();                              //启动 I2C
    Write_IICByte(ucADSAdd);                  //ADS1100 写器件地址（写）
    do{
        ;
    }while(ucCheck_ACK());                    //等待应答

    Write_IICByte(ucADSPara);                 //写 ADS1100 配置字
    do{
        ;
    }while(ucCheck_ACK());
    Stop_IIC();                               //停止 I2C
    }
    /*****************************************************************
    初始化 ADS1100,ucADSAdd 是存放的 ADS1100 地址,ucADSData 存放的初始化
    ADS1100 的参数
    *****************************************************************/
```

```
void Init_ADS1100(unsigned char ucADSAdd,unsigned char ucADSPara)
{

   unsigned char i;

  Write_ADS1100(ucADSAdd,ucADSPara);    //写入 ADS1100 的初始化参数

   for (i=0;i<10;i++)                    //加入延时以确认初始化完成
   {
    Delay_1ms(130);                      //延时 130ms
   }
}
/***********************************************************************
停止并且释放 I2C 总线
***********************************************************************/
void Stop_IIC(void)
{
_nop_();
_nop_();
_nop_();
sbSDA=1;
_nop_();
_nop_();
_nop_();
sbSCL=0;
}
/***********************************************************************
等待 I2C 总线应答信号
***********************************************************************/
unsigned char ucCheck_ACK(void)          //  检查 I2C 总线应答信号
{
unsigned char i;
unsigned char ucACK;

   _nop_();
   _nop_();
   _nop_();
   _nop_();
   _nop_();
for (i=0;i<15;i++)
{
```

```
    if(sbSDA == 1)                          //判断回送的数据用以决定响应值
    {
        ucACK=1;
      }
      else
    {
        ucACK=0;
      }
}
_nop_();
_nop_();
_nop_();
_nop_();
_nop_();
sbSCL=1;
_nop_();
_nop_();
_nop_();
_nop_();
_nop_();
sbSCL=0;
_nop_();
_nop_();
_nop_();
_nop_();
_nop_();
sbSDA=1;
return ucACK;
}
/*******************************************************************
读ADS1100,ucADSAdd是存放的ADS1100地址,返回值为unsigned int格式的
ADC转化值
*******************************************************************/
unsigned int uiRead_ADS1100(unsigned char ucADSAdd)   //从ADS1100中读出数据
{
unsigned char ucADCDataH,ucADCDataL;
unsigned int uiADCData;

Start_IIC();                                        //启动I2C总线
Write_IICByte(ucADSAdd);                            //发送器件地址（读）
   do{
```

```
    ;
  }while(ucCheck_ACK());                                    //等待应答
    ucADCDataH = Read_IICByte();                            //读高 8 位数据
    ADS1100_Ack();                                          //发送应答信号,连续读

    ucADCDataL = Read_IICByte();                            //读低 8 位
    ADS1100_Nack();                                         //发送非应答信号,停止读
    Stop_IIC();                                             //结束读,释放总线
  uiADCData = 0xFF * ucADCDataH + ucADCDataL;               //合并数据并且返回
  return uiADCData;
  }
  /************************************************************
  通过 I2C 读取一个字节,返回读到的字节
  ************************************************************/
  unsigned char Read_IICByte(void)
  {
  unsigned char ucRData=0;
    unsigned char ucReciveCounter=8;
    _nop_();
    _nop_();
    _nop_();
    _nop_();
    _nop_();
    do
    {
     if(sbSDA ==1)                                //读出数据为 1
       {
         ucRData = ucRData | 0x01;
       }
       else                                       //读出数据为 0
       {
          ucRData = ucRData & 0xFE;
       }
      _nop_();
       _nop_();
       _nop_();
       _nop_();
       _nop_();
       sbSCL=1;
      _nop_();
       _nop_();
```

```
        _nop_();
        _nop_();
        _nop_();
        sbSCL=0;
    sbSDA=1;
        if((ucReciveCounter-1) != 0)
        {
          ucRData = ucRData<<1;
        }
        ucReciveCounter--;
}while(ucReciveCounter);                            //如果没有接收完成
  return ucRData;                                   //返回得到的数值
}
/*****************************************************************
ADS1100应答信号,用于连续读ADS1100
*****************************************************************/
void ADS1100_Ack(void)                              //发送应答信号
{
_nop_();
_nop_();
_nop_();
_nop_();
_nop_();
sbSDA=0;
_nop_();
_nop_();
_nop_();
_nop_();
_nop_();
sbSCL=1;
_nop_();
_nop_();
_nop_();
_nop_();
_nop_();
sbSCL=0;
_nop_();
_nop_();
_nop_();
  _nop_();
  _nop_();
```

```
}
/*************************************************************************
ADS1100 非应答信号,用于停止连续读 ADS1100
*************************************************************************/
void ADS1100_Nack(void)                          //发送非应答信号
{
sbSDA=0;
sbSCL=0;
_nop_();
_nop_();
_nop_();
_nop_();
_nop_();
sbSCL=1;
_nop_();
_nop_();
_nop_();
_nop_();
_nop_();
}
void Delay_1ms(unsigned int uiTCounter)
{
unsigned int uiT2Counter;
unsigned char ucT3Counter;
for(uiT2Counter=0;uiT2Counter<uiTCounter;uiT2Counter++)
    {
    for(ucT3Counter=0;ucT3Counter<120;ucT3Counter++);
    }
}
```

2. 应用实例——串口输出 ADS1100 数据采集

本应用实例是一个使用 ADS1100 进行数据采集的实例，ADS1100 采用连续转换方式，以 10Hz 的速度从采集数据，并且通过串口将采集值送出，实例的应用电路如图 10.19 所示，51 单片机使用引脚 P1.0 和 P1.1 模拟 ADS1100 的 I^2C 接口总线信号并且通过串行口发送采集数据。

【例 10.9】51 单片机首先对 ADS1100 进行初始化，让 ADS1100 处于连续转换模式。使用 T0 来定时，每过 50ms 将标志位 T0flg 置位，在主程序中检查该标志位，如果该标志位被置位，则调用 uiRead_ADS1100 函数来读取一次 A/D 转换的值，并且通过串口送出，调用了 putchar 函数。应用代码调用了上一小节中的库函数。

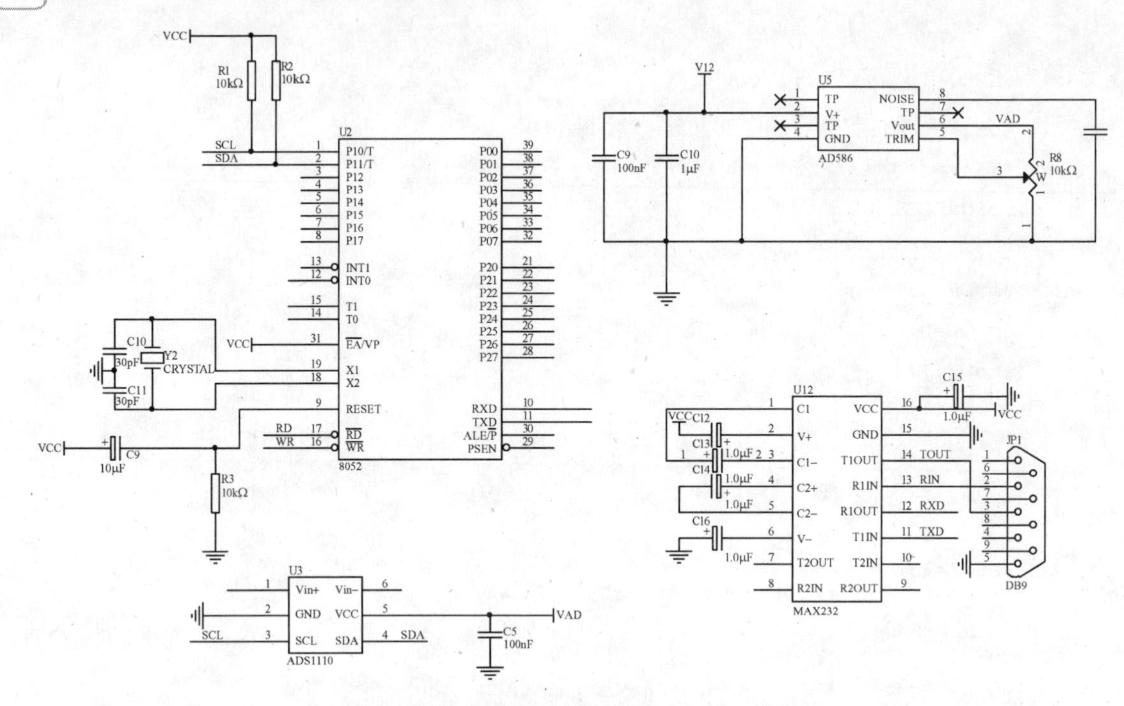

图 10.19　串口输出 ADS1100 数据采集应用电路

```
#include <AT89X52.h>
unsigned char ucAD0H,ucAD0L,ucAD1H,ucAD1L;
unsigned int uiAD0,uiAD1;
bit T0flg = 0;                                    //T0 标志位
void InitT0(void)
{
    TMOD = 0x01;                                  //设置工作方式
    TH0 = 0x4C;
    TL0 = 0x00;                                   //设置初始化值,50ms
    ET0 = 1;
    TR0 = 1;                                      //启动 T0
}
//T0 的中断处理子函数
void Timer0Interrupt(void) interrupt 1
{
    TH0 = 0x4C;
    TL0 = 0x00;
    T0flg = 1;                                    //置位 T0 标志位
}
//串口的初始化函数
void Init_UART(void)
{
SCON = 0x50;
```

```
    PCON = 0x80;
    RCLK = 1;
    TCLK = 1;
    RCAP2H = 0xff;                          //115200bps
    RCAP2L = 0xfd;                          //使用 T2 作为波特率发生器
    TR2 = 1;
    ES = 1;
    EA = 1;
    }
    main()
    {
    Init_UART();
    Init_ADS1100(0x90,0x0c);                //地址为 A0,连续采集方式
    while(1)
    {
        while(T0flg == 0);                  //如果标志位置位
        T0flg = 0;                          //标志位清除
            uiAD0 = uiRead_ADS1100(0x91);   //获得 AD 数据
            ucAD0H = uiAD0 / 0xff;
            ucAD0L = uiAD0 % 0xff;          //拆分 AD 数据
            putchar(ucAD0H);
            putchar(ucAD0L);                //送出 AD 数据
    }
    }
```

10.6　串行高精度 A/D 芯片 AD997A 应用

AD977A 是 ADI（Analog Devices）公司推出的一款 16 位 A/D 转换器，具有低功耗的工作特性和高达 200kbps 的采样速率，并且只需要单+5V 供电，其主要特点如下：

- 具有 16 位分辨率。
- 支持高达 200kbps 的采样频率。
- 单+5V 电源供电。
- 输入电压可选择，其范围为 0～10V，0～5V，0～4V，-10～10V，-5～5V，-3.3～3.3V。
- 可以采用外部电压参考源，也可以采用内部 2.5V 电压参考源。
- 提供高速串行数据接口。
- 片上内置时钟。

10.6.1 AD997A 基础

AD997A 的引脚封装如图 10.20 所示，其具体说明如下：

引脚	名称	名称	引脚
1	R1IN	VDIG	20
2	AGND1	VANA	19
3	R2IN	PWRD	18
4	R3IN	$\overline{\text{BUSY}}$	17
5	CAP	CS	16
6	REF	R/$\overline{\text{C}}$	15
7	AGND2	TAG	14
8	SB/$\overline{\text{BTC}}$	DATA	13
9	EXT/$\overline{\text{INT}}$	DATACLK	12
10	DGND	SYNC	11

图 10.20 AD997A 的引脚封装

- R1IN、R2IN、R3IN：模拟量输入，用于配置 AD997A 的输入量范围的选择。
- AGND1：模拟地，参考电压的地信号。
- CAP：参考电压缓冲输出，需要通过一个 2.2μF 的电解电容连接到模拟地。
- REF：参考电压输入/输出，在没有外部参考电压输入时，采用 2.5V 的内部参考电压源且该引脚具有 2.5V 输出，当接有外部参考电压源时，则采用外部参考源。
- AGND2：模拟地。
- SB/$\overline{\text{BTC}}$：二进制数格式选择引脚，当该引脚为高时，采用普通二进制数格式输出 A/D 采集值；当该引脚为低时，采用二进制补码格式输出 A/D 采集值。
- EXT/$\overline{\text{INT}}$：数据时钟选择输入，用于选择数据传输时钟，当该引脚为高时采用外部数据时钟（即为 DATACLK 的输入），当该引脚为低时采用内部数据时钟。
- DGND：数字地。
- SYNC：外部数据时钟下，数据输出的同步信号输出，当读数据有效后，输出一个 DATACLK 周期宽度的脉冲。
- DATACLK：串行数据时钟输入/输出，当采用内部数据时钟时（即 EXT/$\overline{\text{INT}}$ 为低），该引脚为输出；当采用外部数据时钟时（即 EXT/$\overline{\text{INT}}$ 为高），该引脚为外部数据时钟的输入端。
- DATA：串行数据输出，该数据输出与串行数据时钟同步，高位在前，低位在后。
- TAG：数字输入，用来区分串行总线上具有多个 AD977A 的情况的数据传输。
- R/$\overline{\text{C}}$：读/转换输入，当 $\overline{\text{CS}}$ 为低时，该引脚的下降沿将启动一次 A/D 转换，上升沿将启动数据传输。
- $\overline{\text{CS}}$：片选信号输入，低电平有效，可以与 R/$\overline{\text{C}}$ 配合使用，用来启动 A/D 转换，一般情况下，可以直接将该引脚接地。
- $\overline{\text{BUSY}}$：A/D 转换忙输出，该信号用来指示 A/D 转换是否正在进行，当该引脚为低时，A/D 转换正在进行不再响应转换命令，只能读取上次转换结果。
- PWRD：掉电模式选择输入，当该引脚为高时，进入掉电模式，A/D 转换停止；当该引脚为低时，正常工作。
- VANA：模拟电源+5V。
- VDIG：数字电源+5V。

10.6.2 AD997A 的应用电路

使用 51 单片机扩展 AD997A 的典型应用电路如图 10.21 所示，51 单片机使用 P1 连接

AD997A 的相对控制引脚，对应的采集信号连接到 AD997A 的 RIN2 引脚。

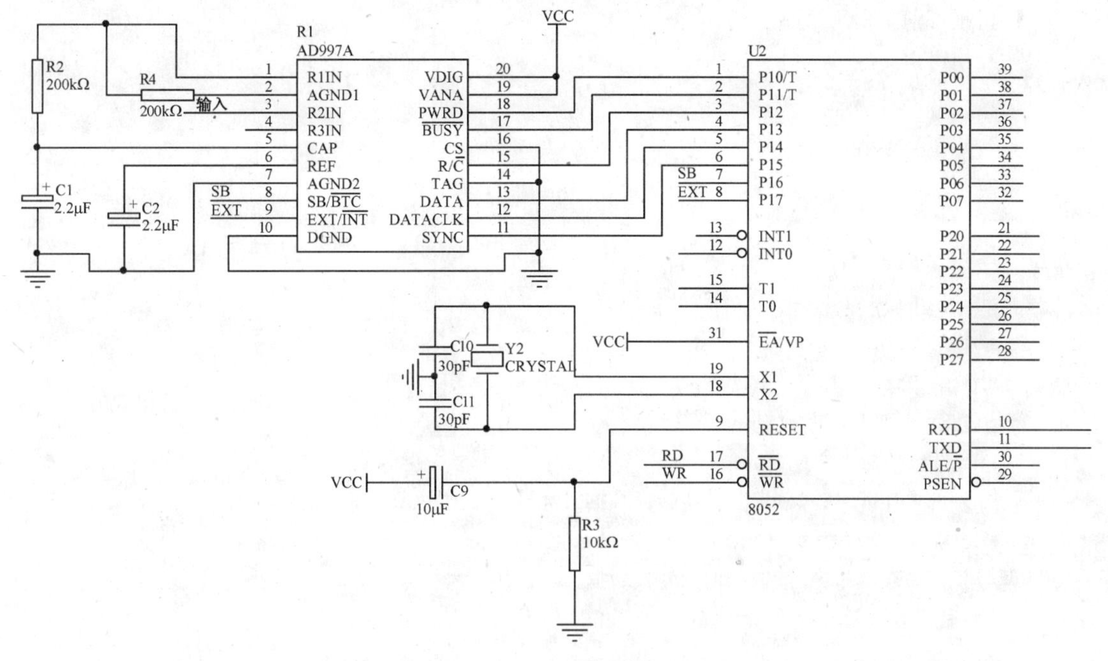

图 10.21　AD997A 的典型应用电路

10.6.3　AD997A 操作步骤

51 单片机对 AD997A 进行操作的步骤如下：

（1）使能 AD997A。

（2）设置参考电压。

（3）设置数据时钟、采集和输出数据格式。

（4）启动 A/D 转换。

（5）等待 A/D 转换结束并且读出对应的值。

10.6.4　AD997A 的库函数

例 10.10 是 AD997A 的相关库函数，用户可以调用这些库函数对 AD997 进行操作，其中比较重要的函数如下。

- int nSample(unsigned char smode, unsigned char sbtc)：按照指定方式进行采样和读取数据，参数分别为数据时钟及输出时钟模式。
- int EXCLKSample_Pre_Syn(void)：外部非连续数据时钟，读取当前次转换数据且有同步信号模式。
- int SPI_Read_Two(void)：外部非连续数据时钟，读取上一次转换数据且无同步信号模式。
- int EXCLKSample_Now(void)：外部非连续数据时钟，读取上一次转换数据且有同步信号模式。

【例 10.10】51 单片机使用 P1 和 AD997A 进行数据交换。

```
#include <AT89X52.h>
//引脚定义
sbit  PinPWRD  = P1 ^ 0;
sbit  PinBUSY  = P1 ^ 1;
sbit  PinRC    = P1 ^ 2;
sbit  PinDATA  = P1 ^ 3;
sbit  PinSCLK  = P1 ^ 4;
sbit  PinSYN   = P1 ^ 5;
sbit  PinSBTC  = P1 ^ 6;
sbit  PinEXINT = P1 ^ 7;
//数据时钟、采集与读取数据模式
#define  EXDCLK_RDPRE        3
//外部非连续时钟,读取上一次转换数据且无同步信号模式
#define  EXDCLK_RDNOW        2
//外部非连续时钟,读取当前次转换数据且无同步信号模式
#define  EXDCLK_RDPRE_SYN    1
//外部非连续时钟,读取上一次转换数据且有同步信号模式
#define  EXDCLK_RDNOW_SYN    0
//外部非连续时钟,读取当前次转换数据且有同步信号模式
//掉电模式
#define  PWOP   0                           //正常工作
#define  PWDO   1                           //掉电模式
//二进制格式
#define  BTC    0                           //二进制补码形式
#define  SBIN   1                           //普通二进制
//函数功能：短延时
void nNop(unsigned char x);
// 函数功能：长延时
void LongDelay(unsigned int i);
//函数功能：置/复位 PWRD 信号
//说明,x：1 -- 置位（掉电模式）;0 -- 复位（正常工作）
#define  SetPWRD(x)     (PinPWRD = (x) ? 1 : 0)
//函数功能：置/复位 RC 信号
//说明,x：1 -- 置位;0 -- 复位
#define  SetRC(x)     (PinRC = (x) ? 1 : 0)
//函数功能：置/复位 SCLK 信号
//说明,x：1 -- 置位;0 -- 复位
#define  SetSCLK(x)     (PinSCLK = (x) ? 1 : 0)
//函数功能：置/复位 SBTC 信号
```

```
//说明,x: 1 -- 置位（标准/普通二进制）;0 -- 复位（二进制补码格式）
#define  SetSBTC(x)   (PinSBTC = (x) ? 1 : 0)
//函数功能: 置/复位EXINT信号
//说明,x: 1 -- 置位;0 -- 复位
#define  SetEXINT(x)     (PinEXINT = (x) ? 1 : 0)
//函数功能: 从SPI总线读2字节（16bits）数据
//说明,返回16bits的数据
int SPI_Read_Two(void);
//函数功能: 外部非连续数据时钟,读取上一次转换数据且无同步信号模式
//说明,返回上一次采集的数据（即第n次采样启动时,将读取第n-1次采样数据）
int EXCLKSample_Pre(void);
//函数功能: 外部非连续数据时钟,读取当前次转换数据且无同步信号模式
//说明,返回当前次采集的数据（16bits）
int EXCLKSample_Now(void);
//函数功能: 外部非连续数据时钟,读取上一次转换数据且有同步信号模式
//说明,返回上一次采集的数据（即第n次采样启动时,将读取第n-1次采样数据）
int EXCLKSample_Pre_Syn(void);
//函数功能: 外部非连续数据时钟, 读取当前次转换数据且有同步信号模式
//说明,返回当前次采集的数据（16bits）
int EXCLKSample_Now_Syn(void);
//函数功能: 指定方式采样及读取数据
//说明,smode:数据时钟、读取方式模式;sbtc:输出二进制数据格式;
//返回采样数据（16bits）
int nSample(unsigned char smode, unsigned char sbtc);
//短延时函数:nNop()
void nNop(unsigned char x)
{
for(;x>0;x--);
}

//长延时函数: LongDelay()
void LongDelay(unsigned int i)
{
unsigned int j;
for(;i>0;i--)
    { for(j=4000;j>0;j--);}
}

//从SPI总线读2字节（16bits）数据函数:SPI_Read_Two()
int SPI_Read_Two(void)
{
```

```
int temp;
unsigned char i;
SetSCLK(0);
for(i=0;i<16;i++)
{
    SetSCLK(1);
    nNop(2);
    temp <<= 1;
    if(PinDATA) temp++;
    SetSCLK(0);
    nNop(2);
    }
return(temp);
}

//外部非连续数据时钟,读取上一次转换数据且无同步信号模式函数:EXCLKSample_ Pre()
int EXCLKSample_Pre(void)
{
int temp;
SetEXINT(1);
SetRC(1);
SetRC(0);
while(PinBUSY);
nNop(2);
SetRC(1);
temp = SPI_Read_Two();
return(temp);
}
//外部非连续数据时钟,读取当前次转换数据且无同步信号模式函数:EXCLKSample_Now()
int EXCLKSample_Now(void)
{
int temp;
SetEXINT(1);
SetRC(1);
SetRC(0);
while(PinBUSY);
nNop(1);
SetRC(1);
while(!PinBUSY);
temp = SPI_Read_Two();
return(temp);
```

```
    }
    //外部非连续数据时钟,读取上一次转换数据且有同步信号模式函数:EXCLKSample_
Pre_Syn()
    int EXCLKSample_Pre_Syn(void)
    {
    int temp;
    SetEXINT(1);
    SetSCLK(0);
    SetRC(1);
    SetRC(0);
    SetSCLK(1);
    while(PinBUSY);
    SetSCLK(0);
    nNop(1);
    SetRC(1);
    SetSCLK(1);
    while(!PinSYN);
    SetSCLK(0);
    temp = SPI_Read_Two();
    return(temp);
    }
    //外部非连续数据时钟,读取当前次转换数据且有同步信号模式函数:EXCLKSample_
Now_Syn()
    int EXCLKSample_Now_Syn(void)
    {
    int temp;
    SetEXINT(1);
    SetSCLK(0);
    SetRC(1);
    SetRC(0);
    SetSCLK(1);
    while(PinBUSY);
    SetSCLK(0);
    nNop(1);
    SetRC(1);
    while(!PinBUSY);
    SetSCLK(1);
    while(!PinSYN);
    SetSCLK(0);
    temp = SPI_Read_Two();
    return(temp);
```

```
}
//指定方式采样以及读取数据函数:nSample()
int nSample(unsigned char smode, unsigned char sbtc)
{
int temp;
SetPWRD(PWOP);
switch(sbtc)
{
    case  BTC  :  SetSBTC(BTC);  break;
    case  SBIN :  SetSBTC(SBIN); break;
    default    :  break;
    }
switch(smode)
{
    case  EXDCLK_RDPRE  :  temp = EXCLKSample_Pre();         break;
    case  EXDCLK_RDNOW  :  temp = EXCLKSample_Now();         break;
    case  EXDCLK_RDPRE_SYN : temp = EXCLKSample_Pre_Syn(); break;
    case  EXDCLK_RDNOW_SYN : temp = EXCLKSample_Now_Syn(); break;
    default                : break;
    }
  return(temp);
 }
```

第 11 章　51 单片机的 D/A 芯片扩展

在 51 单片机的应用系统中，常常需要通过单片机控制一些模拟量（如模拟电压、模拟电流）驱动一些外部设备，此时需要将 51 单片机内部的数字信息转化为模拟信号，需要使用被称为 D/A 芯片或者 DAC（Digital Analog Converter）的数字—模拟转换模块。和 A/D 芯片类似，D/A 芯片也有通道数（单通道、多通道）、精度（输入数字数据位数）和接口（并行、串行）的区别，本章节将详细介绍该模块的扩展方式。

11.1　51 单片机的 D/A 通道基础

D/A 芯片的组成如图 11.1 所示，其输入包括数字输入、基准参考电压、供电电源；输出为模拟电流信号或电压信号。

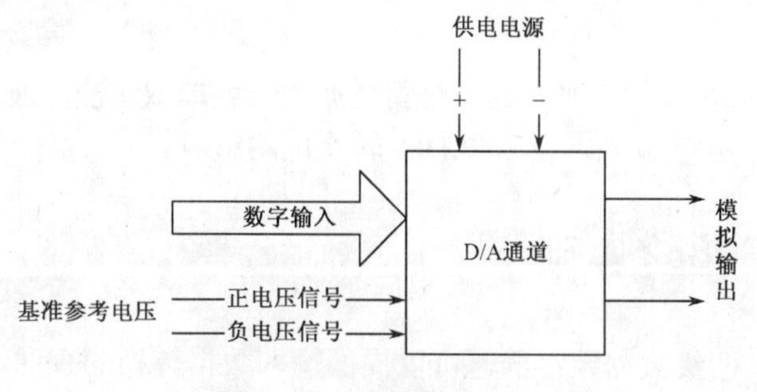

图 11.1　D/A 通道的组成

D/A 通道的“数字—模拟”转换原理可以分为“有权电阻 D/A 转换”和“T 型网络转换”两种，大多数 D/A 通道芯片是由电阻阵列和多个电流、电压开关组成，其根据输入的数字信号来切换多路开关以产生对应的输出电流和电压。为了保证 D/A 通道芯片输入引脚上的数字信号的稳定，一般来说，D/A 芯片内部常常带有数据锁存器和地址译码电路，以便于和 51 单片机的接口连接。

D/A 通道芯片按照数字输入位数可以分为 8 位、10 位、12 位、16 位等；按照和 51 单片机的接口方式可分为并行 D/A 通道芯片和串行 D/A 通道芯片；按照转换后输出的模拟量类型来分可分为电压输入型 D/A 通道芯片和电流输出型 D/A 通道芯片。

D/A 通道芯片的位数越高则表明它转换的精度越高，即可以得到更小的模拟量刻度以使得转换后的模拟量具有更好的连续性；与 A/D 芯片相似，并行 D/A 通道芯片数据并行传输，具有输出速度快的特点，但是占用的数据线较多。并行 D/A 通道芯片在转换位数不多时具有较高的性价比。串行 D/A 通道芯片则具有占用数据线少、与 51 单片机接口简单、便于信号隔离等优点。但它相对于并行D/A通道芯片来说由于待转换的数据是串行逐位输入的，所以速度相对就稍慢一些。

D/A通道芯片的主要性能指标如下。

- 分辨率：输出模拟量的最小变化量，它与D/A通道芯片的位数是直接相关的，D/A通道芯片的位数越高，其分辨率也越高。
- 转换时间：完成一次"数字—模拟"转换所需要的时间，转换时间越短则转换速度越快。
- 输出模拟量的类型与范围：D/A通道芯片输出的电流或是电压及其相应的范围。
- 满刻度误差：数字量输入全为"1"时，实际的输出模拟量与理论值的偏差。
- 接口方式：即D/A通道芯片和其他芯片（主要是处理器）进行数据通信的方式，通常分为并行和串行方式。

在51单片机的应用系统中，最常用的D/A通道芯片有并行8位双缓冲D/A芯片DAC0832、串行10位D/A通道芯片TLC5615、串行12位D/A通道芯片MAX517、串行A/D和D/A通道芯片PCF8591等。

11.2 8位并行D/A通道芯片DAC0832

DAC0832是NS（美国国家半导体）公司生产的一款单双缓冲，通用8位D/A转换芯片，其由输入锁存器，数字输入寄存器和D/A转换电路组成。

11.2.1 DAC0832基础

DAC0832片内有两级数据锁存器，可以提供输入数据转换的直通、单缓冲和双缓冲三种方式，提供模拟电流输出，通过外接一个运放就可以方便的实现电压输出。图11.2所示是其外部引脚封装示意图。

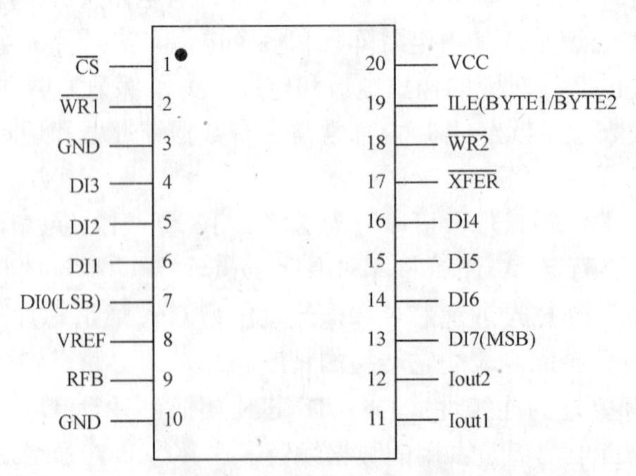

图11.2 DAC0832的外部引脚封装示意图

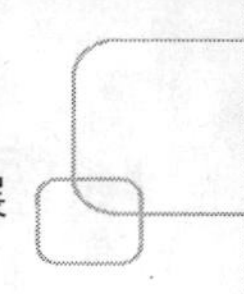

DAC0832 的引脚定义如下。

- DI0～DI7：并行数据输入引脚，TTL 电平兼容。
- ILE：数据锁存允许控制信号输入引脚，高电平有效。
- $\overline{\text{CS}}$：片选信号输入引脚，低电平有效。
- $\overline{\text{WR1}}$：输入寄存器（即第一级缓冲）的写选通信号引脚，当 $\overline{\text{WR1}}$ 为低时，数据输入进入第一级缓冲并锁存。
- XFER：数据传送控制信号输入引脚，低电平有效。
- $\overline{\text{WR2}}$：为 DAC 寄存器（即第二级缓冲）写选通输入引脚，当 $\overline{\text{WR2}}$ 为低且 $\overline{\text{XREF}}$ 也为低时，数据输入进 DAC 寄存器（即第二级缓存）并且开始 D/A 转换。
- Iout1：电流输出引脚。当输入全为 1 时 Iout1 最大。
- Iout2：电流输出引脚。其值与 Iout1 之和为一常数。
- RFB：反馈信号输入引脚，芯片内部提供有反馈电阻。
- VCC：电源输入引脚(+5V～+15V)，其典型值为+5V。
- VREF：基准电压输入引脚(−10V～+10V)，当 VCC 为+5V 时的典型值为−5V。
- AGND：模拟地，摸拟信号和基准电源的参考地。
- DGND：数字地，两种地线在基准电源处共地比较好。

11.2.2　DAC0832 的应用电路

51 单片机扩展 DAC0832 可以使用单缓冲接口扩展方式或双缓冲接口扩展方式，前者通常用于在单片机系统中只需要扩展一片 DAC0832 的场合，而后者用于需要同时扩展多片 DAC0832。

1.　DAC0832 的单缓冲接口扩展方式

DAC0832 的单缓冲扩展方式是指 DAC0832 的第一级缓冲寄存器（输入寄存器）受到 51 单片机的控制，而第二级缓冲寄存器（DAC 寄存器）处于直通状态，其典型应用电路如图 11.3 所示。

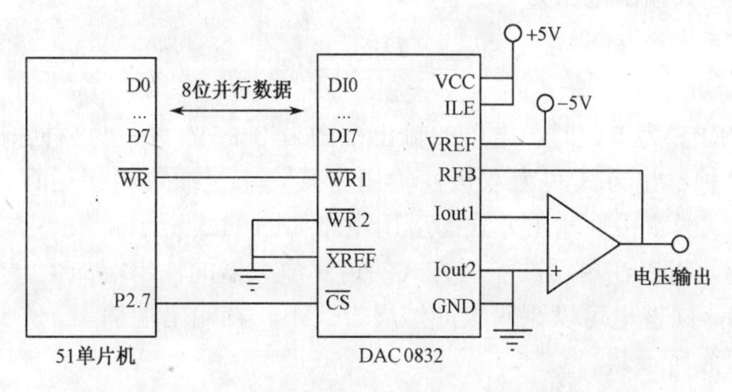

图 11.3　DAC0832 的单缓冲接口扩展方式应用电路

如图 11.3 所示，51 单片机的 8 位数据线和 DAC0832 的数据输入端口直接连接，$\overline{\text{WR}}$ 引脚连接到 DAC0832 的 $\overline{WR1}$ 引脚上，P2.7 引脚连接到 DAC0832 的 $\overline{CS}$ 引脚，DAC0832 的 ILE 连接到 VCC，输出引脚 Iout1 和 Iout2 连接到运算放大器的输入端，RFB 引脚连接到运算放大器的电压输出端，此时只需要 51 单片机对 DAC0832 进行一次写操作（DAC0832 的 $\overline{WR1}$ 和 $\overline{CS}$ 引脚被置低），即可以启动一次 D/A 转换。

2. DAC0832 的双缓冲接口扩展方式

DAC0832 的双缓冲接口扩展方式是指 DAC0832 的两级缓冲寄存器都受到 51 单片机的控制，其典型应用电路如图 11.4 所示。

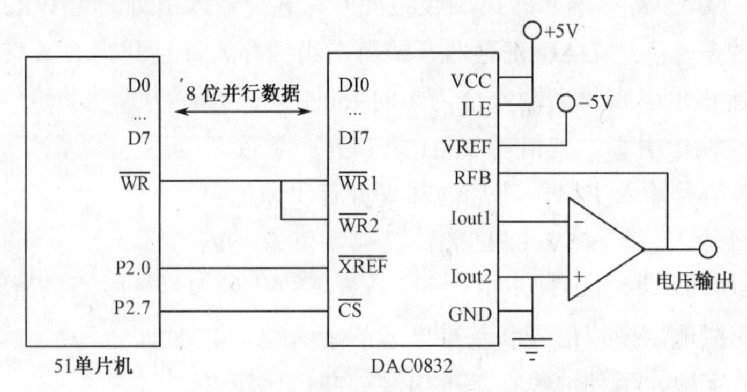

图 11.4 DAC0832 的双缓冲接口扩展方式应用电路

如图 11.4 所示，51 单片机的 8 位数据引脚和 DAC0832 的数据输入端口直接连接，$\overline{WR}$ 引脚和 DAC0832 的 $\overline{WR1}$ 和 $\overline{WR2}$ 引脚同时连接在一起，P2.7 引脚连接到 DAC0832 的 $\overline{CS}$ 引脚，P2.0 引脚连接到 DAC0832 的 $\overline{XREF}$ 引脚，DAC0832 的输出引脚连接端和使用单缓冲接口扩展方式相同。在双缓冲接口扩展方式应用中，51 单片机可以分别对几片 DAC0832 进行写操作并且将写入数据都锁存在第一级缓冲寄存器中，在需要输出的时候后只需同时将这些 DAC0832 的 $\overline{XREF}$ 和 $\overline{WR2}$ 信号置为低电平，就同时开始转换输出了。

3. DAC0832 的输出电压

从图 11.3 和图 11.4 中可以看到，DAC0832 使用一个运算放大器将输出电流模拟量转换为模拟电压量输出，其输出电压为

$$U_{\text{out}} = \frac{D_{\text{in}}}{2^8} \times (-V_{\text{REF}})$$

当参考电压 VREF 为 5V 时，电压的输出范围为 0～5V，所以这种输出方式称为单极性输出方式，还有一种输出方式称为双极性输出方式，它是通过两级运算放大器级联来实现的，单缓冲扩展方式的双极性输出方式的应用电路如图 11.5 所示。

如图 11.5 所示，可以在单缓冲扩展方式的运算放大器的输出端加上一个运算放大器，即可构成双极性输出，同理也可以在双缓冲扩展方式下，在输出端加上一个运算放大器构成双极性输出，如图 11.6 所示。

综上所述，DAC0832 和 51 单片机的扩展方式既有单缓冲和双缓冲接口扩展方式，又有输出电压的单极性和双极性输出方式，所以，51 单片机和 DAC0832 的扩展就有 4 种最基本

的组合：单缓冲扩展单极性输出、单缓冲扩展双极性输出、双缓冲扩展单极性输出和双缓冲扩展双极性输出。

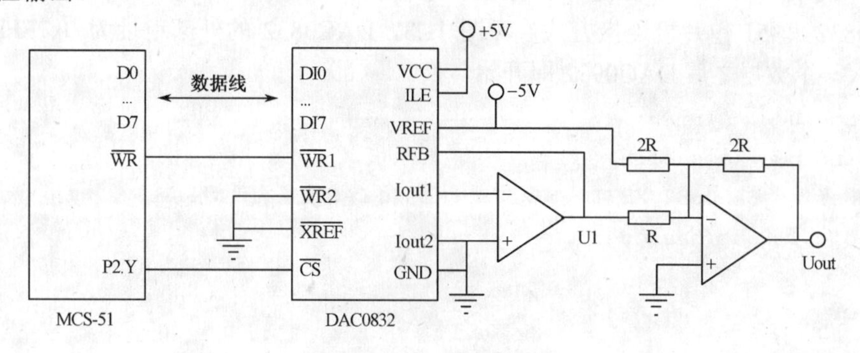

图 11.5　单缓冲扩展方式下的双极性输出应用电路

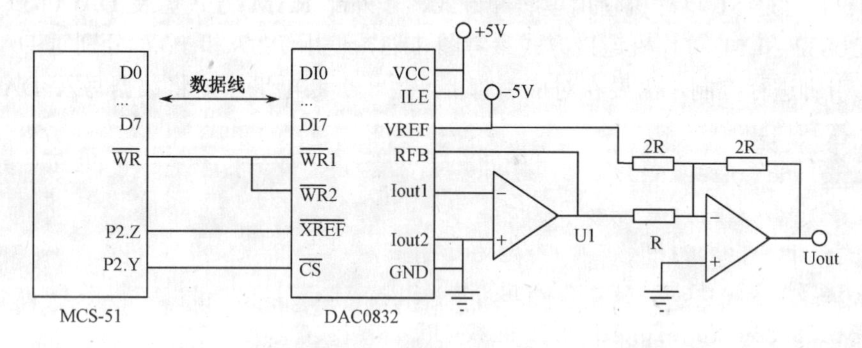

图 11.6　双缓冲扩展方式下的双极性输出应用电路

11.2.3　DAC0832 的操作步骤

DAC0832 的操作步骤如下：

（1）根据需要输出模拟信号值计算出对应的数字量。

（2）将对应的数字量通过 51 单片机的数据端口送到 DAC0832。

（3）如果是单缓冲扩展方式，拉低 DAC0832 的 $\overline{\text{WR1}}$ 引脚和 $\overline{\text{CS}}$ 引脚；如果是单缓冲扩张方式，则还需要拉低 $\overline{\text{XREF}}$ 引脚。

（4）重复步骤（1）。

注：如果使用典型的 51 单片机外部 RAM 扩展方式，则只需要对 DAC0832 进行相应地址的一次（单缓冲）或者两次（双缓冲）写入操作即可。

11.2.4　DAC0832 的应用代码

1. DAC0832 的库函数

如 11.2.2 小节最后所总结的，DAC0832 的 D/A 通道控制可以分为单缓冲扩展和双缓冲两种方式，而它们各自又可以分为使用标准 51 外部 RAM 扩展方式扩展和使用 I/O 引脚模拟的方式，所以总共有四种对应的库函数，如例 11.1～例 11.4 所示。

【例 11.1】这是 51 单片机使用单缓冲方式、外部 RAM 方式扩展 DAC0832 的库函数示例，DAC0832 和 51 单片机连接方式参考图 11.3，DAC0832 的外部地址为 0x7FFF，当对这个地址写入一个数据之后 DAC0932 即开始转换。

```
#include <AT89X52.h>
#include <absacc.h>
#define DAC0832 XBYTE [0x7FFF]  //将 DAC 定义为外部 RAM
void DACout(unsigned char x)
{
  DAC0832 = x;                     //启动输出
}
```

【例 11.2】这是 51 单片机使用单缓冲方式、非外部 RAM 方式扩展 DAC0832 的库函数示例，DAC0832 和 51 单片机连接方式参考图 11.3，使用 P2.7 和 P3.6 分别对 DAC0832 的 $\overline{\text{CS}}$ 和 $\overline{\text{WR}}$1 引脚进行控制，需要在对应引脚上产生一个低电平才能将数据写入 DAC0832 中并且启动一次转换。

```
#include <AT89X52.h>
#include <intrins.h >
sbit CS = P2^7;           //定义 CS 引脚
sbit WR = P3^6;           //定义写入引脚
void DACout(unsigned char x)
{
  WR = 0;
  CS = 0;                 //拉低 WR 和 CS 控制线
  _nop()_;                //延时
  P0 = x;                 //输出待转换数据
  _nop()_;
  _nop()_;                //延时
  WR = 1;
  CS = 1;                 //恢复数据线
}
```

【例 11.3】这是 51 单片机使用双缓冲方式、外部 RAM 方式扩展 DAC0832 的库函数示例，DAC0832 和 51 单片机连接方式参考图 11.4，DAC0832 的外部数据地址为 0x7FFF，外部控制地址为 0xEFFF，当对这个外部控制地址写入一个任意数据之后 DAC0932 即开始转换。

```
#include <AT89X52.h>
#include <absacc.h>
#define DAC0832DATA XBYTE [0x7FFF]  //DAC0832 的数据地址
#define DAC0832CS   XBYTE [0xEFFF]  //DAC0832 的控制地址，双缓冲方式存在
void DACout(unsigned char x)
{
```

```
    DAC0832DATA = x;                    //将数据写入 DAC0832
    DAC0832CS = 0xFF;                   //向DAC0832 的控制端口写入任意一个数启动转换
}
```

注："DAC0832CS = 0xFF" 语句的实际作用是将 $\overline{\text{XREF}}$ 引脚拉低。

【例 11.4】这是 51 单片机使用双缓冲方式、非外部 RAM 方式扩展 DAC0832 的库函数示例，DAC0832 和 51 单片机连接方式参考图 11.3，使用 P2.7 和 P3.6 分别对 DAC0832 的 /CS 和/WR1 引脚进行写入数据控制，需要在对应引脚上产生一个低电平才能将数据写入 DAC0832 中，使用 P2.0 引脚对 DAC0832 的 $\overline{\text{XREF}}$ 引脚进行控制，需要在该引脚上产生一个下降沿才能启动 DAC0832 的转换。

```
#include <AT89X52.h>
#include <intrins.h>
sbit CS = P2^7;                 //定义 CS 引脚
sbit DACWR = P3^6;              //定义写入引脚
sbit XREF = P2^0;               //定义启动转换引脚
void DACout(unsigned char x)
{
  WR = 0;
  CS = 0;                       //拉低 WR 和 CS 控制线
  _nop_();                      //延时
  P0 = x;                       //输出待转换数据
  _nop_();
  _nop_();                      //延时
  WR = 1;
  CS = 1;                       //恢复数据控制引脚
  XREF = 0;                     //启动 DAC0832 的转换
  _nop_();                      //延时
  _nop_();
  XREF= 1;                      //恢复控制引脚
}
```

2.　应用实例——DAC0832 的波形输出

本应用实例是一个 51 单片机控制 DAC0832 输出不同波形的应用实例，使用一个四位拨码开关控制单片机应用系统分别输出 5V 电平、0V 电平、锯齿波和三角波，系统的应用电路如图 11.7 所示。

如图 11.7 所示，51 单片机通过 74373 扩展了一片 DAC0832，单片机的数据和地址总线 P0 通过 74373 分离之后分别连接到 DAC0832 的并行数据输入端口和控制引脚 CS、Xfer，DAC0832 输出的模拟量通过一个 uA741 运算放大器做一个 1:1 的跟随放大变换为电压量输出；在 51 单片机的 P1 端口上连接了一个四位拨码开关用于选择系统的工作模式，1、2、3、4 号拨码分别对应输出高电平、低电平、锯齿波和三角波，表 11.1 是实例中涉及的典型器件说明。

注意：图 11.7 中 Xfer 引脚和前面图 11.3～图 11.6 中的 $\overline{XREF}$ 引脚相同。

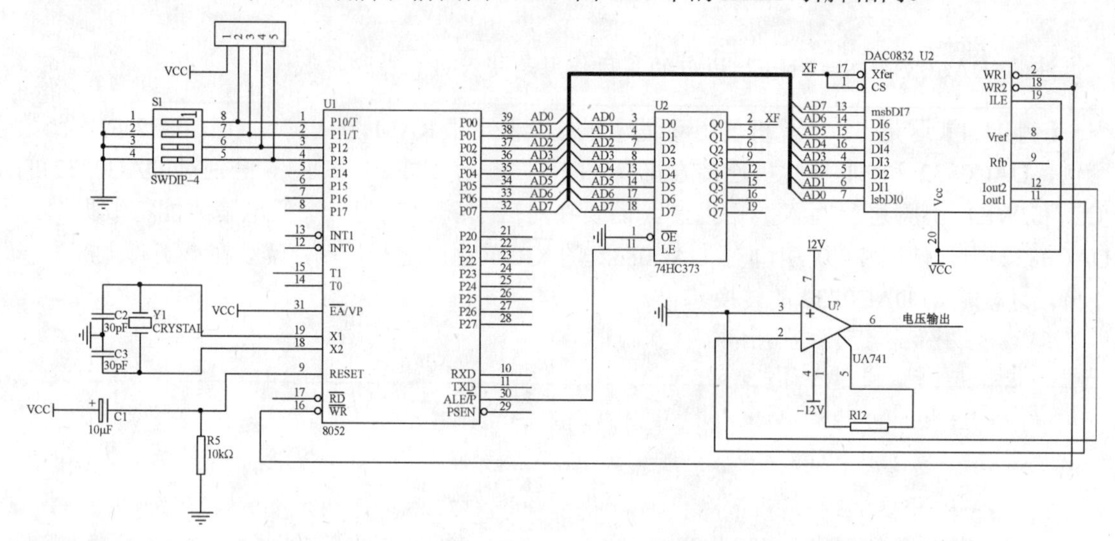

图 11.7　DAC0832 波形输出应用实例应用电路

表 11.1　键空控制 DAC0832 输出指定电压实例器件列表

器　件	说　明
51 单片机	核心部件
DAC0832	8 位并行 D/A 转换芯片
74373	数据地址总线分离芯片
uA741	运算放大器，用于将 DAC0832 输出的电流信号转换为电压信号
拨码开关	工作状态选择
电阻	限流
晶体	51 单片机工作的振荡源，12MHz
电容	51 单片机复位和振荡源工作的辅助器件，MAX232 通信芯片的外围辅助器件

【例 11.5】51 单片机在主循环中检查拨码开关的状态，并且根据不同的状态向 DAC0832 输出不同的数据以控制其输出不同的电压值。

```
#include <AT89X52.h>
#include <absacc.h>

#define DAC0832 XBYTE[0x7FFF]                    //DAC0832 地址定义,单缓冲方式
#define CYCLE 1000                               //定义锯齿波的周期
unsigned char GetSW(void)                       //获得拨码开关的值
{
  unsigned char SW;                              //拨码开关输入
  P1 = 0xFF;
  SW = P1;                                       //获得 P1 输入
  SW = SW & 0x0F;                                //清除高位
```

```
    if((SW!= 0x01)||(SW!=0x02)||(SW!=0x04)||(SW!=0x08))
    //拨码开关有错误输入
    {
      SW = 0x01;                           //默认值
    }
    return SW;                             //返回值
  }

  void DACout(unsigned char x)             //DAC0832 控制函数
  {
    DAC0832 = x;                           //启动输出
  }
  void DelayMS(unsigned int ms)            //毫秒延时函数
  {
  unsigned int i,j;
  for( i=0;i<ms;i++)
           for(j=0;j<1141;j++);
  }
  //T1 初始化函数
  void T1Init(void)
  {
    TCON=0x10;                             //TIMER1 工作方式 1
  TH1=(65536-CYCLE)/256;                   //设定 TIMER1 每隔 CYCLEμs 中断一次
  TL1=(65536-CYCLE)%256;
    IE=0x88;                               //开中断
  }
  void main()
  {
    unsigned char state=0x01;              //系统状态
    unsigned char i;
    T1Init();                              //T1 初始化
    while(1)
    {
      state = GetSW();                     //根据拨码开关状态来决定系统工作状态
      if(state == 0x01)                    //如果是输出高电平
      {
        T1 = 0;                            //关闭 T1
        DACout(0xFF);                      //输出高电平
      }
      else if(state == 0x02)               //如果是输出低电平
      {
```

```
        T1 = 0;                              //关闭T1
        DACout(0x00);                        //输出低电平
      }
      else if(state == 0x04)                 //如果输出锯齿波
      {
        T1 = 0;                              //关闭T1
          for(i=0;i<256;i++)                 //将i的值送给DAC0832的变换
          DACout(i);
          DelayMS(1);
      }
      else if(state == 0x08)                 //如果输出三角波
      {
        T1 = 1;                              //启动T1
      }
    }
  }
  //T1中断服务子函数
  void timer1(void) interrupt 3 using 1
  {
    static unsigned char s_Counter;          //静态变量
    static bit flag;                         //定义增减标志
    if(flag==0)                              //递增
    {
      if(s_Counter++>=199)                   //当增到200时就开始递减
      {
      flag=1;
      }
    }
    else                                     //递减
    {
        if(s_Counter--<=1)                   //当减到0时就开始递增
        {
          flag=0;
        }
  }
    DACout(s_Counter);                       //输出需要转换的数据
    TH1=(65536-CYCLE)/256;                   //重装初始化值
    TL1=(65536-CYCLE)%256;
  }
```

11.3　串行 D/A 芯片 MAX517

MAX517 是美信（Maxim）公司出品的 8 位电压输出型 D/A 芯片，其采用 I^2C 总线接口，使用单 5V 电源供电，内部提供精密输出缓冲源，支持双极性工作方式。

11.3.1　MAX517 基础

MAX517 主要由地址译码电路、启动—停止控制电路、8 位移位寄存器、输入锁存器、输出锁存器和 D/A 转换模块组成，其封装引脚示意图如图 11.8 所示，详细说明如下。

- OUT：D/A 转换输出引脚。
- GND：电源地信号引脚。
- SCL：I^2C 接口总线时钟信号引脚。
- SDA：I^2C 接口总线时钟数据引脚。
- AD1、AD0：I^2C 接口总线地址选择引脚，可以用于设定 I^2C 总线上的多个 MAX517 的 I^2C 地址。
- VCC：+5V 电源正信号输入引脚。
- REF：基准电压输入引脚。

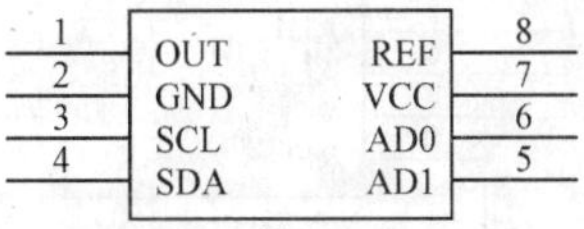

引脚	名称	名称	引脚
1	OUT	REF	8
2	GND	VCC	7
3	SCL	AD0	6
4	SDA	AD1	5

图 11.8　MAX517 封装引脚示意图

MAX517 是一个 I^2C 总线接口器件，其有唯一的 I^2C 地址，AD1 和 AD0 引脚可以用于在同一条 I^2C 总线上挂接多个 MAX517 时选择地址，MAX517 的 I^2C 地址结构如表 11.2 所示，从表中可以看到在同一条 I^2C 总线上最多可以挂接 4 片 MAX517。

表 11.2　MAX517 的 I^2C 地址

BIT7	BIT6	BIT5	BIT4	BIT3	BIT2	BIT1	BIT0
0	1	0	1	1	AD1	AD0	0

MAX517 的控制寄存器的格式如表 11.3 所示，在 I^2C 的总线操作中，使用“地址+命令字节”的格式把 MAX517 的命令字写入内部控制寄存器。

表 11.3　MAX517 的内部控制寄存器

BIT7	BIT6	BIT5	BIT4	BIT3	BIT2	BIT1	BIT0
R2	R1	R0	RST	PD	保留	保留	A0

- R2～R0：保留位，永远为 0。
- RST：复位位，在该位被置“1”时，MAX517 的所有寄存器被复位。
- PD：电源工作状态位，如果该位为“1”，MAX517 进入休眠状态，如果该位为“0”，进入正常工作状态。
- A0：用于判断将数据写入哪一个寄存器中，在 MAX517 中，此位永远为“0”。

MAX517 的数据接口完全兼容 I^2C 接口标准，可以参考相应的资料。

11.3.2 MAX517 的应用电路

使用 51 单片机扩展 MAX517 的典型应用电路如图 11.9 所示，51 单片机使用两个普通 I/O 引脚通过上拉电阻分别连接到 MAX517 的 SDA 和 SCL 引脚上，MAX517 的 AD0 和 AD1 地址选择端口直接连接到地，VCC 和 REF 引脚直接连接到外部电源，D/A 转化数据从 OUT 引脚输出。

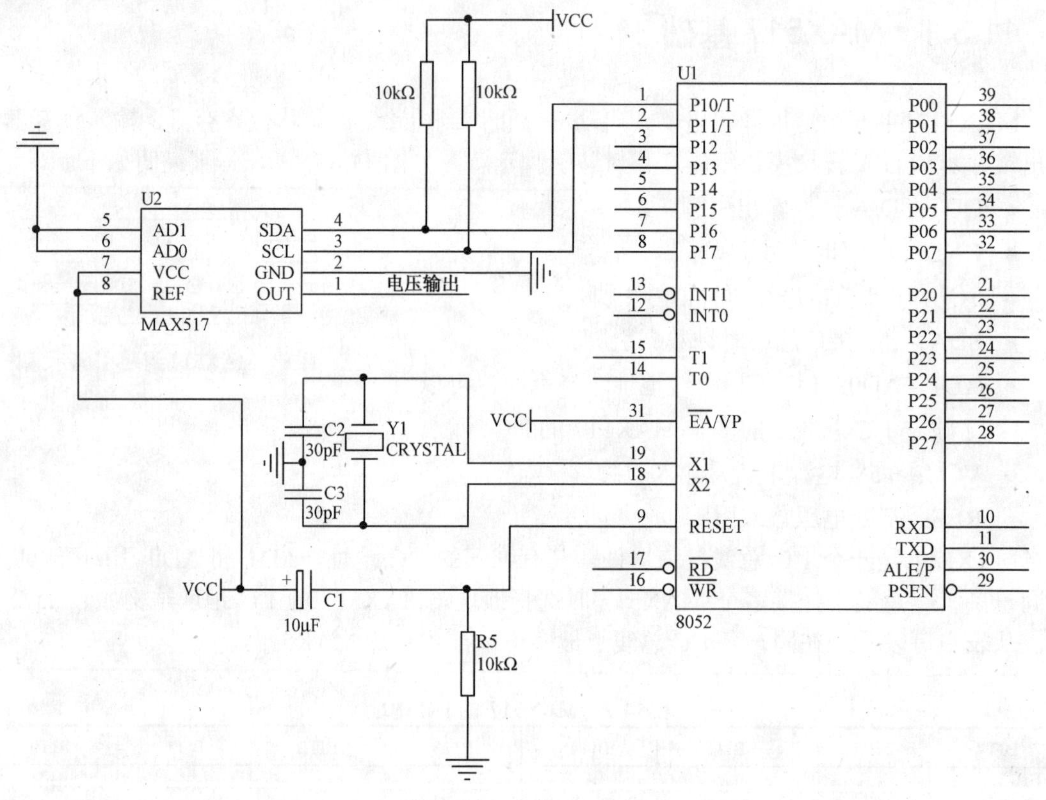

图 11.9 51 单片机扩展 MAX517 的典型应用电路

11.3.3 MAX517 的操作步骤

MAX517 的具体操作步骤如下：

（1）51 单片机 MAX517 发送 I^2C 地址，对应的 MAX517 回送应答信号 ACK。

（2）51 单片机给 MAX517 发送命令字节，MAX517 将命令字节写入控制寄存器，对应的 MAX517 依然回送应答信号 ACK。

（3）51 单片机给 MAX517 发送待转换数据，MAX517 收到数据后回送应答信号 ACK，一次数据传送操作结束。

11.3.4　MAX517 的应用代码

1．MAX517 的库函数

例 11.6 是对 MAX517 进行操作的库函数。

【例 11.6】库函数使用了 P1.0 和 P1.1 引脚来模拟 I²C 总线的时序过程，提供了 DACout 函数用于对 MAX517 进行操作。

```
#include <AT89X52.h>
#include <intrins.h>
sbit SDA = P1 ^ 0;
sbit SCL = P1 ^ 1;
bit bAck = 0;
//启动 I²C 总线,即发送起始条件
void StartI2C()
{
 SDA = 1;                                   //发送起始条件数据信号
 _nop_();
 SCL = 1;
 _nop_();                                   //起始建立时间大于 4.7μs
 _nop_();
 _nop_();
 _nop_();
 _nop_();
 SDA = 0;                                   //发送起始信号
 _nop_();
 _nop_();
 _nop_();
 _nop_();
 _nop_();
 SCL = 0;                                   //时钟操作
 _nop_();
 _nop_();
}
//结束 I²C 总线,即发送 I²C 结束条件
void StopI2C()
{
 SDA = 0;                                   //发送结束条件的数据信号
 _nop_();                                   //发送结束条件的时钟信号
 SCL = 1;                                   //结束条件建立时间大于 4μs
 _nop_();
 _nop_();
```

```
 _nop_();
 _nop_();
 _nop_();
 SDA = 1;                                           //发送 I²C 总线结束命令
 _nop_();
 _nop_();
 _nop_();
 _nop_();
 _nop_();
}
//发送一个字节的数据
Void  SendByte(unsigned char c)
{
  unsigned char BitCnt;
  for(BitCnt = 0;BitCnt < 8;BitCnt++)               //一个字节
        {
              if((c << BitCnt)& 0x80) SDA = 1;    //判断发送位
              else SDA = 0;
              _nop_();
              SCL = 1;                          //时钟线为高,通知从机开始接收数据
              _nop_();
              _nop_();
              _nop_();
              _nop_();
              _nop_();
              SCL = 0;
        }
 _nop_();
 _nop_();
 SDA = 1;                                          //释放数据线,准备接收应答位
 _nop_();
 _nop_();
 SCL = 1;
 _nop_();
 _nop_();
 _nop_();
 if(SDA == 1) bAck =0;
 else bAck = 1;                                    //判断是否收到应答信号
 SCL = 0;
 _nop_();
 _nop_();
```

```
}
//接收一个字节的数据
unsigned char RevByte()
{
 unsigned char retc;
 unsigned char BitCnt;
 retc = 0;
 SDA = 1;
 for(BitCnt=0;BitCnt<8;BitCnt++)
 {
   _nop_();
   SCL = 0;                               //置时钟线为低,准备接收
   _nop_();
   _nop_();
   _nop_();
   _nop_();
   _nop_();
   SCL = 1;                               //置时钟线为高使得数据有效
   _nop_();
   _nop_();
   retc = retc << 1;                      //左移补零
   if (SDA == 1)
   retc = retc + 1;                       //当数据为 1 则收到的数据+1
   _nop_();
   _nop_();
 }
 SCL = 0;
 _nop_();
 _nop_();
 return(retc);                            //返回收到的数据
}
//应答函数
void AckI2C (bit a)
{
 if( a == 0)SDA = 0;                      //在此发出应答信号或者非应答信号
 else SDA = 1;
 _nop_();
 _nop_();
 _nop_();
 SCL = 1;
 _nop_();
```

```
    _nop_();
    _nop_();
    _nop_();
    _nop_();
    SCL = 0;
    _nop_();
    _nop_();
    }
// 串行 D/A 转换函数
void DACout(unsigned char ch)
{
        StartI2C();                    //发送启动信号
        SendByte(0x58);                //发送地址字节
        AckI2C(0);
        SendByte(0x00);                //发送命令字节
        AckI2C(0);
        SendByte(ch);                  //发送数据字节
        AckI2C(0);
        StopI2C();                     //结束一次转换
}
```

2. 应用实例——MAX517 输出三角波

本应用是使用 MAX517 来产生一个三角波的实例，其应用电路涉及的典型器件如表 11.4 所示。

表 11.4 MAX517 输出锯齿波实例器件列表

器　件	说　明
51 单片机	核心部件
MAX517	8 位串行 D/A 通道器件
电阻	限流、上拉
晶体	51 单片机工作的振荡源，12MHz
电容	51 单片机复位和振荡源工作的辅助器件

在实例中，51 单片机控制 MAX517 连续产生一个三角波，其应用代码如例 11.7 所示。

【例 11.7】单片机在定时器 1 的中断中，对一个 8 位无符号数进行递增，然后到达 250 后再依次递减，然后再递增，每次修改这个值之后将其送到 MAX517 进行转换，周而复始即产生了一个三角波，该三角波的周期为

$$T=250\times2\times2\text{ms}=1\text{s}$$

代码在应用中调用了第一小节的库函数中的 DACout 函数。

```
#include <AT89X52.h>
#include <intrins.h>
```

```
#define CYCLE 2000
sbit SDA = P1 ^ 0;
sbit SCL = P1 ^ 1;
bit bAck = 0;
void main(void)
{
  TCON=0x10;                           //TIMER1 工作方式 1
TH1=(65536-CYCLE)/256;                 //设定 TIMER1 每隔 CYCLEμs 中断一次
TL1=(65536-CYCLE)%256;
TR1=1;                                 //启动 T1
  IE=0x88;                             //开中断
  while(1)
  {}                                   //循环
}
//T1 中断服务子函数
void timer1(void) interrupt 3 using 1
{
  static unsigned char s_Counter;      //静态变量
  static bit flag;                     //定义增减标志
  if(flag==0)                          //递增
  {
      if(s_Counter++>=199)             //当增到 200 时就开始递减
      {
        flag=1;
      }
  }
  else                                 //递减
  {
      if(s_Counter--<=1)               //当减到 0 时就开始递增
      {
        flag=0;
      }
}
  DACout(s_Counter);                    //输出需要转换的数据
  TH1=(65536-CYCLE)/256;               //重装初始化值
  TL1=(65536-CYCLE)%256;
}
```

实例的 DAC 输出波形如图 11.10 所示。

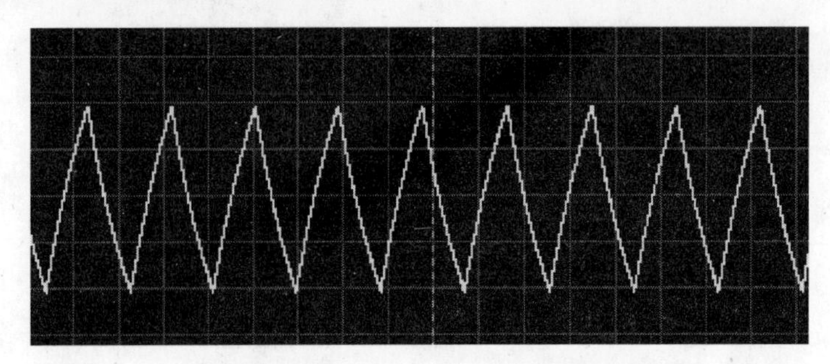

图 11.10　MAX517 输出的三角波

11.4　串行 D/A 芯片 TLC5615

TLC5615 是 TI 公司推出的串行 10 位 D/A 转换芯片，只需要通过三根 I/O 引脚就可以完成和 51 单片机的数据交互。

11.4.1　TLC5615 基础

TLC5615 采用单 5V 电源供电，其内部具有高阻抗基准输入端，输出的最大电压为 2 倍基准输入电压，并且在上电时可以自动复位，图 11.11 是 TLC5615 的封装引脚示意图。

TLC5615 的引脚说明如下。

- Din：串行数据输入引脚。
- CLK：串行时钟输入引脚。
- $\overline{CS}$： 使能引脚，低电平有效。
- Dout：用于级联的串行数据输出引脚。
- GND：地信号。
- REF：基准电压输入引脚。
- OUT：模拟电压输出引脚。
- VCC：电源输入引脚。

图 11.11　TLC5615 的封装引脚示意图

TLC5615 在 10 位有效的 D/A 数据前面补充 4 个任意高位数据，后面补充 2 个低位 0，组合成 16 位数据格式，之后在 16 个时钟上升沿的作用下，16 位数据以高位在前的顺序被移入 TLC5615 的片内移位寄存器，然后将其中的有效数据送到 D/A 模块进行转换并且输出，其中时钟的有效时间宽度不小于 10μs 即可，本节不再对时序作更加详细说明，如果读者对此感兴趣可以参考相应的资料。

11.4.2　TLC5615 的应用电路

TLC5615 的应用电路如图 11.12 所示，51 单片机使用三根 I/O 引脚和 TLC5615 的 Din、

CLK 和 CS 引脚连接，并且使用一个电阻排（电阻）上拉到 VCC，TLC5615 的 Dout 引脚悬空，REF 和 VCC 引脚连接到供电电源，D/A 转换结果从 OUT 引脚输出。

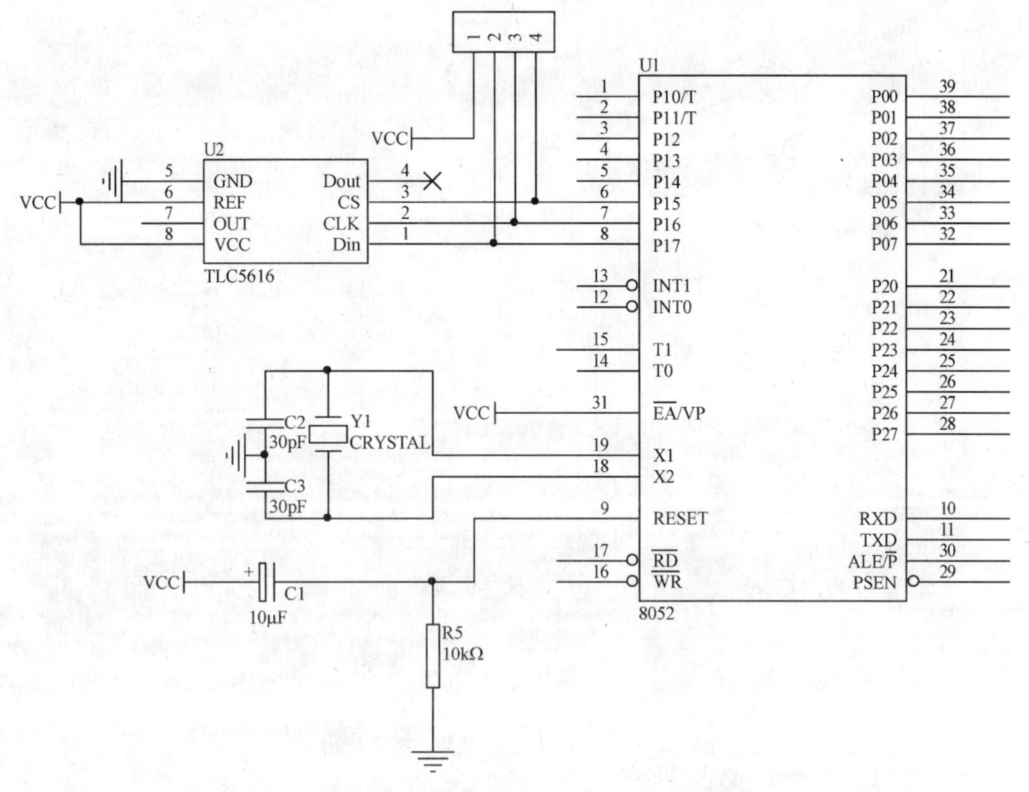

图 11.12　TLC5615 的典型应用电路

11.4.3　TLC5615 的操作步骤

TLC5615 的操作步骤如下：

（1）根据需要输出的模拟信号计算出对应的数字量。

（2）将 10 位数字量前面加入 4 位任意数据，后面加入 2 位 0 拼凑为 16 位数据。

（3）将 TLC5615 的 CS 引脚拉低。

（4）向 TLC5615 的 CLK 引脚上送出一个时钟信号，并且维持该时钟信号有效电平在 10μs 以上。

（5）在 TLC5615 的时钟信号有效期间按照从高位到低位的次序依次送出 16 位数据。

（6）将 TLC5615 的 CS 引脚拉高。

11.4.4　TLC5615 的应用代码

1.　TLC5615 的库函数

例 11.8 是 TLC5615 的操作库函数，可以调用 SendTLC5615 函数将需要写入的 10 位数据写入 TLC5615 中，并且启动转换。

【例 11.8】SendTLC5615 函数先对需要送出的 10 位数据先进行移位操作并且清零，然后在时钟有效期间送出。

```
#include <AT89X52.h>
sbit DIN = P1 ^ 7;              //数据引脚
sbit CLK = P1 ^ 6;              //时钟端口
sbit CS = P1 ^ 5;               //CS 端口
void delay(void)                //延时函数,延时时间为 40μs
{
  unsigned char i;
  for(i=0;i<=5;i++);            // 6 次延时 8 μs
}
void  SendTLC5615(unsigned int d)
{
  unsigned char i;
  d = d<<2;                     //10 位数据,左移两位
  d = d&&0xFFFC;                //最低两位为 0
  CS = 0;
  for(i=0;i<16;i++)             //num 位数据发送控制
  {
    if(d&&0xFFFF!=0)            //发送时从第 16 位开始
    {
      DIN=1;                    //发送"1"
      delay();                  //延时
      CLK=1;                    //上升沿
      CLK=0;                    //时钟恢复为低
    }
    else
    {
      DIN=0;                    //发送"0"
      delay();                  //延时
      CLK=1;                    //上升沿
      CLK=0;                    //时钟恢复为低
    }
    d=d<<0x01;                  //数据左移 1 位
  }
  CS = 1;                       //控制使能
}
```

2. 应用实例——TLC5615 锯齿波输出

本应用是使用 TLC5615 来输出一个连续的锯齿波的实例，实例涉及的典型器件如表 11.5 所示。

表 11.5　TLC5615 锯齿波输出实例器件列表

器　件	说　明
51 单片机	核心部件
TLC5615	10 位串行 D/A 通道器件
电阻	限流
晶体	51 单片机工作的振荡源，12MHz
电容	51 单片机复位和振荡源工作的辅助器件。

【例 11.9】实例代码调用第一小节中介绍的库函数，使用一个 int 类型变量进行计数循环，并且将对应的变量值送 TLC5615 进行 D/A 变换后输出。

```
#include <AT89X52.h>
#include <absacc.h>
sbit DIN = P1 ^ 7;                          //数据引脚
sbit CLK = P1 ^ 6;                          //时钟端口
sbit CS = P1 ^ 5;                           //CS 端口
void delay(void)                            //延时函数,延时时间为 40μs
{
  unsigned char i;
  for(i=0;i<=5;i++);                        // 6 次延时 8 μs
}
void  SendTLC5615(unsigned int d)
{
  unsigned char i;
  d = d<<2;                                 //10 位数据,左移两位
  d = d&&0xFFFC;                            //最低两位为 0
  CS = 0;
  for(i=0;i<16;i++)                         //num 位数据发送控制
  {
    if(d&&0xFFFF!=0)                        //发送时从第 16 位开始
    {
      DIN=1;                                //发送'1'
      delay();                              //延时
      CLK=1;                                //上升沿
      CLK=0;                                //时钟恢复为低
    }
    else
    {
```

```
            DIN=0;                          //发送'0'
            delay();                        //延时
            CLK=1;                          //上升沿
            CLK=0;                          //时钟恢复为低
        }
        d=d<<0x01;                          //数据左移 1 位
    }
    CS = 1;                                 //控制使能
}
void DelayMS(unsigned int ms)   //毫秒延时函数
{
    unsigned int i,j;
    for( i=0;i<ms;i++)
        for(j=0;j<1141;j++);
}
void main()
{
    unsigned int i;
 while(1)
 {
    for(i=0;i<1024;i++)
    SendTLC5615(i);                         //将数据送出
    DelayMS(1);
 }
}
```

实例的输出波形如图 11.13 所示。

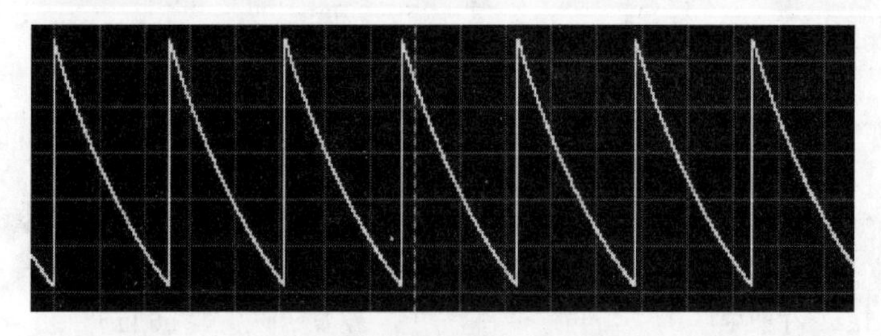

图 11.13　TLC5615 锯齿波输出实例的输出波形

11.5　串行 A/D 和 D/A 芯片 PCF8591

在某些 51 单片机的实际应用系统中，可能需要同时使用 A/D 和 D/A 通道，此时可以使用 Philips 公司生产的集成了 8 位 A/D 和 8 位 D/A 的 I^2C 串行接口芯片 PCF8591。

11.5.1　PCF8591 基础

PCF8591 由 4 个模拟输入接口、1 个模拟输出接口和 1 个串行 I^{2}C 总线接口和相应的转换部分组成，其外部引脚封装如图 11.14 所示。

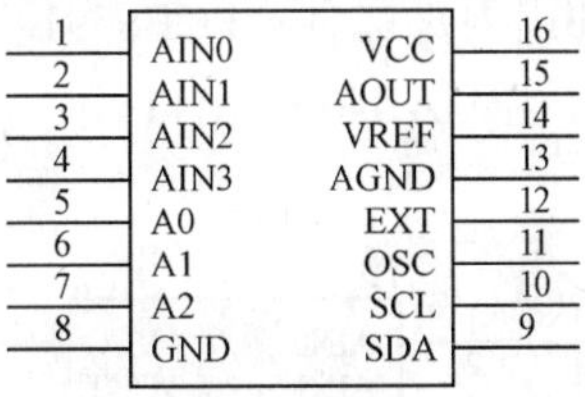

PCF8591 的引脚说明如下。

- AIN0～AIN3：模拟信号输入引脚。
- A0～A3：I^{2}C 总线地址选择引脚。
- VCC：正电源输入引脚，2.5～6V。
- GND：供电电源地引脚。
- SDA：I^{2}C 总线的数据引脚。
- SCL：I^{2}C 总线的时钟引脚。
- OSC：外部时钟输入和内部时钟输出引脚。
- EXT：内部、外部时钟选择引脚，当使用芯片内部时钟时 EXT 接地。
- AGND：模拟信号地。
- AOUT：D/A 转换输出端。
- VREF：A/D 基准电源端。

图 11.14　PCF8591 的外部引脚封装

PCF8591 的 I^{2}C 地址由器件地址、引脚地址和方向位组成，其中器件地址为 1001，引脚地址为 A2、A1、A0，其值由 A2～A0 决定，所以在同一条 I^{2}C 总线上最多可挂接 8 片 PCF8591，地址的最后一位为方向位 R/W，当 51 单片机对 PCF8591 进行读操作时为“1”，进行写操作时为“0”。在 51 单片机对 PCF8591 进行操作时，由器件地址、引脚地址和方向位组成的地址字节必须首先被发送。

PCF8591 把 51 单片机发送的第二个字节放入其内部的 A/D 控制寄存器中以控制 A/D 转换操作，该 A/D 控制寄存器的内部结构如表 11.6 所示。

表 11.6　PCF8591 的 A/D 控制寄存器结构

7	6	5	4	3	2	1	0
0	D6	D5	D4	0	D2	D1	D0

- D1、D0：A/D 通道选择，“00”～“11”分别对应通道 0～通道 3。
- D2：自动增益选择位，当被置“1”时允许自动增益。
- D5、D4：模拟量输入选择位，“00”为四路独立输入；“01”为三路差分输入，通道 0～通道 2 对通道 3 分别构成差分输入，通道 3 为反相输入端；“10”为单端与差分配合输入，通道 0 和通道 1 为独立输入，通道 2 和通道 3 构成差分输入，通道 3 为反相输入端；“11”为两路差分输入，此时通道 0 和通道 1、通道 2 和通道 3 分别构成差分输入，其中通道 1、通道 2 为反相输入端。
- D6：模拟输出允许位，当被置“1”时为有效。

PCF9591 把 51 单片机发送的第三个字节存放到 D/A 数据寄存器中并且对其进行 D/A 转换操作，将对应的模拟量通过模拟输出端口送出。

11.5.2 PCF8591 的应用电路

PCF8591 的典型应用电路如图 11.15 所示，51 单片机使用 P1.0 和 P1.1 引脚通过上拉电阻和 PCF8591 的 SDA、SCL 两位 I^2C 总线连接，PCF8591 的 EXT 晶体选择引脚直接连接到地，使用内部晶体；PCF8591 的地址引脚 A0～A2 全部连接到 GND，地址选择为“000”；模拟信号从 AIN0～AIN3 输入，从 AOUT 输出。

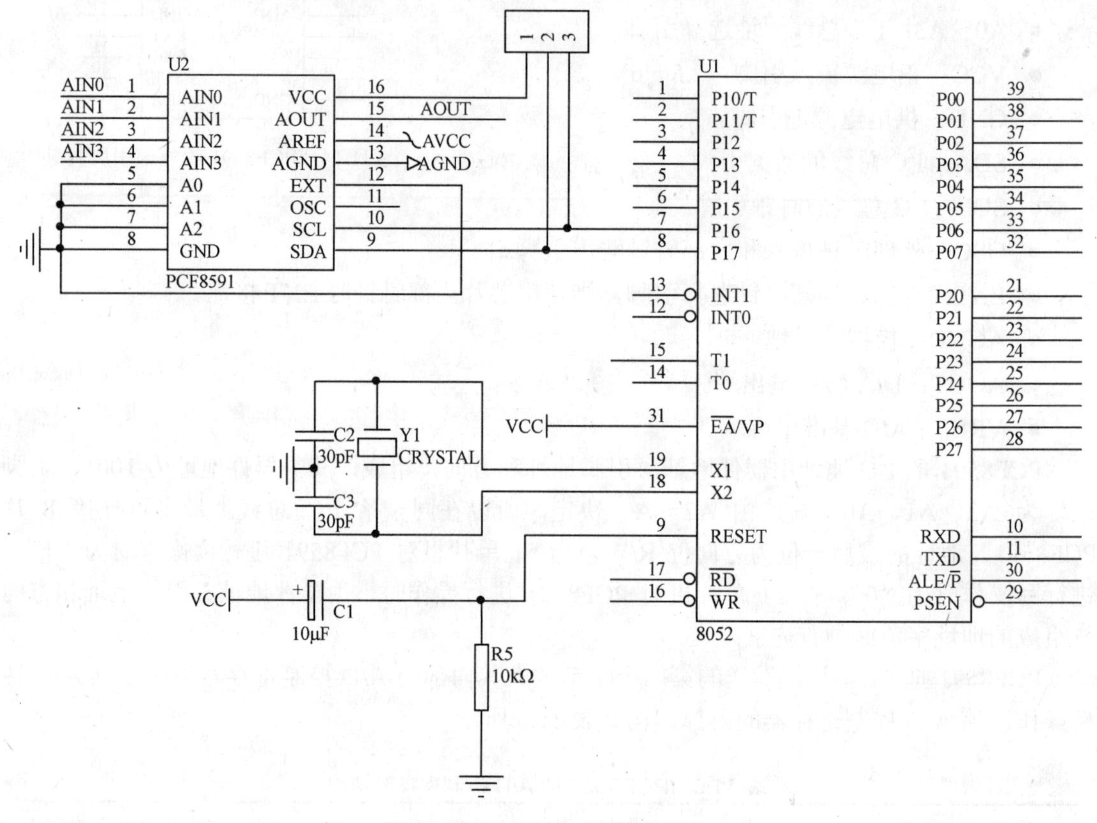

图 11.15 PCF8591 的应用电路

11.5.3 PCF8591 的操作步骤

PCF8591 的详细操作步骤如下：

（1）根据 PCF8591 的实际应用电路计算出其对应的 I^2C 总线地址（主要是 A2～A0 引脚的电平状态）。

（2）51 单片机向 PCF8591 写入地址，等待 PCF8591 回应。

（3）51 单片机向 PCF8591 写入 A/D 控制寄存器的数据。

（4）51 单片机向 PCF8591 写入待转换的 D/A 数据。

11.5.4　PCF8591 的应用代码

1.　PCF8591 的库函数

PCF8591 的串行总线接口操作完全符合 I^2C 总线规范，其库函数如下，提供了分别用于对 PCF8591 进行 A/D 和 D/A 操作的两个函数。

【例 11.10】应用代码使用 51 单片机的 P1.0 和 P1.1 引脚来模拟 I^2C 总线的数据通信过程，提供了 ADCPCF8591 和 DACPCF8591 两个函数分别用于对 PCF8591 的 A/D 和 D/A 模块的操作。

```
#include <AT89X52.h>
#include <intrins.h>
sbit SDA = P1 ^ 0;
sbit SCL = P1 ^ 1;                        //I2C 总线引脚定义
bit bAck = 0;
void StartI2C()
{
    SDA = 1;                              //发送起始条件数据信号
    _nop_();
    SCL = 1;
    _nop_();                              //起始建立时间大于 4.7μs
    _nop_();
    _nop_();
    _nop_();
    _nop_();
    SDA = 0;                              //发送起始信号
    _nop_();
    _nop_();
    _nop_();
    _nop_();
    _nop_();
    SCL = 0;                              //时钟操作
    _nop_();
    _nop_();
}
//结束 I2C 总线,即发送 I2C 结束条件
void StopI2C()
{
    SDA = 0;                              //发送结束条件的数据信号
    _nop_();                              //发送结束条件的时钟信号
    SCL = 1;                              //结束条件建立时间大于 4μs
    _nop_();
```

```
    _nop_();
    _nop_();
    _nop_();
    _nop_();
    SDA = 1;                                        //发送 I2C 总线结束命令
    _nop_();
    _nop_();
    _nop_();
    _nop_();
    _nop_();
}
//发送一个字节的数据
void    SendByte(unsigned char c)
{
    unsigned char BitCnt;
    for(BitCnt = 0;BitCnt < 8;BitCnt++)             //一个字节
        {
            if((c << BitCnt)& 0x80) SDA = 1;        //判断发送位
            else    SDA = 0;
            _nop_();
            SCL = 1;                                //时钟线为高,通知从机开始接收数据
            _nop_();
            _nop_();
            _nop_();
            _nop_();
            _nop_();
            SCL = 0;
        }
    _nop_();
    _nop_();
    SDA = 1;                                        //释放数据线,准备接收应答位
    _nop_();
    _nop_();
    SCL = 1;
    _nop_();
    _nop_();
    _nop_();
    if(SDA == 1) bAck =0;
    else bAck = 1;                                  //判断是否收到应答信号
    SCL = 0;
    _nop_();
```

```
    _nop_();
}
//接收一个字节的数据
unsigned char RevByte()
{
    unsigned char retc;
    unsigned char BitCnt;
    retc = 0;
    SDA = 1;
    for(BitCnt=0;BitCnt<8;BitCnt++)
    {
        _nop_();
        SCL = 0;                        //置时钟线为低,准备接收
        _nop_();
        _nop_();
        _nop_();
        _nop_();
        _nop_();
        SCL = 1;                        //置时钟线为高使得数据有效
        _nop_();
        _nop_();
        retc = retc << 1;               //左移补零
        if (SDA == 1)
        retc = retc + 1;                //当数据为 1 则收到的数据+1
        _nop_();
        _nop_();
    }
    SCL = 0;
    _nop_();
    _nop_();
    return(retc);                       //返回收到的数据
}
//应答函数
void AckI2C (bit a)
{
    if( a == 0) SDA = 0;                //在此发出应答信号或非应答信号
    else SDA = 1;
    _nop_();
    _nop_();
    _nop_();
    SCL = 1;
```

```
    _nop_();
    _nop_();
    _nop_();
    _nop_();
    _nop_();
    SCL = 0;
    _nop_();
    _nop_();
}
//PCF8591的A/D操作函数,返回为对应的AD转换值
unsigned char ADCPCF8591(unsigned char CtrlByte)
{
    unsigned char RecvBuf;
    StartI2C();                         //启动I²C
    SendByte(0x90);                     //发送地址
    if(bAck == 1) return 0;
    SendByte(CtrlByte);                 //发送寄存器值
    if(bAck == 1) return 0;

    StartI2C();
    SendByte(0x91);                     //发送地址
    if(bAck == 1) return 0;
    RevByte();
    AckI2C(1);
  RecvBuf = RevByte();                  //读取AD转换结果
    AckI2C(1);
    AckI2C(0);
    StopI2C();                          //关闭I²C总线
}//PCF8591的D/A处理函数
void DACPCF8591(unsigned char CtrlByte,unsigned char dat)
{
    StartI2C();                         //启动总线
    _nop_();
    _nop_();
    _nop_();
    _nop_();
    SendByte(0x90);                     //发送地址
    if(bAck == 1) return;
    SendByte(CtrlByte);                 //发送控制函数
    if(bAck == 1) return;
    SendByte(dat);                      //发送待转换的DA数据
```

```
        if(bAck == 1) return;
        StopI2C();
        _nop_();
        _nop_();
        _nop_();
        _nop_();
        _nop_();
        _nop_();
        _nop_();
        _nop_();
    }
```

2. 应用实例——PCF8591 的 A/D 采集和 D/A 输出

本应用是 PCF8591 的 A/D 和 D/A 模块的综合应用实例，4 路模拟信号分别连接到 PCF8591 的 A/D 输入通道 0～通道 3，51 单片机控制 PCF8591 对这 4 路信号进行比较然后将电压最大的信号选出，并且将其电压值通过 D/A 通道送出。实例涉及的典型器件如表 11.7 所示。

表 11.7　PCF8591A/D 采集和 D/A 输出实例器件列表

器　件	说　明
51 单片机	核心部件
PCF8591	I^2C 总线接口的 A/D 和 D/A 通道芯片
电阻	限流
晶体	51 单片机工作的振荡源，12MHz
电容	51 单片机复位和振荡源工作的辅助器件

例 11.11 是实例的应用代码，其中调用了上一小节的相关函数。

【例 11.11】代码调用了 PCF8591 函数库中的对应函数，先对 4 路模拟信号进行采集，并且将其存放在数组 adbuf 中，然后对该数组进行比较，找到当前电压最高的模拟信号对应的数字值，调用 DACPCF8591 函数输出。

```
#include <AT89X52.h>
#include <intrins.h>
#include <AT89X52.h>
#include <intrins.h>
sbit SDA = P1 ^ 0;
sbit SCL = P1 ^ 1;                                  //I2C 总线引脚定义
bit bAck = 0;
main()
{
  unsigned char adbuf[4];                           //存放 AD 数据
  unsigned char i,temp;
```

```
      while(1)
      {
        for(i=0;i<4;i++)
        {
          adbuf[i] = ADCPCF8591(0x00+i);      //获取 AD 数据
        }
        temp = 0;
        for(i=0;i<4;i++)
        {
          if(temp<adbuf[i])
          {
             temp = adbuf[i];                 //获得当前电压最高值对应的电压
          }
        }
        DACPCF8591(0x40,temp);                //启动 DA 转换
      }
    }
```

第 12 章　51 单片机时钟日历芯片扩展

在 51 单片机应用系统中，常常需要获取当前的时间、日期等信息，虽然可以使用 51 单片机内部的定时计数器来进行软件计时，但是其具有占用单片机资源过多、掉电容易丢失数据等缺点，所以通常使用专用的时钟日历芯片来完成相应的工作，本章将详细介绍常见的时钟日历芯片的扩展应用，包括并行接口的 DS12C887、I^2C 总线接口的 PCF8563 和 SPI 总线接口的 DS1302。

12.1　并行接口时钟日历模块 DS12C887 扩展

DS12C887 是 Dalas（达拉斯）公司生产的内置电池并行接口日历时钟模块，其可以使用 51 单片机的外部 RAM 扩展方式来进行扩展。

12.1.1　DS12C887 基础

DS12C887 模块由内部控制寄存器、日期时间寄存器、时间日期技术电路等组成，其具有以下特点：

- 内置晶体振荡器和锂电池，可以在无外部供电的情况下保存数据 10 年以上。
- 具有秒、分、时、星期、日、月、年计数，并有闰年修正功能。
- 时间显示可以选择 24h 模式或者带有“AM”和“PM”指示的 12h 模式。
- 时间、日历和闹钟均具有二进制码和 BCD 码两种形式。
- 提供闹钟中断、周期性中断、时钟更新周期结束中断，3 个中断源可以通过软件编程进行控制。
- 内置 128 个字节 RAM，其中 15 个字节为时间和控制寄存器，113 个字节可以用作通用 RAM，所有 RAM 单元都具有掉电保护功能，因此可被用做非易失性的 RAM。
- 可以提供可输出可编程的方波信号。

1．DS12C887 的外部引脚

DS12C887 芯片的内部带有时钟、星期和日期等信息寄存器，实时时间信息就存放在这些非易失寄存器中，与 51 单片机一样，DS12C887 采用的也是 8 位地址/数据复用的总线方式，它同样具有一个锁存引脚，通过读、写、锁存信号的配合，可以实现数据的输入输出：

控制 DS12C887 内部的控制寄存器、读取 DS12C887 内部的时间信息寄存器。DS12C887 的各种寄存器在其内部空间都有相应的固定地址，因此，单片机通过正确的寻址和寄存器操作就可以获取所需要的时间信息。

图 12.1 所示是 DS12C887 的外部引脚封装示意图，其详细说明如下。

- MOT：总线时序模式选择引脚，当被连接到 VCC 时选择 Motorola 总线时序，连接到 GND 或悬空选择 Intel 总线时序。
- NC：保留引脚。
- AD0～AD7：地址/数据复用总线引脚。
- GND：电源地信号引脚。
- $\overline{CS}$：片选引脚，低电平时有效。
- AS：地址锁存输入引脚，在下降沿时地址/数据复用总线上的地址被锁存，在下一个上升沿到来时地址被清除。

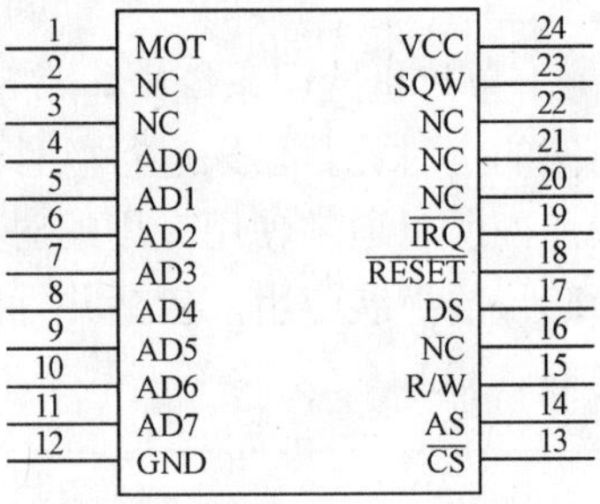

图 12.1 DS12C887 的外部引脚封装示意图

- R/W：读/写输入引脚。在选择 Motorola 总线时序模式时，该引脚用于指示当前的读写周期，高电平指示当前为读周期，低电平指示当前为写周期；选择 Intel 总线时序模式时，此引脚为低有效的写输入脚，相当于通用 RAM 的写使能信号（$\overline{WE}$）。
- DS：选择 Motorola 总线时序模式时，此引脚为数据锁存引脚；选择 Intel 总线时序模式时，此引脚为读输入引脚，低有效，相当于典型内存的输出使能信号（$\overline{OE}$）。
- $\overline{RESET}$：复位引脚，低电平时有效，主要需要的是该引脚上外加的复位操作不会影响到时钟、日历和 RAM。
- $\overline{IRQ}$：中断申请输出引脚，低电平时有效。可用做 51 单片机中断输入。
- SQW：方波信号输出引脚，可通过设置寄存器位 SQWE 关闭此信号输出，可以通过对 DS12C887 的内部寄存器的编程修改其输出频率。
- VCC：电源正信号。

2. DS12C887 的内存空间和寄存器

DS12C877 内置一个有 128 个字节的内存空间，其中，11 个字节专门用于存储时间、星期、日历和闹钟信息，4 个字节专门用于控制和存放状态信息；其余 113 个字节为用户可以使用的普通 RAM 空间，其内存映射如图 12.2 所示。

如 12.2 图所示，在内存空间的起始地址 0x00～0x09 分别是秒、秒闹钟、分钟、分闹钟、小时、时闹钟、星期、日、月和年信息寄存器，共 14 个字节；地址 0x032 为世纪信息寄存器；地址 0x0A～0x0D 为控制寄存器 A、B、C、D；其余 113 个字节地址空间是留给用户使用的普通内存空间。其中控制寄存器 C 和 D 为只读寄存器，寄存器 A 的第 7 位和秒寄存器的高阶位也是只读的，其余字节均可以进行读写操作。

在使用 51 单片机的外部 RAM 扩展方式来扩展 DS12C887 的时候，根据 DS12C877 的地址映射关系和芯片片选设置即可以得到 DS12C887 内部的相应寄存器的地址。

DS12C887 的时钟、日历信息可以通过读取对应的寄存器来获取；并且时钟、日历和闹钟可以通过写合适的内存字节进行设置或初始化。需要注意的是时钟、日历和闹钟的 10 个寄存器字节可以是二进制式或者 BCD 码形式，另外，在对这些寄存器进行写操作的时候，寄存器 B 的 SET 位必须置“1”。

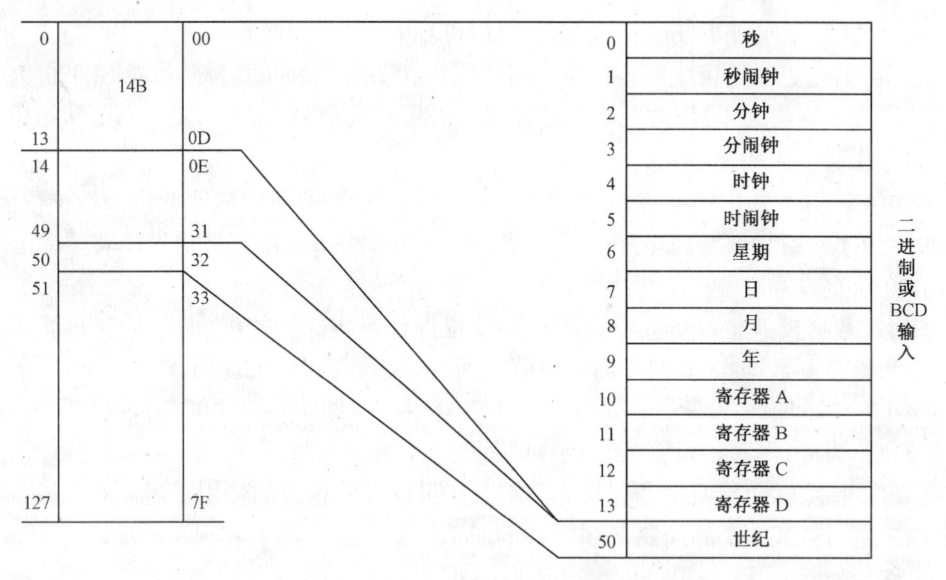

图 12.2　DS12C887 的内存空间映射

表 12.1 是 DS12C887 的控制寄存器 A 的内部结构示意，其具体说明如下。

表 12.1　DS12C887 控制寄存器 A

7	6	5	4	3	2	1	0
UIP	DV2	DV1	DV0	RS3	RS2	RS1	RS0

- UIP：更新标志位，该位为只读，并且不会受到复位操作的影响，当该位被置“1”时，表示即将发生数据更新；为“0”时，表示至少 244μs 的时间内不会有数据更新；当 UIP 被清零时，可以获得所有时钟、日历和闹钟的信息。将寄存器 B 中的 SET 位置 1 可以限制任何数据的更新操作，并且清除 UIP 位。
- DV2、DV1、DV0：当这三位被置为“010”时将打开晶振，开始计时。
- RS3、RS2、RS1、RS0：用于设置周期性中断产生的时间周期和输出方波的频率。具体设置可详见相关手册。

表 12.2 是 DS12C887 的控制寄存器 B 的内部结构示意，其具体说明如下。

表 12.2　DS12C887 控制寄存器 B

7	6	5	4	3	2	1	0
SET	PIE	AIE	UIE	SQWE	DM	24/12	DSE

- SET：DS12C887 设置位，可读写，不受复位操作影响，当该位为“0“时，DS12C887 不能处于设置状态，芯片进行正常时间数据更新；当该位为“1”时，允许对 DS12C887 进行设置，可以通过软件设置对应的时间和日历信息。
- PIE：周期性中断使能设置位，可读写，在 DS12C887 复位时此位被清除。当该位为“1”时，允许寄存器 C 中的周期中断标志位 PF，驱动 $\overline{IRQ}$ 引脚为低产生中断信号

输出，中断信号产生的周期由 RS3～RS0 决定。

- AIE：闹钟中断使能位，可读写，当该位为“1”时，允许寄存器 C 中的闹钟中断标志位 AF，当闹钟事件产生时就会通过 $\overline{\text{IRQ}}$ 引脚产生中断输出。
- UIE：数据更新结束中断使能位，可读写，在 DS12C887 复位时或者 SET 位为 1 时清除该位。该位为“1”时允许寄存器 C 中的更新结束标志位 UF，当更新结束时通过 $\overline{\text{IRQ}}$ 引脚产生中断输出。
- SQWE：方波输出使能位，可读写，在 DS12C887 复位时清除此位；当该位为“0”时，SQW 引脚保持低电平；为“1”时，SQW 引脚输出方波信号，其频率由 RS3～RS0 决定。
- DM：数据模式位，可读写，不受到复位操作影响。为“0”时，设置时间、日历信息为二进制数据；为“1”时，设置时间、日历数据为 BCD 码。
- 24/12：时间模式设置位，可读写，不受复位操作影响。为“0”时，设置为 12 小时模式；为“1”时，设置为 24 小时模式。
- DES：特殊时间更新位，其具体使用方法可以参考相应的使用手册。

表 12.3 是 DS12C887 的控制寄存器 C 的内部结构示意，其具体说明如下。

表 12.3 DS12C887 控制寄存器 C

7	6	5	4	3	2	1	0
IRQF	PF	AF	UF	0	0	0	0

- IRQF：中断申请标志位，其为“1”时，$\overline{\text{IRQ}}$ 引脚为低，产生一个中断申请。当 PF、PIE 为“1”或者 AF、AIE 为“1”又或者 UF、UIE 为“1”时，此位被置“1”，否则被清零。
- PF：周期中断标志位，只读位，和其 PIE 位状态完全无关，由复位操作或读寄存器 C 操作清除。
- AF：闹钟中断标志位，当其为“1”时，表示当前时间和设定的闹钟时间一致，由复位操作或读寄存器 C 操作清除。
- UF：数据更新结束中断标志位，每个更新周期之后都会被置“1”，当 UIE 位被置“1”时，UF 若为“1”则会引起 IRQF 置“1”并且通过 $\overline{\text{IRQ}}$ 输出中断时间，该位由复位操作或读寄存器 C 操作清除。

表 12.4 是 DS12C887 的控制寄存器 D 的内部结构示意，其具体说明如下。

表 12.4 DS12C887 控制寄存器 D

7	6	5	4	3	2	1	0
VRT	0	0	0	0	0	0	0

- VRT：DS12C887 的 RAM 和时间有效位，用于指示内部电池状态。此位不可写，也不受复位影响，正常情况下读取时总为“1”，如果出现读取为“0”的情况，则表示电池耗尽，时间数据和 RAM 中的数据出现问题。

12.1.2　DS12C887 的应用电路

DS12C887 的应用电路如图 12.3 所示，51 单片机的 P0 端口作为数据/地址总线连接到 DS12C887 的数据/地址总线，DS12C887 的 MOT 引脚直接连接到地选择 Intel 总线模式，$\overline{\text{CS}}$引脚连接到 51 单片机的 P2.7 作为外部地址控制，同时使用单片机的 ALE 输出信号来控制 DS12C887 的 AS 信号，单片机的 WR 和 RD 信号分别连接到 DS12C887 的 R/W 和 DS 引脚，DS12C887 的中断信号引脚$\overline{\text{IRQ}}$通过一个上拉电阻连接到 51 单片机的 INT0 引脚上。

如图 12.3 所示的 DS12C887 的地址为 0x7FFF～0x807F。

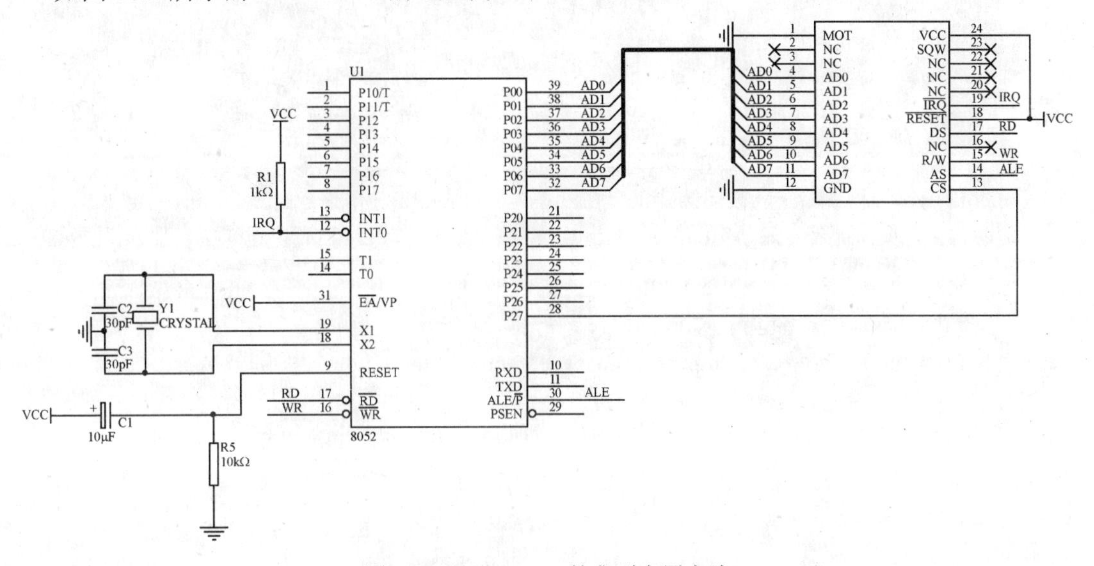

图 12.3　DS12C887 的典型应用电路

12.1.3　DS12C887 的操作步骤

DS12C887 的详细操作步骤如下：

（1）根据外部扩展方法计算出 DS12C887 的内部地址单元和寄存器的地址。

（2）使 DS12C887 进入设置模式，设置初始时钟信息。

（3）根据需要设置相关的闹钟或者输出波形信息。

（4）读取相关的时钟信息。

12.1.4　DS12C887 的应用代码

1．DS12C887 的库函数

例 12.1 是 DS12C887 的相关库函数，提供了对 DS12C887 的基本操作。

【例 12.1】应用代码首先定义了 DS12C887 的命令常数，然后使用_at_关键字定义了 DS12C887 的内部寄存器地址。

```
#include <absacc.h>
#include <AT89X52.h>
//命令常数定义
#define CMD_START_DS12C887 0x20          //开启时钟芯片
#define CMD_START_OSCILLATOR 0x70        //开启方波输出
#define CMD_CLOSE_DS12C887 0x30          //关闭DS12C887
#define MASK_SETB_SET 0x80               //禁止刷新
#define MASK_CLR_SET 0x7f                //允许刷新
#define MASK_SETB_DM 0x04                //使用16进制编码
#define MASK_CLR_DM 0xfb                 //使用BCD编码
#define MASK_SETB_2412 0x02              //使用24小时编码
#define MASK_CLR_2412 0xfd               //使用12小时编码
#define MASK_SETB_DSE 0x01               //使用夏令时
#define MASK_CLR_DSE 0xfe                //不使用夏令时
// 寄存器地址通道定义,从0x7F00开始
xdata char chSecondsChannel _at_ 0x7f00;
xdata char chMinutesChannel _at_ 0x7f02;
xdata char chHoursChannel _at_ 0x7f04;
xdata char chDofWChannel _at_ 0x7f06;
xdata char chDateChannel _at_ 0x7f07;
xdata char chMonthChannel _at_ 0x7f08;
xdata char chYearChannel _at_ 0x7f09;
xdata char chCenturyChannel _at_ 0x7f32;
xdata char chRegA _at_ 0x7f0a;
xdata char chRegB _at_ 0x7f0b;
xdata char chRegC _at_ 0x7f0c;
xdata char chRegD _at_ 0x7f0d;
//启动DS12C887
void StartDs12c887(void)
{
  chRegA = CMD_START_DS12C887;
}
//关闭DS12C887
void CloseDs12c887(void)
{
  chRegA = CMD_CLOSE_DS12C887;
}
//初始化DS12C887
void InitDs12c887(void)
{
  StartDs12c887();
```

```
    chRegB = chRegB | MASK_SETB_SET;                    // 禁止刷新
    chRegB = chRegB & MASK_CLR_DM | MASK_SETB_2412 & MASK_CLR_DSE;
    // 使用BCD码格式、24小时模式、不使用夏令时
    chCenturyChannel = 0x21;                            // 设置为21世纪
    chRegB = chRegB & MASK_CLR_SET;                     //允许刷新
  }
  //读取秒数据
  unsigned char GetSeconds(void)
  {
    return(chSecondsChannel);
  }
  //读取分钟数据
  unsigned char GetMinutes(void)
  {
    return(chMinutesChannel);
  }
  //读取小时数据
  unsigned char GetHours(void)
  {
    return(chHoursChannel);
  }
  //读取日期数据
  unsigned char GetDate(void)
  {
    return(chDateChannel);
  }
  //读取月数据
  unsigned char GetMonth(void)
  {
    return(chMonthChannel);
  }
  //读取年数据
  unsigned char GetYear(void)
  {
    return(chYearChannel);
  }
  //读取世纪数据
  unsigned char GetCentury(void)
  {
    return(chCenturyChannel);
  }
```

```
//用于设置 DS12C887 的当前时钟信息
void SetTime(unsigned char chSeconds,unsigned char chMinutes,unsigned
 char chHours)
{
  chRegB = chRegB | MASK_SETB_SET;        //禁止刷新
  chSecondsChannel = chSeconds;
  chMinutesChannel = chMinutes;
  chHoursChannel = chHours;
  chRegB = chRegB & MASK_CLR_SET;         //允许刷新
}
//用于设置 DS12C887 的当前日期信息
void SetDate(unsigned char chDate,unsigned char chMonth,unsigned char
chYear)
{
chRegB = chRegB | MASK_SETB_SET;          // 禁止刷新
chDateChannel = chDate;
chMonthChannel = chMonth;
chYearChannel = chYear;
chRegB = chRegB & MASK_CLR_SET;           //允许刷新
}
```

2. 应用实例——DS12C887 的时钟信息读取

本应用是使用 DS12C887 给 51 单片机应用系统提供时钟信息的实例，51 单片机从 DS12C887 读出当前的时间信息，然后从串口输出，实例的应用电路如图 12.4 所示，DS12C887 和 51 单片机的接口和典型电路完全相同，只是更改了外部 RAM 的映射地址，使用 MAX232 作为串口电平转换芯片。

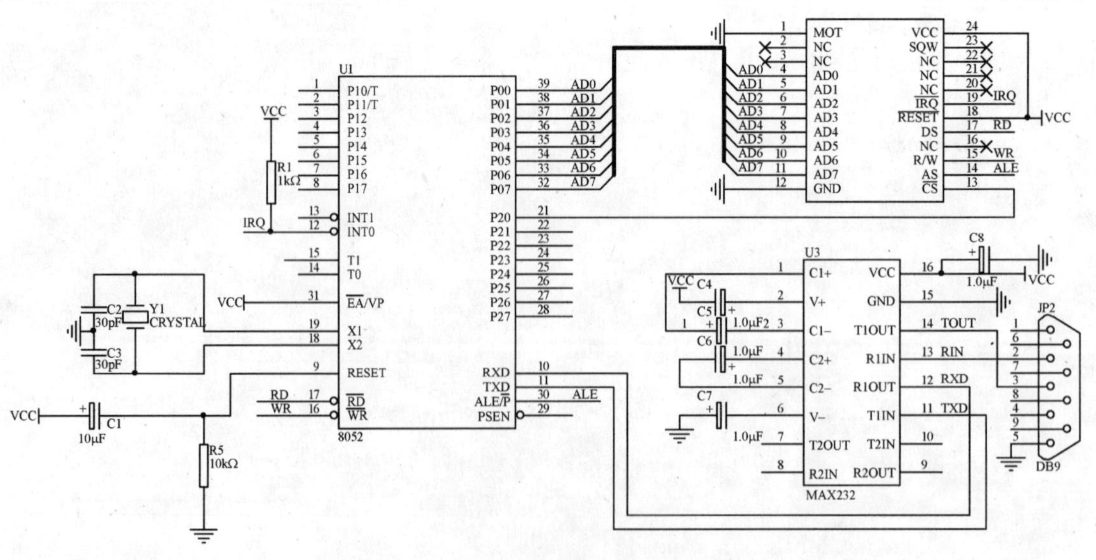

图 12.4　DS12C887 时钟信息读取实例应用电路

本实例涉及的典型应用器件如表 12.5 所示。

表 12.5　DS12C887 时钟信息读取实例器件列表

器　件	说　明
51 单片机	核心部件
DS12C887	时钟芯片
MAX232	串口电平转换器件
电阻	限流、上拉
晶体	51 单片机工作的振荡源，12MHz
电容	51 单片机复位和振荡源工作的辅助器件，MAX232 通信芯片的外围辅助器件

例 12.2 是实例的应用代码，51 单片机使用 T1 定时 20ms，在每次中断服务子函数中读取 DS12C887 的相关时间信息并且将其调用 putchar 函数送出，在应用代码中调用了上一小节中的相应库函数。

【例 12.2】应用代码调用了上一小节中的部分函数，并且默认 DS12C887 中的时间日期信息已经初始化完成，需要注意的是应用代码中 DS12C887 的相应地址和例子 12.1 中的地址有所区别。

```
#include<AT89X52.h>
#include<stdio.h>
#include <absacc.h>
//T1 的初始化函数
void InitTimer1(void)
{
    TMOD = 0x10;                //工作方式 1
    TH1 = 0xFF;
    TL1 = 0x9C;                 //20ms
    EA = 1;
    ET1 = 1;
    TR1 = 1;                    //启动 T1 并且开启中断
}
//T1 的中断服务子函数
void Timer1Interrupt(void) interrupt 3
{
    TH1 = 0xFF;
    TL1 = 0x9C;                 //重装初始化值


}
void main(void)
{
    unsigned char nSec,nMin,nHor;
    InitTimer1();               //初始化 T1
```

```
        InitDs12c887();            //初始化 DS12C887
        while(1)
        {
          nSec = GetSeconds();    //获得秒信号
          nMin = GetMinutes();   //分钟信号
          nHor = GetHours();     //小时信号
          putchar(nSec);
          putchar(nMin);
          putchar(nHor);         //发送相应的信号
        }
    }
```

12.2 I²C 接口时钟日历芯片 PCF8563 扩展

如果在实际应用中觉得 DS12C877 的尺寸较大或者觉得占用了太多的外部引脚，此时可以使用 Philips 公司出品的 I²C 接口的时钟日历芯片 PCF8563。

12.2.1 PCF8563 基础

PCF8563 具有接口简单，占用 51 单片机 I/O 引脚少，芯片体积小的优点，其主要特点如下。

- 工作功耗低：其典型工作电流为 0.25μA。
- 供电电压允许范围大：支持 1.0～5.5V 的工作电压。
- 支持高速 I²C 总线速率：在工作电压为 1.8～5.5V 时其 I²C 总线通信速率可以达到 400kHz。
- 内置可编程时钟输出：可以提供频率 32.768kHz、1024Hz、32Hz 和 1Hz 的时钟输出。
- 内部资源丰富：PCF8563 内部集成有报警和定时器、有掉电检测器和内部集成的振荡器电容，支持片内电源复位功能。

1. PCF8563 的引脚封装

PCF8563 的引脚封装如图 12.5 所示，其详细说明如下。

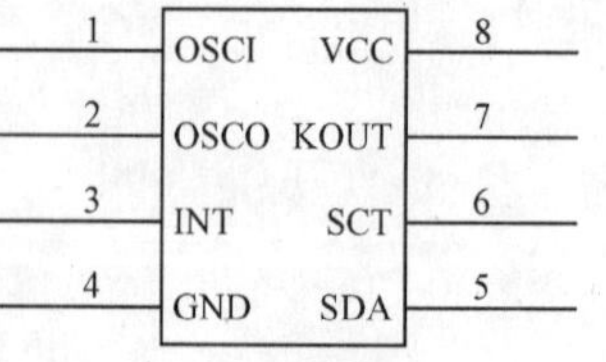

图 12.5 PCF8563 的引脚封装

- OSCI：晶体振荡器输入引脚。
- OSCO：晶体振荡器输出引脚。
- INT：中断输出引脚，开漏输出。
- VSS：电源地引脚。
- SDA：I²C 总线接口数据引脚。

- SCL：I^2C 总线接口时钟引脚。
- CLKOUT：时钟输出引脚，开漏输出。
- VDD：电源引脚。

2. PCF8563 的内部寄存器

PCF8563 内部共有 16 个 8 位的内部寄存器，其中包括 1 个可以自动增量的地址寄存器，1 个带内部集成电容的内置 32.768kHz 内部振荡器，1 个用于给实时时钟提供源时钟的分频器，1 个可编程时钟输出，1 个报警器，1 个定时器，1 个掉电检测器和 1 个支持 400kHz 的 I^2C 总线接口。这些寄存器都是可以寻址的，PCF8563 的寄存器功能说明如表 12.6 所示。

表 12.6　PCF8563 的内部寄存器

地　址	寄存器名称	Bit7	Bit6	Bit5	Bit4	Bit3	Bit2	Bit1	Bit0
0x00	控制命令寄存器 1	TEST	0	STOP	0	TESTC	0	0	0
0x01	控制命令寄存器 2	0	0	0	TI/TP	AF	TF	AIE	TIE
0x02	秒	VL	0～59BCD 数						
0x03	分钟	—	0～59BCD 数						
0x04	小时	—	—	0～23BCD 数					
0x05	日	—	—	1～31BCD 数					
0x06	星期	—	—	—	—	—	0.6		
0x07	月/世纪	—	—	—	0～12BCD 数				
0x08	年	0～99BCD 数							
0x09	分钟报警	AE	0～59BCD 数						
0x0A	小时报警	AE	—	0～23BCD 数					
0x0B	日报警	AE	—	1～31BCD 数					
0x0C	星期报警	AE	—	—	—	—	0.6		
0x0D	CLKOUT 频率寄存器	FE	—	—	—	—	—	FD1	FD0
0x0F	定时器控制寄存器	TE	—	—	—	—	—	TD1	TD0
0x10	定时器倒数数值寄存器	定时器倒计数值							
16	定时器倒数数值寄存器	定时器倒计数值							

对相应控制寄存器写入确定的参数可以设置 PCF8563 的工作方式，并且可以通过读相关的寄存器获得 PCF8563 的定时参数。

PCF8563 的控制命令寄存器 1 用于设置 PCF8563 的工作模式并且控制其他寄存器的运行，其详细功能见表 12.7。

表 12.7　控制命令寄存器 1 的功能说明

Bit	符　号	描　述
7	TEST1	置位元则进入测试模式，清除为普通工作模式
5	STOP	置位则时钟芯片停止工作，仅有 CLKOUT 可以工作；清除芯片正常工作
3	TESTC	置位使能电源复位功能，清除则禁止
6、4、2、1、0	0	默认值

PCF8563 的控制命令寄存器 2 主要用于设置 PCF8563 的中断方式，其详细功能如表 12.8 所示。

表 12.8　控制命令寄存器 2 的功能

Bit	符　号	描　述
7、6、5	0	默认状态
4	TI/TF	TI/TP=0：当 TF 有效时 INT 有效（取决于 TIE 的状态） TI/TP=1：INT 脉冲有效（取决于 TIE 的状态），其 INT 操作如下 源时钟(Hz)　INT 周期（n=1）　INT 周期（n>1） 4096　1/8192　1/4096 64　1/128　1/64 1　1/64　1/64 1/60　1/64　1/64 其中 n 为倒计时定数器的数值
3	AF	当报警发生时，AF 被置逻辑 1；在定时器倒计数结束时，TF 被置逻辑 1，它们在被软件重写前一直保持原有值，若定时器和报警中断都请求时，中断源由 AF 和 TF 决定，若要使清除一个标志位而防止另一标志位被重写，应运用逻辑指令 AND，标志位元 AF 和 TF 数值如下 读　AF　TF 0　报警标志有效　定时器标志无效 1　报警标志无效　定时器标志有效 写 0　清除报警标志　清除定时器标志 1　保留报警标志　保留定时器标志
2	TF	
1	AIE	标志位 AIE 和 TIE 决定一个中断的请求有效或无效，当 AF 或 TF 中一个为“1”时，中断 AIE 和 TIE 都置“1” AE=0：报警中断无效；AIE=1：报警中断有效；TIE=0：定时器中断无效；TIE=1：定时器中断有效
0	TIE	

PCF8563 的秒、分钟、小时寄存器均用来存放当前的时间数据，均用数据对应的 BCD 编码表示。当秒寄存器中的 VL 位被清除时，PCF8563 保证当前的时钟/日历数据是准确的，如被置位则不保证。日、星期、月份、年寄存器用来存放当前的日历信息，除星期寄存器的数据用 0～6 表示之外，其余的数据均用对应的 BCD 编码数据表示。月份寄存器的最高位 C 用于表示世纪，当该位被清除时代表 2xxx 年，否则为 19xx 年。当年寄存器从 99 向 00 进位时，该位改变。

PCF8563 的报警寄存器包括分钟、小时、日、月报警寄存器，当这些寄存器被写入正确的 BCD 编码数值并且将对应的寄存器的 AE 位清除后，如果时钟、日历寄存器的数值和报警寄存器的数值相等时，AF 位被置位，AF 位须由软件清除。

PCF8563 的时钟输出频率寄存器用于控制 PCF8563 的 CLKOUT 引脚输出的方波频率，其具体功能如表 12.9 所示。

表 12.9　时钟输出频率寄存器的功能

Bit	符　号	描　述
7	FE	FE = 0；CLKOUT 输出被禁止并且设置为高阻态； FE = 1；CLKOUT 输入有效
6～2	—	无效值
1 0	FD1 FD0	FD1　FD0　输出频率 0　0　32.758KHz 0　1　1024Hz 1　0　32Hz 1　1　1Hz

PCF8563 的定时器寄存器是一个 8 位字节的倒计数定时器。它由定时器控制器中位 TE 来决定有效或无效，定时器的时钟也可以由定时器控制器选择。其他定时器功能，如中断产生，则由控制状态寄存器 2 控制。为了能精确读回倒计数的数值，I^2C 总线时钟 SCL 的频率应至少为所选定定时器时钟频率的 2 倍，其功能如表 12.10 所示。

表 12.10　定时器寄存器的功能

Bit	符　号	描　述
7	TE	清除禁止定时器，置位使能
6～2	—	无效
1	TD1	定时器时钟频率选择位，决定倒计数定时器的时钟频率，设置如下，不用时 TD1 和 TD0 应设为“11”（1/60Hz），以降低电源损耗 TD1　TD0　输出频率 0　0　4096 0　1　64 1　0　1 1　1　1/64
0	TD0	

定时器倒计数数值寄存器中的数值决定倒计数周期。倒计数周期=倒计数数值/频率周期。

PCF8563 片内有一个片内复位电路，当外部晶体停止工作时，复位电路开始工作。在复位状态下，I^2C 总线初始化，寄存器标志位 TF、VL、TD1、TD0、TESTC、AE 被置位，其他的位和地址指针被清除。

PCF8563 片内还有一个掉电检测器，用于监控供电电压变化，当 VDD 引脚上电压低于最低工作电压 1V 时，寄存器标志为 VL 被置位，表明提供的时间信息不准确，VL 位必须用软件清除。

除了正常的工作模式外，PCF8563 还有 EXT_CLK 测试模式和 POR 电源复位替换模式两种工作方式，具体的工作情况可以参看 PCF8563 的相应资料。

12.2.2　PCF8563 的应用电路

在 51 单片机应用系统掉电的时候继续维持时钟的运行，由于并没有内置电池，

PCF8563 通常使用电池和外接电源配合供电的方式，当外接电源停止工作时，使用电池工作，可以应用于便携式产品中，电池和外接电源使用二极管来保证电流的流向。为了保证时钟的时间精度，在 32.768kHz 的晶体旁使用一个匹配电容来使得振荡器频率达到精确值。需要注意的是，由于 PCF8563 的 INT、CLKOUT 引脚均为开漏输出，因此和 SDA、SCL 引脚相同，均需要使用上拉电阻。

PCF8563 的典型应用电路如图 12.6 所示，51 单片机使用上拉到 VCC 的 P1.7 和 P1.6 来模拟 SDA 和 SCL 和 PCF8563 进行通信，同时 PCF8563 的中断输出连接到 51 单片机的外部中断引脚 INT0 上。

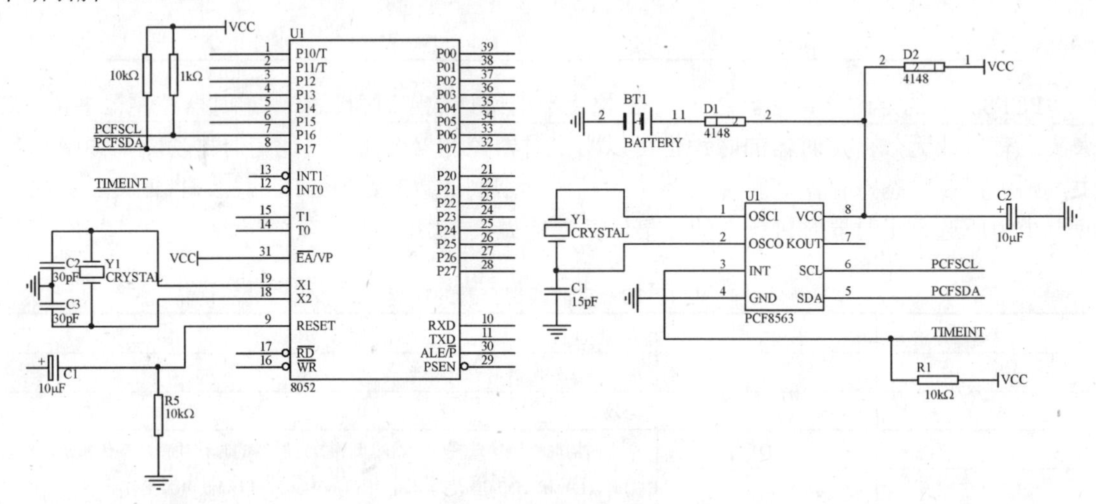

图 12.6　PCF8563 的典型应用电路

12.2.3　PCF8563 的操作步骤

DS12C887 的详细操作步骤如下：

（1）使用 51 单片机的普通 I/O 引脚来模拟 I^2C 总线通信过程。

（2）设置 PCF8563 的初始时钟信息。

（3）根据需要设置相关的闹钟或者输出波形信息。

（3）读取相关的时钟信息。

12.2.4　PCF8563 的应用代码

1. PCF8563 的库函数

例 12.3 是 PCF8563 的库函数应用代码，其提供了对 PCF8563 进行操作的相应函数。

【例 12.3】应用代码使用 51 单片机的 P1.7 和 P1.6 分别模拟 I^2C 总线的数据线和地址线，然后对 PCF8563 进行相应的操作。

```
#include <AT89X52.h>
#include <intrins.h>
```

```
#define PCF8563WADD     0xA2               //PCF8563 写地址
#define PCF8563RADD     0xA3               //PCF8563 读地址
#define PCF8563C0       0x00               //PCF8563 内部地址
#define PCF8563STA      0x01
#define PCF8563SEC      0x02
#define PCF8563MIN      0x03
#define PCF8563HOU      0x04
#define PCF8563DAY      0x05
#define PCF8563WEEK     0x06
#define PCF8563M0       0x07
#define PCF8563YEAR     0x08
#define PCF8563STOP     0x20
#define PCF8563START    0x00               //PCF8563 启动停止
bit FirstInitFlg;                          //标志是否第一次初始化
bit RFlg;
bit WFlg;
unsigned char Sec;                         //秒
unsigned char Min;                         //分
unsigned char Hou;                         //小时
unsigned char Day;                         //日
unsigned char Week;                        //星期
unsigned char M0;                          //月
unsigned char Year;                        //年
sbit SDA = P1 ^ 7;                         //数据位
sbit SCL = P1 ^ 6;                         //时钟
bit Ack;                                   //应答标志 ack=1 正确
//启动 I2C
void Start_I2C()
{
    SDA = 1;                               //发送起始条件数据信号
    _nop_();
    SCL = 1;
    _nop_();                               //起始建立时间大于 4.7μs
    _nop_();
    _nop_();
    _nop_();
    _nop_();
    SDA = 0;                               //发送起始信号
    _nop_();
    _nop_();
    _nop_();
```

```
        _nop_();
        _nop_();
        SCL = 0;                        //钳位
        _nop_();
        _nop_();
    }
    //结束总线
    void Stop_I2C()
    {
        SDA = 0;                        //发送结束条件的数据信号
        _nop_();                        //发送结束条件的时钟信号
        SCL = 1;                        //结束条件建立时间大于 4μs
        _nop_();
        _nop_();
        _nop_();
        _nop_();
        _nop_();
        SDA = 1;                        //发送 I2C 总线结束命令
        _nop_();
        _nop_();
        _nop_();
        _nop_();
        _nop_();
    }
    //发送一个字节
    void    SendByte(unsigned char c)
    {
        unsigned char BitCnt;
        for(BitCnt = 0;BitCnt < 8;BitCnt++)          //一个字节
            {
                if((c << BitCnt)& 0x80) SDA = 1;    //判断发送位
                else    SDA = 0;
                _nop_();
                SCL = 1;            //时钟线为高,通知被控器开始接收数据
                _nop_();
                _nop_();
                _nop_();
                _nop_();
                _nop_();
                SCL = 0;
            }
```

```
    _nop_();
    _nop_();
    SDA = 1;                        //释放数据线,准备接收应答位
    _nop_();
    _nop_();
    SCL = 1;
    _nop_();
    _nop_();
    _nop_();
    if(SDA == 1) Ack =0;
    else Ack = 1;                   //判断是否收到应答信号
    SCL = 0;
    _nop_();
    _nop_();
}
//字节接收函数
unsigned char RevByte()
{
    unsigned char retc;
    unsigned char BitCnt;
    retc = 0;
    SDA = 1;
    for(BitCnt=0;BitCnt<8;BitCnt++)
    {
        _nop_();
        SCL = 0;                    //置时钟线为低,准备接收
        _nop_();
        _nop_();
        _nop_();
        _nop_();
        _nop_();
        SCL = 1;                    //置时钟线为高使得数据有效
        _nop_();
        _nop_();
        retc = retc << 1;           //左移补零
        if (SDA == 1)
        retc = retc + 1;            //当数据为真加一
        _nop_();
        _nop_();
    }
    SCL = 0;
```

```
        _nop_();
        _nop_();
        return(retc);
    }

    //向 I2C 总线器件内部地址写入一个字节
    unsigned char WIICByte(unsigned char WChipAdd,unsigned char InterAdd,unsigned char WIICData)
    {
        Start_I2C();                                    //启动
        SendByte(WChipAdd);                             //发送器件地址及命令
        if (Ack==1)                                     //收到应答
        {
            SendByte(InterAdd);                         //发送内部子地址
            if (Ack ==1)
            {
                SendByte(WIICData);                     //发送数据
                if(Ack == 1)
                {
                    Stop_I2C();
                    return(0xff);
                }
                else
                {
                    return(0x03);
                }
            }
            else
            {
                return(0x02);
            }
        }
        return(0x01);
    }
    //从 I2C 总线器件内部地址读取一个字节
    unsigned char RIICByte(unsigned char WChipAdd,unsigned char RChipAdd,unsigned char InterDataAdd)
    {
        unsigned char TempData;
        TempData = 0;
        Start_I2C();                                //启动
```

```
    SendByte(WChipAdd);                          //发送器件地址及读命令
    if (Ack==1)                                  //收到应答
    {
        SendByte(InterDataAdd);                  //发送内部子地址
        if (Ack ==1)
        {
            Start_I2C();
            SendByte(RChipAdd);
            if(Ack == 1)
            {
                TempData = RevByte();
                Stop_I2C();
                return(TempData);
            }
            else
            {
                return(0x03);
            }
        }
        else
        {
            return(0x02);
        }
    }
    else
    {
        return(0x01);
    }
}
//修改 PCF8563 内部数据函数
unsigned char ModifyPCF8563(unsigned char ModifyTime[7])
{
    unsigned char temp[9];

    temp[0] = WIICByte(PCF8563WADD,PCF8563C0,PCF8563STOP);
    //停止 PCF8563
    temp[1] = WIICByte(PCF8563WADD,PCF8563SEC,ModifyTime[0]);
                                                                //写相关信息
    temp[2] = WIICByte(PCF8563WADD,PCF8563MIN,ModifyTime[1]);
    temp[3] = WIICByte(PCF8563WADD,PCF8563HOU,ModifyTime[2]);
    temp[4] = WIICByte(PCF8563WADD,PCF8563DAY,ModifyTime[3]);
```

```
        temp[5] = WIICByte(PCF8563WADD,PCF8563WEEK,ModifyTime[4]);
        temp[6] = WIICByte(PCF8563WADD,PCF8563MO,ModifyTime[5]);
        temp[7] = WIICByte(PCF8563WADD,PCF8563YEAR,ModifyTime[6]);
        temp[8] = WIICByte(PCF8563WADD,PCF8563C0,PCF8563START);
                                                            //启动 PCF8563
        if(temp[0] != 0xFF)
        {
            return(0x00);
        }
        else if(temp[1] != 0xFF)
        {
            return(0x01);
        }
        else if(temp[2] != 0xFF)
        {
            return(0x02);
        }
        else if(temp[3] != 0xFF)
        {
            return(0x03);
        }
        else if(temp[4] != 0xFF)
        {
            return(0x04);
        }
        else if(temp[5] != 0xFF)
        {
            return(0x05);
        }
        else if(temp[6] != 0xFF)
        {
            return(0x06);
        }
        else if(temp[7] != 0xFF)
        {
            return(0x07);
        }
        else if(temp[8] != 0xFF)
        {
            return(0x08);
        }
```

```
    return(0xFF);
}
//从 PCF8563 读取秒数据
unsigned char ReadPCF8563Sec(void)
{
    unsigned char PCFData,Sec;
    PCFData = RIICByte(PCF8563WADD,PCF8563RADD,PCF8563SEC);
   Sec = PCFData & 0x7F;                                   //秒
    return Sec;
}
//从 PCF8563 读取分钟数据
unsigned char ReadPCF8563Min(void)
{
    unsigned char PCFData,Min;
    PCFData = RIICByte(PCF8563WADD,PCF8563RADD,PCF8563MIN);
   Min = PCFData & 0x7F;                                   //分
    return Min;
}
//从 PCF8563 读取小时数据
unsigned char ReadPCF8563Hou(void)
{
    unsigned char PCFData,Hou;
    PCFData = RIICByte(PCF8563WADD,PCF8563RADD,PCF8563HOU);
   Hou = PCFData & 0x3F;                                   //小时
    return Hou;
}

unsigned char ReadPCF8563Day(void)
{
    unsigned char PCFData,Day;
    PCFData = RIICByte(PCF8563WADD,PCF8563RADD,PCF8563DAY);
   Day = PCFData & 0x3F;                                   //日
    return Day;
}
//从 PCF8563 读取周数据
unsigned char ReadPCF8563Week(void)
{
    unsigned char PCFData,Week;
    PCFData = RIICByte(PCF8563WADD,PCF8563RADD,PCF8563WEEK);
   Week = PCFData & 0x07;                                  //星期
    return Week;
```

```
    }

    unsigned char ReadPCF8563M0(void)
    {
        unsigned char PCFData,M0;
        PCFData = RIICByte(PCF8563WADD,PCF8563RADD,PCF8563M0);
       M0 = PCFData & 0x1F;                              //月
        return M0;
    }
    //从 PCF8563 读取年数据
    unsigned char ReadPCF8563Year(void)
    {
        unsigned char Year;
        Year = RIICByte(PCF8563WADD,PCF8563RADD,PCF8563YEAR); //年
        return Year;
    }
```

2. 应用实例——PCF8563 时钟初始化和读取

本应用是对 PCF8563 进行时钟和日期信息初始化，以及对其相关数据进行读取的实例，其应用电路如图 12.7 所示，51 单片机使用 P1.7 和 P1.6 来模拟 I^{2}C 总线和 PCF8563 进行通信，PCF8563 的中断输出引脚同时连接到 51 单片机的外部中断 INT0 引脚和计数引脚 T0 上。

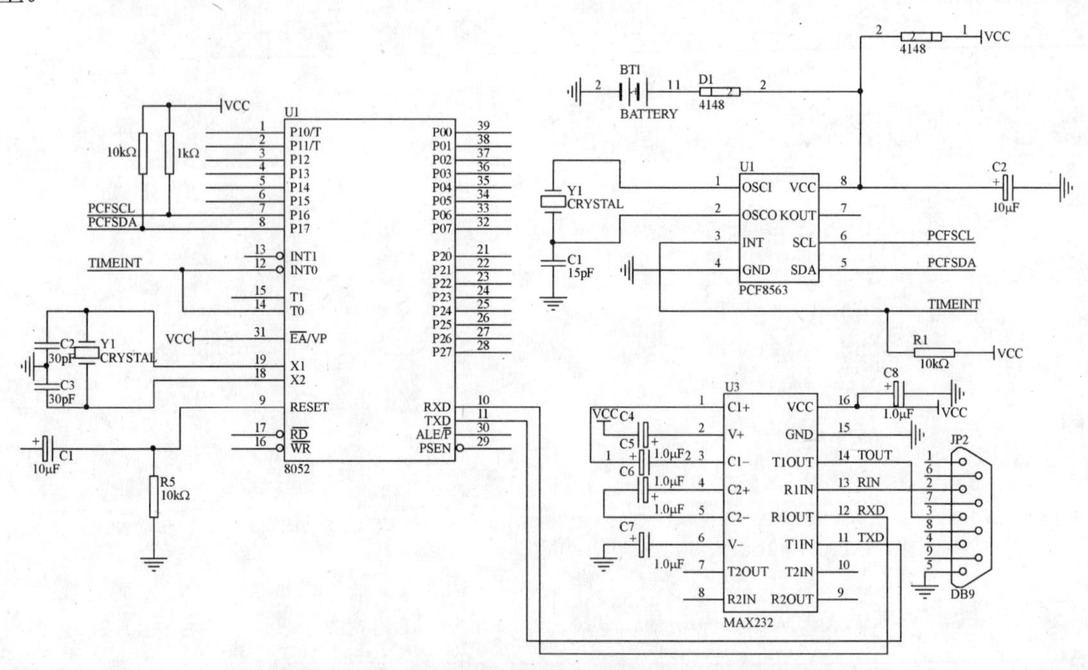

图 12.7　PCF8563 的时钟初始化和读取应用实例电路

表 12.11 是 PCF8563 的时钟初始化和读取应用实例涉及的典型器件列表。

表 12.11　PCF8563 的初始化和时钟读取应用实例器件列表

器　件	说　明
51 单片机	核心部件
PCF8563	时钟芯片
1N4148	二极管，用于限制电流的流向
电池	在直流电源停止工作的情况下给 PCF8563 供电
MAX232	RS-232 电平转换芯片
DB9	串口接插件
晶体	51 单片机工作的振荡源，12MHz
电容	51 单片机复位和振荡源工作的辅助器件，MAX232 通信芯片的外围辅助器件

例 12.4 是实例的应用代码。

【例 12.4】应用代码调用了上一小节的部分库函数，在单片机系统初始化时先将当前的一个时间写入 PCF8563 中对其进行初始化，然后以 20ms 的时间间隔读出当前的时、分、秒信息并且送串口输出。

```
#include <AT89X52.h>
#include <intrins.h>
#include <stdio.h>
void InitTimer1(void)
{
    TMOD = 0x10;                        //工作方式 1
    TH1 = 0xFF;
    TL1 = 0x9C;                         //20ms
    EA = 1;
    ET1 = 1;
    TR1 = 1;                            //启动 T1 并且开启中断
}
//T1 的中断服务子函数
void Timer1Interrupt(void) interrupt 3
{
    TH1 = 0xFF;
    TL1 = 0x9C;                         //重装初始化值
}
void main(void)
{
    unsigned char nSec,nMin,nHor,temp;
    unsigned char pcf8563para[7];       //存放 PCF8563 的相关初始化数据
    InitTimer1();                       //初始化 T1
```

```
    pcf8563para[0] = 0x00;                          //0秒
    pcf8563para[1] = 0x00;                          //0分
    pcf8563para[2] = 0x0F;                          //15点
    pcf8563para[3] = 0x02;                          //2号
    pcf8563para[4] = 0x05;                          //周五
    pcf8563para[5] = 0x09;                          //9月
    pcf8563para[6] = 11;                            //2011年
    temp = ModifyPCF8563(&pcf8563para[0]);          //初始化 PCF8563
    while(1)
    {
     nSec = ReadPCF8563Sec();                       //获得秒信号
     nMin = ReadPCF8563Min();                       //分钟信号
     nHor = ReadPCF8563Hou();                       //小时信号
     putchar(nSec);
     putchar(nMin);
     putchar(nHor);                                 //发送相应的信号
    }
}
```

3. 应用实例——使用 PCF8563 的报警

PCF8563 可以提供分钟报警（在每一个小时的同一分钟时刻报警）、小时报警（每天的同一个小时时刻报警）、星期报警（每个星期的同一天报警）和日报警（每月的同一天时刻报警）4 种报警方式，在实际应用中通常使用报警方式来驱动 51 单片机完成一些定时的工作，此时可以通过 PCF8653 的中断引脚给 51 单片机一个中断信号让 51 单片机执行相应的工作。

例 12.5 是一个设置了分钟报警的实例代码。

【例 12.5】应用代码调用了第一小节的对应库函数，由于 PCF8563 的内部寄存器不支持位寻址操作，所以必须使用位操作来完成对其的修改。

```
#include <AT89X52.h>
#include <intrins.h>
void Int0_Deal(void) interrupt 0 using 1
//中断处理函数
{
    Read_Flg = FALSE;
    Read_Flg = RIICByte(PCF8563RADD,ADD_CONTROL_REG2,Reg2_Control);
    if(Read_Flg == TRUE)
    {
        Reg2_Control &= 0x17;                                  //清除标志位
    }
    Write_Flg = FALSE;
    Write_Flg = WIICByte(PCF8563WADD,ADD_CONTROL_REG2,Reg_Control);
```

```
    }

    main()
    {
      Reg_Alarm_Min = 0x30;
        Read_Flg = FALSE;
        Read_Flg = RIICByte(PCF8563RADD,ADD_CONTROL_REG2,Reg2_Control);
      //读出命令控制寄存器 2 数据
        if(Read_Flg == TRUE)
        {
            Reg2_Control |= 0x02;                                  //设置相应位
        }
        Write_Flg = FALSE;
        Write_Flg = WIICByte(PCF8563WADD,ADD_CONTROL_REG2,Reg_Control);
        //写入命令控制寄存器
      if(Write_Flg == TRUE)
        {
            Reg_Alarm_Reg = 0x30;
            WIICByte(PCF8563WADD,ADD_ALARM_MIN,Reg_Alarm_Reg);
            //写入分钟报警寄存器
    }
    }
```

4. 应用实例——PCF8563 输出秒脉冲信号

在应用系统需要产生一个方波信号的时候，可以使用 PCF8563 的定时器来完成相应的工作。PCF8563 的定时器是倒数定时器。当倒计时控制寄存器中的 TE 位被置位的时候有效，其计数值为定时器倒计数数值寄存器中的数据，计数脉冲频率由 TD1、TD0 决定，每来一个计数脉冲则将倒计时计数器减 1，当计数器到 0 的时候，置位 TF 位。当命令控制寄存器 2 中的 TIE 位被置位之后，则将在 INT 引脚上给出一个中断信号。定时器中断信号有两种方式，当 TI/TP 位被置位的时候，中断信号为脉冲信号；反之则为低电平信号。需要注意的是 TF 也需要软件清除。

本应用是一个秒方波信号的输出的应用实例，PCF8563 每秒钟产生一次中断，然后其会在中断引脚上产生一个脉冲信号，脉冲信号的宽度由 51 单片机对 PCF8563 的标志位清除响应决定，其应用代码如例 12.6 所示。

【例 12.6】应用代码调用了第一小节的对应库函数，在外部中断 0 的服务子函数 Int0_Deal 中完成对 PCF8563 的中断标志的清除，如果在这个地方进行一定的延时操作，则可以形成对应宽度的脉冲信号。

```
    #include <AT89X52.h>
    #include <intrins.h>
    void Int0_Deal(void) interrupt 0 using 1
```

```
    {
        //清除中断标志
    }
    main()
    {
        Read_Flg = FALSE;
        Read_Flg = RIICByte(PCF8563RADD,ADD_CONTROL_REG2,Control_Reg2);
        //读命令控制寄存器 2
      if(Read_Flg == FALSE)
        {
            Control_Reg2 |= 0x01;                                    //设置中断方式
            Write_Flg = FALSE;
            Write_Flg = WIICByte(PCF8563WADD,ADD_CONTROL_REG2,Control_Reg2);
        }
        if(Write_Flg == TRUE)
        {
            Counter[0] = 0x81;
            Counter[1] = 0x40;
            Write_Flg = FALSE;
           Write_Flg = WIICByte(PCF8563RADD,ADD_CONTROLCOUNTER_REG,Counter[0]);
            //发送计数器相关数据
      }
    }
```

12.3 SPI 接口时钟日历芯片 DS1302 扩展

DS1302 是 DALLAS 公司生产的另一款使用串行接口的时钟日历芯片，其使用的是 SPI 总线接口，相对 PCF8563 来说其能提供更快的通信速率。

12.3.1 DS1302 基础

DS1302 的主要特点如下：

- 使用 SPI 三线接口和 51 单片机通信。
- 内置 31 字节 RAM。
- 提供秒、分、时、日、星期、月、年数据，其中月计数 30 与 31 天时可以自动调整，且具有闰年补偿功能。
- 提供 2.5～5.5V 宽电压工作，采用双电源供电（主电源和备用电源），并且可设置备用电源充电方式。

1. DS1302 的引脚封装

图 12.8 所示是 DS1302 的引脚封装示意图，其详细说明如下。

- VCC1：主电源输入引脚。
- VCC2：备份电源输入引脚，当 VCC2>VCC1+0.2V 时，由 VCC2 向 DS1302 供电，当 VCC2<VCC1 时，由 VCC1 向 DS1302 供电。
- SCLK：串行时钟引脚。
- I/O：数据引脚。
- CE：功能控制引脚，高有效。

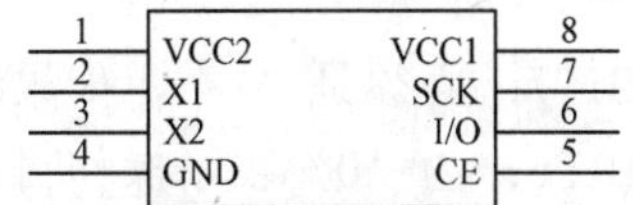

图 12.8　DS1302 的外部引脚封装示意图

2. DS1302 的寄存器

DS1302 的寄存器可以分为时间寄存器、控制寄存器、突发传输寄存器、充电寄存器等，本小节仅介绍和其时钟日期功能相关的时间和控制寄存器，其内存地址的说明如表 12.12 所示。

表 12.12　DS1302 的寄存器

读寄存器	写寄存器	BIT7	BIT6	BIT5	BIT4	BIT3	BIT2	BIT1	BIT0	范围
0x81	0x80	CH	10 秒			秒				00～59
0x83	0x82		10 分			分				00～59
0x85	0x84	12/24	0	10 AM/PM	小时	小时				1～12/ 0～23
0x87	0x86	0	0	10 日		日				1～31
0x89	0x88	0	0	0	10 月	月				1～12
0x8B	0x8A	0	0	0	0	0	周日			1～7
0x8D	0x8C	10 年				年				00～99
0x8F	0x8E	WP	0	0	0	0	0	0	0	—

如表 12.12 所示，小时寄存器（0x85、0x84）的 BIT7 用于定义 DS1302 是运行于 12 小时模式还是 24 小时模式。当该位为“1”时，选择 12 小时模式。在 12 小时模式下，BIT5 用于标志上午还是下午，当 BIT5 为“1”时表示 PM，为“0”时表示 AM。在 24 小时模式时，BIT5 是第二个 10 小时位。

秒寄存器（0x81、0x80）的 BIT7 定义为时钟暂停标志位（CH），当该位被置为“1”时，时钟振荡器停止，DS1302 处于低功耗状态；当该位置为“0”时，时钟开始运行。

控制寄存器（0x8F、0x8E）的位 7 是写保护位（WP），其他 7 位均置为“0”，在任何的对时钟和 RAM 的写操作之前，WP 位必须为“0”。当 WP 位为“1”时，写保护位防止对任一寄存器的写操作。

3. DS1302 的控制字

DS1302 的控制字用于在 51 单片机和 DS1302 进行通信的时候选择对应的寄存器，以及决定操作内容，其结构如表 12.13 所示，其详细说明如下。

表 12.13 DS1302 的控制字

BIT7	BIT6	BIT5	BIT4	BIT3	BIT2	BIT1	BIT0
1	RAM $\overline{\text{CK}}$	A4	A3	A2	A1	A0	RD $\overline{\text{WR}}$

- BIT7：必须是“1”，如果该位为“0”，则不能把数据写入 DS1302 中。
- BIT6：为“0”表示操作日历时钟寄存器，为“1”表示操作 RAM 空间。
- BIT5～BIT1：寄存器或者内部 RAM 地址。
- BIT0：读写指示位，为“0”，表示要进行写操作，为“1”表示进行读操作。

DS1302 的控制字总是从最低位开始输出。在控制字指令输入后的下一个 SCLK 时钟的上升沿时，数据被写入 DS1302，数据输入从 BIT0 开始。同样，在紧跟 8 位的控制字指令后的下一个 SCLK 脉冲的下降沿，读出 DS1302 的数据，读出的数据也是从最低位到最高位。

12.3.2 DS1302 的应用电路

DS1302 的应用电路非常简单，如图 12.9 所示，使用 51 单片机的 P1.7～P1.5 引脚分别连接到 DS1302 的 $\overline{\text{CE}}$，SCLK 和 I/O 引脚上用于数据交换，DS1302 的 X1 和 X2 外接一个 32.768kHz 的晶体，VCC2 外接 5V 单片机系统电源供电，VCC1 则外接供电电池，如果单片机系统掉电之后 VCC1 上的电池能保护 DS1302 的数据不丢失。

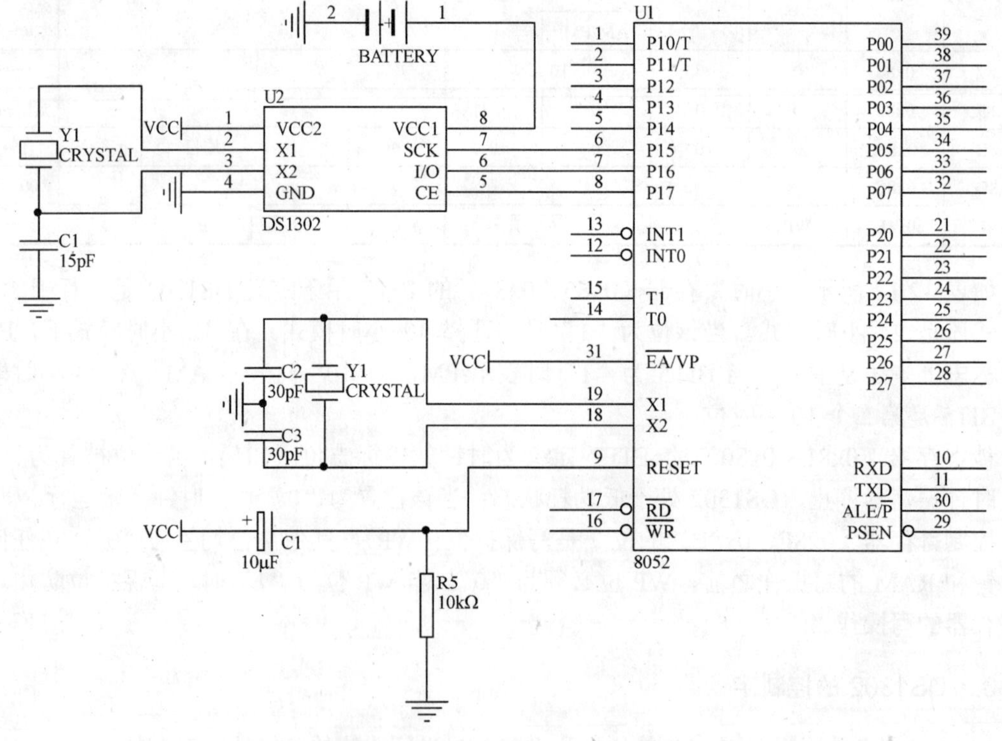

图 12.9 DS1302 的典型应用电路

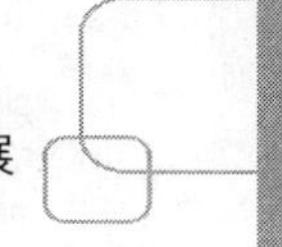

12.3.3　DS1302 的操作步骤

DS1302 的详细操作步骤如下：

（1）使用 51 单片机的普通 I/O 引脚来模拟 SPI 总线通信过程。

（2）设置 DS1302 的初始时钟信息。

（3）读取相关的时钟信息。

注：DS1302 的相关寄存器在读写的时候地址是不同的。

12.3.4　DS1302 的应用代码

1．DS1302 的库函数

例 12.7 是 DS1302 的操作库函数的应用代码，提供了对 DS1302 的读写操作相关函数。

【例12.7】应用代码使用 51 单片机的 I/O 引脚来模拟 SPI 接口的时序，提供了 Write1302 和 Read1302 两个函数对 DS1302 进行操作。

```
#include <AT89X52.h>
//内部寄存器地址定义
#define WRITE_SECOND        0x80
#define WRITE_MINUTE        0x82
#define WRITE_HOUR          0x84
#define READ_SECOND         0x81
#define READ_MINUTE         0x83
#define READ_HOUR           0x85
#define WRITE_PROTECT       0x8E
//位寻址寄存器定义
sbit ACC7 = ACC^7;
//驱动引脚定义
sbit SCLK = P1^5;                       // DS1302 时钟信号
sbit DIO= P1^6;                         // DS1302 数据信号
sbit CE = P1^7;                         // DS1302 片选
//读写子程序
void Write1302(unsigned char addr,dat)
{
  unsigned char i,temp;
  CE=0;                                 //CE 引脚为低,数据传送中止
  SCLK=0;                               //清零时钟总线
  CE = 1;                               //CE 引脚为高,逻辑控制有效
  //发送地址
  for(i=8;i>0;i--)                      //循环 8 次移位
  {
```

```
    SCLK = 0;
    temp = addr;
    DIO = (bit)(temp&0x01);          //每次传输低字节
    addr >>= 1;                      //右移一位
    SCLK = 1;
  }
  //发送数据
  for(i=8;i>0;i--)
  {
    SCLK = 0;
    temp = dat;
    DIO = (bit)(temp&0x01);
    dat >>= 1;
    SCLK = 1;
  }
  CE = 0;
}
//数据读取子程序
unsigned char Read1302 (unsigned char addr)
{
  unsigned char i,temp,dat1,dat2;
  CE=0;
  SCLK=0;
  CE = 1;
  //发送地址
  for(i=8;i>0;i--)                   //循环 8 次移位
  {
    SCLK = 0;
    temp = addr;
    DIO = (bit)(temp&0x01);          //每次传输低字节
    addr >>= 1;                      //右移一位
    SCLK = 1;
  }
  //读取数据
  for (i=8;i>0;i--)
  {
    ACC7=DIO;
    SCLK = 0;
    ACC>>=1;
    SCLK = 1;
  }
```

```
    CE=0;
    dat1=ACC;
    dat2=dat1/16;                               //数据进制转换
    dat1=dat1%16;                               //十六进制转十进制
    dat1=dat1+dat2*10;
    return (dat1);
  }
```

2. 应用实例——DS1302 的时钟信息读取

本应用是使用 DS1302 给 51 单片机应用系统提供时钟信息的实例，51 单片机从 DS1302 读出当前的时间信息，然后从串口输出，例 12.8 是实例的应用代码。

【例 12.8】应用代码调用了第一小节中 Read1302 函数每隔 20ms 对 DS1302 的当前时钟数据进行读取。

```
#include <AT89X52.h>
#include <stdio.h>
//T1 的初始化函数
void InitTimer1(void)
{
    TMOD = 0x10;                                //工作方式 1
    TH1 = 0xFF;
    TL1 = 0x9C;                                 //20μs
    EA = 1;
    ET1 = 1;
    TR1 = 1;                                    //启动 T1 并且开启中断
}
//T1 的中断服务子函数
void Timer1Interrupt(void) interrupt 3
{
    TH1 = 0xFF;
    TL1 = 0x9C;                                 //重装初始化值
}
void main(void)
{
    unsigned char nSec,nMin,nHor;
    InitTimer1();                               //初始化 T1
    while(1)
    {
      nSec = Read1302(READ_SECOND);             //获得秒信号
      nMin = Read1302(READ_MINUTE);             //分钟信号
      nHor = Read1302(READ_HOUR);               //小时信号
```

```
        putchar(nSec);
        putchar(nMin);
        putchar(nHor);                          //发送相应的信号
      }
    }
```

第 13 章　51 单片机的温度/湿度芯片扩展

在 51 单片机的应用系统中，可能需要测量当前系统所处环境的温度或者湿度，此时可以扩展相应温度或者湿度芯片来获取相应的信息。本章将详细介绍如何在 51 单片机的应用系统中扩展温度和湿度芯片，包括 1-wire 接口的 18B20、I^2C 总线接口的 DS1621 和 I^2C 总线接口的温/湿度一体芯片 SHT75。

13.1　温度芯片 DS18B20 扩展

DS18B20 是达拉斯（Dallas）公司出品的 1-wire 总线接口数字温度传感器，其可以只占用 51 单片机一个 I/O 引脚，具有扩展简单的优势。

13.1.1　DS18B20 基础

DS18B20 的主要特点如下：

- 具有 3～5.5V 很广范围的工作电压，并且可以使用寄生电容供电的方式，此时只需要在数据线上连接一个电容即可完成供电。
- 所有的应用模块都集中在一个和普通三极管大小相同的芯片内，使用过程中不需要任何外围器件。
- 可测量温度区间为-55～125℃，其中在-10～85℃的区间内测量精度为 0.5℃。
- 测量分辨率可以设置为 9～12 位，对应的最小温度刻度为 0.5℃、0.25℃、0.125℃和 0.0625℃。
- 在 9 位精度时转化过程仅耗时 93.75ms，在 12 位精度时则需要 750ms。
- 支持在同一条 1-wire 总线上挂接多个 DS18B20 器件形成多点测试，在数据传输过程中可以跟随 CRC 校验。

1. DS18B20 的引脚封装

DS18B20 的引脚封装如图 13.1 所示，其有两种不同的封装形式，详细说明如下：

- VDD：电源输入引脚，如果使用寄生供电方式，该引脚直接连接到 GND。
- GND：电源地引脚。
- DQ：数据输入输出引脚。
- NC：未使用引脚。

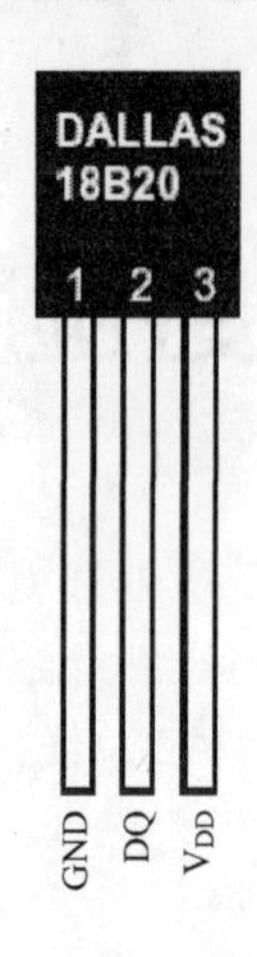

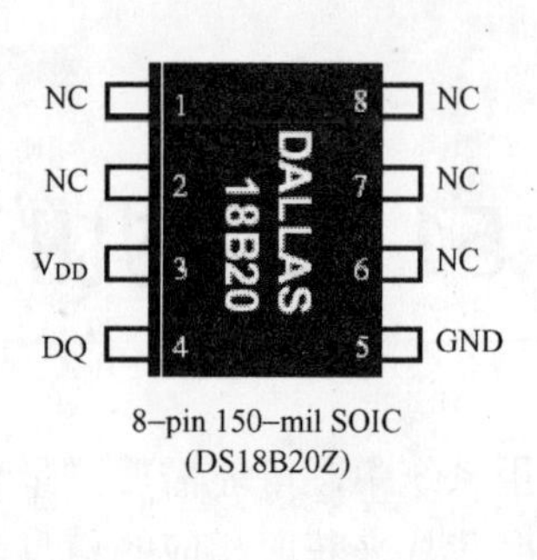

图 13.1 DS18B20 的引脚封装

2. DS18B20 的接口总线

DS18B20 和 51 单片机使用 1-wire（单线）总线连接，其只用一根物理连接线，既传输时钟，也传输数据，且数据通信是双向的，并且还可以利用该总线给器件完成供电的任务。1-wire 总线接口的外部器件通过一个漏极开路的三态端口连接到总线上，这样使得这些器件在不使用总线的时候可以释放总线以便于其他器件使用。由于是漏极开路，所以这些器件都要在总线上拉一个 5kΩ左右的电阻到 VCC，并且如果使用寄生方式供电，为了保证器件在所有的工作状态下都有足够的电量，在总线上还必须连接一个 MOSFET 管等以存储电能。

51 单片机使用 1-wire 总线扩展外围设备的结构示意图如图 13.2 所示。

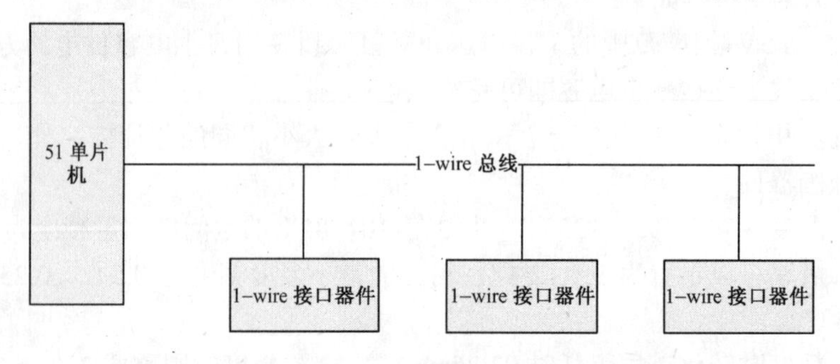

图 13.2 1-wire 总线扩展外围设备结构示意图

注：寄生供电方式是指 1-wire 器件不使用外接电源，直接使用数据信号线作为电能传输信号线的供电方式。

1-wire 的工作过程包括初始化总线、发送 ROM 命令和数据，以及发送功能命令和数据这三个步骤，除了在搜索 ROM 命令和报警搜索命令这两个命令之后不能发送功能命令和数据而是要重新初始化总线之外，其他的所有总线操作过程必须完整地完成这三个步骤。

初始化总线由主机发送总线复位脉冲和从机响应应答脉冲这两个步骤组成，前者用于复位 1-wire 总线，后者用来告诉主机该总线上有准备就绪的从机信号，总线初始化的时序可以参考 1-wire 相关手册。

和 I^2C 器件类似，1-wire 总线接口器件也有自己唯一的 64 位地址，用于标示该器件的种类。ROM 命令是和 ROM 代码相关的一系列命令，用于操作总线上的指定外围器件，ROM 命令还可以用于检测总线上有多少个外围器件、这些外围器件的种类，以及是否有器件处于报警状态。ROM 命令一般有 5 种（视具体器件决定），这些命令的长度都为 1 个字节，ROM 命令的操作流程如图 13.3 所示。

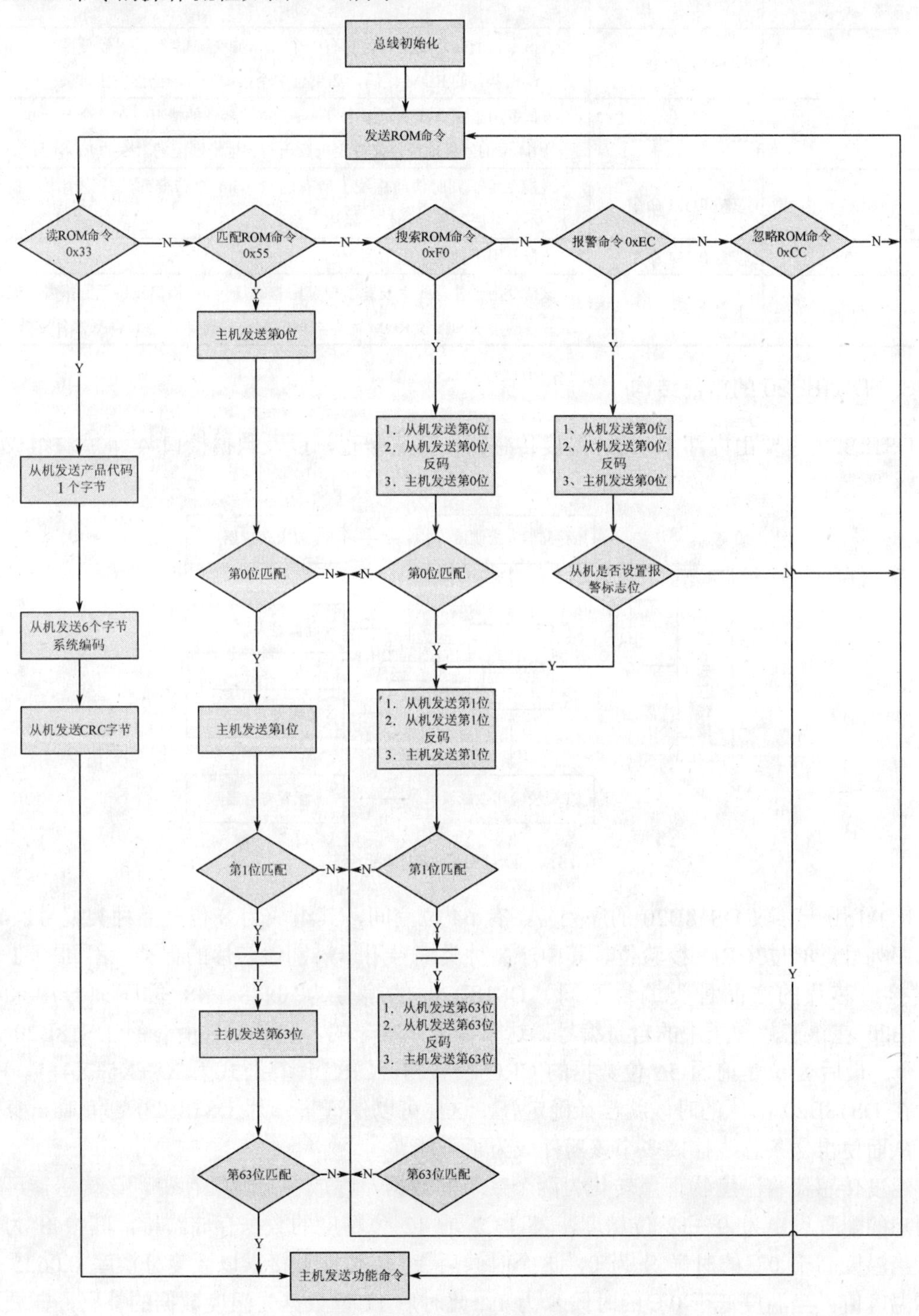

图 13.3　ROM 操作流程

在主机发送完 ROM 命令后，紧接着发送需要操作的具体器件的功能命令和数据，即可以对指定的具体器件进行操作，表 13.1 是 ROM 命令的说明。

表 13.1　1-wire 总线的 ROM 命令

指令代码	名　称	功　能
0x33	读 ROM 命令	该指令只能在总线上有且只有一个 1-wire 接口器件的时候使用，允许主机直接读出器件的 ROM 代码，如果有多个接口器件，必然发生冲突
0x55	匹配 ROM 命令	该指令用于在总线上有多个 1-wire 接口器件的情况，在该命令后的命令数据为 64 位的器件地址，允许主机读出与该地址匹配的器件的 ROM 数据
0xCC	忽略 ROM 命令	该指令用于同时访问总线上所有的 1-wire 接口器件，是一个“广播”命令，不需要跟随器件地址，常用于启动等命令
0xF0	搜索 ROM 命令	该指令用于搜索总线上所有的 1-wire 接口器件
0xEC	报警命令	该指令用于使总线上设置了报警标志的 1-wire 接口设备返回报警状态，这个命令的用法和搜索 ROM 命令类似，但是只有部分的 1-wire 器件支持

3. DS18B20 的内部结构

DS18B20 主要由内部 ROM、温度传感器、高速缓存，以及数据接口 4 个模块组成，如图 13.4 所示。

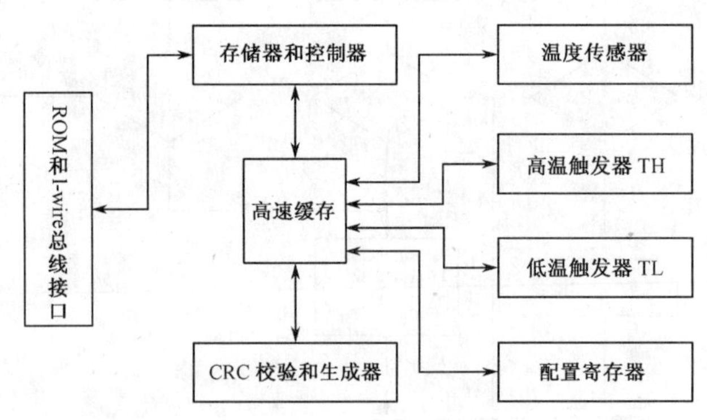

图 13.4　DS18B20 的内部结构

ROM 用于存放 DS18B20 的序列号，有 64 位空间，其组成为 8 位产品种类编号，48 位产品序列号，8 位 CRC 校验位。其中产品种类编号用于辨别该芯片的种类，不同的 1-wire 总线接口芯片的产品种类编号不同，DS18B20 的编号为 0x28。48 位序列号用来标志 DS18B20 在该芯片种类中的自身编号，这个编号是唯一的，也就是说所有的 DS18B20 共有 248 个。最后 8 位是前面 56 位数据的 CRC 校验和，CRC 计算公式为 X8+X5+X4+1。ROM 序号在 DS18B20 出厂的时候就已经确定好，这样可以保证每一片 DS18B20 都有唯一身份标识，从而使得一条总线挂接多个该器件成为了可能。

温度传感器将温度物理量转化为两个字节的数据，存放在高速缓存中。该传感器可以通过用户的配置设定为 9～12 位精度，表 13.2 是 12 位精度的数据存储结构，其中 S 为符号位，当温度高于 0℃的时候 S 为 0，这个时候后 11 位数据直接乘以温度分辨率 0.0625 则为实际温度值；当温度低于 0℃的时候 S 为 1，此时后 11 位数据为温度数据的补码，需要取反加一之后再乘以温度分辨率才能得到实际的温度值。

注：温度的分辨率只和选择的采样精度位数有关系，9 位采样精度时对应的分辨率为 0.5℃，10 位为 0.25℃，11 位为 0.125℃，12 位为 0.0625℃，用两个字节的转化结果乘以对应的分辨率就可以得到温度值（注意符号位），但是需要注意的是采样精度位数越高，则需要的采样时间就越长。

表 13.2　DS18B20 的温度数据存储结构

	BIT7	BIT6	BIT5	BIT4	BIT3	BIT2	BIT1	BIT0
低位	2^3	2^2	2^1	2^0	2^{-1}	2^{-2}	2^{-3}	2^{-4}
高位	S	S	S	S	S	2^6	2^5	2^4

DS18B20 的高速缓存共有 9 个字节的空间，其内部分布如表 13.3 所示。

表 13.3　DS18B20 的高速缓存内部结构

0	1	2	3	4	5	6	7	8
温度测量结果低位	温度测量结果高位	高温触发器 TH	低温触发器 TL	配置寄存器	保留	保留	保留	CRC 校验

DS18B20 高速缓存中的配置寄存器用于设置 DS18B20 的工作模式及采样精度，其内部结构如表 13.4 所示，其中 TM 位用于切换 DS18B20 的测试模式和正常工作模式，在芯片出厂的时候该位被置“0”即设置到了正常工作模式，用户一般不需要对该位进行操作。

表 13.4　DS18B20 配置寄存器的内部结构

BIT7	BIT6	BIT5	BIT4	BIT3	BIT2	BIT1	BIT0
TM	R1	R0	1	1	1	1	1

配置寄存器中的 R1 和 R0 位用于设置 DS18B20 的采样精度，如表 13.5 所示。

表 13.5　DS18B20 的的采样精度设置

R1	R0	分 辨 率	采 样 时 间	温度分辨率
0	0	9 位	93.75ms	0.5℃
0	1	10 位	187.5 ms	0.25℃
1	0	11 位	375 ms	0.125℃
1	1	12 位	750 ms	0.0625℃

4. DS18B20 操作命令

如第二小节所述，1-wire 总线的工作流程包括总线初始化、发送 ROM 命令+数据，以及发送功能命令+数据这三个步骤，其中功能命令由具体的器件决定，用于对器件内部进行相应功能的操作，DS18B20 的功能命令如表 13.6 所示。

表 13.6　DS18B20 的功能命令列表

功能命令对应代码	功能命令名称	功　能
0x4E	写高速缓存	向内部高速缓存写入 TH 和 TL 数据，设置温度上限和下限，该功能命令后跟随两字节的 TH 和 TL 数据

（续表）

功能命令对应代码	功能命令名称	功　能
0xBE	读高速缓存	将9个字节的内部高速缓存中的数据按照地址从低到高的顺序读出
0x48	复制高速缓存到EEPROM	将内部高速缓存内的TH、TL，以及控制寄存器的数据写入EEPROM中
0xB8	恢复EEPROM到高速缓存	和0x48相反，将数据从EEPROM中复制到高速缓存中
0xB4	读取供电方式	当DS18B20使用外部电源供电时，读取数据为“1”，否则为“0”，此时使用寄生供电
0x44	启动温度采集	启动DS18B20进行温度采集

13.1.2 DS18B20的应用电路

DS18B20可以使用独立供电和寄生供电两种供电模式，两种供电方式的电路分别如图13.5和图13.6所示。

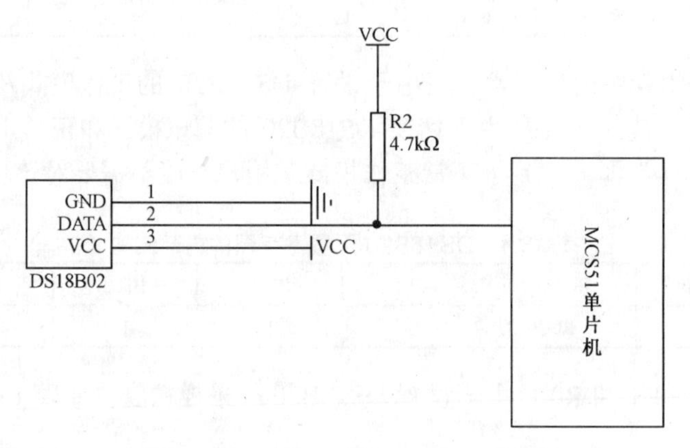

图13.5　DS18B20的独立供电模式电路

在独立供电的工作方式下，DS18B20由独立的电源提供供电，此时的1-wire总线使用普通的电阻做上拉即可，需要注意的是此时DS18B20的电源地（GND）引脚必须连接到供电电源的地。

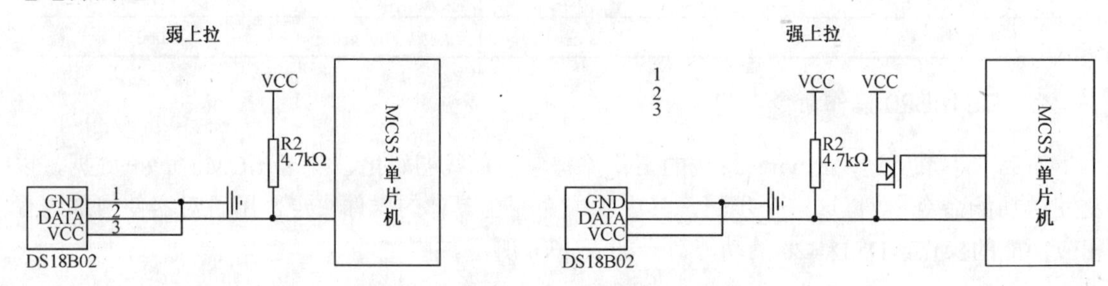

图13.6　DS18B20的寄生供电模式电路

使用寄生供电的DS18B20电路如图13.6所示，在寄生供电的工作方式下，当1-wire信号线上输出高电平的时候，DS18B20从信号线上获取电能并且将电能存储在寄生电容中；当信号线上输出低电平的时候，DS18B20消耗电能，寄生供电工作方式的优点是无需本地电

源，从而使得电路更加简单。

寄生供电工作方式又可以分为图 13.6 中左边所示的弱上拉方式和右边的强上拉方式，右边的强上拉方式使用一个 MOSFET 管将 1-wire 总线上拉到 VCC，用于在操作时给 DS18B20 提供足够的电能，特别适合在一条 1-wire 总线上挂接多个 DS18B20 的情况，图 13.7 所示是在一条 1-wire 总线上挂接多个 DS18B20 的电路图。

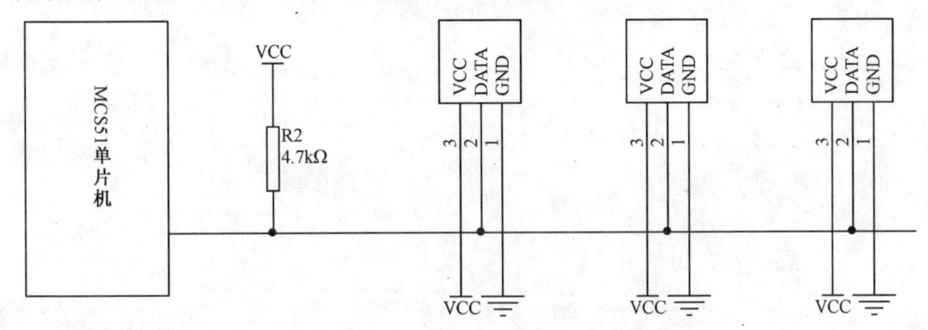

图 13.7　多个 DS18B20 的应用电路

13.1.3　DS18B20 的操作步骤

DS18B20 的详细操作步骤如下：

（1）复位 1-wire 总线。

（2）根据 1-wire 总线上挂接的器件情况发送匹配或者跳过 ROM 命令。

（3）设置需要采集温度的上、下限区间。

（4）设置采样精度。

（5）启动采集并且等待完成后读取温度数据。

13.1.4　DS18B20 的应用代码

1.　DS18B20 的库函数

例 13.1 是 DS18B20 的库函数应用代码，提供了用于 DS18B20 初始化的 DS18b20_int 函数和用于从 DS18B20 读取温度数据的函数 DS18b20_readTemp。

【例 13.1】应用代码使用一个 51 单片机的普通 I/O 引脚来模拟 1-Wire 总线的数据通信过程。

```
#include <AT89X52.h>
#include <intrins.h>
sbit DIO = P1 ^ 0;
void delay(unsigned int v);              //ms 级延时函数
void delay_5us(unsigned char y);         //5μs 延时函数
void OneWireWByte(unsigned char x); //写一个字节
unsigned char OneWireRByte(void);    //读一个字节
```

```
void delay_5us(unsigned char y)      //(2.17*y+5) μs 延时,11.0592MHz 晶振
{
    while(--y);
}
void OneWireWByte(unsigned char x)  //向 1-wire 总线写一个字节,X 是要写的字节
{
    unsigned char i;
    for(i=0;i<8;i++)
    {
        DIO=0;                            //拉低总线
        _nop_();                          //要求>1μs,但又不能超过 15μs
        _nop_();
        if(0x01&x)
        {
          DIO=1;                          //如果最低位是 1,则将总线拉高
        }
        delay_5us(30);                    //延时 60~120μs
        DIO=1;                            //释放总线
        _nop_();                          //要求>1μs
        x=x>>1;                           //移位,准备发送下一位
    }
}
void delay(unsigned int v)
//1ms 单位延时(实际是 0.998ms).50 是 49ms;500 是 490ms,还算准. 晶振 11.0592MHz
{
    unsigned char i;
    while(v--)
    {
        for(i=0;i<111;i++);
    }
}
unsigned char OneWireRByte(void)     //从 1-wire 总线读一个字节.返回读到的内容
{
    unsigned char i,j;
    j=0;
    for(i=0;i<8;i++)
    {
        j=j>>1;
        DIO=0;                            //拉低总线
        _nop_();                          //要求>1μs,但又不能超过 15μs
        _nop_();
```

```
        DIO=1;                      //释放总线
        _nop_();
        _nop_();
        if(DIO==1)                  //如果是高电平
        {
            j|=0x80;
        }
        delay_5us(30);              //要求总时间在 60～120μs
        DIO=1;                      //释放总线
        _nop_();                    //要求>1μs
    }
    return j;
}
void DS18b20_int(void)              //每次上电都给 18b20 初始化,设置 18b20 的参数
{
    DIO=0;
    delay_5us(255);                 //要求 480～960μs
    DIO=1;                          //释放总线
    delay_5us(30);                  //要求 60～120μs
    if(DIO==0)
    {
        delay_5us(200);             //要求释放总线后 480μs 内结束复位
        DIO=1;                      //释放总线
        OneWireWByte(0xcc);         //发送 Skip ROM 命令
        OneWireWByte(0x4e);         //发送"写"暂存 RAM 命令
        OneWireWByte(0x00);         //温度报警上限设为 0
        OneWireWByte(0x00);         //温度报警下限设为 0
        OneWireWByte(0x7f);         //将 18b20 设为 12 位,精度就是 0.25 度
        DIO=0;
        delay_5us(255);             //要求 480～960μs
        DIO=1;                      //释放总线
        delay_5us(240);             //要求释放总线后 480μs 内结束复位
        DIO=1;                      //释放总线
    }
}
unsigned int DS18b20_readTemp(void)      //读 18b20 温度值
{
    unsigned int temp;
    unsigned char DS18b20_temp[2];       //温度数据
    DIO=0;
    delay_5us(255);                      //要求 480～960μs
```

```
    DIO=1;                              //释放总线
    delay_5us(30);                      //要求 60～120μs
    if(DIO==0)
    {
        delay_5us(200);                 //要求释放总线后 480μs 内结束复位
        DIO=1;                          //释放总线
        OneWireWByte(0xcc);             //发送 Skip ROM 命令
        OneWireWByte(0x44);             //发送温度转换命令
        DIO=1;                          //释放总线
         delay(1000);                   //1000μs
        DIO=0;
        delay_5us(255);                 //要求 480～960μs
        DIO=1;                          //释放总线
        delay_5us(30);                  //要求 60～120μs
        if(DIO==0)
        {
            delay_5us(200);             //要求释放总线后 480μs 内结束复位
            DIO=1;                      //释放总线
            OneWireWByte(0xcc);         //发送 Skip ROM 命令
            OneWireWByte(0xbe);         //发送"读"暂存 RAM 命令
            DS18b20_temp[0]=OneWireRByte();    //读温度低字节
            DS18b20_temp[1]=OneWireRByte();    //读温度高字节
            temp = 256 * DS18b20_temp[1] + DS18b20_temp[0];
            DIO=0;
            delay_5us(255);             //要求 480～960μs
            DIO=1;                      //释放总线
            delay_5us(240);             //要求释放总线后 480μs 内结束复位
            DIO=1;                      //释放总线
        }
        return temp;
    }
}
```

2. 应用实例——DS18B20 温度测量

本应用是使用 51 单片机驱动 DS18B20 进行温度采集的实例，单片机通过 DS18B20 采集到当前温度，然后通过串口送出，实例的应用电路如图 13.8 所示。

如图 13.8 所示，51 单片机使用 P2.0 引脚扩展了一个 DS18B20 传感器，然后使用 MAX232 作为串口的电平转换芯片将 51 单片机和 PC 连接，实例涉及的典型器件如表 13.7 所示。

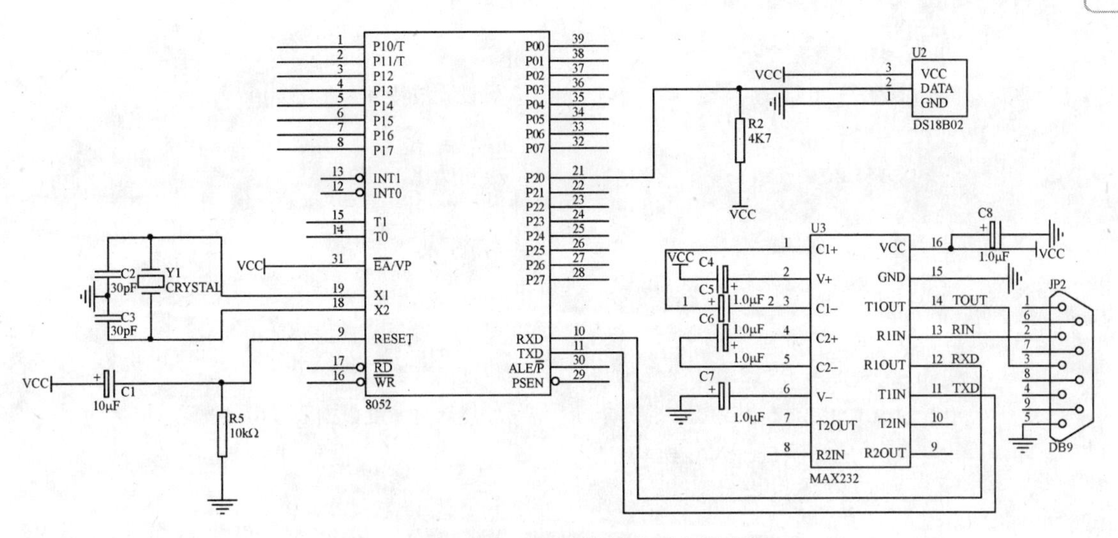

图 13.8　DS18B20 温度测量实例应用电路

表 13.7　DS18B20 温度测量应用实例器件列表

器　件	说　明
51 单片机	核心部件
DS18B20	数字温度传感器
MAX232	RS-232 电平转换芯片
晶体	51 单片机工作的振荡源，12MHz
电容	51 单片机复位和振荡源工作的辅助器件，MAX232 通信芯片的外围辅助器件

例 13.2 是实例的应用代码。

【例13.2】代码使用 T2 作为串口的波特率发生器，然后循环读取 18B20 的测量数据并且通过串口回送，应用代码调用了第一小节中的相关库函数。

```
#include <AT89X52.h>
#include <intrins.h>
#include <stdio.h>
sbit DIO = P2 ^ 0;                          //数据引脚
void delay(unsigned int v);                 //ms 级延时函数
void delay_5us(unsigned char y);            //5μs 延时函数
void OneWireWByte(unsigned char x);         //写一个字节
unsigned char OneWireRByte(void);           //读一个字节
main()
{
  unsigned char j;
  unsigned int temp;                        //存放温度数据
  SCON = 0x50;
  PCON = 0x80;
  RCLK = 1;
  TCLK = 1;
```

```
        RCAP2H = 0xff;
        RCAP2L = 0xfd;                      //设置波特率为 115200
        TR2 = 1;                            //启动 T2
          DS18b20_int();                    //初始化 18B20
        ES = 1;
        EA = 1;                             //开中断
        while(1)
        {
            temp = DS18b20_readTemp();  //读温度数据
            putchar(temp/0xff);             //然后将温度数据通过串口发送
            putchar(temp%0xff);
            for(j=0;j<150;j++);
        }
    }
```

13.2 温度芯片 DS1621 扩展

除了使用 1-wire 总线接口的 DS18B20 来测量温度之外，还可以使用 I^2C 总线接口的温度芯片 DS1621 来进行温度测量，其具有接口总线兼容性好的优点。

13.2.1 DS1621 基础

DS1621 具有以下特点：

- 使用 I^2C 总线接口，可以在同一条总线上挂接最多 8 片 DS1621。
- 测量范围为-55～125℃。
- 输出温度精度最高为 0.5℃，支持 9 位数字信号输出。
- 转化时间为 1s。
- 工作电压最低可以达到 2.7V。

1. DS1621 的引脚封装

DS1621 的引脚封装如图 13.9 所示，其详细说明如下。

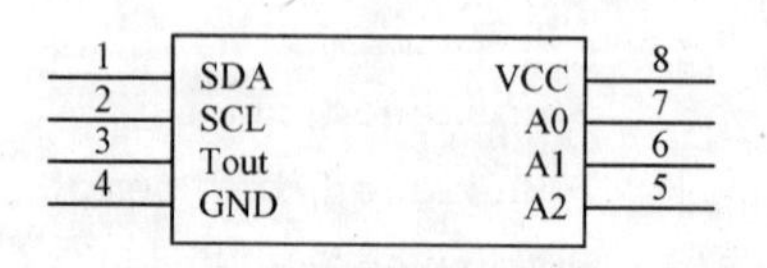

图 13.9 DS1621 的引脚封装

- SDA：I^2C 总线接口数据引脚。
- SCL：I^2C 总线接口时钟引脚。
- Tout：恒定温度输出引脚，当温度超过设定最高值时被置为高电平，当温度降到设定最低值时恢复低电平。

- A0～A2：I²C 总线地址选择引脚。
- VCC：电源输入引脚。
- GND：电源地引脚。

2. DS1621 的内部寄存器

DS1621 具有恒温控制器和温度采集器两种工作模式，其受到写入内部寄存器的命令字控制，DS1621 的内部寄存器如表 13.8 所示，详细说明如下。

表 13.8　DS1621 的内部寄存器

BIT7	BIT6	BIT5	BIT4	BIT3	BIT2	BIT1	BIT0
DONE	THF	TLF	NVB	×	×	POL	ISHOT

- DONE：转换完成位，在温度转换结束时置“1”，正在进行转换时为“0”。
- THF：高温标志位，当温度超过 TH 时被置“1”。
- TLF：低温标志位，当温度低于 TL 时被置“1”。
- NVB：非易失存储器忙位，向片内 E2PROM 写入时置“1”，写入结束后被清零，写入 E²PROM 通常需要 10ms。
- PCL：输出极性位，为“1”时激活状态为逻辑高电平，为“0”时激活状态为逻辑低电平，该位是非易失的。
- 1SHOT：一次模式位，该位为“1”时每次收到开始转换命令执行一次温度转换，为“0”时执行连续温度转换，该位也是非易失的。

DS1621 的通信符合标准的 I²C 总线标准，其器件地址为 1001 A2A1A0R/W，DS1621 的对应控制命令字说明如下。

- 读温度命令（0xAA）：读出最近一次温度转换的结果，DS1621 回送两字节数据，第一字节为 8 位二进制补码形式给出的温度值（摄氏温度），其中最高位为温度符号位，（为“0”表示高于 0℃，为“1”表示低于 0℃），第二字节最高位为精度位（为“0”表示精度为 1℃，为“1”表示精度为 0.5℃），其余位无效。
- 读写 TH 寄存器命令（0xA1）：若 I²C 总线地址的 R/W 位为“0”，则该命令写入高温寄存器 TH，最后跟两字节温度上限值以确定 DS1621 的恒温上限；若 R/W 为“1”，从 DS1621 读出两字节的 TH 寄存器值。
- 读写 TL 寄存器命令（0xA2）：若 I²C 总线地址的 R/W 位为“0”，该命令写入低温寄存器 TL，之后 51 单片机发出两字节温度下限值以确定 DS1621 的恒温下限；若 R/W 为“1”，DS1621 送出两字节的 TL 寄存器值。
- 读写设置命令（0xAC）：若 I²C 总线地址的 R/W 位为“0”，该命令写入设置/状态寄存器，之后 51 单片机发出一字节设置/状态寄存器值以确定 DS1621 的工作方式；若 R/W 为“1”，DS1621 送出对应设置/状态寄存器值。
- 读计数器命令（0xA8）：I²C 总线地址的 R/W 位为“1”时有效，发出命令后，DS1621 送出转换计数器的计数值 COUNT_RER_C。

- 读斜率命令（0xA9）：I^2C 总线地址的 R/W 位为“1”时有效，发出命令后，DS1621 送出用于温度补偿的斜率计数器值 COUNT_REMAIN。
- 启动温度转换命令（0xEE）：该命令启动温度转换，无须更多数据，在一次工作方式下，该命令启动转换，DS1621 完成之后保持空闲；在连续工作方式下，该命令启动 DS1621 连续进行温度转换。
- 停止温度转换命令（0x22h）：该命令结束温度转换，无须更多数据。在连续工作方式下，该命令停止 DS1621 的温度转换，之后 DS1621 保持空闲直到 51 单片机发出新的开始温度转换命令来继续温度转换。

从上述命令可以看出，DS1621 可以使用命令 0xA1、0xA2h、0xAC 来使得 DS1621 进入恒温工作模式，当温度超过 TH 的值时其对应引脚 Tout 被置“1”，也可以使用命令 0xAA、0xAC、0xEE、0x22 来进行精度为 0.5℃的温度测量，还可配合命令 0xA8、0xA9，通过软件计算得到更高的温度精度，其计算公式为

$$T_{\text{emp}} = T_{\text{读出的温度}} - 0.25 + (\frac{N-M}{N})$$

式中，N 为计数器计数值 COUNT_RER_C；M 为每摄氏度计数值 COUNT_REMAIN。

13.2.2 DS1621的应用电路

DS1621 的应用电路如图 13.10 所示，51 单片机使用 I/O 引脚通过上拉电阻分别模拟 I^2C 总线 SDA 和 SCL 引脚与 DS1621 进行通信，DS1621 的地址引脚 A0～A2 都连接到地，设置其 I^2C 总线地址为 0x90 和 0x91。

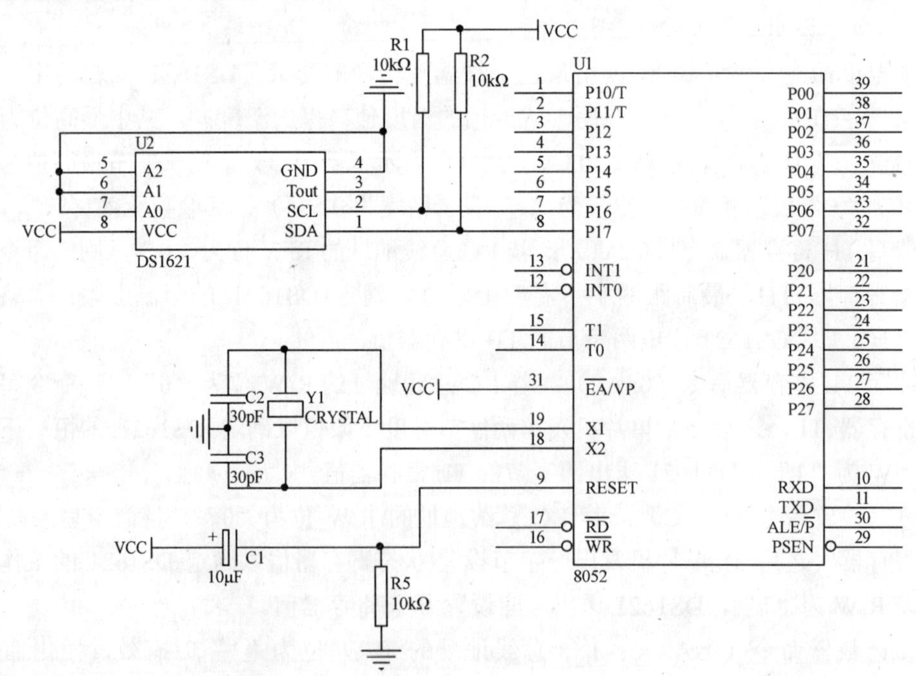

图 13.10　DS1621 的典型应用电路

13.2.3　DS1621 的操作步骤

DS1621 的详细操作步骤如下：

（1）根据 DS1621 的连接方式计算其总线地址。

（2）设定 DS1621 的工作方式。

（3）采集温度数据并且读出。

13.2.4　DS1621 的应用代码

1. DS1621 的库函数

例 13.3 是 DS1621 的库函数代码，其提供了相应的对 DS1621 进行操作的函数可供用户直接调用。

【例 13.3】代码使用 51 单片机的普通 I/O 引脚来模拟 I^2C 总线的通信过程。

```
        #include <AT89X52.h>
        #include <intrins.h>
        bit I2C_Busy, NO_Ack,Bus_Fault;      //位定义
        unsigned char bdata a;                //位变量定义
        sbit LSB = a^0;
        sbit MSB = a^7;                       //最高位
        sbit SDA = P1^7;                      //I2C 总线数据线
        sbit SCL = P1^6;                      //I2C 总线时钟线
        unsigned char command_data[]=         //命令参数定义
        {
            0xac,0x00,0xee,0xa1,0x00,0x00,0xa2,0x00,0x00,0xaa
        };
        void SendData(unsigned char slave_address,unsigned char start,unsigned
char end);
        void WriteConfig(unsigned char c);
        void Master(unsigned char slave_addr);
        void SendByte(unsigned char wd);
        void StartConversion();
        void DelayMS(unsigned int ms);
        void SetTemperatureLimit(unsigned char HI,unsigned char LO);
        unsigned char ReadTemp();
        void SendStop();
        unsigned char RecvByte(unsigned char cnt);
        void SetDS1621(unsigned char c);
        //通过 I2C 向指定器件发送数据函数
        void SendData(unsigned char slave_address,unsigned char start,unsigned
```

```
char end)
        {
          unsigned char i;
            Master(slave_address);
            for(i=start;i<=end;i++)
                SendByte(command_data[i]);
            SendStop();
        }
        //寻址一个 I²C 总线从器件
        void Master(unsigned char slave_addr)
        {
            I2C_Busy = 1;
            NO_Ack = 0;
            Bus_Fault = 0;
            if(!SCL || !SDA)
                Bus_Fault = 1;
            else
            {
                SDA = 0;
                _nop_();
                _nop_();
                SCL = 0;
                _nop_();
                _nop_();
                SendByte(slave_addr);
            }
        }
        //通过 I²C 总线发送一个字节数据
        void SendByte(unsigned char wd)
        {
            unsigned char i;
            a = wd;
            for(i=0;i<8;i++)
            {
                SCL = 0;
                _nop_();
                _nop_();
                SDA = MSB;
                a <<= 1;
                _nop_();
                _nop_();
```

```
        SCL = 1;
        _nop_();
        _nop_();
        SCL = 0;
    }
    SDA = 1;
    SCL = 1;
    _nop_();
    _nop_();
    if(!SDA)
    {
        SCL = 0;
        _nop_();
        _nop_();
    }
    else
    {
        NO_Ack = 1;
        SCL = 0;
        _nop_();
        _nop_();
    }
}
//毫秒延时函数
void DelayMS(unsigned int ms)
{
    unsigned char i;
    while(ms--)
    {
        for(i=0;i<120;i++);
    }
}
//发送 I²C 总线停止命令
void SendStop()
{
    SDA = 0;
    SCL = 1;
    _nop_();
    SDA = 1;
    I2C_Busy = 0;
}
```

```
//从 I²C 总线接收一个字节
unsigned char RecvByte(unsigned char cnt)
{
    unsigned char i,rcv_data;
    for(i=0;i<8;i++)
    {
        SDA = 1;
        SCL = 1;
        _nop_();
        LSB = SDA;
        if(i<7)
            a <<= 1;
        _nop_();
        SCL = 0;
        _nop_();
    }
    if(cnt == 1)
        SDA = 1;
    else
        SDA = 0;
    SCL = 1;
    _nop_();
    SCL = 0;
    SDA = 1;
    _nop_();
    rcv_data = a;
    return rcv_data;
}
//设置 DS1621,参数为命令
void SetDS1621(unsigned char c)
{
    command_data[1] = c;
    SendData(0x90,0,1);
}
//采样温度数据
void StartConversion()
{
    SendData(0x90,2,2);
    DelayMS(750);
}
//设置 DS1621 的温度上下限
```

```
void SetTemperatureLimit(unsigned char HI,unsigned char LO)
{
    command_data[4] = HI;
    command_data[5] = 0;
    command_data[7] = LO;
    command_data[8] = 0;
    SendData(0x90,3,5);
    DelayMS(10);
    SendData(0x90,6,8);
}
//读当前温度数据
unsigned char ReadTemp()
{
    unsigned char d,point;
    SendData(0x90,9,9);
    Master(0x91);
    d = RecvByte(0);
    point = RecvByte(1)>>7;
    SendStop();
    return d;
}
```

2. 应用实例——DS1621 温度测量

本应用是使用 51 单片机驱动 DS1621 进行温度采集的实例，单片机通过 DS1621 采集到当前温度，然后通过串口送出，实例的应用电路如图 13.11 所示。

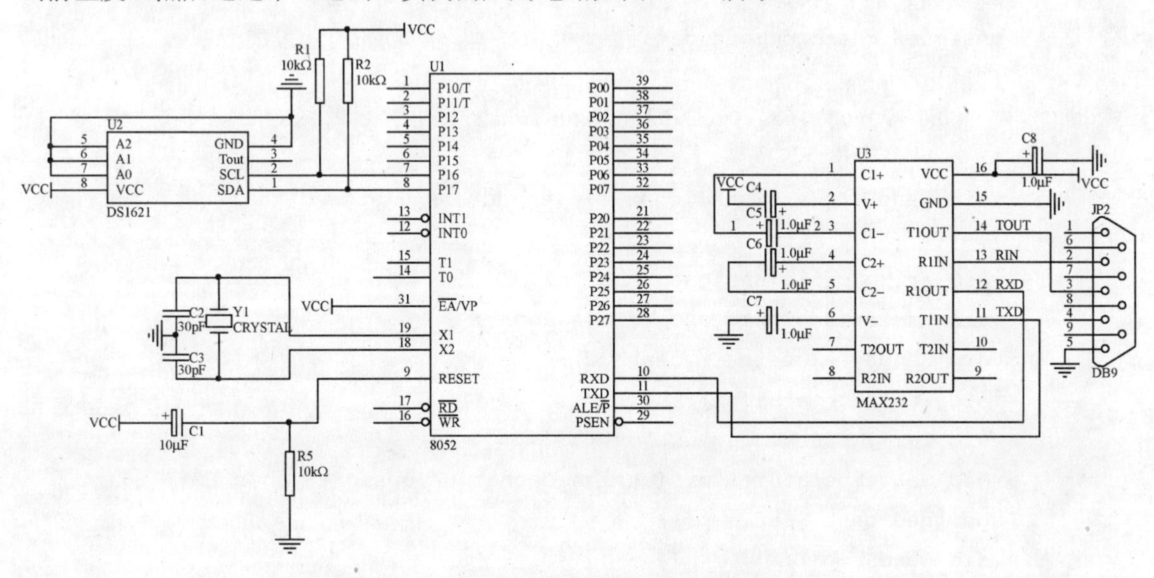

图 13.11　DS1621 温度测量实例应用电路

如图 13.11 所示，51 单片机使用 P1.7 和 P1.6 引脚模拟 I^2C 总线扩展了一片 DS1621 芯片，使用 MAX232 作为串口的电平转换芯片，实例涉及的典型器件如表 13.9 所示。

表 13.9 DS1621 温度测量应用实例器件列表

器 件	说 明
51 单片机	核心部件
DS1621	数字温度传感器
MAX232	RS-232 电平转换芯片
晶体	51 单片机工作的振荡源，12MHz
电容	51 单片机复位和振荡源工作的辅助器件，MAX232 通信芯片的外围辅助器件

例 13.4 是实例的应用代码。

【例 13.4】代码调用了第一小节中对应的函数，首先对 DS1621 进行相应的设置，然后启动采集，设置好 DS1621 的温度报警区间（可以不进行），然后循环地读取当前的温度值，通过串口送出。

```
        #include <AT89X52.h>
        #include <intrins.h>
        #include <stdio.h>
        bit I2C_Busy, NO_Ack,Bus_Fault;     //位定义

        unsigned char bdata a;              //位变量定义
        sbit LSB = a^0;
        sbit MSB = a^7;                     //最高位

        sbit SDA = P1^7;                    //I2C 总线数据线
        sbit SCL = P1^6;                    //I2C 总线时钟线
        unsigned char command_data[]=       //命令参数定义
        {
            0xac,0x00,0xee,0xa1,0x00,0x00,0xa2,0x00,0x00,0xaa
        };
        void SendData(unsigned char slave_address,unsigned char start,unsigned
char end);
        void WriteConfig(unsigned char c);
        void Master(unsigned char slave_addr);
        void SendByte(unsigned char wd);
        void StartConversion();
        void DelayMS(unsigned int ms);
        void SetTemperatureLimit(unsigned char HI,unsigned char LO);
        unsigned char ReadTemp();
        void SendStop();
        unsigned char RecvByte(unsigned char cnt);
```

```
void SetDS1621(unsigned char c);
void initT2(void);                    //T2 初始化函数,用做波特率发生器
void initT2(void)                     //T2 初始化函数,用做波特率发生器
{
    SCON = 0x50;
    PCON = 0x80;
    RCLK = 1;
    TCLK = 1;
    RCAP2H = 0xff;
    RCAP2L = 0xfd;                    //设置波特率为 115200bps
    TR2 = 1;                          //启动 T2
}
main(void)
{
  unsigned char j;
  initT2();                           //初始化波特率
  SetDS1621(0x20);                    //设置 1621
  SetTemperatureLimit(30,15);         //设置 DS1621 的温度上下限
  StartConversion();                  //启动转换
  while(1)
  {
    for(j=0;j<150;j++);               //延时
    putchar(ReadTemp());              //发送当前温度
  }
}
```

13.3　温/湿度芯片 SHT75 扩展

在一些 51 单片机的典型应用中，不仅需要测量当前系统的温度，还要求测量当前系统的湿度，此时可以使用 SHT75 芯片。

13.3.1　SHT75 基础

SHT75 是瑞士 Sensirion 公司生产的 I^2C 总线接口温/湿度传感器，其具有以下特点：

- 高集成度，在单片上集成了温湿度传感器、信号放大调理、A/D 转换、I^2C 总线。
- 提供满量程校准的相对湿度及温度值输出。
- 提供工业标准 I^2C 总线接口。

- 具有露点值计算输出功能。
- 湿度值输出分辨率为14位，温度值输出分辨率为12位，可通过软件编程为12位和8位。
- 其湿度测量精度为±1.8%RH，温度测量精度为±0.3℃。
- 工作电源电压广，支持2.4～5.5V供电。

图13.12　SHT75的引脚封装

1. SHT75的引脚封装

SHT75的引脚封装如图13.12所示，其引脚从左到右编号为1～4，详细说明如下。

- 引脚1：I^2C总线的SCL时钟引脚。
- 引脚2：VCC供电输入引脚。
- 引脚3：GND供电电源地信号引脚。
- 引脚4：I^2C总线的SDA数据引脚。

2. SHT75的通信时序

SHT75的总线通信过程基本符合I^2C总线规范，但是有一些细微的差异，其主要包括启动传感器、发送命令、测量和复位总线4个步骤。

在启动传感器步骤中选择供电电压后将传感器通电，上电速率不能低于1V/ms，通电后传感器需要11ms进入休眠状态，在此之前不允许对传感器发送任何命令。

在发送命令步骤中用一组“启动传输”时序来表示数据传输的初始化，其包括当SCL时钟高电平时将SDA翻转为低电平，紧接着SCL变为低电平，随后在SCL时钟高电平时将SDA翻转为高电平。后续命令包含三个地址位（目前只支持“000”）和5个命令位（参考下一小节）。SHT75返回如下时序表明已正确地接收到指令：在第8个SCL时钟的下降沿之后，将SDA下拉为低电平（ACK位），并且在第9个SCL时钟的下降沿之后，释放SDA（恢复高电平）。

SHT75的温度、湿度测量过程如下：发布一组测量命令（“00000101”表示相对湿度RH，“00000011”表示温度T）后，51单片机等待测量结束，该过程需要大约20/80/320ms，分别对应8/12/14bit测量，其确切的时间随内部晶振速度而变化，最多可能有±30%的变化。SHT75通过下拉SDA引脚至低电平并进入空闲模式来表示测量的结束。51单片机在再次触发SCL时钟前，必须等待这个“转换完成”信号来读出数据。接着传输2个字节的测量数据和1个字节的CRC奇偶校验。51单片机需要通过下拉SDA为低电平，以确认每个字节。所有的传输数据从MSB开始，右值有效（例如，对于12bit数据，从第5个SCL时钟起算做MSB，而对于8bit数据，首字节则无意义）。SHT75用CRC数据的确认位来表明通信结束。如果不使用CRC校验，51单片机可以在测量值LSB后，通过保持确认位ACK高电平，来中止通信。在测量和通信结束后，SHT75自动转入休眠模式。

如果51单片机与SHT75的通信中断，下列信号时序可复位I^2C总线：当SDA保持高电平时，产生9个乃至更多的SCL时钟，在下一次指令前，发送一个“传输启动”时序，需要注意的是这些时序只复位总线，状态寄存器内容仍然保留。

3. SHT75 的命令和控制寄存器

SHT75 提供了如表 13.10 所示的 5 条命令，这些命令都只有 5 位数据，它们和 SHT75 的地址“000”组合起来（地址位“000”在前）构成一个完整的命令字节。

表 13.10　SHT75 的命令列表

命 令 编 码	命 令 说 明
00011	测量温度
00101	测量湿度
00111	读状态寄存器
00110	写状态寄存器
11110	软件复位，用于复位总线接口和清空状态寄存器
0101X～1110X	预留

SHT75 内置一个控制寄存器用于对 SHT75 进行相关控制，其内部结构如表 13.11 所示。

表 13.11　SHT75 的内部寄存器结构

BIT7	BIT6	BIT5	BIT4	BIT3	BIT2	BIT1	BIT0
保留	电压标志位	预留	预留	测试	加热控制	OTP 加载	分辨率设置

4. SHT75 的温/湿度计算

为了将 SHT75 输出的数字量转换成实际物理量需要进行相应的数据处理。下面分别介绍 SHT75 的湿度变换公式及其温度补偿、温度变换公式。

SHT75 的湿度修正公式如下：

$$\mathrm{RH_{linear}}=C_1+C_2\times \mathrm{SO_{RH}}+C_3\times \mathrm{SO_{RH}^2}(\%\mathrm{RH})$$

式中，$\mathrm{SO_{RH}}$ 为 SHT75 的输出测量值，公式中其他系数如表 13.12 所示。

表 13.12　SHT75 的湿度修正系数

$\mathrm{SO_{RH}}$	C_1	C_2	C_3
12 位	−4	0.0405	-2.8×10^{-6}
8 位	−4	0.648	-7.2×10^{-4}

上述湿度计算公式是在环境温度为 25℃时进行计算的，而实际的测量温度则在一定范围内变化，所以应考虑湿度传感器的温度系数，按如下公式对环境温度进行补偿：

$$\mathrm{RH_{true}}=(T-25)\times(T_1+T_2\times \mathrm{SO_{RH}})+\mathrm{RH_{linear}}$$

式中，T 为当前温度，其他系数如表 13.13 所示。

表 13.13　SHT75 的湿度相对温度修正系数

$\mathrm{SO_{RH}}$	T_1	T_2
12 位	0.01	0.00008
8 位	0.01	0.00128

SHT75 温度传感器的线性非常好，故可用下列公式将温度数字输出转换成实际温度值：

$$T_{\mathrm{emp}} = D_1 + D_2 \times \mathrm{SO_T}$$

式中，$\mathrm{SO_T}$ 为 SHT75 输出温度测量值；系数 D_1 按照电源电压的大小取值；D_2 按照温度转换精度取值，参考表 13.14 和表 13.15。

表 13.14　SHT75 温度系数 D_1

VCC	5V	4V	3.5V	3V	2.5V
D_1	-40.00	−39.75	-39.66	-39.60	−39.55

表 13.15　SHT75 温度系数 D_2

精度	14	12
D_2	0.01	0.04

13.3.2　SHT75 的应用电路

SHT75 的典型应用电路如图 13.13 所示，51 单片机使用两根普通 I/O 引脚分别模拟 SHT75 的 SDA 和 SCL 数据引脚。

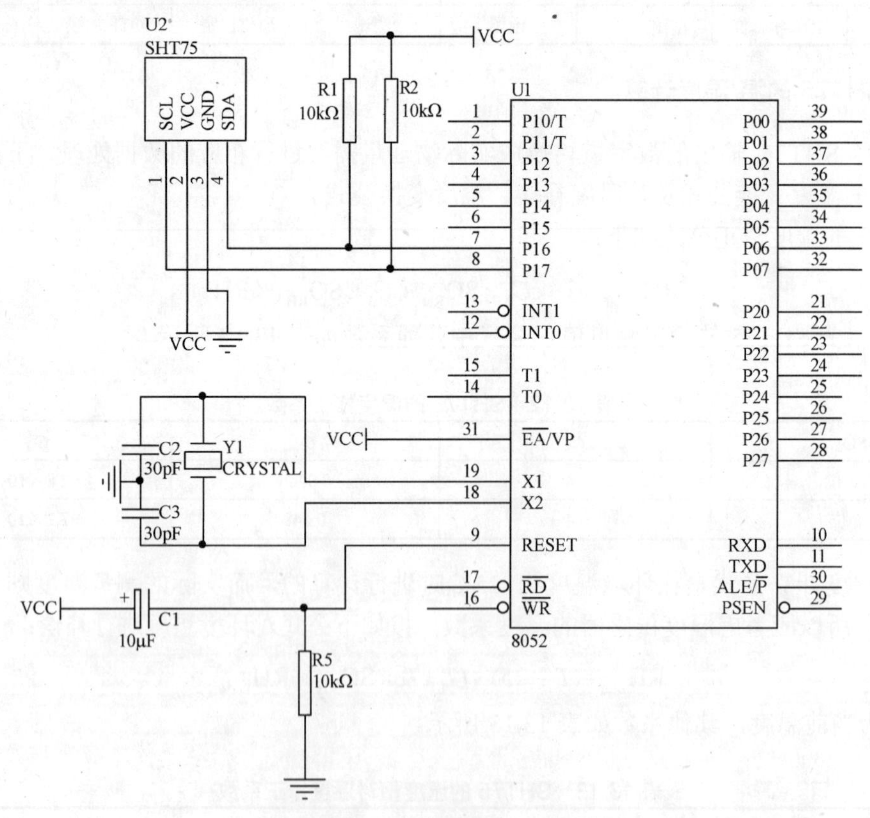

图 13.13　SHT75 的应用电路

13.3.3　SHT75 的操作步骤

SHT75 的详细操作步骤如下：

（1）启动 SHT75。

（2）对 SHT75 的控制寄存器进行相应设置。

（3）读取温度、湿度数据。

（4）根据修正系数计算修正后的温度和湿度数据。

13.3.4　SHT75 的应用代码

1. SHT75 的库函数

例 13.5 是 SHT75 的库函数应用代码，其提供了对 SHT75 进行相应操作的函数。

【例 13.5】代码使用 51 单片机的普通 I/O 引脚模 I^2C 总线和 SHT51 进行通信。

```
#include <AT89X52.h>
#include <intrins.h>
#define noACK       0
#define ACK         1                  //定义 noACK 和 ACK 表示没响应和有响应
#define SPECT_TEMP   40                //温度测量范围为 0～40℃
#define SPECT_HUMI   100               //湿度测量范围为 0～100RH%
sbit SDA = P1 ^ 7;                     //数据位
sbit SCL = P1 ^ 6;                     //时钟
bit Ack;                               //应答标志 ack=1 正确
enum {TEMP,HUMI};                      //TEMP——测温度,HUMI——测湿度
typedef union
{
  unsigned int i;         //i 表示测量得到的温湿度数据（int 形式保存的数据）
  float f;                //f 表示测量得到的温湿度数据（float 形式保存的数据）
} value;                  //value 这个联合体是用来存储测量和处理后的数据
//定义 SHT75 的命令
                        //adr  command  r/w
#define STATUS_REG_W 0x06      //000   0011    0
#define STATUS_REG_R 0x07      //000   0011    1
#define MEASURE_TEMP 0x03      //000   0001    1
#define MEASURE_HUMI 0x05      //000   0010    1
#define RESET        0x1e      //000   1111    0
void start(void);
unsigned char writeByte(unsigned char value);
unsigned char RevByte(unsigned char c);
unsigned   char   S_measure(unsigned   char   *p_value,   unsigned   char
```

```
*p_checksum, unsigned char mode);
        unsigned char S_softreset(void);
        unsigned char writeStatusreg(void);
        void Calc_sth75(float *p_humidity ,float *p_temperature);
        //开始传输命令
        void start(void)
        {
            SCL = 1;
            SDA = 1;
            _nop_();
            SCL = 1;
            SDA = 0;
            _nop_();
            SCL = 0;
            _nop_();
            SCL = 1;
            SDA = 1;
            _nop_();
            SCL = 0;
            SDA = 0;
            _nop_();
        }
        //写入一个字节
        unsigned char writeByte(unsigned char value)
        {
            unsigned char i,error=0;
              for(i = 0;i < 8;i++)              //一个字节
                {
                    if((value << i)& 0x80) SDA = 1;//判断发送位
                    else    SDA = 0;
                    _nop_();
                    SCL = 1;                    //时钟线为高,通知被控器开始接收数据
                    _nop_();
                    _nop_();
                    _nop_();
                    _nop_();
                    _nop_();
                    SCL = 0;
                }
             _nop_();
             _nop_();
```

```
    SDA = 1;                      //释放数据线,准备接收应答位
    _nop_();
    _nop_();
    SCL = 1;
    _nop_();
    _nop_();
    _nop_();
    if(SDA == 1)
  { Ack =0;
    error = 1;
    return error;
  }
    else
  {
    Ack = 1;                      //判断是否收到应答信号
  }
    SCL = 0;
    _nop_();
    _nop_();
  return error;
}
//字节接收函数
unsigned char RevByte(unsigned char c)
{
    unsigned char retc;
    unsigned char BitCnt;
    retc = 0;
    SDA = 1;
    for(BitCnt=0;BitCnt<8;BitCnt++)
    {
        _nop_();
        SCL = 0;                  //置时钟线为低,准备接收
        _nop_();
        _nop_();
        _nop_();
        _nop_();
        _nop_();
        SCL = 1;                  //置时钟线为高使得数据有效
        _nop_();
        _nop_();
        retc = retc << 1;   //左移补零
```

```
        if (SDA == 1)
        retc = retc + 1;          //当数据为真加1
        _nop_();
        _nop_();
      }
      SCL = 0;
      _nop_();
      _nop_();
      if( c == 0)SDA = 0;         //在此发出应答信号或者非应答信号
      else SDA = 1;
      _nop_();
      _nop_();
      _nop_();
      SCL = 1;
      _nop_();
      _nop_();
      _nop_();
      _nop_();
      _nop_();
      SCL = 0;
      _nop_();
      _nop_();
      return(retc);
    }
    //根据输入参数分别启动温度/湿度测量,并返回测量值和校验和
    unsigned  char  S_measure(unsigned  char  *p_value,  unsigned  char
*p_checksum, unsigned char mode)
    {
     unsigned char error=0;
     unsigned long i;
     start();                               //驱动
     switch(mode)                           //判断要求测量什么
     {
       case TEMP   : error+=writeByte(MEASURE_TEMP);break;
       case HUMI   : error+=writeByte(MEASURE_HUMI);break;
       default     : break;
     }
       for (i=0;i<300000;i++)
     if(SDA==0) break;                      //延时等待测量结束
     if(SDA == 1) error+=1;                 //超时,error=1
     *(p_value)  =RevByte(ACK);             //读MSB
```

```
  *(p_value+1)=RevByte(ACK);         //读 LSB
  *p_checksum =RevByte(noACK);
  return error;
}
//软件复位 SHT75,如果有错误返回 1，否则为 0
unsigned char S_softreset(void)
{
  unsigned char error=0;
  start();
  error+=writeByte(RESET);           //给 SHT75 写命令
  writeStatusreg();
  return error;                      //SHT75 没反应,则返回 error=1
}
//向 SHT75 状态寄存器写入命令,如果出错返回 1,否则为 0
unsigned char writeStatusreg(void)
{
  unsigned char error=0;
  start();
  error+=writeByte(STATUS_REG_W);
  error+=writeByte(0x00);
  return error;
}
//温湿度计算函数
void Calc_sth75(float *p_humidity,float *p_temperature)
{
    const float C1=-4.0;
    const float C2=0.0405;
    const float C3=-0.0000028;
    const float T1=0.01;
    const float T2=0.00008;
    float rh=*p_humidity;
    float t=*p_temperature;
    float rh_lin;
    float rh_true;
    float t_C;
    t_C=t*0.01 - 40;
    rh_lin=C3*rh*rh + C2*rh + C1;
    rh_true=(t_C-25)*(T1+T2*rh)+rh_lin;
    if(rh_true>100)rh_true=100;
    if(rh_true<0.1)rh_true=0.1;
    *p_temperature=t_C;
```

```
        *p_humidity=rh_true;
    }
```

2. 应用实例——SHT75温/湿度测量

本应用是使用51单片机驱动进行温湿度采集的实例，单片机通过SHT75采集到当前温度和湿度，然后通过串口送出，其应用代码如例13.6所示。

【例13.6】应用代码调用了第一小节中的部分库函数，需要注意的是，最后计算的得到的温度和湿度数据都是float格式，在调用putchar函数进行发送之前先要对其进行格式化，将其转换为unsigned char格式。

```
#include <AT89X52.h>
#include <intrins.h>
#include <stdio.h>
#define noACK       0
#define ACK        1                //定义noACK和ACK表示没响应和有响应
#define SPECT_TEMP   40             //温度测量范围为0～40℃
#define SPECT_HUMI   100            //湿度测量范围为0～100RH%
#define STATUS_REG_W 0x06           //000   0011    0
#define STATUS_REG_R 0x07           //000   0011    1
#define MEASURE_TEMP 0x03           //000   0001    1
#define MEASURE_HUMI 0x05           //000   0010    1
#define RESET       0x1e            //000   1111    0

sbit SDA = P1 ^ 7;                  //数据位
sbit SCL = P1 ^ 6;                  //时钟
bit Ack;                            //应答标志 ack=1正确
enum {TEMP,HUMI};                   //TEMP——测温度,HUMI——测湿度
typedef union
{
  unsigned int i;           //i表示测量得到的温湿度数据(int形式保存的数据)
  float f;                  //f表示测量得到的温湿度数据(float形式保存的数据)
} value;                    //value这个联合体是用来存储测量和处理后的数据
//定义SHT75的命令
value humi_data,temp_data;          //定义温度和湿度
void initT2(void)                   //T2初始化函数,用做波特率发生器
{
    SCON = 0x50;
    PCON = 0x80;
    RCLK = 1;
    TCLK = 1;
    RCAP2H = 0xff;
```

```
    RCAP2L = 0xfd;                                  //设置波特率为 115200bps
    TR2 = 1;                                        //启动 T2
  }

  void main()
  {
   unsigned char error = 0;                         //定义错误状态变量
   unsigned char checksum;                          //校验和
   initT2();                                        //初始化波特率发生器
   start();                                         //启动传输
   writeByte(RESET);                                //重置总线
    while(1);
    {
    error+=S_measure((unsigned  char  *)  &humi_data.i,(unsigned  char
*)&checksum,HUMI);
    error+=S_measure((unsigned  char  *)  &temp_data.i,(unsigned  char
*)&checksum,TEMP);
      if(!error)
      {//测量没有出错
          humi_data.f=(float)humi_data.i;
       temp_data.f=(float)temp_data.i;
       Calc_sth75(&humi_data.f,&temp_data.f);  //获得温度及湿度值
       putchar((unsigned char)(&humi_data.f));
       putchar((unsigned char)(&temp_data.f)); //格式化,然后串口发送
     }
   }
  }
```

第 14 章　51 单片机的定位模块扩展

在 51 单片机的某些应用系统中，需要知道应用系统当前的方位、方向等地理信息，此时可以通过扩展类似数字罗盘和 GPS 模块之类的定位模块来实现。本章将详细介绍如何在 51 单片机的应用系统中使用数字罗盘 HMR3000 和 GPS 模块 GARMIN 25LP。

14.1　数字罗盘 HMR3000 扩展

数字罗盘是利用地球自生的磁场来确定南北方向的并且将相应数据数字化输出的应用模块，HMR3000 是美国 Honeywell 公司生产的一款可以供航向、俯仰、横滚等数据的数字罗盘。

14.1.1　数字罗盘 HMR3000 基础

HMR3000 的基本特点说明如下：

- 提供精度为±1.0°的航向数据，分辨率可达 0.1°。
- 提供精度为±0.3°横滚和俯仰数据，分辨率为±0.1°。
- 提供符合 NMEA0183 标准的 RS-232 或 RS-485 接口。
- 支持 5V 或者 6～15V 供电。
- 体积小，可靠性高。

1．HMR3000 的引脚封装

HMR3000 模块的引脚封装如图 14.1 所示，其详细说明如下：

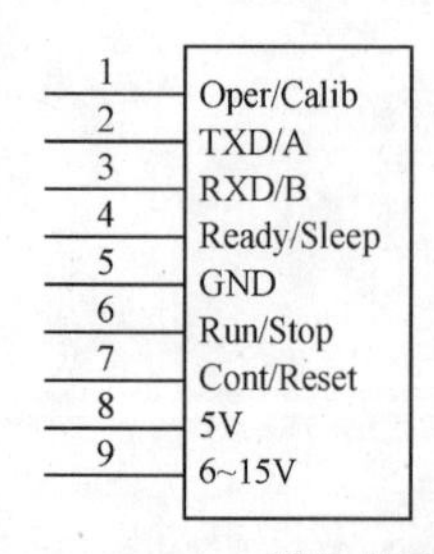

图 14.1　HMR3000 模块的引脚封装

- TxD/A：RS-232 发送 $\overline{\text{RS}}$-485 发射接收信号。
- RxD/B：RS-232 接收 $\overline{\text{RS}}$-485 发射接收返回。
- GND：信号地。
- 6～15V：未稳压的电源输入。
- 5V：稳压的电源输入。
- Oper/Calib：工作/标定输入，如果悬空则表明选择工作。
- Run/Stop：运行/停止输入，如果悬空则选择运行。
- Ready/Sleep：准备/休息输入，如果悬空则表明准备。
- Cont/Reset：连续/复位输入，如果悬空则表明连续。

2．HMR3000 的工作模式和通信协议

HMR3000 由三轴磁阻传感器和一个充有液体的两轴倾斜传感器组成。产生倾斜补偿的航向数据，使用内置的微处理器来控制传感器的测量时序，所有控制 HMR3000 操作的参数都存储在 E^2PROM 中。HMR3000 输出字符串的格式符合航海通信的 NMEA 0813 标准，其有四种操作模式如下。

- 连续模式（Continuous Mode）：在可软件编程的速率下向 51 单片机主动输出模块提供的 NMEA 标准信息。
- 选通模式（Strobe Mode）：主动选通模式，连续测量，根据 51 单片机的查询命令输出相应的数据；被动选通模式，测量和输出都受到 51 单片机的控制。
- 休眠模式（Sleep Mode）：该工作模式需要给模块提供一个中断信号，模块的测量和输出都被悬空，串行输入被忽略。
- 标定模式（Calibration Mode）：模块进入用户标定模式。

HMR3000 模块的串行通信是符合 NMEA 0183 标准的简单异步的 ASCII 协议，可以使用 RS-232 或 RS-485 接口，在协议中使用 1 位停止位、8 位数据位（低位在先）、无奇偶校验位，1 位停止位的通信格式，每一个数据帧包含 10 位数据，通信波特率可选择为 1200 bps、2400 bps、4800 bps、9600 bps 或 19200 bps。

HMR3000 模块支持 NMEA 0183 和专用的信息，在测量模式中由 HMR3000 按照 E^2PROM 中的预置的通信速率主动发送 NMEA 信息。HMR3000 模块还会对 51 单片机发送的所有信息进行响应，但是该响应可能会因其正在发送信息而产生一定的延迟，所以 51 单片机在发送下一条命令前，要等待 HMR3000 对上一条指令做出响应。

HMR3000 模块的输出包括 3 种标准的和 3 种专用的共 6 种可能的 NMEA 字符串，其以连续的模式从 HMR3000 自动发送出来，另外还有第 7 种和前 6 种有区别的 ASCII 字符串可能被发送，ASCII 字符串不希望和其他 6 种 NMEA 信息混在一起。这些输出如表 14.1 所示。

表 14.1　HMR3000 模块的输出

语　句	内　容	格　式
HDG	角和磁偏角	$HCHDG,x.x,x.x,a,x.x,a*hh<cr><lf>
HDT	航向、真值	$HCHDT,x.x,T*hh<cr><lf>
XDR	传感器的测量	$HCXDR,A,x.x,D,PITCH,A,x.x,D,ROLL,G,x.x,MAGX,G, x.x,,MAGY,G,x.x,,MAGZ,G,x.x,,MAGT*hh<cr><lf>
HPR	航向、俯仰和横滚	$PTNTHPR,x.x,a,x.x,a,x.x,a*hh<cr><lf>
RCD	原始罗盘数据	$PTNTRCD,x.x,x.x,x.x,x.x,x.x,x.x,x.x,x x,x.x,x.x*hh<cr><lf>.
CCD	经过调整的罗盘数据	$PTNTCCD,x.x,x.x,x.x,x.x,x.x,x.x,x.x*hh<cr><lf>

HMR3000 模块发出和收到的每一条指令都包含一个两字符的检查总数（Checksum）的部分，在数据部分结束以后以“*”字符来划分界限。HMR3000 模块的更新速率可被设置为 0、1、2、3、6、12、20、30、60、120、180、300、413、600、825 或 1200 句/分钟，如果 51 单片机由于其编程的波特率不能容纳所选择句子的总数，那么通道应以全速和最高的优先级来给输入一个响应，然后再将字符串的更新速率由最低调到最高。

HMR3000 模块支持如下两种输入：要求输出字符串或者要求设定一个参数。对于所有有效的输入，HMR3000 模块都会送出如下的一个带有正确的检查总数值的响应。

- 对于请求输出句子的响应是一条相应的句子。
- 对于设定参数的输入的响应为#！2000*21，表明指令和参数都被接收。

3．HMR3000 的输出格式

HMR3000 模块的输出格式如下：

```
HD  Heading,Deviation,&Variation
        航向,      偏向角和磁偏角
$HCHDG,x.x,x.x,a,x.x,a*hh<cr><lf>
```

其中，偏向角和磁偏角的说明如下：

- Deviation（偏向角）：罗盘正方向和平台的正方向的夹角。
- Variation（磁偏角）：是磁北与地理北之间的夹角。

注：关于 NMEA 更多详细资料可以参考相关资料，在此不多做介绍。

4．HMR3000 的指令

HMR3000 模块提供了如表 14.2 的相关指令对其进行相应的操作。

表 14.2　HMR3000 模块的指令

指　　令	说　　明	指 令 句 法
工作（RUN）	1=RUN	#FA0.3=1*26<CR><lf>
停止（STOP）	0=STOP（选通模式）	#FA0.3=0*27<CR><lf>
强迫复位	执行上电复位程序	#F33.6=1*52<CR><lf>
设波特率 4800 查询响应	序号值（8）返回波特率序号值	#BA4H=8T*2E<CR><lf>#BA4H?*40<CR><lf> #1*hh<CR><lf>
专用询问信息	以询问 HPR 为例	$PTNT,HPR*78<cr><lf>
设置 HPR 更新速率	每分钟 HPR 信息句子（R）的更新速率，R 值用整数编号表示	#BAD=I*hh<CR><lf>
查询响应	返回序号值 I，作为 HPR 的更新速率	#BAD?*78<CR><lf> #I*hh<CR><lf>

14.1.2　数字罗盘 HMR3000 的应用电路

HMR3000 的应用电路如图 14.2 所示，由于 HMR3000 的 RS-232 接口电平和 51 单片机的串口 TTL 电平不兼容，所以，需要使用 MAX232 作为电平转换芯片，HMR3000 的其他引脚可以根据需要连接到 51 单片机，也可以悬空。

14.1.3　数字罗盘 HMR3000 的操作步骤

数字罗盘 HMR3000 的详细操作步骤如下：

（1）根据实际需求连接好 HMR3000 的对应引脚。

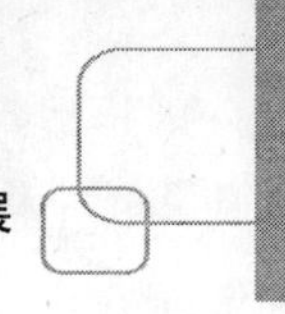

（2）设置 51 单片机的通信波特率。

（3）设置 HMR3000 的工作模式。

（4）读取 HRM3000 的测量数据。

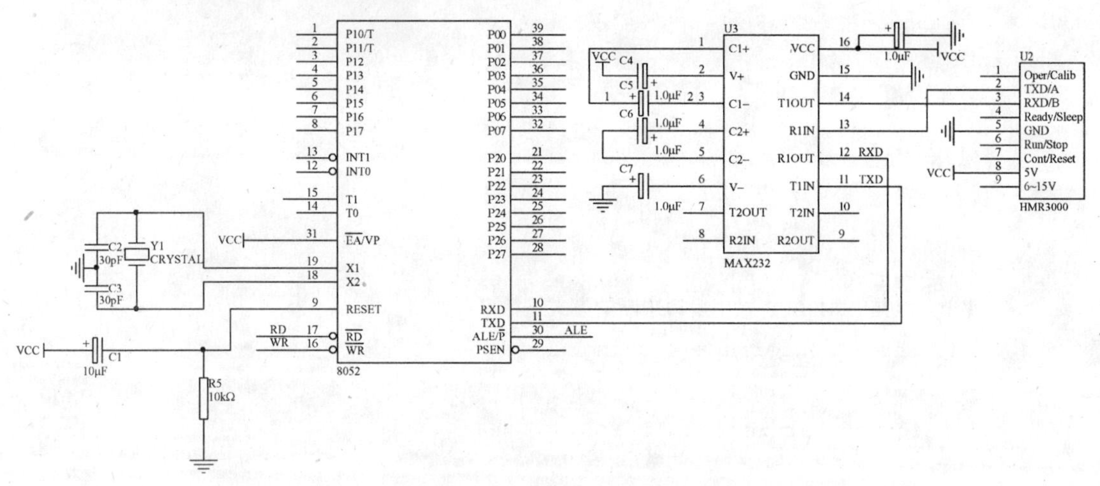

图 14.2　HMR3000 应用电路

14.1.4　应用实例——HMR3000 模块数据读取

本应用是使用 51 单片机从 HMR3000 模块读取相应数据的实例，实例的电路如图 14.2 所示，涉及的典型器件如表 14.3 所示，例 14.1 是实例的应用代码。

表 14.3　HMR3000 模块数据读取应用实例器件列表

器　件	说　明
51 单片机	核心部件
HMR3000	数字罗盘模块
MAX232	RS-232 电平转换芯片
晶体	51 单片机工作的振荡源，12MHz
电容	51 单片机复位和振荡源工作的辅助器件，MAX232 通信芯片的外围辅助器件

【例 14.1】HMR3000 模块工作连续工作模式，自动通过串口输出对应的采集值，51 单片机在串口中断服务子程序中接收字符串代码并且进行相应的处理。

```
#include <AT89X52.h>
#include <stdio.h>
sbit P10=P1^0;
unsigned char  dbuf[6];
unsigned char comanum, data1, data2, data3;
main()
{
  TMOD=0x20;
  TH1=0xfd;
```

```
    TL1=0xfd;
    PCON=0x00;
    SCON=0x50;                    //串口波特率初始化
    IE=0x90;
    TR1=1;
    P10=0;
    while(1)
    {
    }
  }
  //单片机与 HRM3000 采用串口中断的方式进行串行通信
  void sint() interrupt 4 using  1
  {
    unsigned char record,i;
    RI=0;
    if(SBUF==0x24)                //判断是否收到 HPR 格式语句的第一个字符"$",其数值为
    {                             //0x24,如果收到就开始记录数据,并设置记录标志
        record=1;
        i=0;
        data1=0;                  //航向数据字符数量变量
        data2=0;                  //俯仰数据字符数量变量
        data3=0;                  //横滚数据字符数量变量
        comanum=0;
    }
    if(record==1)                 //开始处理数据信息
    {
      if(SBUF==0x2c)              //利用逗号区分收到的字符属于何种数据
      {
        comanum++;
      }
      if(comanum==1)              //第一个逗号之后的数据属于航向数据
      {
        dbuf[data1]=SBUF;
        data1++;
      }
      if(comanum==3)              //第三个逗号之后的数据属于俯仰数据
      {
        dbuf[data2]=SBUF;
        data2++;
      }
      if(comanum==5)              //第五个逗号之后的数据属于横滚数据
```

```
        {
          dbuf[data3]=SBUF;
          data3++;
        }
        if(SBUF=="*")
        {
         dbuf[data1] = '\n';      //存放回车符
         dbuf[data2] = '\n';
         dbuf[data3] = '\n';
         data1=0;
         data2=0;
         data3=0;
         comanum=0;
         data1=0;
         data2=0;
         data3=0;
        }
      }
    }
```

14.2　GPS 模块 GARMIN 25LP 扩展

GPS（Global Positioning System）是全球卫星定位系统的简称，其常常用于给 51 单片机系统提供当前的地理坐标信息及时间信息。

市场上常见的 GPS 模块可以分为以下三大类。

- 单点模式产品：如 MOTOROLA M12、GARMIN GPS 25LP 等，其单点定位精度为 15m 左右。
- GPS/GLONASS 双系统产品：如 ARGO-16GPS/GLONASS，其定位精度与单点模式产品相似，但在定时精度上高一些，价格也略高一些。
- 差分 GPS 系：其实就是使用单点模式产品的差分功能进行 GPS（DGPS）定位，其定位精度大大提高。但此种方式需要自建一个基准站，因此费用太高。

14.2.1　GPS 模块 GARMIN 25LP 基础

GARMIN 25LP 是美国佳明（GARMIN）公司生产的一款 GPS 模块，其主要技术指标如下。

- 位置精度：15m。
- 速度精度：0.2m/s 均方根稳定状态。

- 热启动（所有数据已知）时间：15s。
- 冷启动（初始位置、时间、年历数据已知，星历表未知）时间：45s。
- 自动定位（年历已知，初始位置和时间数据未知）时间：1.5min。
- 搜索天空（所有数据未知）时间：5min。
- 重捕获时间：2s。
- 速度限制；515m/s。
- 加速度限制：6g。
- 电源：LV 模式（低压）为 3.6～6V，HV 模式（高压）为 6～40V。
- 功耗：0.9W。

1. GPS 模块 GARMIN 25LP 的引脚封装

GARMIN 25LP 的引脚封装如图 14.3 所示，其详细说明如下。

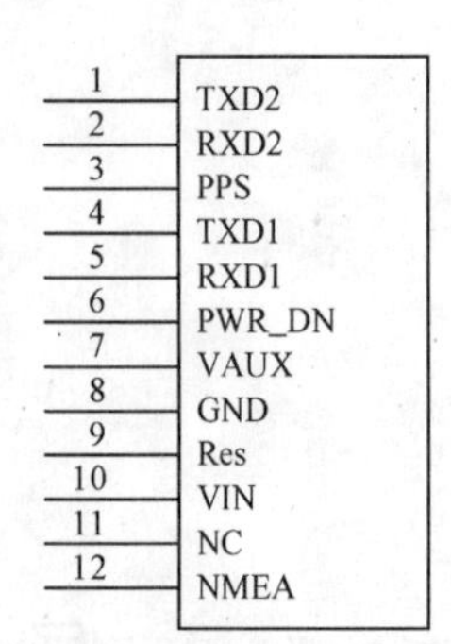

图 14.3　GARMIN 25LP 的引脚封装

- TXD1：第 2 路串行数据发送引脚。
- RXD2：第 2 路串行数据接收引脚。
- PPS：秒脉冲输出脚，电压上升和下降时间的典型值为 300 ms，阻抗为 250Ω，开路输出电压为 0V～VIN，其默认形式为 1Hz 频率时的 100ms 高脉冲，脉冲宽度可配置成按 20ms 递增，在上升沿 GPS 时间开始同步。
- TXD1：第 1 路串行数据发送脚。在 LVC 模式时，CMOS、TTL 输出电压为 0V～VIN。在 LVS 和 HVS 模式时，此引脚具有一个与 RS-232 兼容的输出驱动器。此输出正常时的格式为 NMEA（National Marine Electronics Association）0182（2.0 版），波特率可在 300bps、600 bps、1200 bps、2400 bps、4800 bps、9600 bps 或者 19200bps 中选择，默认波特率为 4800bps。
- RXD1：第 1 路串行数据接收脚。RS-232 兼容最大输入电压-25～25V，也可以直接连接标准 3～5V CMOS 逻辑电平。最小低电平为 0.8V，最大高电平为 2.4V。此输入可用于接收串行初始/配置数据。
- PWR_DN：外部断电输入脚。悬空或者小于 0.5V 时无效，大于 2.7V 时有效，当此输入有效时，将会关断内部调节器。
- VAUX：辅助外部备份电池充电输入脚，需要 4～33V 直流电压进行涓流充电，在通常工作时，自动进行涓流充电，板上可再充电，电池容量为 7mAh。
- GND：供电电源的信号地引脚。
- Res：保留引脚。
- NC：未使用引脚。
- VIN：电源输入引脚。在 LVX 模式下，此引脚的稳压输入为 3.6～6V，工作电流最大为 200mA，典型值为 140mA。天线供电是 VIN 通过一个 50mA 的限流器实现的。在 HVS 模式下，此引脚可以深入未稳压的 6～40V 直流电压，驱动一个开关稳压器产生 4.4V 直流电压，该电压为天线连接器限流器、内部线性稳压器和 CMOS 输出缓冲等

各部分供电。

- NMEA：与 NMEA0183（1.5 版）电学规范兼容的串行输出脚，输出 NMEA0183（2.0 版）定义的 ASCII 码语句。默认波特率为 4800bps，该引脚的输出数据和 4 脚 TXD1 相同。

2．GPS 模块 GARMIN 25LP 的控制语句

和数字罗盘 HMR3000 类似，25LP 的输入和输出也遵循 NMEA 的语句规范，本小节重点介绍用于 25LP 配置、信息读取相关的 GRMC、PGRMO 和 GPRMC 语句，其他语句可以参考相应的资料。

PGEMC 语句用于配置 GPS 模块，设置参数存储在永久存储器中，如果配置语句无错，GPS 模块会响应语句，否则返回语句将显示当前默认值。当前默认值也可以通过向 25LP 模块输入＄PGRMCE 语句设置，语句的格式如下。

```
    ＄PGRMC,＜参数 1＞,＜参数 2＞,＜参数 3＞,＜参数 4＞,＜参数 5＞,＜参数 6＞,＜参数 7＞,
＜参数 8＞＜参数 9＞,＜参数 10＞,＜参数 11＞,＜参数 12＞,＜参数 13＞,＜参数 14＞,*hh＜CR＞＜
LF＞
```

其中各个参数的说明如下。

- 参数 1：工作模式，A 为自动，2 为 2D 模式（此时系统必须提供海拔高度），3 为 3D 模式。
- 参数 2：海拔高度，取值范围为-1500.0～1800.0m。
- 参数 3～参数 8：地球数据索引，使用默认值即可。
- 参数 9：差分模式参数，A 为自动模式，D 为差分模式（仅当差分数据输入时可用）。
- 参数 10：NMEA 波特率设置，1 为 1200bps，2 为 2400bps，3 为 4800bps，4 为 9600bps，5 为 19200bps，6 为 300bps，7 为 600bps。
- 参数 11：速度过滤器参数，使用默认值即可。
- 参数 12：秒脉冲模式，1 为无秒脉冲，2 为有秒脉冲。
- 参数 13：秒脉冲脉宽设置，取值为 n=0～48，此时将脉宽设置为$(n+1)\times 20$ms。例如，$n=4$ 时，脉宽为 100ms。
- 参数 14：使用默认值。

其中，波特率和秒脉冲模式的设置需要重启之后才会有效，其他语句只要语句正确，立即生效。

PGRMO 语句用于使能或者禁用输出语句，例如，可以通过 PGRMG 语句来禁用默认被使能的 GPGGA、GPGSA、GPGSV、GPRMC 和 PGRMT 等语句，PGRMG 语句的格式如下。

```
    ＄PGRMC,＜参数 1＞,＜参数 2＞,*hh＜CR＞＜LF＞
```

- 参数 1：目标语句名（如 GPGSA、PGRMT 等）。
- 参数 2：目标语句的状态设置。为 0 禁用此目标语句，为 1 则使能所有语句，为 2 则禁用所有语句，为 3 则使能所有语句（GPALM 语句除外）。

注：如果目标语句状态设置为 2 或 3，则目标语句名这项可以空缺，否则目标语句必须填写。

3. GPS 模块 GARMIN 25LP 的输出语句格式

GARMIN 25LP 的输出语句格式如下，各个参数的详细说明如下。

```
$PGRMC,<参数 1>,<参数 2>,<参数 3>,<参数 4>,<参数 5>,<参数 6>,<参数 7>,
<参数 8>,<参数 9>,<参数 10>,<参数 11>,<参数 12>,*hh<CR><LF>
```

- 参数 1：UTC 当地时间信息，采用“时时分分秒秒”格式。
- 参数 2：模块的工作状态，A 为可用，V 为接收器报警，不可用。
- 参数 3：纬度信息，采用“度度分分 分分分分”格式（维度前面的 0 也会传送）。
- 参数 4：纬度半球信息。
- 参数 5：经度信息，采用“度度分分 分分分分”格式（前面的 0 也会传送）。
- 参数 6：经度半球信息，为 E 或者 W。
- 参数 7：对地速度，取值为 000.0～999.9 节（前面的 0 也会传送）。
- 参数 8：对地航向，取值为 000.0°～359.9°（前面的 0 也会传送）。
- 参数 9：UTC 当地日历信息，采用“天天月月年年”格式。
- 参数 10：磁变信息，磁偏角地球磁场在不同时间、不同地点的偏差，000.0°～180.0°。
- 参数 11：磁变方向信息，取值为 E 或者 W。
- 参数 12：模块的工作模式，A 为自主，D 为差分，E 为评估，N 为数据无效。

14.2.2 GPS 模块 GARMIN 25LP 应用电路

在实际应用中，51 单片机使用串口和 GARMIN 25LP 连接，通过相应的控制命令对模块进行操控，如图 14.4 所示。

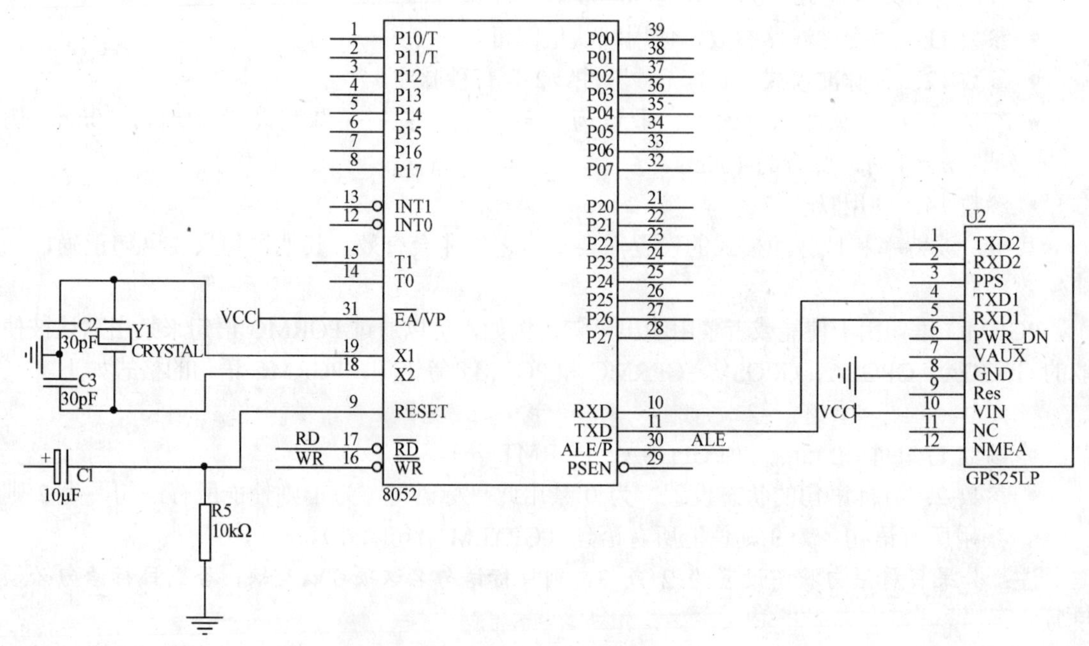

图 14.4 GARMIN LP25 的应用电路

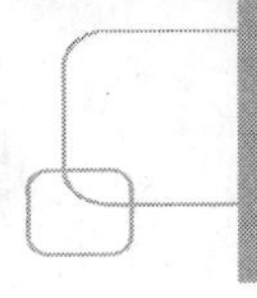

14.2.3　GPS 模块 GARMIN 25LP 的操作步骤

GARMIN 25LP 的详细操作步骤如下：

（1）上电之后 25LP 模块进行自检，并通过串口向 51 单片机报告自检结果，自检过程将检测 RAM、FLASH、接收器、实时时钟和晶振初始化。

（2）在自检完毕后，模块将开始卫星检测和跟踪过程。整个探测过程是完全自动的，正常情况下，25LP 模块将用 45s 的时间获取位置定位信息（在已知星历表时只需要 15s），之后通过串口传送有效位置、速度和时间信息。

（3）在探测完毕后，25LP 模块将通过串口发送有效的导航信息，包括经纬度、海拔、速度、日期/时间、误差估计、卫星和接收器状态。

（4）在运行时，25LP 模块将自动更新卫星轨道数据。

注：总体来说，如果不需要修改 25LP 模块的运行参数，51 单片机只需要关注串口接收到的数据即可。

14.2.4　应用实例——GARMIN 25LP 模块数据读取

本应用是使用 51 单片机从 25LP 模块中读取相应的 GPS 信息的实例，其应用电路如图 14.4 所示，涉及的典型器件如表 14.4 所示，例 14.2 是实例的应用代码。

表 14.4　模块数据读取应用实例器件列表

器　件	说　明
51 单片机	核心部件
GARMIN 25LP 模块	GPS 模块
晶体	51 单片机工作的振荡源，12MHz
电容	51 单片机复位和振荡源工作的辅助器件

【例 14.2】51 单片机首先调用 DisableAllOut 和 EnableGPRMC 函数对 25LP 进行配置，然后通过串口中断接收相应的 GPS 信息，其中调用了 stdio.h 库中的部分函数。

```
#include <AT89X52.h>
#include <stdio.h>
unsigned char StrGpsLgd[8];            // 存放经度数据
unsigned int i;
unsigned int RecFlag;                  // 记录标志
unsigned int IGpsLgd;                  // 经度数据计数变量
unsigned int NumComa;                  // 逗号计数变量
void DisableAllOut();                  // 配置 GPS 模块禁用所有输出语句子函数
void EnableGPRMC();                    // 配置 GPS 模块使能$GPRMC 输出语句子函数
//延时 t 毫秒
void delay(unsigned int t)
```

```
{
unsigned int i;
while(t--)
{
        // 对于 12MHz 时钟，约延时 1ms
        for (i=0;i<125;i++)
        {}
 }
}
// 串口接收中断
serial() interrupt 4 using 1
{
RI = 0;                              // 清除中断标志位
// 判断是否收到 GPRMC 格式语句的第一个字符"$",
//其数值为 0x24,收到后开始记录数据,并设置记录标志 RecFlag
if (SBUF == 0x24)
{
    RecFlag = 1;
    i = 0;
    IGpsLgd = 0;                     // 经度数据计数变量置 0
    NumComa = 0;                     // 逗号计数变量置 0
}
// 开始处理 GPRMC 中的数据信息
if (RecFlag == 1)
{
    if(SBUF == 0x2c)
        NumComa++;

    // 第 5 个逗号之后的字符属于经度数据
    if (NumComa == 3)
    {
        StrGpsLgd[IGpsLgd] = SBUF; // 存入字符串 StrGps
        IGpsLgd++;
    }

    // 判断是否收到 GPRMC 格式语句的字符"*",其数值为 0x2a,收到则结束记录
    if (SBUF == 0x2a)
    {
        StrGpsLgd[IGpsLgd] = '\0'; // 字符串的结束符
        RecFlag = 0;
        IGpsLgd = 0;               // 经度数据计数变量置 0
```

```
        NumComa = 0;                    // 逗号计数变量置 0

        // 延时半秒后重新接收新的 GPS 定位信息中的经度信息
        REN = 0;
        delay(500);                     // 延时 500ms
        REN = 1;
    }
  }
}
void main()
{
//初始化串口
TMOD = 0x20;
TL1= 0xfd;
TH1 = 0xfd;
SCON = 0x40;                    // 方式 1:10 位异步收发,波特率由定时器控制。REN=0。
PCON = 0x00;                    // SMOD = 0
IE = 0x90;                      // EA = 1,ES = 1
TR1 = 1;                        // 定时器 1 启动
DisableAllOut();
EnableGPRMC();
delay(1000);                    // 延时 1s
REN = 1;                        // REN = 1,开始接收数据
while(1)
  {
  }
}
// 配置 GPS 模块禁用所有输出语句
void DisableAllOut()
{
// 发送语句:$PGRMO,,2
TI = 0;
SBUF = 0x24;                    // 发送"$"
while(!TI);
TI = 0;
SBUF = 'P';                     // 发送"P"
while(!TI);
TI = 0;
SBUF = 'G';                     // 发送"G"
while(!TI);
TI = 0;
```

```
SBUF = 'R';                    // 发送"R"
while(!TI);
TI = 0;
SBUF = 'M';                    // 发送"M"
while(!TI);
TI = 0;
SBUF = 'O';                    // 发送"O"
while(!TI);
TI = 0;
SBUF = ',';                    // 发送","
while(!TI);
TI = 0;
SBUF = ',';                    // 发送","
while(!TI);
TI = 0;
SBUF = '2';                    // 发送"2"
while(!TI);
TI = 0;
SBUF = 0x2a;                   // 发送"*"
while(!TI);
TI = 0;
}
// 配置 GPS 模块使能$GPRMC 输出语句
void EnableGPRMC()
{
// 发送语句:$PGRMO,GPRMC,1
TI = 0;
SBUF = 0x24;                   // 发送"$"
while(!TI);
TI = 0;
SBUF = 'P';                    // 发送"P"
while(!TI);
TI = 0;
SBUF = 'G';                    // 发送"G"
while(!TI);
TI = 0;
SBUF = 'R';                    // 发送"R"
while(!TI);
TI = 0;
SBUF = 'M';                    // 发送"M"
while(!TI);
```

```
        TI = 0;
        SBUF = 'O';                     // 发送"O"
        while(!TI);
        TI = 0;
        SBUF = ',';                     // 发送","
        while(!TI);
        TI = 0;
        SBUF = 'G';                     // 发送"G"
        while(!TI);
        TI = 0;
        SBUF = 'P';                     // 发送"P"
        while(!TI);
        TI = 0;
        SBUF = 'R';                     // 发送"R"
        while(!TI);
        TI = 0;
        SBUF = 'M';                     // 发送"M"
        while(!TI);
        TI = 0;
        SBUF = 'C';                     // 发送"C"
        while(!TI);
        TI = 0;
        SBUF = ',';                     // 发送","
        while(!TI);
        TI = 0;
        SBUF = '1';                     // 发送"1"
        while(!TI);
        TI = 0;
        SBUF = 0x2a;                    // 发送"*"
        while(!TI);
        TI = 0;
        }
```

第 15 章　51 单片机的语音和打印模块扩展

51 单片机应用系统除了使用本书第 9 章中提到的显示模块来和用户进行数据交互，还可以使用语音和文字信息来提供应用系统需要输出的信息，本章将详细介绍这些相关模块的使用方法，包括蜂鸣器，语音录放芯片 ISD2560、TTS 语音芯片 OSY6618，微型打印机 GP16。

15.1　蜂鸣器扩展

蜂鸣器是 51 单片机应用系统最常见的发声器件，常常用于需要发出声音进行报警、提示错误、操作无效等场合。蜂鸣器是一种一体化结构的电子讯响器，采用直流电压供电。

15.1.1　蜂鸣器基础

按照工作原理，蜂鸣器可以分为压电式蜂鸣器和电磁式蜂鸣器，前者又被称为有源蜂鸣器，后者被称为无源蜂鸣器。

注：有源蜂鸣器和无源蜂鸣器中的“源”不是指的电源，而是振荡源。

压电式蜂鸣器（有源蜂鸣器）主要由多谐振荡器、压电蜂鸣片、阻抗匹配器及共鸣箱、外壳等组成。多谐振荡器由晶体管或集成电路构成，当接通电源后，多谐振荡器起振，输出 1.5～2.5kHz 的音频信号，阻抗匹配器推动压电蜂鸣片发声。压电蜂鸣片由锆钛酸铅或铌镁酸铅压电陶瓷材料制成。在陶瓷片的两面镀上银电极，经极化和老化处理后，再与黄铜片或不锈钢片粘在一起。

图 15.1　蜂鸣器实物照片

电磁式蜂鸣器（无源蜂鸣器）由振荡器、电磁线圈、磁铁、振动膜片及外壳等组成。接通电源后，振荡器产生的音频信号电流通过电磁线圈，使电磁线圈产生磁场。振动膜片在电磁线圈和磁铁的相互作用下，周期性地振动发声。

常见的蜂鸣器实物如图 15.1 所示，蜂鸣器有两个引脚，一个为正信号输入，一个为负信号输入，当两个引脚之间电压差超过蜂鸣器工作电压时，蜂鸣器进入工作状态。

注：有源蜂鸣器和无源蜂鸣器的最大区别是前者在蜂鸣器两端加上正向电压时即可发出声音，而后者需要在两端加上周期性的频率电压才能发出声音，前者操作简单，但是发声频率固定，后者操作复杂，但是可控性强，可以发出不同频率的声音。

15.1.2　蜂鸣器的应用电路

蜂鸣器在发声的时候需要较大的流过电流，所以 51 单片机在对其进行扩展时必须有一定的驱动电流，此时可以使用外围的功率驱动元件来提供电流，最常见的功率驱动元件是三极管，图 15.2 所示是三种不同的 51 单片机使用三极管驱动蜂鸣器的应用电路。

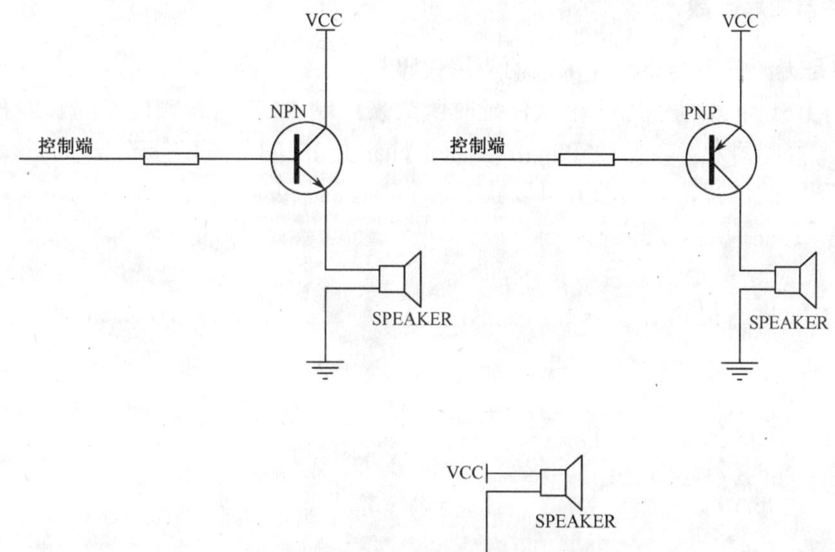

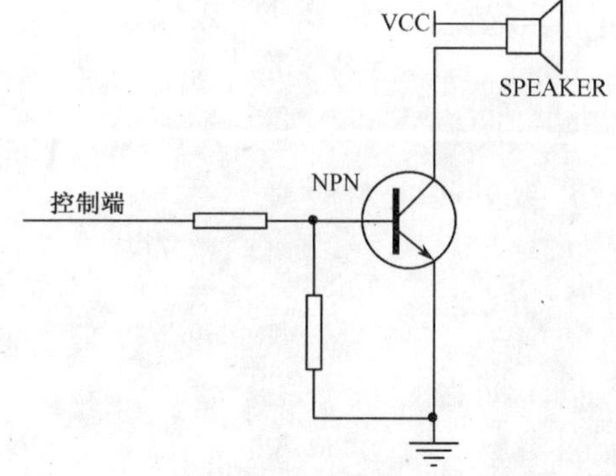

图 15.2　51 单片机通过三极管驱动蜂鸣器应用电路

15.1.3　蜂鸣器的操作步骤

有源蜂鸣器的操作步骤如下：

（1）在需要蜂鸣器发声的时候 51 单片机的控制端输出“1”或者“0”，蜂鸣器导通发声。

（2）在不需要蜂鸣器发声的时候 51 单片机的控制端输出“1”或者“0”，蜂鸣器关闭不发声。

无源蜂鸣器的操作步骤如下：

（1）根据需要发声的频率计算出驱动频率。

（2）设置51单片机的定时计数器的相关参数。

（3）在需要蜂鸣器发声的时候启动 51 单片机定时计数器控制控制端输出“1”或者“0”，蜂鸣器导通发声。

（4）在不需要蜂鸣器发声的时候关闭51单片机的定时计数器，蜂鸣器被关闭不发声。

15.1.4 蜂鸣器的应用代码

1．蜂鸣器的库函数

例15.1是无源蜂鸣器驱动库函数的应用代码。

【例15.1】51单片机使用一个软件延时函数来控制P1.7引脚输出不同长度和频率的波形，驱动无源蜂鸣器发声。修改Play(unsigned char t,n)中的t可以修改波形的频率从而使得蜂鸣器发出不同的声音，而修改n可以获得这个声音的长度。

```
#include <AT89X52.h>
sbit FMQ = P1^7;                                //定义
void Delayms(unsigned int MS)                   //延时ms函数
{
unsigned int i,j;
for( i=0;i<MS;i++)
    for(j=0;j<1141;j++);
}
//发声函数
void Play(unsigned char t,n)
{
    unsigned char i;
for(i=0;i<n;i++)                                //循环发声
{
    FMQ = ~FMQ;
    Delayms(t);                                 //延时
}
FMQ = 0;
}
```

2．应用实例——蜂鸣器定时报警

本应用是让 51 单片机每隔一段固定的时间控制有源蜂鸣器发声报警的实例，其应用电路如图 15.3 所示。51 单片机使用 P2.7 引脚通过一个 NPN 三极管驱动一个蜂鸣器，当 P2.7 输出高电平时三极管导通，蜂鸣器发声，表15.1是实例中涉及的典型器件说明。

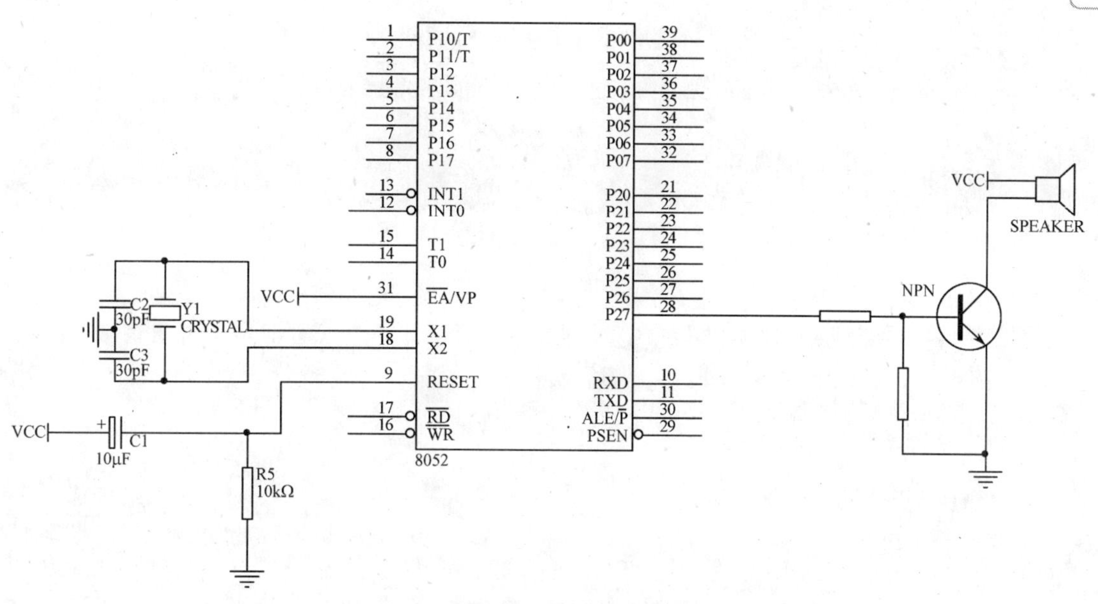

图 15.3　蜂鸣器定时报警应用实例电路

表 15.1　定时报警实例器件列表

器　件	说　明
51 单片机	核心部件
蜂鸣器	当有电流通过时发声
三极管	驱动蜂鸣器
晶体	51 单片机工作的振荡源
电容	51 单片机复位和振荡源工作的辅助器件

例 15.2 是实例的应用代码。

【例 15.2】51 单片机使用 P2.7 通过三极管控制蜂鸣器，当输出高电平时三极管导通蜂鸣器发声，使用 T1 进行 1s 定时，当到达 100s 时控制蜂鸣器打开 100ms，然后关闭。

```
#include <AT89X52.h>
#define   ON    1
#define   OFF   0
sbit FMQ = P2 ^ 7;                              //定义蜂鸣器控制引脚
unsigned char counter = 0;
//T1 定时 1s
void InitTimer1(void)
{
   TMOD = 0x10;
   TH1 = 0x0FC;
   TL1 = 0x18;
   EA = 1;
   ET1 = 1;
   TR1 = 1;
```

```
}
void Delayus(unsigned int US)              //延时μs函数
{
unsigned int i;
US=US*5/4;
for( i=0;i<US;i++);
}
void Timer1Interrupt(void) interrupt 3
{
    TH1 = 0xFC;
    TL1 = 0x18;
    counter++;
}
void main(void)
{
    InitTimer1();
    while(1)
    {
      if(counter == 100)                   //如果到了100s
      {
        counter = 0;
         FMQ = ON;                         //蜂鸣器打开
         Delayus(100);                     //延时
         FMQ = OFF;                        //蜂鸣器关闭
      }
     }
}
```

3. 应用实例——按键提示音

在 51 单片机应用系统中，可以使用蜂鸣器发声用于提示用户已经有按键被按下，并且可以使得不用的按键发出不同的声音，本应用即是一个有 4 个按键的实例，其应用电路如图 15.4 所示，涉及的典型器件如表 15.2 所示。

表 15.2　按键指示实例器件列表

器　件	说　明
51 单片机	核心器件
按键	用户输入通道
蜂鸣器	发声用以按键状态
电阻	上拉和限流
晶体	51 单片机工作的振荡源
电容	51 单片机复位和振荡源工作的辅助器件

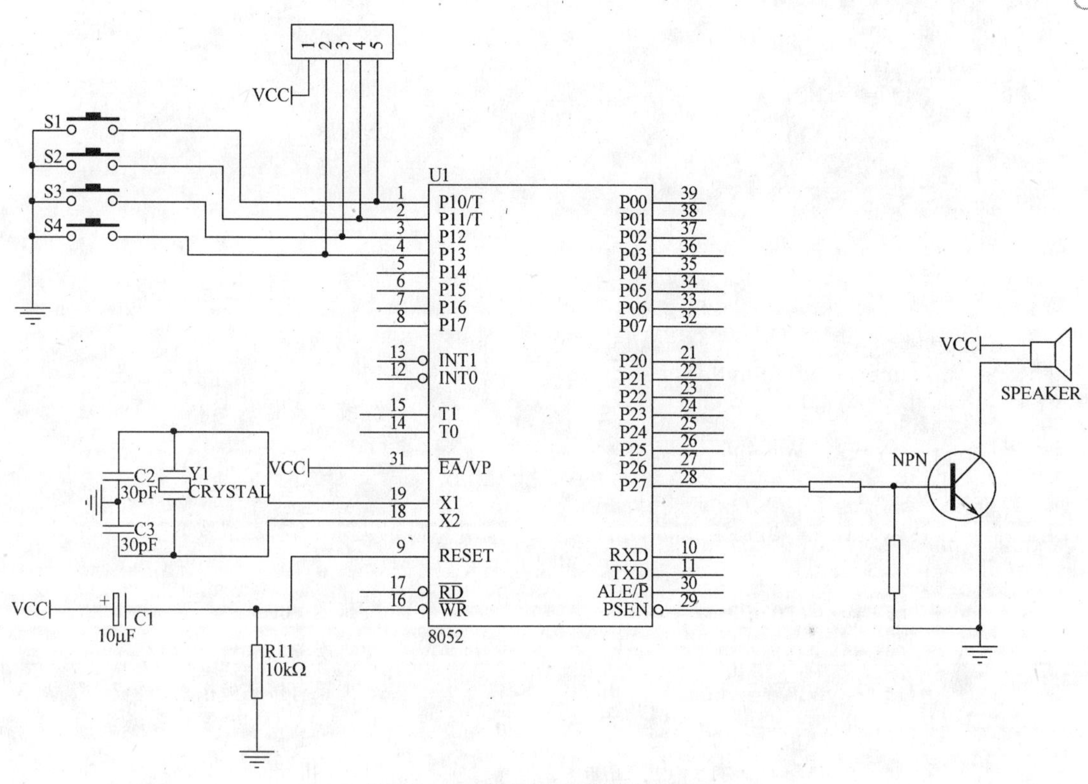

图 15.4　按键提示音应用实例电路

例 15.3 是按键提示音的应用代码。

【例 15.3】51 单片机首先判断 P1 上有没有按键被按下，如果有，再次判断是哪个键被按下，并且根据不同的键驱动蜂鸣器循环使用不同的频率发声，用于区别不同的按键被按下的状态。

```
#include <AT89X52.h>
sbit FMQ = P2^7;
sbit K1  = P1^0;
sbit K2  = P1^1;
sbit K3  = P1^2;
sbit K4  = P1^3;
void Delayms(unsigned int MS)                    //延时 ms 函数
{
unsigned int i,j;
for( i=0;i<MS;i++)
      for(j=0;j<1141;j++);
}
void Play(unsigned char t,n)                     //发声函数
{
    unsigned char i;
for(i=0;i<n;i++)                                 //循环发声
```

```
    {
        FMQ = ~FMQ;
        Delayms(t);                                 //延时
    }
    FMQ = 0;
    }
    void main()
    {
     unsigned char KeyNum,temp;
         P1 = 0xff;                                 //统一输出
    while(1)
    {
      if(KeyNum != 0xFF)                            //如果有按键被按下
      {
         Delayms(10);                               //延迟 10ms
         temp = P1;                                 //再次读取 KeyNum
         if(KeyNum == temp)                         //如果有按键被按下,读取按键状态
         {
            if(K1==0) Play(1,100);                  //不同的声调
            if(K2==0) Play(2,100);
            if(K3==0) Play(3,100);
            if(K4==0) Play(4,100);
         }
         else
         {
         KeyNum = 0x00;                             //有抖动延时,被清除
         }
      }
    }
    }
```

4. 应用实例——音乐提示音

在 51 单片机应用系统中，有些时候仅仅使用简单的按键提示音过于单调，此时可以播放一些简单的音乐作为提示，本应用是一个使用无源蜂鸣器播放“祝你生日快乐”音乐作为提示的实例。

音乐的音高与频率是对应的，如频率为 256Hz 的音就是 c 调的“1”，频率为 288Hz 的音为“2”，频率为 320Hz 的音为“3”，依次类推。用不同的频率驱动蜂鸣器，就会产生不同音高，I/O 引脚持续不断输出不同音高，其时间长短即为拍子的长短，即可演奏音乐，该解决方案的缺点是无法控制声音的大小。

对于实际上是用方波来驱动的蜂鸣器而言，不同的音调对应不同频率的方波。音调越

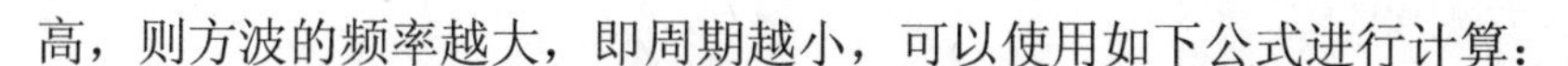

高，则方波的频率越大，即周期越小，可以使用如下公式进行计算：

$$方波高电波高电平时 = \frac{1}{2 \times 音调调频}$$

表 15.3 给出了使用上述公式计算得到的音调所对应的高电平时间长度。

表 15.3　高电平时间长度和音调的对应关系

音　调	音调频率（Hz）	方波周期（μs）	方波高电平时间长（μs）
1	261	3830	1915
2	294	3400	1700
3	329	3038	1519
4	349	2864	1432
5	392	2550	1275
6	440	2272	1136
7	493	2028	1014
1	523	1912	956

本实例的电路如图 15.3 所示，其应用代码如例 15.4 所示。

【例 15.4】51 单片机使用 P2.7 来控制蜂鸣器的通断。首先通过歌曲的曲谱计算一定长度歌曲（实例中使用的是 75 个节拍）处其对应的音节，存放到 code 区的数组 happybirth 中，然后将高低音阶频率的列表分别存放在 FREQH 和 PREQL 数组中，并且根据数组 happybirth 中的音阶计算出对应的频率，送到定时器 0 控制其定时控制蜂鸣器导通。

```
        #include <AT89X52.h>
        sbit     speaker=P2^7;                         //蜂鸣器引脚控制定义
        unsigned char timer0H,timer0l,time;
        code unsigned char happybirth[]={5,1,1, 5,1,1, 6,1,2, 5,1,2, 1,2,2, 7,1,4,
               5,1,1, 5,1,1, 6,1,2, 5,1,2, 2,2,2, 1,2,4,
               5,1,1, 5,1,1, 5,2,2, 3,2,2, 1,2,2, 7,1,2, 6,1,2,
               4,2,1, 4,2,1, 3,2,2, 1,2,2, 2,2,2, 1,2,4};
             // 音阶频率表 高 8 位
        code unsigned char FREQH[]={
                                    0xF2,0xF3,0xF5,0xF5,0xF6,0xF7,0xF8,
                                    0xF9,0xF9,0xFA,0xFA,0xFB,0xFB,0xFC,0xFC,
//1,2,3,4,5,6,7,8,i
                                    0xFC,0xFD,0xFD,0xFD,0xFD,0xFE,
                                    0xFE,0xFE,0xFE,0xFE,0xFE,0xFE,0xFF,
                                   } ;
               // 音阶频率表 低 8 位
        code unsigned char FREQL[]={
                                    0x42,0xC1,0x17,0xB6,0xD0,0xD1,0xB6,
                                    0x21,0xE1,0x8C,0xD8,0x68,0xE9,0x5B,0x8F,
//1,2,3,4,5,6,7,8,i
```

```
                        0xEE,0x44, 0x6B,0xB4,0xF4,0x2D,
                        0x47,0x77,0xA2,0xB6,0xDA,0xFA,0x16,
                       };
void delay(unsigned char delaytime)      //控制定时器输出长度的函数
{
  unsigned char Dtimer1;
  unsigned long Dtimer2;
  for(Dtimer1=0;Dtimer1<delaytime;Dtimer1++)
  {
    for(Dtimer2=0;Dtimer2<8000;Dtimer2++);
  }
  TR0=0;
}
void Timer0() interrupt 1                //定时器0中断服务子函数
{
  TR0=0;
  speaker=~speaker;                      //蜂鸣器翻转
  TH0=timer0H;
  TL0=timer0l;                           //将对应的定时长度放入定时器的寄存器
  TR0=1;
}
void song()                              //发声函数
{
  TH0=timer0H;
  TL0=timer0l;
  TR0=1;
  delay(time);                           //控制蜂鸣器一段长度的声音
}
void main(void)
{
  unsigned char musicCounter,FMQCounter;
  TMOD=1;                                //置CT0定时工作方式1
  EA=1;
  ET0=1;                                 //IE=0x82 //CPU开中断,CT0开中断
  while(1)
  {
    musicCounter=0;
    while(musicCounter<75)
    {                                    //音乐数组长度,唱完从头再来
      FMQCounter=happybirth[musicCounter]+7*happybirth[musicCounter+1]-1;
      timer0H=FREQH[FMQCounter];
```

```
        timer0l=FREQL[FMQCounter];
        time=happybirth[musicCounter+2];
        musicCounter=musicCounter+3;
        song();
      }
    }
  }
```

15.2　语音芯片 ISD2560 扩展

51 单片机系统除了使用简单的声音来实现对用户的提示，还可以使用语音芯片播放具有意义的语音信息来完成提示工作。语音芯片是指在 51 单片机的控制下可以录音和放音的芯片，其可以分为以下两种类型：

- 声音→模拟量→A/D→存储→D/A→模拟量→播放，采用此种方式的语音芯片外围电路比较复杂，声音质量也有一定的失真。
- 使用 E^2PROM 存储，将模拟语音数据直接写入半导体存储单元中，不需要另加 A/D 和 D/A 变换电路，使用方便，且语音音质自然。

15.2.1　语音芯片 ISD2560 基础

ISD2560 是美国 ISD 公司的 ISD 系列语音芯片，内部包括前置放大器、内部时钟、定时器、采样时钟、滤波器、自动增益控制、逻辑控制、模拟收发器、解码器和 480KB 的 E^2PROM，其具有以下特点：

- 内置符合 51 单片机标准的串行通信接口。
- 录音时间可达 60s。
- 录音存放在芯片上的非易失内存单元，提供零功耗信息储存，去除了电池设备电路。直接级联可以实现更长的录音时间。
- 信息可无电保存 100 年。
- 重复录音最多可达 10 万次。
- 具有多段信息处理功能，最大可分 600 段。
- 使用 5V 供电。

1. ISD2560 的引脚封装

引脚	名称	名称	引脚
1	A0	VCCD	28
2	A1	P/$\overline{R}$	27
3	A2	XCLK	26
4	A3	$\overline{EOM}$	25
5	A4	PD	24
6	A5	$\overline{CE}$	23
7	A6	$\overline{OVF}$	22
8	A7	ANAOUT	21
9	A8	ANAIN	20
10	A9	AGC	19
11	AUXIN	MICREF	18
12	VSSD	MCI	17
13	VSSA	VCCA	16
14	SP+	SP−	15

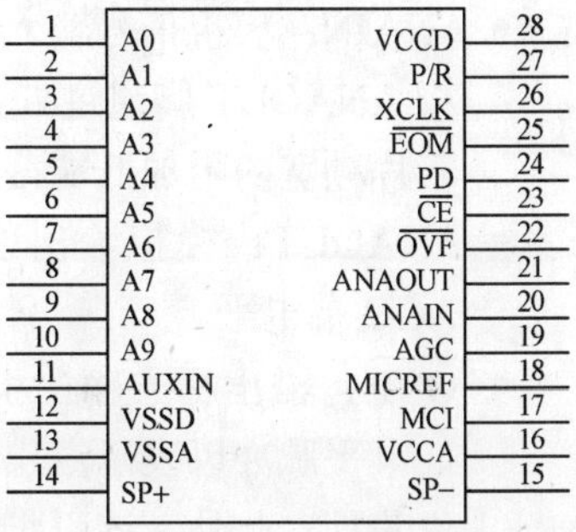

图 15.5　ISD2560 的引脚封装示意图

图 15.5 所示是 ISD2560 的引脚封装示意图，其详细说明如下。

- A0～A9：地址/模式输入引脚，共有 1024 种组合状态，最前面的 600 个状态用做内部存储器的寻址，后 256 个状态作为操作模式。当

A8 或 A9 有一个为 0 时，为地址线，作为当前录/放操作的起始地址，地址端只作输入，不能用做输出操作过程中的内部地址信息，地址输入在 $\overline{CE}$ 的下降沿，并被锁存。当 A8 和 A9 均为 1 时，为模式输入，共有 6 种操作模式（参考下一小节）。

- AUXIN：辅助输入引脚，当 $\overline{CE}$ 和 P/R 引脚为高，放音不进行或处于放音溢出状态时，此引脚的输入信号通过内部输出放大器驱动扬声器输出端，当有多个 ISD2560 芯片级联时，后级的扬声器输出通过此引脚连接到本级的输出放大器。
- VSSD、VSSA：数字和模拟地引脚。由于芯片内部使用不同的模拟和数字地线，因此，这两脚最好通过低阻抗通路连接到地。
- SP+、SP-：扬声器驱动引脚，可驱动 16Ω 以上扬声器（内存放音时，功率为 12.2mW；AUXIN 放音时，功率为 50mW）。ISD2500 系列的所有器件都有一个在芯片上的差分扬声器驱动器，该扬声器输出脚在录音和节电模式时保持为 VSSA 的输入电平，因此，多个 ISD2500 系列器件一起使用时，它们的扬声器输出脚不能并接，并行连接可能会造成芯片的损坏。如果使用单端输出时，必须在 SP 输出脚和扬声器间接耦合电容，双端输出既不用电容又能将输出功率提高至 4 倍。
- VCCA、VCCD：模拟和数字电源输入引脚，为了最大限度地减小噪声，芯片内部的模拟和数字电路使用不同的电源总线，并且分别引到外封装上。模拟和数字电源端最好分别走线，并应尽可能在靠近供电端处相连，而去耦电容则应尽量靠近芯片。
- MICIN：话筒输入引脚，麦克的输入通过此引脚将信号送至片内的前置放大器，片内自动增益控制电路（AGC）将此前置放大器的增益控制在-15～24dB。外接话筒应该通过一系列电容交流耦合进此引脚，耦合电容值和芯片内部次引脚的 10kΩ 输入阻抗共同决定了 ISD2560 芯片频宽的低频截止点。
- MI REF：话筒参考输入引脚，为前置放大器的反向输入，当以差分形式连接话筒时，可减少噪声，提高共模抑制比。
- AGC：自动增益控制引脚，AGC 可以用于动态调整前置增益，以补偿话筒输入电平的宽幅变化，使得录制变化很大的音量（从耳语到喧嚣声）时失真都能保持最小。响应时间取决于该端内置的 5kΩ 电阻和从该端到 VSSA 端所接电容的时间常数。释放时间则取决于该端外接的并联对电容和电阻设定的时间常数。选用标称值分别为 470kΩ 的电阻和 4.7μF 的电容可以得到满意的效果。
- ANAIN：模拟信号输入引脚，该引脚为芯片录音信号输入脚，对于话筒输入来说，应将 ANAOUT 脚通过外接电容连至此脚，该电容和本引脚内部的 3kΩ 输入阻抗决定了芯片频宽的附加低端截止频率，其他音源则可通过交流耦合直接连至端。
- ANAOUT：模拟输出引脚，此引脚为前置放大器的输出，其前致电压增益取决于 AGC 端电平。
- $\overline{OVF}$：溢出标志输出引脚，低电平有效，当芯片处于存储空间末尾时，此引脚输出低电平脉冲以表示溢出，之后该引脚状态跟随 $\overline{CE}$ 引脚的状态，直到 PD 引脚变高复位芯片。此外，该引脚可用于级联多个 SD2500 系列器件以增加录音的存储空间。
- $\overline{CE}$：芯片使能输入引脚，低电平有效，该引脚为低时使能所有的录音和播放操作，芯片在该引脚的下降沿将锁存地址线和 P/R 引脚的状态。另外，此引脚在某些操作模式（操作模式 6）中有特殊的意义。

- PD：节电控制引，当此脚拉高时可使芯片停止工作而进入节电状态，如果芯片发生溢出，即OVF脚输出低电平后，应将此引脚变高以将地址鄄振复位到录/放空间的开始位置。
- 另外，此引脚在某些操作模式（操作模式 6）中有特殊的意义。
- EOF：信息结尾标志输出引脚，低电平有效，EOM标志在录音时由芯片自动插入该信息段的结尾。当播放出现问题时，此引脚输出低电平脉冲。另外，SD2560 芯片内部会自动检测电源电压以维护信息的完整性，当电压低于 3.5V 时，此引脚变低，此时芯片只能播放。在模式状态下，可用来驱动 LED 以指示芯片当前的工作状态。
- XCLK：外部时钟输入引脚，该脚内部有下拉元件，不用时应接地。芯片的采样时钟在出厂前已经调节校准，误差在 1%以内。ISD2560 的采样率为 8kHz，需要 1024kHz 的外部时钟。
- P/R：录/放模式选择引脚，该引脚在CE的下降沿锁存，为高电平选择放音，低电平选择录音。在录音时由地址引脚提供起始地址，直到录音持续到CE或 PD 变高，或内溢出。如果是前一种情况，芯片将自动在录音结束处写入 EOM 标志。放音时，由地址输入提供起始地址，放音持续到EOM标志。如果CE一直为低，或芯片工作在某些操作模式，放音则会忽略EOM而继续进行下去，直到发生溢出为止。

2．ISD2560 的操作模式

由于 ISD2560 内置了 6 种不同的操作模式，所以可以用很少的外围器件来实现不同的功能，表 15.4 是 ISD2560 的操作模式说明。

表 15.4　ISD2560 的操作模式

模　式	功　能	应 用 说 明	模式组合说明
M0	信息检索	快进通过信息	M4、M5、M6
M1	删除 EOM	在最后一条信息结束处存放 EOM	M3、M4、M5、M6
M2	保留	保留	保留
M3	循环	从地址 0 开始连续播放	M1、M5、M6
M4	连续寻址	录/放连续的多段信息	M0、M1、M6
M5	CE 电平有效	允许暂停	M0、M1、M3、M4
M6	按键模式	简化外围电路	M0、M1、M3

ISD2560 的操作模式可通过 51 单片机进行控制，在实际使用中要注意以下两点：

- ISD2560 的所有操作最初都是从 0 地址（即存储空间的起始端）开始。后续的操作根据选用的模式可从其他地址开始。但是，电路由录转放或放转录（M6 模式除外），或都执行了掉电周期后，地址计数器将复位为 0。
- 当 CE 变低且最高两地址位同为高时，执行操作模式。这种操作模式将一直有效，直到 CE 再次变低，芯片重新锁存当前的地址/模式引脚电平，并直到执行相应的操作为止。

15.2.2　语音芯片 ISD2560 的应用电路

图 15.6 所示是 ISD2560 外接麦克和喇叭的典型应用电路。

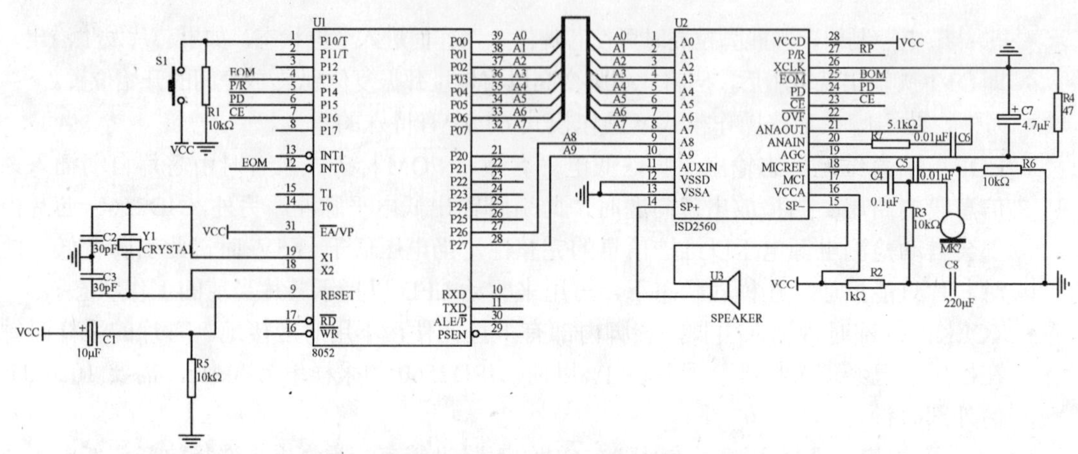

图 15.6　ISD2560 外接麦克和喇叭的典型应用电路

如图 15.6 所示，51 单片机的 P0 端口和 P2.7、P2.6 引脚分别和 ISD2560 的 A0～A9 引脚连接提供 ISD2560 的地址和工作模式选择；使用 P1.4 端口连接到 ISD2560 的 P/R 引脚用于控制 ISD2560 的录音或者播放，当 P1.4 输出高电平，ISD2560 为播放状态，否则为录音状态；P1.5 引脚用于控制 ISD2560 的省电模式；P1.6 用于控制 ISD2560 的片选当为低电平时该使能有效；外部中断 INT0、P1.3 和 ISD2560 的 $\overline{\text{EOM}}$ 标志输出相连，$\overline{\text{EOM}}$ 标志在录音时由芯片自动插入到录音信息的结尾处，当播放时遇到 $\overline{\text{EOM}}$ 时，会产生低电平脉冲（约 12.5ms），从而触发 51 单片机的外部中断事件，51 单片机必须在检测到此输出的上升沿后才播放新的录音信息，否则播放的语音就不连接，而且会产生"啪啪"声；SPEAKER 和 MIC 分别为扬声器和话筒；51 单片机的 P1.0 引脚上外接了一个普通按键用于控制 ISD2560 工作。

ISD2560 的其他外围电路及其具体数值如图 15.6 所示，可以参考 ISD2560 的芯片资料。由于 ISD2560 是数据混合的芯片，因此对数字信号和模拟信号的处理是 PCB 设计中需要着重考虑的问题，在芯片内部使用不同的模拟地和数字地、模拟电源和数字电源，它们分别通过 VSSA、VSSD、VCCA 和 VCCD 引出。VSSA、VSSD 两引脚最好通过低阻抗通路连接到地平面；VCCA 和 VCCD 最好也分别走线，并应尽可能在靠近供电端处相连，电源脚附近的去耗电容应尽量靠近芯片。

15.2.3　语音芯片 ISD2560 的操作步骤

51 单片机控制 ISD2560 的完整录放详细操作步骤如下：

（1）51 单片机控制 PD、P/R 引脚为高电平，并指定录音地址，启动录音过程。

（2）在预先设定的时间内（<60s）结束录音。

（3）51 单片机控制 P/R 引脚回到低电平，即完成一段语音的录制。

（4）开启外部中断 0 事件，指定放音地址，启动播放。

（5）重复 3 次播放后关闭外部中断 0，待下一次录音。

15.2.4　应用实例——ISD2560 的录放操作

本应用是一个使用 51 单片机驱动 ISD2560 进行录放的实例，其应用电路如图 15.6 所示，表 15.5 是实例涉及的典型器件说明。

表 15.5　ISD2560 录放操作实例器件列表

器　件	说　明
51 单片机	核心器件
按键	录放控制按键
ISD2560	语音芯片
麦克	语音输入部件
喇叭	语音播放器件
电阻	上拉和限流
晶体	51 单片机工作的振荡源
电容	51 单片机复位和振荡源工作的辅助器件

例 15.5 是实例的应用代码。

【例 15.5】代码使用两个标志位 IdleFlag 和 StartFlag 来判断系统的当前状态，当 IdleFlag 为 1 的时候如果有按键被按下，则开始录音过程；录音结束之后在中断服务子函数中连续播放三次，然后等待下一次录音。

```
#include <AT89X52.h>
unsigned char count;                    // 重复播放次数计数器
unsigned char StartFlag;                // 开始键按下标志
unsigned char IdleFlag;                 // 系统是否处于空闲状态标志
//定义语音芯片 ISD2560 的控制引脚
sbit START = P1^0;
sbit EOM = P1^4;
sbit PR = P1^5;
sbit PD = P1^6;
sbit CE = P1^7;
//录音子程序
void record(void)
{
CE = 0;                                 //片选有效
PD = 0;
PR = 0;                                 //录音开始
}
//放音子程序
void playback(void)
{
CE = 0;
PD = 0;
PR = 1;                                 //放音开始
}
//延时 t 毫秒子程序
```

```
void delay(unsigned int t)
{
unsigned int i;
while(t--)
{
    /* 对于12M时钟,约延时1ms */
    for (i=0;i<125;i++)
    {}
 }
}
//外部中断0服务子程序
void out_int0() interrupt 0 using 1
{
    EX0 = 0;                                    // 关外部中断0
PD = 1;                                         // 进入节电状态
if(count<2)                                     // 再重播2次,共3次放音
{
    count++;
    delay(500);                                 // 延时500ms
    P2 = P2&0xFC;                               // A8=A9=0
    P0 = P0&0x00;                               // 起始地址为0
    playback();                                 // 从地址0处播放
    EX0 = 1;                                    // 开外部中断0
}
else
{
    IdleFlag = 1;                               // 变为空闲状态,可以再次按开始键
    count = 0;
 }
}
//主程序
void main()
{
EA = 1;                                         // 开CPU中断
 count = 0;                                     //计数单元
StartFlag = 0;                                  //初始化标志位设定
IdleFlag = 1;
while(IdleFlag==1)
{
    if (START)
    {
```

```
            delay(10);                          // 延时去抖动
            if (START)
                StartFlag = 1;                  // 开始键按下标志
        }
        if (StartFlag == 1)                     //开始标志为 1
        {
            do
            {
                P2 = P2&0x3F;                   // A8=A9=0
                P0 = P0&0x00;                   // 起始地址为 0
                record();                       // 录音开始,存放在地址 0 处
            }
            while (START);                      // 开始键松开
            StartFlag = 0;
            PR = 1;                             // 结束录音
            PD = 1;                             // 进入节电状态
            delay(500);                         // 延时 500ms 再播放录音
            EX0 = 1;                            // 开外部中断 0
            P2 = P2&0x3F;                       // A8=A9=0
            P0 = P0&0x00;                       // 起始地址为 0
            playback();                         // 从地址 0 处进行第一次播放
            IdleFlag = 0;                       // 当前不空闲,按开始键无效
        }
    }
}
```

15.3　TTS 语音芯片 OSY6618 扩展

在某些 51 单片机系统的应用中，需要播放的语音信息并不能事先存放/录入到语音信息中，例如，叫号系统需要根据当前等待者的姓名播放叫号信息，此时可以使用 TTS 语音芯片 OSY6618。

注：TTS 是 Text To Speech 的缩写，即“从文本到语音”，是人机对话的一部分，让机器能够说话。其把文字智能地转化为自然语音流。TTS 技术对文本文件进行实时转换，转换时间之短可以秒计算。在其特有智能语音控制器作用下，文本输出的语音音律流畅，使得听者在听取信息时感觉自然，毫无机器语音输出的冷漠与生涩感。

15.3.1　TTS 语音芯片 OSY6618 基础

OSYNO6188 语音合成芯片是北京益世通利智能通讯技术有限公司采用自主核心技术开

发的语音合成芯片，其通过异步串口接收待合成的文本，可直接通过 PWM 输出方式驱动扬声器，也可外接单支三极管驱动扬声器，即可实现文本到声音（TTS）的转换，OSY6618 的主要特点如下：

- 支持国家标准 GB_2312 中所有汉字。
- 支持标点符号、电话号码、邮政编码、英文字母等特殊字符处理。
- 提供 TTL 电平兼容的异步串口数据输入，通信波特率有 1200bps、2400bps、4800bps、9600bps 可选。
- 提供 10 bit PWM 直接驱动输出和一个固定的电流 DA 驱动输出。
- 提供数字音量控制，有六级音量可选。
- 提供工作状态指示电平输出。
- 除和弦音乐外，在任何播音时均可以选择背景音乐。
- 宽电压支持 2.6～3.6V（使用二节电池供电），3.6～5.5V（使用三节电池供电）。
- 提供低功耗方式。

引脚	名称	名称	引脚
1	Vo	XIN	28
2	VDD	XOUT	27
3	NC	NC	26
4	NC	CVDD	25
5	NC	TSET	24
6	NC	VDD	23
7	NC	STATUS	22
8	NC	CVDD	21
9	NC	RST	20
10	NC	VDD	19
11	GND	RXD	18
12	BP0	TXD	17
13	VDD	CKSEL	16
14	BN0	NC	15

图 15.7 OSY6618 的引脚封装

1．OSY6618 的引脚封装

OSY6618 的引脚封装如图 15.7 所示，其详细说明如下。

- Vo：DA 输出引脚，不使用的时候悬空即可。
- VDD：电源输入引脚。
- NC：保留引脚。
- GND：电源地信号输入引脚。
- BP0：PWM 输出引脚。
- BN0：PWM 输出引脚。
- CKSEL：时钟源选择引脚，必须接地以选择外部时钟。
- TXD：串口数据发送引脚。
- RXD：串口数据接收引脚。
- RST：系统复位引脚，低电平有效。
- CVDD：核心电源输入引脚。
- STATUS：系统状态引脚，当为低电平的时候表示芯片处于空闲状态。
- TEST：系统测试引脚，如果为低表明处于自检状态。
- XOUT：外部时钟输出引脚。
- XIN：外部时钟输入引脚。

2．OSY6618 的串行接口

OSY6188 使用一组全双工的异步串行通信（UART）接口，实现与 51 单片机的数据交换，该接口包括 TXD（发送），RXD（接收），GND（地）三根信号引脚，其电平逻辑高电平为 3V 或者 4.5V，由芯片的工作电源决定。

在 OSY6188 上电时默认通信速率为 1200bps，51 单片机可以通过通信命令字（详见下一小节）来改变通信速率，OSY6188 允许选择如下 4 种通信速率：1200bps，2400bps，

4800bps，9600bps。

OSY6188 数据包的格式为 1 位起始位，8 位数据位，1 位停止位，没有校验位。

3. OSY6618 的命令数据帧格式

51 单片机以数据帧格式向 OSY6188 芯片发送命令码对芯片进行相关设置，OSY6618 会根据命令码及参数进行相应操作，并向信息终端返回命令操作结果。该数据帧格式如表 15.6 所示。

表 15.6　OSY6618 的数据帧格式

1BYTE	1BYTE	1BYTE	1BYTE	<50BYTEs	1BYTE	1BYTE
起始字节	参数 1	参数 2	参数 3	合成数据	结束	校验
0x01	1xxx xxxx	1xxx xxxx	1xxx xxxx	0～50	0x04	xxxx xxxx

参数 1 的各个位说明如下。

- bit7：必须为 1，防止参数为 0x04 时候和结束字节的冲突。
- bit6：中断控制位，“1”为使能，“0”为关闭。
- bit5～bit4：输出方式选择位，“00”为保持以前，“01”为 DA 输出，“10”为 PWM 输出。
- bit3～bit1：波特率选择位，“0”为保持以前，“001”为 1200bps，“010”为 2400bps，“011”为 4800bps，“100”为 9600bps。
- bit0：休眠控制位，“0”为不使用休眠，“1”为使用休眠。

注：如果 bit0 = 1 即使用了休眠模式，则数据帧中的“合成数据”部分必须为 0 字节，休眠唤醒需要大概 16ms 的时间。

参数 2 的各个位说明如下。

- bit7：必须为“1”，防止参数为 0x04 时，与结束字节冲突。
- bit6：控制在卡拉 OK 模式下芯片是否回传歌词位，“0”为不回传，“1”为回传。
- bit5～bit3：循环播放的遍数位，“000”为播放 1 遍，“001”为播放 2 遍，“010”为播放 3 遍，以此类推，“110”为播放 7 遍，“111”为一直循环播放。
- bit2：接收文本朗读或拼音内码朗读的第一个字是否按姓处理，“0”为不按，“1”为按。
- bit1：接收的文本朗读是否读标点符号，“1”为读，“0”为不读。
- bit0：接收的文本朗读数字 1 是否读成“Yao”，“1”为读，“0”为不读。

参数 3 的各个位说明如下。

- bit7：必须为 1 用于防止参数为 0x04 时，与结束字节冲突。
- bit6：芯片按命令帧要求播音完后，是否需要告诉 51 单片机已经播完，以便 51 单片机再发送其他新命令，为“1”表示操作完成后需要向 51 单片机反馈全部播音结束的回应帧，为“0”则表示操作完成后, 不需要回应帧。
- bit5～bit3：背景音乐选择位，为“000”表示不要背景音乐，为“001”～“111”则表示背景音乐曲目编号。
- bit2～bit0：音量大小，有效值为“000”～“101”共 6 级。

以下是一个对 OSY6618 进行相关设定的数据帧的操作实例，假设系统起始状态为重置或者上电，此时 OSY6618 的相关参数初始值如下：波特率，1200bps；输出方式，PWM。

注：若要改变波特率或音频信号输出方式，每次系统重置时都需重发改波特率或输出方式的数据帧，并且发送完改变波特率或输出方式的系统包后，要暂停几百毫秒，再修改主机的波特率。

```
如果让 OSY6618 进入休眠状态,需发送的数据帧为 0x0181 0x8080 0x0484。
如果让 OSY6618 由休眠进入唤醒状态,需发送的数据帧为 0x0180 0x8080 0x0485。
```

注：休眠后唤醒约需 16 ms。

```
如果中断当前 OSY6618 正在进行的操作，需发送的数据帧为 0x01c0 0x8080 0x04c5。
如果要改变当前的波特率，需发送的数据帧为以下四种：
    改成 1200bps,0x0182 0x8080 0x0487。
    改成 2400bps,0x0184 0x8080 0x0481。
    改成 4800bps,0x0186 0x8080 0x0483。
    改成 9600bps,0x0188 0x8080 0x048d。
如果要改变当前音频的输出方式,需发送的数据帧为以下两种:
    改成 DA 输出,0x0190 0x8080 0x0495。
    改成 PWM 输出,0x01a0 0x8080 0x04a5。
```

注：波特率和输出方式可以同时改变，但是发送完改变波特率或输出方式的系统包后，要暂停几百毫秒，再修改 51 单片机的波特率。

4．OSY6618 的卡拉 OK 模式回送帧格式

OSY6618 有一个卡拉 OK 工作模式，在该模式下 OSY6618 会回送相应的数据帧以供 51 单片机处理，其数据帧格式说明如下。

- 卡拉 OK 开始：0x01。
- 卡拉 OK 结束：0x04。
- 歌名开始：0x05。
- 演唱者开始：0x06。
- 前奏或中间演奏节拍开始：0x07，后面跟着前奏或中间演奏所占节拍，这时候不唱歌词。
- 歌词第一句开始：0x08，后面跟着一句歌词，格式为一个汉字（2 个字节）或英文单词（1 个字节）。

节拍的相关计算说明如下。

- 存储汉字节拍 = 实际节拍* 8 + 0x20，其中最小节拍数为 1/8 拍（1 个字节）。
- 存储前奏或中间演奏节拍 = 实际节拍* 2 + 0x20，其中最小节拍为 1/2 拍（1 个字节）。
- 如果存储空间的总长度（字节数）为奇数，则补上 0x00，凑成偶数，此时存储表的第二个字开头为 0x01XX，结尾为 0xXX04 或 0x0400。
- 在开始字节后有 2 个节拍调整参数字节。
- 存储表存储顺序如下：0x01、节拍调整参数、0x05、歌名、0x06、演唱者、0x07、前奏节拍、0x08、第一句歌词、0x07（可无）、中间演奏节拍（可无）、0x08、下一句歌

词、0x04。

- 延时时间计算方法：设读出的节拍调整参数为 cofficient，每个汉字对应的实际节拍为 X 拍（根据存储节拍算出来），每个汉字的卡拉 OK 延时时间为 Y 毫秒，则它们的关系为 Y = 0.000347222 *cofficient * X。

以下是某歌曲的卡拉 OK 模式下的回送帧格式操作实例。

```
    歌名：找朋友
    演唱者：找朋友 0xd5d2 0xc5f3 0xd3d1
    前奏节拍：0x05 节拍调整参数:0x000a
    词：找呀找呀找朋友， 找到一个好朋友!
    0xd5d2 0xd1bd 0xd5d2 0xd1bd 0xd5d2 0xc5f3 0xd3d1 0xd5d2 0xb5bd 0xd2bb
0xb8f6 0xbac3 0xc5f3
    0xd3d1
    拍：1/4 1/4 1/4 1/4 1/4 1/4 1 1/4 1/4 1/4 1/4 1/4 1/4 1
    *8： 2 2 2 2 2 2 8 2 2 2 2 2 2 8
    +0x20:0x22 0x422 0x22 0x22 0x22 0x22 0x28 0x22 0x22 0x22 0x22 0x22 0x22
    0x28
    存储表：
    0x0100 0x0a05 0xd5d2 0xc5f3 0xd3d1 0x06d5 0xd2c5 0xf3d3 0xd107 0x0508
    0xd5d2 0x22d1 0xbd22 0xd5d2 0x22d1 0xbd22 0xd5d2 0x22c5 0xf322 0xd3d1
    0x2808 0xd5d2 0x22b5 0xbd22 0xd2bb 0x22b8 0xf622 0xbac3 0x22c5 0xf322
    0xd3d1 0x2804
```

注：在播放卡拉 OK 时如果需要回送歌词，则 51 单片机需要一段时间来等待歌词全部回送完毕，另外，单片机要有足够大的 RAM 用于存放歌词（1000 字节以上），该等待时间列举如下（建议最好用 9600bps）：当波特率为 9600bps 时，需要等待 1.2s；当波特率为 4800bps 时，需要等待 2.4s；当波特率为 2400bps 时，需要等待 4.8s ；当波特率为 1200bps 时，需要等待 9.6s。

5．OSY6618 回送的其他回应帧格式

除了上面提到的卡拉 OK 模式下的回送帧，在普通工作模式下，OSY6618 也会对 51 单片机发送的数据帧进行回应，每个回应帧包括 3 个字节，其格式如下。

- 接收校验成功：0x01 0x11 0x04。
- 接收校验失败：0x01 0x10 0x04。
- 全部播放完成：0x01 0x12 0x04。

其中，第一个字节 0x01 表示回送开始，第二个字节表示接收校验成功或失败或播完，第三个字节 0x04 表示回送结束。

15.3.2　TTS 语音芯片 OSY6618 的应用电路

本小节将分为几个部分来介绍 OSY6618 的典型应用电路。

1．OSY6618 的复位电路

OSY6618 的复位信号是低电平有效，其可以采用图 15.8 和图 15.9 两种复位电路。

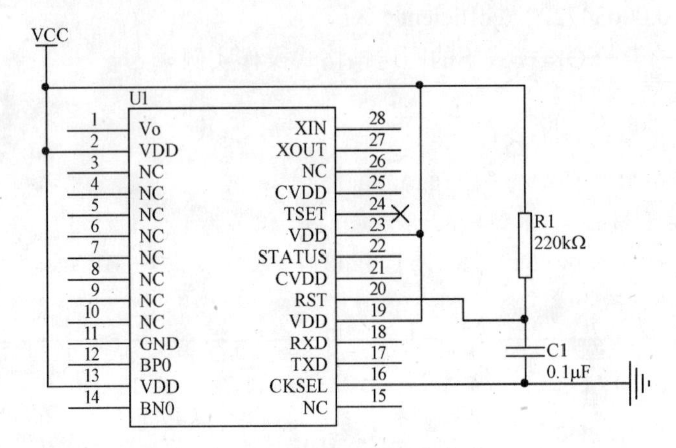

图 15.8 OSY6618 的复位电路 1

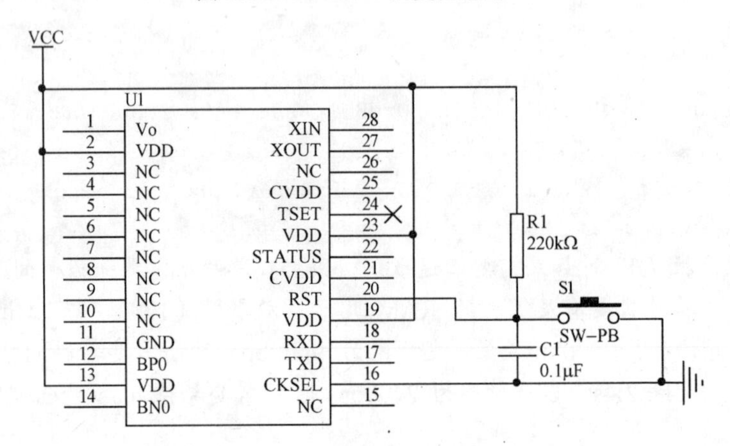

图 15.9 OSY6618 的复位电路 2

如图 15.9 所示，OSY6618 的 CKSEl 引脚必须连接到 GND，其 VDD 引脚都直接连接到供电电源 VCC 上，而 RST 引脚则使用 RC 电路构成一个上电复位电路，其中，15.9 图比 15.8 图多加了一个按键 S1，从而使得可以实现手动复位。

2．OSY6618 的供电电路

当 OSY6618 使用两节电池或者 3V 电压供电时，其供电的电路如图 15.10 所示。所有的 VDD 和 CVDD 应该连接在一起，同时接入带 47μF 电容（C4）的 3V 的电源上，电容 C3 应靠近 CVDD 引脚上。

当 OSY6618 使用 4.5V 电源供电的时候，其供电电路如图 15.11 所示，所有的 VDD 都直接连接到供电电源 VCC 上，而两个 CVDD 引脚则连接到一起，然后通过一个 360Ω 的电阻连接到供电电源 VCC 上。

当 OSY 使用三节电池供电时，其供电电路如图 15.12 所示。

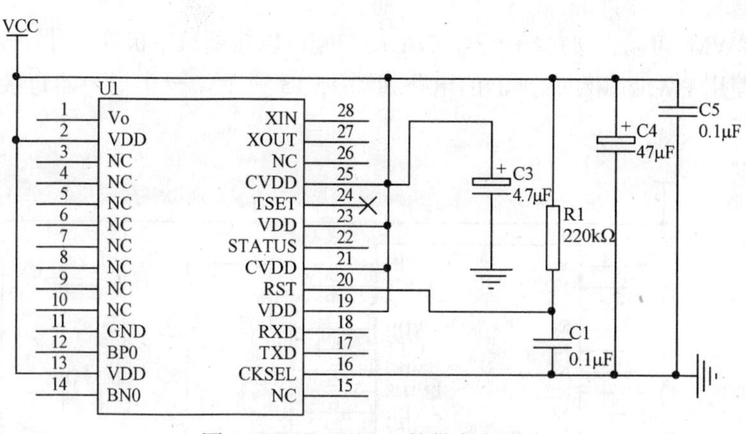

图 15.10　OSY6618 的供电电路 1

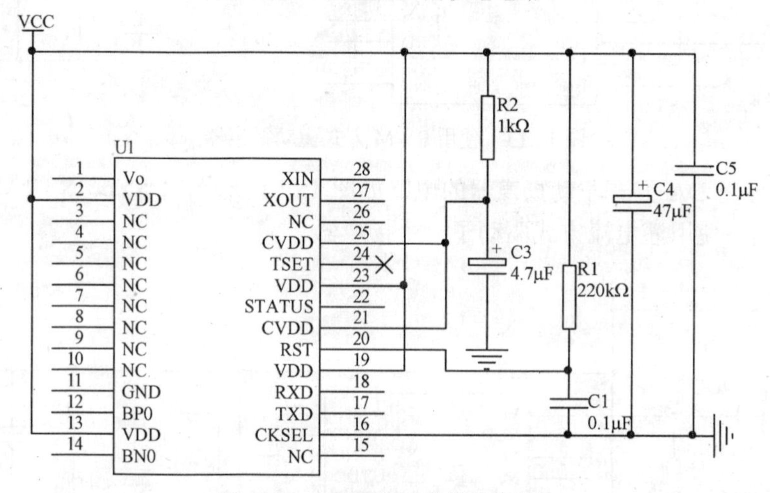

图 15.11　OSY6618 的供电电路 2

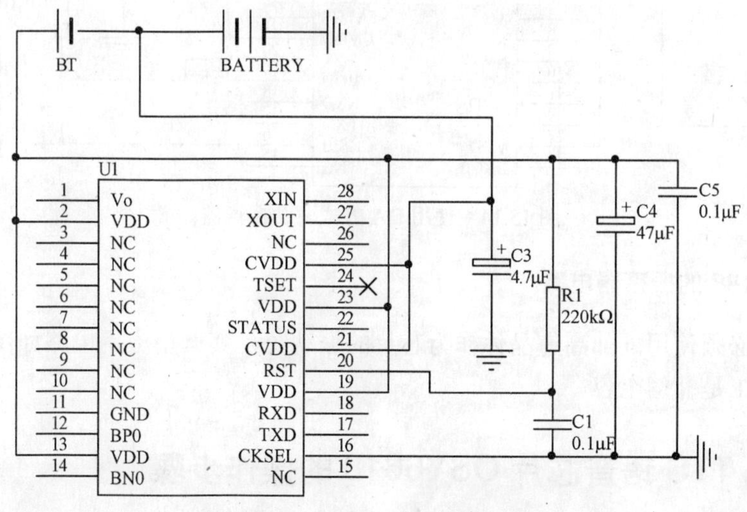

图 15.12　OSY6188 的供电电路 3

3．OSY6188 的扬声器电路

OSY6188 提供了两组不同的模拟音频输出端口，即可以使用 PWM 输出端口，也可以使用

DA 输出端口。PWM 可以直接接扬声器，DA 端口则可以接单只三极管，进行模拟输出。

OSY6188 使用 PWM 驱动扬声器的电路如图 15.13 所示，一个扬声器直接连接到 BP0 和 BN0 引脚上即可。

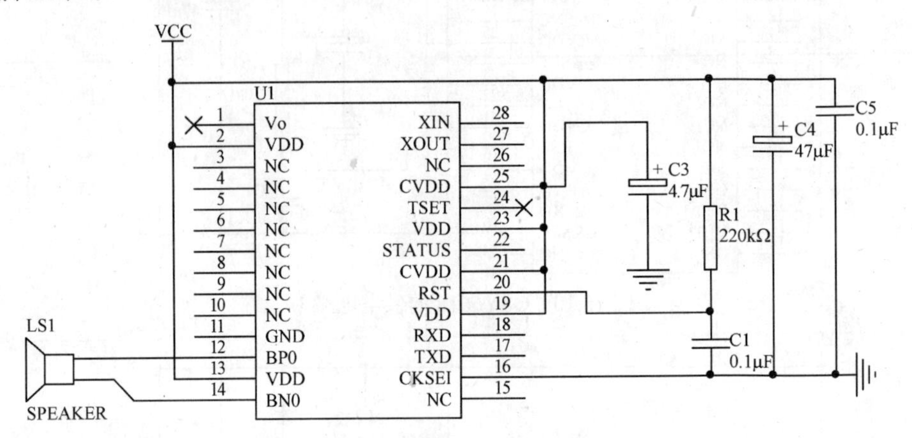

图 15.13　使用 PWM 方式驱动扬声器

OSY6618 使用 DA 方式驱动扬声器的电路如图 15.14 所示，OSY6618 的 Vo 引脚连接到一个三极管，然后使用灌电流方式驱动了一个扬声器。

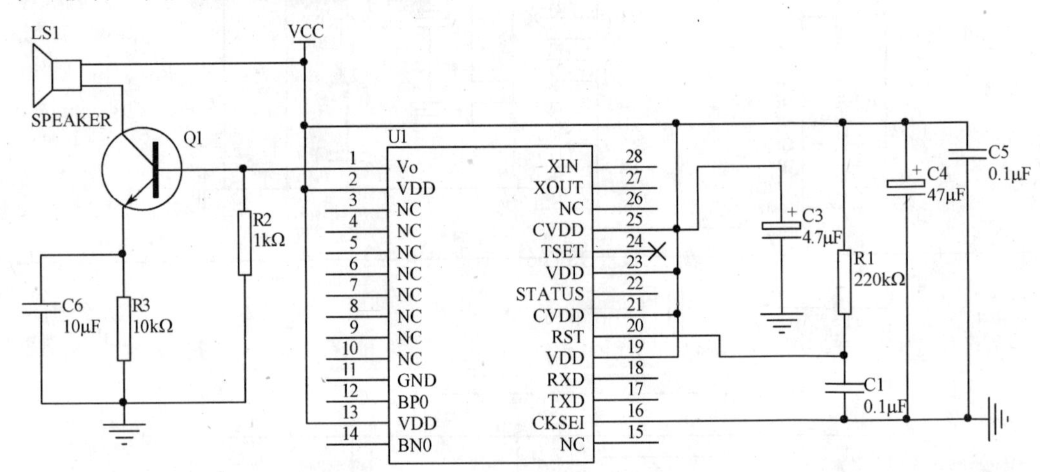

图 15.14　使用 DA 方式驱动扬声器

4．OSY6188 的振荡器电路

OSY6188 必须使用外部高速晶体作为芯片的振动源，其典型应用电路如图 15.15 所示，其中 C10 和 C11 是补偿电容。

15.3.3　TTS 语音芯片 OSY6618 的操作步骤

OSY6618 的详细操作步骤如下：

（1）设置 51 单片机的通信波特率为 1200bps。

（2）发送 OSY6618 的命令数据帧修改 OSY6188 的相关参数。

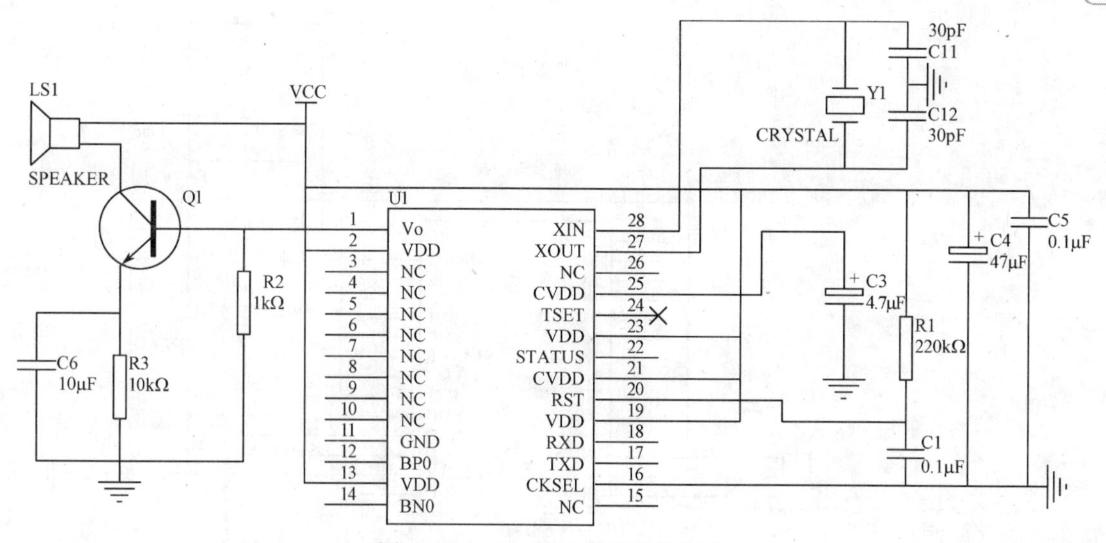

图 15.15　OSY6618 的振荡器电路

（3）等待 OSY6618 回送回应数据帧。

（4）发送 OSY6618 待播放的声音数据帧。

（5）等待 OSY6618 回送相应的数据帧。

（6）继续下一步操作。

15.3.4　TTS 语音芯片 OSY6618 的应用代码

1. 应用实例——OSY6618 的语音播放

本应用是使用 51 单片机驱动 OSY6618 芯片进行语音播放的实例，其应用电路如图 15.16 所示。OSY6618 使用 3V 电压供电，PWM 方式驱动扬声器，使用 12M 晶体作为外部振动源，其 TXD 和 RXD 引脚和 51 单片机交叉连接，表 15.7 是实例涉及的应用器件说明。

表 15.7　OSY6618 语音播放实例器件列表

器　件	说　明
51 单片机	核心器件
OSY6618	TTS 语音芯片
喇叭	语音播放器件
电阻	上拉和限流
晶体	51 单片机和 OSY6618 工作的振荡源
电容	辅助器件

例 15.6 是实例的应用代码，实例中 OSY6618 的相应参数设置如下：“2 级音量”，“1200bps 波特率”，“播放完成之后返回信息”，“PWM 输出驱动”，“没有背景音乐”，“回送歌词”，“1 读成‘Yao’”，“按姓名处理”，“读标点符号”，“循环一遍”。

【例 15.6】根据如上设置可以计算得到 OSY6618 的相关实际参数对应的数据如下：起始参数（1），参数 1（128），参数 2（199），参数 3（193），功（185、166），能（196、220），演（209、221），示（202、190），结束字节（4），校验字节（252）。

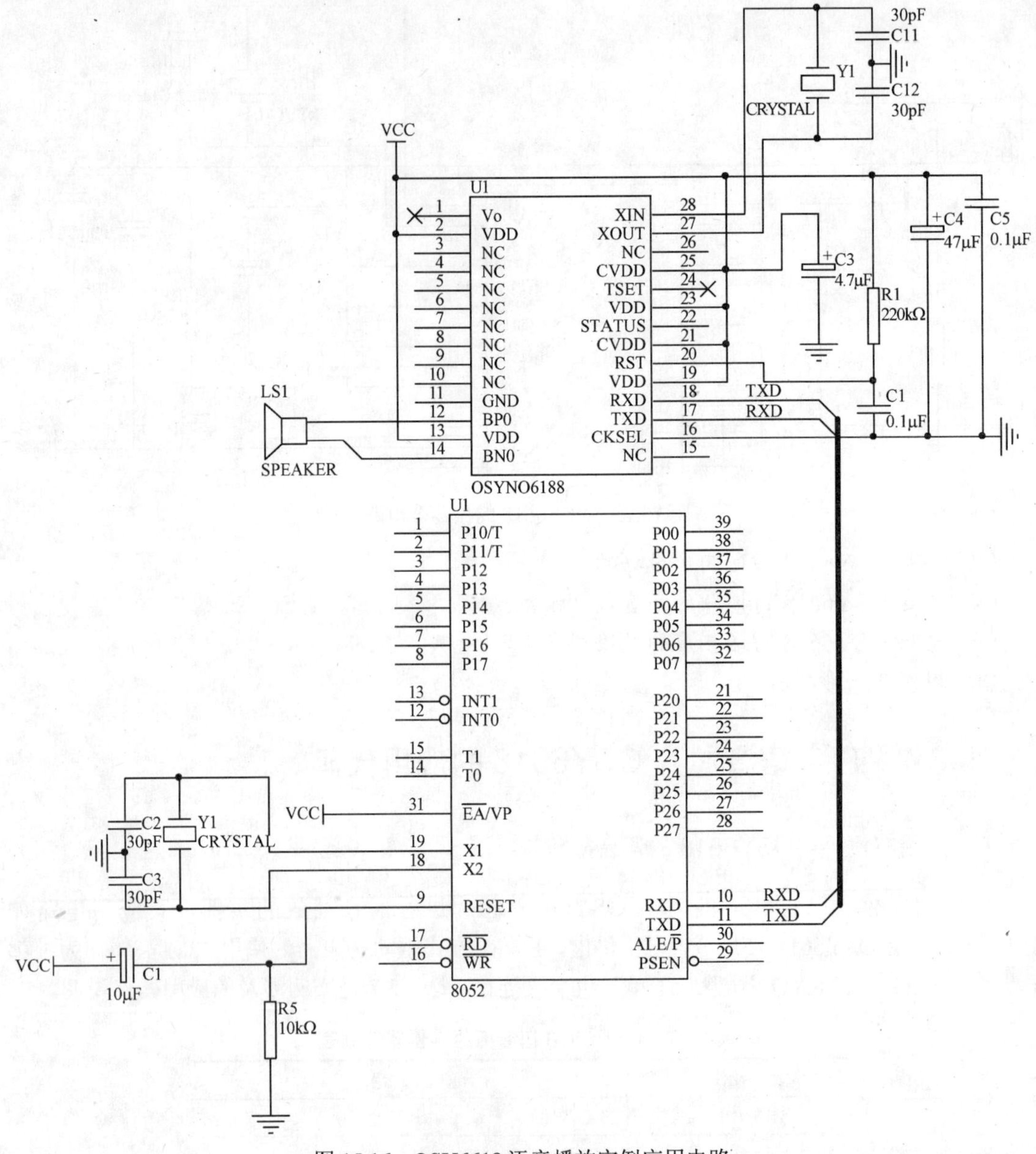

图 15.16　OSY6618 语音播放实例应用电路

```
#include <AT89x52.h>
#include <stdio.h>
//定义发送帧,存放在 code 空间中
unsigned char code vdata[14] =
{
1,128,199,193,185,166,196,220,209,221,202,190,4,252
};
void inituart(void)                         //初始化串口为 1200bps
{
    TMOD = 0x20;
```

```
        SCON = 0x50;
        TH1 = 0xE8;
        TL1 = TH1;
        PCON = 0x00;
        EA = 1;
        ES = 1;
        TR1 = 1;                                    //启动 T1
    }
    void UARTInterrupt(void) interrupt 4            //串口中断处理函数
    {
        if(RI)
        {
            RI = 0;                                 //直接扔掉回送帧，简单判断
        }
        else
            TI = 0;
    }
    main()
    {
       unsigned char i;
       inituart();                                  //初始化串口
       for(i=0;i<14;i++)                            //发送语音信息
       {
        putchar(vdata[i]);
       }
       while(1)
       {
       }
    }
```

2．应用实例——OSY6618 的来电提示音

本应用是使用 OSY6618 实现来电提示语音播放的实例，其应用电路如图 15.16 所示，该实例使用“激光声”来播放“叶先生”文本信息，并且选择了常用短语中的“来电”，使用和弦音乐中的“军港之夜”作为音乐，其中，OSY6618 的参数设置如下：“六级音量”，“1200bps 波特率”，“播完不告知”，“PWM 输出”，“不回传歌词”，“1 不读成‘Yao’”，“按姓名处理”，“读标点符号（不选）”，“没有背景音乐”，“循环一遍”。

例 15.7 是实例的应用代码。

【例 15.7】根据如上设置可以计算得到 OSY6618 的相关实际参数对应的数据如下：起始参数（1），参数 1（128），参数 2（132），参数 3（133），激光声（96、194），激光声（96、194），叶（210、182），先（207、200），生（201、250），短语来电（96、163），和弦

“军港之夜”（96、176），结束（4），校验字节（199）。

```
#include <AT89x52.h>
#include <stdio.h>
//定义发送帧，存放在 code 空间中
unsigned char code vdata[20] =
{
1,128,132,133,96,195,96,194,210,182,207,200,201,250,96,163,96,176,4,190
};
void inituart(void)                                //初始化串口为 1200bps
{
   TMOD = 0x20;
   SCON = 0x50;
   TH1 = 0xE8;
   TL1 = TH1;
   PCON = 0x00;
   EA = 1;
   ES = 1;
   TR1 = 1;                                        //启动 T1
}
void UARTInterrupt(void) interrupt 4               //串口中断处理函数
{
   if(RI)
   {
      RI = 0;                                      //直接扔掉回送帧，简单判断
   }
   else
      TI = 0;
}
main()
{
  unsigned char i;
  inituart();                                      //初始化串口
  for(i=0;i<20;i++)                                //发送语音信息
  {
   putchar(vdata[i]);
  }
  while(1)
  {
  }
}
```

15.4　GP16 微型打印机扩展

51 单片机应用系统除了使用显示屏、语音等方式，还可以使用微型打印机来向用户输出相关信息，本小节将介绍 GP16 微型打印机的扩展方式。

15.4.1　GP16 微型打印机基础

GP16 为并行接口的智能型打印机，其机芯为 Model-150-II 16 行针打，提供和 51 单片机完全兼容的读写接口，其每行可打印 5×7 点阵的字符 16 个，能打印 240 个字符及图形和曲线。

1. GP16 的封装引脚

GP16 以 8039 单片机为控制器，具有双向三态数据总线，共有 13 根信号线，用于和 51 单片机通信，图 15.17 所示是 GP16 的封装引脚示意图，其详细说明如下。

- I/O0～I/O7：双向三态数据引脚，51 单片机与 GP16 打印机之间命令、状态和数据信息传输线。
- $\overline{CS}$：使能选择引脚。
- $\overline{RD}$ 、$\overline{WR}$：51 单片机对 GP16 读、写信号线。
- BUSY：GP16 状态输出引脚，当该引脚输出高电平时表示 GP16 处于忙状态，不能接收 51 单片机命令或数据，BUSY 状态输出线可供 51 单片机查询或中断请求引脚。

引脚	名称
1	VCC
2	VCC
3	I/O0
4	I/O1
5	I/O2
6	I/O3
7	I/O4
8	I/O5
9	I/O6
10	I/O7
11	$\overline{WR}$
12	$\overline{RD}$
13	$\overline{CS}$
14	BUSY
15	GND
16	GND

图 15.17　GP16 的封装引脚示意图

2. GP16 的命令

51 单片机通过向 GP16 模块发送控制命令以实现对打印机的操作及控制，由于 GP16 作为机械装置执行速度较慢，51 单片机为能够及时向打印机发送操作命令及数据，打印机当前动作完成后需要通知单片机发送下一条指令，此时可以通过 BUSY 端口线向单片机发出中断请求的方式或者采取 51 单片机实时查询打印机工作状态，一旦打印机空闲，就发送指令和数据的方式。

GP16 的打印命令占两个字节，其格式如表 15.8 所示。

表 15.8　GP16 的打印命令格式

D15	D14	D13	D12	D11	D10	D9	D8
操作码				点行数 n			
D7	D6	D5	D4	D3	D2	D1	D0
打印行数 NN							

GP16 模块为微型针式打印机，字符本身占据 7 个点行，命令字中的点行数 n 是选择字符行之间的行距的参数，若 n=10，则行距为 3 个点行数；打印行数是执行本条命令时，打印（或空走纸）的字符行数。打印点行数应大于或等于 8，GP16 模块的命令如表 15.9 所示。

表 15.9　GP16 的命令列表

命　令	D7	D6	D5	D4	命令说明
SP	1	0	0	0	走空纸，对应 0x08
PA	1	0	0	1	字符串打印，对应 0x09
AD	1	0	1	0	十六进制打印，对应 0x0A
	1	0	1	1	图形打印，对应 0x0B

GP16 的命令详细说明如下：

- 走空纸命令（8nNNH）：执行空走纸命令时，打印机自动空走纸 N×n 点行，其间忙状态（BUSY）置位，执行完后清零。
- 打印字符串（9nNNH）：执行打印字符串命令后，打印机等待 51 单片机写入字符数据，当接收完 16 个字符（一行）后，转入打印。打印一行需时约 1 秒。若收到非法字符作空格处理；若收到换行（0A），作停机处理，打完本行即停止打印。当打印完规定的 NNH 行数后，忙状态（BUSY）清零。
- 十六进制数据打印（AnNNH）：该命令通常用来直接打印内存数据。当 GP16 接收到数据打印命令后，把 51 单片机写入的数据字节分两次打印，先打印高 4 位，一行打印 4 个字节数据，其行首为相对地址，其格式如下：

  0x00 为　××　××　××　××
  0x04 为　××　××　××　××
  0x08 为　××　××　××　××
  0x0C 为　××　××　××　××
  0x10 为　××　××　××　××

- 图形打印（BnNNH）：GP16 接收到 51 单片机的图形打印命令和规矩的行数以后，等待主机送来一行 96 个字节的数据便进行打印，把这些数据所确定的图形打印出来，然后再接收 51 单片机的图形数据，直到规矩的行数打印完为止。

通常来说，GP16 模块的实际应用的场合需要打印的信息量都比较少，其支持的字符列表如表 15.10 所示。

3. GP16 的状态字

GP16 模块提供了一个状态字以供 51 单片机查询，其内部结构如表 15.11 所示，其详细说明如下：

- D0：忙（BUSY）标志位，当 51 单片机输入的数据、命令没处理完时或出于自检状态时为“1”，空闲时为“0”。
- D7：错误（ERROR）标志位，当接收到非法命令时被置“1”，在接到正确命令后被置“0”。

表 15.10　GP16 模块支持的字符

代码表			代码的低半字节（十六进制）															
			0	1	2	3	4	5	6	7	8	9	A	B	C	D	E	F
ASCII 代码	代码的高半字节	0																
		1																
		2		!	"	#	$	%	&	′	(	)		+	,	－	。	/
		3	0	1	2	3	4	5	6	7	8	9	:	;	<	=	>	?
		4		A	B	C	D	E	F	G	H	I	J	K	L	M	N	O
		5	P	Q	R	S	T	U	V	W	X	Y	Z	[	\	]	↑	←
		6		a	b	c	d	e	f	g	h	i	j	k	l	m	n	o
		7	p	q	r	s	t	u	v	w	x	y	z	{			}	~	¤
非 ASCII 代码		8	0	一	二	三	四	五	六	七	八	九	十	￥	甲	乙	丙	丁
		9	千	百	万	元	分	年	月	日	共							
		A		⌒		∠		±	×									
		B																
		C																
		D																
		E																
		F																

表 15.11　GP16 模块的状态字

D7	D6	D5	D4	D3	D2	D1	D0
错误标志位							忙标志位

51 单片机通过读取打印机状态，可以采取相应的操作，例如，如打印机忙时，则需要等待；打印机打印完成，则开始向打印机发送一个命令或者下一组打印数据。

15.4.2　GP16 微型打印机应用电路

GP16 的控制电路中有三态锁存器，所以可直接与 51 单片机的数据总线连接，如图 15.18 所示。

15.4.3　GP16 微型打印机操作步骤

GP16 的详细操作步骤如下：

（1）计算 GP16 的外部 RAM 地址，并且使用相应的预定义。

（2）根据需要打印的字符查找对应的十六进制编码并且将其存储到 51 单片机的内存空间中，可以是 CODE 空间，也可以是 RAM 空间。

（3）输出第一段需要打印的字符。

（4）使用查询或者中断处理方式等待 GP16 操作完成。

（5）进行下一步操作。

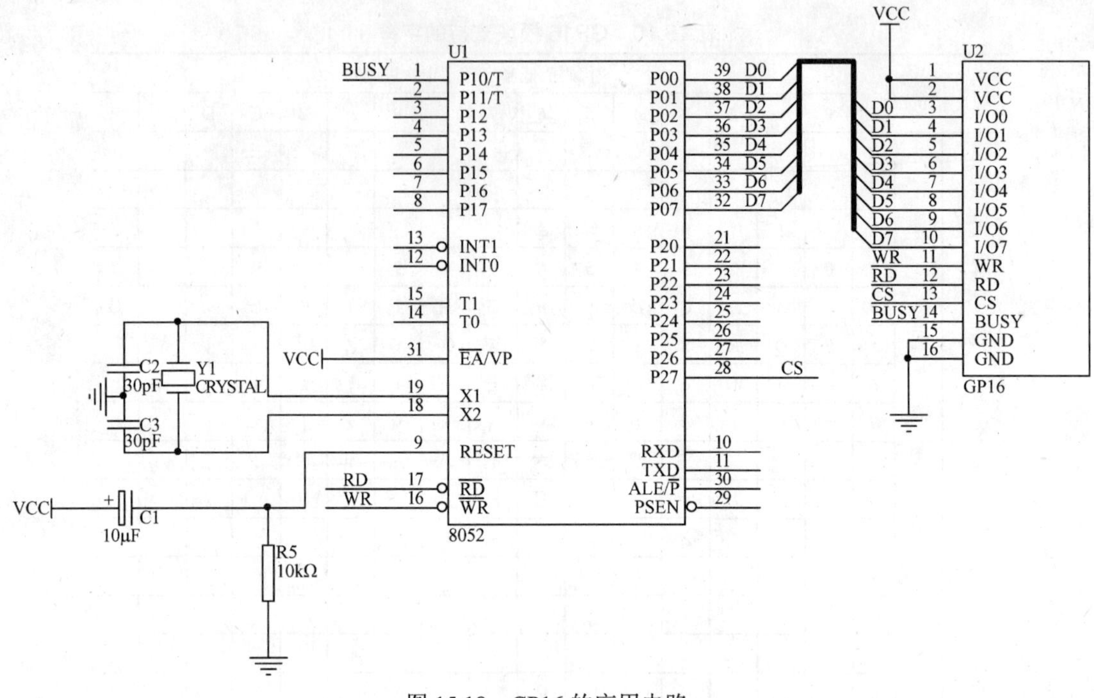

图 15.18　GP16 的应用电路

15.4.4　应用实例——GP16 打印温度数据

本应用是一个使用 GP16 打印三行温度数据的实例，其应用电路如图 15.18 所示，涉及的典型器件如表 15.12 所示。

表 15.12　GP16 实例器件列表

器　件	说　明
51 单片机	核心器件
GP16	打印机模块
电阻	上拉和限流
晶体	51 单片机振荡源
电容	辅助器件

例 15.8 是实例的应用代码。

【例 15.8】应用代码首先使用 table1 等数组存放需要打印的字符对应的十六进制代码，然后使用 for 循环依次输出，最后等待 GP16 进入空闲状态，输入下一段需要打印的字符。

```
//打印格式为
//一 T:  ×  ×  ×  ×  . ×  ×  ℃
//二 T:  ×  ×  ×  ×  . ×  ×  ℃
//三 T:  ×  ×  ×  ×  . ×  ×  ℃
#include <AT89X52.h>
#include <absacc.h>
```

```
#define  PNTER  XBYTE[0x7fff]                        //打印机端口地址
unsigned char  table1[3]= {0x54,0x3a,0x20};          //行开头数据
unsigned char  table2[4]= {0x43,0x20,0x20,0x20};     //行结尾数据
unsigned char  dbuf[9]={12,13,14,15,16,17,18,19,20}; //内存 9 位数据
unsigned char  hanzi[3]={0x81,0x82,0x83};            //表头汉字表
unsigned char  t=0x00;
void main()
{
 unsigned char i,m,temp;
 IE=0x00;                                  //关闭中断
 do
 {
  temp = PNTER;
 }                                         //读取打印机状态
 while((temp&&0x81)==0);                   //一直到打印机可以响应单片机的新命令
 do
 {
  PNTER=0x91;                              //送打印命令:打印字符串,点行数为 0x0a
  temp=PNTER;
 }
 while((temp&&0x80)==0);                   //一直等到打印机收到正确的打印命令
 if((temp&&0x01)!=0)
 {
  do
  {
   temp=PNTER;
  }
  while((temp&&0x01)==0);                  //读取打印机状态,一直到打印机空闲
 }
 PNTER=0x03;                               //送打印行数:3 行
 do
 {
  temp=PNTER;
 }
 while((temp&&0x01)==0);                   //读取打印机状态,一直到打印机空闲
 //以下为打印三行数据程序段
 for(i=0;i<3;i++)
 {
  PNTER=hanzi[i];                          //打印行开头汉字
  do
  {
```

```
    temp=PNTER;
  }
  while((temp&&0x01)==0);
  for(m=0;m<3;m++)
  {
    PNTER=table1[m];
    do
    {
      temp=PNTER;
    }
    while((temp&&0x01)==0);                //打印行开头T
  }
  PNTER=dbuf[t++];
  do
  {
    temp=PNTER;
  }
  while((temp&&0x01)==0);                  //打印前两位整数
  PNTER=dbuf[t++];
  do
  {
    temp=PNTER;
  }
  while((temp&&0x01)==0);
  PNTER=0x2e;
  do
  {
    temp=PNTER;
  }
  while((temp&&0x01)==0);                  //打印小数点
  PNTER=dbuf[t++];
 do
 {
  temp=PNTER;
 }
 while((temp&&0x01)==0);                   //打印小数位
 for(m=0;m<4;m++)
 {
  PNTER=table2[m];
  do
  {
```

```
        temp=PNTER;
      }
      while((temp&&0x01)==0);                          //打印行结尾℃
     }
    }
}                                                      //主程序结束
```

第 16 章　51 单片机有线通信扩展

51 单片机应用系统常常需要和其他系统进行数据交换，例如，PC、ARM 嵌入式应用系统等，此时需要一个数据通道来提供对应的数据流操作，这个数据通道可以按照物理载体的不同分为有线和无线两种。本章将详细介绍 51 单片机应用系统如何使用有线数据通道和其他系统进行数据交换，包括 RS-232 总线芯片、RS-485 总线芯片、CAN 总线芯片、USB 桥接口芯片等的扩展方法。

16.1　MAX232 扩展

RS-232 接口标准是目前应用的最为广泛的标准串行总线接口标准之一，其中有多个版本，应用的最为广泛的是 RS-232-C（C 为版本号，以后均简称为 RS-232），由于 RS-232 和 TTL 电平并不兼容，必须使用相应的芯片进行电平转换。

16.1.1　MAX232 基础

MAX232 是美信（MAXIM）公司生产的 RS-232 扩展芯片，是最常见的有线通信协议 RS-232 的转换芯片，常常用于 51 单片机系统之间，以及 51 单片机和嵌入式设备、PC 进行通信。

引脚	名称	名称	引脚
1	C1+	VCC	16
2	V+	GND	15
3	C1–	T1OUT	14
4	C2+	R1IN	13
5	C2–	R1OUT	12
6	V–	T1IN	11
7	T2OUT	T2IN	10
8	R2IN	R2OUT	9

图 16.1　MAX232 的引脚封装

1. MAX232 的引脚封装

图 16.1 所示是 MAX232 的引脚封装，其详细说明如下：

- C1+：电荷泵 1 正信号引脚，连接到极性电容正向引脚。
- C1–：电荷泵 1 负信号引脚，连接到极性电容负向引脚。
- C2+：电荷泵 1 正信号引脚，连接到极性电容正向引脚。
- C2–：电荷泵 1 负信号引脚，连接到极性电容负向引脚。
- V+：电压正信号，连接到极性电容正向引脚，同一个电容的负向引脚连接到+5V。
- V–：电压负信号，连接到极性电容负向引脚，同一个电容的正向引脚连接到地。
- T1IN：TTL 电平信号 1 输入。
- T2IN：TTL 电平信号 2 输入。
- T1OUT：RS-232 电平信号 1 输出。
- T2OUT：RS-232 电平信号 2 输出。
- R1IN：RS-232 电平信号 1 输入。

- R2IN：RS-232 电平信号 2 输入。
- R1OUT：TTL 电平信号 1 输出。
- R2OUT：TTL 电平信号 2 输出。

MAX232 芯片使用 5V 供电，其内部有两套发送接收驱动器，可以同时进行两路 TTL 到 RS-232 接口电平的转化，同时内含两套电源变换电路，其中一个升压泵将 5V 电源提升到 10V，而另外一个反相器则提供-10V 的相关信号，MAX232 的逻辑信号、内部结构和外部的简要器件如图 16.2 所示。

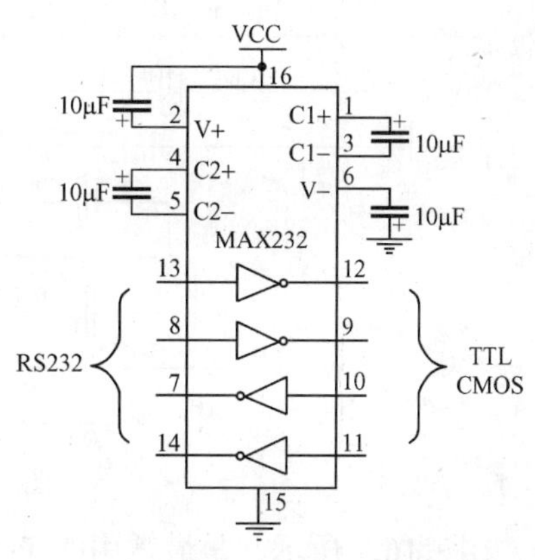

图 16.2　MAX232 的内部结构和外部器件

2．RS-232 接口协议

一个标准的 RS-232 接口包括一个 25 针的 D 型插座（有公型和母类两种），包括主信道和辅助信道两个通信信道，且主信道的通信速率高于辅助信道。在实际使用中，常常只使用一个主信道，此时，RS-232 接口只需要 9 根连接线，使用一个简化为 9 针的 D 型插座，同样也分为公型和母型，表 16.1 是 RS-232 接口的引脚定义。

表 16.1　RS-232 接口的引脚定义

25 针 接 口	9 针 接 口	名　称	方　向	功 能 说 明
2	3	TXD	输出	数据发送引脚
3	2	RXD	输入	数据接收引脚
4	7	RTS	输出	请求数据传送引脚
5	8	CTS	输入	清除数据传送引脚
6	6	DSR	输出	数据通信装置 DCE 准备就绪引脚
7	5	GND		信号地
8	1	DCD	输入	数据载波检测引脚
20	4	DTR	输出	数据终端设备 DTE 准备就绪引脚
22	9	RI	输入	振铃信号引脚

RS-232 标准推荐的最大物理传输距离为 15m，其逻辑电平“0”为+3～+25V，而逻辑电平“1”为-25～-3V，较高的电平保证了信号传输不会因为衰减导致信号的丢失，此时，则需要 MAX232 进行电平转换。

16.1.2　MAX232 的应用电路

51 单片机应用系统中使用 MAX232 构成的和 PC 通信的 RS-232-C 通信的典型电路如图 16.3 所示，51 单片机的串行模块数据发送引脚 TXD 连接到 MAX232 的 1 号 TTL 电平输入引脚 T1IN 上，而数据接收引脚 RXD 则连接到 MAX232 的 1 号 TTL 电平输出引脚 R1OUT 上；MAX232 的 1 号 RS-232 信号输出引脚连接到 DB9 座的 3 号插针，MAX232 的 1 号 RS-232 信号输入引脚连接到 DB9 座的 2 号插针；使用 4 个 1.0μF 的极性电解电容作为电压泵的储能源元器件，使用 1 个 1.0μF 的极性电解电容来滤波。

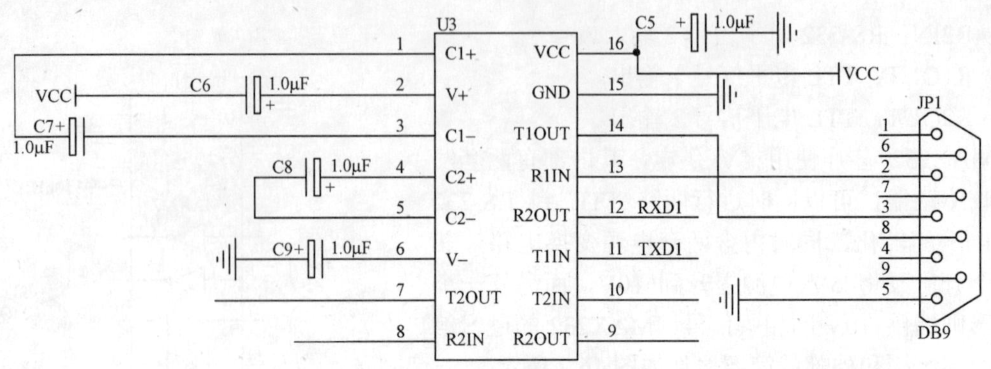

图 16.3　MAX232 的典型电路

如图 16.3 所示，是最常用的 PC 串口 MCS51 单片机串口的连接电路图，可以简单的把 51 单片机系统的 DB9 引脚信号记忆为“2、3、5，收、发、地”，而在和 PC 串口连接时候使用的串口线必须是“交叉线”，也就是说，MCS51 单片机 DB9 座的 2 号插针需要连接到 PC 串口的 3 号插针。

注 1：在市场上购买串口线的时候可以告诉商家需要的是“交叉线”还是“直连线”。

注 2：随着 3V 电压的 MCS51 单片机的出现，MAX232 也出现了对应的 3V 版本，即 MAX3232，其使用方法和 MAX232 完全相同。

16.1.3　MAX232 的操作步骤

MAX232 的典型操作步骤如下：

（1）按照典型电路连接好 MAX232 的外围电路。

（2）使用典型的 51 单片机的串口操作方法对串口进行操作即可。

16.1.4　应用实例——51 单片机和 PC 通信

本应用是使用 51 单片机和 PC 通信的实例，其应用电路如图 16.4 所示。

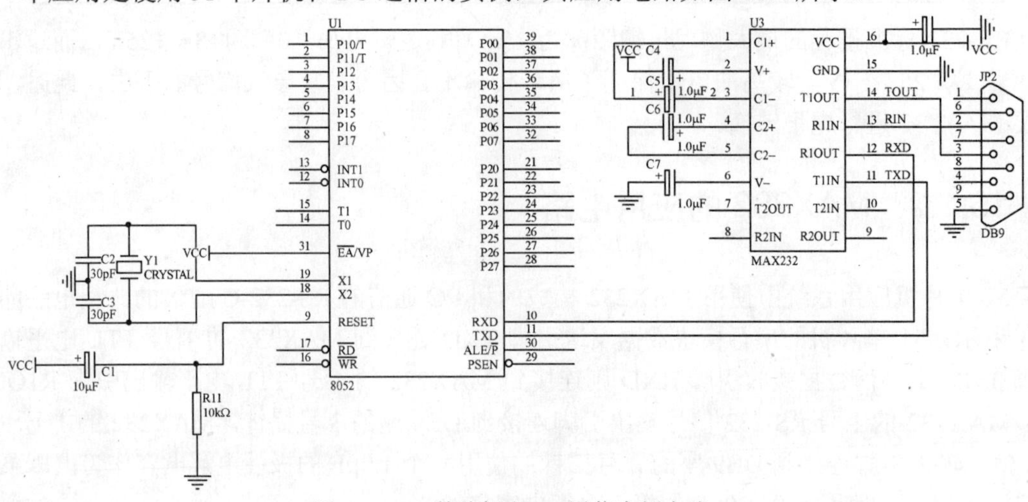

图 16.4　51 单片机和 PC 通信实例电路

表 16.2 是实例涉及的典型器件列表。

表 16.2　拨码开关指示灯实例器件列表

器　件	说　明
51 单片机	核心部件
MAX232	RS-232 电平转换芯片
电阻	上拉和限流
晶体	51 单片机工作的振荡源
电容	51 单片机复位和振荡源工作的辅助器件

例 16.1 是实例的应用代码，51 单片机等待从 PC 串口通过 MAX232 进行电平之后转送而来符合 RS-232 标准的数据，然后通过串口将其送出。

【例 16.1】51 单片机使用 T1 作为波特率发生器，采用 9600bps 波特率，在 while 循环中等待串口中断，并且在串口中断服务子程序中等待 PC 发送数据，把数据从 SBUF 读出并且回送。

```
#include <AT89X52.h>
#include <stdio.h>
//串口初始化代码
void initUART(void)
{
   TMOD = 0x20;
   SCON = 0x50;
   TH1 = 0xFD;
   TL1` = TH1;
   PCON = 0x00;                  //使用串口波特率 9600bps
   EA = 1;
   ES = 1;
   TR1 = 1;                      //T1 作为波特率产生器
}
//串口中断服务子函数
void UARTInterrupt(void) interrupt 4
{
   unsigned char temp;
   if(RI)                        //如果是接收
   {
      RI = 0;
      temp = SBUF;               //读取接收到的数据
      putchar(temp);             //将该数据通过串口回送
   }
   else
      TI = 0;
}
```

```
main(void)
{
  initUART();                           //初始化串口
  while(1)                              //等待串口接收数据
  {
  }
}
```

16.2 MAX485 扩展

由于 RS-232 协议只支持短距离范围内的数据通信，如果 51 单片机应用系统需要和其他系统进行远距离通信，此时，可以使用符合 RS-485 协议的 MAX485 芯片进行扩展，其核心思想是使用差分的电平来提供驱动能力达到长距离传输的目的。

16.2.1 MAX485 基础

由于 RS-485 协议使用差分电平来传输数据，该电平和 TTL 电平和逻辑都不兼容，所以，必须使用相应的转换芯片进行转换，最常用的芯片是 MAX485。

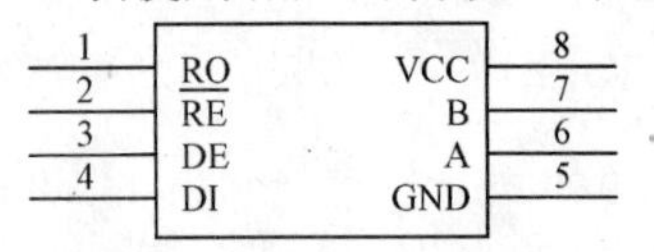

图 16.5　MAX485 的引脚封装示意图

图 16.5 所示是 MAX485 的引脚封装示意图，其详细说明如下：

- RO：数据接收输出引脚，当引脚 A 比引脚 B 的电压高 200mV 以上，被认为是逻辑“1”信号，RO 输出高电平，反之，则为逻辑“0”，输出低电平。
- $\overline{\text{RE}}$：接收器输出使能引脚，当该引脚为低电平时，允许 RO 引脚输出，否则，RO 引脚为高阻态。
- DE：驱动器输出使能端，当该引脚为高电平时，允许 Y、Z 引脚输出差分电平信号，否则，这两个引脚为高阻态。
- DI：驱动器输入引脚，当 DI 引脚加上低电平时，为输出逻辑“0”，引脚 Y 输出电平比引脚 Z 输出电平低，反之为输出逻辑“1”，引脚 Y 输出电平比引脚 Z 输出电平高。
- A：接收器和驱动器同相输入端引脚。
- B：接收器和驱动器反相输入端引脚。
- GND：电源地信号引脚。
- VCC：5V 电源信号引脚。

在 RS-485 接口标准中只需要使用 A、B 两根输出引脚即可完成点对点，以及多点对多点的数据交换，目前，RS-485 接口标准版本允许在一条总线上挂接多达 256 个节点，并且通信速度最高可以达到 32Mbps，距离可以到几千米。

图 16.6 所示是多点对多点系统使用 MAX485 进行符合 RS-485 协议通信的逻辑模型，数

据从 MAX485 的 DI 引脚流入，通过 A、B 引脚连接上的双绞线送到其他 MAX485 上，经过 RO 流出；由于在 RS-485 接口标准中 A、B 引脚要同时承担数据发送和接收任务，所以需要通过 $\overline{RE}$ 和 DE 来对其进行控制，只有允许发送的时候才能使能 DE 引脚，否则就会将总线钳位导致总线上所有的设备都不能正常通信，需要注意的是 RS-485 总线的两端要加上 120Ω 左右的匹配电阻以消除长线效应。

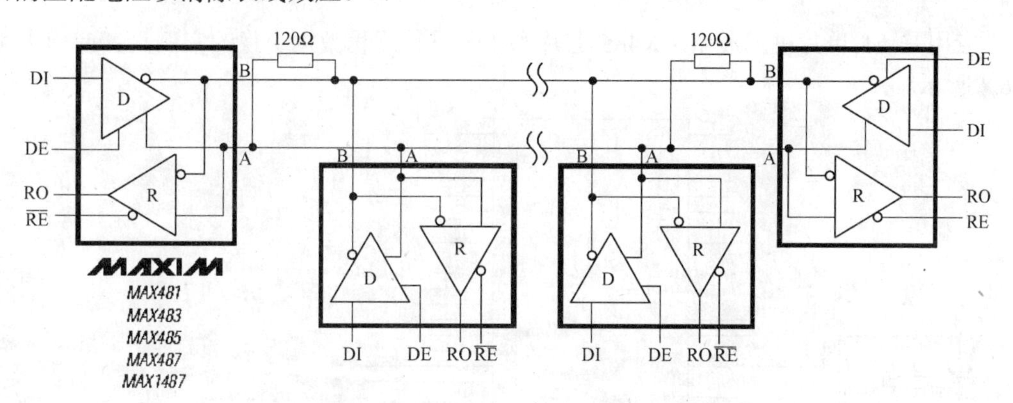

图 16.6　多点对多点 RS-485 协议通信逻辑模型

16.2.2　MAX485 的应用电路

图 16.7 所示是 51 单片机扩展 MAX485 的典型应用电路图， MAX485 的 $\overline{RE}$ 和 DE 端受到 51 单片机普通 I/O 引脚的控制，数据输出引脚 DI 连接到单片机串行口输出 TXD 上，数据输入引脚 RO 则连接到单片机串行口的 RXD 上，A、B 引脚和其他 MAX485 的 A、B 引脚连接到一起，并且在总线两端的 MAX485 的 A、B 引脚上需要跨接典型值为 120Ω 的匹配电阻。

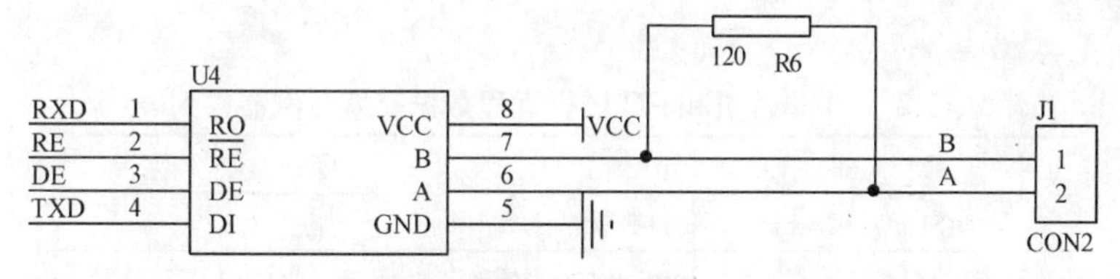

图 16.7　MAX485 的典型应用电路

16.2.3　MAX485 的操作步骤

MAX485 的典型操作步骤如下：

（1）按照典型电路连接好 MAX485 的外围电路。

（2）51 单片机处于接收状态，控制 MAX485 的 $\overline{RE}$ 有效，DE 无效，等待接收数据。

（3）当 51 单片机需要发送数据的时候，控制 MAX485 的 DE 有线，$\overline{RE}$ 无效，可以发送数据。

（4）当数据发送完成之后，51 单片机使用 MAX485 回复步骤（2）。

注：在 MAX485 进行发送和接收切换的时候，都需要一定时间的延时以等待数据线稳定，这个时间一般需要几十个微秒。

16.2.4 应用实例——51 单片机和 PC 进行远程数据交换

本应用是 51 单片机扩展 MAX485 芯片和 PC 进行远程数据交换的实例，其应用电路如图 16.8 所示。

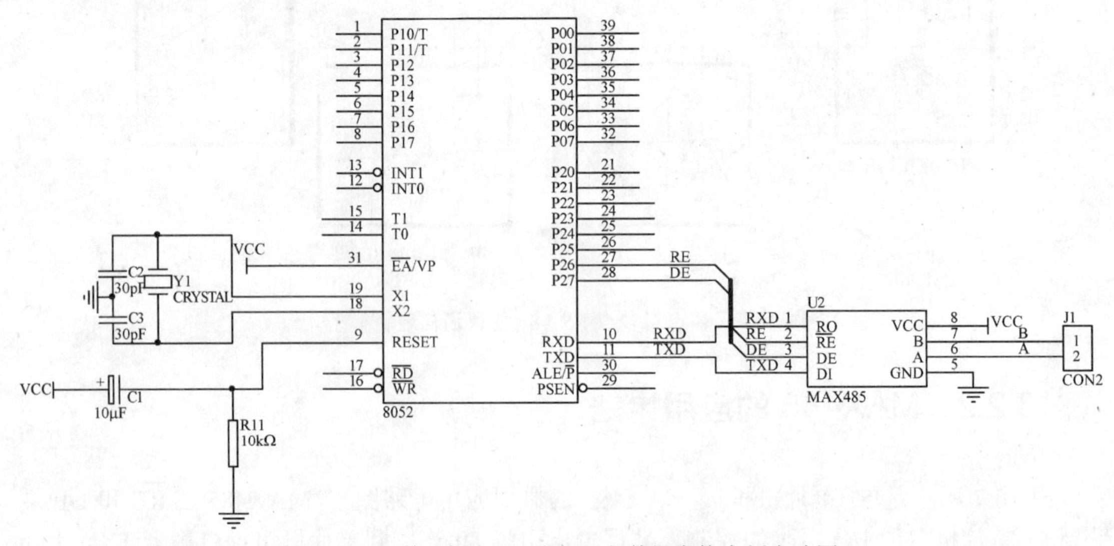

图 16.8 51 单片机和 PC 进行远程数据交换实例电路图

如图 16.8 所示，51 单片机使用 P2.7 和 P2.6 分别控制 MAX485 芯片的 $\overline{\mathrm{RE}}$ 和 DE 引脚，RXD 引脚连接到 MAX485 芯片的 RO 引脚上，TXD 引脚连接到 DI 引脚上，表 16.3 是涉及的典型器件列表。

表 16.3 51 单片机和 PC 进行远程数据交换实例器件列表

器　件	说　明
51 单片机	核心部件
MAX485	RS-485 电平转换芯片
电阻	上拉和限流
晶体	51 单片机工作的振荡源
电容	51 单片机复位和振荡源工作的辅助器件

例 16.2 是实例的应用代码，51 单片机首先控制 MAX485 芯片进行接收，等待 PC 发送数据，在接收到数据之后将 MAX485 切换到发送状态，将数据通过 MAX485 反馈回来。

【例 16.2】51 单片机首先调用 initUART 对串口进行初始化，然后等待 PC 发送数据，并且在中断处理子程序中切换 MAX485 的状态，然后回送数据。

```
#include <AT89X52.h>
#include <stdio.h>
```

```
sbit DE = P2 ^ 7;
sbit RE = P2 ^ 6;
//串口初始化代码
void initUART(void)
{
    TMOD = 0x20;
    SCON = 0x50;
    TH1 = 0xFD;
    TL1 = TH1;
    PCON = 0x00;                     //使用串口波特率 9600bps
    EA = 1;
    ES = 1;
    TR1 = 1;                         //T1 作为波特率产生器
}
//延时 ms 函数
void Delayms(unsigned int MS)
{
unsigned int i,j;
for( i=0;i<MS;i++)
     for(j=0;j<1141;j++);
}

//串口中断服务子函数
void UARTInterrupt(void) interrupt 4
{
    unsigned char temp;
    if(RI)                           //如果是接收
    {
        RI = 0;
        temp = SBUF;                 //读取接收到的数据
        RE = 1;
        DE = 1;                      //等待 MAX485 发送数据
        Delayms(10);                 //等待数据稳定
        putchar(temp);               //将该数据通过串口回送
        Delayms(5);                  //等待数据稳定
        RE = 0;
        DE = 0;                      //等待 MAX485 接收数据
    }
    else
        TI = 0;
}
```

```
main(void)
{
  initUART();                          //初始化串口
  Delayms(100);                        //延时函数
  RE = 0;
  DE = 0;                              //等待 MAX485 接收数据
  Delayms(100);                        //延时函数
  while(1)                             //等待串口接收数据
  {
  }
}
```

16.3　MAX491 扩展

RS-485 可以满足 51 单片机系统远程通信的需求，但是其具有只能单工通信（也就是在同一时间内只能发或者收）的缺点，此时，如果需要提高通信的速率，可以使用 RS-422 协议，但是由于 RS-422 协议也需要进行电平和逻辑转换，所以，此时也需要使用转换芯片，其中最常用的芯片是 MAX491。

16.3.1　MAX491 基础

图 16.9 所示是 MAX491 的引脚封装，其详细说明如下：

- RO：数据接收输出引脚，当引脚 A 比引脚 B 的电压高 200mV 以上，被认为是逻辑“1”信号，RO 输出高电平，反之，则为逻辑“0”，输出低电平。
- $\overline{RE}$：接收器输出使能引脚，当该引脚为低电平时，允许 RO 引脚输出，否则，RO 引脚为高阻态。
- DE：驱动器输出使能端引脚，当该引脚为高电平时，允许 Y、Z 引脚输出差分电平信号，否则这两个引脚为高阻态。
- DI：驱动器输入引脚，当 DI 引脚加上低电平时，为输出逻辑“0”，引脚 Y 输出电平比引脚 Z 输出电平低，反之，为输出逻辑“1”，引脚 Y 输出电平比引脚 Z 输出电平高。
- Y：驱动器同相输出端引脚。
- Z：驱动器反相输出端引脚。
- A：接收器同相输入端引脚。
- B：接收器反相输入端引脚。
- GND：电源地信号引脚。

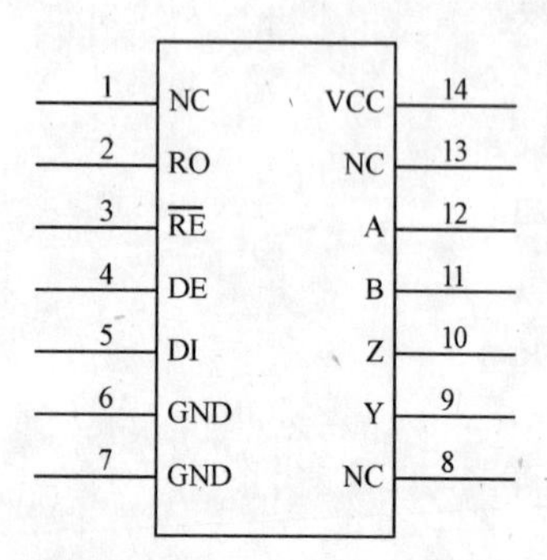

图 16.9　MAX491 的引脚封装

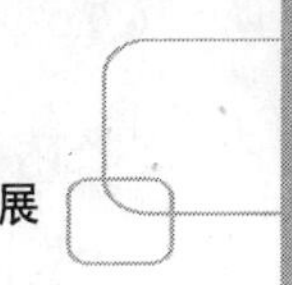

- VCC：5V 电源信号引脚。

RS-422 是一种全双工的接口标准，可以同时进行数据的收、发，其有点对点和广播两种通信方式，在广播模式下只允许在总线上挂接一个发送设备，而接收设备可以最多为 10 个，最高速率为 10Mbps，最远传输距离为 1200m。

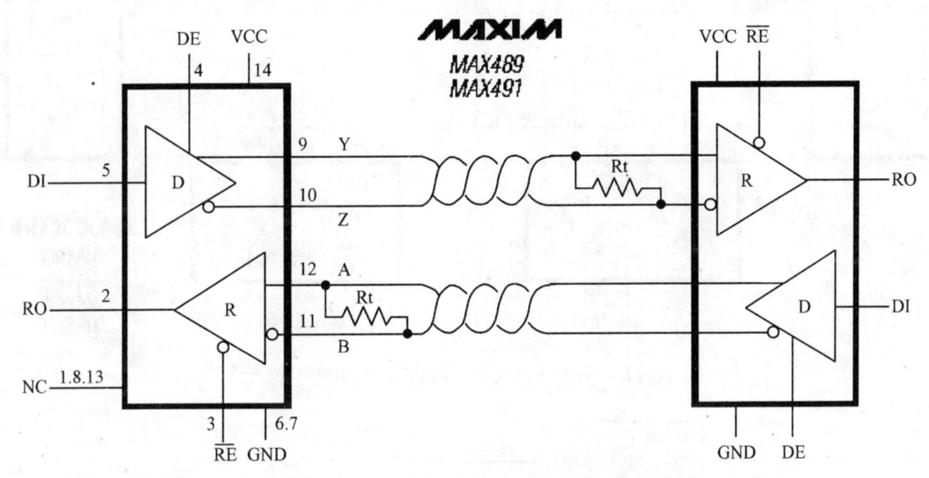

图 16.10　MAX491 进行点对点通信的逻辑

使用两片 MAX491 进行点对点通信的逻辑如图 16.10 所示，可以看到数据从 DI 进入 MAX491，通过 YZ 引脚经过双绞线连接到了另外一块 MAX491 的 A、B 引脚，然后从 RO 输出。在点对点的系统中，由于 RS-422 是全双工的接口标准，支持同时发送和接收，所以，DE 可以一直置位为高电平而 $\overline{RE}$ 可以一直清除为低电平。另外为了匹配阻抗，在 Y、Z 和 A、B 引线上分别加上一个电阻 Rt，这个电阻的典型值一般为 120Ω 左右。

注：MAX491 的驱动器的输出同相端也连接到接收器的同相端，同理反相端，也就是说两块 MAX491 的引脚对应关系为 Y-A、Z-B。

使用多片 MAX491 或者其他 RS-422 接口芯片构成的一点对多点通信的逻辑模型如图 16.11 所示。中心点 MAX491 的驱动器输出引脚 YZ 和总线所有非中心点的 MAX491 的接收器输入引脚 A、B 连接到一起，所有非中心点 MAX491 的驱动器输出引脚 YZ 连接到一起接在接收器输入引脚 A、B 上。需要注意的是，由于同一时间内只能有一个非中心点 MAX491 和中心点 MAX491 进行数据通信，所以，此外的 MAX491 的发送控制端 DE 必须被清除以便于把这些 MAX491 的输出引脚置为高阻态从而使得它们从总线上“断开”，以防止干扰正在进行的数据传送，也就是说，只有当选中中心点通信时该 MAX491 的 DE 端才能被置位，而接收过程则没有这个问题。从图中可以看到一点对多点的通信同样需要匹配电阻，但是只需要在总线的“两头”加上即可，其典型值依然是 120Ω。

16.3.2　MAX491 的应用电路

51 单片机应用系统的典型 RS-422 接口电路如图 16.12 所示，51 单片机的串行口数据接收引脚 RXD 连接到 MAX491 的 RO 引脚，数据发送引脚连接到 MAX491 的 DI 引脚，而 MAX491 的发送和接收控制引脚则使用 51 单片机的两条普通 I/O 引脚来控制，而信号则通过两根双绞线连接的A、B、Y、Z引脚来流入或者输出，同样在总线上可能需要加上电阻值为120Ω的匹配电阻。

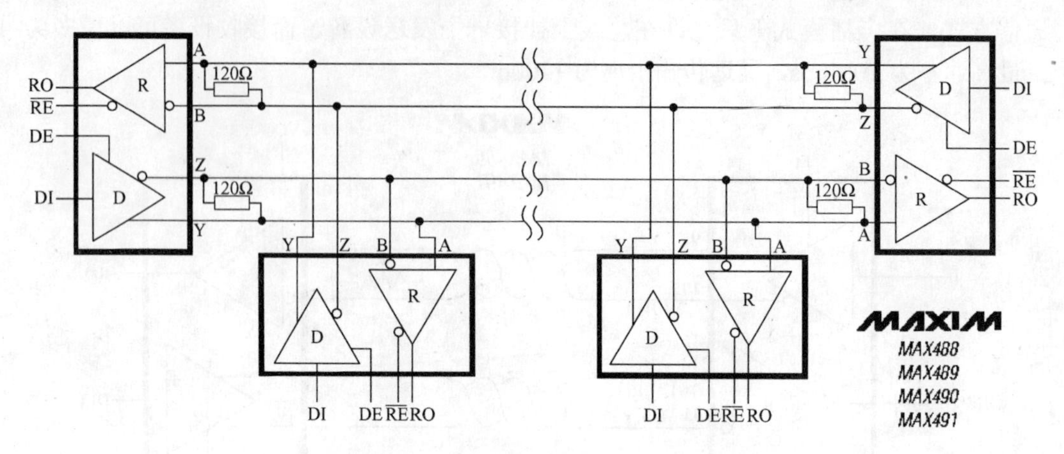

图16.11　多片MAX491进行通信的数据模型

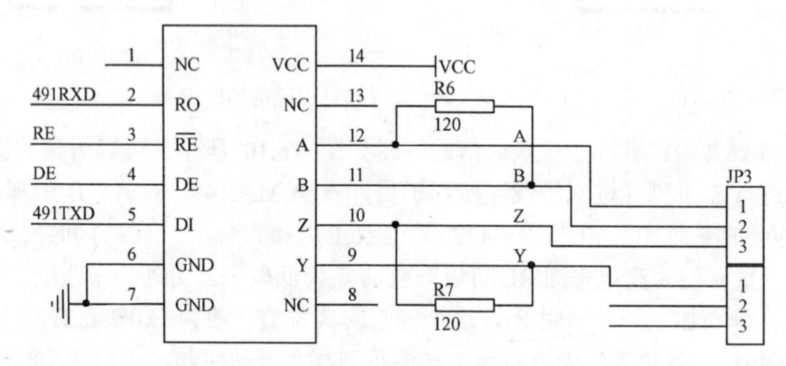

图16.12　MAX491的典型应用电路

16.3.3　MAX491的操作步骤

MAX491的详细操作步骤如下：

（1）按照典型电路连接好MAX491的外围电路。

（2）51单片机处于接收状态，控制MAX485的$\overline{RE}$有效，DE无效，等待接收数据。

（3）当51单片机需要发送数据的时候，控制MAX485的DE有线，$\overline{RE}$可以依然为有效，可以发送数据。

（4）当数据发送完成之后，51单片机使用MAX485回复步骤（2）。

16.3.4　MAX491的应用代码

MAX491的应用实例可以参考16.2，只是不需要反复切换$\overline{RE}$控制引脚。

16.4　6N137 高速光电隔离芯片扩展

在 51 单片机的应用系统中，常常会出现某些干扰信号，也会出现类似雷击等导致通信模块损害的情况，此时可以使用光电隔离芯片。

16.4.1　6N137 基础

1. 光电隔离芯片基础

光电隔离器是 51 单片机系统中最常用的避免外界干扰的器件，同时也常常用于驱动小功率的外围器件。其原理是将电信号转变为光信号，把光信号传输到接收侧之后再转化为电信号。由于光信号的传送不需要共地，由此可以将两侧的地信号隔离从而杜绝了干扰信号通过信号地的传输，光电隔离的器件被称为光耦器件。光耦器件（Optical Coupler）一般被称为光电隔离器，其是一种以中间媒介来传输电信号的器件，通常将发光器件和光检测器封装在器件内部，当输入端被加上电信号之后发光器件发光信号，光检测器接收到光信号之后产生电信号从输出端输出，从而实现“电—光—电”的转化，典型的光电隔离器原理如图 16.13 所示。其由左边的发光二极管和右边的光敏三极管构成。当左端的输入为“0”时，发光二极管上没有电流通过，不发光，右方的三极管处于截止状态，输出高电平“1”；反之，当左端输入为“1”时，发光二极管发光，右方的三极管导通，输出低电平“0”。

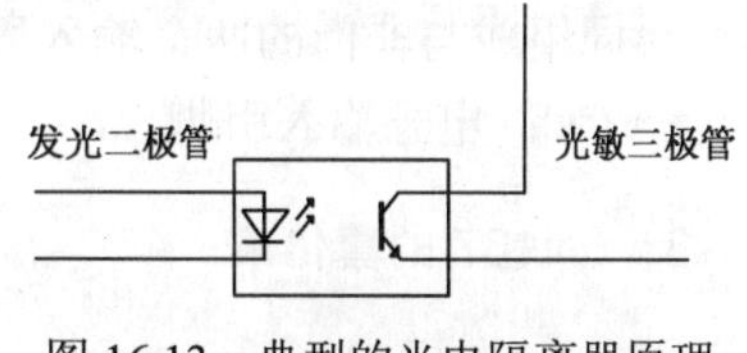

图 16.13　典型的光电隔离器原理

光电隔离器件可以在传输信号的同时有效地抑制尖峰脉冲和各种噪声干扰，大大提高开关通道上的信噪比，其工作原理如下：

光电隔离器件的输入阻抗只有几百欧姆，比较小，而相对来说干扰源的阻抗一般都在几兆欧，比较大，由分压原理可知，即使干扰电压的幅度很大，反馈到光电隔离器件的噪声电压也会比较小，不足以使发光二极管发光，从而被抑制。

光电隔离器件的输入回路和输出回路之间没有物理上的连接，分布电容极小，而绝缘电阻极大，所以，各侧的干扰都很难传递到另外一侧，从而可以有效地避免干扰信号的传递。

光电隔离器件的选择需要考虑以下几个参数：

- 发光二极管的工作电流：决定 MCS51 单片机用多大的输出电流能使得发光二极管发光，光电隔离器件的三极管导通。
- 电流输出比：常常用直流电流传输比来表示，是指发光二极管加上额定电流 IF 时，激发三极管导通，此时，三极管工作在线性区的集电极输出电流为 IC，则电流传输比为 IC/IF，此参数决定了光电隔离器件的驱动能力。常用的光电隔离器件的电流传输比一般为 0.5～0.6，而某些复合的光电隔离器件的电流传输比可以达到 20～30。

- 传输速度：光电隔离器件在工作过程中要进行“电—光—电”的转化，这种转化的速度决定了数据的传输速度，常见的低速光耦的传输速度一般在几十到几百 kHz，而类似 6N137 之类的高速光电隔离器件的速度可以达到几 MHz。
- 耐压值：由于光电隔离器件的两侧属于两个不同的地信号，在某些工作场合下这两个地信号之间的电位差可以到几千伏，而这些电位差最终都加在光电隔离器件的两端，为了避免被击穿，一定要选择有足够耐压的光电隔离器件。

此外，在实际使用过程中还需要考虑光电隔离器件的其他如电压、功耗等电气指标。

2．6N137 的引脚封装

最常用的高速光电隔离芯片是 6N137，最高通信速率可以达到 10Mbps，图 16.14 所示是 6N137 的封装引脚图，其详细说明如下：

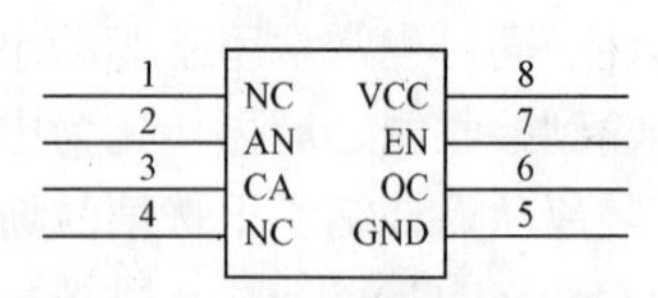

图 16.14　6N137 的封装引脚图

- NC：未使用引脚。
- AN：输入信号正极引脚。
- CA：输入信号负极。
- NC：未使用引脚。
- GND：信号地。
- OC：输出信号。
- EN：输出控制信号，使用与非门的另一个输入端和感光端共同组成与非门的两个输入段，由此来控制输出.
- VCC：电源输入引脚。

3．6N137 的真值表

6N137 的信号从脚 2 和脚 3 输入，当逻辑电平为“1”时，发光二极管发光，经片内光通道传到光敏二极管，反向偏置的光敏管光照后导通，经电流—电压转换后送到与门的一个输入端，与门的另一个输入为使能端，当使能端为高时与门输出高电平，经输出三极管反向后光电隔离器输出低电平。当输入信号电流小于触发阈值或使能端为低时，输出高电平，但这个逻辑高是集电极开路的，需要针对接收电路加上拉电阻或电压调整电路，6N137 的真值表如表 16.4 所示。

表 16.4　6N137 的真值表

输 入 电 平	EN 引脚电平	输 出 电 平
高	高	低
低	高	高
高	低	高
低	低	高
高	无关	低
低	无关	高

注：若以脚 2 为输入，脚 3 接地，则真值表如表 16.4 所列，为反相输出的传输，若希望在传输过程中不改变逻辑状态，则从脚 3 输入，脚 2 接高电平。

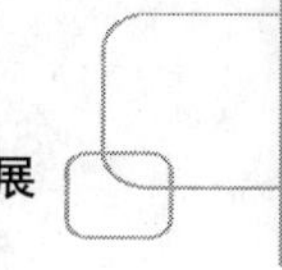

16.4.2　6N137 的应用电路

6N137 的典型应用电路图如图 16.15 所示，上方的 6N137 为发送通道，引脚 3 通过一个 390Ω 的限流电阻连接到 51 单片机的串行口发送引脚 TXD，当 TXD 为逻辑“1”时，发光二极管不发光，输出三极管截止，TXDout 输出高电平；反之，发光二极管发光，输出三极管导通，引脚 6 被拉到地，TXDout 输出低电平，同理可得下方作为接收通道的 6N137 逻辑。

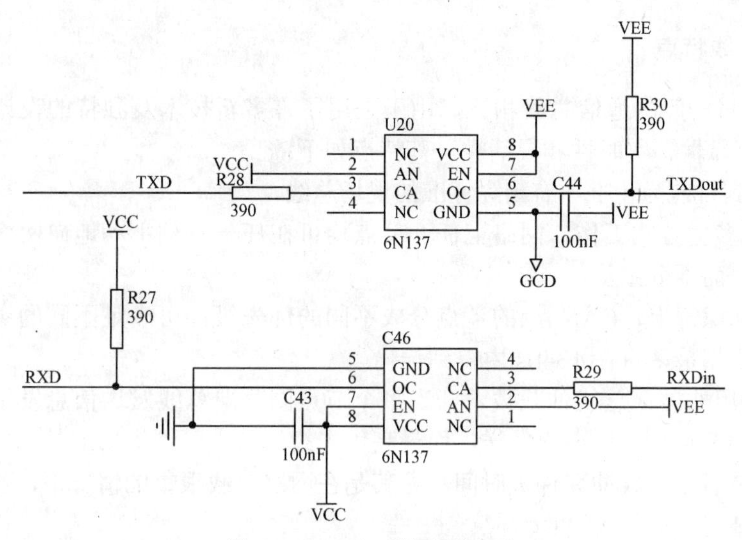

图 16.15　6N137 的应用电路

注意：VCC 和 VEE 分别属于完全独立的两套电源。

16.4.3　6N137 的操作步骤

在 51 单片机的应用系统中，51 单片机不需要对 6N137 做任何操作，直接按照普通串口的操作步骤进行即可。

16.4.4　6N137 的应用代码

由于 51 单片机不需要对 6N137 进行任何操作，所以，其应用代码和普通串口应用代码完全一致。

16.5　CAN 总线通信芯片 SJA1000 扩展

CAN 是 Controller Area Network 的缩写（以下称为 CAN），是 ISO 国际标准化的串行

通信协议，其最开始用于汽车行业，后来由于其便于互联且可靠性高，也被逐步用于工业相关行业，本小节将详细介绍CAN总线通信芯片SJA1000在51单片机扩展方法。

16.5.1 SJA1000基础

SJA1000 是一种适用于一般工业环境的控制器局域网的高度集成独立控制器，具有完成高性能的CAN 通信协议所要求的全部必要特性，其通常和CAN 收发器PCA82C200构成标准的CAN收发电路。

1. CAN总线特点

CAN 总线与一般的通信总线相比，由于采用了许多新技术及独特的设计，它的数据通信具有突出的可靠性、实时性和灵活性。其特点如下：

- CAN是到目前为止唯一有国际标准的现场总线。
- CAN 为多主方式工作，网络上任一节点均可在任一时刻主动地向网络上其他节点发送信息，而不分主从。
- 在报文标识符上，CAN 上的节点分成不同的优先级，可满足不同的实时需要，优先级高的数据最多可在134μs内得到传输。
- CAN 采用非破坏总线仲裁技术。当多个节点同时向总线发送信息发生冲突时，优先级较低的节点会主动退出发送，而最高优先级的节点可不受影响的继续传输数据，从而大大节省了总线冲突仲裁时间。尤其是在网络负载很重的情况下，也不会出现网络瘫痪的情况。
- CAN 节点只需要通过对报文的标识符滤波即可实现点对点、一点对多点及全局广播等几种方式传送接收数据。
- CAN 的直接通信距离最远可达 10km（速率 5Kbps 以下）；通信速率最高可达 1Mbps（此时通信距离最长为40m）。
- CAN 上的节点数取决于总线驱动电路，目前可达 110 个。在标准帧报文标识符有 11位，而在扩展帧的报文标识符（29位）的个数几乎不受限制。
- 报文采用短帧结构，传输时间短，受干扰概率低，保证了数据出错率极低。
- CAN的每帧信息都有CRC校验及其他检错措施，具有极好的检错效果。

2. SJA1000的封装引脚

SJA1000 是飞利浦（Philips）公司生产的标准的 CAN 总线控制芯片，其主要特点如下：

- 和独立CAN控制器PCA82C200的引脚及电气兼容。
- 扩展的64B的FIFO接收缓冲器。
- 兼容CAN2.0B协议。
- 同时支持11位和29位标识符。
- 位传输速率最高可达1Mbps。
- PeliCAN 模式扩展功能：可读写的错误计数器、可编程的错误报警限制、最近一次错误代码寄存器、CAN 总线错误中断、仲裁丢失中断、单次发送无重发、只听模式无确认无活动的出错标志、支持热插拔软件位速率检测、扩展 4 个字节代码 4 个字节屏蔽的验收、滤波器和自身信息接收自接收请求。

- 最高可达 24MHz 的时钟频率。
- 支持与不同处理器的接口。
- 可编程的 CAN 输出驱动器配置。

SJA1000 的引脚封装如图 16.16 所示，详细说明如下：

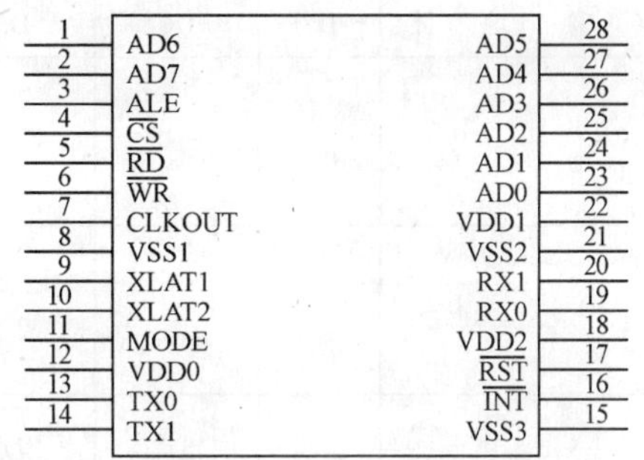

图 16.16　PCA82C250 的引脚封装

- AD0～AD7：8 位地址和数据复用总线。
- ALE/AS：ALE 输入信号（Intel 总线模式）或 AS 输入信号（Motorola 总线模式）。
- $\overline{CS}$：片选信号，低电平有效。
- $\overline{RD}$：微控制器的读信号（Intel 总线模式）或 E 使能信号（Motorola 总线模式）。
- $\overline{WR}$：微控制器的 WR 信号（Intel 总线模式）或 RD 信号（Motorola 总线模式）。
- CLKOUT：由 SJA1000 输出给微控制器的时钟信号，该时钟信号来源于内部振荡器且可通过编程驱动时钟控制寄存器的时钟关闭位禁止该时钟信号输出。
- VSS1：输出驱动器的地。
- XTAL1：输入到振荡器放大电路，外部振荡信号由此输入。
- XTAL2：振荡放大电路输出，使用外部振荡信号时此引脚无任何连接。
- MODE：模式选择输入：高电平为 Intel 总线模式；低电平为 Motorola 总线模式。
- VDD0：输出驱动器的 5V 电压源。
- TX0：从 CAN 输出驱动器 0 输出到物理线路上。
- TX1：从 CAN 输出驱动器 1 输出到物理线路上。
- VSS3：输出驱动器的地。
- $\overline{INT}$：中断输出，用于向微控制器发送中断请求；该引脚在内部中断寄存器的各位被置位时将输出低电平；同时，由于该引脚是开漏极输出，所以与系统中其他中断是进行线或运算的；注意该引脚上的低电平可把微控制器从休眠模式中激活。
- $\overline{RST}$：$\overline{SJA}$ 1000 复位信号输入（低电平有效）；需要上电自动复位时，只需把该引脚通过电容接地，再通过电阻连到 5V 电压源即可，例如，取 1μF 的电容和 50kΩ 的电阻即可。
- VDD2：输入比较器的 5V 电压源。
- RX0 和 RX1：从物理的 CAN 总线输入到 SJA1000 的输入比较器。
- VSS2：输入比较器的地。
- VDD1：逻辑电路的 5V 电压源。

3. SJA1000 的寄存器

51 单片机通过对内部寄存器的配置来实现 SJA1000 的控制，SJA1000 片内的寄存器及地址分配如表 16.5 所示。

表 16.5　SJA1000 的寄存器

名　称	地　址	D7	D6	D5	D4	D3	D2	D1	D0
CR	0	测试方式	同步		超限中断开放	出错中断开放	发送中断开放	接收中断开放	定位请求
CMR	1				睡眠	清闲	释放接收缓存器	夭折发送	发送请求
SR	2	总线状态	错误状态	发送状态	接收状态	发送完成状态	发送换存器访问	数据超限	接收缓存器状态
IR	3				唤醒中断	超限中断	出错中断	发送中断	接收中断
ACR	4	AC.7	AC.6	AC.5	AC.4	AC.3	AC.2	AC.1	AC.0
AMR	5	AM.7	AM.6	AM.5	AM.4	AM.3	AM.2	AM.1	AM.0
BTR0	6	SIM.1	SIM.0	BRP.5	BRP.4	BRP.3	BRP.2	BRP.1	BRP.0
BTR1	7	SAM	TSEG2.2	TSEG2.1	TSEG2.0	TSEG1.3	TSEG1.2	TSEG1.1	TSEG1.0
0CR	8	TP1	TN1	POL1	TP0	TN0	POL0	MODE1	MODE0
TEST	9			映像内部寄存器	连接 RX 缓存 CPU	连接 TX 缓存 CPU	访问内部总线	正常 RAM 连接	输出驱动器悬浮
发送缓存器									
标识符	10	ID.10	ID.9	ID.8	ID.7	ID.6	ID.5	ID.4	ID.3
RTRDLC	11	ID.2	ID.1	ID.0	RTR	DLC.3	DLC.2	DLC.1	DLC.0
字节 1～8	12～19	数据	数据	数据	数据	数据	数据	数据	数据
接收缓存器									
标识符	20	ID.10	ID.9	ID.8	ID.7	ID.6	ID.5	ID.4	ID.3
RTRDLC	21	ID.2	ID.1	I.0	RTR	DLC.3	DLC.2	DLC.1	DLC.0
字节 1～8	22～29	数据	数据	数据	数据	数据	数据	数据	数据
时钟驱动器	31						CD.2	CD.1	CD.0

SJA1000 的波特率设置如表 16.6 所示。

表 16.6　SJA1000 的波特率设置

波特率（Kbps）	晶体频率 ＝16MHz		晶体频率 ＝12MHz	
	BTR0（HEX）	BTR1（HEX）	BTR0（HEX）	BTR1（HEX）
10	31	1C	65	1C
20	18	1C	52	1C
50	09	1C	47	1C
100	04	1C	43	1C
125	03	1C	42	1C
250	01	1C	41	1C
500	00	1C	40	1C
800	00	16	40	16
1000	00	14	40	14

16.5.2　SJA1000 的应用电路

SJA1000 的典型应用电路结构如图 16.17 所示，51 单片机通过 8 位数据线和 SJA1000 连接，SJA1000 的串行输入/输出数据通过 CAN 发送器 PCA82C250 连接到 CAN 物理总线上。

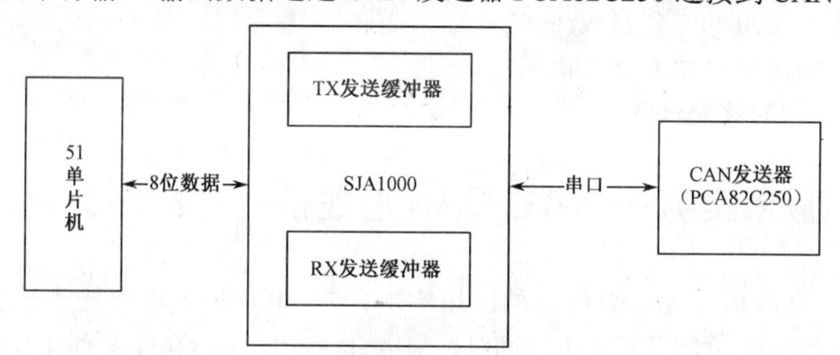

图 16.17　SJA1000 的典型应用电路结构

图 16.18 所示是 SJA1000 的典型应用电路，51 单片机的 P0 端口作为数据和地址复用线和 SJA1000 的 8 位数据端口连接，P2.7 作为 SJA1000 的 CS 引脚用于对 SJA1000 寻址，SJA1000 的 MODE 引脚连接到高电平使用 intel 总线结构，其使用 16M 晶体作为振荡器，SJA1000 的输入 RX0 和输出 TX0 分别连接到 CAN 收发器 PCA82C250 的相应引脚，其输出则连接到 CAN 总线。

16.5.3　SJA1000 的操作步骤

SJA1000 的详细操作步骤如下：

（1）通过对测试寄存器的操作检测硬件连接是否正确。

（2）通过对控制寄存器操作使 SJA1000 进入复位状态。

（3）设置时钟分频器以确定 SJA1000 的时钟分频状态。

（4）设置输出控制寄存器以确定 SJA1000 的输出状态。

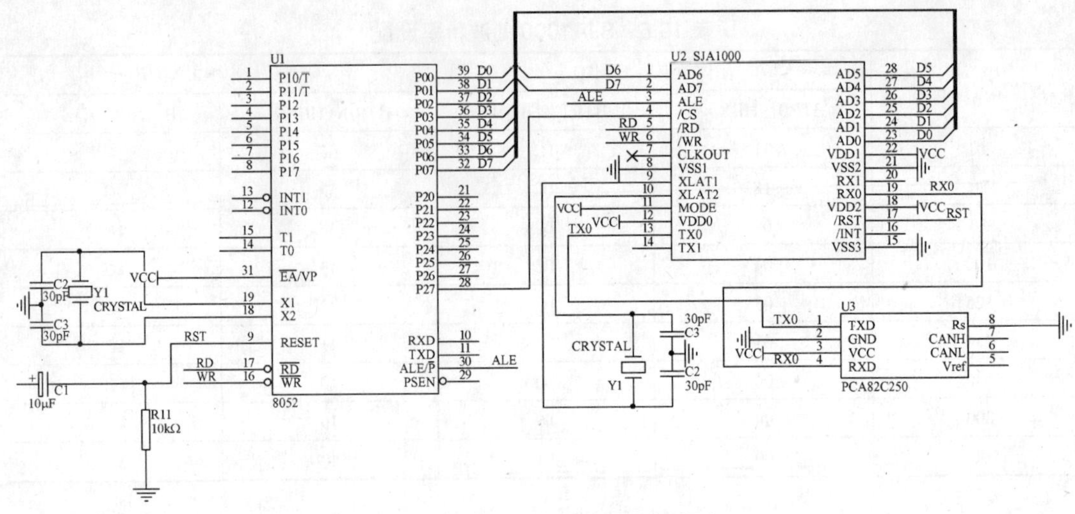

图 16.18 SJA1000 的典型应用电路

（5）设置总线时序 0 和总线时序 1 寄存器设置 SJA1000 的通信波特率。

（6）设置代码验收寄存器和代码屏蔽寄存器。

（7）退出复位状态。

（8）设置 SJA1000 的工作模式。

（9）设置 SAJ1000 的中断使能模式。

（10）进入正常的收发状态。

16.5.4 应用实例——串口 CAN 总线桥

本应用是一个串口 CAN 总线桥的应用实例，51 单片机从串口接收数据，然后通过 SJA1000 构成的 CAN 总线发送出去，同时，51 单片机也会从 CAN 总线上接收数据并且将其通过串口返回计算机。

图 16.19 所示是实例的应用电路，51 单片机使用 P0 端口和 P2.7 引脚连接到 SJA1000 的数据/地址端口和 CS 端口，SJA1000 使用一片 PCA82C250 作为 CAN 总线驱动芯片挂接到外部 CAN 网络上，51 单片机使用一片 MAX232 作为 RS-232 电平转换芯片和 PC 进行通信。

实例涉及的典型器件如表 16.7 所示。

表 16.7 串口 CAN 总线桥实例器件列表

器 件	说 明
51 单片机	核心部件
SJA1000	CAN 控制器芯片
PCA80C250	CAN 收发驱动器
MAX232	RS-232 电平转换芯片
电阻	上拉和限流
晶体	51 单片机工作的振荡源
电容	51 单片机复位和振荡源工作的辅助器件

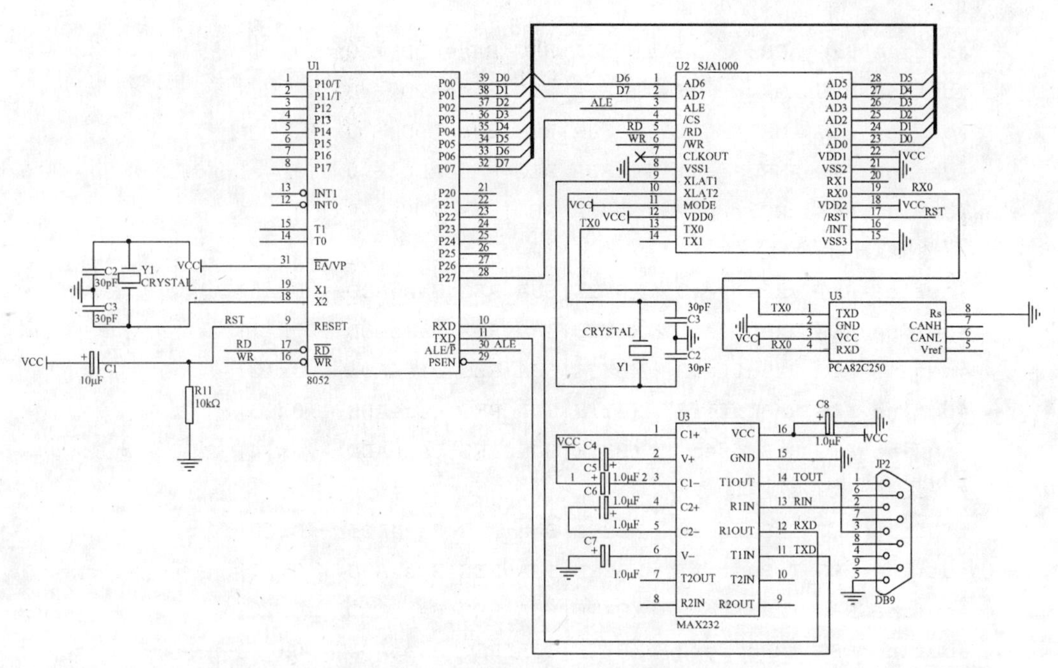

图 16.19　串口 CAN 总线桥实例电路

例 16.3 是实例的应用代码。

【例 16.3】实例首先预定义了 SJA1000 的相关寄存器，然后对其进行相应的操作。

```
#include <AT89X52.h>
#include <absacc.h>
#define SJA_REG_BaseADD 0x7F00          //地址定义
//相关寄存器定义
#define REG_MODE    XBYTE[SJA_REG_BaseADD + 0x00]
#define REG_CMD     XBYTE[SJA_REG_BaseADD + 0x01]
#define REG_SR      XBYTE[SJA_REG_BaseADD + 0x02]
#define REG_IR      XBYTE[SJA_REG_BaseADD + 0x03]
#define REG_IR_ABLE XBYTE[SJA_REG_BaseADD + 0x04]
#define REG_BTR0    XBYTE[SJA_REG_BaseADD + 0x06]
#define REG_BTR1    XBYTE[SJA_REG_BaseADD + 0x07]
#define REG_OCR     XBYTE[SJA_REG_BaseADD + 0x08]
#define REG_TEST    XBYTE[SJA_REG_BaseADD + 0x09]
#define REG_ALC     XBYTE[SJA_REG_BaseADD + 0x0b]
#define REG_ECC     XBYTE[SJA_REG_BaseADD + 0x0c]
#define REG_EMLR    XBYTE[SJA_REG_BaseADD + 0x0d]
#define REG_RXERR   XBYTE[SJA_REG_BaseADD + 0x0e]
#define REG_TXERR   XBYTE[SJA_REG_BaseADD + 0x0f]
#define REG_ACR0    XBYTE[SJA_REG_BaseADD + 0x10]
#define REG_ACR1    XBYTE[SJA_REG_BaseADD + 0x11]
#define REG_ACR2    XBYTE[SJA_REG_BaseADD + 0x12]
```

```
#define REG_ACR3    XBYTE[SJA_REG_BaseADD + 0x13]
#define REG_AMR0    XBYTE[SJA_REG_BaseADD + 0x14]
#define REG_AMR1    XBYTE[SJA_REG_BaseADD + 0x15]
#define REG_AMR2    XBYTE[SJA_REG_BaseADD + 0x16]
#define REG_AMR3    XBYTE[SJA_REG_BaseADD + 0x17]
//接收缓冲寄存器定义
#define REG_RxBuffer0  XBYTE[SJA_REG_BaseADD + 0x10]
#define REG_RxBuffer1  XBYTE[SJA_REG_BaseADD + 0x11]
#define REG_RxBuffer2  XBYTE[SJA_REG_BaseADD + 0x12]
#define REG_RxBuffer3  XBYTE[SJA_REG_BaseADD + 0x13]
#define REG_RxBuffer4  XBYTE[SJA_REG_BaseADD + 0x14]
//发送缓冲寄存器定义
#define REG_TxBuffer0  XBYTE[SJA_REG_BaseADD + 0x10]
#define REG_TxBuffer1  XBYTE[SJA_REG_BaseADD + 0x11]
#define REG_TxBuffer2  XBYTE[SJA_REG_BaseADD + 0x12]
#define REG_TxBuffer3  XBYTE[SJA_REG_BaseADD + 0x13]
#define REG_TxBuffer4  XBYTE[SJA_REG_BaseADD + 0x14]
//数据寄存器定义
#define REG_DataBuffer1 XBYTE[SJA_REG_BaseADD + 0x15]
#define REG_DataBuffer2 XBYTE[SJA_REG_BaseADD + 0x16]
#define REG_DataBuffer3 XBYTE[SJA_REG_BaseADD + 0x17]
#define REG_DataBuffer4 XBYTE[SJA_REG_BaseADD + 0x18]
#define REG_DataBuffer5 XBYTE[SJA_REG_BaseADD + 0x19]
#define REG_DataBuffer6 XBYTE[SJA_REG_BaseADD + 0x1a]
#define REG_DataBuffer7 XBYTE[SJA_REG_BaseADD + 0x1b]
#define REG_DataBuffer8 XBYTE[SJA_REG_BaseADD + 0x1c]
//校验寄存器和计数寄存器定义
#define REG_RBSA    XBYTE[SJA_REG_BaseADD + 0x1e]
#define REG_CDR     XBYTE[SJA_REG_BaseADD + 0x1f]
#define REG_Receive_CounterXBYTE[SJA_REG_BaseADD + 0x1d]
#define OK      1
#define Fail    0
#define ON      1
#define OFF     0
#define True    1
#define False   0
unsigned char PC_RX_Buffer;                //接收缓冲器
unsigned char Tx_counter;                  //发送计数器
unsigned char Rx_Buffer[8];                //接收数组
bit Tx_flg;                                //发送标志位
bit Rx_flg;                                //接收标志位
```

```
void MCU_Init(void)
{
PC_RX_Buffer = 0x77;
Tx_flg = False;
TMOD = 0x20;
TH1 = 0xff;
TL1 = 0xff;
TR1 = 1;
SCON = 0x50;
PCON = 0x80;                                    //初始化串口
EA = 1;
ES = 1;
Tx_counter = 0x00;
}
void Serial() interrupt 4 using 2
{
if(RI == 1)
{
    PC_RX_Buffer = SBUF;
    RI = 0;
  }
}
main()
{
unsigned char tempdata;
MCU_Init();
REG_MODE = 0x01;                                //进入复位模式

tempdata = REG_MODE;
 tempdata = tempdata & 0x01;
if(tempdata  ==  0x01)                          //在复位模式中对 SJA1000 进行初始化
{
    REG_BTR0 = 0x85;
    REG_BTR1 = 0xb4;                            //100k
    REG_OCR = 0x1a;
    REG_CDR = 0xc0;
    REG_RBSA = 0x00;

    REG_ACR0 = 0xff;
    REG_ACR1 = 0xff;
    REG_ACR2 = 0xff;
```

```
        REG_ACR3 = 0xff;

        REG_AMR0 = 0xff;
        REG_AMR1 = 0xff;
        REG_AMR2 = 0xff;
        REG_AMR3 = 0xff;

        REG_IR_ABLE = 0xff;
    }
      REG_MODE = 0x08;
      REG_MODE = 0x08;
    tempdata = REG_Receive_Counter;
    for(;;)
    {
            tempdata = REG_SR;
            while((tempdata & 0x10) == 0x10);  //等待接收
            tempdata = REG_SR;
            tempdata = tempdata & 0x01;
            if(tempdata == 0x01)
            {
                Rx_Buffer[0] = REG_DataBuffer1;
                Rx_Buffer[1] = REG_DataBuffer2;
                Rx_Buffer[2] = REG_DataBuffer3;
                Rx_Buffer[3] = REG_DataBuffer4;
                Rx_Buffer[4] = REG_DataBuffer5;
                Rx_Buffer[5] = REG_DataBuffer6;
                Rx_Buffer[6] = REG_DataBuffer7;
                Rx_Buffer[7] = REG_DataBuffer8;
                REG_CMD = 0x04;
            }
        tempdata = REG_ECC;
            tempdata = REG_Receive_Counter;
            tempdata = REG_Receive_Counter;
     }
    }
```

16.6 电力线通信芯片 SSCP300 扩展

电力线载波通信是电力系统特有的通信方式，它是利用现有电力线，通过载波方式高速传输模拟或数字信号的技术，由于使用坚固可靠的电力线作为载波信号的传输介质，因此，具有信息传输稳定可靠、路由合理特点，是唯一不需要线路投资的有线通信方式。电路线通信是先将数据调制成载波信号或扩频信号，然后通过耦合器耦合到 220V 或其他交/直流电力线甚至是没有电力的双绞线上，这种通信手段常常被应用于电表抄送等场合。

16.6.1　SSCP300 基础

SSCP300 芯片是 Intellon 公司生产的电力线通信芯片，其采用半双工方式工作，利用 ASK（振幅移位键控）和 PRK（反相键控）两种方式对载波进行调制，传输速率可达 10Kbps。

其主要特点如下：

- 高度集成，兼容 CEBus 总线。
- 支持 CRC 校验，安全性能高。
- 提供数据链路层控制逻辑，符合 EIA-600 标准通信访问和通信服务。
- 提供 SPI 接口总线和 51 单片机通信。
- 使用单 5V 供电。

1．SSCP300 的引脚封装

SSCP300 的引脚封装如图 16.20 所示，其详细说明如下：

- 4MHz：4MHz 时钟输出，可为外部主控制器提供 4MHz 时钟基准。
- CS：片选信号，低电平有效，用于激活 SPI 总线。
- VSSD：数字信号地。
- XIN、XOUT：晶振的输入，输出引脚。
- VDD：数字信号电源，外接正 5V 电源。
- INT：中断信号输出，低电平有效。
- SCLK：SPI 总线的时钟引脚。
- SDO：SPI 总线的数据输出引脚。
- SDI：SPI 总线的数据输入引脚。
- TS：三态输出引脚，低电平时激活外部放大器。
- RST：复位输入，低电平有效。
- VSSA：模拟信号地。
- SO：模拟信号输出引脚。
- SI：模拟信号的输入引脚。
- C2、C1：分别用 680pF 电容连接到地。
- VDDA：模拟信号电源引脚，外接 VCC。
- TP0：测试端点 0 引脚。

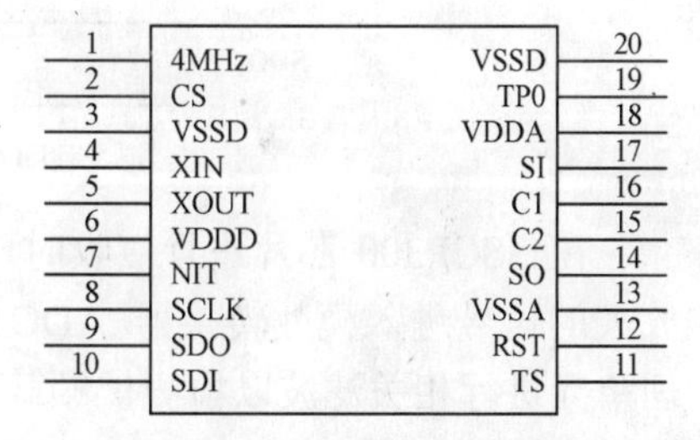

图 16.20　SSCP300 的引脚封装

2．SSCP300 的内部结构和数据交换过程

SSCP300 的内部结构如图 16.21 所示，主要由数字链路层处理模块（SPI 接口）、内部逻辑控制模块、时钟模块、ADC 模块、DAC 模块、信号调制电路等部分构成。

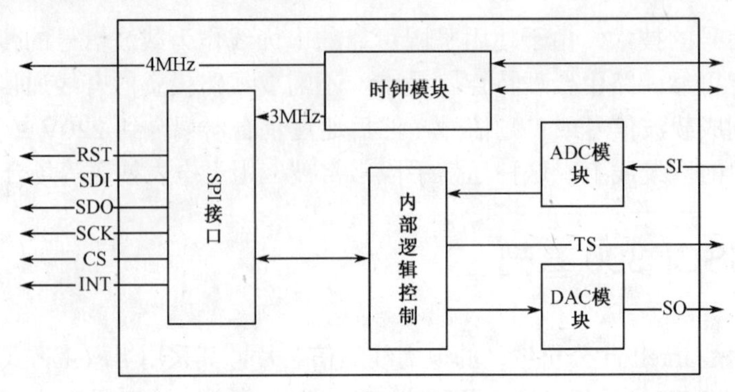

图 16.21　SSCP300 的内部结构

SSCP300 的 SPI 总线接口用于 51 单片机的的连接，由 5 根引脚组成，包括时钟线 SCLK、数据输入线 SDI、数据输出线 SDO、片选线 CS，中断请求线 INT；其中，CS 由 51 单片机控制，时钟信号也由 51 单片机发出。通过 SPI 接口，SSCP300 同微控制器进行数据通信的读写逻辑时序可以参考 SPI 总线的时序说明，如图 16.22 所示。

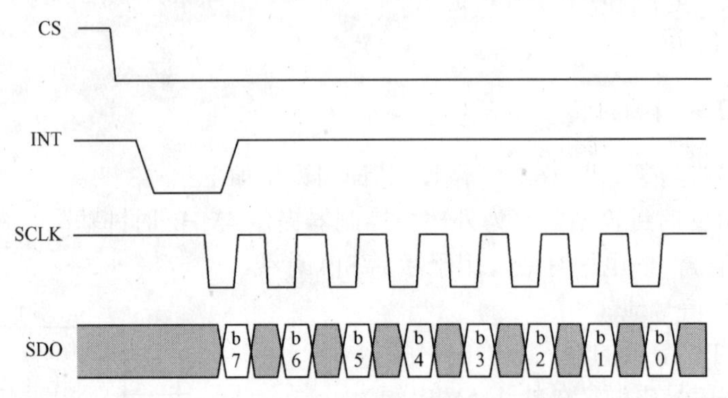

图 16.22　SSCP300 的 SPI 总线时序

在 SSCP300 芯片进行接收时，模拟信号从 SI 引脚进入，通过缓冲放大器将信号放大，放大的信号进入模数转换器 ADC，然后进入内部逻辑控制，内部逻辑控制中的数字信号处理单元进行相关滤波以检测扩频载波，并将检测结果及相关数据信息送到 SPI 总线接口，再根据 CEBus 协议进行解码，最后将数据包发到主机。

在 SSCP300 芯片进行发送时，51 单片机把数据通过 SPI 数据接口发送到内部控制逻辑，内部控制逻辑通过存储 ROM 上的 300 个点的查找图产生扩频载波的高低状态，再经过一个 8 位的数模转换器 DAC 将数字信号转换为模拟形式载波信号送到缓冲器，当三态信号 TS 为低时，模拟信号从 SO 脚发送出去。

当 SSCP300 芯片作为网络接口控制器时，其可以主动要求 51 单片机和其进行数据交换，这时，SSCP300 首先通过 INT 引脚给出一个低电平的信号，向 51 单片机发出服务请求，当 51 单片机响应其请求后，应首先通过对 SSCP300 状态标志寄存器的判断，查看是何种请求，而后根据其状态做出相应的反馈。

3．SSCP300 的数据寄存器和命令字

SSCP300 芯片和电力线的通信主要通过 TS、SI、SO 三根模拟引脚完成，TS 端在向外

发送扩频信号时有效，从而可以控制外部的功率放大电路的工作状态，SO 为扩频信号输出端，SI 为扩频信号输入端。SSCP300 内部共有 100 个字节的数据寄存器，用来实现与微控制器的数据通信，并通过 SSCP300 实现同系统网络其他节点的数据通信，100 个字节的具体分配情况如下表 16.8 所示。

表 16.8　SSCP300 的数据寄存器列表

数据寄存器名称	字节数
配置信息寄存器	7
接口标志寄存器	1
模式控制标志寄存器	2
状态信息寄存器	6
DLL 连接控制寄存器	1
数据连接服务连接状态寄存器	1
接收包寄存器	41
发送包寄存器	41

51 单片机通过向 SSCP300 的相关寄存器写入相应的控制命令完成对 SSCP300 的操控，这些控制命令如表 16.9 所示。

表 16.9　SSCP300 的控制命令列表

指令名称	简写	命令值	命令类型	长度	操作对象
接口错误命令	FIE	0x00	读	0	无
复位	RST	0x01	写	0	无
配置层读	LR	0x02	读	7	配置信息
配置层写	LW	0x03	写	7	配置层信息
接口读	IR	0x04	读	1	接口状态寄存器
控制寄存器写	CW	0x05	写	2	模式控制寄存器
状态读	SR	0x06	读	6	状态寄存器
接收包	PR	0x08	读	可变	接收头
发送包	PT	0x09	写	可变	发送头
读接收信息	RRI	0x0a	读	可变	接收区
写发送信息	WTI	0x0b	写	可变	发送区
读接收头	RRH	0x0c	读	9	接收头
写发送头	WTH	0x0d	写	9	发送头
写寄存器 46	WRS-46	0x46	写	1	DDL 控制寄存器
读寄存器 4	RRS-4	0x84	读	1	DDL 连接状态寄存器

16.6.2　SSCP300 的应用电路

SSCP300 的应用电路如图 16.23 所示，51 单片机使用 P1 和 SSCP300 进行通信，SSCP300 的 INT 输出连接 P1.5 引脚上，使用查询方式，其 C1 和 C2 引脚通过两个 680pF 的电容连接到地。

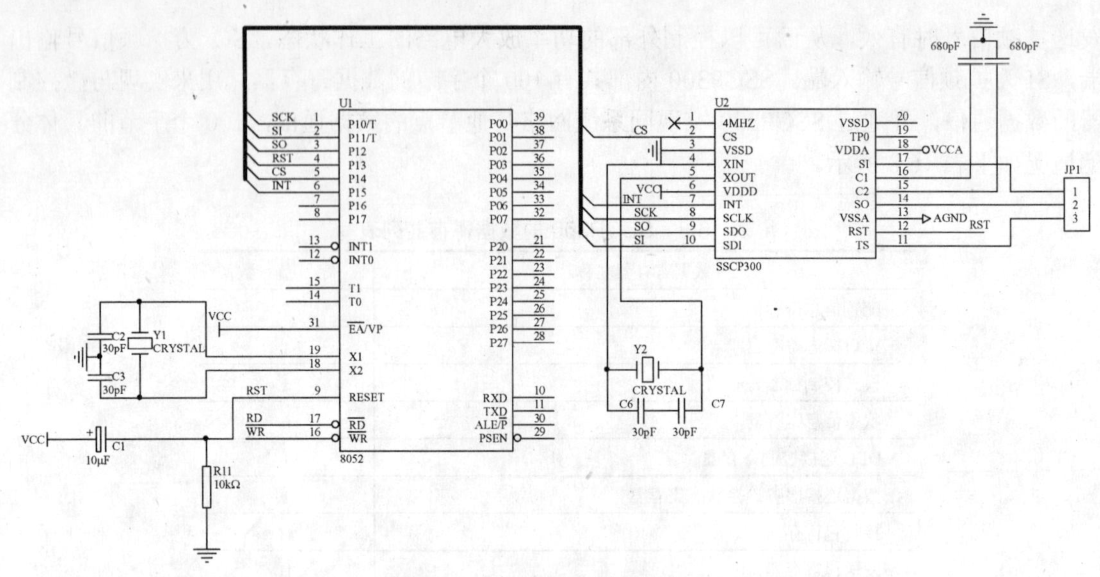

图 16.23　SSCP300 的应用电路

16.6.3　SSCP300 的操作步骤

SSCP300 的具体操作步骤如下：

（1）51 单片机对 SSCP300 进行初始化，给出 SSCP300 所属节点的系统配置信息，确定 SSCP300 所属节点的系统地址、通信工作方式等。

（2）51 单片机对 SSCP300 给出需要通信的目的地址及需要传送的有效数据，SSCP300 可以通过内部的信号调理电路将通信数据变换成扩频信号，并通过外部的功率放大电路耦合到电网中，到达目的节点。

（3）在不发送数据的时候，SSCP300 工作在监控状态，当其他节点向本数据节点发送信号时，SSCP300 将扩频信号进行解调，并通过 ADC 转换电路变为数字信号将数据寄存接收数据包寄存器内，同时通过 INT 引脚向 51 单片机发出服务请求，51 单片机可通过对 SSCP300 内部接口标志寄存器内容的判断，进行相应的通信服务。

注：SSCP300 其发送及接收数据包均为 41 个字节，有效的通信数据最多为 32 字节，因而这限制了它在其他场合的广泛应用。

16.6.4　SSCP300 的应用代码

1. SSCP300 的库函数

例 16.4 是 SSCP300 库函数的应用代码。

【例 16.4】51 单片机使用 P1 引脚和 SSCP300 进行通信，对 SSCP300 的中断信号输出采用查询的方式。

```
#include <AT89X52.h>                              // 引用标准库的头文件
#include <intrins.h>
```

```
sbit SCK = P1^0;                            // SPI 时钟
sbit SI= P1^1;                              // SPI 从器件数据输入
sbit SO = P1^2;                             // SPI 从器件数据输出
sbit RST= P1^3;                             // 复位控制端
sbit CS = P1^4;                             // 片选端
sbit INT= P1^5;                             // SSCP300 中断信号 unsigned char
tbuf[7]={0,0,0,0,0,0,0};                    // 写入配置代码存储缓冲区
unsigned char rbuf[7]={0,0,0,0,0,0,0}; // 读取配置代码存储缓冲区
//毫秒延时函数
void Delayms(unsigned int MS)
{
unsigned int i,j;
for( i=0;i<MS;i++)
    for(j=0;j<1141;j++);
}
//51 单片机作为主机作为 SPI 主机接收一个字节数据
unsigned char read(void)
{
  unsigned char temp,i;
  CS=0;
  SCK=1;                                    //时钟上升沿
  for(i=0;i<8;i++)
  {
      SCK=0;
      SCK=1;                                //时钟上升沿
      if(SO==1)
      {
        temp=(temp|0x01);                   //保存 1
        temp=(temp<<0x01);
      }
      else
      {
        temp=(temp|0x00);                   //保存 0
        temp=(temp<<0x01);
      }
  }
  return temp;
}
//51 单片机作为主机发送，SSCP300 接收一个字节数据
void  send(unsigned char sdata)
{
```

```
  unsigned char i;
  CS=0;                                           //片选控制
  for(i=0;i<8;i++)
  {
    SCK=0;
    if((sdata&&0x80)!=0)                          //判断待发送数据位
    {
      SI=1;                                       //发送'1'
    }
    else
    {
      SI=0;                                       //发送'0'
    }
    _nop_();                                      //延时稳定数据
    _nop_();
    SCK =1 ;                                      //时钟上升沿
    sdata=sdata<<0x01;
  }
}
//SSCP300复位子程序
void rst()
{
  send(0x01);                                     //复位命令：01H
  while(INT==0);
  Delayms(20);                                    //延时20ms，SSCP300稳定复位
  SCK=1;
}
```

2．应用实例——SSCP300数据发送和接收

本应用是51单片机扩展一片SSCP300通过电力线极性数据发送和接收的实例，51单片机通过SSCP300发送7个字节的数据，然后接收7个字节的数据，将两组数据进行比较。实例的应用电路如图16.22所示，其涉及的典型应用器件如表16.10所示。

表16.10　SSCP300数据送和接收实例器件列表

器　件	说　明
51单片机	核心部件
SSCP300	电力线通信芯片
电阻	上拉和限流
晶体	51单片机工作的振荡源
电容	51单片机复位和振荡源工作的辅助器件

例 16.5 是实例的应用代码。

【例 16.5】实例调用了第一小节的库函数，首先对 SSCP300 进行初始化，然后连续发送 7 个字节数据。

```
#include <AT89X52.h>                        // 引用标准库的头文件
#include <intrins.h>
sbit SCK = P1^0;                            // SPI 时钟
sbit SI= P1^1;                              // SPI 从器件数据输入
sbit SO = P1^2;                             // SPI 从器件数据输出
sbit RST= P1^3;                             // 复位控制端
sbit CS = P1^4;                             // 片选端
sbit INT= P1^5;                             // SSCP300 中断信号
unsigned char tbuf[7]={0,0,0,0,0,0,0}; // 写入配置代码存储缓冲区
unsigned char rbuf[7]={0,0,0,0,0,0,0}; // 读取配置代码存储缓冲区
void  main()
{
   unsigned char state,i;
   P0=0xff;
   CS=0;
   Delayms(20);                             //延时 20ms，SSCP300 上电稳定复位
   send(0x04);                              // 读取 sscp300 接口状态
   while(INT==0);
   SCK=1;
   state=read();
   while(INT==0)
   {
     SCK=1;
     if((state&0x01)==0x01)                 //中断标志位 0
     {
     }
     if((state&0x02)==0x02)                 //中断标志位 1
     {
     }
     if((state&0x04)==0x04)                 //中断标志位 2
     {
     }
     if((state&0x08)==0x08)                 //中断标志位 3
     {
     }
     if((state&0x10)==0x10)                 //中断标志位 4
     {
```

```
        }
        if((state&0x20)--0x20)                    //中断标志位 5
        {
        }
        if((state&0x40)==0x40)                    //中断标志位 6
        {
        }
        if((state&0x80)==0x80)                    //中断标志位 7
        {
        }
    }
    //单片机开始对 SSCP300 配置
    send(0x03);                                   //发送命令 03H
    while(INT==0);                                //等待响应
    for(i=0;i<7;i++)
    {
      send(tbuf[i++]);                            //连续发送 7 个字节
      while(INT==0);
    }
    send(0x02);                                   //发送命令 02H
    while(INT==0);                                //等待响应
    for(i=0;i<7;i++)
    {
       rbuf[i++]=read();                          //连续接收 7 个字节
       while(INT==0);
    }
    for(i=0;i<7;i++)
    {
      if(rbuf[i]=tbuf[i])                         //比较发送和接收到的数据
      {
        i++;                                      //若相等则进行下一个数据的比较
      }
      else
      {
        rst();                                    //不相等，则复位
      }
    }

}
```

16.7 USB 通信桥芯片 CP2101 扩展

由于现在相当部分的 PC 不提供 UART 串口，导致 51 单片机应用系统和 PC 交互比较困难，此时，可以使用 USB 通信桥芯片 CP2101 来完成数据交互。

16.7.1 CP2101 基础

CP2101 是美国 Silicon 公司推出的 USB-UART 桥接电路。该电路的集成度高，内置 USB2.0 全速功能控制器、USB 收发器、晶体振荡器、E^2PROM 及异步串行数据总线（UART），支持调制解调器全功能信号，无需任何外部的 USB 器件。功能强大，采用 MLP-28 封装，尺寸仅为 5mm×5mm，占用空间非常小，其主要特点如下：

- 内含 USB 收发器，无需外接电路器。
- 内含时钟电路，无需外接振荡器。
- 其内部 512 字节的 E^2PROM 可用于存储产品生产商的 ID、产品的 ID 序列号、电源参数、器件版本号和产品说明。
- 内含上电复位电路。
- 片内电压调节可输出 3.3V 电压。
- 符合 USB2.0 规范的要求（12Mb/s）。
- SUSPEND 引脚支持 USB 状态挂起。
- 异步串行数据总线（UART）兼容所有握手和调制解调器接口信号；支持的数据格式为数据位 8、停止位 1、2 和校验位（包括奇校验、偶校验和无校验）。
- 波特率范围为 300b/s～921.6kb/s。
- 内含 512 字节接收缓冲器和 512 字节发送缓冲器。
- 支持硬件或 X-On/X-Off 握手，支持事件状态。

1. CP2101 的引脚封装

CP2101 的引脚封装如图 16.24 所示，其详细说明如下：

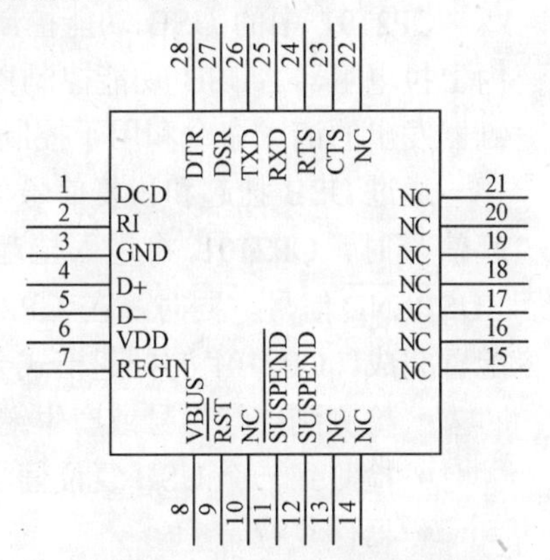

图 16.24　CP2101 的引脚封装

- D+：USB 数据引脚。
- D–：USB 数据引脚。
- VDD：可以作为 2.7～3.6V 电源输入或者输出引脚。
- REGIN：5V 电源输入引脚。
- VBUS：VBUS 感知输入引脚，该引脚应连接至一个 USB 网络的 VBUS 信号上当连通到一个 USB 网络时该引脚上的信号为 5V。
- TXD：串口数据发送引脚。
- RXD：串口数据接收引脚。

- CTS：清除发送控制输入引脚，低电平有效。
- RTS：准备发送控制输出引脚，低电平有效。
- DSR：数据设置准备好控制输出引脚，低电平有效。
- DTR：数据终端准备好控制输出引脚，低电平有效。
- DCD：数据传输检测控制输入引脚，低电平有效。
- RI：振铃指示器控制输入引脚，低电平有效。
- SUSPEND：当 CP2101 进入 USB 终止状态时，该引脚被驱动为高电平。
- $\overline{\text{SUSPEND}}$：当 CP2101 进入 USB 终止状态时，该引脚被驱动为低电平。
- NC：未使用引脚。

2．CP2101 的内部结构和控制

CP2101 主要由 USB 功能控制器、内部 E^2PROM、异步串行数据总线（UART）接口等部分组成，其结构组成框图如图 16.25 所示。

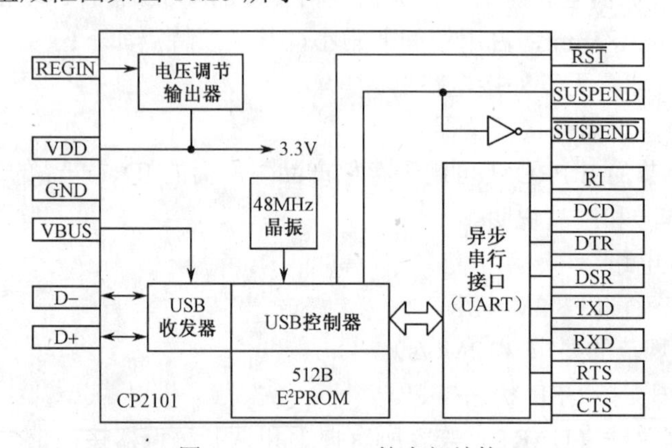

图 16.25　CP2101 的内部结构

CP2101 中的 USB 功能控制器是一个符合 USB2.0 的全速电路，带有收发器和相应的片内上拉电阻器。USB 功能控制器管理 USB 与 UART 间的所有数据传输，以及由 USB 主控制器发出的请求命令和用于控制 UART 功能的命令。

通过 USB 挂起和恢复信号可支持 CP2101 及外部电路的电源管理。当在总线上检测到挂起信号时，CP2101 将进入挂起模式。在进入挂起模式时，CP2101 会发出 SUSPEND 和 $\overline{\text{SUSPEND}}$ 信号，同时，在 CP2101 复位后，CP2101 也会发出该信号直到 USB 要求的器件配置完成。CP2101 的挂起模式会在下述任何一种情况出现时被取消。

- 检测到继续信号或产生继续信号时。
- 检测到一个 USB 复位信号。
- 器件复位。

在退出挂起模式时，SUSPEND 和 $\overline{\text{SUSPEND}}$ 信号被取消。需要注意的是，SUSPEND 和 $\overline{\text{SUSPEND}}$ 在 CP2101 复位期间会暂时处于高电平，如果要避免这种情况，可以使用一个大的下拉电阻器（10kΩ）来确保 SUSPEND 在复位期间处于低电平。异步串行数据总线（UART）接口。

CP2101 异步串行数据总线的数据位和停止位是固定的，也就是说，在实际使用中虽然可以通过软件改变校验位和波特率，但是，改变数据位和停止位会在通信中出现异常现象。

CP2101 内部集成了一个 E^2PROM，可用于存储由设备原始制造商定义的 USB 供应商的 ID、产品的 ID 说明、电源参数、器件版本号和器件序列号等信号。USB 配置数据的定义是可选的。如果 E^2PROM 没有被 OEM 的数据占用，则采用默认方式配置数据。尽管如此，对于可能使用多个基于 CP2101 的器件连接到同一个 PC 的 OEM 应用来说，它们需要一个专一的序列号。

内部 E^2PROM 可通过 USB 进行编程，以便 OEM 的 USB 配置数据和序列号可以在制造和测试时直接写入系统上的 CP2101 中。Silicon 公司提供一种专门为 CP2101 内部 E^2PROM 进行编程的工具，同时还提供一个 Windows DLL 格式的程序库。该程序库可在制造过程中将 E^2PROM 编程步骤集成到 OEM 中，以便用自定义软件进行流水线式测试和序列号的管理。E^2PROM 的写寿命典型值为 100000 次，数据保持时间为 100 年。CP2101 默认的内部配置如表 16.11 所示。

表 16.11　CP2101 的默认内部配置

类　别	默 认 值
发行者 ID	0x10C4
产品 ID	0xEA60
电源属性参数	0x80
电源最大功率	0x0F
版本号	0x0100
序列号	0x0001（最多 32 个字符）
产品说明	Cygnal CP2101 USB 转 UART 桥控制器（最多 126 个字符）

注：修改产品说明可以修改在 PC 上硬件列表里面看到的 CP2101 设备的名称，可以修改为“某某公司某某产品”的形式。

3．CP2101 的驱动程序

在将 CP2101 连接到 PC 机的 USB 接口的时候，Windows 会提示找到新硬件，此时，需要安装 CP2101 的驱动程序才能使 CP2101 正常工作，CP2101 的驱动程序可以在 Silicon 公司的网站（或者其国内代理新华龙公司网站）上找到，驱动程序的图标如下。

驱动的安装步骤如下：

（1）双击驱动程序图标，选择“安装新的驱动程序”，如图 16.26 所示。

（2）在出现的对话框中单击“Next”按钮，然后出现如图 16.27 所示的对话框，选择“接收相关协议”，然后单击“Next”按钮。

选择驱动的安装位置，此步骤选择任意一个位置即可，如图 16.28 所示，然后单击“Next”和“Install”按钮。

此时，CP2101 的驱动就已经成功的安装到 PC 上了，当 CP2101 被连接好之后，会在硬件管理器里面看到一个虚拟串口的设备，对该串口编号的串口进行操作即可。

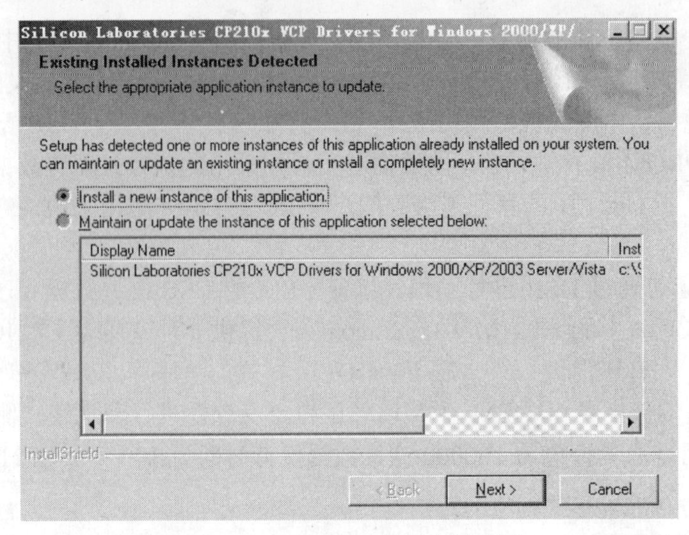

图 16.26　CP2101 驱动程序安装步骤一

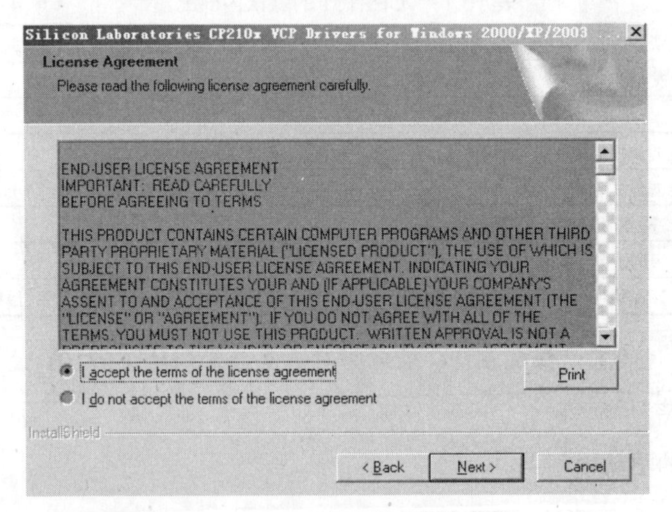

图 16.27　CP2101 驱动程序安装步骤二

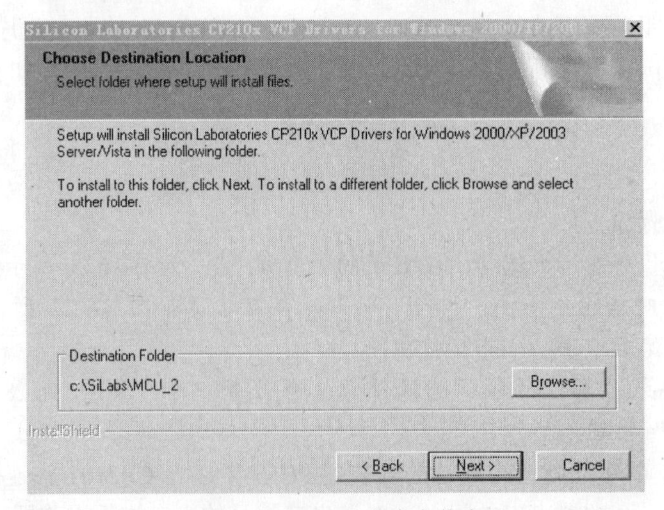

图 16.28　CP2101 驱动程序安装步骤三

注：Silicon 公司也提供了 Linux 和其他 Windows 版本的 CP2101 驱动，可以下载需要的版本并且对应安装即可。

16.7.2　CP2101 的应用电路

CP2102 的典型应用电路如图 16.29 所示，CP2101 采用 USB 电源供电，USB 的 5V 信号直接连接到 CP2101 的 REGIN 引脚上，不使用 SUSPEND 和/SUSPEND 引脚信号，51 单片机的 TXD 和 RXD 引脚直接和 CP2101 的对应引脚交叉连接。

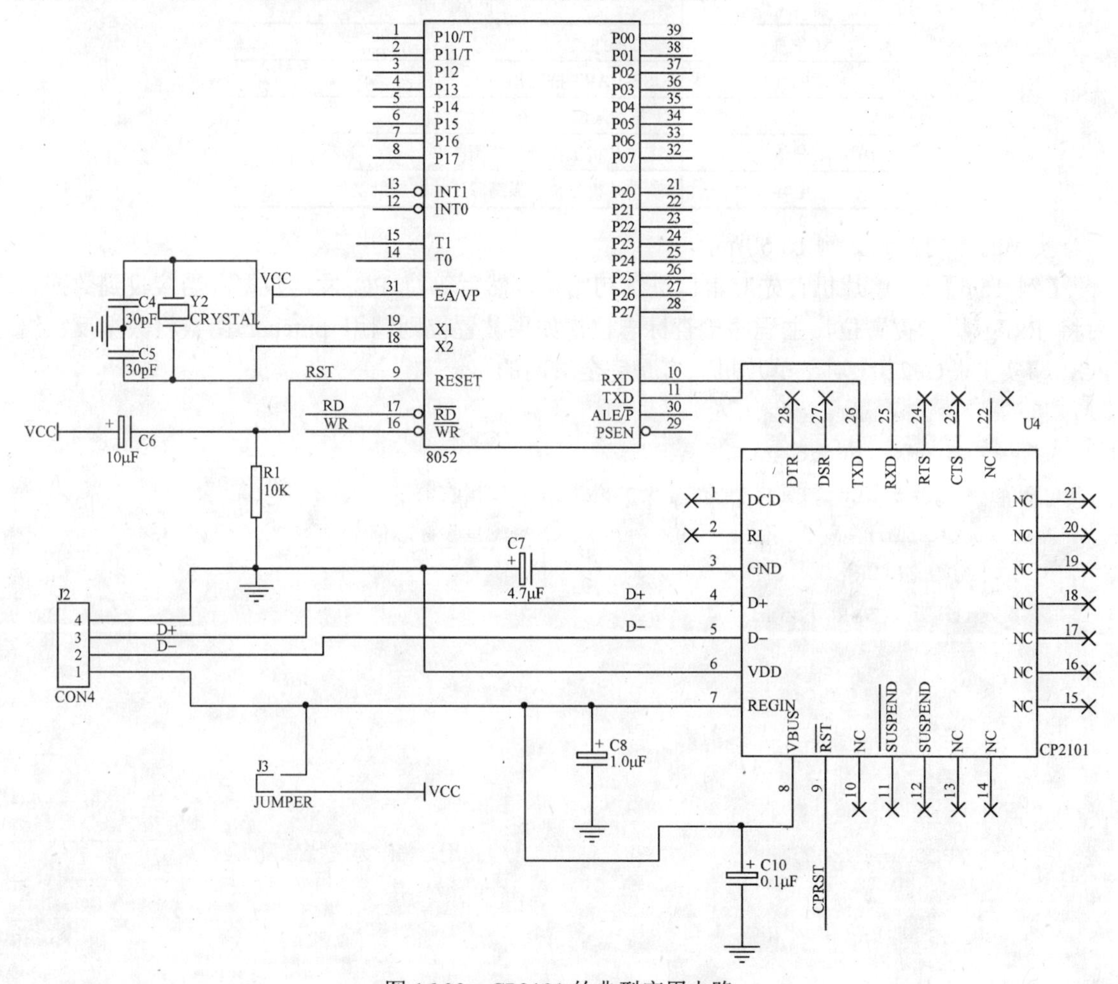

图 16.29　CP2101 的典型应用电路

16.7.3　CP2101 的操作步骤

CP2101 的使用方法相当简单，对于 PC 而言，在安装完驱动之后其就是一个即插即用的设备，被设备管理器认为是一个硬件串口；而对于 51 单片机来说其也是一个普通的 PC 硬件串口，按照和 PC 普通串口进行通信的方式进行操作即可。

16.7.4 应用实例——CP2101 的测试代码

本应用是一个简单的 CP2101 的测试实例，51 单片机使用串口从 CP2101 接收从 PCUSB 发送来的数据，然后将其回送给 PC，实例的应用电路如图 16.28 所示，其涉及的典型器件如表 16.12 所示。

表 16.12 CP2101 测试代码实例器件列表

器件	说明
51 单片机	核心部件
CP2101	USB-UART 桥芯片
电阻	上拉和限流
晶体	51 单片机工作的振荡源
电容	51 单片机复位和振荡源工作的辅助器件

实例的应用代码如例 16.6 所示。

【例 16.6】51 单片机首先对串口进行初始化，然后等待 PC 发送数据，当接收到数据之后将 Rxflg 标志位置位，主程序检查标志位，如果被置位则调用 putchar 函数将数据反馈给 PC，事实上，CP2101 对于单片机而言是完全透明的。

```
#include <AT89X52.h>
#include <stdio.h>
unsigned char Rxdata;                    //接收数据
bit Rxflg;                               //接收标志位
//初始化串口
void InitUART(void)
{
    TMOD = 0x20;
    SCON = 0x50;
    TH1 = 0xFD;
    TL1 = TH1;
    PCON = 0x00;                         //使用 T1 作为波特率发生器
    EA = 1;                              //9600bps
    ES = 1;
    TR1 = 1;
}
//串口中断服务子函数
void UARTInterrupt(void) interrupt 4
{
    if(RI==1)                            //如果接收到数据
    {
        RI = 0;                          //清除 RI
        Rxflg = 1;                       //置位接收标志位
```

```
        Rxdata = SBUF;                  //存放数据
    }
}
void main(void)
{
    InitUART();
    while(1)
    {
      if(Rxflg == 1)                    //如果接收到数据
      {
        putchar(Rxdata);                //发送数据
        Rxflg = 0;                      //清除数据
      }
    }
}
```

第 17 章　51 单片机无线通信扩展

如第 16 章章首所述，当 51 单片机的应用系统不方便使用电缆等有线物理通道和其他系统进行数据交换时，可以使用无线电波进行通信，这种通道被称为无线数据通道。本章将详细介绍在 51 单片机中使用无线通信模块的方法，包括红外收发芯片和基于 433MHz 的无线数据通信模块 PTR8000。

17.1　红外收发芯片扩展

红外线是波长在 760nm～1mm 的电磁波，其波长为 850～900nm，是一种人的眼睛看不到的光线。由于红外线的波长较短，对障碍物的衍射能力差，所以，适合应用在需要短距离无线通信的场合进行点对点的直线数据传输。

51 单片机应用系统红外收发芯片通常由红外发射芯片和红外接收芯片组成，最常见的有 NB9148（发射）和 NB9149（接收）。

17.1.1　红外收发芯片基础

NB9148 是通用红外遥控发射器集成芯片，该器件与 NB9149 配合使用可完成 10 个功能控制，可发射的指令达 75 个，其中，63 个是连续指令（可多键组合），12 个是单发指令（只能单间使用）。

NB9148 采用 CMOS 工艺制造，功耗极低，工作电压可在 2.2～5.5V 变化。NB9148 的集成程度高，工作时所需的外围元件少，其振荡电路只需外接 LC 或陶瓷振荡器即可起振，并支持多键组合，另外，NB9148 的位码可与其他模式相兼容。

NB9149 芯片用于红外接收，其可以并行输出 5 个控制信号或者单发脉冲，保持脉冲和周期脉冲（周期脉冲仅限于 NB9150），支持外接并联 RC 构成单端振荡器，内含用户码检测电路，以鉴别不同机器发送的码。

一个完整的红外收发模型如图 17.1 所示，51 单片机 A 或者其他控制逻辑（如键盘）通过对 NB9148 的引脚控制将需要交互的命令提供给 NB9148，等待 NB9148 通过红外二极管发送出去；当红外解码器接收到红外数据之后将其滤掉载波信号之后传输给 NB9149，单片机 B 通过对 NB9149 的相应输出引脚状态的查询获得这些命令。

1．红外收发芯片的引脚封装

红外发送芯片 NB9148 的引脚封装如图 17.2 所示，其详细说明如下：

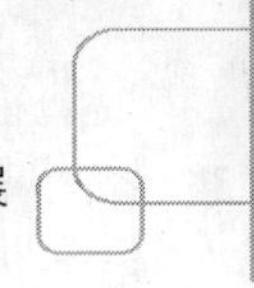

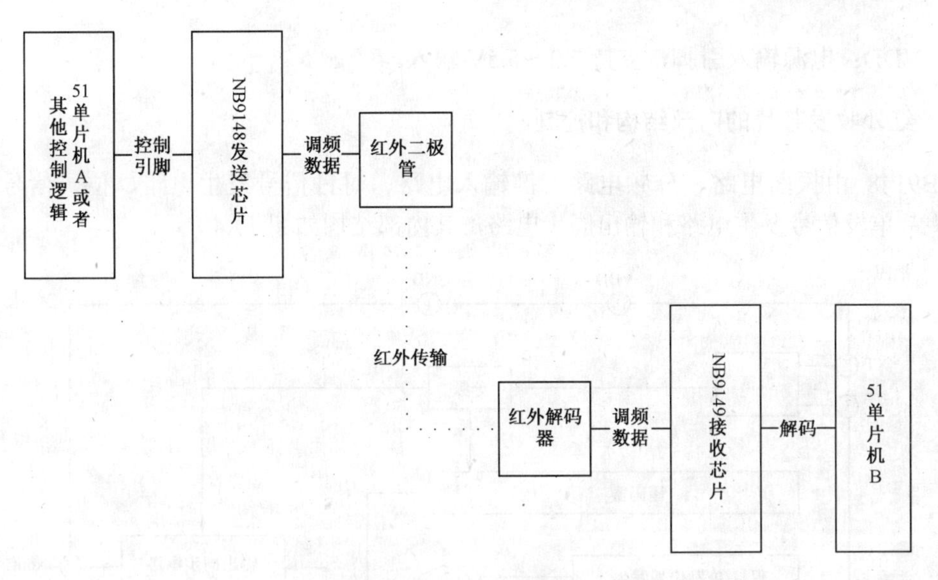

图 17.1　红外收发模型

- XT、$\overline{XT}$：振荡输入引脚，外接 455kHz 的晶振或者相应的 LC 电路。
- K1～K6：按键输入引脚，与 T1～T3 连接组成 18 个键。
- T1～T3：时序信号输出引脚，用于键盘矩阵的数字时序信号输出。
- CODE：地址码输入脚，用作传输和接收的地址码匹配。
- Txout：发射信号输出引脚。
- $\overline{Test}$：测试引脚。
- GND：供电电源地信号引脚。
- VDD：电源输入引脚，支持 2.2～5.5V 输入。

红外接收芯片 NB9149 的引脚封装如图 17.3 所示，其详细说明如下：

引脚	名称	名称	引脚
1	GND	VDD	16
2	XT	Txout	15
3	$\overline{XT}$	$\overline{TEST}$	14
4	K1	CODE	13
5	K2	T3	12
6	K3	T2	11
7	K4	T1	10
8	K5	K6	9

图 17.2　NB9148 的引脚封装

引脚	名称	名称	引脚
1	GND	VDD	16
2	RXIN	OSC	15
3	HP1	CODE	14
4	HP2	CODE	13
5	HP3	SP1	12
6	HP4	SP2	11
7	HP5	SP3	10
8	SP5	SP4	9

图 17.3　NB9149 的引脚封装

- RXIN：接收信号输入引脚，滤除载波的信号从此端输入。
- HP1～HP5：连续信号输出引脚，只要输入相应的接收信号，则输出一直保持高电平。
- SP1～SP5：单发信号输出引脚，输入一次相应的接收信号，输出保持大约 107ms 的高电平。
- CODE：地址码输入引脚，发送地址码和本地地址码比较，只有两者相等时才接收。
- OSC：振荡器输入引脚，并联电阻和电容连接到地以产生振荡。
- GND：供电电源地信号引脚。

● VDD：电源输入引脚，支持 2.2～5.5V 输入。

2．红外收发芯片的内部结构和控制

NB9148 由振荡电路、分频电路、键输入电路、时钟信号发生电路、位码信号发生电路、保持/单发信号发生电路和输出同步电路，其内部结构如图 17.4 所示。

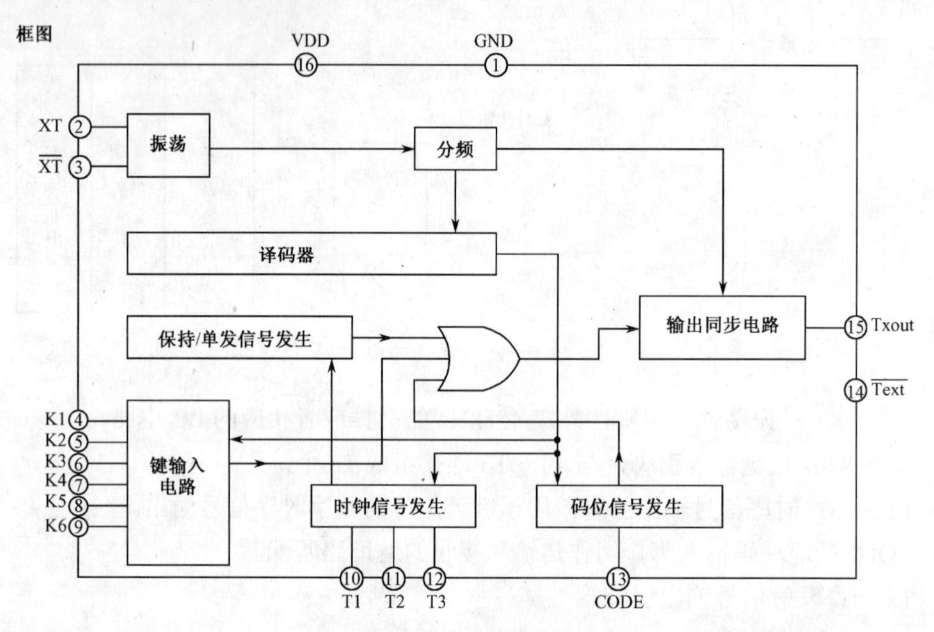

图 17.4　NB9148 的内部结构

NB9148 内含 CMOS 反相器及自偏置电阻，通过外接陶瓷振荡器或 LC 串联谐振回路即可组成振荡器。当振荡频率设定为 455kHz 时，发射载波频率为 38kHz。只有当按键操作时才会产生振荡，以降低功耗。

通过 K1～K6 输入和 T1～T3 的时序输出可连接成 6×3 键盘矩阵，在 T1 这一列内的 6 个键可以采用任意多个键组合成 63 个状态，输出连续发射。处于 T2 和 T3 这两列的键均只能单键使用，每按一次只能发射一组控制脉冲，若一列上的数键同时按下，其优先次序为 K1、K2、K3、K4、K5、K6。在同一 K 线上的键无多键功能，若同时按下多个键，其优先次序为 T1、T2、T3。

NB9148 发射的命令数据由 12 位数据码组成，其格式如表 17.1 所示。其中，C1～C3 是用户码，用来确定不同的模式。不同用户码的设定方法为在 T1、T2、T3 引脚与 Code 引脚之间如果连接有二极管，则分别代表 C1、C2、C3 为“1”，若某引脚与 Code 引脚之间不接二极管则代表该位为“0”。当 NB9148 与 NB9150 配合使用时，T3 引脚必须接二极管（C3 固定为 1）；当 NB9148 与 NB9149 配合使用时，T1 引脚必须接二极管（C1 固定为 1）。由此可见，C1 和 C2 的组合用于与接收电路 NB9150 相配，C2 和 C3 的组合用于与接收电路 NB9149 相配，每种组合可以有三个状态：01、10 和 11，00 状态禁用。H、S1 和 S2 是代表连续发送或单次发送的码，且分别与 T1、T2 和 T3 列的键对应。D1～D6 是发送的数据码。

表 17.1　NB9148 的命令码格式

C1	C2	C3	H	S1	S2	D1	D2	D3	D4	D5	D6
用户码			连发/单发码			数据码					

不同的按键号与键码（包括连发/单发码和数据码）之间的关系如表 17.2 所示。

表 17.2　按键号与键码之间的对应关系

按　键	按 键 编 码									输 出 形 式
1	1	0	0	1	0	0	0	0	0	连续
2	1	0	0	0	1	0	0	0	0	连续
3	1	0	0	0	0	1	0	0	0	连续
4	1	0	0	0	0	0	1	0	0	连续
5	1	0	0	0	0	0	0	1	0	连续
6	1	0	0	0	0	0	0	0	1	连续
7	0	1	0	1	0	0	0	0	0	单发
8	0	1	0	0	1	0	0	0	0	单发
9	0	1	0	0	0	1	0	0	0	单发
10	0	1	0	0	0	0	1	0	0	单发
11	0	1	0	0	0	0	0	1	0	单发
12	0	1	0	0	0	0	0	0	1	单发
13	0	0	1	1	0	0	0	0	0	单发
14	0	0	1	0	1	0	0	0	0	单发
15	0	0	1	0	0	1	0	0	0	单发
16	0	0	1	0	0	0	1	0	0	单发
17	0	0	1	0	0	0	0	1	0	单发
18	0	0	1	0	0	0	0	0	1	单发

由 NB9148 发送的数据由随机的“0”和“1”序列组成。其中，二进制数据“0”用占空比为 1/4 的正脉冲表示，二进制数据“1”用占空比为 3/4 正脉冲表示，其波形如图 17.5 所示。

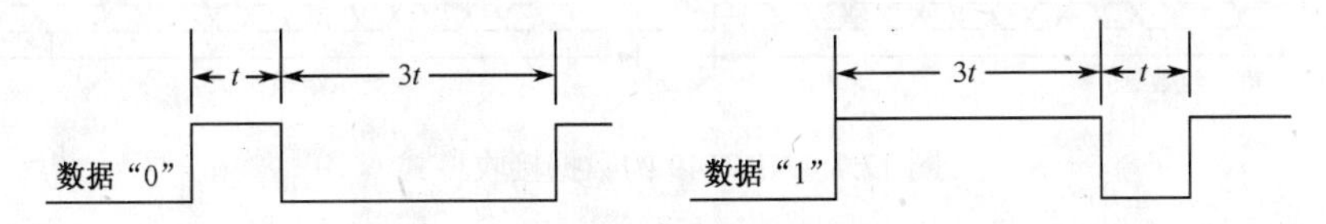

图 17.5　红外数据信号传输格式

被发送的数据码（无论是“0”还是“1”），在发射前都被 38kHz 的载波（振荡频率为 455kHz 时）进行调制，载波的占空比为 1/3，这样有利于减小功耗。调制后的数据码在每个发送周期内，按照 C1、C2、C3、H、S1、S2、D1、D2、D3、D4、D5 和 D6 的顺序串行发送。当按下的是单发键时，输出码只发送两个周期；当按下的是连续键时，输出码将连续发送，并在每两组发送信号之间间隔 208a 的时间长度，其中，a 等于每个码周期的 1/4，其计算方法如下：

$$a = 192 \times \frac{1}{f_{osc}} \text{s}$$

红外接收芯片 NB9149 的内部结构如图 17.6 所示，由振荡电路，输入移位电路，校验电路，输出缓冲器组成。

NB9149 只需简单地在单端振荡端并联 R 和 C 到地，即可产生稳定振荡作为芯片的时钟源。

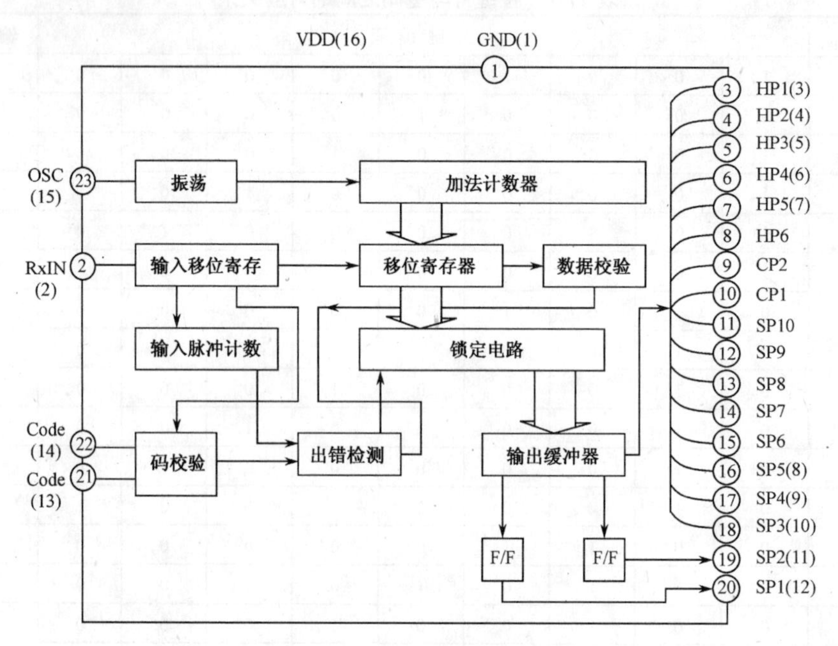

图 17.6　NB9419 的内部结构

NB9148 发送的信号每组数据为 12 位，每次发射两组，NB9149 在对接收到的信号进行检查时，首先，将第一组接收数据寄存到 12 位移位寄存器内，然后，将第二组数据与第一组接收数据逐位比较，若相同，则相对应的输出从低电平上升为高电平；若不相同，则产生出错信号，立即使系统复位。NB9149 接收数据的格式如图 17.7 所示。

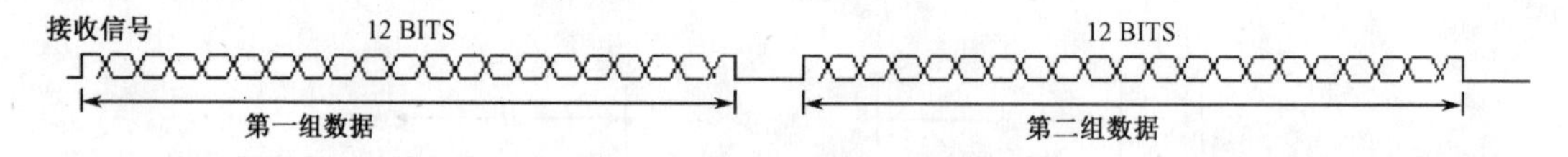

图 17.7　NB9149 的数据接收格式

因为 NB9148 发送信号有 C1、C2 和 C3 供用户选择的地址码信号，可以配置为“101”、“110”、“111”三种组合，所以，NB9149 在接收时必须要有相应的地址码信号与之对应以便区分，当发送和接收的地址码相匹配时，NB9148 内部会产生锁定脉冲，以便锁定输入数据和使输出从低电平上升到高电平；如果不匹配，则不会产生锁定脉冲，输出停留在低电平。

NB9149 在 12 位接收数据检查正确之后，会在相应的单脉冲输出引脚 SP1～SP5 上产生一个宽度大概为 107ms 的正脉冲，如图 17.8 所示。

当 NB9419 接收到连续发送信号后，在第一个锁定脉冲产生的同时，在其相应的 HP1～HP5 输出引脚上产生一个高电平，直至最后一个锁定脉冲结束 160ms 后再恢复到低电平，如

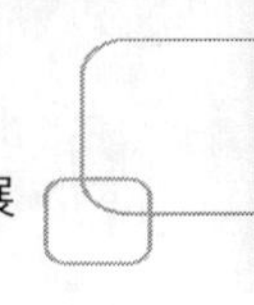

果接收到多键操作，各个相应的输出引脚上可以同时产生输出波形，如图 17.9 所示。

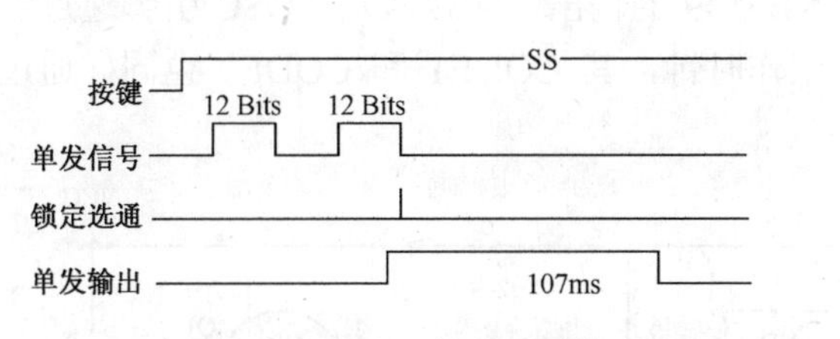

图 17.8 NB9149 的单脉冲输出

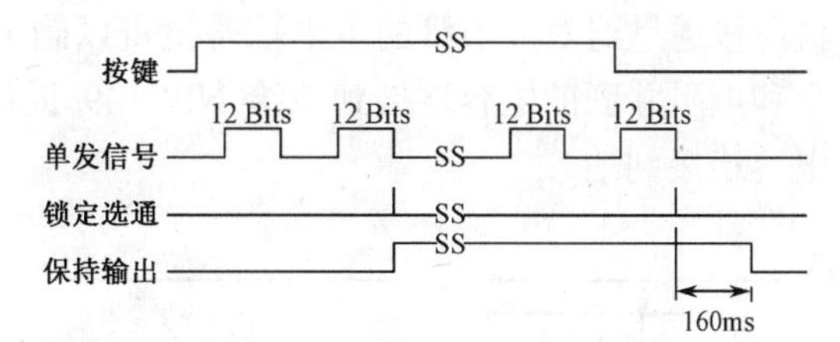

图 17.9 NB9419 的连续脉冲输出

表 17.3 是 NB9418 的按键和 NB9419 输出引脚的对应关系。

表 17.3 NB9148 不同的按键输入与 NB9149 输出引脚之间的对应关系

键 号	键 码									输出形式	输出端
	H	S1	S2	D1	D2	D3	D4	D5	D6		
1	1	0	0	0	0	0	0	0	0	连续	HP1
2	1	0	0	0	1	0	0	0	0	连续	HP2
3	1	0	0	0	0	1	0	0	0	连续	HP3
4	1	0	0	0	0	0	1	0	0	连续	HP4
5	1	0	0	0	0	0	0	1	0	连续	HP5
7	0	1	0	1	0	0	0	0	0	单发	SP 1
8	0	1	0	0	1	0	0	0	0	单发	SP2
9	0	1	0	0	0	1	0	0	0	单发	SP3
10	0	1	0	0	0	0	1	0	0	单发	SP4
11	0	1	0	0	0	0	0	1	0	单发	SP5

17.1.2 红外收发芯片的应用电路

一个典型的红外收发芯片的应用电路包括由 NB9148 构成的发送电路和 NB9149 构成的接收电路两个部分。

1. NB9148 红外发送芯片的应用电路

NB9148 的典型应用电路如图 17.10 所示，18 个行列扫描键盘连接到 NB9148 的 T1～T3 和 K1～K5 上，NB9148 的输出通过三极管 2SA1015 和 2SC1815 组成的放大电路然后驱动红外二极管发光以提供红外信号；使用 455kHz 的晶体为 NB9148 提供工作时钟，使用 T1 和 T3 通过二极管反馈到 Code 引脚上用于和 NB9149 配对。

2. NB9149 红外接收芯片的应用电路

使用 51 单片机扩展 NB9149 的典型应用电路如图 17.11 所示，NB9149 使用红外接收器 TL1380 接收 NB9148 发送的红外载波信号，NB9149 输出通过一个或非与逻辑连接到 51 单片机的外部中断 0 引脚上，当其 SP1～SP5 或者 HP1～HP5 引脚有输出的时候，会在 51 单片机的外部中断 0 上产生一个下降沿信号从而触发 51 单片机的外部中断 0 中断事件。

NB9149 的 SP1～SP5 和 HP1～HP5 引脚同时连接到 51 单片机的 P1 和 P2 引脚上，51 单片机可以通过对对应引脚的电平信号检查以确定 NB9149 的输出。NB9149 的 OSC 引脚通过一个和电阻并联的电容连接到地给 NB9149 提供工作时钟，其 CODE1 和 CODE2 也同样通过电容连接到地。

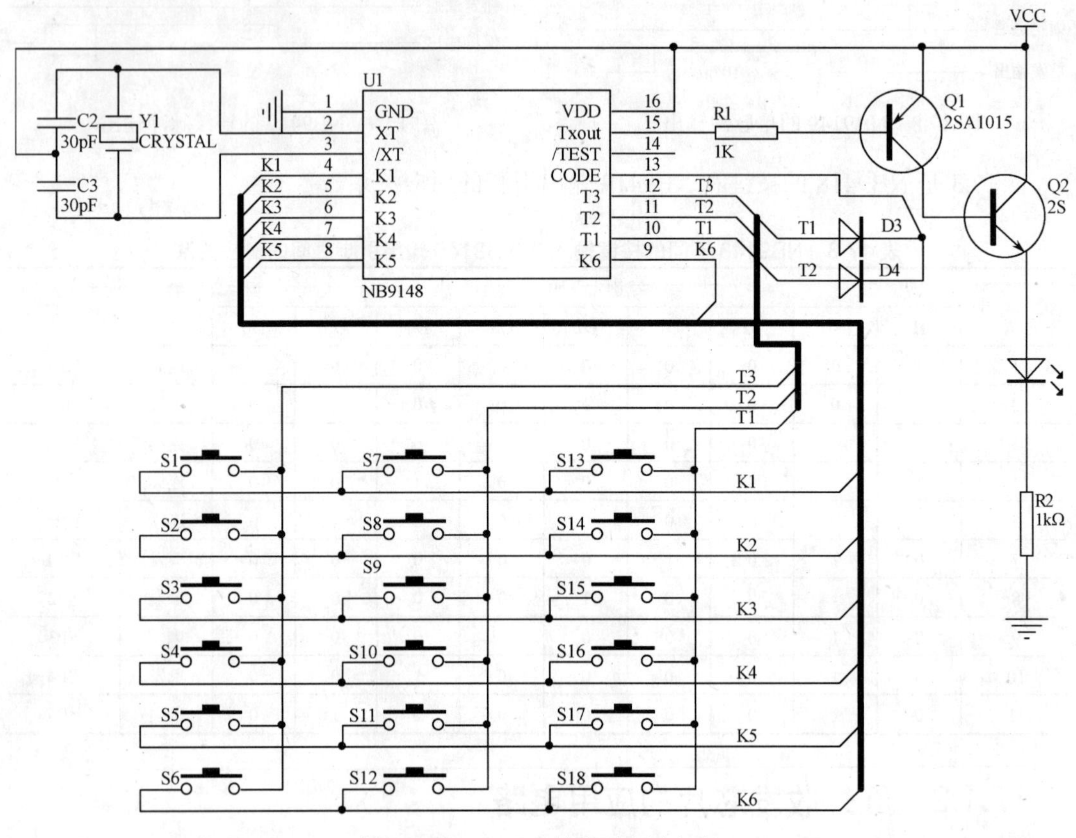

图 17.10　NB9148 的典型应用电路

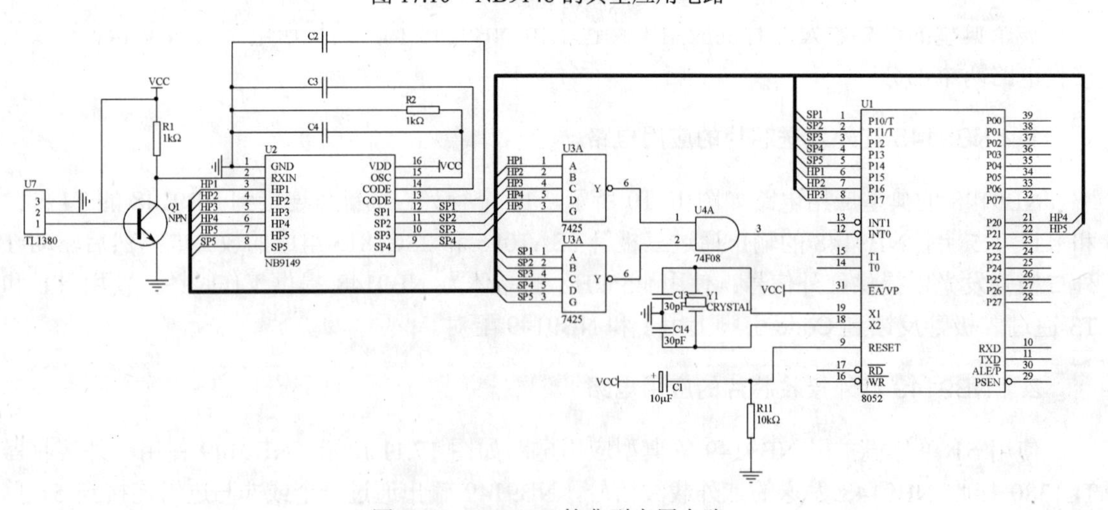

图 17.11　NB9149 的典型应用电路

17.1.3　红外收发芯片的操作步骤

NB9149 红外接收芯片的详细操作步骤如下：

（1）51 单片机初始化外部中断。

（2）等待外部中断信号。

（3）在外部中断服务子程序中读取 NB9149 的输出信息。

（4）对 NB9149 的输出信息进行相应处理。

17.1.2　应用实例——红外按键信息发送

本应用是使用 51 单片机扩展 NB9149 读取 NB9148 作为红外发送芯片的按键键盘的按键值，并且将其通过串口送出实例，NB9148 扩展了 10 个按键，其按键值为 0x01～0x0A。NB9149 的输出信号通过 74 系列芯片构成的逻辑之后连接到 51 单片机外部中断 0 上，并且同时连接到 51 单片机的 P1 和 P2 引脚上；51 单片机使用 MAX232 芯片作为 RS-232 电平转换芯片，图 17.12 所示是实例的应用电路。

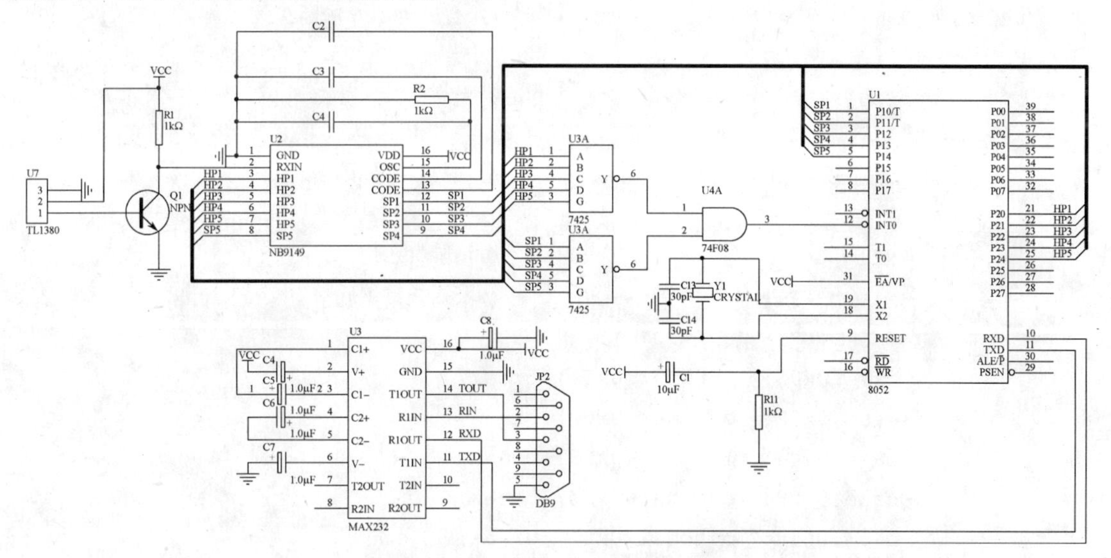

图 17.12　红外按键信息发送实例电路

表 17.4 是实例涉及的典型器件说明。

表 17.4　红外按键信息发送实例器件列表

器　件	说　明
51 单片机	核心器件
NB9149	红外接收芯片
MAX232	RS-232 电平转换芯片
电阻	上拉和限流
晶体	51 单片机工作的振荡源
电容	辅助器件

例 17.1 是实例的应用代码。

【例 17.1】51 单片机首先对外部中断进行初始化，等待 NB9149 输出中断信号；在外部中断服务子函数中将一个标志位置位，然后在主循环中对对应的引脚进行读取判断，最后将相应的键盘编号调用 putchar 函数发送出去。

```
#include <AT89X52.h>                        // 引用标准库的头文件
#include <stdio.h>
bit Exflg = 0;                              //外部中断 0 标志
//外部中断 0 服务子函数
void int0() interrupt 0 using 0
{
 Exflg = 1;                                 //置位标志位
}
void main(void)
{
 IT0=  1;
EX0 = 1;                                    // 打开外部 0 中断
 EA = 1;
   while (1)
  {
   if(Exflg == 1)                           //如果有外部中断
   {
     Exflg = 0;                             //清除标志位
     switch(P1)                             //发送按键编码
     {
      case 0x01:  putchar(0x01);break;
      case 0x02:  putchar(0x02);break;
      case 0x04:  putchar(0x03);break;
      case 0x08:  putchar(0x04);break;
      case 0x10:  putchar(0x05);break;
      default:{}                            //不发送
     }
     switch(P2)                             //发送按键编码
     {
      case 0x01:  putchar(0x06);break;
      case 0x02:  putchar(0x07);break;
      case 0x04:  putchar(0x08);break;
      case 0x08:  putchar(0x09);break;
      case 0x10:  putchar(0x0a);break;
      default:{}                            //不发送
     }
```

```
        }
      }
    }
```

17.2　PTR8000 无线模块扩展

红外收发芯片只能实现短距离内简单的指令无线数据通信，如果要求大容量的远距离数据传输，则可以使用 433/915MHz 频段的无线数据通信扩展的方式来进行数据通信，其具有通信速率高，和 51 单片机接口简单等优点。

17.2.1　PTR8000 无线模块基础

PTR8000 是基于 nRF905 芯片的无线通信模块，和 51 单片机通过 SPI 接口连接，该模块具有以下特点：

- 模块可以工作在 433/868/915MHz 频段，多频道多频段。
- 采用 1.9～3.6V 低电压供电，待机功耗低到 2μA。
- 模块最大发射功率+10dBm，采用高抗干扰性的 GFSK 调制，可以跳频，速度可以达到 50Kbps。
- 模块有独特的载波检测输出，有地址匹配输出，有数据就绪输出。
- 模块内置完整的通信协议和 CRC 校验，和 51 单片机采用 SPI 接口通信。
- 模块内置环形天线，也可以外接有线天线。

PTR8000 无线模块的实物如图 17.13 所示。

1.　PTR8000 的引脚封装

PTR8000 的引脚封装如图 17.14 所示，其详细说明如下：

图 17.13　PTR8000 无线模块实物

引脚	名称	名称	引脚
1	VCC	TXEN	2
3	TRX_CE	PWR	4
5	upCLK	CO	6
7	AM	DR	8
9	MISO	MOSI	10
11	SCK	CSN	12
13	GND	GND	14

图 17.14　PTR8000 的引脚封装

- VCC：电源输入引脚，1.9～3.6V。
- TXEN：TX_EN =“1”发射模式，TX_EN =“0”接收模式。
- TRX_CE：使能发射/接收模式引脚。
- PWR：Power down 模式控制引脚。
- uCLK：时钟分频输出引脚。
- CD：载波检测输出引脚。
- AM：地址匹配输出引脚。
- DR：数据就绪输入引脚。
- MISO：SPI 输出引脚。
- MOSI：SPI 输入引脚。
- SCK：SPI 时钟引脚。
- CSN：SPI 使能引脚，低电平有效。
- GND：电源地引脚。

2. PTR8000 的寄存器

PTR8000 无线模块提供了相关的寄存器来用于对无线模块进行控制及状态反馈，本小节将详细介绍这些寄存器。

表 17.5 是 PTR8000 无线模块的 RF 配置寄存器（RF-Configuration-Register）的说明。PTR8000 无线模块的所有的寄存器的长度都是固定的，用在 RX/TX 模式 TX_PAYLOAD，RX_PAYLOAD，TX_ADDRESS，RX_ADDRESS 中的字节数在配置寄存器中设置，寄存器中的内容进入节电模式后数据不丢失，表 17.6～表 17.9 是 RF 寄存器的具体内容。

表 17.5 PTR8000 的 RF 配置寄存器

参数	位宽	说明
CH_NO	9	同 HFREQ_PLL 一起设置中心频率，默认值为 001101100B = 180d，Frf = (422.4 + CH_NOd/10) * (1 + HFREQ_PLLd)MHz
HFREQ_PLL	1	设置 PLL 在 433 或者 868/915MHZ（默认值 = 0） “0”——期间工作在 433MHz 频段 “1”——期间工作在 868/915MHz
PA_PWR	2	输出功率，默认值为 00 “00”-10dBm “01”-2dBm “10”+ 6dBm “11”+ 10dBm
RX_RED_PWR	1	用于降低接收模式电流消耗到 1.6mA，清零时为正常模式，置 1 则为低功耗模式，默认值为 0
AUTO_RETRAN	1	重发数据，如果 TX 寄存器的 TRX_CE 和 TX_EN 设置为 1，默认值为 0，清零时不重发数据，置 1 时重发数据
RX_AWF	3	RX 地址宽度，默认值为 100，当设置为“001”时为 1 字节 RX 地址宽度，当设置为“100”时为 4 字节 RX 地址宽度

（续表）

参　数	位　宽	说　明
TX_AWF	3	TX 地址宽度，默认值为 100，当设置为“001”时为 1 字节 TX 地址宽度，当设置为“100”时为 4 字节 TX 地址宽度
RX_PW	6	RX 接收有效数据宽度，默认值为 100000，其他数值列表如下： “000001”——1 字节 RX 有效数据宽度 “000010”——2 字节 RX 有效数据宽度 …… “100000”——32 字节 RX 有效数据宽度
TX_PW	6	TX 发送有效数据宽度，默认值为 100000，其他数值列表如下： “000001”——1 字节 TX 有效数据宽度 “000010”——2 字节 TX 有效数据宽度 …… “100000”——32 字节 TX 有效数据宽度
RX_ADDRESS	32	RX 地址，使用字节依赖于 RX_AFW，默认值为 E7E7E7E7H
UP_CLK_FREQ	2	输出时钟频率，默认值为 11 “00”——4MHz “01”——2MHz “10”——1MHz “11”——500KHz
UP_CLK_EN	1	输出时钟使能，当清零时没有外部时钟输出，置位时打开外部时钟输出，默认值为 1
XOF	3	晶体振荡器频率，默认值为 100，如果是 011 则为 16MHz
CRC_EN	1	CRC 校验允许，默认值为 1，清零则不允许 CRC，置位则为允许 CRC 校验
CRC_MODE	1	CRC 模式，清零为 8 位 CRC 校验位，置位则为 16 位 CRC 校验位，默认为 16 位校验位

表 17.6　RF 寄存器综合说明

字　节	内容位[7..0]，MSB = BIT[7]	初 始 化 值
0	Bit[7..0]	0110 1100
1	Bit[7..6]未使用，AUTO_RETRAN，RX_RED_PWR，PA_PWER[1..0] HFREQ_PLL，CH_NO[8]	0000 0000
2	Bit[7]未使用，TX_AFW[2..0]，Bit[3]未使用，RX_AFW[2..0]	0100 0100
3	Bit[7..6]未使用，RX_PWR[5..0]	0010 0000
4	Bit[7..6]未使用，TX_PWR[5..0]	0010 0000
5	RX 地址 0 字节	E7
6	RX 地址 1 字节	E7
7	RX 地址 2 字节	E7
8	RX 地址 3 字节	E7
9	CRC 模式，CRC 校验允许，XOF[2..0]，UP_CLK_EN，UP_CLK_FREQ[1..0]	1110 0111

表 17.7　TX_PAYLOAD（R/W）寄存器

字　节	内容位[7..0]，MSB = BIT[7]	初始化值
0	TX_PAYLOAD[7..0]	X
1	TX_PAYLOAD[15..8]	X
……	……	……
30	TX_PAYLOAD[247..240]	X
31	TX_PAYLOAD[255..248]	X

表 17.8　TX_ADDRESS（R/W）寄存器

0	TX_ADDRESS[7..0]	E7
1	TX_ADDRESS[15..8]	E7
2	TX_ADDRESS[23..16]	E7
3	TX_ADDRESS[31..24]	E7

表 17.9　RX_PAYLOAD（R）寄存器

字　节	内容位[7..0]，MSB = BIT[7]	初始化值
0	RX_PAYLOAD[7..0]	X
1	RX_PAYLOAD[15..8]	X
……	……	……
30	RX_PAYLOAD[247..240]	X
31	RX_PAYLOAD[255..248]	X

表 17.10 是 PRT8000 无线模块的状态寄存器说明。

表 17.10　PTR8000 无线模块的状态寄存器

字　节	内容位[7..0]，MSB = BIT[7]	初始化值
0	AM，Bit[6]未使用，DR，Bit[4..0]未使用	E7

在 PTR8000 无线模块工作时，其状态切换所需要的时间如表 17.11 所示。

表 17.11　PTR8000 无线模块工作时序切换列表

PTR8000 时序切换	最大值
省点模式到待机模式	3μs
待机模式到发送模式	650μs
待机模式到接受模式	650μs
接收模式到发射模式	550μs
发射模式到接收模式	550μs

3. PTR8000 的工作方式控制

PTR8000 无线模块的 TRX_CE 引脚，TX_EN 引脚和 PWR 引脚组成了 PRT8000 无线模块的工作方式选择引脚，用于控制 PTR8000 的四种工作模式：掉电和 SPI 编程模式、待机和 SPI 编程模式、数据发射模式、数据接收模式，如表 17.12 所示。

表 17.12　PTR6000 的工作方式控制

PWR	TRX_CE	TX_EN	工 作 模 式
0	X	X	掉电和 SPI 编程模式
1	0	X	待机和 SPI 编程模式
1	1	0	接收
1	1	1	发送

注：（1）待机模式下模块功耗大概在 40μA，此时发射/接收电路均关闭，只有 SPI 接口工作。

（2）掉电模式下模块功耗大概在 2.5μA，此时，所有的电路都关闭，SPI 也不工作，此时模块最省电。

（3）在待机和掉电模式下 PTR8000 无线模块不能进行发射和接收，但是可以进行配置。

4.　PTR8000 的指令

PTR8000 无线模块的 SPI 数据接口引脚主要用于 51 单片机配置无线模块的工作方式，以及进行数据通信，其由 SCK 引脚，MISO 引脚，MOSI 引脚，以及 CSN 引脚组成。在配置模式下，51 单片机通过 SPI 接口配置 PTR8000 的工作参数，在发射/接收模式下，51 单片机通过 SPI 接口和模块进行数据通信。

PTR8000 的状态空盒子接口引脚包括提供载波检测输出的 CD 引脚，地址匹配输出的 AM 引脚和数据就绪输出的 DR 引脚，主要用于外部处理器对模块状态的检测。

表 17.13 是 PTR8000 无线模块的相关指令列表，当 CSN 引脚为低时，SPI 数据接口开始等待一条指令，任何一条新指令均由 CSN 引脚的下降沿开始。

表 17.13　PTR8000 的指令列表

指 令 名 称	指 令 格 式	操　　作
W_CONFIG（WC）	0000AAAA	写配置寄存器，AAAA 指出写操作的开始字节，字节数量取决于 AAAA 指出的开始字节
R_CONFIG（RC）	0001AAAA	读配置寄存器，AAAA 指出读操作开始字节，字节数量取决于 AAAA 指出的开始字节
W_TX_PAYLOAD（WTP）	00100000	写 TX 有效数据，1～32B，写操作全部从字节 0 开始
R_TX_PAYLOAD（RTP）	00100001	读 TX 有效数据，1～32B，读操作全部从字节 0 开始
W_TX_ADDRESS（WTA）	001000010	写 TX 地址，1～4B，写操作全部从字节 0 开始
R_TX_ADDRESS（RTA）	00100011	读 TX 地址，1～4B，读操作全部从字节 0 开始
R_RX_PAYLOAD（RRP）	00100100	读 RX 有效数据，1～32B，读操作全部从字节 0 开始
CHANNEL_CONFIG（CC）	1000pphc cccccccc	快速设置配置寄存器 CH_NO，HFREQ_PLL 和 PA_PWR 的专用命令，CH_NO = ccccccccc，HFREQ_PLL=h；PA_PWR=pp

17.2.2 PTR8000 无线模块的应用电路

PTR8000 无线模块在模块内部嵌入了和 RF 协议相关的高速信号处理部分，所以，可以很方便地和 51 单片机配合使用。在接收模式中，地址匹配引脚 AM 和数据准备就绪引脚 DR 输出一个信号给 51 单片机通知数据已经接收完成，则 51 单片机可以通过 SPI 把数据读出。在发送模式中，PTR8000 自动产生相关的地址和 CRC 校验，当数据发送完成之后数据准备就绪引脚 DR 也会输出一个信号，51 单片机可以进行下一步操作。

51 单片机扩展 PRT8000 无线模块的典型应用电路如图 17.15 所示，使用 51 单片机的普通引脚来模拟 SPI 引脚逻辑，将 PTR8000 模块的状态输出引脚连接到 51 单片机的相关中断引脚上以供单片机查询或者使用中断服务程序进行判断。

注：PTR8000 无线模块需要采用 3.3V 电压供电，如果 51 单片机不兼容 3.3V 的供电和电平逻辑，则需要使用电平转换芯片。

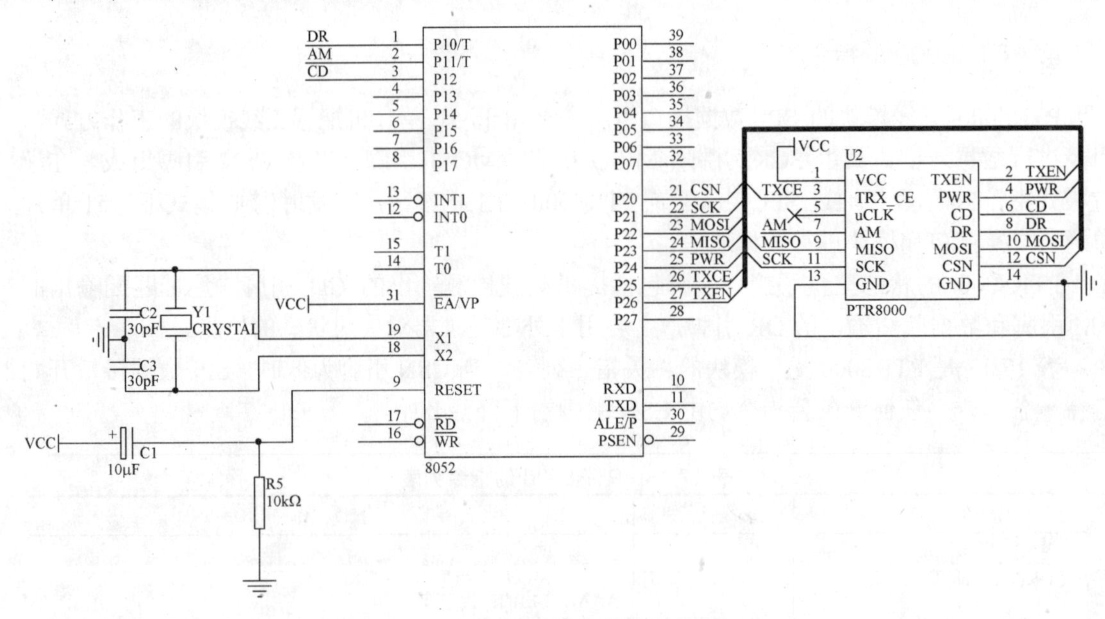

图 17.15 PTR8000 的应用电路

17.2.3 PTR8000 的操作步骤

PTR8000 的详细操作步骤如下：

（1）51 单片机将 PWR、TXEN、TRX_CE 设置为配置模式。

（2）51 单片机将配置信息写入 PTR8000。

（3）51 单片机将接收节点的地址（TX_address）和有效数据（TX_payload）通过 SPI 接口发送到 PTR8000。

（4）51 单片机设置 TRX_CE 和 TX_CE 为高启动数据传输。

（5）PTR8000 自动上电加上相应的 RF 协议包发送数据。

（6）如 AUTO_RETRAN 被置位，PTR8000 将连续发送数据，直到 TRX_CE 被清除。

（7）如果 TRX_CE 被清除，则 PTR8000 节结束数据传输并且进入待机模式。

（8）51 单片机置位 TRX_CE 和清除 TX_EN 选择 RX 模式，650μs 之后 PTR8000 即可开始接收数据。

（9）当 PTR8000 检测到频率相同的载波时，载波检测 CD 引脚被置位。

（10）当 PTR8000 接受到有效地址时，地址匹配 AM 引脚被置位。

（11）当 PTR8000 接收到 CRC 校验正确的有效数据包，PTR8000 按照 RF 协议去掉相应的数据，置位数据准备就绪 DR 引脚。

（12）51 单片机清除 TRX_CE 引脚，使 PTR8000 进入待机模式。

（13）51 单片机通过 SPI 数据读出数据。

（14）51 单片机清除 AM 和 DR 引脚。

17.2.4　PTR8000 的应用代码

1. PTR8000 的库函数

例 17.2 是 PTR8000 库函数的应用代码。

【例 17.2】51 单片机使用普通 I/O 引脚模拟 SPI 时序对 PTR8000 进行控制，提供了相应的操作函数。

```
#include <AT89X52.h>
#include <intrins.h>
#define WC      0x00            // 写配置寄存器命令
#define RC      0x10            // 读配置寄存器命令
#define WTP     0x20            // 写发送数据命令
#define RTP     0x21            // 读发送数据命令
#define WTA     0x22            // 写发送地址命令
#define RTA     0x23            // 读发送地址命令
#define RRP     0x24            // 读接收数据命令
typedef struct RFConfig
{
    unsigned char n;
    unsigned char buf[10];
}RFConfig;                      //定义一个 PTR8000 配置结构体
code RFConfig RxTxConf =
{
    10,
    0x01, 0x0c, 0x44, 0x20, 0x20, 0xcc, 0xcc, 0xcc,0xcc, 0x58
};                              //PTR8000 配置内容
// CH_NO=1;433MHZ;Normal Opration,No Retrans;RX,TX Address is 4 Bytes
// RX TX Payload Width is 32 Bytes;Disable Extern Clock;Fosc=16MHZ
// 8 Bits CRC And enable
```

```
unsigned char data TxBuf[32];
unsigned char data RxBuf[32];  //发送接收缓冲区字节
unsigned char bdata DATA_BUF;  //用于存放 SPI 的操作字节
sbit   flag   =DATA_BUF^7;
sbit   flag1  =DATA_BUF^0;
//以下是单片机和 PTR8000 的连接引脚定义
sbit   TX_EN  =P2^6;
sbit   TRX_CE =P2^5;
sbit   PWR_UP =P2^4;
sbit   MISO   =P2^3;
sbit   MOSI   =P2^2;
sbit   SCK    =P2^1;
sbit   CSN    =P2^0;
sbit   AM     =P1^1;
sbit   DR     =P1^0;
sbit   CD     =P1^2;
//以下为各个操作函数
void InitIO(void);                //初始化 IO
void Config905(void);             // 配置 PTR8000 函数
void SetTxMode(void);             // 设置发送模式函数
void SetRxMode(void);             // 设置接收模式函数
void TxPacket(void);              // 通过 PTR8000 发送数据函数
void RxPacket(void);              // 通过 PTR8000 接收数据函数
void SpiWrite(unsigned char);     // 通过 SPI 写一个字节函数
unsigned char SpiRead(void);      // 通过 SPI 读一个字节函数
void Delay(unsigned char n);      // 延迟 100μs
//初始化 IO
void InitIO(void)
{
    CSN=1;                        // 禁止 SPI
    SCK=0;                        // SCK 引脚清除
    DR=1;                         // 设置 DR 引脚为输入
    AM=1;                         // 设置 AM 引脚为输入
    PWR_UP=1;                     // 打开 PTR8000 电源
    TRX_CE=0;                     // 设置 PTR8000 为待机模式
    TX_EN=0;                      // 设置 PTR8000 为接收模式
}
//配置 PTR8000
void Config905(void)
{
    unsigned char i;
```

```
    CSN=0;                        // 使能 SPI
    SpiWrite(WC);                 // 写配置命令
    for (i=0;i<RxTxConf.n;i++)    // 写 PTR8000 配置字
    {
        SpiWrite(RxTxConf.buf[i]);
    }
    CSN=1;                        // 关闭 SPI
}
//延时函数
void Delay(unsigned char n)
{
    unsigned int i;
    while(n--)
    for(i=0;i<80;i++);
}
//SPI 写函数
void SpiWrite(unsigned char  byte)
{
    unsigned char i;
    DATA_BUF=byte;                // 将数据放到位寻址空间变量中
    for (i=0;i<8;i++)             // 将字节数据依次移位送出
    {
        if (flag)                 // 送数据
            MOSI=1;
        else
            MOSI=0;
        SCK=1;                    // 时钟置高
        DATA_BUF=DATA_BUF<<1;     // 移位
        SCK=0;                    // 时钟置低
    }
}
//SPI 读函数
unsigned char SpiRead(void)
{
    unsigned char i;
    for (i=0;i<8;i++)             // 将读入的引脚 bit 数据放入字节
    {
        DATA_BUF=DATA_BUF<<1;     //移位
        SCK=1;
        if (MISO)
            flag1=1;
```

```
        else
            flag1=0;
        SCK=0;
    }
    return DATA_BUF;                        // 返回获得的数据
}
//PTR8000 数据包发送函数
void TxPacket(void)
{
    unsigned char i;
    CSN=0;
    SpiWrite(WTP);                          // 写发送数据命令
    for (i=0;i<32;i++)
    {
        SpiWrite(TxBuf[i]);                 // 发送数据
    }
    CSN=1;
    Delay(1);
    CSN=0;
    SpiWrite(WTA);                          // 写地址命令
    for (i=0;i<4;i++)                       // 写地址
    {
        SpiWrite(RxTxConf.buf[i+5]);
    }
    CSN=1;
    TRX_CE=1;                               // 开始发送数据
    Delay(1);
    TRX_CE=0;                               // 发送完成
}
//PTR8000 数据包接收函数
void RxPacket(void)
{
    unsigned char i,xx;
    TRX_CE=0;                               // 设置 PTR8000 到待机模式
    CSN=0;
    SpiWrite(RRP);                          // 发送读数据命令
    for (i=0;i<32;i++)
    {
        RxBuf[i]=SpiRead();                 // 获得数据并且存放到 buff 中
    }
    CSN=1;
```

```
        while(DR||AM);
        TRX_CE=1;
        xx=(RxBuf[0]>>4)&0x0f;
        Delay(500);
        P0=0xff;
    }
    //切换 PTR8000 到发送模式
    void SetTxMode(void)
    {
        TX_EN=1;
        TRX_CE=0;
        Delay(1);
    }
    //切换 PTR8000 到接收模式
    void SetRxMode(void)
    {
        TX_EN=0;
        TRX_CE=1;
        Delay(1);
    }
```

2．应用实例——PTR8000 的无线串口通信桥

本应用是一个使用 PTR8000 模块进行无线通信的实例，51 单片机通过 I/O 引脚扩展了一个 PTR8000 模块，同时通过 MAX3232 和 PC 串口相连，当接收到一个串口数据包时将该数据通过 PTR8000 模块发送出去，当从 PTR8000 接收到一个数据包之后将该数据包通过串口反馈给 PC，实例的应用电路如图 17.16 所示。

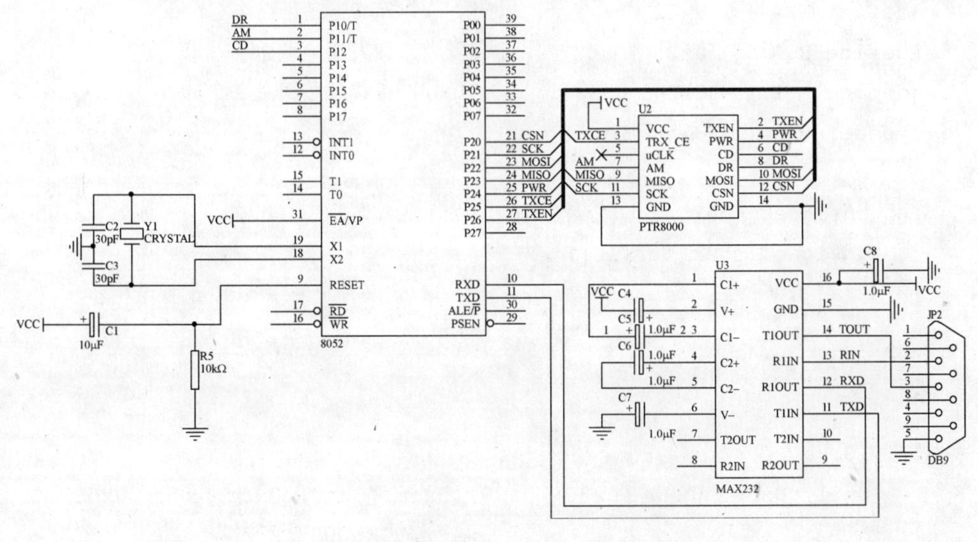

图 17.16　PTR8000 的无线串口桥实例电路

如图 17.16 所示，51 单片机使用普通 I/O 引脚 P2 和 P1 扩展一个 PTR8000 模块，同时使用 MAX3232 作为 RS-232 电平转换芯片和 PC 连接，需要注意的是，实例中使用的 51 单片机是 STC89C52LE，兼容 3.3V 电平，而使用的 RS-232 电平转换芯片也是兼容 3.3V 的 MAX3232，实例涉及的典型器件如表 17.14 所示。

表 17.14　PTR8000 的无线串口桥实例器件列表

器　件	说　明
51 单片机	核心器件
PTR8000	无线数据收发模块
MAX3232	RS-232 电平转换芯片，3.3V 兼容
电阻	上拉和限流
晶体	51 单片机工作的振荡源
电容	辅助器件

例 7.3 是实例的应用代码。

【例 17.3】应用代码调用了上一小节的库函数，51 单片机首先对 PTR8000 进行初始化，然后等待无线数据接收或者串口数据接收，对于前者调用 putchar 函数将对应的缓冲区数据发送给串口，对于后者，则将串口数据调用 TxPacket()无线数据发送函数将串口数据发送出去。

```
#include <AT89X52.h>
#include <intrins.h>
#include <stdio.h>
#define WC      0x00                    // 写配置寄存器命令
#define RC      0x10                    // 读配置寄存器命令
#define WTP     0x20                    // 写发送数据命令
#define RTP     0x21                    // 读发送数据命令
#define WTA     0x22                    // 写发送地址命令
#define RTA     0x23                    // 读发送地址命令
#define RRP     0x24                    // 读接收数据命令
typedef struct RFConfig
{
    unsigned char n;
    unsigned char buf[10];
}RFConfig;                              //定义一个 PTR8000 配置结构体

code RFConfig RxTxConf =
{
    10,
    0x01, 0x0c, 0x44, 0x20, 0x20, 0xcc, 0xcc, 0xcc,0xcc, 0x58
};                                      //PTR8000 配置内容
```

```
// CH_NO=1;433MHZ;Normal Opration,No Retrans;RX,TX Address is 4 Bytes
// RX TX Payload Width is 32 Bytes;Disable Extern Clock;Fosc=16MHZ
// 8 Bits CRC And enable
unsigned char data TxBuf[32];
unsigned char data RxBuf[32];         //发送接收缓冲区字节
unsigned char bdata DATA_BUF;         //用于存放 SPI 的操作字节
sbit    flag    =DATA_BUF^7;
sbit    flag1   =DATA_BUF^0;
//以下是单片机和 PTR8000 的连接引脚定义
sbit    TX_EN   =P2^6;
sbit    TRX_CE  =P2^5;
sbit    PWR_UP  =P2^4;
sbit    MISO    =P2^3;
sbit    MOSI    =P2^2;
sbit    SCK     =P2^1;
sbit    CSN     =P2^0;
sbit    AM      =P1^1;
sbit    DR      =P1^0;
sbit    CD      =P1^2;
bit Rxflg = 0;                      //串口接收标志位
unsigned char RxData = 0x00;        //串口接收数据
//以下为各个操作函数
void InitIO(void);                  //初始化 IO
void Config905(void);               // 配置 PTR8000 函数
void SetTxMode(void);               // 设置发送模式函数
void SetRxMode(void);               // 设置接收模式函数
void TxPacket(void);                // 通过 PTR8000 发送数据函数
void RxPacket(void);                // 通过 PTR8000 接收数据函数
void SpiWrite(unsigned char);       // 通过 SPI 写一个字节函数
unsigned char SpiRead(void);        // 通过 SPI 读一个字节函数
void Delay(unsigned char n);        // 延迟 100us
void InitUART(void);                //串口初始化函数
void SerialDeal(void);              //串口中断服务子函数
//串口初始化函数
void InitUART(void)
{
    TMOD = 0x20;
    SCON = 0x50;
```

```
    TH1 = 0xFD;
    TL1 = TH1;
    PCON = 0x00;                    //9600bps
    EA = 1;
    ES = 1;
    TR1 = 1;                    //T1 作为波特率发生器
}
//串口中断服务子程序
void SerialDeal(void) interrupt 4 using 1
{
  if(RI == 1)
  {
    RI = 0;                     //清除
    Rxflg = 1;                  //置位标志位
    RxData = SBUF;              //读取数据
  }
}
main()
{
  unsigned char i;
  InitIO();                     //初始化 IO
  InitUART();                   //初始化串口
  Config905();                  //初始化 PTR8000
   TxPacket();                  // 发送测试数据
   Delay(500);                  // 延迟
   SetRxMode();                 // 切换到接收模式
  while(1)
  {
     if(Rxflg == 1)             //如果串口接收到数据
     {
        SetTxMode();            //设置发送模式
        TxBuf[0] = RxData;      //把需要发送的数据放在缓冲区第一个字节
        Delay(100);             //延时
        TxPacket();             //发送数据
        Delay(500);             //延时
        Rxflg = 0;              //清除标志
        SetRxMode();            // 切换到接收模式
     }
```

```
        if(DR == 1)               //接收到数据
        {
          RxPacket();             // 接收数据
          for(i=0;i<32;i++)
          {
            putchar(RxBuf[i]); //将 Rx 缓冲区全部发送出去
          }
        }
      }
    }
```

第18章　51单片机的电机和继电器扩展

51 单片机应用系统的执行机构是指用于驱动物体进行物理位移（如电机）或者驱动物体进行开启和闭合操作（如继电器）的器件，其常常要求应用系统能在 51 单片机的控制下提供大功率的驱动电流。本章将详细介绍直流电机、步进电机和继电器的驱动方法。

18.1　直流电机扩展

直流电机具有启动和制动性能好，宜于在大范围内平滑调速的优点，在许多需要调速或快速正反向的电力拖动领域中得到了广泛的应用。

18.1.1　直流电机基础

只要在直流电机的两个控制端之间加上有电压差的电压它就会转动，只要改变加在两端的电压就可以改变转动方向，而在负载变化不大的时候，加在直流电机两端的电压大小与其速度近似成正比。

51 单片机控制直流电机的基本方法是通过改变直流电机电枢电压的接通时间与通电周期的比值（即占空比）来控制电机速度，这种方法称为脉冲宽度调制（Pulse Width Modulation，简称 PWM）。改变占空比的方法有三种：

- 定宽调频法：该方法是不改变高电平的维持时间，仅改变低电平的维持时间，这样调制电压频率也随之改变。
- 调宽调频法：该方法要求不改变低电平的维持时间，仅改变高电平的维持时间，这样调制电压频率也被改变。
- 定频调宽法：该方法是使同时改变高低电平的维持时间，而两个维持时间的总和不变，即调制电压频率不变。

由于前两种方法都改变了调制电压频率，当调制电压频率与电机系统的固有频率接近时，将会引起系统振荡，造成系统工作的不稳定，因而在实际运用当中，使用定宽调频法。

PWM 的原理很简单，利用脉冲冲量等效原理，通过一系列周期相等但宽度可以调节的脉冲来等效理想的电压波形，例如，一个恒为 3V 的电压波形可以用幅值为 5V 的 PWM 脉冲序列等效，其等效图如图 18.1 所示。

在图 18.1 的右图中，对于每个调制周期 T 而言，序列为高电平 5V 的时间都是 $3T/5$，这是一个占空比为 60%的 PWM 脉冲序列，所以，只要调制频率足够高，它的等效效果其实就是一个电压为 3V 的恒定电压波形。如果在 PWM 脉冲序列的输出端接上合适的电容就可以看到该电容输出波形与图 18.1 的左图波形相差无几。

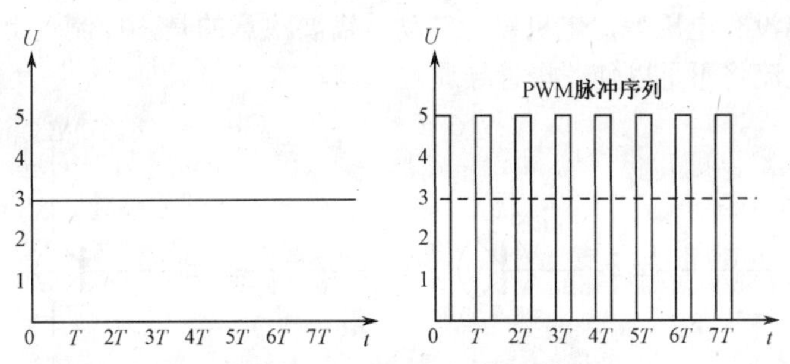

图 18.1　PWM 脉冲序列等效图

18.1.2　直流电机的应用电路

在实际应用中可以使用 H 桥来驱动直流电机，也可以使用相应驱动芯片来驱动直流电机。

1．H 桥驱动直流电机

使用全桥（H 桥）来控制直流电机的应用电路如图 18.2 所示，Q1～Q4 是功率 MOSFET 管，Q1 和 Q2 组成一个桥臂，Q3 和 Q4 组成另一个桥臂。每个 MOSFET 旁边有一个续流二极管。当 Q1 和 Q4 打开时，电机的控制电流从 A 流向 B，此时电机正转；而当 Q2 和 Q4 打开时，电机的电流从 B 流向 A，此时电机反转。这样通过对 Q1～Q4 的控制就可以控制电机的转向。

功率 MOSFET 管是半导体三极管的一种，是一种用电流来控制电流的半导体器件，是 51 单片机系统中最常用的功率驱动器件，其作用是把微弱信号放大成辐值较大的电信号，也常常用做无触点开关（如用做多位数码管的选择控制器件）。三极管可以按材料分为锗管和硅管，而每一种按照电流结构又有 NPN 和 PNP 两种形式，但使用最多的是硅 NPN 管和锗 PNP 管两种，图 18.3 所示是常见的三极管实物图。

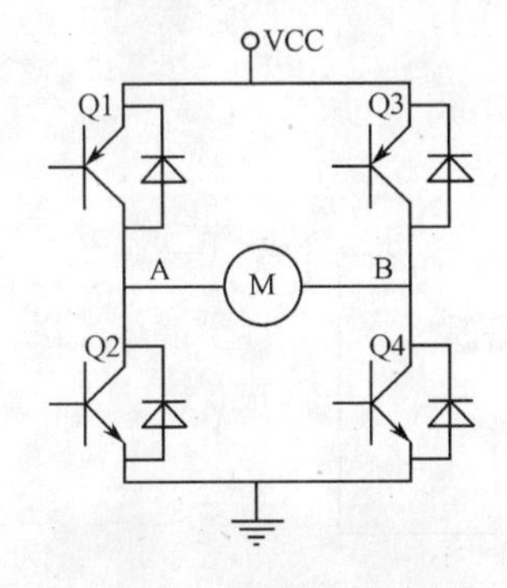

图 18.2　H 桥驱动直流电机

图 18.3　三极管实物图

三极管有非常多的型号，最常用的是 9013 和 8550，前者为 NPN 型三极管，后者为 PNP 型三极管，使用这两种三极管来驱动直流电机的典型电路图如图 18.4 所示。当控制端输出高电平的时候，三极管导通，在电机两端形成电压差，电机转动；当控制端输出低电平的时候，电机两端没有电压差，电机停止转动。需要注意的是，控制端上的电阻必须选取合适，因为较小的电流将不足以使三极管导通。

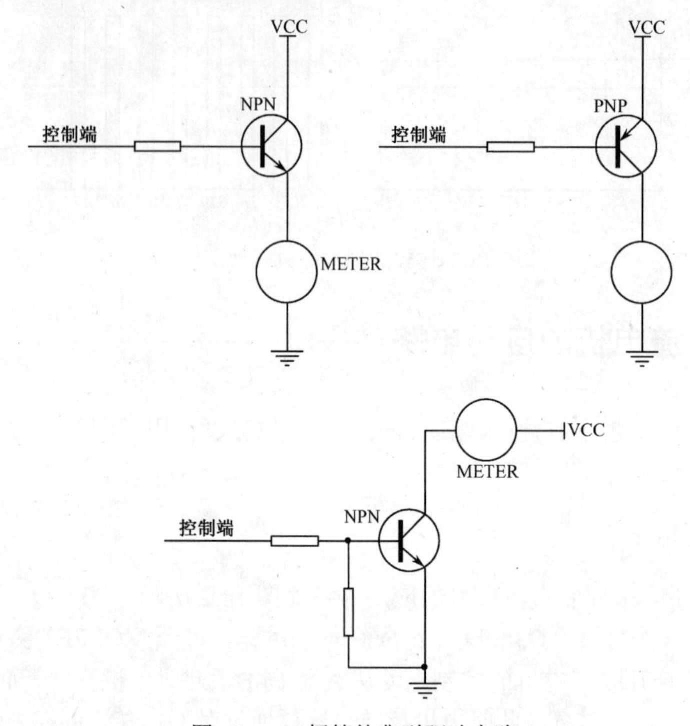

图 18.4　三极管的典型驱动电路

2. 驱动芯片驱动直流电机

除了使用三极管搭建 H 桥来驱动直流电机，还可以使用达林顿管等驱动芯片来驱动直流电机，如图 18.5 所示。

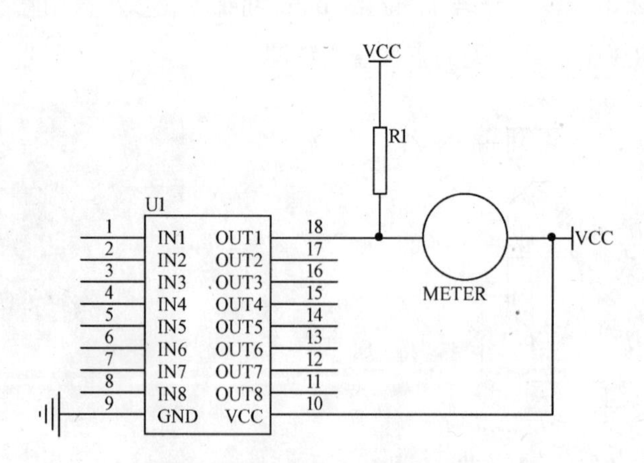

图 18.5　驱动芯片驱动直流电机

达林顿管又称为复合管，其原理是将二只三极管适当地连接在一起，以组成一只等效的新的三极管，该等效三极管的放大倍数是前两只三极管的放大倍数之积，常常用于驱动需要较大驱动电流的器件，常见的达林顿集成器件有 ULN2003 和 ULN2803，图 18.6 所示的是 ULN2803 的引脚封装示意图。

1	IN1	OUT1	18
2	IN2	OUT2	17
3	IN3	OUT3	16
4	IN4	OUT4	15
5	IN5	OUT5	14
6	IN6	OUT6	13
7	IN7	OUT7	12
8	IN8	OUT8	11
9	GND	VCC	10

图 18.6　ULN2803 的引脚封装示意图

ULN2803 和 ULN2003 的内部结构类似，只是，ULN2003 为 7 路而 ULN2803 为 8 路，其引脚说明如下：

- IN1～IN8：输入引脚，可以直接由 51 单片机的 I/O 引脚控制。
- OUT1～OUT8：输出引脚，达林顿管的输出引脚，其逻辑是输入引脚的输入逻辑取反，当输入为逻辑“1”时输出为逻辑“0”，其需要加上拉电阻，该上拉电阻的上拉电压必须和 VCC（COMMON）引脚上的电压相同。
- GND：电源地引脚。
- VCC：也称为 COMMON，电源正输入引脚，该引脚外加电压可以为 0～50V，由被驱动的通道所决定。

ULN2803 一共有 8 个通道，可以任意使用其中多个通道，图 18.7 所示的是 ULN2803 的典型应用电路，外部的控制信号连接到 ULN2803 的输入引脚，输出引脚加上拉电阻，然后使用“灌电流”驱动方式连接到继电器两端，需要注意的是，ULN2803 的逻辑是相反的，也就是说，如果输入为逻辑高电平，输出则为逻辑低电平，另外，这个 VCC 可以修改为 0～50V 之间的电压，用于驱动不同额定工作电压的负载。

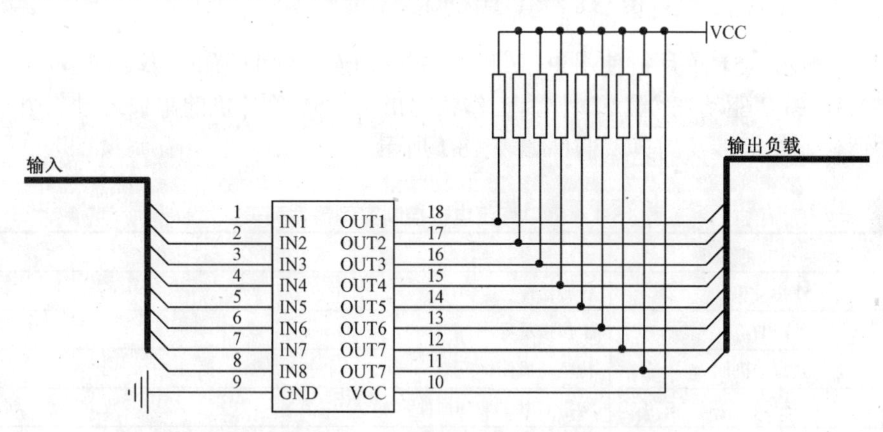

图 18.7　ULN2803 的应用电路

18.1.3　直流电机的操作步骤

直流电机的操作步骤非常简单，当需要直流电机转动的时候给其两端加上电压差，否则去掉电压差。

18.1.4　应用实例——串口直流电机控制

本应用是一个使用 PC 串口对直流电机进行控制的实例，当 PC 发送 0xA1 字符的时候，直流电机开始正向转动，当 PC 发送 0xA2 字符的时候，直流电机开始反向转动，当 PC 发送 0xA3 字符的时候，直流电机停止转动，实例的应用电路如图 18.8 所示。

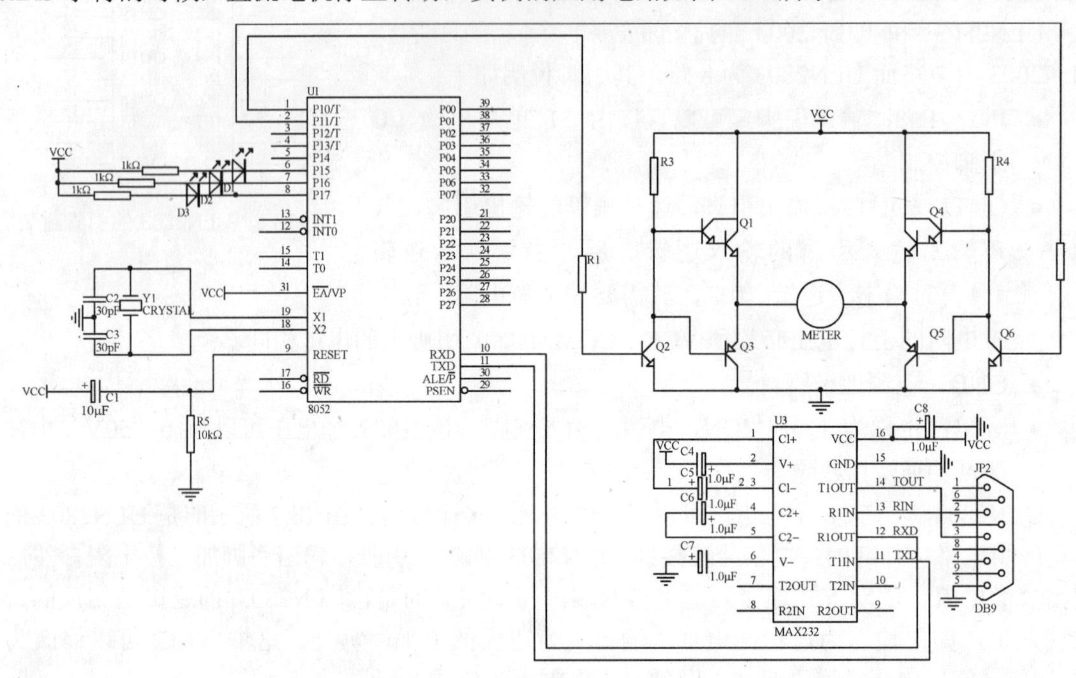

图 18.8　串口直流电机控制实例电路

如图 18.8 所示，51 单片机使用 P1.0 和 P1.1 分别连接到 H 桥的两端来驱动一个直流电机，使用 P1.5～P1.7 驱动三个 LED 作为工作状态指示；51 单片机的串口通过一个 MAX232 芯片和 PC 通信，实例涉及的典型器件如表 18.1 所示。

表 18.1　串口直流电机控制实例器件列表

器　件	说　明
51 单片机	核心器件
LED	工作指示器件
直流电机	待驱动器件
三极管	构搭 H 桥的驱动器件
电阻	上拉和限流
晶体	51 单片机工作的振荡源
电容	51 单片机复位和振荡源工作的辅助器件

例 18.1 是实例的应用代码。

【例 18.1】51 单片机对串口初始化完之后就进入主循环等待串口中断事件，然后在串口服务子函数中接收数据并且将串口接收标志置位，最后根据接收到的数据控制 H 桥或者 LED 引脚输出相应的电平。

```
#include <AT89X52.h>
sbit LED1 = P1^5;
sbit LED2 = P1^6;
```

```
sbit LED3 = P1^7;                       //定义 LED 指示灯
sbit MA   = P1^0;
sbit MB   = P1^1;                       //定义直流电机的控制端
bit Rxflg = 0;                          //接收标志寄存器
unsigned char Rxdata = 0x00;            //数据接收
//初始化串口
void InitUART(void)
{
    TMOD = 0x20;
    SCON = 0x50;
    TH1 = 0xFD;                         //9600bps
    TL1 = TH1;
    PCON = 0x00;                        //使用 T1 作为波特率发生器
    EA = 1;
    ES = 1;
    TR1 = 1;
}
//串口中断服务子函数
void UARTInterrupt(void) interrupt 4
{
    if(RI==1)                           //接收到数据
    {
      RI = 0;                           //清除标志位
      Rxflg = 1;                        //置位接收标志
      Rxdata = SBUF;                    //读取数据
    }
}
void main(void)
{
  InitUART();                           //初始化串口
    LED1 = 1;
    LED2 = 1;
    LED3 = 0;                           //电机停止转动的指示灯
    while(1)
    {
    if(Rxflg == 1)                      //如果接收到数据
    {
      Rxflg = 0;                        //清除标志位
      switch(Rxdata)                    //判断接收到的数据
      {
        case 0xA1:
```

```
        {
         LED1 = 0;
                LED2 = 1;
                LED3 = 1;
                MA   = 0;
                MB   = 1;                //电机正向转动
        }
        break;
        case 0xA2:
        {
                LED1 = 1;
                LED2 = 0;
                LED3 = 1;
                MA   = 1;
                MB   = 0;                //电机反向转动
        }
        break;
        case 0xA3:
        {
         LED1 = 1;
                LED2 = 1;
                LED3 = 0;
                MA   = 0;                //电机停止转动
                MB   = 0;
        }
        break;
        default:{}
      }
    }
    }
}
```

18.2 步进电机扩展

直流电机的特点是控制简单，其缺点是不能精确地控制，也就是说，很难控制电机转动的圈数或角度，如果需要对这部分参数进行控制，则可以选择步进电机。

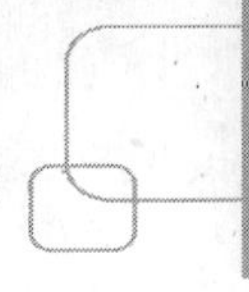

18.2.1　交流电机基础

步进电机是一步一步转动的，故称为步进电机。具体而言，每当步进电机的驱动收到一个驱动脉冲信号，步进电机将会按照设定的方向转动一个固定的角度（有的步进电机可以直接输出线位移，称为直线电机）。因此，步进电机是一种将电脉冲转化为角位移（或直线位移）的执行机械。对于经常使用的角位移步进电机，用户可以通过控制脉冲的个数来控制角位移量，从而达到准确定位的目的。同时，还可以通过控制脉冲频率来控制电机转动的速度和加速度，从而达到调速的目的。

1.　步进电机的结构和工作原理

步进电机将电脉冲信号转变成角位移，实质上是一种数字/角度转换器。步进电机的转子为多极分布，转子上嵌有多相星形连接的控制组，由专门电源输入电脉冲信号。每输入一个脉冲信号，步进电机的转子就前进一步，即转动一个角度。由于输入的是脉动信号，输出的角位移是断续的，又称为脉冲电机。

步进电机可分为反应式步进电机（简称 VR），永磁式步进电机（简称 PM）和混合式步进电机（简称 HB）三种。

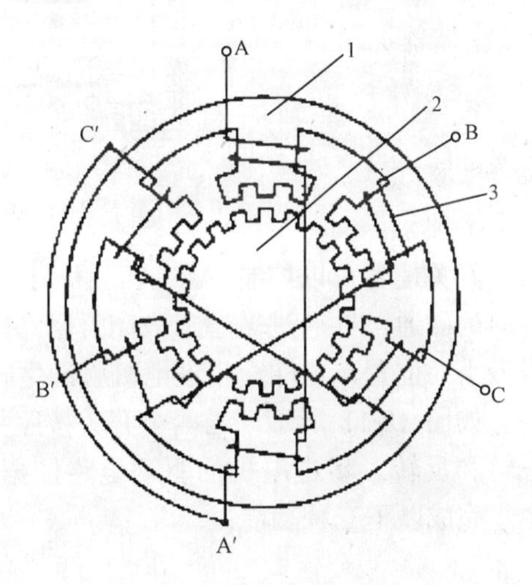

图 18.9　反应式步进电机的内部结构示意图

图 18.9 所示的是最常用的反应式步进电机的内部结构示意图，图中的 1、2、3 分别被称为“定子”、“转子”和“定子绕组”。定子上有六个均布的磁极，其夹角是 60°，每个磁极上都有线圈，按图 18.9 组成 A、B、C 三相绕组。转子上均布 40 个小齿，所以每个齿的齿距为 θ_E=360°/40=9°，而定子每个磁极的极弧上也有 5 个小齿，并且定子和转子的齿距和齿宽均相同。由于定子和转子的小齿数目分别是 30 和 40，其比值是一分数，这就产生了齿错位的情况。若以 A 相磁极小齿和转子的小齿对齐，则 B 相和 C 相磁极的小齿就会分别和转子齿相错三分之一的齿距，即 3°，所以，B、C 极下的磁阻比 A 磁极下的磁阻大。若给 B 相通电，B 相绕组则会产生定子磁场，其磁力线穿越 B 相磁极，并力图按磁阻最小的路径闭合，这就使转子受到反应转矩（磁阻转矩）的作用而转动，直到 B 磁极上的齿与转子齿对齐，恰好转子转过 3°；此时，A、C 磁极下的齿又分别与转子齿错开三分之一齿距。接着停止对 B 相绕组通电，而改为 C 相绕组通电，同理，受反应转矩的作用，转子按顺时针方向再转过 3°。依次类推，当三相绕组按 A→B→C→A 顺序循环通电时，转子会按顺时针方向，以每个通电脉冲转动 3°的规律步进式转动起来。若改变通电顺序，按 A→C→B→A 顺序循环通电，则转子就按逆时针方向以每个通电脉冲转动 3°的规律转动。

因为每一瞬间只有一相绕组通电，并且按三种通电状态循环通电，故称为单三拍运行方式。单三拍运行时的步矩角θ_b为 30°。三相步进电动机还有两种通电方式，它们分别是双三拍运行，即按 AB→BC→CA→AB 顺序循环通电的方式，以及单、双六拍运行，即按 A→AB→B→BC→C→CA→A 顺序循环通电的方式。

综上所述，步进电机的转动方向取决于定子绕组通电的顺序，而转动速度则取决于驱动方波的的频率。51 单片机可以通过三极管、达林顿管，专用驱动芯片等来驱动步进电机。

2. 步进电机的控制时序

51 单片机是通过输入脉冲信号来对步进电机进行控制的，即步进电机的总转动角度由输入脉冲数决定，而电机的转速由脉冲信号频率决定。

图 18.10 所示的是使用三个脉冲信号来控制步进电机的示意图。

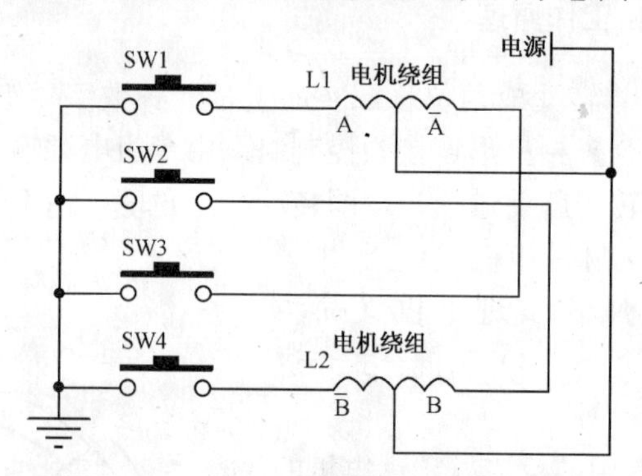

图 18.10　脉冲信号控制步进电机示意图

开关信号可以控制 A、$\overline{A}$、B、$\overline{B}$ 各相的通电和断电，通电时，会在对应线圈上产生各方向的磁通，并通过转子形成闭合回路，产生磁场。在磁场的作用下，转子总是力图转到磁阻最小的位置，这样，步进电机就产生转动。

如图 18.11 所示，当四个开关按照如图 18.12 所示的时序接通和断开，就可使步进电机正转和反转。步进电机的驱动电路依据控制信号工作，这个控制信号可以由 51 单片机产生，完成以下三种功能。

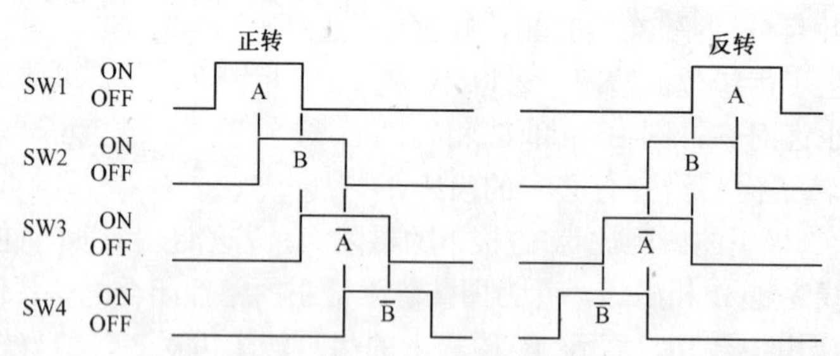

图 18.11　步进电机的控制脉冲

- 控制换相顺序：通电换相这一过程为脉冲分配。对于 4 相步进电机而言，其各相通电顺序如图 18.11 所示，通电控制脉冲必须严格按照这一顺序分别控制 A、B、$\overline{A}$、$\overline{B}$ 相的通断。
- 控制步进电机的转向：如果按给定工作方式的正序换相通电，步进电机正转；如果按反序通电换相，电机就会反转。

- 控制步进电机的速度：如果给步进电机发一个控制脉冲，它就转一步，再发一个脉冲，它会再转一步。两个脉冲的间隔越短，步进电机就转得越快。调整单片机发出的脉冲频率，就可以对步进电机进行调速。

3. 步进电机的应用模型

51 单片机扩展步进电机的典型应用模式如图 18.12 所示，由输出接口、脉冲分配控制电路、驱动电路组成。

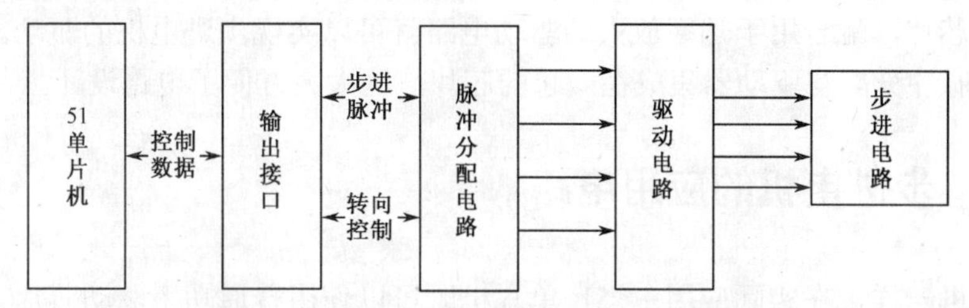

图 18.12　51 单片机扩展步进电机的应用模式

驱动电路的主要作用是实现功率放大。一般脉冲分配其输出的驱动能力是有限的，它不可能直接驱动步进电机，而需要经过一级功率放大。对于功率比较小的步进电机，厂家已经生产出了集成化程度较高、脉冲分配与驱动电路集成在一块的芯片，应用中，只需将它的输出端与步进电机相连即可。在选择驱动电路时需要注意以下一些情况：

- 供电和工作电压：驱动电路是直接驱动步进电机的，供电电源电压要根据步进电机的工作转速和响应要求来选择。如果步进电机工作转速较高或响应要求较快，那么电压取值也较高，但注意：电源电压的纹波不能超过驱动器的最大输入电压，否则，可能损坏驱动器。
- 供电和工作电流：供电电源电流一般根据驱动器的输出相电流 I 来确定。如果采用线性电源，电源电流一般可取 I 的 1.1～1.3 倍；如果采用开关电源，电源电流一般可取 I 的 1.5～2.0 倍。
- 步进电机步进时是机械转动的，因此存在惯性。当从静止状态启动步进时，相当于开始转动的速度为 0，它不可能立即就达到最大转速（频率），因此，需要一个逐渐加速的过程，否则，可能由于惯性而导致“失步”。例如，开始应该走 20 步，却只走了 19 步，丢失了 1 步。步进电机的最高启动频率（又称为突跳频率）一般为 0.1～4kHz，以超过最高启动频率的频率直接启动，将出现失步现象，甚至无法启动。同理，当步进电机正以最高频率（可达几百 kHz）步进时，它不可能立即停下来，很可能出现多走几步的情况，这当然也会造成错误。因此，在停止之前应当有一个预先减速的过程，到该停止的位置时，速度已经很慢，惯性已经很小，可以立即停止。
- 步进电机在转换方向时，也一定要在电机降速停止或降到突跳频率范围之内再换向，以免产生较大的冲击而损坏电机。换向信号一定要在前一个方向的最后一个激励脉冲结束后，以及下一个方向的第一个激励脉冲前发出。步进电机在以某高速下运行时的正、反向切换实质上包含了降速→换向→升速三个过程。

脉冲分配电路在步进脉冲和转向控制信号的共同作用下产生正确转向的 4 相激励信号。此激励信号经过驱动电路送至步进电机，从而控制步进电机向正确的方向转动，此激励信号的频率决定了步进电机的转速。脉冲分配可通过脉冲分配器实现，也可通过软件实现。

步进电机正常工作需要提供具有一定驱动能力的脉冲信号，脉冲信号由单片机输出的激励信号经过脉冲分配产生。脉冲分配可以通过软件方便灵活地实现，也可以由硬件脉冲分配电路实现。随着大规模集成电路技术的发展，现在有很多厂家生产出专门的用于步进电机控制的脉冲分配芯片，配合用于功率放大的驱动电路就可以实现步进电机的驱动。有些厂家已生产出将硬件脉冲分配与驱动器集成在一起的芯片，这大大方便了电路设计。

18.2.2 步进电机的应用电路

和直流电机一样，在实际应用中 51 单片机既可以使用普通功率驱动芯片来直接驱动步进电机，也可以使用专用的步进电机驱动芯片来驱动电机。

1. 使用驱动芯片驱动步进电机

51 单片机同样可以使用 ULA2803 驱动芯片来驱动步进电机，其典型应用电路如图 18.13 所示。51 单片机的 4 个输出引脚直接连接到 ULA2803 的输入引脚，ULA2803 的输出引脚通过上拉电阻分别连接到步进电机的 4 个驱动引脚上。

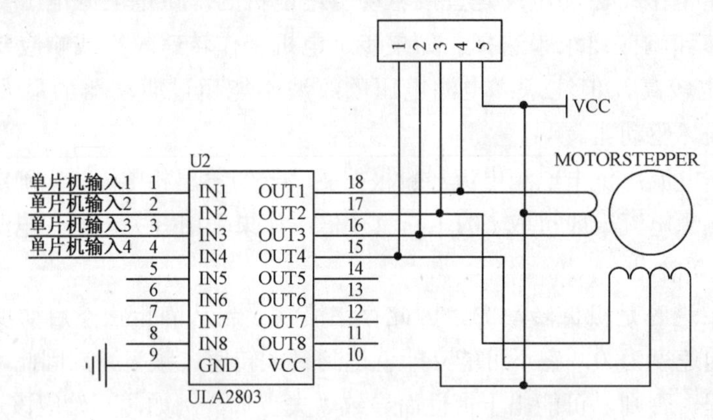

图 18.13 ULA2803 的步进电机驱动电路

2. 使用专用芯片来驱动步进电机

STK672-040 是 SANYO 公司 MOSFET 功率器件、单极性、外部激励的 4 相步进电机驱动芯片。它具有以下特性：

- 仅使用一个外部时钟输入和一个外部基准电压设置电阻，实现微步正弦波驱动操作。
- 具有 2 相、1-2 相、W1-2 相、2W1-2 相、4W1-2 相多种相位激励方式，可通过外部输入脚进行选择。
- 在微步驱动状态，可选择合适的步进向量轨迹以匹配步进电机的特性。

- 在激励切换过程中具有相位保持功能。
- 具有输出监视引脚，可以实时确认器件的激励状态。
- CLK 和 RETURN 输入提供内部噪声消除电路，可以阻止由于推进力引起的故障。
- 可以外部选择 4 相分布切换定时模式：CLK 上升沿检测模式或者上升沿、下降沿都检测模式。
- 提供 ENABLE 引脚，可以切断激励电流，从而在驱动停止时，降低系统电流消耗。
- 工作电压 5V±5%，可以驱动电压在 10～45V 的电机。
- 输出电流可达 1.5A。
- 相位切换时钟 CLK 最高频率可达 50kHz，这决定了它可以控制电机的最高工作频率。

图 18.14 所示的是 STK672-040 芯片的引脚封装，其详细说明如下：

- A、$\overline{A}$、B、$\overline{B}$：控制步进电机 4 相激励脉冲输出脚。
- PG：电源地。
- VCC：+5V 电源端。
- VREF：恒定电流检测基准脚，属于模拟输入配置引脚，用于设置输出电流的大小，输出电流最大不超过 1.5A。
- M1、M2、M3：模拟设置输入脚，用于激励模式和相位切换时钟沿的设置。
- M4、M5：转向轨迹设置输入脚。用于微步操作，2 位引脚可设置 4 种轨迹。

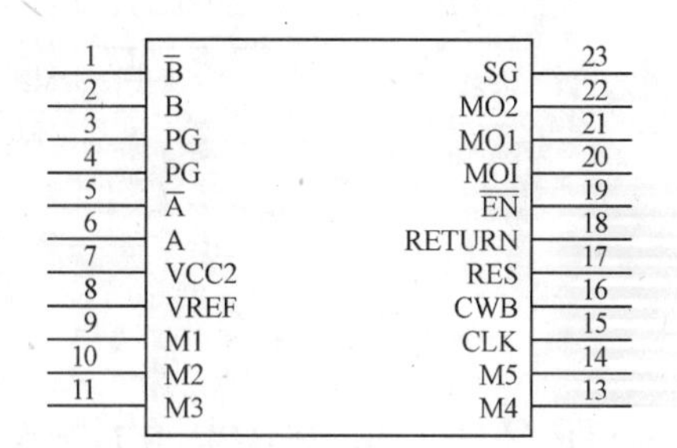

图 18.14　STK672-040 的引脚封装

- CLK：相位切换时钟输入脚。输入时钟频率最大可达 50kHz，最小脉冲宽度为 10μs，占空比为 40%～60%。当 M3 输入高电平时，激励相位在每一步时钟上升沿都会变化；当 M3 输入低电平时；激励相位在每一步时钟的上升沿和下降沿都会变换。
- CWB：步进方向设置输入脚。此引脚输入高电平时，顺时针方向旋转；输入低电平时，逆时针方向旋转。
- $\overline{RES}$：芯片复位脚。低电平有效，当此引脚保存 10μs 以上的低电平时，所有电路状态将回到初始值。
- RETURN：归位输入脚。设置为高电平时，将强制步进电机回到当前激励相位起始点。
- $\overline{EN}$：激励驱动输出关闭使能脚。此引脚电平有效，有效时会切断激励驱动输出 A、B、$\overline{A}$、$\overline{B}$。正常运行时，此引脚应置为高电平状态。
- MOI、MO1、MO2：激励状态监视脚，用于监视当前相位激励输出的状态。对于 MOI，如果为低，表示每相都在起点状态，反之，则为高。
- SG：信号地。

图 18.15 所示的是使用 STK672-040 芯片来驱动步进电机的典型应用电路。STK672-040 的 A、$\overline{A}$，B 和 $\overline{B}$ 引脚分别连接到步进电机的四个控制端上，M4、M5 引脚连接到 VCC，复位引脚 RES 引脚连接到一个 RC 复位电路，相关控制引脚都连接到 51 单片机的 I/O 引脚。

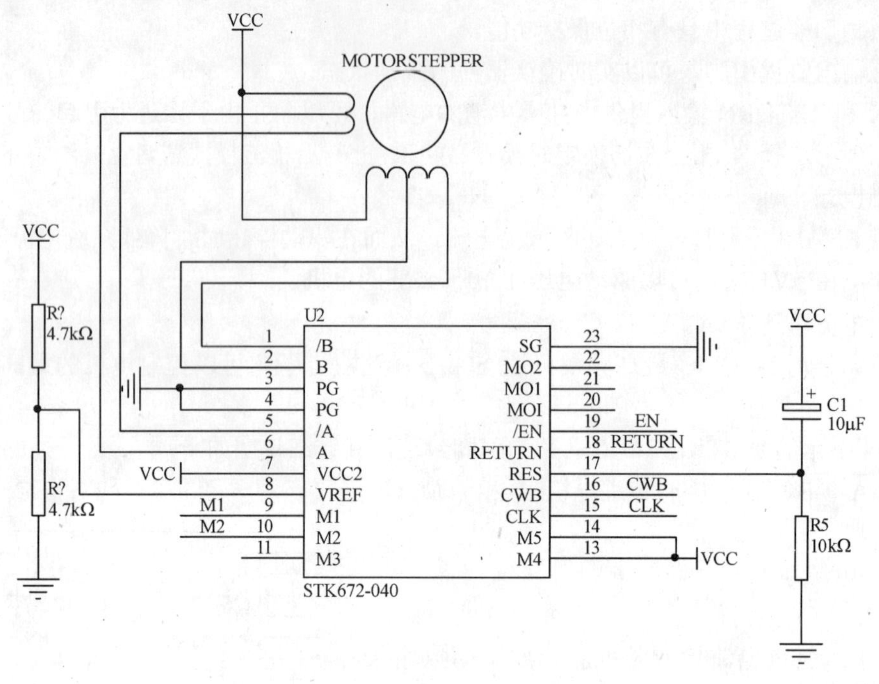

图 18.15　STK672-040 驱动步进电机应用电路

18.2.3　步进电机的操作步骤

步进电机的详细操作步骤和直流电机类似，在需要步进电机进行动作的时候控制对应的端口或者控制芯片输出对应的电平逻辑即可。

18.2.4　步进电机扩展的应用代码

1.　应用实例——串口步进电机控制

本应用实例和上一个应用实例类似，使用 PC 通过串口控制步进电机的正转、反转和停止。当 PC 发送 0xA1 时，发光二极管 D1 被点亮，步进电机正向转动；当 PC 发送 0xA2 时，发光二极管 D2 被点亮，步进电机反向转动；当 PC 发送 0xA3 时，发光二极管 D3 被点亮，步进电机停止，图 18.15 所示的是实例的应用电路。

如图 18.16 所示，51 单片机使用 P1 引脚驱动了三个 LED 灯，使用 P2 引脚通过 ULA2803 驱动步进电机，单片机的串口通过 MAX232 电平转换芯片和 PC 连接。

表 18.2 所示的是实例涉及的典型器件说明。

表 18.2　串口步进电机控制实例器件列表

器　件	说　明
51 单片机	核心器件
LED	工作指示器件
步进电机	待驱动器件

续表

器　件	说　明
ULA2803	驱动芯片
电阻	上拉和限流
晶体	51 单片机工作的振荡源
电容	51 单片机复位和振荡源工作的辅助器件

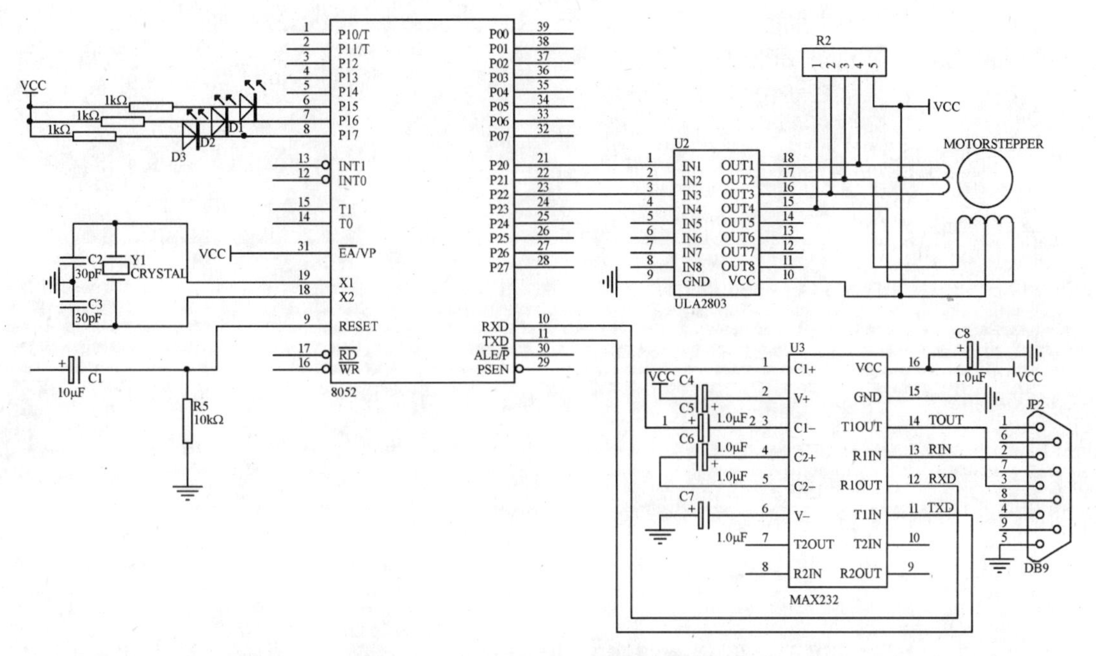

图 18.16　串口步进电机控制实例电路

例 18.2 是实例的应用代码。

【例 18.2】51 单片机对串口初始化完之后就进入主循环等待串口中断事件，然后在串口服务子函数中接收数据并且将串口接收标志置位，最后根据接收到的数据控制 P2 或者 LED 引脚输出相应的电平。由于在本应用中没有硬件的步进电机产生逻辑，所以，使用软件函数 SETP_MOTOR_FFW 和 SETP_MOTOR_FFW 来产生相应的时序信号对步进电机进行控制。

```
#include <AT89X52.h>
#define ON  0
#define OFF 1                                    //LED 的操作宏定义
unsigned char code FFW[]=
{
    0x01,0x03,0x02,0x06,0x04,0x0c,0x08,0x09
};
unsigned char code REV[]=
{
    0x09,0x08,0x0c,0x04,0x06,0x02,0x03,0x01
};
```

```
//定义步进电机输出
sbit LED1 = P1^5;
sbit LED2 = P1^6;
sbit LED3 = P1^7;
void DelayMS(unsigned int ms)
{
   unsigned int i,j;
   for( i=0;i<ms;i++)
      for(j=0;j<1141;j++);
}
void SETP_MOTOR_FFW(unsigned char n)              //步进电机 FFW 控制函数
{
   unsigned char i,j;
   for(i=0;i<5*n;i++)
   {
      for(j=0;j<8;j++)
      {
         P2 = FFW[j];
         DelayMS(25);
      }
   }
}
void SETP_MOTOR_REV(unsigned char n)              //步进电机 REV 控制函数
{
   unsigned char i,j;
   for(i=0;i<5*n;i++)
   {
      for(j=0;j<8;j++)
      {
         P2 = REV[j];
         DelayMS(25);
      }
   }
}
bit Rxflg = 0;                                  //接收标志寄存器
unsigned char Rxdata = 0x00;                    //数据接收
//初始化串口
void InitUART(void)
{
   TMOD = 0x20;
   SCON = 0x50;
```

```
    TH1 = 0xFD;                     //9600bps
    TL1 = TH1;
    PCON = 0x00;                    //使用 T1 作为波特率发生器
    EA = 1;
    ES = 1;
    TR1 = 1;
}
//串口中断服务子函数
void UARTInterrupt(void) interrupt 4
{
    if(RI==1)                       //接收到数据
    {
      RI = 0;                       //清除标志位
      Rxflg = 1;                    //置位接收标志
      Rxdata = SBUF;                //读取数据
      if(Rxdata == 0xA3)            //如果是停止命令
      {
        P2 = 0;                     //停止步进电机输出
      }
    }
}
void main()
{
     unsigned char N = 3;
  LED1 = OFF;
  LED2 = OFF;
  LED3 = ON;                        //停止灯亮
     InitUART();                    //初始化串口
  while(1)
    {
    if(Rxflg == 1)                  //如果接收到数据
    {
      Rxflg = 0;                    //清除标志位
      switch(Rxdata)                //判断接收到的数据
      {
        case 0xA1:
        {
          LED1 = ON;
          LED2 = OFF;
          LED3 = OFF;               //正转灯亮
                SETP_MOTOR_FFW(N);
```

```
                }
                break;
                case 0xA2:
                {
                  LED1 = OFF;
                  LED2 = ON;
                  LED3 = OFF;                          //反转灯亮
                        SETP_MOTOR_REV(N);
                }
                break;
                case 0xA3:
                {
                  LED1 = OFF;
                  LED2 = OFF;
                  LED3 = ON;                          //停止灯亮
                        P2 = 0x03;
                }
                break;
                default:{}
              }
            }
          }
        }
```

2. 应用实例——键盘控制步进电机控制

本应用是一个简单的 51 单片机通过驱动 STK672-040 控制步进电机的实例，用户使用 4×4 键盘完成输入，单片机根据输入的键值调整 STK672-040 的输入，再由 STK672-040 完成脉冲分配与功率驱动，输出脉冲控制步进电机的运行。

实例的电路如图 18.17 所示，51 单片机的 P2 口用于和 STK672-040 进行数据通信，其中，P2.0 和 50P2.1 与 STK672-040 的 M1、M2 输入脚连接，用于设置激励模式；P2.2 和 P2.3 与 STK672-040 的 M4、M5 输入脚连接，用于设置转向轨迹；P2.4 和 $\overline{\text{EH}}$ 引脚连接，在不使用步进电机时，可切断激励驱动输出，正常运行时 51 单片机应将此引脚置高电平；P2.5 和 CWB 引脚相连，单片机归位操作，即强制步进电机回到当前相应的起点；P2.7 和 CLK 相连，单片机通过此引脚向 STK672-040 送出输入时钟，STK672-040 根据此时钟产生对应频率的 4 相脉动冲输出信号通过四线接口用于控制步进电机的转动，此时钟决定了脉动输出信号的频率，即决定了步进电机的转速（频率）。

用户输入采用 4×4 的 16 键行列式键盘，P1 口高 4 位用于列控制，用做列检验输入线和 4 根列线相连；P1 口的低 4 位用于行控制，用做行扫描输出线，其中行线接上拉电阻，以使其处于高电平。

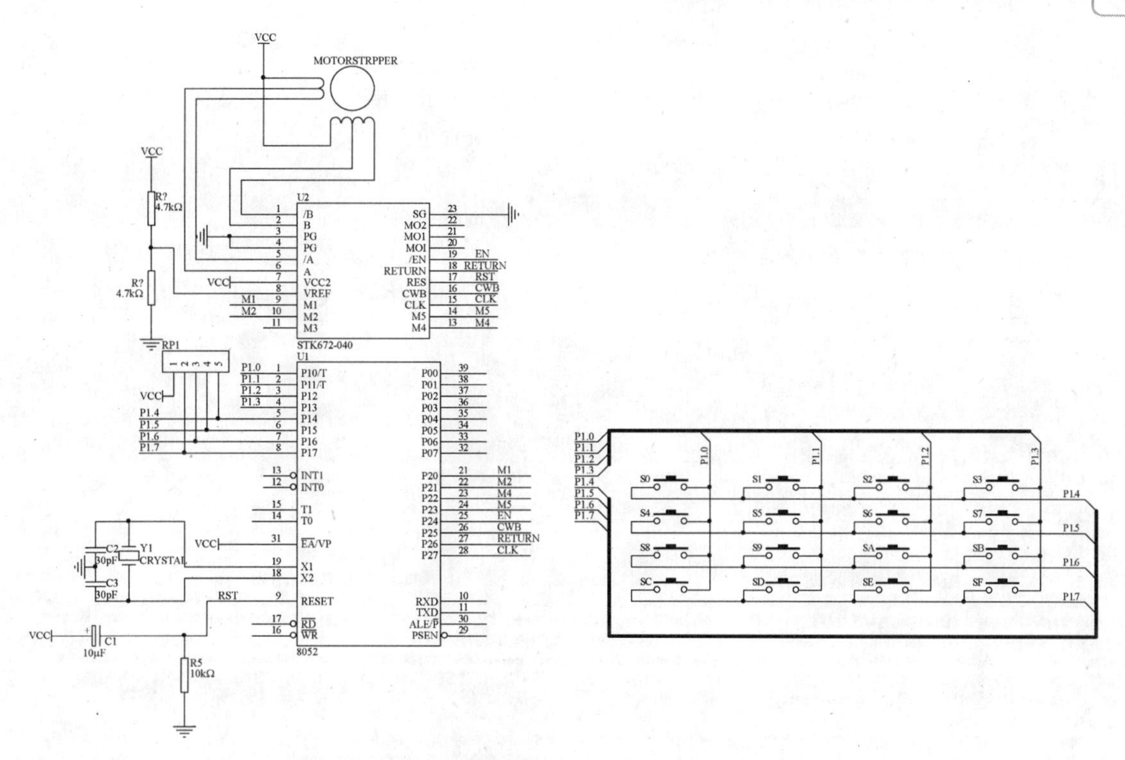

图 18.17　键盘控制步进电机应用实例电路

表 18.3 所示的是实例涉及的典型器件说明。

表 18.3　键盘控制步进电机实例器件列表

器　件	说　明
51 单片机	核心器件
LED	工作指示器件
步进电机	待驱动器件
STK672-040	步进电机驱动芯片
电阻	上拉和限流
晶体	51 单片机工作的振荡源
电容	51 单片机复位和振荡源工作的辅助器件

例 18.3 是实例的应用代码。

【例 18.3】51 单片机定时器 0 用于产生 50Hz 的周期脉冲信号，用于驱动电机按照 50 步/秒的转速运行，在主循环判断按键函数，根据按键启动相应的电机运行方式，按键的识别采用列扫描加延时去抖动的方法。

```
#include <AT89X52.h>
#define TIMER 10000                     //10ms 定时常量宏定义
//控制位定义
sbit M1=P2^0;                           //相激励位
sbit M2=P2^1;
sbit M4=P2^2;                           //转向轨迹位
```

```
sbit M5=P2^3;
sbit EN=P2^4;                        //电机脱机位
sbit CWB=P2^5;                       //转向位
sbit RET=P2^6;
sbit CLK=P2^7;                       //时钟位
/* 定时器0服务子程序 */
void time0() interrupt 1 using 1     // 定时器0产生CLK时钟
{
    TH0 = -TIMER/256;                // 定时为10ms,产生20ms周期的时钟,也就
                                        是50Hz的时钟
    TL0 = -TIMER%256;
    CLK = ~CLK;
}
/* 按键消除抖延时函数 */
void delay(void)
{
    unsigned char i;
    for (i=300;i>0;i--);
}
/* 键扫描函数 */
unsigned char keyscan(void)
{
    unsigned char scancode,tmpcode;
    P1 = 0xf0;                                // 发全0行扫描码
    if ((P1&0xf0)!=0xf0)                      // 若有键按下
    {
        delay();                              // 延时去抖动
        if ((P1&0xf0)!=0xf0)                  // 延时后再判断一次,去除抖动影响
        {
            scancode = 0xfe;
            while((scancode&0x10)!=0)         // 逐行扫描
            {
                P1 = scancode;                // 输出行扫描码
                if ((P1&0xf0)!=0xf0)          // 本行有键按下
                {
                    tmpcode = (P1&0xf0)|0x0f;

                    /* 返回特征字节码,为1的位即对应于行和列 */
                    return((~scancode)+(~tmpcode));
                }
                else scancode = (scancode<<1)|0x01; // 行扫描码左移一位
```

```
            }
        }
    }
    return(0);                                  // 无键按下,返回值为 0
}
/* 主程序 */
void main()
{
    unsigned char key;
TMOD = 0x01;                                    // 设置定时器 0 工作模式
 EA = 1;
    ET0 = 1;
    M1 = 0;                                     //设置为 2 相激励
    M2 = 0;
    M4 = 1;                                     //设置为环形转向轨迹
    M5 = 1;
    EN = 0;                                     // 切断驱动输出
    RET = 0;                                    // 归位输入无效
    CWB = 1;                                    // 初始设置为顺时针方向
    while(1)
    {
        key = keyscan();                        // 调用键盘扫描函数
        switch(key)
        {
            case 0x11:                          // 0 行 0 列,启动键
                EN = 1;                         // 打开驱动输出
                TH0 = -TIMER/256;               // 改变 T 可以改变步进电机转动速度
                TL0 = -TIMER%256;
                TR0 = 1;                        // 定时器 0 开始计数
                break;
            case 0x21:                          // 0 行 1 列,停止键
                TR0 = 0;                        // 定时器 0 停止计数
                EN = 0;                         // 切断驱动输出
                break;
            case 0x41:                          // 0 行 2 列,切换转向按键
                CWB = ~CWB;
                break;
            case 0x81:                          // 0 行 3 列,归位键
                RET = 1;
                delay();
                RET = 0;
```

```
                break;
            default:break;
        }
    }
}
```

18.3 继电器扩展

在某些 51 单片机的应用系统中，需要使用 I/O 引脚来控制一些大电流设备的启动或者停止，如电磁铁，此时，就需要使用继电器作为中间介质，使用单片机的 I/O 引脚来控制继电器的通和断，然后再使用继电器来控制这些设备的启动或者停止。

18.3.1 继电器基础

继电器是一种电子控制器件，它由控制系统（又称为输入回路）和被控制系统（又称为输出回路）组成，通常应用于自动控制电路中，其实质上是用较小的电流去控制较大电流的一种“自动开关”，在应用系统中起着自动调节、安全保护、转换电路等作用，在 51 单片机系统中常常用于通断控制，其基本参数如下：

- 额定工作电压/电流：继电器工作时线圈需要的电压或电流，决定了 51 单片机驱动这个继电器接通或者闭合所需要的电压/电流。
- 直流电阻：线圈的直流电阻，这是指当继电器被接入电路之后其等效电阻的大小，也就是说，在电路中实际效果和多少欧姆的电阻相同。
- 吸合电流：继电器能够产生吸合动作的最小电流，51 单片机系统要想控制继电器闭合，所提供的控制电流必须高于这个电流。
- 释放电流：继电器产生释放动作的最大电流，当 51 单片机系统的控制电流小于这个电流时，继电器释放电流。
- 触点负荷：继电器触点上通过允许的电压或电流，决定了继电器能否用于控制外部设备。
- 封装和控制形式：前者是指继电器的体积大小，引脚分布；后者是指一对控制点能控制几对线圈。

图 18.18　常见继电器实物图

图 18.18 所示的是常见的继电器实物图，其在单片机系统中的具体用法和 LED 区别不大，需要特别注意的是，继电器的额定工作电压和吸合电流这两个参数，由于 51 单片机 I/O 引脚承受电压最高只能达到 5V，而很多继电器

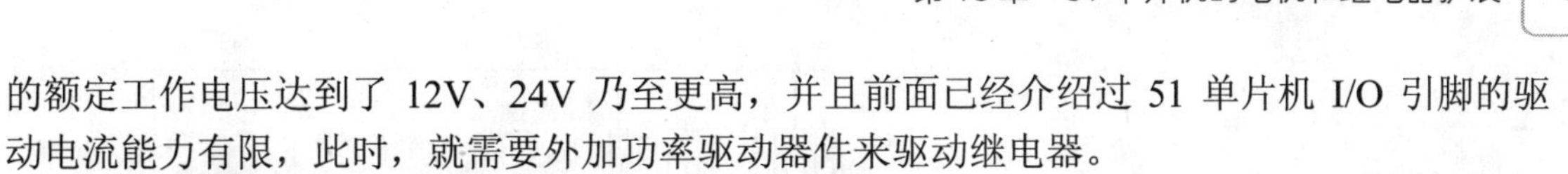

的额定工作电压达到了 12V、24V 乃至更高，并且前面已经介绍过 51 单片机 I/O 引脚的驱动电流能力有限，此时，就需要外加功率驱动器件来驱动继电器。

18.3.2　继电器的应用电路

和驱动电机类似，51 单片机既可以使用三极管，也可以使用达林顿管来驱动继电器。

1.　使用三极管驱动继电器

使用 NPN 和 PNP 型三极管来驱动继电器的电路图如图 18.19 所示。当控制端输出高电平的时候，三极管导通，在继电器两端形成电压差，继电器闭合；当控制端输出低电平的时候，继电器两端没有电压差，继电器断开。

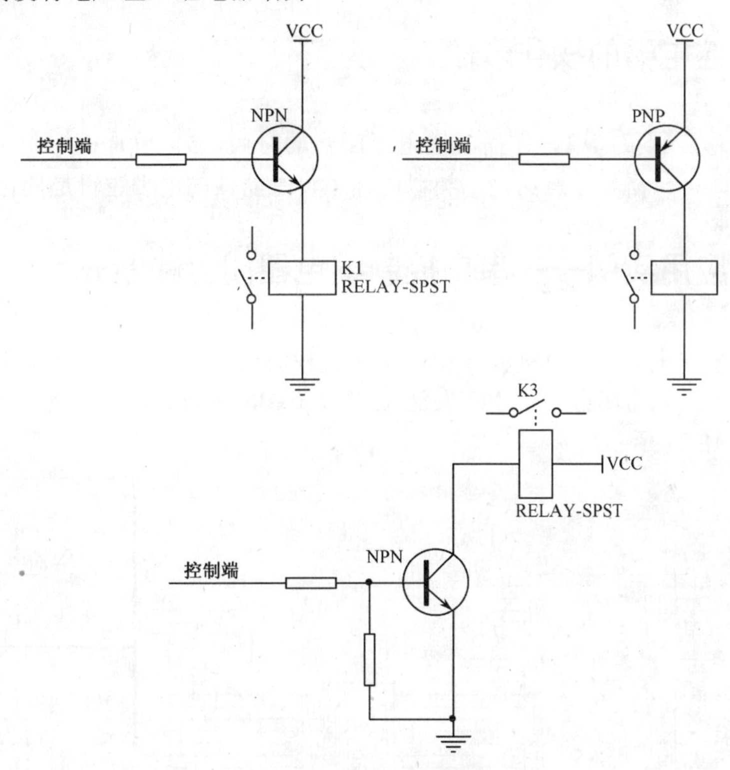

图 18.19　三极管驱动继电器典型应用电路

2.　使用达林顿管驱动继电器

图 18.20 所示的是使用达林顿管来驱动继电器的典型应用电路，51 单片机的输出连接到 ULA2803 的输入端，ULA2803 的输出端通过电阻连接到 VCC，然后使用灌电流驱动方式连接到继电器上，当 51 单片机输出低电平时候，继电器两端没有电压差，继电器不闭合，否则，继电器两端形成电压差，继电器闭合。

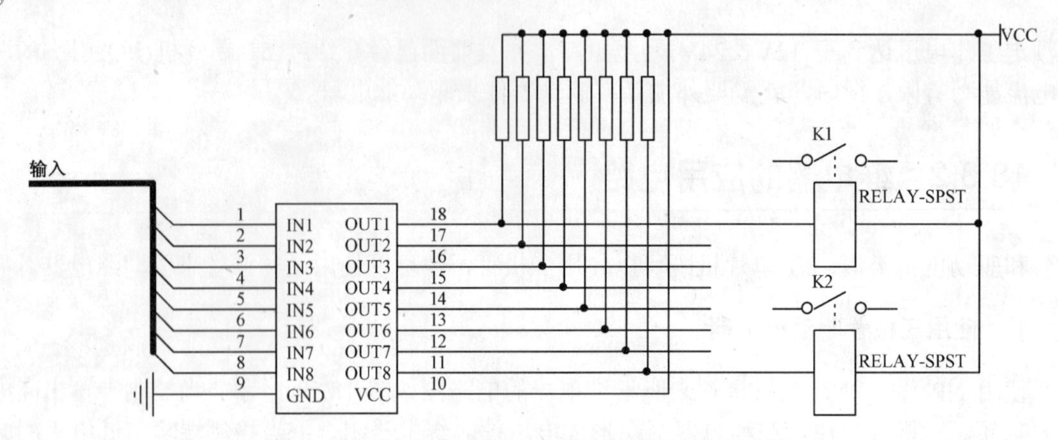

图 18.20 使用达林顿管驱动继电器的典型应用电路

18.3.3 继电器的操作步骤

继电器的操作步骤很简单，在需要继电器闭合的时候，51 单片机控制对应的驱动芯片输出对应的电压即可，需要注意的是，类似达林顿管等器件的电平逻辑是反相的。

18.3.4 应用实例——串口控制继电器闭合和断开

本应用是一个使用 PC 串口对 8 个继电器进行控制的实例，当 PC 发送 0xA1～0xA8 字符的时候，对应的继电器闭合，当 PC 发送 0xB1～0xB8 字符时，对应的继电器断开，实例的应用电路如图 18.21 所示。

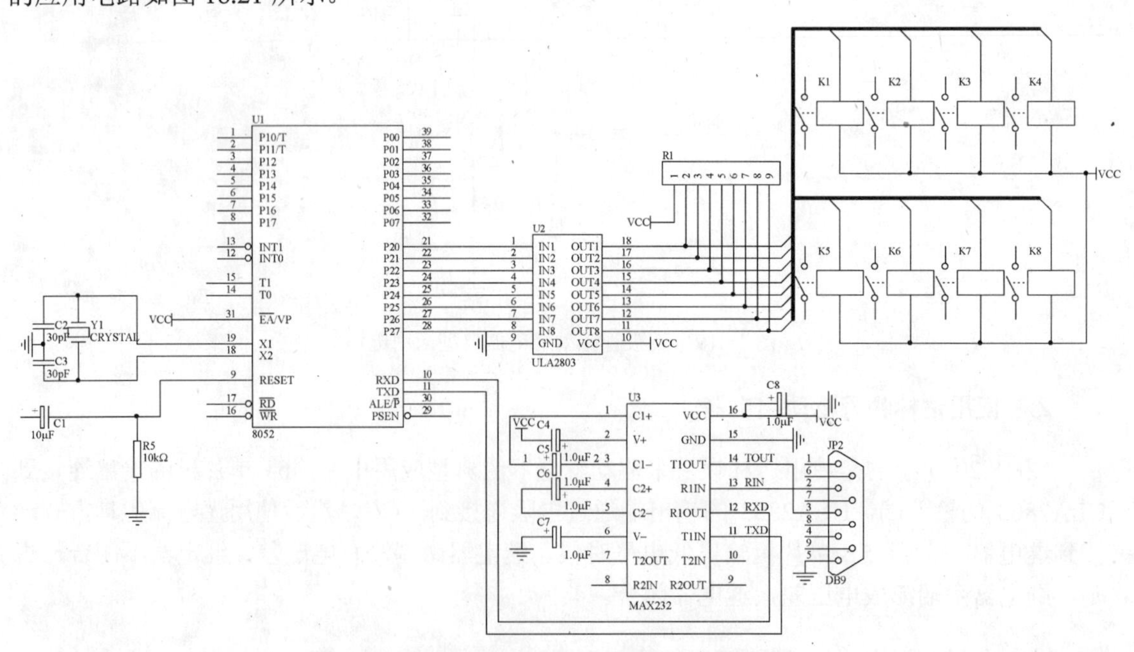

图 18.21 串口控制继电器闭合和断开实例电路

如图 18.22 所示，51 单片机使用 P2 口通过 ULA2803 驱动 8 个单通断继电器，单片机的串口使用 MAX232 电平转换连接到 PC，实例涉及的典型器件如表 18.4 所示。

表 18.4　串口控制继电器闭合和断开实例器件列表

器　件	说　明
51 单片机	核心器件
ULA2803	驱动器件
继电器	动作器件
电阻	上拉和限流
晶体	51 单片机工作的振荡源
电容	51 单片机复位和振荡源工作的辅助器件

例 18.4 是实例的应用代码。

【例 18.4】51 单片机从串口接收数据，然后根据接收到的数据控制 P2 口输出对应的电平以控制继电器通断。

```
#include <AT89X52.h>
bit Rxflg = 0;                                  //接收标志寄存器
unsigned char Rxdata = 0x00;                    //数据接收
//初始化串口
void InitUART(void)
{
    TMOD = 0x20;
    SCON = 0x50;
    TH1 = 0xFD;                                 //9600bps
    TL1 = TH1;
    PCON = 0x00;                                //使用 T1 作为波特率发生器
    EA = 1;
    ES = 1;
    TR1 = 1;
}
//串口中断服务子函数
void UARTInterrupt(void) interrupt 4
{
    if(RI==1)                                   //接收到数据
    {
      RI = 0;                                   //清除标志位
      Rxflg = 1;                                //置位接收标志
      Rxdata = SBUF;                            //读取数据
    }
}
void main(void)
```

```
{
  InitUART();                                //初始化串口
  P2 = 0x00;                                 //继电器都断开
    while(1)
  {
    if(Rxflg == 1)                           //如果接收到串口数据
    {
      switch(Rxdata)
      {
        case 0xA1: P2 = P2 | 0x01;break;     //继电器 1 闭合
        case 0xA2: P2 = P2 | 0x02;break;     //继电器 2 闭合
        case 0xA3: P2 = P2 | 0x04;break;     //继电器 3 闭合
        case 0xA4: P2 = P2 | 0x08;break;     //继电器 4 闭合
        case 0xA5: P2 = P2 | 0x10;break;     //继电器 5 闭合
        case 0xA6: P2 = P2 | 0x20;break;     //继电器 6 闭合
        case 0xA7: P2 = P2 | 0x40;break;     //继电器 7 闭合
        case 0xA8: P2 = P2 | 0x80;break;     //继电器 8 闭合
        case 0xB1: P2 = P2 & 0xFE;break;     //继电器 1 断开
        case 0xB2: P2 = P2 & 0xFD;break;     //继电器 2 断开
        case 0xB3: P2 = P2 & 0xFB;break;     //继电器 3 断开
        case 0xB4: P2 = P2 & 0xF7;break;     //继电器 4 断开
        case 0xB5: P2 = P2 & 0xEF;break;     //继电器 5 断开
        case 0xB6: P2 = P2 & 0xDF;break;     //继电器 6 断开
        case 0xB7: P2 = P2 & 0xBF;break;     //继电器 7 断开
        case 0xB8: P2 = P2 & 0x7F;break;     //继电器 8 断开
        default:break;
      }
    }
  }
}
```